“十三五”国家重点出版物出版规划项目
“十二五”普通高等教育本科国家级规划教材
2011年上海市优秀教材

自动检测技术及应用

第3版

梁　森　欧阳三泰　王侃夫　编著
郑崇苏　主审

机械工业出版社

本书介绍在工业、科研等领域常用传感器的工作原理、特性参数、调理电路、综合应用等知识，对测量技术的基本概念、测试数据处理、抗干扰技术、电磁兼容原理、现代测试技术以及虚拟仪器在检测技术中的应用等也做了介绍。

本书除第1章外，每章的最后一节均安排了“工程项目设计实例”，并附有较多的启发性思考题及应用型习题，有利于各校安排对应的课程设计。

本书在各个章节的适当位置嵌入了几十个二维码，读者可以通过手机“扫一扫”观看与本节有关的500多个拓展阅读资料原理动画等资源。每章的最后给出了“拓展阅读参考资料列表”，并在各章节的对应位置按顺序做了参考标记，以便于读者更好地理解学习本书各部分时所遇到的知识难点。所链接的拓展阅读网络资料的总字数超过20万字，可供读者在线阅读或下载。

本书配有电子教案、电子课件、课程设计、实验、授课视频资料、动画、传感器应用的现场录像、专业拓展资料、有关图片、传感器公司网站链接、习题分析、重点、难点、分章AB卷等。欢迎选用本书作教材的教师登录www. cmpedu. com注册下载。

本书可作为普通高等学校的机械设计制造及其自动化、机械电子、数控、汽车、农机、材料、能源、测控技术与仪器、自动化、电气工程及其自动化、智能楼宇、电子信息、感测技术等专业的本科生教材，或硕士研究生的参考教材，也可供生产、管理、运行及其他工程技术人员参考。

图书在版编目（CIP）数据

自动检测技术及应用/梁森，欧阳三泰，王侃夫编著. —3版. —北京：机械工业出版社，2018.1（2025.6重印）
“十三五”国家重点出版物出版规划项目　“十二五”普通高等教育本科国家级规划教材　2011年上海市优秀教材
ISBN 978-7-111-59731-5

Ⅰ.①自…　Ⅱ.①梁…②欧…③王…　Ⅲ.①自动检测-高等学校-教材　Ⅳ.①TP274

中国版本图书馆CIP数据核字（2018）第081848号

机械工业出版社（北京市百万庄大街22号　邮政编码100037）
策划编辑：王　康　责任编辑：王玉鑫　王　康　于苏华
责任校对：陈　越　封面设计：鞠　杨
责任印制：单爱军
中煤（北京）印务有限公司印刷
2025年6月第3版第16次印刷
184mm×260mm·23.75印张·580千字
标准书号：ISBN 978-7-111-59731-5
定价：66.00元

电话服务
客服电话：010-88361066
010-88379833
010-68326294

网络服务
机　工　官　网：www. cmpbook. com
机　工　官　博：weibo. com/cmp1952
金　书　网：www. golden-book. com
机工教育服务网：www. cmpedu. com

前　言

《自动检测技术及应用》是“十二五”本科国家级规划教材，“十三五”国家重点出版物出版规划项目。根据高等教育培养目标的要求，本书力图使学生学完后能获得作为科研、工业领域工程师和技术人员所必须掌握的传感器、现代检测系统组成等方面的基本理论和综合应用技术。

本书共分13章，主要介绍在工业、科研等领域常用传感器的工作原理、特性参数、调理电路和综合应用等方面的知识，对测量技术的基本概念、测试数据处理、抗干扰技术、电磁兼容原理、现代测试技术、计算机接口技术以及虚拟仪器在检测技术中的应用等也做了介绍。

本书第1版发行于2006年，2011年修订为第2版，合计印刷20多次，受到广大读者的好评。随着检测技术的不断进步，有必要在保留第2版特色的基础上，对本书进行修订。

作者广泛听取众多读者的建议，删除了各章节中部分不常用的内容，将这部分内容共享到机械工业出版社教育服务网（www. cmpedu. com）上。增加了能反映本学科在近几年里的技术进步及最新成果的介绍。以较大篇幅介绍近几年出现并得到广泛应用的新型传感器，其素材大多来源于最近几年的国内外专利、文献、科技论文以及厂商网站等。在修订过程中，作者还先后深入几十家工控公司以及生产车间，了解、收集了众多传感器产品的技术资料、图片和实际应用，实地拍摄或测绘了许多图片，编入各章节中的有关应用实例和电路中。

针对本书以测量原理划分章节带来的不足，本次修订中，对经常遇到的诸如温度、压力、流量、液位、振动等被测量以及无损探伤、接近开关、位置检测、振动频谱分析、机器人传感器等内容在相关的章节中做了集中论述。

本书的第一个特色：在主要章目的最后一节，共安排了11个“工程项目设计实例”。相当部分内容是作者多年来从事科研开发、技术改造的成果总结。作者还依据众多工程技术人员的实际经验，从工程项目的技术指标和要求出发，介绍了具体的设计过程、传感器的选型、电路设计、系统调试、数据分析、项目总结等，具有较高的真实性和可参考性，有利于读者将所学理论知识应用于实际工作，还给学生的课程设计提供了样板。

本书的第二个特色：有较多的启发性思考题及应用型习题。尽量减少死记硬背的题型，要求学生灵活应用本章学过的知识来解决实际问题，一些习题还具有知识拓展的功能。还要求学生利用网络，收集有关资料，拓宽思路，并有利于不同专业方向的学校安排对应的课程设计。本书题量较大，有利于各校根据自己的专业方向来布置合适的作业。

本书的第三个特色：每章的最后给出了较多的拓展阅读网络参考资料列表，给出了链接网址，并在各章节的对应位置按顺序做了标记，印刷出相关资料的二维码，读者扫描相关资料的二维码，可以看到所链接的500多篇拓展阅读资料，以便于读者更好地理解学习本教材各部分时所遇到的知识难点。

所链接的拓展阅读网络资料的总字数超过20万字，读者可以有选择地上网阅读，或下载有兴趣的资料。

本书的第四个特色：本书的配套资源下载网址是：http://www.cmpedu.com/ziyuans/ziyuan/22692.htm。包含教学大纲、电子教案、多媒体课件、原理动画知识点、重点、难点、习题分析解题过程、课程设计、实验、授课视频录像、对应的专业拓展阅读资料、传感器的现场应用照片、传感器公司的网站链接。学生在学习各章时，可以上网观看有关章节的内容，了解检测技术的发展历史，了解传感器的选型、安装、调试和使用，加深对课程内容的理解，增加学习本课程的兴趣，培养自主学习和终身学习的习惯。

本书可作为普通高等学校机械设计制造及其自动化、机械电子、数控、汽车、农机、材料、能源、测控技术与仪器、自动化、电气工程及其自动化、智能楼宇、电子信息、感测技术等专业的教材，或硕士研究生的参考教材，也可供生产、管理、运行及其他工程技术人员参考。本书的参考学时约为54，各校可根据各自的专业方向，选讲有关的工程项目设计实例。

本书由上海电机学院梁森（绪论、第2、3、4、5、6、8、9、10、12章及统稿）、王侃夫（第7、11章），湖南工程学院欧阳三泰（第1、13章）编著。

福州大学郑崇苏担任本书的主审，对书稿进行了认真、负责、全面的审阅。

在本书的编写过程中，还得到上海交通大学朱承高、忻建华、金涛、阙沛文，上海大学朱铮良，上海电机学院苏中义、倪成凤、高桂革、周琴、王洋、王海群、刘桂英、韩美杰、李皎洁，湖南工程学院黄绍平、胡俊达，湖南科技大学吴新开，福州大学薛昭武，南通大学王士森，南京化工职业技术学院王永红，湘潭电缆厂张国琪，湘潭电机集团李庆莲，哈尔滨工业大学于石生，华北电力大学李春曦，北京理工大学徐晓彤，山东建筑大学罗明华，山东科技大学武超、上海理工大学孔凡才、谢根涛，黑龙江八一农垦大学戚增坤，北京信息科技大学孙军华、董明利、祝连庆、栗书贤，大理大学赵春平，湖南工程学院梁锦，上海商学院刘富强，杭州职业技术学院黄杭美，原上海机电工业学校阮智利，河南工业职业技术学院王煜东，温州职业技术学院徐虎，广西机电职业技术学院秦培林，山东外贸职业学院王明霄，广东工贸职业技术学院陈启明，上海电气自动化研究所张玉龙、周宜，上海发电设备成套设计研究院刘春林、肖伯乐，上海工业自动化仪表研究所范铠、姜世昌，上海重型机器厂陈克，上海精良电子公司段超，天津德国图尔克传感器公司李倚天，上海华东电子仪器厂朱美丽、郑学芳，杭州强牛网络科技有限公司何益峥、余维燕，上海轴承滚子厂黄吉平等专家、工程技术人员，以及德国BLUM公司、深圳康宇测控仪表公司、北京世帝科学仪器公司、上海科先液压成套有限公司、中国石油天然气管道技术公司、上海803研究所、上海硅酸盐研究所、东方振动和噪声技术研究所、中国计量测试学会流量计量专业委员会、上海市计量测试技术研究院、铁道科学研究院、北京声振联合高新技术研究所、容向系统科技有限公司、化工707、技成培训、电力专家联盟、中国机器人网、百度、互动百科、知乎等多家单位的大力支持。他们对本书的有关内容提出了许多宝贵意见或提供了有关资料、图片、动画、录像，作者在此一并表示衷心的感谢。

由于传感器技术发展较快，作者水平有限，本书内容难免存在遗漏和不妥之处，敬请读者批评指正。我们热诚希望本书能对从事和学习自动检测技术的广大读者有所帮助，并欢迎大家对本书的意见和建议通过E-mail告诉我们，邮箱地址是liangsen2@126.com。需要授课PPT、教案、授课录像及试题分析等教学资源的教师可登录www.cmpedu.com注册下载。

作　者

配套资源总链接

目 录

绪　论

检测（Detection）是利用各种物理、化学效应，选择合适的方法与装置，将生产、科研、生活等各个方面的有关信息通过检查与测量的方法赋予定性或定量结果的过程。能够自动地完成整个检测处理过程的技术称为自动检测技术。

绪论　拓展阅读资料

在信息社会的一切活动领域中，从日常生活、生产活动到科学实验，时时处处都离不开检测。现代化的检测手段在很大程度上决定了生产、科学技术的发展水平，而科学技术的发展又为自动检测技术提供了新的理论基础和制造工艺，同时又对自动检测技术提出了更高的要求。

0.1　检测技术在国民经济中的地位和作用

检测技术是现代化领域中的重要技术，在工农业生产、生活和科研中有广泛的应用。

在机械制造行业中，通过对机床的许多静态、动态参数如工件的加工准确度、切削速度、床身振动等进行在线检测，从而控制加工质量。在化工、电力等行业中，如果不随时对生产工艺过程中的温度、压力、流量等参数进行自动检测，生产过程就无法控制进而产生危险。在交通领域，现代汽车中的传感器就有几十种之多，分别用来检测车速、方位、负载、振动、油压、油量、温度、燃烧过程等。在国防科研中，检测技术的应用更广泛，许多尖端的检测技术都是因国防工业的需要而发展起来的。例如，研究飞机的强度，就要在机身、机翼上贴上几百片应变片并进行动态测量；在导弹和航天器的研制中，检测技术就更为重要，必须对它们的每个构件进行强度和动态特性的测试、EMC 试验等。近年来，随着家电行业的迅猛发展，检测技术也进入了人们的日常生活中，例如，自动检测并按需调节房间温度和湿度的空调机；自动检测衣服污度和重量、采用模糊技术的智能洗衣机；通过 WiFi 摄像头远程监视房间情况的手机系统等。

近几十年来，自动控制理论和计算机技术迅速发展，并已应用到生产和生活的各个领域。但是，作为“感觉器官”的传感器技术并没有与计算机技术协调发展，出现了信息处理功能发达，检测功能不足的局面。目前许多国家已投入大量人力、物力，发展各类新型传感器，检测技术在国民经济中的地位也日益提高。

0.2　工业检测技术的内容

自动检测技术的内容较为广泛，常见的自动检测涉及的内容如表 0-1 所示。

表 0-1 工业检测涉及的内容

被测量类型	被 测 量	被测量类型	被 测 量
热工量[1]	温度、热量、比热容、热流、热分布、压力（压强）、差压、真空度、流量、流速、物位、液位、界面	物体的性质和成分量	气体、液体、固体的化学成分、浓度、黏度、湿度、密度、酸碱度、浊度、透明度、颜色
机械量[2]	直线位移、角位移、速度、加速度、转速、应力、应变、力矩、振动、噪声、质量（重量）、机器人姿势	状态量	工作机械的运动状态（起停等）、生产设备的异常状态（超温、过载、泄漏、变形、磨损、堵塞、断裂等）
几何量[3]	长度、厚度、角度、直径、间距、形状、平行度、同轴度、粗糙度、硬度、材料缺陷	电工量	电压、电流、功率、阻抗、频率、脉宽、相位、波形、频谱、磁场强度、电场强度、材料的磁性能

显然，在生产、科研、生活中，需要检测的量远不止表中所列举的项目。而且随着自动化技术的发展，工业生产将对检测技术提出越来越高的要求。本书主要介绍非电量的检测，对电工和电子课程中未讲述的一些电量的测量也做了简要介绍。

0.3 自动检测系统的组成

非电量的检测多采用电测法，即首先将各种非电量转变为电量，然后经过一系列的处理，将非电量参数显示出来，自动检测系统原理框图如图 0-1 所示。

（1）系统框图 系统框图（System Block Diagram）用于表示一个系统各部分和各环节之间的关系，用来描述系统的输入、输出、中间处理等基本功能和执行逻辑过程的概念模式。在产品说明书和科技论文中，系统框图能够清晰地表达比较复杂的系统各部分之间的关系及工作原理。

在检测系统中，将各主要功能或电路的名称画在框内，按信号的流程，将几个框用箭头联系起来，有时还可以在箭头上方标出信号的名称。对具体的检测系统或传感器而言，必须将框图中的各项赋予具体的内容。

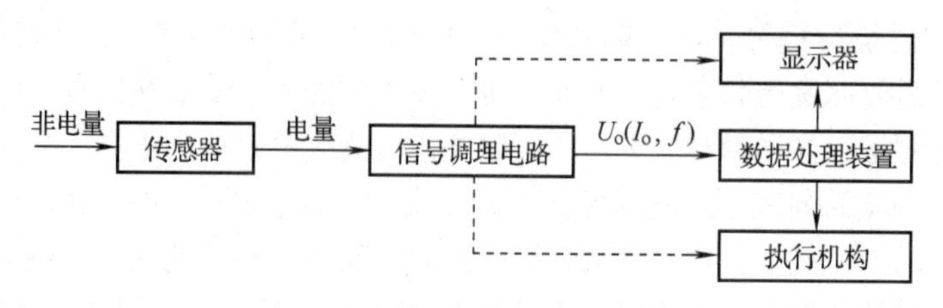

图 0-1 自动检测系统原理框图

（2）传感器 传感器（Transducer）在本教材中是指一个能将被测非电量变换成电量的器件（传感器的确切定义见第 1.3 节）。

（3）信号调理电路 信号调理电路[4]（Signal Conditioning）包括放大（或衰减）电路、滤波电路、隔离电路等。放大电路的作用是把传感器输出的电量变成具有一定驱动和传输能力的电压、电流或频率信号等，以推动后级的显示器、数据处理装置及执行机构。

（4）显示器 目前常用的显示器（Monitor）有以下几种：模拟显示、数字显示、图像显示及记录仪等。模拟量是指连续变化量；模拟显示是利用指针对标尺的相对位置来表示读数的，常见的有毫伏表、微安表、模拟光柱等。

数字显示目前多采用液晶[6]（LCD）和发光二极管[5]（LED）等，以数字的形式来显示读数。LCD 耗电少，集成度高，可以显示文字和曲线。有时还可用图表或彩色图等形式来反映整个生产线上的多组数据。带背光板的 LCD 便于在夜间观看。LED 亮度高、耐振动、可适应较宽的温度范围。

记录仪主要用来记录被检测对象的动态变化过程，常用的记录仪有笔式记录仪、高速打印机、绘图仪、数字存储示波器、磁带记录仪、无纸记录仪等。

（5）数据处理装置　数据处理装置（Data Processing）用来对测试所得的实验数据进行处理、运算、逻辑判断、线性变换，对动态测试结果做频谱分析（Spectrum Analysis）等，完成这些工作必须采用计算机技术。

数据处理的结果通常送到显示器和执行机构中去，以显示运算处理的各种数据或控制各种被控对象。在不带数据处理装置的自动检测系统中，显示器和执行机构由信号调理电路直接驱动，如图 0-1 中的虚线所示。

（6）执行机构　所谓执行机构通常是指各种继电器（Relay）、电磁铁（Solenoid）、电磁阀门[7]（Solenoid Valve）、电动调节阀[8]（Solenoid Regulating Valve）、伺服电动机[9]（Servo Motor）等，它们在电路中是起通断、控制、调节、保护等作用的电器设备。许多检测系统能输出与被测量有关的电流或电压信号，作为自动控制系统的控制信号，去驱动这些执行机构。

0.4　自动检测系统举例

当代检测系统越来越多地使用计算机或微处理器来控制执行机构的工作。检测技术、计算机技术与执行机构等配合构成各种自动控制系统。图 0-2 所示的自动磨削测控系统就是自动检测的一个典型例子。图中的传感器快速检测出工件的直径参数 D，计算机一方面对直径参数做一系列的运算、比较、判断等工作，然后将有关参数送到显示器显示出来；另一方面发出控制信号，控制研磨盘[10]的径向位移 x，直到工件加工到规定要求为止。该系统是一个自动检测与控制的闭环系统，也称反馈控制系统[11]。

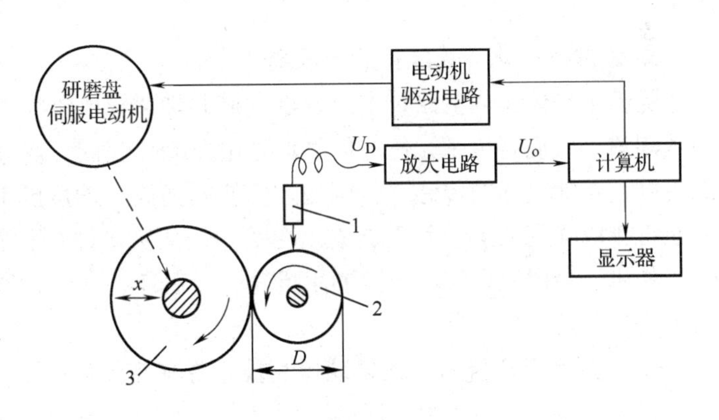

图 0-2　自动磨削测控系统

1—传感器　2—被研磨工件　3—研磨盘

0.5　检测技术的发展趋势

近年来，随着半导体、计算机技术的发展，新型或具有特殊功能的传感器不断涌现出来，检测装置也向小型化、固态化及智能化方向发展，应用领域也越来越广。上至太空，下至井下、海底，大到工业生产系统，小到家用电器、个人用品，人们都可以发现自动检测技术的广泛运用。当前，检测技术的发展趋势主要体现在以下几个方面：

1. 不断提高检测系统的测量准确度、扩大量程范围、延长使用寿命、提高可靠性

随着科学技术的不断发展，对检测系统测量精度的要求也相应地在提高。近年来，人们研制出许多高准确度的检测仪器以满足各种需要。例如，用直线光栅测量直线位移时，测量范围在十米以上，而分辨力可达微米级。人们已研制出能测量低至几个帕的微压力和高至几千兆帕高压的压力传感器，开发了能够测出极微弱磁场的磁敏传感器等。

从20世纪60年代开始，人们对传感器的可靠性和故障率[12]的数学模型进行了大量的研究，使得检测系统的可靠性及寿命大幅度提高。现在许多检测系统可以在极其恶劣的环境下连续工作数十万小时。目前人们正在不断努力进一步提高检测系统的各项性能指标。

2. 应用新技术和新的物理、化学效应，开拓检测领域

检测原理大多以各种物理效应为基础，近代物理学的进展如纳米技术、激光、红外、超声、微波、光纤、放射性同位素等新成就都为检测技术的发展提供了更多的依据。如图像识别、激光测距、红外测温、C型超声波无损探伤、放射性测厚、中子探测爆炸物[13]等非接触测量得到迅速的发展。

20世纪70年代以前，检测技术主要用于工业部门。如今，检测领域正扩大到整个社会的各个方面。不仅包括工程、海洋开发，宇宙航行等尖端科学技术和新兴工业领域，而且已涉及生物、医疗、环境污染监测、危险品和毒品的侦察、安全监测等方面，并且已开始渗透到人们的日常生活之中。

3. 发展集成化、功能化的传感器

随着半导体集成电路技术的发展，硅和砷化镓电子元器件的高度集成化大量地向传感器领域渗透。人们将传感元件与信号调理电路制作在同一块硅片上，从而研制出体积更小、性能更好、功能更强的传感器。例如，已研制出高准确度的PN结测温集成电路。又如，人们已能将排成阵列的上千万个光敏元件及扫描放大电路制作在一块芯片上，制成彩色CCD数码照相机、摄像机以及可摄影的手机等。今后还将在光、磁、温度、压力等领域开发出新型的集成度更高的传感器。

4. 采用计算机技术，使自动检测技术更加智能化

自20世纪70年代微处理器问世以来，人们已将计算机技术应用到测量技术中，使检测仪器智能化，从而扩展了功能，提高了准确度和可靠性，目前研制的检测系统大多都带有微处理器。

5. 发展机器人传感器

机器人是由计算机控制的复杂机器，它具有类似人的肢体及感官功能；动作程序灵活；具有一定程度的智能；在工作时可以不依赖人的操作。机器人传感器在机器人的控制中起了非常重要的作用，正因为有了传感器，机器人才具备了类似人的知觉功能和反应能力。

机器人上安装了触觉传感器、视觉传感器、力觉传感器、接近觉传感器、超声波传感器、听觉传感器以及语言识别系统，使其能够完成复杂的工作。

6. 发展无线传感器网络检测系统

随着微电子技术的发展，现在已可以将十分复杂的信号调理和控制电路集成到单块芯片中。传感器的输出不再是模拟量，而是符合某种协议格式（如可即插即用）的数字信号。通过企业内外网络实现多个检测系统之间的数据交换和共享，构成网络化的检测系统。还可以远在千里之外，随时随地浏览现场工况，实现远程调试、远程故障诊断、远程数据采集和实时操作[14]。

无线传感器网络[15]（Wireless Sensor Network，WSN）是由大量微型、低成本、低功耗的静止或移动的传感器以自组织和多跳的方式构成的无线网络，以协作形式，感知、采集、处理和传输该网络覆盖地理区域内被感知对象的信息，并最终把这些信息发送给网络的所有者。无线传感器网络通常具备“自组织性”，能够适应网络拓扑结构的动态变化，并具有鲁棒性[16]和容错性。为了获取精确的信息，在监测区域部署的传感器节点可能达到成千上万。在无线传感器网络的使用过程中，部分传感器节点由于电能耗尽或环境因素造成失效。为了弥补失效节点或增加监测准确度，需要将新的传感器补充到网络中，从而导致传感器网络中的节点个数动态地增加或减少。

无线传感器网络可监测包括地震、电磁、温度、湿度、噪声、光强度、压力、土壤成分、移动物体的大小、速度和方向等周边环境中多种多样的数据。潜在的应用领域包括：远程战场、航空、防爆、救灾、环境、医疗、保健、家居、工业、商业等。

总之，自动检测技术的蓬勃发展适应了国民经济发展的迫切需要，是一门充满希望和活力的新兴技术，目前取得的进展已十分瞩目，今后还将有更大的发展。

0.6 本课程的任务和学习方法

本课程的任务是：在阐明测量基本原理的基础上，使读者逐一了解各种常用传感器如何将非电量转换为电量，掌握相应的测量转换、信号调理电路和应用。对误差处理、弹性元件、电磁兼容原理及抗干扰技术也给予适当的介绍，对自动检测技术的综合应用以及现代测试系统，举了较多的实例，以使读者能解决工作现场的实际问题。

本课程涉及的学科面广，需要有较广泛的基础、专业知识和适当的理论知识。学好这门课程的关键在于理论联系实际，要举一反三，富于联想，善于借鉴，关心和观察周围的各种机械、电气、仪表等设备，重视实验，才能学得活、学得好。

本书各章均附有数量较多的思考题与习题，引导读者循序渐进地掌握检测技术的基本概念和实际应用能力。读者可根据自身的专业方向选做其中的一部分。对本书中的分析、思考题及应用型设计题，可利用讨论课的方式来学习和掌握。读者还必须掌握上网查阅资料的技巧，收集网上有关资料后，才能完成课后的一些习题，这种训练方法有利于读者掌握最新的技术发展和学科动态。

读者还可以从本书的配套教辅网站（www.liangsen.net 或 http://www.sensor-measurement.net）和“机械工业出版社教育服务网”（www.cmpedu.com）下载多媒体课件、习题分析和拓展阅读资料，了解检测技术的发展历史，了解传感器的选型、安装、调试和使用，以便于更好地理解本书中的知识难点。

拓展阅读参考资料列表

序号	作　者	拓展阅读文章题目	序号	作　者	拓展阅读文章题目
1	张华	热工测量仪表	9	百度百科	伺服电动机
2	Beckwith T. G.	机械量测量	10	百度百科	砂轮
3	百度百科	几何量测量	11	百度百科	闭环系统
4	郭斌，欧阳烨	微弱信号调理电路和模数转换电路的探讨	12	百度百科	失效率
5	百度百科	LED 显示器	13	颜志国，成诚	中子探测技术在安全检查中的应用
6	百度百科	液晶显示器	14	童利标，徐科军	IEEE 1451 网络化智能传感器标准的发展及应用探讨
7	百度百科	电磁阀			
8	上海工业自动化仪表研究所	调节阀、控制阀及通用阀门	15	百度百科	无线传感器网络
			16	百度百科	鲁棒性

第1章

检测技术的基本概念

人类生产力的发展促进了测量技术的进步。商品交换必须有统一的度、量、衡；天文、地理也离不开测量；17世纪工业革命后对测量提出了更高的要求，如蒸汽机必须配备压力表、温度表、流量表、水位表等仪表。现代社会要求测量必须达到更高的准确度，更小的误差，更快的速度，更高的可靠性，测量的方法也日新月异。本章主要介绍测量的基本概念与方法、误差分类、测量结果的数据处理，以及传感器的基本特性等内容，是传感器与检测技术的理论基础。

1.1 测量的基本概念及方法

1.1 拓展阅读资料

1.1.1 测量的一般概念

测量[1]（Measurement）是指借助专门的技术和仪表设备，采用一定的方法取得某一客观事物定量数据资料的实践过程。

所谓“定量”，就是使用一定准确度等级的测量仪器、仪表，比较准确地测得被测量的数值。例如，用电子天平测量大气尘降，可以精确到0.1mg；又如，用磁敏电阻可以测出地球磁场万分之一的变化，从而可以用于探矿或判定海底沉船的位置。

测量过程实质上是一个比较的过程，即将被测量与一个同性质的、作为测量单位的标准量进行比较，从而确定被测量是标准量的若干倍或几分之几的比较过程。用天平测量物体的质量就是一个典型的例子。

测量结果可以表现为一定的数字，也可表现为一条曲线，或者显示成某种图形等，测量结果包含数值（大小和符号）以及单位。

1.1.2 测量方法分类

对于测量方法，从不同的角度出发，有不同的分类方法。根据被测量是否随时间变化，可分为静态测量和动态测量。例如，用激光干涉仪对建筑物的缓慢沉降进行长期监测就属于静态测量；又如，用光导纤维陀螺仪测量火箭的飞行速度、方向就属于动态测量。

根据测量的手段不同，可分为直接测量和间接测量。用标定的仪表直接读取被测量的测量结果，称为直接测量。例如，用磁电式仪表测量电流、电压；用离子敏MOS场效应晶体管测量pH值等。间接测量的过程比较复杂，首先要对几个与被测量有确定函数关系的量进行直接测量，将测量值代入函数关系式 $y=f(x_1, x_2, x_3, \cdots)$，经过计算求得被测量。例如，为了求出某一匀质金属球的密度，可先用电子秤称出球的质量 m，再用长度传感器测出球的直径 D，然后通过公式 $\rho=m\Big/\left(\frac{\pi D^3}{6}\right)$求得球的密度 ρ。

根据测量结果的显示方式，可分为模拟式测量和数字式测量。目前绝大多数测量均采用数字式测量。

根据测量时是否与被测对象接触，可分为接触式测量和非接触式测量。例如用多普勒雷达测速仪测量汽车是否超速就属于非接触测量。非接触测量不影响被测对象的运行工况，是目前发展的方向。

为了监视生产过程，或在生产流水线上监测产品质量的测量称为在线测量，反之，则称为离线测量。例如，现代自动化机床均采用边加工边测量的方式，就属于在线测量，它能保证产品质量的一致性。离线测量虽然能测出产品的合格与否，但无法实时监控产品质量。

根据测量的具体手段来分，又可分为偏位式测量、零位式测量和微差式测量。

1. 偏位式测量

在测量过程中，被测量作用于仪表内部的比较装置，使该比较装置产生偏移量，直接以仪表的偏移量表示被测量的测量方式称为偏位式测量。例如，用弹簧秤测量物体质量，用高斯计测量磁场强度等，均是直接以指针偏移的大小来表示被测量。在这种测量方式中，必须事先用标准量具对仪表刻度进行校正。显然，采用偏位式测量的仪表内不包括标准量具。

偏位式测量易产生灵敏度漂移和零点漂移。例如，随着时间的推移，弹簧的刚度发生变化，弹簧秤的读数就会产生误差，所以必须定期对偏位式仪表进行校验和校准。偏位式测量虽然过程简单、迅速，但准确度不高。

2. 零位式测量

在测量过程中，被测量与仪表内部的标准量相比较，当测量系统达到平衡时，用已知标准量的值决定被测量的值，这种测量方式称为零位式测量。在零位式测量仪表中，标准量具是装在测量仪表内的。用调整标准量进行平衡操作过程，当两者相等时，用指零仪表的零位来指示测量系统的平衡状态。

例如，用天平来测量物体的质量，用平衡式电桥来测量电阻值等均属于零位式测量。在上述测量中，平衡操作花费的时间较多。为了缩短平衡过程，有时采用自动平衡随动系统。自动平衡电位差计[2]原理示意图如图1-1所示。

测量时，传感器的输出电压 U_x与比较电压 U_R 反向串联，U_x与 U_R 叠加后的差值电压 ΔU 送到检零放大器放大，其输出电压控制伺服电动机的正、反转，从而带动滑线电阻的滑动臂电刷触点及指针移动，直到滑线电阻上的压降 U_R 等于 U_x时，检零放大器的输出为零，伺服电动机停转，U_R 的指示值即表示被测电压值 U_x。图中的 RP 为灵敏度调节电位器，只涉及分辨力。零位式测量的特点是准确度高，但平衡复杂，多用于缓慢信号的测量。

3. 微差式测量

微差式测量法是综合了偏位式测量法速度快和零位式测量法准确度高的优点的一种测量方法。这种方法预先使被测量与测量装置内部的标准量取得平衡。当被测量有微小变化时，测量装置失去平衡。用上述偏位式仪表指示出其变化部分的数值。

例如，用天平（零位式仪表）测量化学药品的重量，当天平平衡之后，又增添了少许

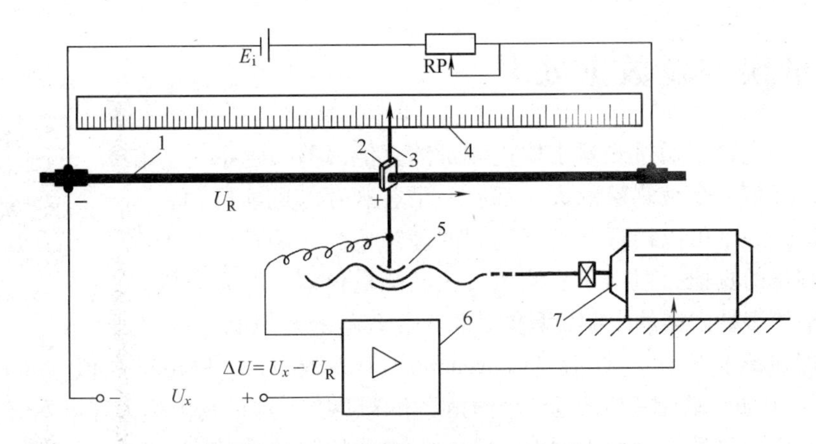

图1-1　自动平衡电位差计原理示意图（TH）

1—滑线电阻　2—电刷　3—指针　4—刻度尺　5—丝杆螺母传动　6—检零放大器　7—伺服电动机

药品，天平再次失去平衡。这时即使用最小的砝码也称不出这一微小的差值。但是我们可以从天平指针在标尺上移动的格数来读出这一微小差值。又如，用电子秤测量物体的重量，用不平衡电桥测量电阻值，以及图1-2所示的核辐射式钢板测厚仪[3]，都属于微差式测量。

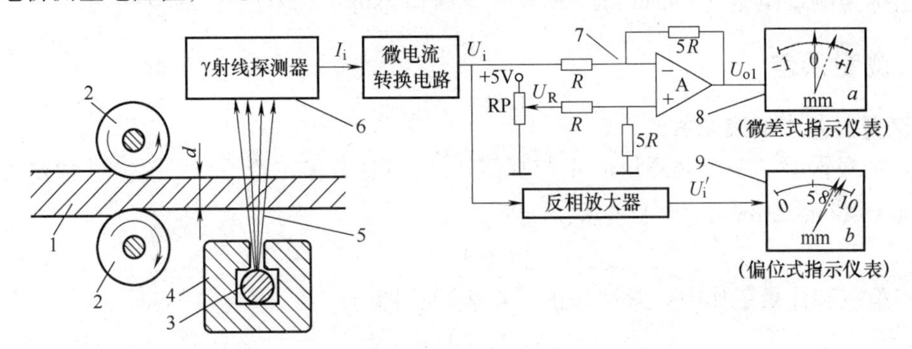

图1-2　核辐射式钢板测厚仪原理图

1—被测钢板　2—轧辊　3—γ射线源　4—铅盒　5—γ射线

6—γ射线探测器　7—差动放大器　8—指示仪表 a　9—指示仪表 b

在线测量钢板厚度前，先将标准厚度的钢板放置于γ射线源和射线探测器之间，调节电位器RP，使差动放大器的输出 U_{o1} 为零，测量系统达到平衡。当移开标准钢板后，RP所决定的参考电压 U_R 就成为电压比较装置中的标准量。被测钢板进入测量位置时，若被测钢板的厚度等于标准钢板的厚度，则 U_i 等于 U_R，差动放大器的输出为零，放大指示仪表 a 指在零位（中间位置）；若被测钢板的厚度不等于标准厚度，U_i 将大于或小于 U_R，其差值经差动放大器放大后，由指示仪表 a 指示出厚度的偏差值。用上述方法测量时，虽然分辨力较高，但量程较小。在本例中，只能测量厚度变化在±1mm之间的钢板，但可分辨0.1mm甚至更小的变化量。如果将 U_i 直接接到指示仪表 b 上，就是偏位式测量，其测量范围可达0～10mm，但分辨力低得多。

微差式测量装置在使用时要定期用标准量校准（包括调零和调满度），才能保证其测量准确度。

1.2 测量误差及数据处理

1.2 拓展阅读资料

测量的目的是希望通过测量求取被测量的真值（True Value）。在一定条件下，任何一个被测量的大小都有一个客观存在的实际值，称为真值。真值是一个可以接近却难以达到的理想概念。测量的目的就是要得到被测量的真值，但由于受测量方法、测量仪器、测量条件以及观测者水平等多种因素的限制，只能获得该物理量的近似值。

真值有理论真值、约定真值（Conventional True Value）和相对真值（Relatively True Value）之分。例如，平面三角形的三个内角之和为180°，这种真值称为理论真值。又如，国际科学与技术数据委员会（CODATA）1986年推荐的阿伏伽德罗常数为$6.022\times10^{23}\mathrm{mol}^{-1}$；在标准条件下，水的三相点为273.16K，金的凝固点是1064.18℃；米是光在真空中，在1/299792458s时间间隔内运行路程的长度等，这类真值称为约定真值。准确度高2级或几级的仪表的误差与准确度低的仪表的误差相比，前者的误差是后者的1/3以下时，则高一级仪表的测量值可以认为是相对真值。相对真值在误差测量中的应用最为广泛。测量值与真值之间的差值称为测量误差（Measuring Error）。测量误差可按其不同特征进行分类。

1.2.1 测量误差

1. 测量误差[4]的表示方法

（1）绝对误差　一个被测量值A_x与真值A_0之间总是存在着一个差值，这种差值称为绝对误差（Absolute Error），用Δ表示，即

$$\Delta = A_x - A_0 \tag{1-1}$$

在实验室和计量工作中，常用修正值C表示，即

$$C = A_0 - A_x = -\Delta \tag{1-2}$$

由式（1-2）可知，由修正值C、被测量值A_x可求得真值A_0。绝对误差与被测量的量纲相同。

（2）相对误差　绝对误差不足以反映测量值偏离真值程度的大小，所以引入了相对误差（Relative Error）。相对误差用百分比的形式来表示，一般多取正值。相对误差可分为示值相对误差和引用相对误差等。

1）示值（标称）相对误差γ_x：示值相对误差（Nominal Relative Error）γ_x用绝对误差Δ与被测量A_x的百分比来表示

$$\gamma_x = \frac{\Delta}{A_x}\times 100\% \tag{1-3}$$

2）引用误差γ_m：引用误差（Quoted Error）有时也称满度相对误差，用测量仪表的绝对误差Δ与仪器满度值A_m的百分比来表示

$$\gamma_m = \frac{\Delta}{A_m}\times 100\% \tag{1-4}$$

对测量下限不为零的仪表而言，在式（1-4）中，用量程（$A_{max}-A_{min}$）来代替分母中的A_m。

3）准确度等级：式（1-4）中，当 Δ 取仪表的最大绝对误差值 Δ_m 时，引用误差常被用来确定仪表的准确度等级（Accuracy Class）S，即

$$S = \left| \frac{\Delta_m}{A_m} \right| \times 100 \tag{1-5}$$

根据给出的准确度等级 S 及量程范围，也可以推算出该仪表可能出现的最大绝对误差 Δ_m。准确度等级 S 规定取一系列标准值。我国的工业模拟仪表有下列常用的 7 种等级：0.1、0.2、0.5、1.0、1.5、2.5、5.0。随着测量技术的进步，目前部分行业的仪表还增加了以下几种准确度等级：0.005、0.01、0.02、(0.03)、0.05、0.2、(0.25)、(0.3)、(0.35)、(0.4)、(2.0)、4.0 等[5]。只有在必要时，才可采用括号内的准确度等级。这些准确度等级分别表示对应仪表的引用误差不应超过的百分比。从仪表面板上的标志可以判断出仪表的等级。仪表的准确度等级与对应的引用误差如表 1-1 所示。一般来说，准确度等级的数值越小，仪表越昂贵。

表 1-1　仪表的常用准确度等级与对应的引用误差

准确度等级	0.1	0.2	0.5	1.0	1.5	2.5	5.0
对应的引用误差	±0.1%	±0.2%	±0.5%	±1.0%	±1.5%	±2.5%	±5.0%

仪表的准确度在工程中也常称为“精度”（Accuracy），准确度等级习惯上称为精度等级。根据仪表的准确度等级可以确定测量的最大引用误差和最大绝对误差。例如，在正常情况下，用 0.5 级、量程为 100℃ 的温度表来测量温度时，可能产生的最大绝对误差

$$\Delta_m = (\pm 0.5/100) \times A_m = \pm (0.5\% \times 100) ℃ = \pm 0.5 ℃$$

在测量领域中，还经常使用正确度、精密度、精确度等名词来评价测量结果。这些术语的叫法虽然十分普遍，但也比较容易引起混乱。本书只采用准确度这个名词来表达测量结果误差的大小。

在正常工作条件下，仪表的最大绝对误差多数情况下是不变的，而示值相对误差 γ_x 随示值的减小而增大。例如用上述温度表来测量 80℃ 温度时，相对误差 $\gamma_x = (\pm 0.5℃/80℃) \times 100\% = \pm 0.525\%$，而用它来测量 10℃ 温度时，相对误差 $\gamma_x = (\pm 0.5℃/10℃) \times 100\% = \pm 5\%$。

例 1-1　某压力表准确度为 2.5 级，量程为 0～1.5MPa，求：

1）可能出现的最大满度相对误差 γ_m。

2）可能出现的最大绝对误差 Δ_m 为多少千帕？

3）测量结果显示为 0.70MPa 时，可能出现的最大示值相对误差 γ_x。

解　1）可能出现的最大满度相对误差可以直接查表 1-1 得到，即 $\gamma_m = \pm 2.5\%$。

2）$\Delta_m = \gamma_m A_m = \pm 2.5\% \times 1.5\text{MPa} = \pm 0.0375\text{MPa} = \pm 37.5\text{kPa}$。

3）$\gamma_x = \dfrac{\Delta_m}{A_x} \times 100\% = \dfrac{\pm 0.0375}{0.70} \times 100\% = \pm 5.36\%$。

由上例可知，γ_x 的绝对值总是大于（在满度时等于）γ_m。

例 1-2　现有准确度为 0.5 级的 0～300℃ 和准确度为 1.0 级的 0～100℃ 的两个温度计，要测量 80℃ 的温度，试问采用哪一个温度计好？

解　经计算，用 0.5 级表以及 1.0 级表测量时，可能出现的最大示值相对误差分别为 ±1.88% 和 ±1.25%。计算结果表明，用 1.0 级表比用 0.5 级表的示值相对误差的绝对值反

而小，所以更合适。

由上例可知，在选用仪表时应兼顾准确度等级和量程，通常希望示值落在仪表满度值的2/3左右。

2. 测量误差的分类

误差产生的原因和类型很多，其表现形式也多种多样，针对造成误差的不同原因有不同的解决办法。

按误差性质分类，测量误差有：

（1）粗大误差　超出在规定条件下预计的误差或明显偏离真值的误差称为粗大误差（Gross Error），也称疏忽误差，或粗差。粗大误差主要是由于测量人员的粗心大意及电子测量仪器受到突然而强大的干扰所引起的。如测错、读错、记错、外界过电压尖峰干扰等造成的误差。就数值大小而言，粗大误差明显超过正常条件下的误差。当发现粗大误差时，应予以剔除。

（2）系统误差　在重复性条件下，对同一被测量进行无限多次重复测量所得结果的平均值与被测量的真值之差，称为系统误差（Systematic Error），即

系统误差 = 无限次测量的平均值 - 真值

有时也采用如下的表达：误差的数值固定或按一定规律变化者，属于系统误差。按其表现的特点，可分为恒值误差和变值误差两大类。恒值误差在整个测量过程中，其数值和符号都保持不变。例如，由于刻度盘分度差错或刻度盘移动而使仪表刻度产生的误差，皆属此类。

引起系统误差的因素为系统效应。例如，环境温度及湿度波动、电源电压下降、电子元件老化、机械零件变形移位、仪表零点漂移等。又如，用零点未调整好的天平称量物体，称量结果会产生偏高或偏低。

系统误差具有规律性，因此可以通过实验的方法或引入修正值的方法计算修正，也可以重新调整测量仪表的有关部件使系统误差尽量减小。

由于系统误差及产生的原因不能完全知晓，因此通过修正和调整只能有限程度地对系统误差进行补偿，其系统误差会比修正前的要小，但不可能为零。

（3）随机误差　测量结果与在重复条件下对同一被测量进行无限多次测量所得结果的平均值之差称为随机误差（Random Error）。由于实际上只能进行有限次测量，因而只能得出这一测量结果中随机误差的估计值。随机误差大多是由影响量的随机变化引起的，这种变化带来的影响称为随机效应，它导致重复观测中的分散性。测量列中的每一个测量结果的随机误差是不相同的。随着重复次数的增加，出现的随机误差的总和趋向于零，即随机误差可以认为是测量误差中期望为零的误差分量。

随机误差有时也采用如下的表达：在同一条件下，多次测量同一被测量，有时会发现测量值时大时小，误差的绝对值及正负以不可预见的方式变化，该误差称为随机误差。随机误差反映了测量值离散性的大小。引起随机误差的因素称为随机效应。随机误差是测量过程中许多独立的、微小的、偶然的因素引起的综合结果。

在有随机误差的测量结果中，虽然单个测量值误差的出现是随机的，既不能用实验的方法消除，也不能修正，但是就误差的整体而言，服从一定的统计规律。因此可以通过增加测量次数，利用概率论的一些理论和统计学的一些方法，掌握看似毫无规律的随机误差的分布

特性，并进行测量结果的数据统计处理。多数随机误差都服从正态分布规律，我们将在以下的内容中加以论述。

（4）静态误差和动态误差　从测量的静态特性和动态特性来分类，还可将误差分为静态误差和动态误差。

1）静态误差：在被测量不随时间变化时所产生的误差称为静态误差（Static Error，也称静态偏差）。前面讨论的误差多属于静态误差。

2）动态误差：当被测量随时间迅速变化时，系统的输出量在时间上不能与被测量的变化精确吻合，这种误差称为动态误差（Dynamic Error，也称动态偏差）。例如，被测水温以很快的速度上升到100℃，玻璃水银温度计（属于一阶系统）的水银柱不可能立即上升到100℃。如果此时就记录读数，必然产生误差。

引起动态误差的原因很多。例如，用笔式记录仪（属于二阶系统）记录心电图时，由于记录笔的惯性较大，所以记录的结果在时间上滞后于心电的变化，有可能记录不到特别尖锐的窄脉冲，而且还存较长的稳定时间。不同动态响应的心电图仪测量同一个人的心电图时的曲线如图1-3所示。由于其中一台放大器的带宽不够，动态误差较大，描绘出的窄脉冲幅度偏小。又如，用放大器放大含有大量高次谐波的周期信号（例如很窄的矩形波）时，由于放大器的频响及电压上升率不够，电路中的积分常数较大，造成高频段的放大倍数小于低频段，在示波器上看到的波形失真很大，属于系统误差。

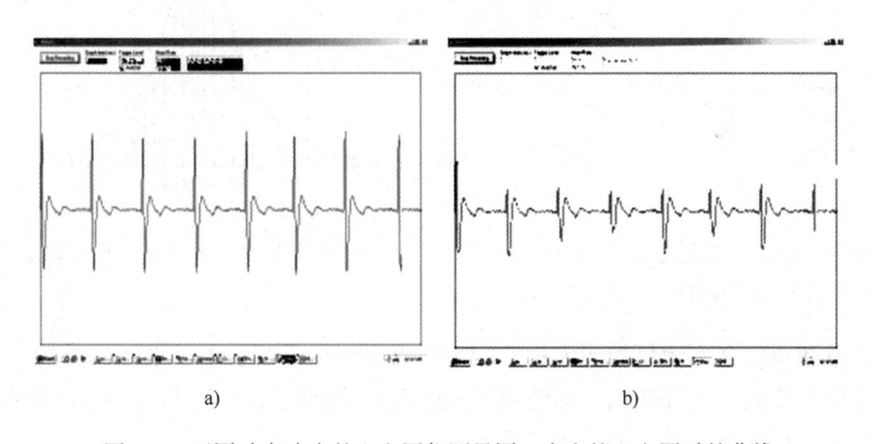

图1-3　不同动态响应的心电图仪测量同一个人的心电图时的曲线

a）动态误差较小的心电图仪测量结果　b）动态误差较大的心电图仪测量结果

图1-4为一个突变的被测量引起某个二阶系统的瞬态响应曲线。在t_1时刻，被测量x突然从零阶跃到$1.0y_e$，但由于测量仪表的输出无法立即跟上输入的变化，得到图1-4b所示的响应曲线。图中所示的主要性能指标有：延迟时间t_d、上升时间t_r、峰值响应时间t_p、调整时间t_s、超调量M_p等，仪表的输出最终稳定在静态误差允许的范围内。同理，在t_2时刻，被测量的突然减小，也存在较长的稳定过程。

一般静态测量要求仪器的带宽在0～10Hz左右，而动态测量要求带宽上限较高（例如要求大于10kHz）。这就要求采用高速运算放大器，并尽量减小电路的时间常数。

对用于动态测量、带有机械结构的仪表而言，应尽量减小机械惯性，提高机械结构的谐振频率，才能尽可能真实地反映被测量的迅速变化。

1.2.2 测量结果的数据处理

对测量结果的数据处理主要有两点要求：一是得到最接近被测量的近似值；二是估计出测量结果的误差，即给出测量结果的近似值范围。

1. 随机误差的统计特性

在存在随机误差的测量中，如果保持测量条件不变，对同一被测量对象进行多次重复测量，可以得到一系列包含了随机误差的读数：x_1、x_2、x_3、…、x_n，它们称为测量列。以测得的数据 x 为横坐标，出现的次数 n（或概率密度 f）为纵坐标，可以得到图1-5所示的直方图。

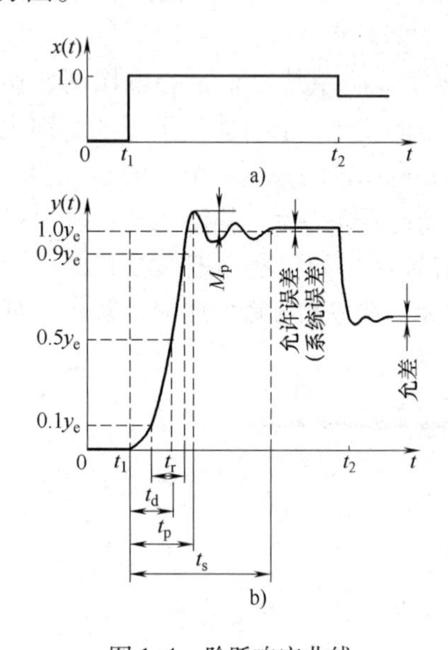

图1-4 阶跃响应曲线
a）输入信号 b）输出响应

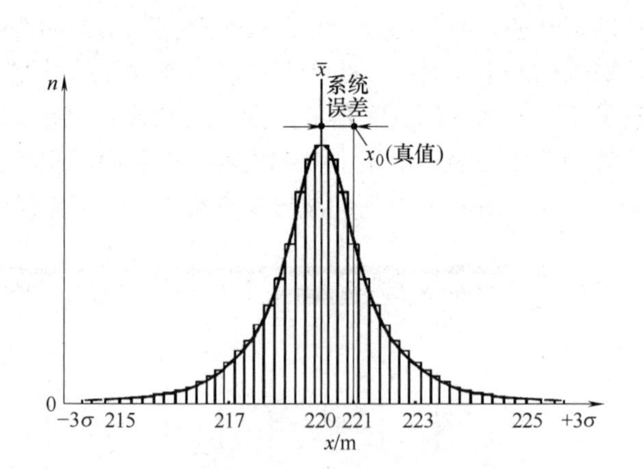

图1-5 统计直方图及系统误差、随机误差

以超声波测距仪多次测量两座大楼之间的距离为例来说明。由于空气的抖动、气温的变化、仪器受到电磁波干扰等原因，即使用准确度很高的测距仪去测量，也会发现测量值时大时小，而且无法预知下一时刻的干扰情况。

如果测量次数 $n\to\infty$ 时，则无限多的直方图的顶部中点的连线就形成一条光滑的连续曲线，称为随机误差的概率密度分布曲线，也称高斯误差分布曲线或正态分布（Normal School）曲线。测量结果符合正态分布曲线的例子很多，例如测量某校男生身高，以及用激光测量某桥梁长度等。

对正态分布曲线进行分析，可以发现如下规律：

（1）集中性 大量的测量值集中分布于算术平均值（Arithmetic Mean）$\bar{x}$ 附近。

$$\bar{x} = \frac{1}{n}\sum_{i=1}^{n} x_i = \frac{x_1 + x_2 + x_3 + \cdots + x_n}{n} \tag{1-6}$$

算术平均值 $\bar{x}$ 不再含有随机误差分量，但并不等于真值，$\bar{x}$ 与真值 x_0 之差可以认为就是系统误差，如图1-5所示。例如，由于上述超声波测距仪未认真调零，所以即使多次测量，其算术平均值 $\bar{x}$（220m）与用更高准确度的激光测距仪的测量值（221m）比较，仍存在1m

的误差。从图 1-5 中还可以看出，一系列测量值与 $\bar{x}$ 的差值就是随机误差，它们与真值的差值等于随机误差加上系统误差。

（2）对称性　x_i 大致对称地分布于 $\bar{x}$ 两侧。我们将 x_i 与 $\bar{x}$ 之差称为剩余误差，也称残差 V_i

$$V_i = x_i - \bar{x} \tag{1-7}$$

从图 1-5 还可以看出，在 $\bar{x}$ 两侧的残差 V_i 基本上相互抵消

$$\sum_{i=1}^{n} V_i = V_1 + V_2 + \cdots + V_n \to 0$$

所以凡具有抵消性的误差，一般可按随机误差处理。

（3）有界性　在一定的条件下，x_i 有一定的分布范围，超过这个范围的可能性非常小，即出现绝对误差很大的情况很少。

除此之外，进一步分析可以证明，当 $n \to \infty$ 时，测量列 x_i 的算术平均值 $\bar{x}$ 可以认为是测量值的最可信值，或者也可以说是数学期望值（Mathematical Expectation）。但是，在有随机误差存在的情况下，只使用 $\bar{x}$ 仍无法表达出测量值的误差范围和准确度的高低。

在工程测量中，一般用下式表示存在随机误差时的测量结果

$$x = \bar{x} \pm \Delta x \tag{1-8}$$

Δx 表示测量值的误差范围。根据统计学原理，常采用 $3\bar{\sigma}$ 准则，工程上常令

$$\Delta x = 3\bar{\sigma} = 3\sqrt{\frac{\sum_{i=1}^{n} V_i^2}{n(n-1)}} \tag{1-9}$$

式（1-9）中，$\bar{\sigma}$ 称为算术平均值的方均根误差，过去也称为算术平均值的标准差。$\bar{\sigma}$ 可用下式计算

$$\bar{\sigma} = \sqrt{\frac{\sum_{i=1}^{n} V_i^2}{n(n-1)}} \tag{1-10}$$

由于 $\bar{\sigma}$ 与 n 有关，n 越大，测得的 $\bar{\sigma}$ 就越小，即测量的准确度就越高。但是增加测量次数必须付出较多的时间，科学家贝塞尔经大量的实验证明，当 $n > 10$ 时，$\bar{\sigma}$ 的减小就非常缓慢，因此在一般情况下，n 略大于 10 即可。

由于测量过程中还可能存在粗大误差，必须予以剔除。在误差理论中，还规定了一个评定单次测量结果离散性大小的标准，称为方均根误差 σ（请注意它与 $\bar{\sigma}$ 的区别）

$$\sigma = \sqrt{\frac{\sum_{i=1}^{n} V_i^2}{n-1}} \tag{1-11}$$

根据拉依达准则，当测量次数 $n > 10$ 且测量列 x_i 符合正态分布时，残差 V_i 超过 3σ 的可能性只有 0.3%，它的置信度为 99.7%。因此，可以用方均根误差来检查测量结果中是否存在粗大误差，残差超过 3σ（极限误差）的测量值称为坏值，应予以剔除。

由式（1-10）和式（1-11）可知，算术平均值的方均根误差 $\bar{\sigma}$ 与方均根误差 σ 的关系是 $\bar{\sigma} = \sigma/\sqrt{n}$，因此，测量结果 x 也可用下式表示

$$x = x \pm 3\bar{\sigma} = \bar{x} \pm 3\frac{\sigma}{\sqrt{n}} \tag{1-12}$$

方均根误差 σ 也用于确定随机误差正态分布曲线的形状和离散度。σ 值越小，正态分布曲线（见图1-5）就越陡，意味着测量值较集中，测量准确度较高；σ 值越大，曲线越平坦，离散程度就越大，误差范围也就越大。

2. 测量结果的数据整理步骤

为了得到尽量准确的测量结果，对一项测量任务进行多次测量之后，需按下列规程处理：

1）将一系列等准确度测量的读数 $x_i(i=1, 2, \cdots, n)$ 按先后顺序列成表格（在测量时应尽可能消除系统误差）。

2）计算测量列 x_i 的算术平均值 $\overline{x}$。

3）在每个测量读数旁，相应地列出残差 $V_i(V_i=x_i-\overline{x})$。

4）检查 $\sum_{i=1}^{n} V_i = 0$ 的条件是否满足。若不满足，说明计算有误，需重新计算。

5）在每个残差旁列出 V_i^2，然后求出方均根误差 σ。

6）检查是否有 $V_i>3\sigma$ 的读数。若有，应舍去此读数 x_i，然后从第2条开始重新计算。

7）在确认不再存在粗大误差（即 $V_i \leqslant 3\sigma$）之后，计算算术平均值的标准差 $\overline{\sigma}$。

8）写出测量结果 $x=\overline{x}\pm 3\overline{\sigma}$，并注明置信概率（99.7%）。

例1-3 用图1-2所示的核辐射式测厚仪对钢板的厚度进行16次等准确度测量，所得数据如下（单位为mm）：39.44、39.27、39.94、39.44、38.91、39.69、39.48、40.55、39.78、39.68、39.35、39.71、39.46、40.12、39.76、39.39，试用上述规则求出钢板厚度。

解 1）按照测量读数的顺序列表1-2的第1和2列。

表1-2 钢板厚度测量结果的数据列表

n	x_i/mm	V_i/mm	V_i^2/mm^2
1	39.44	−0.183	0.033
2	39.27	−0.353	0.125
3	39.94	0.317	0.100
4	39.44	−0.183	0.033
5	38.91	−0.713	0.508
6	39.69	0.067	0.004
7	39.48	−0.143	0.020
8	40.55	0.927	0.859
9	39.78	0.157	0.025
10	39.68	0.057	0.003
11	39.35	−0.273	0.075
12	39.71	0.087	0.008
13	39.46	−0.163	0.027
14	40.12	0.497	0.247
15	39.76	0.137	0.019
16	39.39	−0.233	0.054
$\overline{x}=39.623$	$\sum x=633.97$	$\sum V_i=0.002$	$\sum V_i^2=2.140$

2）计算测量列 x_i 的算术平均值：$\bar{x}=(633.97/16)\,\text{mm}=39.623\text{mm}$。

3）在测量值 x_i 右边写出残差 V_i，验证 $\sum_{i=1}^{n} V_i \approx 0$，并填写到表 1-2 的第 3 列。

4）在每个残差的右边列出计算 σ 和 $\bar{\sigma}$ 所必须的中间过程值 V_i^2，并填写到表 1-2 的第 4 列，计算出 $\sum_{i=1}^{n} V_i^2 = 2.140\text{mm}^2$。

5）计算方均根误差：$\sigma = \sqrt{\dfrac{\sum_{i=1}^{n} V_i^2}{n-1}} = 0.378\text{mm}$。

6）计算极限误差 $3\sigma=1.134\text{mm}$。经检查，未发现 $V_i>3\sigma$，故 16 个测量值中均无坏值。

7）计算算术平均值的标准差：$\bar{\sigma}=\dfrac{\sigma}{\sqrt{n}}=0.095\text{mm}$。

8）写出测量钢板厚度的结果：$x=\bar{x}+3\bar{\sigma}=39.62\text{mm}\pm0.29\text{mm}(99.7\%)$。

在上述计算过程中，由于测量列 x_i 小数点后只有两位，因此各个中间值需在小数点后保留 3 位，最后结果只能保留小数点后两位。

以上复杂的数据整理步骤需要编制程序，利用计算机来完成。

3. 不确定度的基本概念及不确定度报告

在实际测量中，除了上述 $3\bar{\sigma}$ 的概念之外，还应考虑测量不确定度[6]（Measurement Uncertainty）的影响。测量结果仅仅是被测量的一个估计值，因此测量结果必然带有不确定性。不确定性越大，测量结果的质量就越差。测量不确定度的含义是指：由于测量误差的存在，对被测量值的"不能肯定的程度"，也表明该结果的可信赖程度。不确定度是测量结果质量的指标[7]。不确定度越小，所述结果与被测量的真值越接近。在报告测量结果[8]时，必须给出相应的不确定度，便于使用该测量结果的人评定其可靠性。测量不确定度包含 A 类评定和 B 类评定[9]。在完成不确定度的分析和评定后，应给出不确定度报告[10]。

4. 测量系统静态误差的合成

一个测量系统一般由若干个单元组成，这些单元在系统中称为环节。为了确定整个系统的静态误差，需将每一个环节的误差综合起来，称为误差的合成。

由 n 个环节串联组成的开环系统如图 1-6 所示。输入量为 x，输出量 $y_o=f(x)$。

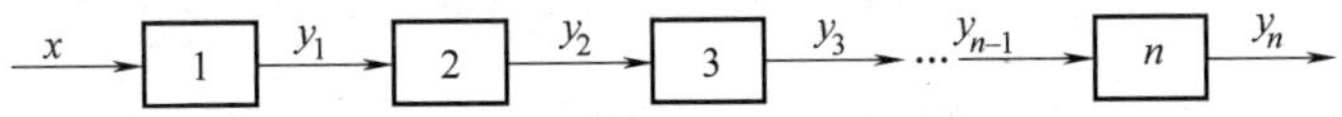

$$x \rightarrow \boxed{1} \xrightarrow{y_1} \boxed{2} \xrightarrow{y_2} \boxed{3} \xrightarrow{y_3} \cdots \xrightarrow{y_{n-1}} \boxed{n} \xrightarrow{y_n}$$

图 1-6　由 n 个环节串联组成的开环系统

若第 i 个环节的满度相对误差为 γ_i 时，则输出端的满度相对误差 γ_m 与 γ_i 之间的关系可用以下两种方法确定[11]：

（1）绝对值合成法　绝对值合成法是从最不利的情况出发的合成方法，即认为在 n 个分项 γ_i 中有可能同时出现正值或同时出现负值，则总的合成误差为各环节误差 γ_i 的绝对值之和，即

$$\gamma_m = \sum_{i=1}^{n} \gamma_i = \pm(|\gamma_1| + |\gamma_2| + \cdots + |\gamma_n|) \tag{1-13}$$

这种合成法对误差的估计是偏大的，因为每一个环节的误差实际上不可能同时出现最大

值，精确的方法必须考虑各个环节误差可能出现的概率。

（2）方均根合成法　当系统误差的大小和方向都不能确切掌握时，可以仿照处理随机误差的方法来处理系统误差。计算公式为

$$\gamma_m = \pm\sqrt{\gamma_1^2+\gamma_2^2+\cdots+\gamma_n^2} \tag{1-14}$$

例1-4　用图1-2所示的核辐射式钢板测厚仪测钢板厚度，已知γ射线检测管的测量误差为±5%，微电流放大器误差为±2%，指针表误差为±1%，求测量的总误差。

解　（1）用绝对值合成法计算测量误差

$$\gamma_m = \pm(|\gamma_1|+|\gamma_2|+\cdots+|\gamma_n|) = \pm(5\%+2\%+1\%) = \pm 8\%$$

（2）用方均根合成法

$$\gamma_m = \pm\sqrt{(5\%)^2+(2\%)^2+(1\%)^2} \approx \pm 5\%$$

用方均根合成法估算测量的总误差较为合理。从本例中还可以看到，测量系统中的一个或几个环节的准确度特别高，对提高整个测量系统总的准确度意义不大，反而提高了测量系统的成本，造成了资源浪费。例如在本例中，如果一味提高显示仪表的准确度并不能有效地减小测量总误差，而应努力提高误差最大的某个环节的测量准确度。在这里，传感器（γ射线管）的误差最大，应选购更高一级的传感器，以达到最佳的性能价格比。

1.3　传感器及其基本特性

1.3　拓展阅读资料

1.3.1　传感器定义及组成

传感器是一种检测装置，能感受规定的被测量，并能将检测感受到的信息按一定规律变换成电信号或其他可用信号，以满足信息的传输、处理、存储、显示、记录和控制等要求，它是实现自动检测和自动控制的重要环节，有时也可以称为换能器、检测器、探头等。大部分传感器由敏感元件、传感元件及测量转换电路三部分组成，如图1-7所示。

图1-7　传感器组成框图

图1-7中的敏感元件在传感器中直接感受被测量的元件，被测量通过敏感元件转换成与被测量有确定关系、更易于转换的非电量（某些传感器的敏感元件能够直接输出电参量）。这一非电量通过传感元件后被转换成电参量。测量转换电路的作用是将传感元件输出的电参量转换成易于处理的电压、电流或频率量。应该指出，不是所有的传感器都有敏感元件、传感元件之分，有些传感器是将两者合二为一了。

电位器式压力传感器示意图如图1-8所示。当被测压力p增大时，弹簧管撑直，通过齿条带动齿轮转动，从而带动电位器的电刷产生角位移。电位器电阻的变化量反映了被测压力p值的变化。在这个传感器中，弹簧管为敏感元件，它将压力转换成角位移α。电位器为传感元件，它将角位移转换为电参量——电阻的变化ΔR。当电位器的两端加上电源后，电位器就组成分压比电路，它的输出量是与压力成一定关系的电压U_o。在这个例子中，电位器

又属于分压比式测量转换电路。

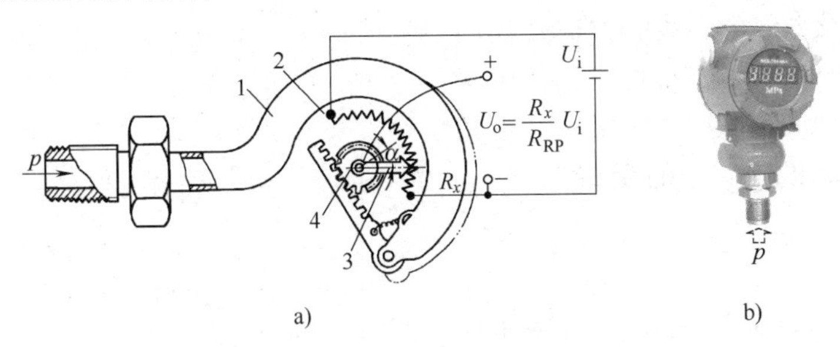

图 1-8　电位器式压力传感器示意图

a）原理示意图　b）外形图

1—弹簧管（敏感元件）　2—电位器（传感元件、测量转换电路）　3—电刷　4—传动机构（齿轮-齿条）

结合上述工作原理，可将图 1-8 框中的内容具体化，可画出电位器式压力传感器原理框图，如图 1-9 所示。

p（压力）→ 弹簧管 → α（角位移）→ 电位器 → ΔR（电阻值）→ 分压比电路 → U_o（输出电压）

图 1-9　电位器式压力传感器原理框图

1.3.2　传感器分类

传感器的种类名目繁多，分类不尽相同。常用的分类方法有：

1）按被测量分类：可分为位移、力、力矩、转速、振动、加速度、温度、压力、流量、流速等传感器。

2）按测量原理分类：可分为电阻、电感、电容、压电、超声波、热电偶、激光、红外、光导纤维、光栅、磁栅、容栅等传感器。

3）按传感器输出信号的性质分类：可分为输出为开关量（“1” 和 “0” 或 “开” 和 “关”）的开关型传感器；输出为模拟量的模拟型传感器，输出为脉冲或代码的数字型传感器。

1.3.3　传感器的基本特性

传感器的特性一般指输入和输出特性，它有静态和动态之分。传感器动态特性的研究方法与控制理论中介绍的相似，本书仅介绍传感器静态特性的一些重要指标。

1. 灵敏度

灵敏度（Sensitivity）是指传感器在稳态下输出变化值与输入变化值之比，用 K 表示。即

$$K=\frac{\mathrm{d}y}{\mathrm{d}x}\approx\frac{\Delta y}{\Delta x} \tag{1-15}$$

式中　x——输入量；

y——输出量。

对线性传感器而言，灵敏度为一常数；对非线性传感器而言，灵敏度随输入量的变化而

变化。从输出曲线看，曲线越陡，灵敏度越高。可以通过作该曲线的切线的方法（作图法）求得曲线上任一点的灵敏度，用作图法求取传感器的灵敏度如图1-10所示。由切线的斜率可以看出，x_2 点的灵敏度比 x_1 点高。

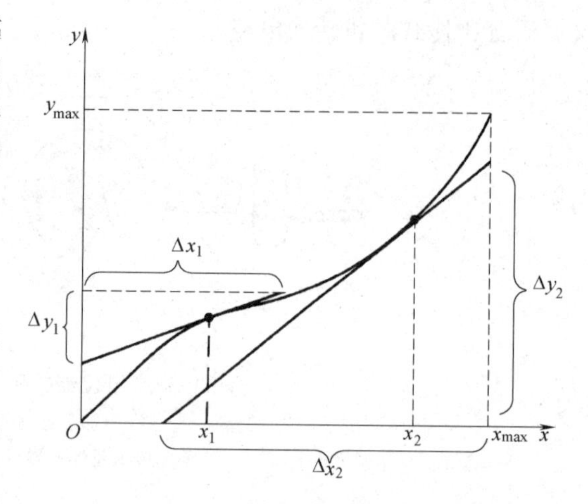

图1-10 传感器灵敏度与输出特性曲线的斜率关系

2. 分辨力

分辨力（Resolution）是指传感器能检出被测信号的最小变化量，是具有量纲的数。分辨力用符号Δ表示。当被测量的变化小于分辨力时，传感器对输入量的变化无任何反应。对数字仪表而言，如果没有其他附加说明，一般可以认为该表的最后一位所表示的数值就是它的分辨力。一般情况下，不能把仪表的分辨力当作仪表的最大绝对误差。例如，习题中图1-17所示数字式温度计的分辨力为0.1℃。若该仪表的准确度为1.0级，则最大绝对误差将达到±2.0℃，比分辨力大得多。

仪表或传感器中，还经常用到“分辨率”的概念。将分辨力除以仪表的满量程就是仪表的分辨率，分辨率常以千分比或几分之一表示，是量纲为1的数。

3. 线性度

人们总是希望传感器的输入与输出的关系成正比，即线性关系。这样可使显示仪表的刻度均匀，在整个测量范围内具有相同的灵敏度。但大多数传感器的输入输出特性总是具有不同程度的非线性，可以用下列多项式代数方程表示

$$y = a_0 + a_1 x + a_2 x^2 + a_3 x^3 + \cdots + a_n x^n$$

上式中，y 为输出量，x 为输入量，a_0 为零点输出，a_1 为理论灵敏度，a_2、a_3、…、a_n 为非线性项系数。各项系数决定了传感器的线性度（Linearity）的大小。如果 $a_2 = a_3 = \cdots = a_n = 0$，则该系统为线性系统，理想的传感器输入与输出的关系特性为 $y = a_0 + a_1 x$。特性曲线上任何点的斜率都相等，此时，传感器的灵敏度 $K = a_1$。

线性度 γ_L 又称非线性误差，是指传感器实际特性曲线与拟合直线（有时也称理论直线）之间的最大偏差与传感器满量程范围内的输出之百分比，如图1-11所示。γ_L 可用下式表示，且多取其正值

$$\gamma_L = \frac{\Delta_{Lmax}}{y_{max} - y_{min}} \times 100\% \tag{1-16}$$

式中 Δ_{Lmax}——最大非线性偏差；

$y_{max} - y_{min}$——输出范围。

拟合直线的方法有很多种，对不同的拟合直线，得到的非线性误差也不同。

图1-11中，将传感器输出起始点与满量程点连接起来的直线作为拟合直线，这条直线也称为端基理论直线，按上述方法得出的线性度称为端基线性度。设计者和使用者总是希望非线性误差越小越好，也即希望仪表的静态特性接近于直线。这是因为线性仪表的刻度是均匀的，容易标定，不容易引起读数误差。

大多数传感器的输出多为非线性。直接用一次函数拟合的结果将产生较大的误差。目前多采用计算机进行曲线拟合[12]。例如，可用 MATLAB[13] 求得近似函数关系式 $y=f(x)$，使其通过或近似通过传感器所给出的有限序列的资料点（x_i，y_i），用多项式函数通过最小二乘法[14]求得传感器的拟合目标函数和近似数学模型。

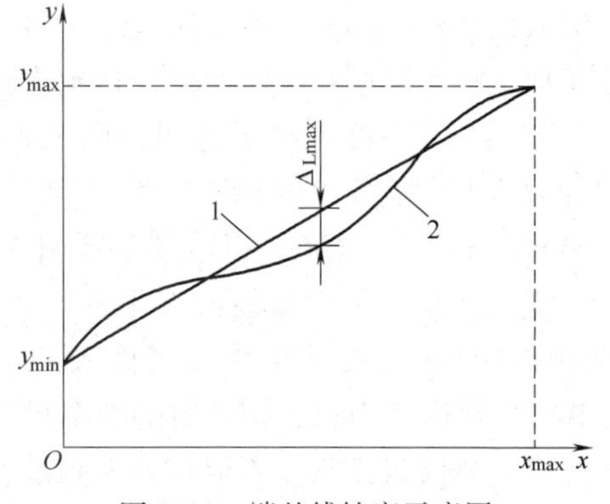

图 1-11　端基线性度示意图

1—拟合直线 $y=Kx+b$　2—实际特性曲线

4. 迟滞误差

迟滞误差（Hysteresis Error）又称为回差或变差，是指传感器正向特性和反向特性的不一致程度，可用下式表示：

$$\gamma_H = \frac{\Delta_{Hmax}}{y_{max}-y_{min}} \times 100\% \qquad (1\text{-}17)$$

式中　Δ_{Hmax}——最大迟滞偏差；

$y_{max}-y_{min}$——量程范围。

某传感器的迟滞特性示意图如图 1-12 所示。其中的正向特性曲线是指在输入量 x 从最小值 x_{min} 开始，逐渐增大到满量程 x_{max} 情况下所得的曲线；而逆向特性则与之相反。正向特性曲线与逆向特性曲线不重合，且反向特性曲线的终点与正向特性曲线的起点也不重合。迟滞会引起重复性、分辨力变差，或造成测量盲区，故一般希望迟滞越小越好。

产生迟滞现象的主要原因是由于传感器敏感元件材料的物理性质和机械零部件的缺陷所造成的，例如弹性敏感元件的弹性滞后、运动部件摩擦、传动机构的间隙、紧固件松动等。

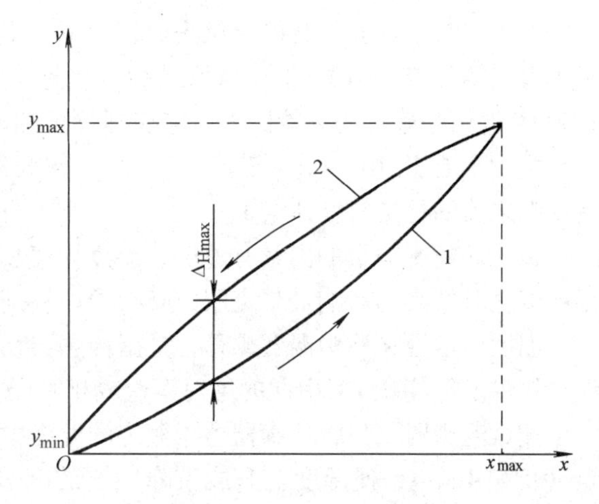

图 1-12　迟滞特性示意图

1—正向特性　2—反向特性

5. 稳定性

稳定性（Regulation）包含稳定度（Stability）和环境影响量（Influence Quantity）两个方面。稳定度指的是仪表在所有条件都恒定不变的情况下，在规定的时间内能维持其示值不变的能力。稳定度一般以仪表的示值变化量和时间的长短之比来表示。例如，某仪表输出电压值在 8h 内的最大变化量为 1.2mV，则表示该仪表的稳定性为 1.2mV/(8h)。

环境影响量仅指由外界环境变化而引起的示值变化量。示值的变化由两个因素构成，一是零漂，二是灵敏度漂移。零漂是用于描述仪表（已调零）在受外界环境影响后，输出不再等于零，而有一定的漂移。

某些情况下，在传感器测量前可以发现零漂，可以通过重新调零来克服。但在不间断测量过程中，零漂附加在仪表输出读数上，因此较难发现。带微处理器的智能化仪表可以定时将输入信号暂时切断，并将输入端短路，测出此时的零漂，并存放在存储器中。在恢复正常测量后，将测量值减去零漂值，达到重新调零的目的。

零漂与灵敏度漂移示意图如图1-13所示。其中的曲线1是某仪表的标准特性。当输入$x=0$时，$y=4\text{mA}$，斜率$k=16$。当该仪表受外界环境影响后，零点漂移，特性曲线向上平移，如图1-13中的曲线2所示。在此例中，当输入$x=0$时，$y=4.2\text{mA}$，漂移了2mA，但此时的斜率仍为16。

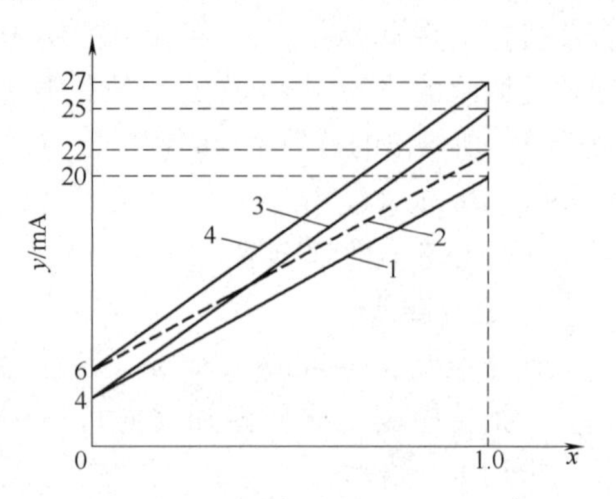

图1-13 零漂与灵敏度漂移示意图
1—标准特性 2—零点漂移特性
3—灵敏度漂移特性 4—综合漂移特性

对多数仪表而言，不但存在零点漂移，而且还存在灵敏度漂移。灵敏度漂移将使仪表的输入/输出特性曲线的斜率产生变化。不考虑零漂时的灵敏度漂移特性如图1-13中的曲线3所示，此时的斜率$k=21$。曲线4是既存在零漂，又存在灵敏度漂移时的特性，我们所要完成的工作是设法将曲线4修正并恢复为曲线1。

对于带微处理器的智能化仪表而言，第一步，可采用上述自动调零措施，使特性曲线向下平移。第二步，在断开被测信号后，将标准信号，例如由“能隙稳压二极管”产生的2.500V电压经确定的衰减器之后施加到仪表的输入端，测出受环境影响前后输出信号之比例系数k'（在此例中，$k'=7.62\%$），将其作为乘法修正系数，就可以将特性曲线4恢复为受影响之前的标准特性曲线1。

造成环境影响量的因素有温度、湿度、气压、电源电压、电源频率等。在这些因素中，温度变化对仪表的影响最难克服，必须予以特别的重视。

温度稳定性又称为温度漂移，是指传感器在外界温度下输出量发生的变化。温度稳定性误差用温度每变化1℃引起的绝对误差或相对误差表示，又称为温度误差系数。

测试温漂时，先将传感器置于额定的温度中（如20℃），将其输出调至零点或某一特定点（例如4mA），使温度上升或下降一定的度数（如5℃或10℃），再读传感器的输出值，前后两次输出值之差除以所变化的温度数值，即为温度误差系数。

表示环境量时，必须同时写出示值偏差及造成这一偏差的影响因素。例如，0.1μA/[U(1±5%)]表示电源电压变化±5%时，将引起示值变化0.1μA；又如，0.2mV/℃表示环境温度每变化1℃引起示值变化0.2mV。

例1-5 某数字式液位计的使用说明书上注明该产品为数字面板表（该数字面板表外形如图1-14所示，可镶嵌到控制屏上），它的量程为0～10m（从面板表上可以看到，事实上只能显示9.99m，属于“3位表”），非线性误差γ_L为1.5%，使用环境温度为0～30℃，温漂为0.001m/℃。请确定该产品是否能满足满度相对误差不大于2.0%的要求。

图1-14 数字面板表外形

解 对数字式仪表而言，如果没有其他附加说明，可以认为其最后一位数字“1”所代表的数值就是它的分辨力。从图1-14可以看出，分辨力为0.01m。由于最后一位读数经常增加 1 或减少 1（称为“跳变”），这一环节造成的绝对误差称为 ±1 误差，$\Delta_1=0.01\text{m}$，其相对误差

$$\gamma_{m1}=\frac{\Delta_1}{A_m}\times 100\% = \pm\frac{0.01\text{m}}{10\text{m}}\times 100\% = \pm 0.1\%$$

由温漂引起的 Δ_t 以及相对误差

$$\gamma_{m2}=\frac{\Delta_t}{A_m}\times 100\% = \pm\frac{(0.001\text{m}/^\circ\text{C})\times 30^\circ\text{C}}{10\text{m}}\times 100\% = \pm\frac{0.03\text{m}}{10\text{m}}\times 100\% = \pm 0.3\%$$

总的相对误差可以由 γ_{m1}、γ_{m2}、γ_L 三个环节的误差用绝对值合成法（偏大）合成，根据式（1-13）有

$$\gamma_m=|\gamma_{m1}|+|\gamma_{m2}|+|\gamma_L|=0.1\%+0.3\%+1.5\%=1.9\%<2.0\%$$

所以该仪表可以满足满度相对误差不大于 2.0% 的要求。其可能出现的最大绝对误差

$$\Delta_{max}=\gamma_m A_m=\pm 1.9\%\times 10\text{m}=\pm 0.19\text{m}$$

由上例可知，当数字式仪表未注明准确度等级时，其最后一位显示值只是说明它能对 0.01m 的液位变化做出反应（跳一个字），但最后一位数字是不可信的。在这个例子中，即使是倒数第二位也是有较大误差的，所以不应将分辨力误解为准确度。由以上计算可知，当示值为 5m 时，实际的液位高度范围可能在（5 ±0.19）m，即 4.81 ~5.19m。对其他数字表而言，同样也应注意准确度与分辨力的问题。

6. 电磁兼容性

所谓电磁兼容（Electromagnetic Compatibility，EMC）是指电子设备在规定的电磁干扰环境中能按照原设计要求正常工作的能力，而且也不向处于同一环境中的其他设备释放超过允许范围的电磁干扰。

随着科学技术和生产力的发展，高频、宽带、大功率的电器设备几乎遍布地球的各个角落，随之而来的电磁干扰也越来越严重地影响检测系统的正常工作。轻则引起测量数据上下跳动；重则造成检测系统内部逻辑混乱、系统瘫痪、甚至烧毁电子线路。因此抗电磁干扰技术就显得越来越重要。自 20 世纪 70 年代以来，越来越强调电子设备、传感器、测控系统的电磁兼容性。

对传感器和检测系统来说，主要考虑在恶劣的电磁干扰环境中，系统必须能正常工作，并能取得准确度等级范围内的正确测量结果。具体的抗电磁干扰、提高电磁兼容能力的方法见第 12.2 节。

7. 可靠性

可靠性（Reliability）是反映传感器和检测系统在规定的条件下，在规定的时间内是否耐用的一种综合性的质量指标。

常用的可靠性指标有以下几种：

1）故障平均间隔时间（MTBF）：指两次故障间隔的时间。

2）平均修复时间（MTTR）：指排除故障所花费的时间。

3）故障率 λ 或失效率[15]（Failure Rate）：其变化大体上可分成如下 3 个阶段：

① 初期失效期：仪表或传感器开始使用阶段故障率很高，失效的可能性很大，但随着使用时间的增加而迅速降低。故障原因主要是设计或制造上有缺陷，所以应尽量在使用前期予以暴露，并消除之。有时为了加速渡过这一危险期，在检测系统通电的情况下，将之放置

于高温环境→低温环境→高温环境……反复循环，这称为“老化试验”[16]。老化之后的系统在现场使用时，故障率大为降低。小型盐雾试验箱外形如图1-15所示。试验系统能够向箱内均匀释放带有盐分的水蒸气，相对湿度可达98%，最高温度可达65℃，考验电工电子产品能否在恶劣的环境中正常工作和抗盐雾腐蚀的程度[17]。

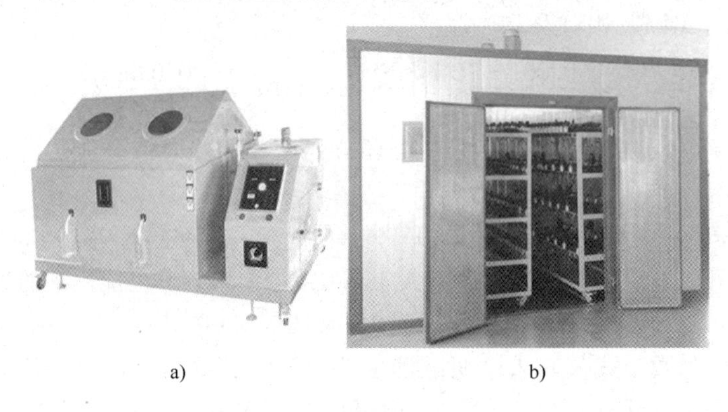

a) b)

图1-15 老化试验设备

a）小型盐雾试验箱 b）高低温循环老化室

② 偶然失效期：这期间的故障率较低，是构成检测系统使用寿命的主要部分。

③ 衰老失效期：这期间的故障率随时间的增加而迅速增大，经常损坏和维修。原因是元器件老化，随时都有可能损坏。因此有的使用部门规定系统超过使用寿命时，即使还未发生故障也应及时退役，以免影响整个系统的可靠性，造成更大的损失。

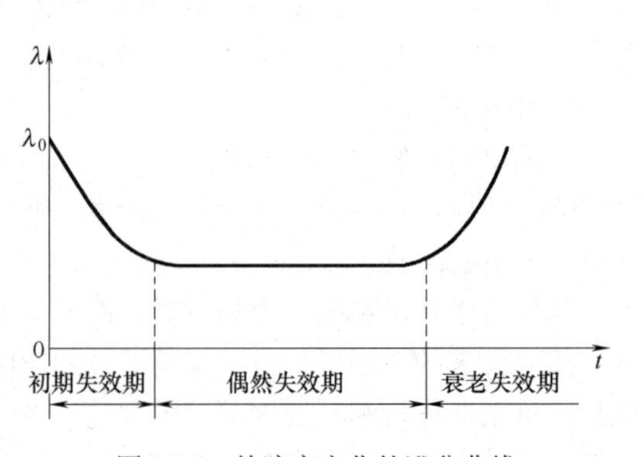

图1-16 故障率变化的浴盆曲线

上述三个阶段可用图1-16所示的故障率变化曲线来说明。

思考题与习题

1-1 单项选择题

1）电工实验中，采用平衡电桥测量电阻的阻值，属于________测量，而用水银温度计测量水温的微小变化，属于________测量。

A. 偏位式 B. 零位式 C. 微差式 D. 偏零式

2）某采购员分别在三家商店购买100kg大米、10kg苹果、1kg巧克力，发现均缺少约0.5kg，但该采购员对卖巧克力的商店意见最大，在这个例子中，产生此心理作用的主要因素是________。

A. 绝对误差 B. 示值相对误差 C. 引用误差 D. 准确度等级

3）在选购线性仪表时，必须在同一系列的仪表中选择适当的量程。这时必须考虑到应尽量使选购的仪表量程为被测量的________左右为宜。

A. 3倍 B. 10倍 C. 1.5倍 D. 0.75倍

4）用万用表交流电压档（频率上限为5kHz）测量100kHz、10V左右的高频电压，发现示值不到2V，该误差属于________。用该表的直流电压档测量5号干电池电压，发现每次示值均为1.7V，该误差属于________。

A. 系统误差　　B. 粗大误差　　C. 随机误差　　D. 动态误差

5）重要场合使用的元器件或仪表，购入后需进行高、低温循环老化试验，其目的是为了________。

A. 提高准确度　　B. 加速其衰老

C. 测试其各项性能指标　　D. 提早发现故障，提高可靠性

1-2　各举出两个日常生活中的非电量电测的例子来说明

1）静态测量；2）动态测量；3）直接测量；4）间接测量；5）接触式测量；6）非接触式测量；7）在线测量；8）离线测量。

1-3　有一温度计，它的测量范围为0～200℃，准确度等级为0.5级，求：

1）该表可能出现的最大绝对误差Δ_m；2）当示值分别为20℃、100℃时的示值相对误差γ_{x20}和γ_{x100}。

1-4　欲测240V左右的电压，要求测量示值相对误差的绝对值不大于0.6%，请计算后回答：若选用量程为250V电压表，其准确度S应选模拟仪表中常用的哪一个等级？若选用量程为300V和500V的电压表，其准确度S又应分别选哪一级？

1-5　已知待测拉力约为70N左右。现有两只测力仪表，一只为0.5级，测量范围为0～500N；另一只为1.0级，测量范围为0～100N。请分别计算出示值相对误差γ_x后回答：选用哪一只测力仪表较好？为什么？

1-6　用一台$3^{1/2}$位（俗称3位半）[18]、准确度等级为0.5级（已包含最后一位数据跳动引起的+1误差）的数字式电子温度计，测量汽轮机高压蒸汽的温度，数字面板上显示出如图1-17所示的数值，求：

1）分辨力Δ_{min}及分辨率；2）可能产生的最大满度相对误差和绝对误差；3）被测温度的示值x；4）示值相对误差γ_x；5）被测温度t的实际值范围。（提示：该“三位半”数字表的量程上限为199.9℃，下限为0℃）

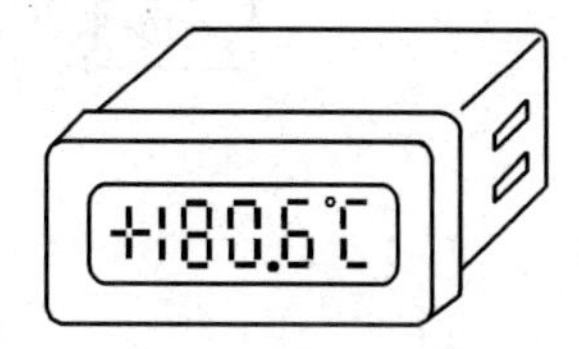

图1-17　数字式电子温度计面板表示意图

1-7　有一台压力表，测量范围为0～10MPa，压力p与仪表输出电压之间的关系为

$$U_o = a_0 + a_1 p + a_2 p^2$$

式中，$a_0 = 1\text{V}$，$a_1 = 0.6\text{V/MPa}$，$a_2 = -0.02\text{V/MPa}^2$。求：

1）该仪表的输出特性方程；2）画出输出特性曲线（x轴、y轴均要标出单位）；3）用求导法计算出该仪表的灵敏度K的表达式；4）计算$p_1 = 2\text{MPa}$和$p_2 = 8\text{MPa}$时的灵敏度K_1、K_2为多少？$K_1 \neq K_2$说明什么？5）画出灵敏度曲线图；6）用作图法求出该仪表的端基线性度。

1-8　某自来水厂有一台测量流量的仪表，测量范围为0～10m³/s，该流量计输入/输出特性如图1-18所示，请用作图法求该仪表在1m³/s和8m³/s时的灵敏度K_1、K_8。

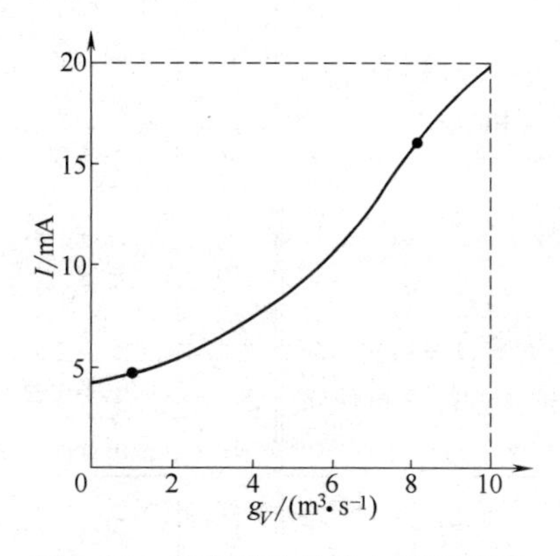

图1-18　某流量计的输入/输出特性

1-9 指出下列情况哪些属于随机误差，哪些属于系统误差，或两者皆有？

1）电压表刻度不均匀；2）“米尺”因温度改变而伸缩；3）天平未调水平；4）游标卡尺零点不准；5）电子秤内部应变梁温度与环境不一致产生温漂；6）加热丝的电阻随温度变化对恒温器温度带来的误差；7）电压表视差；8）电桥检流计的零点漂移；9）欧姆表的接触电阻；10）电网电压的变化引起恒温器加热功率变化而带来的误差。

1-10 射击弹着点示意图如图1-19所示，请分别说明图a、b、c各包含什么误差。

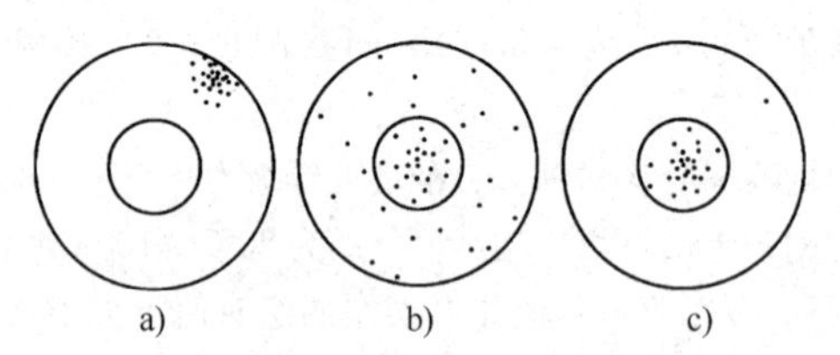

图1-19 射击弹着点示意图

1-11 市售电子秤多以应变片作为传感元件来测量物体的重量，其原理框图如图1-20所示。

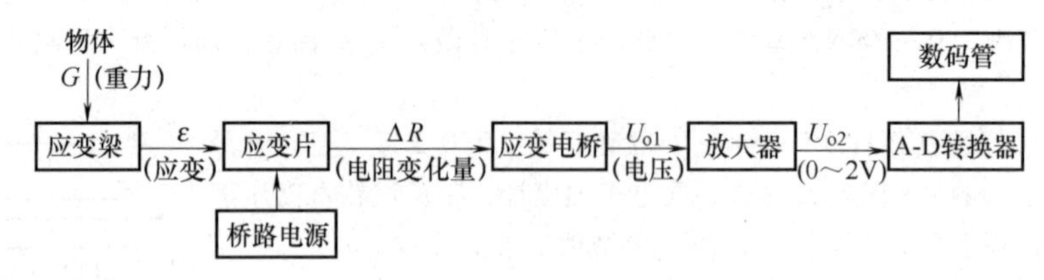

图1-20 电子秤原理框图

各环节的准确度如下：应变梁的蠕变及迟滞误差：0.03%；应变片温漂：0.1%；应变电桥：0.07%；放大器：0.08%；A-D转换器：0.02%，桥路电源：0.01%。求：

1）分别用绝对值合成法和方均根合成法计算系统可能产生的总的最大满度相对误差。2）你认为哪一个环节引起的误差起主要作用？应采取哪些措施才可以提高该电子秤的测量准确度？

拓展阅读参考资料列表

序号	作　者	拓展阅读文章题目
1	施昌彦	通用计量术语知识讲座
2	张怡	自动平衡电桥与电子电位差计的比较
3	杨陶利	γ射线测厚仪的原理及在中厚板生产线中的应用
4	南京信息工程大学物理实验教学中心	测量误差
5	上海工业自动化仪表研究所	工业过程测量和控制用检测仪表和显示仪表精确度等级
6	施昌彦，罗振之，等	不确定度讲座资料
7	宋家鳌	实验不确定度的几种实际处理方法
8	刘安平，乔东等	检测和校准实验室能力的通用要求
9	李慎安	B类不确定度的评定计算
10	朱健	电流互感器比差、角差测量结果的不确定度评定报告
11	电子工程网	检测系统的误差合成
12	王磊品，吴东	MATLAB曲线拟合的应用
13	齐微	曲线拟合的MATLAB实现和优化度检验

（续）

序号	作　　者	拓展阅读文章题目
14	付维芳	最小二乘法的拟合和应用
15	MBA智库百科	故障率
16	谢建华，许甫，等	电工电子产品基本环境试验规程·恒定湿热试验方法
17	袁顺才，谢鼎忠，等	电工电子产品基本环境试验规程·交变盐雾试验方法
18	深圳市浚海仪器有限公司	数字万用表位数的含义

第2章

电阻传感器

电阻传感器种类繁多，应用的领域也十分广泛。电阻传感器的基本原理是将各种被测非电量的变化转换成电阻的变化量，然后通过对电阻变化量的测量，达到非电量电测的目的。本章介绍的电阻传感器有电阻应变片、测温热电阻、气敏电阻、湿敏电阻等。利用电阻传感器可以测量位移、应变、力、荷重、加速度、压力、力矩、温度、湿度、气体成分及浓度、磁感应强度等。

2.1　电阻应变传感器

2.1　拓展阅读资料

早在1856年，人们在轮船上往大海里铺设海底电缆时就发现，电缆的电阻值由于拉伸而增加，继而对铜丝和铁丝进行拉伸试验，得出结论：金属丝的电阻与其应变呈某种函数关系。1936年，人们制出了纸基丝式电阻应变片；1952年制出了箔式应变片；1957年制出了半导体应变片，并利用应变片制作了各种传感器。用它们可测量力、应力、应变、荷重等物理量。

电阻应变传感器（Resistance Strain Transducer）主要由电阻应变片（也称电阻应变计）及测量转换电路等组成。电阻丝应变片结构示意图如图2-1所示。它是用直径为0.01～0.05mm，且具有高电阻率的电阻丝制成的。为了获得高的电阻值，电阻丝排列成栅网状，并粘贴在绝缘基片上，线栅上面粘贴有保护用的覆盖层，电阻丝两端焊有引出线。图中l称为应变片的工作基长，b称为应变片基宽。$b \times l$为应变片的有效使用面积。应变片规格一般是用有效使用面积以及电阻值来表示，例如“$(3\times10)\ mm^2$，120Ω”等。

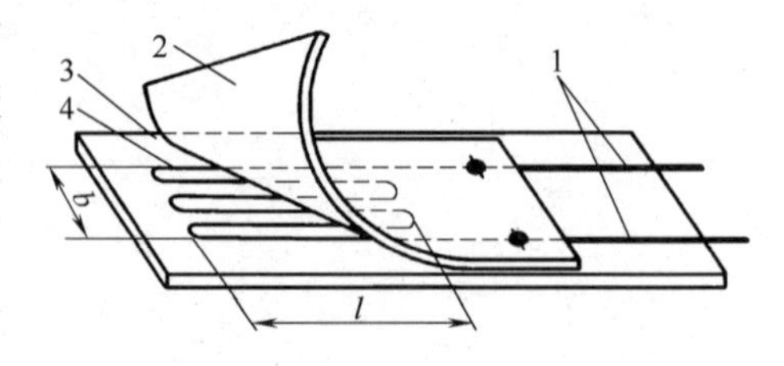

图2-1　电阻丝应变片结构示意图
1—引出线　2—覆盖层　3—基底　4—电阻丝

用应变片测试应变时，将应变片粘贴在试件表面。当试件受力变形后，应变片上的电阻丝也随之变形，从而使应变片电阻值发生变化，通过测量转换电路最终转换成电压或电流的变化。

2.1.1　应变片工作原理

导体或半导体材料在外界力的作用下，会产生机械变形，其电阻值也将随着发生变化，这种现象称为应变效应。下面以金属丝应变片为例分析这种效应。

设有一长度为 l、截面积为 A、半径为 r、电阻率为 ρ 的金属单丝，它的电阻值 R 可表示为

$$R=\rho\frac{l}{A}=\rho\frac{l}{\pi r^2} \tag{2-1}$$

当沿金属丝的长度方向施加均匀拉力（或压力）时，式（2-1）中的 ρ、r、l 都将发生变化，金属丝的拉伸变形如图2-2所示。

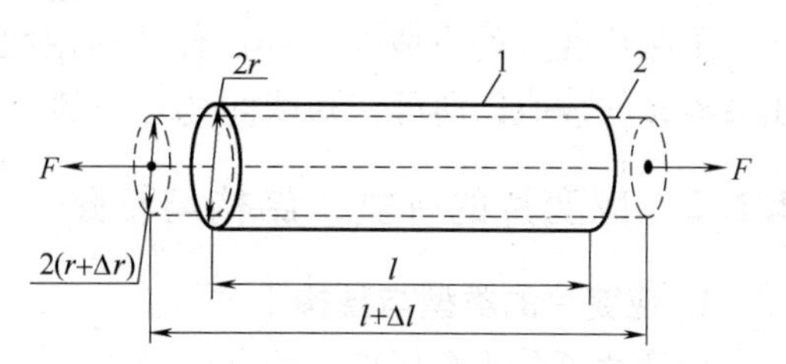

图2-2　金属丝的拉伸变形
1—拉伸前　2—拉伸后

对式（2-1）两边取对数，并求全微分可得

$$\ln R=\ln\rho\frac{l}{\pi r^2}=\ln\rho+\ln l-2\ln r-\ln\pi$$

$$\frac{dR}{R}=\frac{dl}{l}-2\frac{dr}{r}+\frac{d\rho}{\rho}$$

或

$$\frac{\Delta R}{R}=\frac{\Delta l}{l}-2\frac{\Delta r}{r}+\frac{\Delta\rho}{\rho} \tag{2-2}$$

在材料力学中，$\Delta l/l=\varepsilon_x$，称为电阻丝的纵向应变，也称轴向应变；$\Delta r/r=\varepsilon_y$（负值），称为电阻丝的横向应变，也称径向应变。ε_y 与 ε_x 的关系可表示为 $\varepsilon_y=-\mu\varepsilon_x$，式中的 μ 为电阻丝材料的泊松比[1]，钢的泊松比约为0.3。应变 ε 的量纲为1。ε 通常很小，常用 10^{-6} 表示之。例如，当 ε 为0.000001时，在工程中常表示为 1×0^{-6} 或 $1\mu m/m$。在应变测量中，也常将 $1\mu m/m$ 称为一个微应变（$1\mu\varepsilon$）。

将 ε_x、ε_y、μ 代入式（2-2）可得

$$\frac{\Delta R}{R}=\left(1+2\mu+\frac{\Delta\rho/\rho}{\varepsilon_x}\right)\varepsilon_x=K_0\varepsilon_x$$

式中　K_0——金属单丝的灵敏度。

对金属材料而言，$\frac{\Delta\rho/\rho}{\varepsilon_x}$ 较小，K 主要由纵向应变 ε_x 决定。金属材料受力之后所产生的纵向应变最好不要大于 1×10^{-3}（$1000\mu\varepsilon$），否则有可能超过材料的极限强度而产生非线性误差或导致断裂。

半导体材料的 $\frac{\Delta\rho/\rho}{\varepsilon_x}$ 比金属材料的（$1+2\mu$）大几十倍。对半导体而言，$K\approx\frac{\Delta\rho/\rho}{\varepsilon_x}$，表示材料的电阻率 ρ 随拉应变（或压应变）所引起的变化。单晶硅材料在受到应力作用后，电阻率发生明显变化，这种现象被称为压阻效应[2]。$\frac{\Delta\rho/\rho}{\varepsilon_x}$ 除了与所受到的应力 σ 成正比外，还易受到温度、光照、杂质浓度等影响，使用时应予以补偿。

实验证明，金属电阻应变片或半导体应变片的电阻相对变化量 $\Delta R/R$ 与材料力学中的纵向应变 ε_x 的关系在很大范围内是线性的，即

$$\frac{\Delta R}{R}=K\varepsilon_x \tag{2-3}$$

式中　K——电阻应变片的灵敏度，略大于 K_0。

对于不同的金属材料，K 略微不同，一般为2左右。

由材料力学可知，$\varepsilon_x = F/(AE)$，所以 $\Delta R/R$ 又可表示为

$$\frac{\Delta R}{R} = K\varepsilon_x = K\frac{F}{AE} \tag{2-4}$$

如果应变片的灵敏度 K 和试件的横截面积 A 以及弹性模量 E 均为已知，则只要设法测出 $\Delta R/R$ 的数值，即可获知试件受力 F 的大小。

2.1.2 应变片的种类、结构与粘贴

1. 应变片的类型与结构

应变片可分为金属应变片和半导体应变片两大类。前者可分成金属丝式、箔式、薄膜式等[3]。图2-3为几种不同类型的电阻应变片。

由于金属丝式应变片蠕变较大，金属丝易脱胶，有逐渐被箔式应变片所取代的趋势。但金属丝式应变片价格便宜，多用于要求不高的应变、应力的大批量、一次性试验。

（1）金属丝式应变片　金属丝式应变片由直径为0.02～0.05mm的锰白铜丝或者镍铬丝绕成栅状，夹在两层绝缘薄片（基底）中制成，用镀锡铜线与应变片的丝栅连接，作为应变片引线。

（2）金属箔式应变片　金属箔通过光刻、腐蚀等工艺制成箔栅。箔的材料多为电阻率高、热稳定性好的铜镍合金（锰白铜）。箔的厚度一般为几微米，箔栅的尺寸、形状可以根据使用者的需要制作，图2-3b就是其中的一种。由于金属箔式应变片与片基的接触面积比丝式大得多，所以散热条件较好，可允许流过较大的电流，而且在长时间测量时的蠕变也较小。箔式应变片的一致性较好，适合于大批量生产，目前广泛用于各种应变式传感器的制造中。

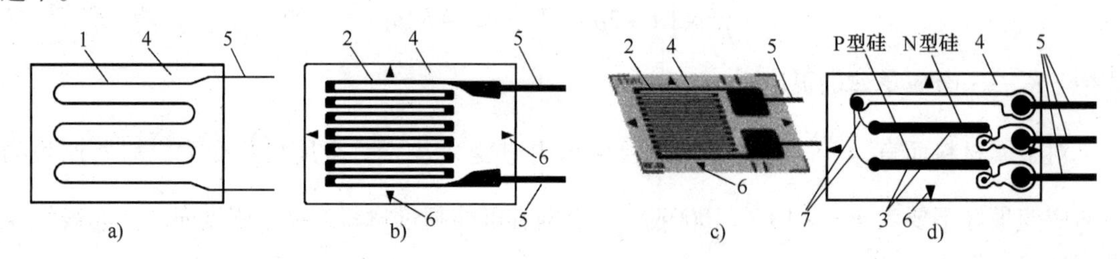

图2-3　几种不同类型的电阻应变片

a）金属丝式应变片　b）金属箔式应变片　c）金属箔式应变片外形　d）半导体应变片

1—电阻丝　2—金属箔　3—半导体　4—基片　5—引脚　6—定位标记　7—金丝

在制造工艺上，还可以对金属箔式应变片进行适当的热处理，使它的线胀系数、电阻温度系数以及被粘贴的试件的线胀系数三者相互抵消，从而将温度影响减小到最小的程度。目前，温度自补偿工艺已可使应变式传感器成品在整个使用温度范围内的温漂小于万分之几。

（3）金属薄膜式应变片　薄膜式应变片的敏感栅是用蒸镀或溅射法沉积的金属、合金薄膜制成的。在薄的绝缘基片上蒸镀上金属材料薄膜，最后加保护层形成，其厚度一般在0.1μm以下。也可以直接蒸镀在弹性元件的绝缘层表面，不易产生蠕变。

（4）半导体应变片　是将杂质扩散到一个高电阻N型硅基底上，形成一层极薄的导电层，然后用超声波或热压焊法焊接引线。它的优点是灵敏度高；缺点是灵敏度的一致性差、温漂大、电阻与应变之间的非线性误差大。在使用时，需采用温度补偿及非线性补偿措施。

图2-3d中的N型和P型半导体在受到拉力时，一个电阻值增大，一个减小，可构成双臂半桥，同时又可具有温度自补偿功能。

表2-1列出了一些应变片的主要技术参数，仅供参考。表中，PZ型为纸基丝式应变片，PJ型为胶基丝式应变片，BA、BB、BX型为箔式应变片，BP6型为半导体应变片。

表2-1　应变片的主要技术指标

参数名称	电阻值/Ω	灵敏度	电阻温度系数/℃$^{-1}$	极限工作温度/℃	最大工作电流/mA
PZ-120型	120	1.9~2.1	20×10^{-6}	-10~40	20
PJ-120型	120	1.9~2.1	20×10^{-6}	-10~40	20
BX-200型	200	1.9~2.2	—①	-30~60	25
BA-120型	120	1.9~2.2	—	-30~200	25
BB-350型	350	1.9~2.2	—	-30~170	25
BP6-1K型	1000(1±10%)	145(1±5%)	<0.4%	<40	15
BP6-120型	120(1±10%)	120(1±5%)	<0.2%	<40	20

① 可根据被粘贴材料的线膨胀系数进行自补偿加工，以下同。

2. 应变片的粘贴

应变片的粘贴[4]质量直接影响应变测量的准确度。为了保证一定的黏合强度，必须将试件表面处理干净，打光面积约为应变片面积的3~5倍。然后在试件表面和应变片的底面各涂一层薄而均匀的胶水。贴片后，在应变片上盖上一张聚乙烯塑料薄膜并加压，将多余的胶水和气泡排出。固化、检查合格后即可焊接引出线。引出导线要用柔软、不易老化的胶合物适当地加以固定，以防止导线摆动时折断应变片的引线。然后在应变片上涂一层柔软的防护层，以防止大气对应变片的侵蚀，保证应变片长期工作的稳定性。

2.1.3　应变片的测量转换电路

金属应变片的电阻变化范围通常小于0.1%。如果直接用欧姆表测量其电阻值，由于“本底”很大，被测量的变化却很小，将产生很大的误差，所以多使用不平衡电桥[5]来测量这一微小的变化量，将$\Delta R/R$转换为输出电压U_o。

1. 桥式测量转换电路的输出电压

桥式测量转换电路如图2-4所示。电桥的一对对角线结点a、c接入桥路激励电源电压U_i，另一对对角线结点b、d输出电压U_o。

当电桥输出端的负载电阻为无限大时，以激励电源的负极为参考点，则有

$$U_o = U_{ba} - U_{da} = U_i\left(\frac{R_1}{R_1+R_2} - \frac{R_4}{R_3+R_4}\right) = U_i\frac{R_1R_3 - R_2R_4}{(R_1+R_2)(R_3+R_4)}$$

为了使电桥在测量前的输出电压为零，应该选择4个桥臂电阻，使$R_1R_3 = R_2R_4$或$R_1/R_2 = R_4/R_3$，这就是电桥平衡的条件。

设各桥臂的初始电阻为$R_1 = R_2 = R_3 = R_4 = R$，当4个桥臂电阻分别产生微小变化，变为$R_1+\Delta R_1$、$R_2+\Delta R_2$、$R_3+\Delta R_3$、$R_4+\Delta R_4$时，由上式可得

$$U_o = U_i\frac{(R+\Delta R_1)(R+\Delta R_3) - (R+\Delta R_2)(R+\Delta R_4)}{(2R+\Delta R_1+\Delta R_2)(2R+\Delta R_3+\Delta R_4)}$$

$$=U_{\mathrm{i}}\frac{R(\Delta R_1-\Delta R_2-\Delta R_4+\Delta R_3)+\Delta R_1\Delta R_3-\Delta R_2\Delta R_4}{(2R+\Delta R_1+\Delta R_2)(2R+\Delta R_3+\Delta R_4)}$$

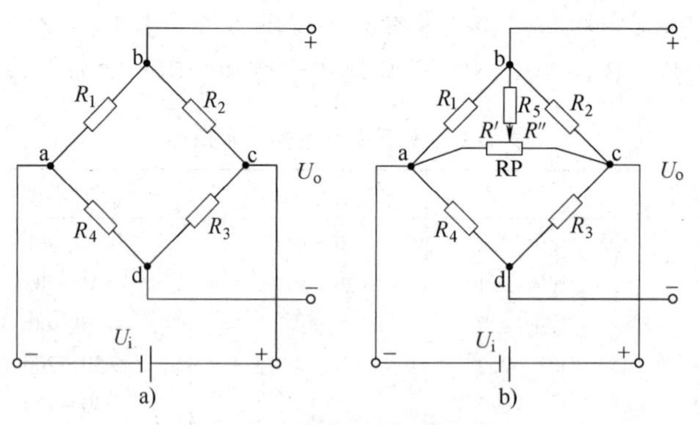

图2-4 桥式测量转换电路

a）基本应变桥路 b）桥路的调零原理

当每个桥臂电阻变化值 $\Delta R_i \ll R_i(i=1,2,3,4)$ 时，可省略 ΔR 的高次项，电桥的开路输出电压可用下式近似表示

$$U_{\mathrm{o}}\approx\frac{U_{\mathrm{i}}}{4}\left(\frac{\Delta R_1}{R}-\frac{\Delta R_2}{R}+\frac{\Delta R_3}{R}-\frac{\Delta R_4}{R}\right) \tag{2-5}$$

由于 $\Delta R_i/R_i=K_i\varepsilon_i$，当各桥臂应变片的灵敏度 K_i 都相同时，有 $K_i=K_1=K_2=K_3=K_4$，则有

$$U_{\mathrm{o}}\approx\frac{U_{\mathrm{i}}}{4}K(\varepsilon_1-\varepsilon_2+\varepsilon_3-\varepsilon_4) \tag{2-6}$$

根据不同的要求，应变电桥有三种不同的工作方式：

（1）单臂半桥工作方式 R_1 为应变片，R_2、R_3、R_4 为温度系数很小的固定电阻，$\Delta R_2\sim\Delta R_4$ 均为零。则输出电压

$$U_{\mathrm{o}}\approx\frac{U_{\mathrm{i}}}{4}\left(\frac{\Delta R_1}{R}\right)=\frac{U_{\mathrm{i}}}{4}K\varepsilon_1$$

（2）双臂半桥工作方式 R_1、R_2 为应变片，R_3、R_4 为固定电阻，$\Delta R_3=\Delta R_4=0$。输出电压

$$U_{\mathrm{o}}\approx\frac{U_{\mathrm{i}}}{4}\left(\frac{\Delta R_1}{R}-\frac{\Delta R_2}{R_2}\right)=\frac{U_{\mathrm{i}}}{4}K(\varepsilon_1-\varepsilon_2)$$

（3）全桥工作方式 全桥工作方式即电桥的4个桥臂都为应变片。输出电压即为式（2-5）和式（2-6）。

上面讨论的三种工作方式中的 ε_1、ε_2、ε_3、ε_4 可以是试件的拉应变，也可以是试件的压应变，取决于应变片的粘贴方向及受力方向。若是拉应变，ε 应以正值代入；若是压应变，ε 应以负值代入。而且 ε_1 的受力方向必须与 ε_2、ε_4 相反，与 ε_3 的受力方向相同，否则式（2-5）的正负项可能相互抵消，输出电压变小。

如果设法使试件受力后，应变片 $R_1\sim R_4$ 产生的电阻增量（或感受到的应变 $\varepsilon_1\sim\varepsilon_4$）正负号相间，就可以使输出电压 U_{o} 成倍地增大。上述三种工作方式中，全桥四臂工作方式的灵敏度最高，双臂半桥次之，单臂半桥灵敏度最低。

当 ΔR_1 或 ε_1 较大时，将有较大的测量误差。例如，当被测应变大于 $1000\mu\varepsilon$（千分之一）时，非线性误差将大于1%。可以采用恒流源作为电桥的激励源，以减小非线性误差。

2. 桥式测量转换电路的温度补偿

实际应用中，除了应变 ε 能导致应变片电阻变化外，温度升高，也会导致应变片电阻变大，它将给测量带来误差，因此有必要对桥路进行温度补偿[6]。

采用双臂半桥或全桥的好处是能实现温度自补偿功能。设温度引起的电阻值变化为 Δ_t，由于4个应变电阻感受到的温度相同，所以 $\Delta R_{1t}=\Delta R_{2t}=\Delta R_{3t}=\Delta R_{4t}$，则有

$$U_{ot}\approx\frac{U_i}{4}\left(\frac{\Delta R_{1t}}{R}-\frac{\Delta R_{2t}}{R}+\frac{\Delta R_{3t}}{R}-\frac{\Delta R_{4t}}{R}\right)=0$$

从以上分析可知，只要组成全桥的4个应变片感受到的温度相同，就能够克服温漂。

同理，在半桥电路中，R_3、R_4 为精密固定电阻，所以 $\Delta R_{3t}=\Delta R_{4t}=0$。若组成全桥的两个应变片感受到的温度相同，则 $\Delta R_{1t}=\Delta R_{2t}$，也能实现温度自补偿。

3. 桥式测量转换电路的调零

实际使用中，R_1、R_2、R_3、R_4 不可能严格成比例关系，所以即使在未受力时，桥路的输出也不一定能严格为零，因此必须设置调零电路，如图2-4b所示。调节RP，最终可以使 R_1 与（$R'+R_5$）、R_2 与（$R''+R_5$）的并联结果之比等于 R_4/R_3，电桥趋于平衡，U_o 就可被预调到零位，这一过程称为调零。图中的 R_5 是用于减小调节范围的限流电阻。上述测量方法属于第1.1节论述过的微差式测量。

2.1.4　应变效应的应用

1. 应变式测力传感器

图2-5所示为应变式测力传感器的几种形式。图c中的双连孔剪梁是一端固定、一端自由的弹性敏感元件。剪梁的灵敏度比较高，可用于小量程的电子秤[7]。当力 F 以图2-5c所示的方向作用于剪梁的末端时，剪梁产生剪切应变。上表面靠近固定端的 R_1 以及下表面靠近自由端的 R_3 产生拉应变，R_2、R_4 产生压应变，4个应变片的应变大小相等，电桥的输出电压与力 F 成正比。

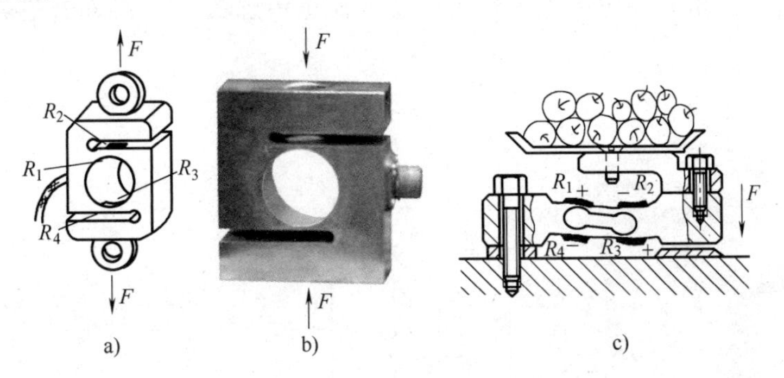

图2-5　应变式测力传感器的几种形式

a）环式拉应变传感器原理　b）环式压应变传感器外形　c）双连孔剪梁式电子秤原理[8]

2. 应变式力矩（转矩）传感器

应变式力矩（转矩）传感器[9]（测功装置）如图2-6所示。应变片粘贴在扭转轴的表

面。图中的扭转轴是专门用于测量力矩和转矩的弹性敏感元件。力矩 T 等于作用力 F 和力臂 L 的乘积，即：$T=FL$。图2-6中的力臂为轴的半径，$L=D/2$。力矩的单位为 N·m，在较小力矩测量时，也用 mN·m 为单位。使机械部件转动的力矩称为“转矩”。任何部件在力矩的作用下，必定产生某种程度的扭转变形。因此，过去也常把力矩叫作“扭矩”。在试验和检测各类回转机械中，力矩和转矩是重要参数。

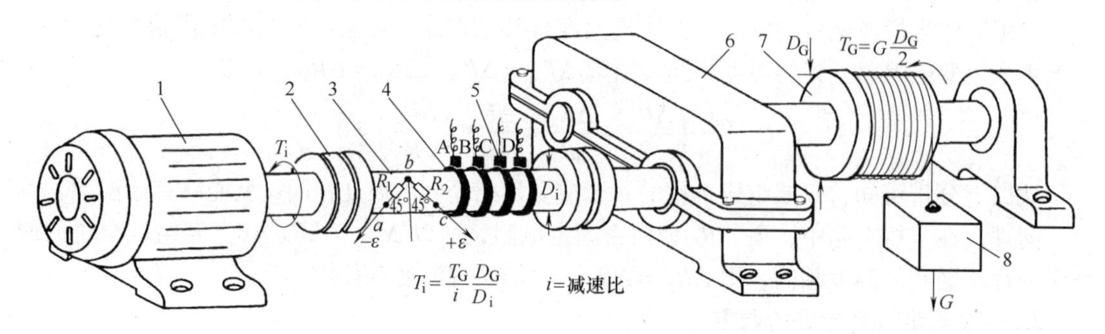

图2-6 应变式力矩（转矩）传感器（测功装置）

1—电动机 2—联轴器 3—扭转轴 4—信号引出集电环 5—电刷 6—减速器 7—转鼓（卷扬机） 8—重物 T_i—输入力矩 T_G—输出力矩 i—减速比

在力矩 T 的作用下，扭转轴的表面将产生拉伸或压缩应变。在轴表面上与轴线成45°方向（见图2-6中的 ab 方向）的应变与图2-6中的 cb 方向上的应变数值相等，但符号相反，R_1、R_2 与粘贴在力矩扭转轴的背面的 R_3、R_4 可以组成全桥。桥路的4个结点 a、b、c、d 分别通过4个信号集电环和电刷 A、B、C、D 引出。为了克服集电环接触电阻造成的误差，也可以利用无线电模块将旋转轴的应变测量值传送到扭转轴外面的接收器电路。应变片测量得到的轴表面与轴线成45°的方向上的应变关系为

$$\varepsilon=\pm\frac{2T}{\pi Er^3}(1+\mu) \tag{2-7}$$

3. 应变式荷重传感器

测力和荷重（称重）传感器大多采用应变式荷重传感器[10]。荷重传感器结构示意图如图2-7所示。

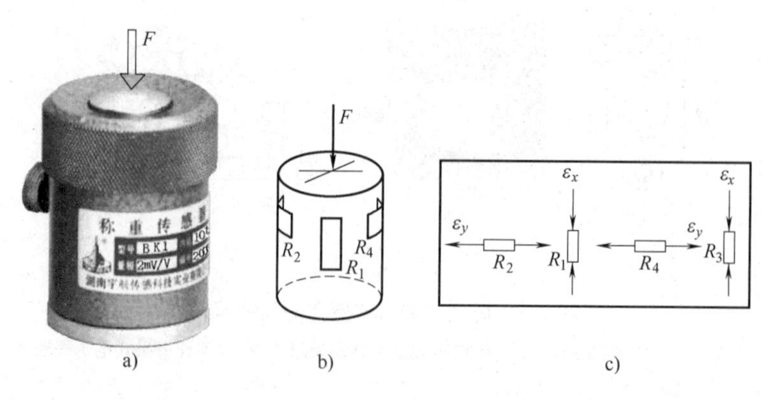

图2-7 荷重传感器结构示意图

a）外形图 b）承重等截面圆柱 c）应变片在等截面圆柱展开图上的位置

应变片粘贴在钢制圆柱（称为等截面轴，可以是实心圆柱，也可以是空心薄壁圆筒）的表面。在力的作用下，等截面轴产生应变。R_1、R_3 感受到的应变与等截面轴的纵向应变相同，为压应变。而 R_2、R_4 沿圆周方向粘贴，根据材料力学可知，当等截面轴受压时，沿 R_2、R_4 的周长方向变长，应变片受拉，即等截面轴的纵向应变与其横向应变符号相反。R_1、R_2、R_3、R_4 以正负相间的数值代入式（2-5）或式（2-6）中，可获得较大的输出电压。

等截面轴的特点是加工方便，但灵敏度（在相同力作用下产生的应变）比悬臂梁低，适用于载荷较大的场合。空心轴在同样的截面积下，轴的直径可加大，提高轴的抗弯能力。

当被测力较大时，一般多用钢材制作弹性敏感元件，钢的弹性模量约为 $2\times10^{11}\mathrm{N/m^2}$。当被测力较小时，弹性敏感元件可用铝合金，铝的弹性模量约为 $0.7\times10^{11}\mathrm{N/m^2}$。材料越硬，弹性模量越大，其灵敏度就越低，但能承受的载荷就越大。

荷重传感器的输出电压 U_o 正比于荷重 F。实际应用中，生产厂商一般会给出荷重传感器的灵敏度 K_F。设荷重传感器的满量程为 F_m，桥路激励电压为 U_i，满量程时的输出电压为 U_{om}，则 K_F 被定义为

$$K_F=\frac{U_{om}}{U_i} \tag{2-8}$$

桥路所加的激励源电压 U_i 越高，满量程输出电压 U_{om} 也越高。为了减小应变片的发热，U_i 通常不应高于 12V。

由于 U_o 往往是 mV 数量级，而 U_i 往往是伏特级，所以荷重传感器的灵敏度以 mV/V 为单位。在额定荷重范围内，输出电压 U_o 与被测荷重 F 成正比，所以有

$$\frac{U_o}{U_{om}}=\frac{F}{F_m} \tag{2-9}$$

将式（2-8）代入式（2-9）可得到在被测荷重为 F 时的输出电压 U_o 为

$$U_o=\frac{F}{F_m}U_{om}=\frac{K_F U_i}{F_m}F \tag{2-10}$$

图 2-8a 是荷重传感器用于测量汽车质量（重量）的汽车衡[11]的示意图。这种汽车衡便于在称重现场和控制室让驾驶员和计量员同时了解测量结果，并打印数据[12]。还可以将荷重传感器安装在传送带秤[13]的秤架下方，动态测量物体的重量。

图 2-8b 是荷重传感器用于测量液体质量（液位）的液罐秤示意图。计算机根据荷重传感器的测量结果，通过电动调节阀分别控制 A、B 储液罐的液位，并按一定的比例进行混合。图中每只储液罐共使用 4 个（有时为 3 只）荷重传感器及 4 个桥路激励源（否则将相互干扰），4 个桥路的输出电压串联起来（也可以由微处理器做加法），总的输出电压与储液罐的重量成正比。

现在较常用的办法是用一个桥路激励源来激励 4 个桥路，由 4 路 A-D 转换器将 4 个桥路的输出转换为 4 个数字量，由单片机进行加法运算。要得到液体的实际质量，还必须在液体全部放空后，由单片机计算和扣除空罐体的重量。如果罐体内部各高度的截面积是已知的，还可以根据液体的质量和密度计算出储液罐内的液位。

4. 压阻式固态压力传感器

压阻式传感器[13]是利用半导体材料的压阻效应和集成电路工艺制成的传感器。由于它没有可动部件，所以有时也称为固态传感器。它在工业中多用于与应变有关的力、重力、压

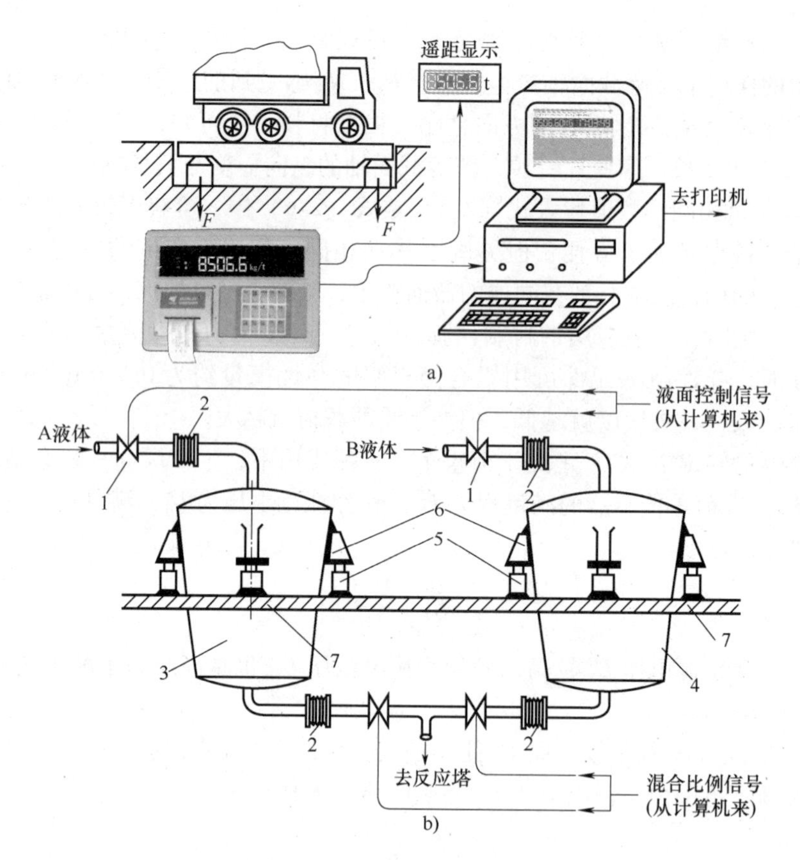

图 2-8 荷重传感器的应用

a）汽车衡 b）液罐秤

1—电动比例调节阀 2—膨胀节 3—化学原料储液罐 A 4—化学原料储液罐 B
5—荷重传感器（每罐各 4 个） 6—支撑构件 7—支撑平台

力、差压、真空度等物理量的测量。经过适当的换算，也可用于液位、流量、加速度、振动、差压等参量的测量。下面主要介绍它在压力（差压）测量中的应用。

压阻式固态压力传感器由外壳、硅膜片和引出线等所组成，如图 2-9a 所示，其核心部分是一块方形的硅膜片，厚度较薄，相当于一块等截面弹性平膜片，如图 2-9b、d 所示。

在硅膜片上，利用集成电路工艺制作了 4 个阻值相等的电阻。等截面薄片沿直径方向上各点的径向应变是不同的。图 2-9b 中的虚线圆内是硅杯承受压力的区域。在 p_1 和 p_2 的差压 Δp 的作用下，向下弯曲。由于 R_2、R_4 距圆心很近，所以它们感受的应变是正的（拉应变），而 R_1、R_3 处于膜片的边缘区，所以它们的应变是负的（压应变）。4 个电阻之间利用面积相对较大、阻值较小的扩散电阻（图中的阴影区）引线连接，构成四臂全桥，称为硅微机械加工技术。硅片的表面用 SiO_2 薄膜加以保护，并用超声波焊上金质细丝，作为全桥的引线。硅膜片底部被加工成中间薄（用于产生应变）、周边厚（起支撑作用），如图 2-9d 中的杯形，所以也称为硅杯。硅杯在高温下用玻璃黏接剂粘接在热胀冷缩系数相近的玻璃基板上。将硅杯和玻璃基板紧密地安装到图 2-9a 所示的壳体中，就制成了压力传感器[14]。

当图 2-9d 所示的硅杯两侧存在压力差时，硅膜片产生变形，4 个应变电阻在应力的作用下，阻值发生变化，电桥失去平衡，输出电压与膜片两侧的差压成正比。当 p_2 取压口向大气敞开时，输出电压对应于“表压”（相对于大气压的压力）；当 p_2 取压口封闭，并抽真空时，输出电压对应于“绝对压力”。

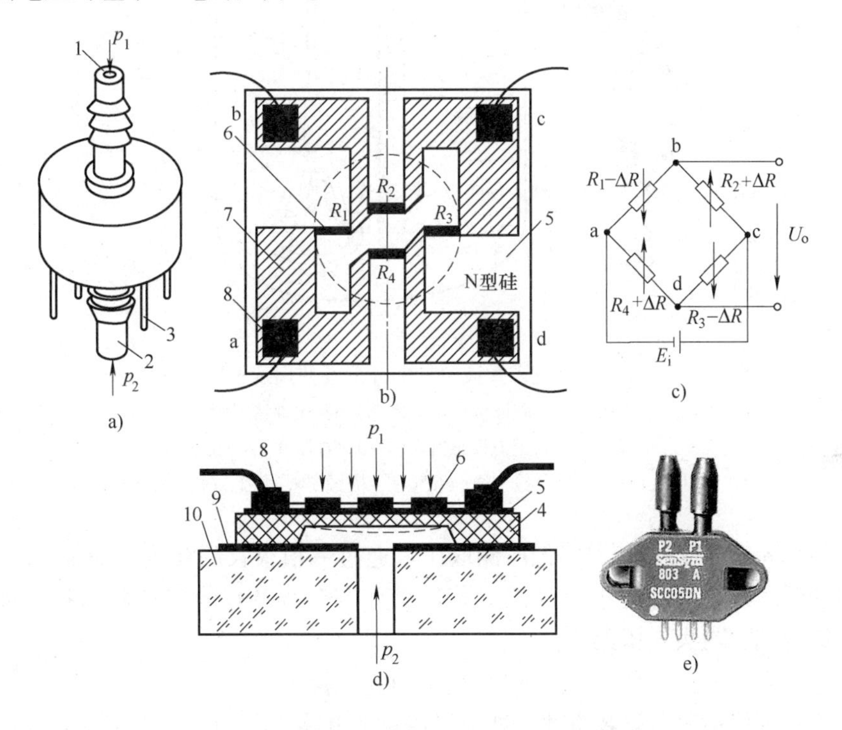

图 2-9　压阻式固态压力（差压）传感器

a）外形示意图　b）硅膜片及应变片　c）等效电路　d）硅杯及封装结构　e）小型封装外形

1—进气口 1（高压侧取压口）　2—进气口 2（低压侧取压口）　3—引脚　4—硅杯　5—单晶硅膜片　6—扩散型应变片　7—扩散电阻引线　8—电极及引线　9—玻璃黏结剂　10—玻璃基板

压阻式固态压力传感器与其他形式的压力传感器相比有许多突出的优点。由于 4 个应变电阻是直接制作在同一硅片上的，所以工艺一致性好，灵敏度 K 相等，4 个电阻 $R_1 \sim R_4$ 初始值相等，温度引起的电阻值漂移能互相抵消。

由于半导体压阻系数很高，所以这种压力传感器的灵敏度较高，输出信号大。又由于硅膜片本身就是很好的弹性元件，而 4 个扩散型应变电阻又是直接制作在硅片上，所以迟滞、蠕变都非常小，动态响应快。随着半导体技术的发展，还有可能将信号调理电路、温度补偿电路等一起制作在同一硅片上，所以其性能将越来越好。

5. 压阻式固态压力传感器用于测量液位

压阻式压力传感器体积小、结构简单、灵敏度高，将其倒置于液体底部时，可用于测量液体的液位。这种形式的液位计称为投入式液位计[15]。投入式液位计的外形及使用示意图如图 2-10 所示。

压阻式压力传感器安装在不锈钢壳体内，并用不锈钢支架固定放置于液体底部。传感器的高压侧 p_1 的取压口（用柔性不锈钢隔离膜片隔离，用硅油传导压力）与液体相通。安装高度 h_0 处水的表压 $p_1 = \rho g H$，式中，ρ 为液体密度（单位为 kg/m^3），g 为重力加速度（标准

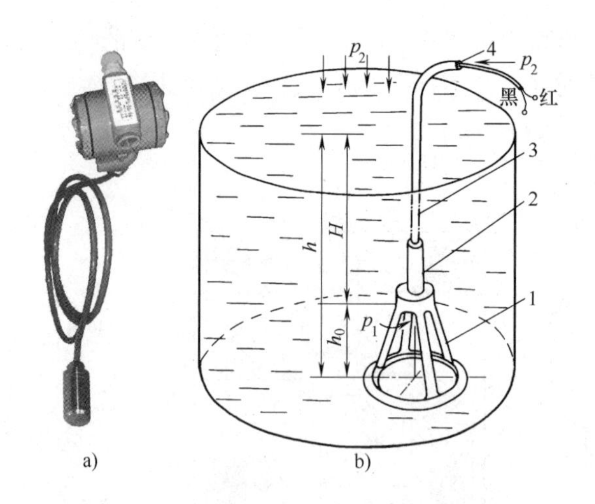

图2-10 投入式液位计的外形及使用示意图

a）投入式压阻液位传感器外形 b）安装示意图

1—支架 2—压阻式压力传感器壳体 3—背压管 4—通大气口

p_1—表压（已扣除大气压） p_2—大气压 H—正取压口上方的液体高度

重力加速度为9.8m/s^2）。传感器的低压侧取压口通过一根很长的橡胶“背压管”与大气相通，传感器的信号线、电源线也通过该“背压管”与外界的仪表接口相连接。被测液位 h 可由下式计算得到，与大气压无关：

$$h = h_0 + H = h_0 + p_1/(\rho g) \tag{2-11}$$

这种投入式液位传感器安装方便，适应于深度为几米至几十米，且混有大量污物、杂质的水或其他液体的液位测量。

压阻式压力传感器的用途还有许多，例如在汽车中，可用压阻式压力传感器来测量进气压力、燃油压力、润滑油压力、刹车用的制动液压力等。

2.2 测温热电阻传感器

2.2 拓展阅读资料

测量温度的传感器很多，常用的有热电偶、PN结测温集成电路、红外辐射温度计等（见表9-2）。本节简要介绍测温热电阻传感器（以下简称热电阻传感器），关于温度的基本概念以及ITS-90国际温标等知识将集中在第9.1节中介绍。

热电阻传感器主要用于测量温度以及与温度有关的参量。在工业上，它被广泛用来测量 -200 ~ +960℃范围内的温度。按热电阻性质和灵敏度不同，可分为金属热电阻和半导体热电阻两大类。前者简称热电阻，后者的灵敏度可以比前者高10倍以上，所以又称为热敏电阻。

2.2.1 金属热电阻

金属热电阻简称热电阻（Thermal Resistance），是利用金属的电阻值随温度升高而增大这一特性来测量温度的传感器。目前较为广泛应用的热电阻材料是铂和铜，它们的电阻温度系数在（3～5）×10^{-3}/℃范围内。作为测温用的热电阻材料，希望具有电阻温度系数大、线性好、性能稳定、使用温度范围宽、加工容易等特点。铂热电阻的性能较好，适用温度范围为－200～960℃；铜热电阻价廉并且线性较好，但温度高了易氧化，故只适用于温度较低（－50～150℃）的环境中，目前已逐渐被铂热电阻所取代。表2-2列出了热电阻的主要技术性能。

表2-2　热电阻的主要技术性能

特性＼材料	铂（WZP）	铜（WZC）
使用温度范围/℃	－200～960	－50～150
电阻率/（Ω·m×10^{-6}）	0.098～0.106	0.017
0～100℃间电阻温度系数α（平均值）/$℃^{-1}$	0.00385	0.00428
化学稳定性	在氧化性介质中较稳定，不能在还原性介质中使用，尤其在高温情况下	超过100℃易氧化
特性	特性近于线性、性能稳定、准确度高	线性较好、价格低廉、体积大
应用	适用于较高温度的测量，可作标准测温装置	适用于测量低温、无水分、无腐蚀性介质的温度

1. 热电阻的工作原理及结构

温度升高，金属内部原子晶格的振动加剧，从而使金属内部的自由电子通过金属导体时的阻力增大，宏观上表现出电阻率变大，电阻值增大，称其为正温度系数，即电阻值与温度的变化趋势相同。

金属热电阻按其结构类型来分，有装配式、铠装式、薄膜式等。装配式热电阻由感温元件（金属电阻丝）、支架、引出线、保护套管及接线盒等基本部分组成。电阻丝必须是无应力的、退过火的纯金属。为避免电感分量，必须采用双线并绕，制成无感电阻。铂热电阻的内部结构如图2-11所示。装配式热电阻的外形及结构如图2-12所示，采用紧固螺母或法兰盘来固定在被测物上。铠装式热电阻的外形及结构如图2-13所示，引出线长度可达上百米。

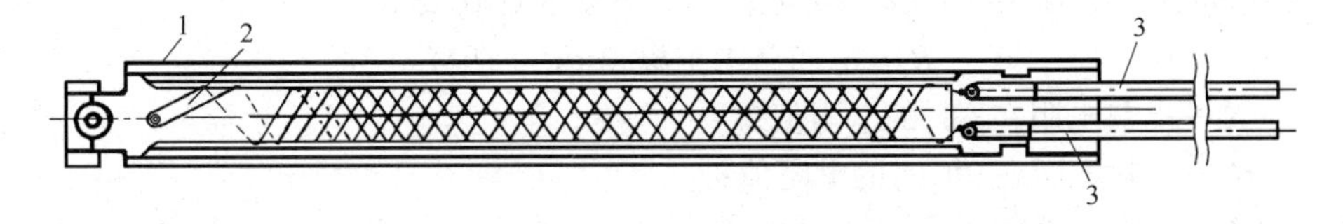

图2-11　铂热电阻的内部结构

1—骨架　2—铂电阻丝　3—耐高温金属引脚

目前还研制生产了薄膜式铂热电阻[16]，如图2-14所示。它是利用真空镀膜法、激光喷溅、显微照相和平版印刷光刻技术法，使铂金属薄膜附着在耐高温的陶瓷基底上。用激光修整和微调0℃时的电阻值。面积可以小到几平方毫米，可将其粘贴在被测高温物体上，测量局部温度，具有热容量小、反应快的特点。

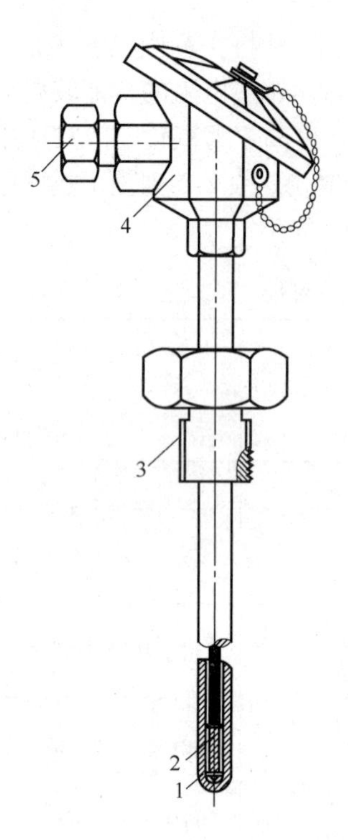

图2-12 装配式热电阻的外形及结构

1—保护套管 2—测温元件 3—紧固螺栓 4—接线盒 5—引出线密封管

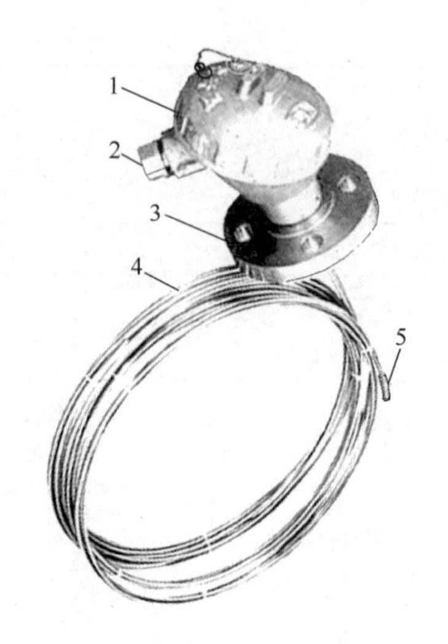

图2-13 铠装式热电阻的外形及结构

1—接线盒 2—引出线密封管 3—法兰盘 4—柔性外套管 5—测温端部

目前我国全面施行“1990 国际温标”[17]。按照 ITS-90 标准，国内统一设计的工业用铂热电阻在 0℃时的阻值 R_0 有 25Ω、100Ω 等，分度号分别用 Pt25、Pt100 等表示。薄膜型铂热电阻有 100Ω、1000Ω 等几种。铜热电阻在 0℃时的阻值 R_0 有 50Ω、100Ω 两种，分度号分别用 Cu50、Cu100 表示。

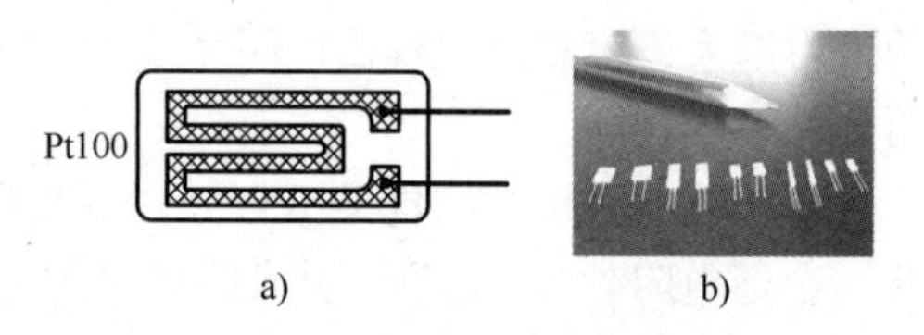

图2-14 薄膜式铂热电阻

a）内部示意图 b）外形尺寸示意

热电阻的阻值 R_t 与温度 t 的关系可用下面的一般表达式表示：

$$R_t = R_0(1 + At + Bt^2 + Ct^3 + Dt^4)$$

式中 R_t——热电阻在 t 时的电阻值；

R_0——热电阻在 0℃时的电阻值；

A、B、C、D——温度系数。

热电阻的阻值 R_t 与 t 之间并不完全呈线性关系。在规定的测温范围内，每隔 1℃，测出铂热电阻和铜热电阻 R_t 的电阻值，并列成表格，这种表格称为热电阻分度表，见附录 C。热电阻分度表是根据 ITS-90 标准所规定的实验方法而得到的，不同国家、不同厂商的同型号产品均需符合国际电工委员会（IEC）颁布的分度表数值。在工程中，若不考虑线性度误差的影响，有时也利用表 2-2 所述的温度系数 α 来近似计算热电阻的阻值 R_t，即：$R_t = R_0(1 + \alpha t)$。

2. 热电阻的测量转换电路

热电阻的测量转换电路多采用三线制不平衡电桥，见第2.6节的图2-28c。为了减小环境电、磁场的干扰，引线电缆最好采用屏蔽线，并将屏蔽线的金属网状屏蔽层接大地。

2.2.2　半导体热敏电阻

1. 热敏电阻的类型及特性

半导体热敏电阻简称热敏电阻（Thermistor）是一种半导体测温元件。按其温度系数，可分为负温度系数（Negative Temperature Coefficient，NTC）热敏电阻和正温度系数（Positive Temperature Coefficient，PTC）热敏电阻两大类。所谓正温度系数是指电阻的变化趋势与温度的变化趋势相同；所谓负温度系数是指当温度上升时，电阻值反而下降的变化特性。

（1）NTC热敏电阻　最常见的NTC热敏电阻是由金属氧化物组成的。如锰、钴、铁、镍、铜等多种氧化物混合烧结而成，其标称阻值（25℃时）视氧化物的比例，可以从零点几欧至几兆欧[18]。

根据不同的用途，NTC热敏电阻又可分为两大类。

第一类为负指数型，可用于测量0～120℃范围内的温度，它的电阻值与温度之间呈严格的负指数关系，如图2-15中的曲线2所示，其关系式为

$$R_T = R_0 e^{-B\left(\frac{1}{T_0}-\frac{1}{T}\right)} \tag{2-12}$$

式中　R_T——NTC热敏电阻在热力学温度为T时的电阻值；

R_0——NTC热敏电阻在热力学温度为T_0时的电阻值，多数厂商将T_0设定在298K（25℃）；

B——NTC热敏电阻的温度常数[19]，也称材料常数。

图2-15中的纵坐标为对数坐标，可以表示电阻的较大变化范围。

负指数型NTC热敏电阻的B值由制造工艺、氧化物含量决定。用户可根据需要，在1500～5000之间选择，其准确度和出厂一致性可达0.1%。因此NTC热敏电阻的离散性较小，测量准确度较高。

在常温段，NTC热敏电阻的灵敏度很高。例如，标称阻值（25℃时）为10.0kΩ的NTC，在-30℃时的阻值高达130kΩ；而在100℃时只有850Ω，相差两个数量级，在-30～100℃范围内，可用于空调、电热水器测温等。

第二类为突变型，又称临界温度型（CTR）。当负突变型热敏电阻温度上升到某临界点时，其电阻值突然下降。在很多电子电路中，可用于抑制“上电”时的浪涌电流。某型号负突变型NTC热敏电阻的温度-电阻特性如图2-15中的曲线1所示。

（2）PTC热敏电阻　PTC热敏电阻属于正突变型热敏电阻[20]。典型的PTC热敏电阻通常是在钛酸钡中掺入其他金属离子，以改变其温度系数和临界点温度。它的温度-电阻特性曲线呈非线性，在某一特定的温度点，呈现出阶跃性的增加，如图2-15中的曲线4所示。它在电子电路中多起限流、保护作用。例如，当流过PTC热敏电阻的电流超过一定限度或PTC热敏电阻感受到的温度超过一定限度时，其电阻值突然增大，可以用作“自恢复熔断器”。大功率的PTC型陶瓷热电阻还可以用于电热暖风机的发热体。当PTC热敏电阻的温度达到设定值（例如210℃，出口温度不超过85℃）时，PTC热敏电阻的阻值急剧上升，流过PTC热敏电阻的电流减小，使暖风机的温度基本恒定于设定值上，提高了安全性。

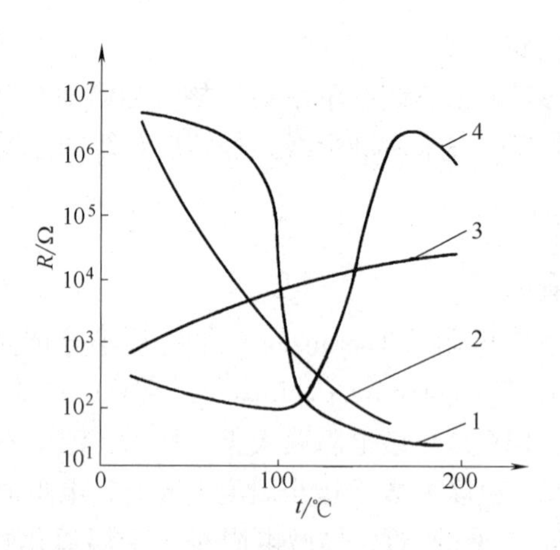

图2-15 各种热敏电阻的特性曲线

1—突变型NTC 2—负指数型NTC 3—线性型PTC 4—突变型PTC

近年来还研制出掺有大量杂质的Si单晶LPTC热敏电阻[21]，它的电阻随温度的变化接近线性，如图2-15中的曲线3所示，其最高工作温度上限约为140℃。

热敏电阻可根据使用要求，封装加工成各种形状的探头，如圆片形、柱形、珠形、铠装型、薄膜型、厚膜型等，如图2-16所示。

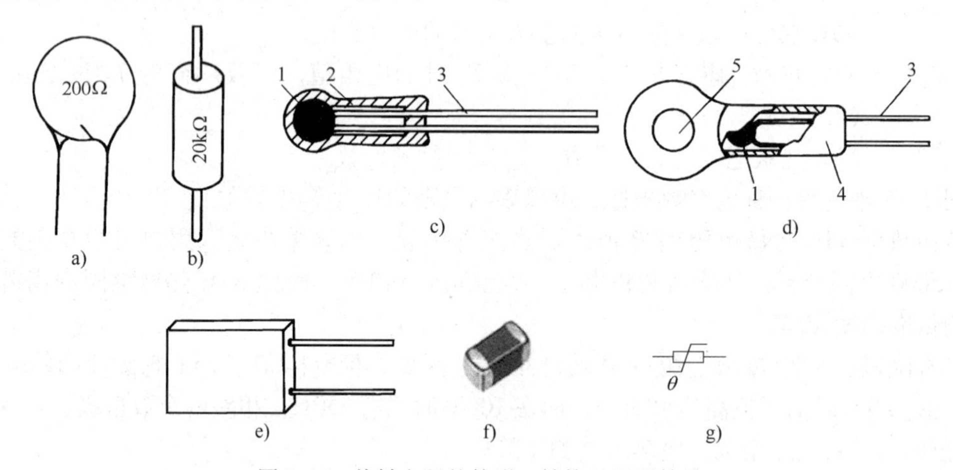

图2-16 热敏电阻的外形、结构及图形符号

a）圆片形 b）柱形 c）珠形 d）铠装型 e）厚膜型 f）贴片式 g）图形符号

1—热敏电阻 2—玻璃外壳 3—引出线 4—纯铜外壳 5—传热安装孔

2. 热敏电阻的应用

热敏电阻具有尺寸小、响应速度快、灵敏度高等优点，因此它在许多领域得到广泛应用。热敏电阻在工业上的用途很广，根据产品型号不同，其适用范围也各不相同，具体有以下三方面：

（1）热敏电阻用于测温 作为测量温度的热敏电阻价格较低廉。没有外保护层的热敏电阻只能应用在干燥的地方；密封的热敏电阻不怕湿气的侵蚀，可以使用在较恶劣的环境下。由于热敏电阻的阻值较大，故其连接导线的电阻和接触电阻可以忽略。例如，在热敏电阻测量粮仓温度中，其引线可长达近千米。热敏电阻体温表原理图如图2-17所示。

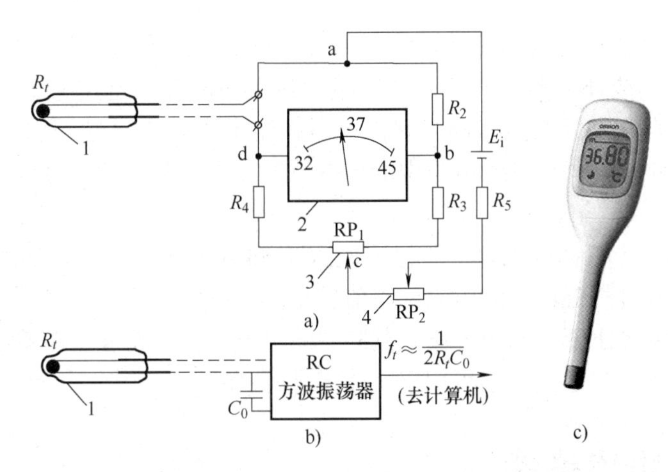

图 2-17　热敏电阻体温表原理图

a）桥式电路　b）调频式电路　c）数字式体温表

1—热敏电阻　2—指针式显示器　3—调零电位器　4—调满度电位器

电路必须先进行调零再调满度，最后再验证刻度盘中其他各点的误差是否在允许范围内，上述过程称为标定。具体做法如下：用更高一级的数字式温度计监测水温，将绝缘的热敏电阻放入 32℃（表头的零位）的温水中，待热量平衡后，调节 RP_1，使指针指在 32℃上，再加入热水，使其上升到 45℃。待热量平衡后，调节 RP_2，使指针指在 45℃上。再加入冷水，逐渐降温，检查 32～45℃范围内刻度的准确性。如果不准确：①可重新刻度；②在带微处理器的情况下，可用软件修正之。

虽然目前热敏电阻温度计均已数字化，但上述的“调零”“标定”的概念是作为检测技术人员必须掌握的最基本技术。

（2）热敏电阻用于温度补偿　热敏电阻可在一定的温度范围内对某些元件进行温度补偿。例如，动圈式表头中的动圈由铜线绕制而成，温度升高，电阻增大，引起测量误差，可以在动圈回路中串入由负温度系数热敏电阻组成的电阻网络，从而抵消由于温度变化所产生的误差。

在晶体管电路、对数放大器中，也常用热敏电阻组成补偿电路，补偿由于温度引起的漂移误差。

（3）热敏电阻用于温度控制及过热保护　在电动机的定子绕组中嵌入正温度突变型 PTC 热敏电阻，并与继电器串联。当电动机过载时定子严重发热。当 PTC 热敏电阻感受到的温度大于突变点时，电路中的电流可以由几十毫安突变为十分之几毫安，因此继电器失电复位，触发电动机保护电路，从而实现过热保护。PTC 热敏电阻与继电器的接线图如图 2-18 所示。

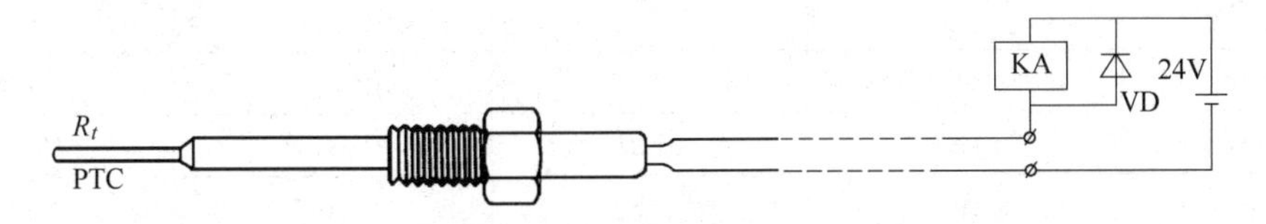

图 2-18　正温度突变型热敏电阻与继电器的接线图

（4）高分子 PTC 自恢复熔断器　高分子聚合物正温度热敏电阻是由聚合物与导电晶粒等所构成。导电粒子在聚合物中构成链状导电通路。当正常工作电流通过（或元件处于正常环境温度）时，自恢复熔断器呈低阻状态；当电路中有异常过电流（或环境温度超过额定值）时，大电流（或环境温度升高）所产生的热量使聚合物迅速膨胀，切断导电粒子所构成的导电通路，自恢复熔断器呈高阻状态；当电路中过电流（超温状态）消失后，聚合物冷却，体积恢复正常，PTC 热敏电阻中的导电粒子又重新构成导电通路，自恢复熔断器又呈初始的低阻状态[22]。

（5）热敏电阻用于液面的测量 给铠装型 NTC 热敏电阻施加一定的加热电流，它的表面温度将高于周围的空气温度，此时它的阻值较小。当液面高于它的安装高度时，液体将带走它的热量，使之温度下降、阻值升高。判断它的阻值变化，就可以知道液面是否低于设定值。利用类似的原理，热敏电阻还可用于气体流量的判断。

2.3 气敏电阻传感器

2.3 拓展阅读资料

工业、科研、生活、医疗、农业等许多领域都需要测量环境中某些气体的成分、浓度。例如，煤矿中瓦斯气体浓度超过极限值时，有可能发生爆炸；家庭发生煤气泄漏时，将发生悲剧性事件；农业塑料大棚中 CO_2 浓度不足时，农作物将减产；锅炉和汽车发动机汽缸燃烧过程中氧含量不正确时，燃烧效率将下降，并造成环境污染。

使用气敏电阻传感器（以下简称气敏电阻），可以把某种气体的成分、浓度等参数转换成电阻变化量，再转换为电流或电压信号。

气敏电阻品种繁多，本节主要介绍测量还原性气体的 MQN 型气敏电阻以及 TiO_2 氧浓度气敏电阻。

2.3.1 还原性气体传感器

所谓还原性气体就是在化学反应中能给出电子，化学价升高的气体。多数还原性气体属于可燃性气体，例如煤气、天然气、酒精蒸气、甲烷、乙烷、氢气等。

1. 还原性气敏电阻的结构

测量还原性气体的 MQN 气敏电阻一般是用 SnO_2、ZnO 或 Fe_2O_3 等金属氧化物粉料添加少量铂催化剂、激活剂及其他添加剂，按一定比例烧结而成的半导体器件[23]。MQN 型气敏电阻结构、测量电路及外形如图 2-19 所示，表 2-3 示出了几种常用 MQN 型气敏电阻的主要特性。

表 2-3 几种国产气敏电阻的主要特性

型号 参数	MQN-10	UL-281	UL-282	UL-206
检测对象	各种可燃性气体	煤气	酒精蒸气	油烟
测量回路电压/V	10 ±1	10 ±1	15 ±1.5	15 ±1.5
清洗回路电压/V	5 ±0.5	5.5	5 ±0.5	5 ±0.5
清洗加热电流/mA	160 ~ 180	170 ~ 190	160 ~ 180	160 ~ 180
环境温度/℃	-20 ~ +50	-10 ~ +50	-10 ~ +50	-10 ~ +50
环境湿度（%）	<95	<95	<95	<95

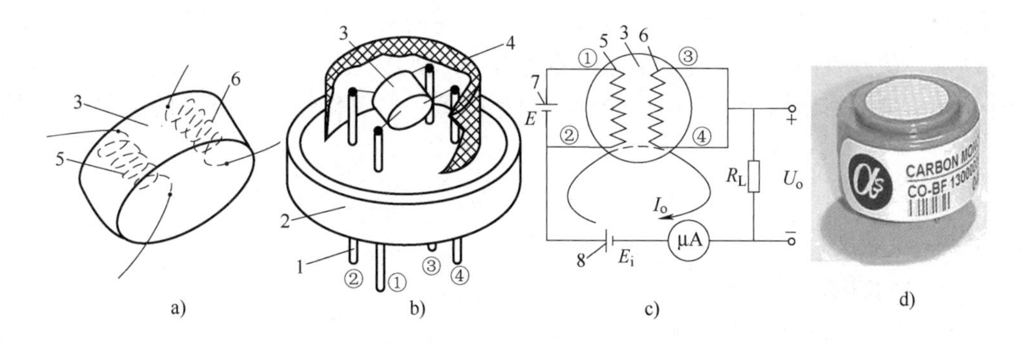

图2-19 MQN型气敏电阻结构、测量电路及外形
a）气敏烧结体 b）气敏电阻外形示意图 c）基本测量转换电路 d）产品外形
1—电极引脚 2—塑料底座 3—烧结体 4—不锈钢网罩 5—加热电极
6—工作电极 7—加热回路电源 8—测量回路电源

MQN型气敏电阻是由塑料底座、电极引脚、不锈钢网罩、气敏烧结体以及包裹在烧结体中的两组铂丝电极组成。一组为加热电极兼测量电极（图中的左边铂丝），另一组铂丝为测量电极。

气敏电阻工作时必须加热到200℃左右，其目的是加速被测气体的化学吸附和电离的过程并烧去气敏电阻表面的污物（起清洁作用）。

2. 还原性气敏电阻的工作原理

气敏电阻的工作原理十分复杂，涉及材料的微晶结构、化学吸附及化学反应、电荷转移等，有不同的解释模式。简单地说，当N型半导体的表面在高温下遇到离解能较小（易失去电子）的可燃性气体时，气体分子外层的电子将向气敏电阻表面转移，使气敏电阻中的自由电子浓度增加，电阻率下降，电阻减小。还原性气体的浓度越高，电阻下降就越多。这样，就把气体的浓度信号转换成电阻信号。气敏电阻使用时应尽量避免置于油雾、灰尘环境中，以免老化。

3. 还原性气敏电阻的特性和应用

气敏电阻的灵敏度较高，在被测气体浓度较低时有较大的电阻变化，而当被测气体浓度较大时，其电阻率的变化逐渐趋缓，有较大的非线性。这种特性较适用于气体的微量检漏、浓度检测或超限报警。控制烧结体的化学成分及加热温度，可以改变它对不同气体的选择性。例如，制成煤气报警器，可对居室或地下数米深处的管道泄漏点进行检漏。还可制成酒精呼出检测仪，以检测是否酒后驾车。酒精呼出检测仪必须符合公安部制定的“呼出气体酒精含量探测器GA307 2001”标准[24]。目前多使用燃料电池来测量呼气酒精蒸气的含量。图2-20给出了某MQN型气敏电阻的阻值随不同气体浓度变化的特性曲线。

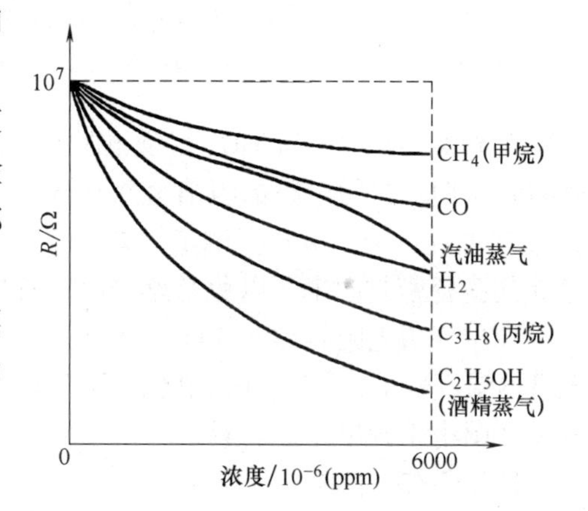

图2-20 某MQN型气敏电阻的阻值随不同气体浓度变化的特性曲线

2.3.2 二氧化钛氧浓度传感器

半导体材料二氧化钛（TiO_2）属于N型半导

体，对氧气敏感[25]，其电阻值的大小取决于周围环境的氧气浓度。当周围氧气浓度较大时，氧原子进入二氧化钛晶格，改变了半导体的电阻率，使其电阻值增大。当氧气浓度下降时，氧原子析出，使晶格结构出现空缺，导致电阻值降低。二氧化钛氧传感器的电阻值 R 可按下式计算：

$$R = Ae^{\left(-\frac{E}{kT}\right)} p_{O_2}^{\frac{1}{m}} \tag{2-13}$$

式中 A——灵敏度；

E——活化能；

e——电子电荷量，1.6×10^{-19}C；

k——玻尔兹曼常数，1.3806505×10^{-23}J/K；

T——绝对温度；

p_{O_2}——氧含量分压；

$1/m$——与晶格缺陷有关的指数，N 型硅：$1/m=0.25$；P 型硅：$1/m=-0.25$。

多孔性 TiO_2 氧浓度传感器结构、测量转换电路及使用如图 2-21 所示。二氧化钛气敏电阻与补偿热敏电阻同处于陶瓷绝缘体的末端。当氧气含量减小时，R_{TiO_2} 的阻值减小，U_o 增大。

$$U_o = \left(1 - \frac{R_{TiO_2}}{R_{TiO_2} + R_t}\right)U_i \tag{2-14}$$

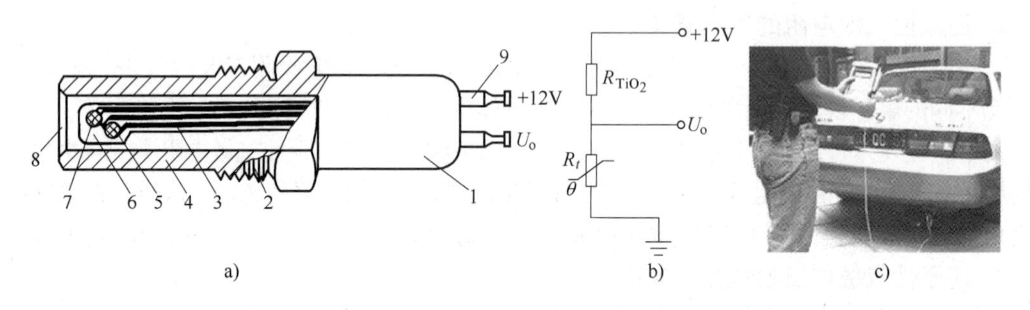

图 2-21 TiO_2 氧浓度传感器结构、测量转换电路及使用

a）结构 b）测量转换电路 c）外形

1—外壳（接地） 2—安装螺栓 3—搭铁线 4—保护管 5—补偿电阻 6—陶瓷片 7—TiO_2 氧敏电阻 8—进气口 9—引脚

在图 2-21b 中，与 TiO_2 气敏电阻串联的 NTC 热敏电阻 R_t 起温度补偿作用。当环境温度升高时，TiO_2 气敏电阻的阻值会逐渐减小。只要 R_t 也以同样的比例减小，根据分压比定律，U_o 不受温度影响，减小了测量误差。事实上，R_t 与 TiO_2 气敏电阻是相同材料制作的，只不过 R_t 用陶瓷密封起来，以免与燃烧尾气直接接触。

TiO_2 气敏电阻必须在 300～400℃的高温下才能工作。汽车之类的燃烧器刚起动时，排气管的温度较低，TiO_2 气敏电阻无法工作，所以还必须在 TiO_2 气敏电阻外面套一个加热电阻丝（图中未画出）进行预热。

目前还有一种氧化锆氧浓度传感器，它的输出电压与氧浓度呈非线性的函数关系，也可以用于测量高温下的氧浓度，例如安装在烟道中，可检测燃烧工况；安装在汽车的三元催化剂的前端和后端，分别检测发动机的空燃比及三元催化剂的效率。

2.4　湿敏电阻传感器

2.4　拓展阅读资料

2.4.1　大气的湿度与露点

湿度的检测涉及工业、农业、生活。许多储物仓库在湿度超过某一程度时，物品易发生变质或霉变现象；居室的湿度希望适中；纺织厂要求车间的相对湿度（RH）保持在60%~70%；在农业生产中的温室育苗、食用菌培养、水果保鲜等都需要对湿度进行检测和控制。

1. 绝对湿度与相对湿度

（1）绝对湿度　大气的水汽含量通常用1m³湿空气中所含水汽的克数来表示，也就是空气中的水汽密度，单位为kg/m³。

直接测量大气中的水汽含量是比较困难的。由于水汽密度与大气中的水汽的分压强e成正比，所以大气的绝对湿度还可以用大气中所含水汽的分压强来表示。如果水汽分压强e的单位为百帕，则绝对湿度a如下式（单位为kg/m³）：

$$a = \frac{2.167e}{T} \times 100\% \tag{2-15}$$

式中　T——热力学温度。

（2）相对湿度　大气（或其他气体）中所含水汽压强有一个极限值，超过这个极限值的空气称为饱和空气。在某一压力、温度下，空气中水汽达到饱和时的水汽分压力称为饱和水汽压E。

相对湿度（Relative Humidity）是空气的绝对湿度与同温度下的饱和状态空气绝对湿度的比值，它能较好地说明空气的干、湿现象。日常生活中所指的湿度多为相对湿度，用RH表示。

$$\mathrm{RH} = \frac{e}{E} \times 100\% \tag{2-16}$$

式中　e——空气的水汽分压；

　　E——同一温度下的饱和水汽压。

由于饱和水汽压E随着气温的升高而增加，所以相对湿度是温度的函数。例如，在20℃、一个大气压下，1m³的大气中，只能存在17g的水汽，此时的RH为100%。若同样条件下的绝对湿度降为8.5g/m³，则RH就只有50%。在上述绝对湿度下，将气温降至10℃以下时，RH又可能接近100%。这就是为什么在阴冷的地下室中，人们会感到十分潮湿的原因。

2. 露点[26]

温度较高的空气所含水蒸气较多，将此空气冷却，其所含水蒸气的量没有变化，而相对湿度增加。当降低到一定温度，RH达到100%时，称为水汽饱和。若将该空气继续冷却，其中一部分水蒸气将凝聚成露水。此时的温度即为露点温度（Dew Point Temperature）。这种方法可以用来标定本节介绍的湿敏电阻传感器。露点在0℃以下时，即为霜点（Frost Point）。能够测量出露点温度的传感器称为露点传感器[27]。

2.4.2 湿度传感器

湿度的测量有多种方法。例如：露点法、干湿球法、电子式湿度传感器法等。

水是一种强极性的电解质。水分子极易吸附于固体表面并渗透到固体内部，从而引起固体的各种物理变化。如早期人们使用毛发吸水而变长的毛发湿度计以及湿棉花球因水分蒸发而温度降低的干湿球湿度计等。将湿度变成电信号的传感器有红外线湿度计、微波湿度计、超声波湿度计、石英晶体振动式湿度计、湿敏电容湿度计、湿敏电阻湿度计等。湿敏电阻又有多种不同的结构型式。常用的有金属氧化物陶瓷湿敏电阻传感器、金属氧化物膜型湿敏电阻传感器、高分子材料湿敏电阻传感器等。

1. 金属氧化物陶瓷湿度传感器

金属氧化物陶瓷湿度传感器是当今湿度传感器的发展方向之一。近几年研究出许多电阻型湿敏多孔陶瓷材料，如 LaO_2- TiO_2、SnO_2- Al_2O_2- TiO_2、La_2O_2- TiO_2- V_2O_5、TiO_2- Nb_2O_5、MnO_2- Mn_2O_3、NiO 等。陶瓷湿度传感器的结构和外形如图 2-22 所示。

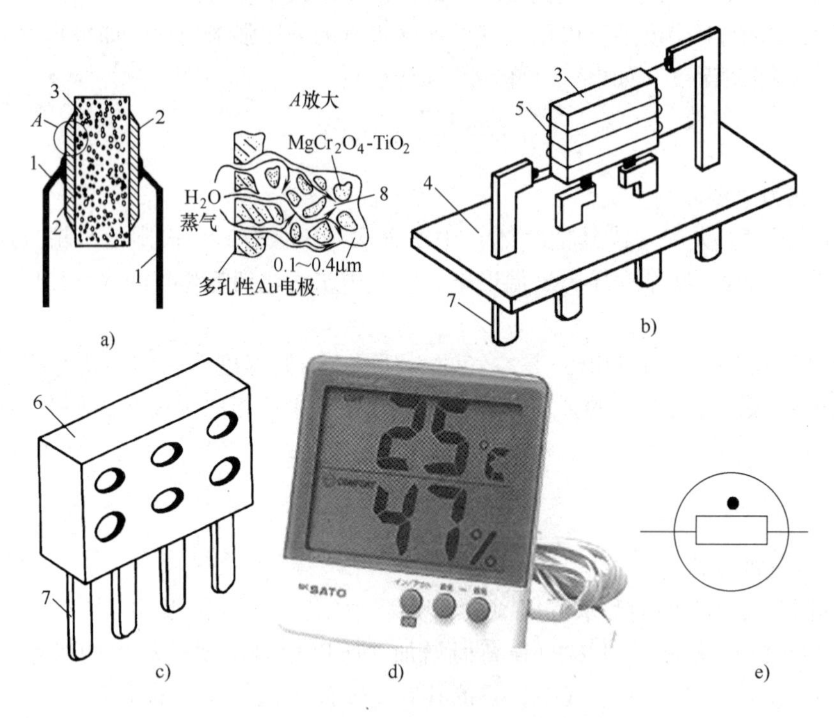

图 2-22 陶瓷湿度传感器的结构和外形

a）吸湿单元 b）卸去外壳后的结构 c）外形示意图

d）带有液晶显示器的便携式温湿度计 e）图形符号

1—引线 2—多孔性电极 3—多孔陶瓷（$MgCr_2O_4$-TiO_2） 4—底座

5—镍铬加热丝 6—外壳 7—引脚 8—气孔

$MgCr_2O_4$- TiO_2（铬酸镁- 氧化钛）等金属氧化物以高温烧结的工艺制成多孔性陶瓷半导体薄片。它的气孔率高达 25% 以上，具有 1μm 以下的细孔分布。与日常生活中常用的结构致密的陶瓷相比，其接触空气的表面积显著增大，所以水气极易被吸附于其表层及其孔隙之中，使其电阻值下降。当相对湿度从 1% 变化到 95% 时，其电阻率变化高达 4 个数量级左右，所以在测量电路中必须考虑采用对数压缩技术，或由微处理器进行对应的计算。陶瓷湿度传感器的电阻与相对湿度关系曲线如图2-23所示，其测量转换电路框图如图2-24所示。

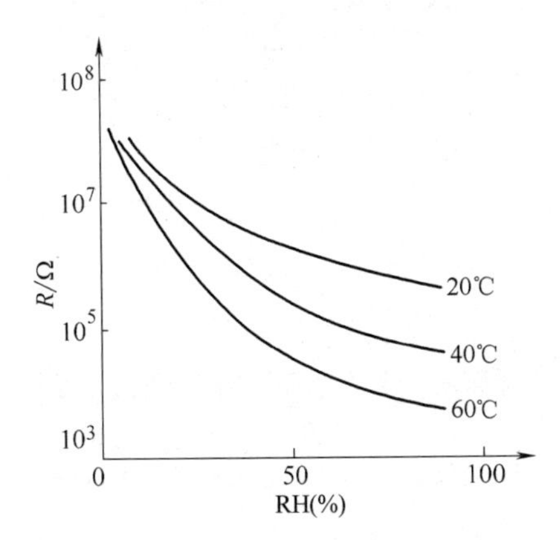

图2-23　陶瓷湿度传感器的电阻与相对湿度关系曲线

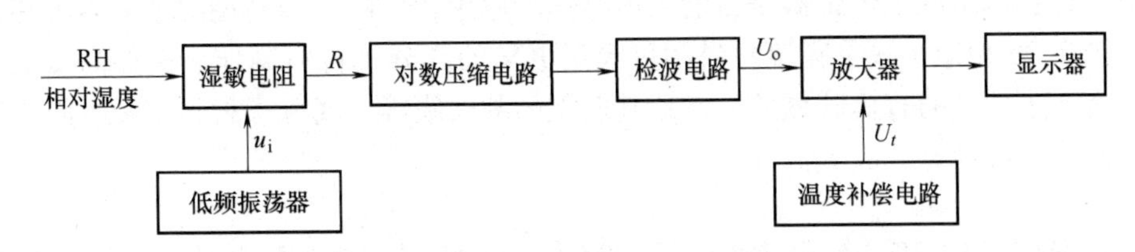

图2-24　湿敏电阻传感器测量转换电路框图

由于多孔陶瓷置于空气中易被灰尘、油烟污染，从而堵塞气孔，使感湿面积下降。如果将湿敏陶瓷加热到400℃以上，就可使污物挥发或烧掉，使陶瓷恢复到初始状态，所以必须定期给加热丝通电（见图2-22b）。

湿敏电阻对湿度的变化具有"湿滞特性"，在吸湿和脱湿两种情况下的特性曲线不相重复，造成测量误差。陶瓷湿敏传感器吸湿快（3min左右），而脱湿要慢许多，从而产生滞后现象。有时可用重新加热脱湿的办法来解决。即：每次使用前应先加热1min左右，待其冷却至室温后，再进行测量。陶瓷湿敏传感器的湿度-电阻的标定比温度传感器的标定困难得多。它的误差较大，稳定性也较差，时漂严重。使用时还应考虑温度补偿。陶瓷湿敏电阻应采用交流供电（例如1kHz）。若长期采用直流供电，会使湿敏材料极化，吸附的水分子电离，导致灵敏度降低，性能变坏。

2. 金属氧化物膜型湿度传感器

Cr_2O_3、Fe_2O_3、Fe_3O_4、Al_2O_3、Mg_2O_3、ZnO及TiO等金属氧化物的细粉吸湿后导电性增加，电阻下降。吸附或释放水分子的速度比上述多孔陶瓷快许多倍，图2-25是金属氧化物膜型湿度传感器外形及结构示意图。

在陶瓷基片上先制作铂梳状电极，然后采用丝网印刷等工艺，将调制好的金属氧化物糊状物印刷在陶瓷基片上。采用烧结或烘干的方法使之固化成膜。这种膜在空气中能吸附或释放水分子，而改变其自身的电阻值。通过测量两电极间的电阻值即可检测相对湿度，响应时间小于1min。

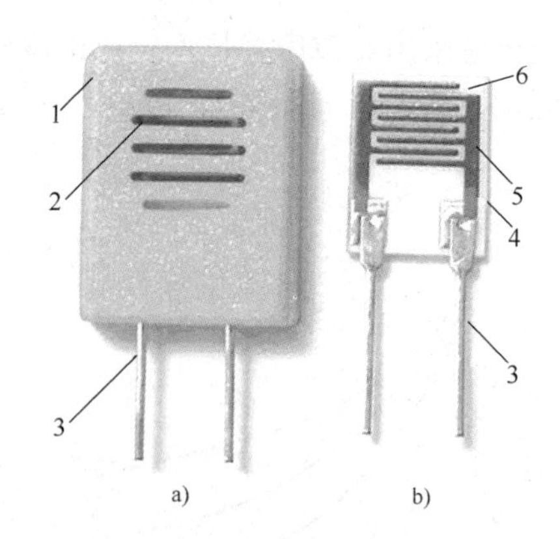

图2-25 金属氧化物膜型湿度传感器外形及结构示意图
a）外形 b）结构
1—外壳 2—吸湿窗口 3—电极引线 4—陶瓷基片 5—梳状电极 6—金属氧化物感湿膜

3. 高分子湿敏电阻传感器

高分子材料电阻湿度传感器是目前发展迅速、应用较广的一类新型湿敏电阻传感器。它的外形与图2-25相似，只是吸湿材料用可吸湿电离的高分子材料制作。例如高氯酸锂—聚氯乙烯、有亲水性基的有机硅氧烷、四乙基硅烷的共聚膜等。高分子材料湿敏电阻传感器具有响应时间快、线性好、成本低等特点。

2.5 工程项目设计实例——利用铂热电阻测控电烘箱温度

2.5.1 来源及技术指标

2.5 拓展阅读资料

某电子公司生产小型电源变压器，重要的工艺之一为真空浸漆并利用红外线烘干。电烘箱的原配测温器件为水银温度计，现希望改为隔爆型温度传感器，并自动测量、控制电烘箱的温度。具体技术指标及要求如下：

电烘箱电源为三相380V，额定功率为10kW（外形见图2-26）；

数字温度表置于电烘箱控制柜上侧，显示温度范围为0～199.9℃，准确度优于1.0级，分辨力为小数点后1位；

温度传感器的信号作A-D转换后，送单片机作运算处理；

单片机根据用户设定的温度上限值控制电烘箱的温度。温度控制误差为±3℃。

2.5.2 设计方案及步骤

1. 温度传感器的选择

图2-26 电烘箱及控温箱外形

水银温度计不能直接输出电信号，可以选择本章学习到的铂热电阻作为测温传感器。铂热电阻的型号和结构繁多，有铠装式、装配式、隔爆式等。

在化工厂和其他生产现场，常伴随有各种易燃、易爆等化学气体、蒸气等。在本项目中，绝缘漆蒸气属于可燃性气体，如果使用普通的装配型铂热电阻较不安全，有可能引发爆炸。因此，在这些场合必须使用隔爆式热电阻[28]。隔爆式热电阻与装配式热电阻的测温原理相同，主要区别是：隔爆式产品的接线盒（外壳）在设计上采用防爆特殊结构，用高强度铝合金压铸而成，并具有足够的内部空间、壁厚和机械强度，橡胶密封圈的热稳定性等均符合国家防爆标准。当接线盒内部的爆炸性混合气体发生爆炸时，其内压不会破坏接线盒，由此产生的热能也不能向外扩散（传爆）。典型的隔爆式热电阻的防爆标志表示方法如图2-27所示。

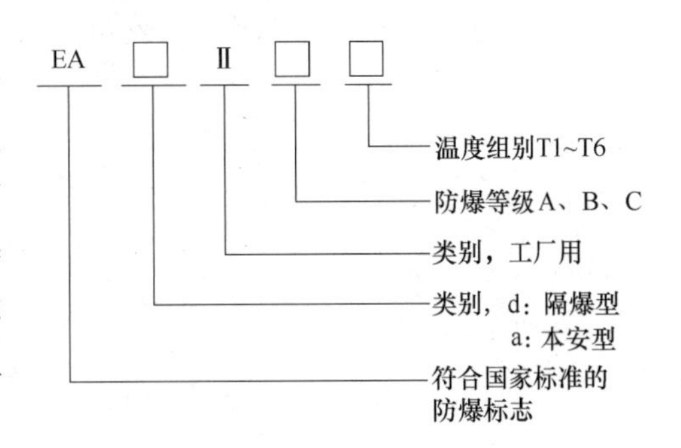

图2-27　隔爆式热电阻防爆标志的表示方法

电气设备的类别Ⅰ类：煤矿井下用电气设备；Ⅱ类：工厂用电气设备。隔爆式热电阻的防爆等级按其适用于爆炸性气体混合物最大安全间隙分为A、B、C三级。

隔爆式热电阻的温度组别按其外露部分最高表面温度分为T1 ~ T6六组，对应的温度组别如表2-4所示。

表2-4　隔爆式热电阻的温度组别

温度组别	允许最高表面温度/℃
T1	450
T2	300
T3	200
T4	135
T5	100
T6	85

查阅、比较有关资料后，选择dⅡBT2型Pt100隔爆式热电阻作为测温传感器。

2. 测量桥路设计方案的选择

热电阻的测量转换电路的设计可以有以下几种方案：

方案一：二线制电桥测量电路。

电路如图2-28a所示。R_1为铂热电阻，R_2、R_3、R_4为锰铜精密电阻，它们的电阻温度系数十分小，因此可以认为是固定电阻。当加上桥路电源U_i后，电桥即有相应的输出U_o。电桥的调零可在0℃的情况下进行。热电阻R_t（图中的R_1）被安装在测温点上，然后用连接导线连接到电桥的接线端子上。由于金属热电阻本身的阻值较小，所以引线电阻r_{1a}、r_{1b}及其随长度和温度的变化就不能忽略。例如，引线从原来的100m增长到200m时，r_{1a}、r_{1b}也增加一倍，使原来已调好平衡的电桥失去了平衡，需重新调零。又如，在测量过程中气温升高时，引线电缆受环境温度影响，铜质电缆线的电阻与热电阻一样，阻值也会升高，叠加在R_t的变化上，引起测量误差，且很难纠正。

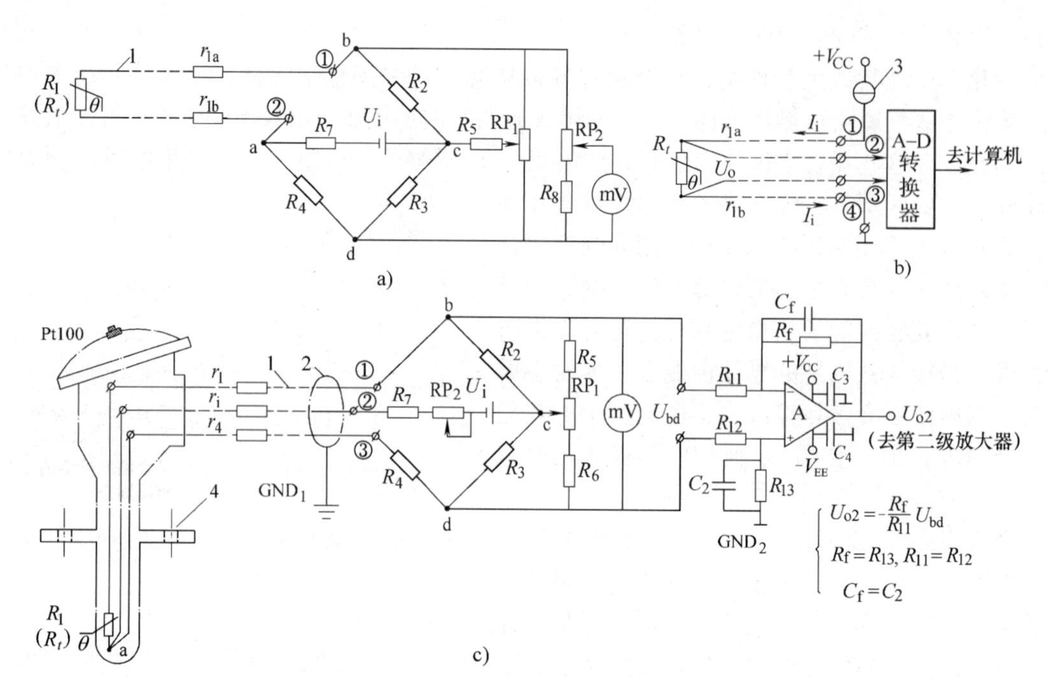

图 2-28 热电阻的测量转换电路

a）二线制单臂电桥测量电路 b）四线制恒流源测量电路 c）三线制单臂电桥测量电路

1—连接电缆 2—屏蔽层 3—恒流源 4—法兰盘安装孔 RP_1—调零电位器 RP_2—调满度电位器

方案二：四线制恒流测量电路。

图 2-28b 为热电阻的四线制测量电路。恒流源 I_i 的恒定激励电流流过 R_t，在 R_t 上产生压降 $U_o=I_iR_t$。输出电压 U_o 的变化量 ΔU_o 与被测温度变化引起的电阻变化量 ΔR 成正比。由于输出电压是直接从 R_t 两端引出的，所以激励电流 I_i 在 r_{1a}、r_{1b} 上的压降就不被包括到 U_o 中，因此可以克服引线电阻的影响。

四线制测量电路的缺点是：A-D 转换器得到的电压中，本底电压 U_{o0} 所占比例较大，而反映温度变化的 ΔU_o 相对较小，降低了系统的分辨力。可以使用“减法放大器”预先扣除本底电压 U_{o0}，再将 ΔU_o 进行放大。

方案三：三线制电桥测量电路

考虑到电桥接口箱距离电烘箱有一定距离，引线电阻的温度漂移将引起电桥的测量误差。例如，在图 2-28a 中，若 r_{1a}、r_{1b} 合计为 1Ω，将引起约 2℃的测量误差[29]。

为了消除和减小引线电阻的影响，可采用三线制单臂电桥，如图 2-28c 所示。热电阻 R_t 用三根导线①、②、③引至测温电桥。其中两根引线的内阻（r_1、r_4）分别串入测量电桥相邻两臂的 R_1、R_4 上，$(R_1+r_1)/R_2=(R_4+r_4)/R_3$。引线的长度变化不影响电桥的平衡，所以可以避免因连接导线电阻受环境影响而引起的测量误差。

r_i 与激励源 E_i 串联，不影响电桥的平衡，可通过调节 RP_2 来微调电桥的满量程输出电压。为了减小环境电、磁场的干扰，最好采用三芯屏蔽线，并将屏蔽线的金属网状屏蔽层接大地。

综合以上 3 个方案，三线制电桥测量电路的稳定性较好，灵敏度较高，所以采用第 3 个方案。

3. 电桥的调零电路设计

为了尽量减小误差，提高灵敏度，取 $R_2 = R_3 = R_4$ 等于 R_1 的初始值（100Ω）。由于元器件的误差等原因，电桥仍存在微小的不平衡，因此必须在电桥中加入一个调零电位器。本案例采用并联调零法，如图2-28c中的 RP_1 所示。其阻值应大于桥臂电阻的100倍以上（例如10kΩ），以免影响电桥的线性度和灵敏度。在带有微处理器的检测电路中，采用“软件调零”的方法，使检测系统的输出等于零。

4. 放大电路的设计

（1）放大电路类型的选择　由于工业现场存在大量的电磁干扰，电桥的输出信号中通常包含多种频率、幅度较高的共模干扰电压，所以第一级放大电路拟采用具有一定抗共模干扰能力的减法差动放大器电路，如图2-28c的右半部分所示。b、d两点对a点的电压之差为 $U_{bd} = U_{da} - U_{ba}$，减法差动放大电路只对 U_{bd} 有放大作用，叠加在 U_{da}、U_{ba} 上的对地共模电压将自动抵消，基本不会在放大器的输出电压 U_{o2} 中反映出来。

（2）放大倍数的确定　减法差动放大器的直流差模倍数为

$$K = -\frac{R_f}{R_{11}} \tag{2-17}$$

若选用Pt100标准热电阻，当 $t = 100℃$ 时，查Pt100分度表，得到 $R_{100℃} = 138.51\Omega$。设图2-28a中，桥路激励源电压取标称值 $U_{ac} = 1.25V$（太大会导致铂热电阻发热超指标），选取 R_3、R_4 为100Ω精密锰铜线绕电阻，若忽略 r_1、r_2、RP_1、RP_2、R_7 的影响，由分压比公式可得桥路的输出电压为

$$U_{bd} = U_{ba} - U_{da} = \frac{R_1}{R_1 + R_2}U_i - \frac{R_4}{R_3 + R_4}U_i = \frac{138.51}{138.51 + 100} \times 1.25V - \frac{100}{100 + 100} \times 1.25V \approx 101mV \tag{2-18}$$

若希望 $t = 100℃$ 时，放大器的输出电压为整数值，$U_{o2} = 1.00V$（与被测温度100℃的数字相同），则要求 $|K| = \frac{1000}{101} = 9.9 = \frac{R_f}{R_{11}}$。

（3）放大器4个主要电阻阻值的确定　由于运算放大器的输出级最大负载电流为毫安级，所以 R_f 的取值不能太小，一般应大于10kΩ。若考虑到非理想运放的输入失调电流和失调电压以及输入偏置电流均不为零，所以 R_f 不应超过1MΩ。

为了增大桥路的负载电阻，可以取 $R_{11} = R_{12}$ 为整数值100kΩ，则 $R_{13} = R_f$ 的理论值约为990kΩ，取标称值1MΩ。此时放大器的增益与理论设计值略有偏差，可以依靠改变桥路电源所串联的 RP_2 的阻值（约20Ω，是所需增大的差值的两倍）来微调放大器的输入电压。还可由第二级放大器的反馈电阻来进一步调整总的放大倍数。本设计中，选择低温漂运算放大器OP-07，它的共模抑制比可达80dB以上。

在真实设计中，必须选用“三运放仪表放大器”（见图12-31和图12-32）来实现高稳定度、低温漂和高抗共模抑制比，基本思路是一致的，但集成度和性价比更高。

（4）滤波电容的选择　本设计中，还应考虑滤除50Hz和其他高次谐波的干扰，所以必须在 R_f 两端并联积分电容 C_f 构成低通电路，降低1Hz以上交流信号的放大倍数。截止频率 f_H 由放大器的反馈电阻和反馈电容 R_f 与 C_f 的乘积决定，即

$$f_H = \frac{1}{2\pi R_f C_f} \tag{2-19}$$

在本设计中，设截止频率$f_H = 5Hz$，则$C_f = 0.16\mu F$，取标称值0.1μF。

低通滤波电容C_f容量越大，对交流干扰的滤波效果越好，但放大器的响应速度就越慢。按以上的RC数值，放大器的上升时间约为200ms，是工频周期（20ms）的10倍，可以较好地滤除50Hz的干扰。

为了提高共模抑制比，还必须在R_{13}两端也并联滤波电容C_2，且必须与C_f严格配对，才不至于降低放大器的共模抑制比。

（5）放大器电源的选择 放大器的正负电源V_{CC}、V_{EE}需要经稳压电路稳压，最好对地浮置，就能减小放大器正、负输入端的共模电压。考虑到常用的单片机A-D转换器的最大转换电压为5V，本项目的放大器正、负电源取标称电压±6V。放大器的饱和输出略大于5V。还可以选取“轨到轨”式运算放大器，可以减小放大器输出级的饱和压降。

放大器的正负电源V_{CC}、V_{EE}端还应并联约0.1μF的电源退耦电容C_3、C_4，滤除电源上的尖峰干扰电压。

在实际应用中，可以选择“仪表放大器”来提高共模抑制比，减小温漂和线性误差，具体电路可参考图12-31。

5. 加热控制电路简述

电烘箱的温度信号由铂热电阻转换为电阻值的变化，经单臂半桥转换为输出电压U_{ab}，再经差动放大器后，送到A-D转换器转换成数字量，由单片机或PLC读取。当电烘箱温度达到用户设定的上限值时，单片机或PLC的对应输出端输出有效电平，经驱动电路，中间继电器KA动作，使交流接触器KM失电，切断电烘箱加热丝R_L的电源。

当温度逐渐低于设定值时，KM又再次得电。如果电烘箱的热容量较小，KM将频繁动作，降低了触点的寿命。这时可以在程序中设定被控温度的一个上、下限值，使得被控温度具有一定的回差，回差的概念见图4-18c。

2.5.3 系统的调试和测试

1. 系统的预调零

将铂热电阻置于冰水混合物中，将1.250V电源U_i施加到电桥的电源端子上，RP_2置于最小值，缓慢调节“调零电位器”RP_1，使放大器的输出$U_{o2}=0$。

2. 测量系统的调满度和校验

将铂热电阻置于100℃的沸水中，静置半个小时。在达到温度平衡后，调节“调满度电位器”RP_2，使U_{o2}为1.000V。将铂热电阻取出，再置于电烘箱中，从20℃开始，缓慢升高温度，用最小分度为0.2℃的250℃水银温度计校对。每隔10℃，读取U_{o2}。直至200℃为止。记录放大器的输出测量值及非线性误差，为“铂热电阻软件线性化程序”提供纠偏数据。

3. 工频干扰的测试

将电桥的b、d端短路，将有效值为10V的50Hz交流电压一端接到短路点，另一端接大地点。用示波器观察放大器输出端的50Hz交流电压，其峰峰值应小于$20\sqrt{2}$mV。如果超过该值较多，应检查低通滤波电容C_f与C_2的配对情况，以及R_f/R_{13}是否严格等于R_{11}/R_{12}。

如果希望将热电阻桥路的输出转换为电流输出信号，以便远距离传输，可以采用二线制电流变送器芯片 AD693、XTR101[30]等。

2.5.4 齐纳式安全栅的使用[31]

由于本项目的测量对象为易燃、易爆的油漆烘干设备，因此必须考虑传感器的过电压、过电流及雷击等因素引入的电火花，通常要求使用“本质安全型仪表”（以下简称本安型仪表），并应符合《爆炸性环境用防爆电气设备》的有关规定。

1. 本安型仪表的特点

在危险区域使用的仪表，无论在正常状态下和故障状态下，仪表电路系统产生的过电流和所达到的温度都不应引燃爆炸性混合物。它的防爆功能主要由以下措施来实现：①采用新型集成电路等组成仪表电路，在较低的工作电压（通常不应超过 30V）和较小的工作电流（通常不应超过 30mA）下工作；②使用“齐纳安全栅”或“隔离安全栅”（以下均简称安全栅，Safety Barrier）把危险场所和安全场所的电路分隔开来，限制由安全场所传递到危险场所去的电能量；③仪表的连接导线不得形成过大的分布电感和分布电容，以减少电路的储能。

本安型仪表[32]不止依赖于充惰性气体、隔爆外壳等措施来实现其防爆性能，更重要的是由电路本身实现的，因而是“本质安全”的。它能适用于危险场所和各种爆炸性气体混合物。本安型仪表不能单独使用，必须和本安关联设备——安全栅以及正确的外部连接导线以及二次仪表一起组成“本安防爆系统”，才能发挥防爆功能。

2. 安全栅

安全栅又称安全保持器、本安回路的安全接口等。它能在安全区和危险区之间双向转递电信号，并限制安全区的危险能量进入危险区，限制送往危险区的电压和电流。安全栅有齐纳式安全栅和隔离式安全栅之分。齐纳式安全栅结构较为简单，是安全栅的早期产品。隔离式安全栅电路结构较为复杂，是在齐纳式安全栅的基础上发展起来的新型产品。

齐纳式安全栅是基于齐纳二极管的反向击穿（导通）性能而工作的。齐纳二极管（大电流雪崩型稳压二极管）用于限制电压，额定电压略高于 24V。当回路电压达到安全限压值时，齐纳二极管击穿而导通，线路两端的电压就能保持在安全限压值以下。电阻 R 用于限制回路的电流在安全限流值以下。

齐纳安全栅的外形如图 2-29 所示，二线制齐纳安全栅示意图如图 2-30 所示。齐纳安全栅主要由 3 部分组成：

1）电流限制回路：它能在本安侧对地短路或元器件损坏等故障情况下，把输出电流限制在安全数值（例如 125mA）之内。超过额定电流，快速熔断丝被熔断。

2）电压限制回路：它由齐纳二极管组成。当非本安侧电压超过齐纳二极管额定工作电压或串入干扰高电压时，齐纳二极管被击穿而导通，使快速熔断器熔断，起限制电压作用。

3）快速熔断器：可更换的快速熔断器用来保护齐纳管不被烧毁，因此要求快速熔断器的熔断时间快于齐纳二极管的过热时间。

3. 安全栅的接线

安装在危险区（习惯称为“本安侧”）的“一次仪表”（Primary Instrument）电缆接到

图2-30所示的安全栅右端接线端子3、4上；置于安全区（习惯称为“非本安侧”）的“二次仪表”（Secondary Instrument）电缆接到安全栅的左端接线端子1、2上。安全栅在正常情况下不影响测量系统的功能，它被设置在安全区一侧（见图2-30b），接地电阻必须小于1Ω[33]。通往现场（危险场所）的软铜导线的截面积必须大于0.5mm²。

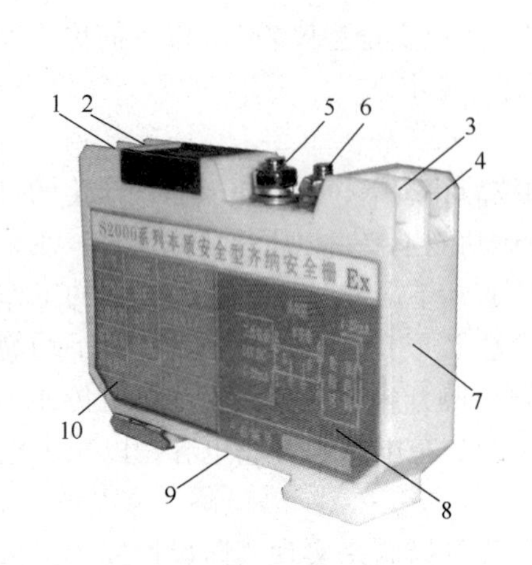

图2-29 齐纳安全栅的外形

1、2—到安全区二次仪表的接线端子 3、4—到危险区一次仪表的接线端子 5、6—接地螺母 7—阻燃环氧树脂封装壳体 8—接线图 9—DIN标准导轨安装槽 10—铭牌

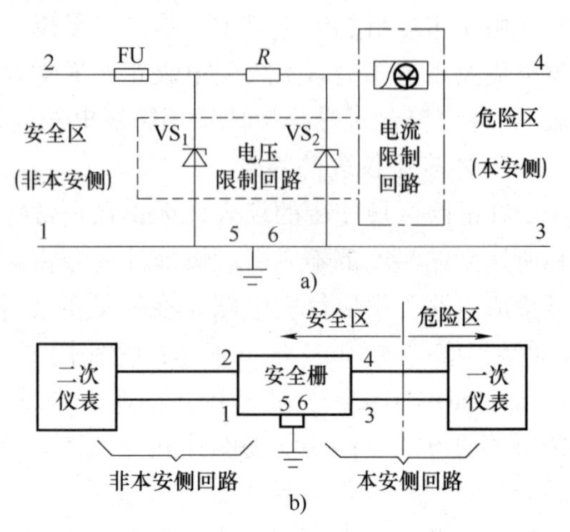

图2-30 二线制齐纳安全栅示意图

a）安全栅内部电路 b）安全栅的连接

如果将安全栅置于危险区域，熔断器产生电火花的时候，电火花可能点燃危险区的可燃性气体，所以应该将安全栅置于危险区的外面，但应紧靠危险区。

4. 隔离式安全栅

隔离式安全栅的输入/输出信号有如下几种形式：4～20mA双向、RS485/RS232双向、二线制频率双向等。隔离式安全栅原理框图如图2-31所示。

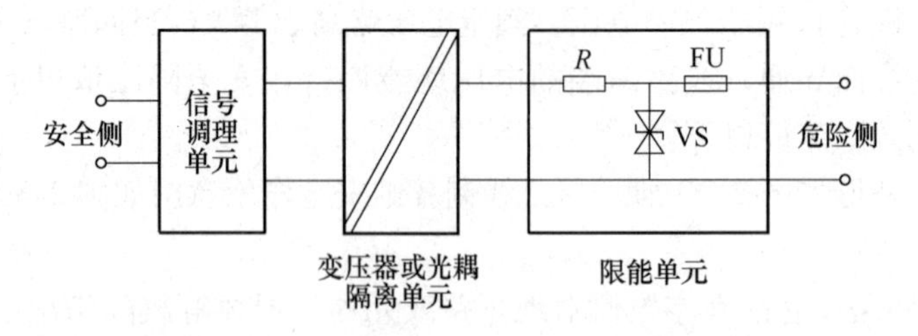

图2-31 隔离式安全栅原理框图

隔离式安全栅是以中频作为调制波信号。在传感器侧，先将信号进行调制。经变压器或光耦隔离（见第12.3节），再进行解调，变换回隔离前的原信号模式。隔离式安全栅比齐纳安全栅优越之处在于：采用输入、输出以及电源三方之间相互电气隔离的电路结构，输入/输出之间的耐压可达1500V，本安侧系统不需要接地，切断了大地环流（见第12.3节）给设计及现场施工带来方便[34]。但是，由于存在两次信号转换，准确度会有所降低。中频振荡和调制电路还将产生射频干扰，产品必须达到国家规定的EMI标准。

思考题与习题

2-1　单项选择题

1）电子秤中所使用的应变片应选择________应变片；为提高集成度，测量气体压力应选择________；一次性、几百个应力试验测点应选择________应变片。

A. 金属丝式　　B. 金属箔式　　C. 电阻应变仪　　D. 固态压阻式压力传感器

2）应变测量中，希望灵敏度高、线性好、有温度自补偿功能，应选择________测量转换电路。

A. 单臂半桥　　B. 双臂半桥　　C. 四臂全桥　　D. 四臂半桥

3）在图2-17a中，热敏电阻测温电路调试过程的步骤是________。若发现毫伏表的满度值偏大，应将________。

A. 先调节 RP_1，然后调节 RP_2　　B. 同时调节 RP_1、RP_2

C. 先调节 RP_2，然后调节 RP_1　　D. RP_2 往上调

E. RP_2 往下调　　F. RP_2 往左调

G. RP_2 往右调

4）图2-17中的 R_t（热敏电阻）应选择________热敏电阻；图2-18中的 R_t应选择________热敏电阻。

A. 负指数型NTC　　B. 突变型NTC　　C. 突变型PTC　　D. 线性型PTC

5）MQN气敏电阻可用于测量________的浓度，TiO_2 气敏电阻可用于测量________的浓度。

A. CO　　B. N_2

C. 气体打火机车间的有害气体　　D. 锅炉烟道中剩余的氧气

6）湿敏电阻使用交流电作为激励电源是为了________。

A. 提高灵敏度　　B. 防止产生极化、电解作用

C. 减小交流电桥平衡难度　　D. 防止烧毁

7）当天气变化时，有时会发现在地下设施（例如地下室）中工作的仪器内部印制板漏电增大，机箱上有小水珠出现及线路板结露等，影响了仪器的正常工作。该水珠的来源是________。

A. 从天花板上滴下来的

B. 由于空气的绝对湿度达到饱和点而凝结成水滴

C. 空气的绝对湿度基本不变，但气温下降，室内的空气相对湿度接近饱和，当接触到温度比大气更低的仪器外壳时，空气的相对湿度达到饱和状态，而凝结成水滴

D. 地面的水蒸发引起的

8）在使用测谎器时，被测试人由于说谎、紧张而手心出汗，可用________传感器来检测。

A. 应变片　　B. 热敏电阻　　C. 气敏电阻　　D. 湿敏电阻

2-2　有一测量吊车起吊物质量（即物体的重量）的拉力传感器（见图2-32），R_1、R_2、R_3、R_4 贴在等截面轴上，组成全桥，桥路电源为直流6V。请画出全桥转换电路（包括调零电路，注意 $R_1 \sim R_4$ 的粘贴及受力方向应拉、压相间，与图2-4有所不同）。

2-3　有一额定荷重为 20×10^3N 的等截面空心圆柱式荷重传感器，其灵敏度 K_F为2mV/V，桥路电压 U_i 为12V，求：

1）在额定荷重时的输出电压 U_{om}；2）当承载为 5×10^3N 时的输出电压 U_o；3）若在额定荷重时要得到5.000V的输出电压（去A-D转换器），放大器的放大倍数应为多少倍？

2-4　Pt100热电阻的阻值 R_t与温度 t 的关系在0~100℃范围内可用式 $R_t \approx R_0(1+\alpha t)$ 近似表示，求：

1）查表2-2，写出铂金属的温度系数 α；2）计算当温度为50℃时的电阻值 R'_{50}为多少欧？3）查附录D（工业热电阻分度表），50℃时的电阻值 R_{50}为多少欧？4）计算法的误差 Δ_R 为多少欧？示值相对误差 γ_x 又为多少？

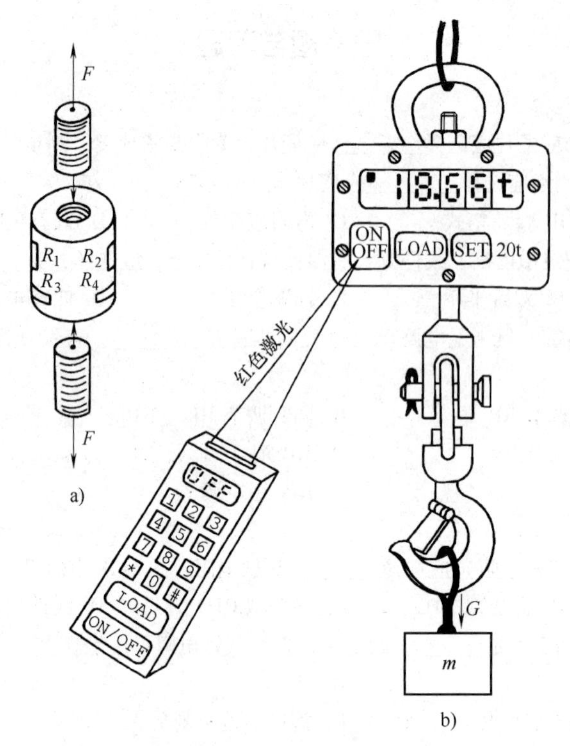

图 2-32 测量吊车起吊物重量的电子秤示意图

a）卸去外壳后的弹性元件及应变片在等截面轴上的粘贴 b）遥控示意图

2-5 有一个金属热电阻，分度号为Pt100，接到不平衡电桥的 R_1 位置（见图 2-4 或图 2-28a），$R_2=R_3=R_4=100\Omega$，$U_i=5V$，在0℃时调平衡，求：

1）该热电阻的测温材料；2）测温范围；3）0℃时的电阻值；4）-40℃及+40℃时的电阻值（查分度表）；5）根据单臂电桥的式（2-5）以及电工学的分压比公式，分别计算 $t=40$℃时电桥的开路输出电压 U_o（r_1、r_4、r_i、R_7 均忽略不计，且不考虑 RP 的影响），并说明近似公式（2-5）所引起的误差为多少？

2-6 电子气泡式水平仪（Leveling Instrument）结构简图如图 2-33 所示，密封的玻璃内充入导电液体，中间保留一个小气泡。玻璃管两端各引出一根不锈钢电极。在玻璃管中间对称位置的下方引出一个不锈钢公共电极。请分析该水平仪[35]的工作原理之后填空。

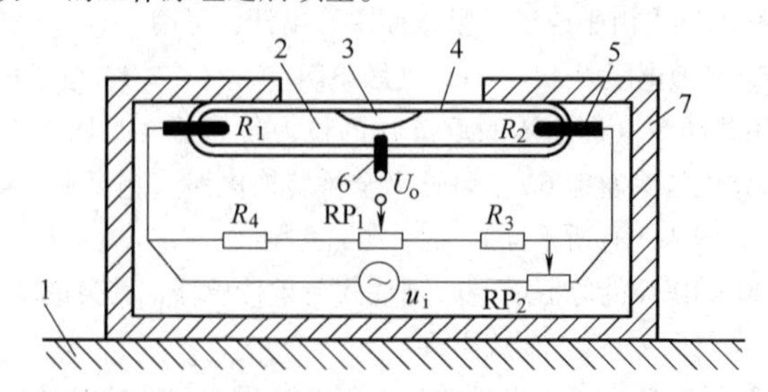

图 2-33 气泡式电子水平仪结构简图

1—被测平面 2—导电水柱 3—气泡 4—密封玻璃管 5—不锈钢电极 6—公共电极 7—外壳

1）当被测平面完全水平时，气泡应处于玻璃管的________位置，左右两侧的不锈钢电极与公共电极之间的电阻 R_1、R_2 的阻值________。如果希望此时电桥的输出电压 $U_o=0$，则 R_1、R_2、R_3、R_4 应满足

_______________的条件。如果实际使用中，发现仍有微小的输出电压，则应调节__________________，使 U_o 趋向于零。2）当被测平面向左倾斜（左低右高）时，气泡漂向________边，R_1 变________，R_2 变________，电桥失去平衡，U_o 增大。3）U_i应采用________电源（直流/交流），为什么？答：是为了防止引起________反应（请参阅湿敏电阻原理）。4）请上网查阅有关资料，写出水平仪的种类和技术指标。

2-7　应变式水平仪结构示意图如图 2-34 所示。应变片 R_1、R_3 粘贴在悬臂梁的左侧，R_2、R_4 粘贴在悬臂梁的右侧，悬臂梁的自由端安装一质量块，水平仪放置于被测平面上。试参考上题的分析步骤，写出该水平仪的工作原理。答：______________________________；分辨力是________ mm/m；请上网查阅所显示的单位“mm/m”是何含义。

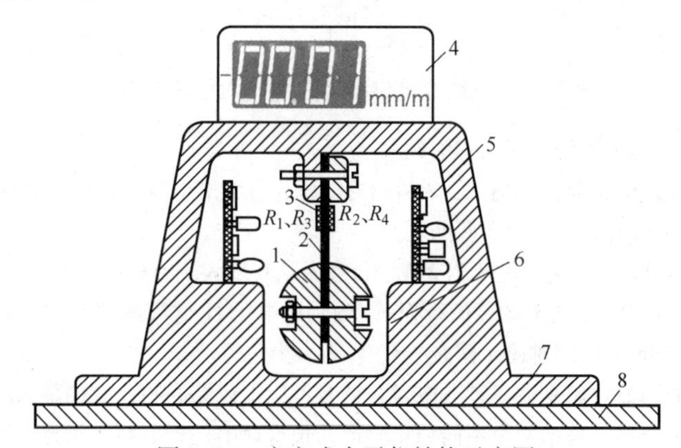

图 2-34　应变式水平仪结构示意图

1—质量块　2—悬臂梁　3—应变片 R_1、R_3　4—显示器的单位　5—信号调理电路

6—限位器　7—外壳　8—被测平面

2-8　电位器传感器的结构图如图 2-35 所示，图 2-36 为直线式电位器传感器的测量转换电路，查某直线式电位器传感器的产品说明书如下：

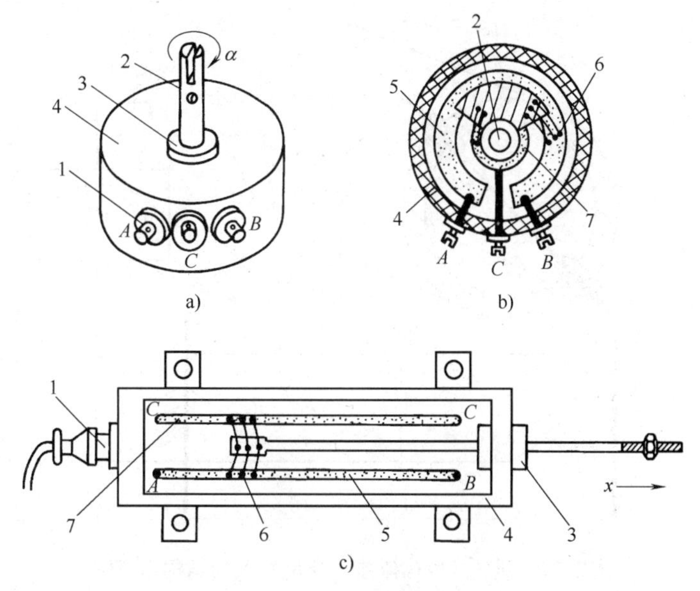

图 2-35　电位器式传感器结构简图

a）圆盘式电位器外形　b）圆盘式电位器内部结构　c）直线式电位器结构[36]

1—接线端子　2—转轴　3—微型轴承　4—外壳　5—导电塑料

6—滑动触点　7—滑动触点电压引出轨道（铜质）

①寿命：10^7 次以上；②温度系数：小于 100ppm/℃（工程中，常用 ppm 表示 10^{-6}）；③线性：优于 0.1%；④使用温度范围：-50～+125℃；⑤最大端电压：12V；⑥最大行程：500mm；⑦额定电阻：10kΩ。

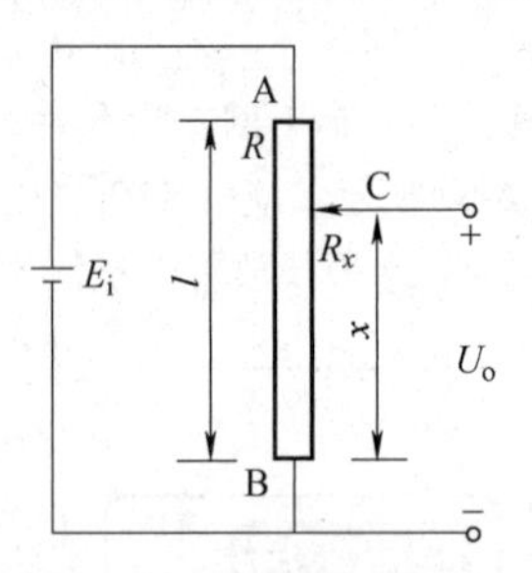

图 2-36 直线式电位器传感器的测量转换电路

根据以上指标，计算有关数据，并回答问题：

1）当施加在该直线式电位器传感器 A、B 两端的电压为最大端电压时，电位器的功耗为多少毫瓦？若超过最大端电压，从稳定性看，将产生哪些问题？

2）当施加在电位器 A、B 两端的电压为 24V、行程 x 从 0 增大到 500mm 时，U_o 的变化范围为多少？

3）写出 C 端的输出电压 U_o 与滑动臂的行程 x、激励源电压 U_i 之间的关系式。

4）当行程 x 等于 150mm 时，列式计算 R_x、U_o 各为多少。

5）圆盘式电位器的测量对象是哪一种非电量？请参考以上思路，写出它的输入/输出特性方程。

6）请上网查阅有关资料，写出两个不同公司生产的长寿命电位器的技术指标。

7）上网查阅汽车油量传感器的原理，画出由可变滑动电阻、杠杆臂、浮漂、电流表等组成的汽车油量指示系统，并简要叙述其工作原理。

2-9 图 2-37 是汽车进气管道中使用的热丝式气体流速（流量）仪[37]的结构示意图。在通有干净且干燥气体、截面积为 A 的管道中部，安装有一根加热到 200℃左右的细铂丝 R_1。另一根相同长度的细铂丝安装在与管道相通、但不受气体流速影响的小室中，请分析填空。

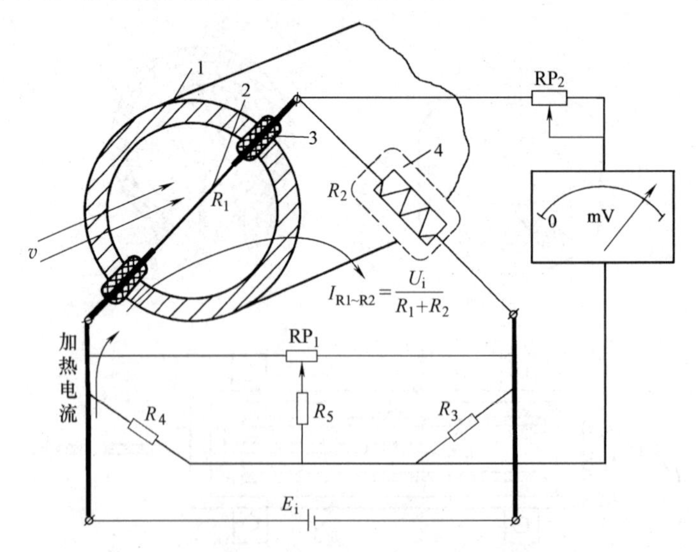

图 2-37 热丝式气体流速（流量）仪的结构示意图

1—进气管 2—铂丝 3—支架

4—与管道相通的小室（连通管道未画出） R_2—与 R_1 相同的铂丝（不接触流体）

1）设在 200℃时，$R_1=R_2=20\Omega$，$E_i=12V$，则流过 R_1 的电流为________ A，使 R_1 处于微热状态。

2）当气体流速 $v=0$ 时，R_1 的温度与 R_2 的温度________，电桥处于________状态。当气体介质自身的温度发生波动时，R_1 与 R_2 同时感受到此波动，电桥仍然处于________状态，所以设置 R_2 是为了起到________的作用。

3）当气体介质流动时，将带走 R_1 的热量，使 R_1 的温度变________，电桥________，毫伏表的示值与气体流速的大小成一定的函数关系。图中的 RP_1 称为________电位器，RP_2 称为________电位器。欲使毫伏表的读数增大，应将 RP_2 向________（左/右）调。

4）设管道的截面积 $A=0.01m^2$，气体流速 $v=2m/s$，则通过该管道的气体的体积流量 $q_V=Av=$ ________ m^3/s。

5）如果被测气体含有水气，则测量得到的流量值将偏____________（大/小），这是因为____________________________；如果 R_1、R_2 改用铜丝，会产生________等问题。

6）可以用________（PTC/NTC/CTR）来代替图2-37中的铂丝。

7）请上网查阅有关资料，写出汽车中哪些部位用到气体流速（流量）传感器。

2-10 100m短跑比赛之前必须测量风速，以避免影响比赛成绩。请根据题2-9的原理，构思一个手持式风速、风向仪，具体要求如下。

1）请上网查阅有关资料，写出不同种类风速仪的工作原理，并画出它们的外形。

2）请参考上题的基本原理，画出测量风速的测量转换电路及仪器的外形。（注：风速仪的铂丝可用220V/35W的拇指式小型灯泡敲掉玻璃后露出钨丝代替，风向标的转轴可与合适的各种角位移传感器联轴）。

2-11 图2-38为自动抽油烟机（吸排油烟机）[38]电路原理框图，请分析填空。

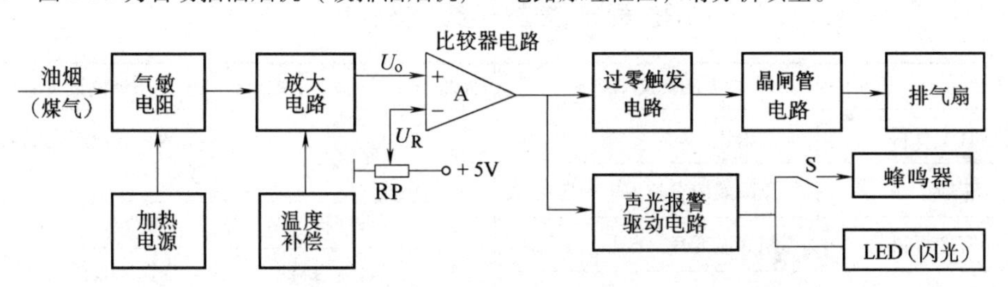

图2-38 自动抽油烟机（吸排油烟机）电路原理框图

1）图中的气敏电阻是________类型，被测气体浓度越高，其电阻值就越________。

2）气敏电阻必须使用加热电源的原因是____________________，通常需将气敏电阻加热到________℃左右。因此使用电池为电源、作长期监测仪表使用时，电池的消耗较________（大/小）。

3）当气温升高后，气敏电阻的灵敏度将________（升高/降低），所以必须设置温度补偿电路，使电路的输出不随气温变化而变化。

4）比较器的参考电压 U_R 越小，检测装置的灵敏度就越________。若希望灵敏度不要太高，可将RP往________（左/右）调节。

5）该自动吸排油烟机使用无触点的晶闸管而不用继电器来控制排气扇的原因是防止________。

6）由于即使在开启排气扇后气敏电阻的阻值也不能立即恢复正常，所以在声光报警电路中，还应串接一只控制开关，以消除________（扬声器/LED）继续烦人的报警。

7）请上网查阅有关资料，写出自动吸排油烟机的技术指标。

2-12 某一NTC热敏电阻在额定温度（25℃）时的电阻值 R_0 为1MΩ，B 值为4000，求：-30℃与100℃时的阻值 R_{-30}、R_{100} 分别为多少MΩ和多少kΩ？

2-13 酒后驾车易出事故，但判定驾驶员是否喝酒过量带有较大的主观因素。请你利用学过的知识，设计一台便携式、交通警使用的酒后驾车测试仪。

总体思路是：让被怀疑酒后驾车的驾驶员对准探头（内部装有多种传感器）连续呼气，用一排发光二极管指示呼气量的大小（呼气量越大，点亮的LED越多）。用蜂鸣器的音调对应不同的呼气量。当呼气量达到允许值之后，“呼气确认”LED亮，酒精蒸气含量数码管指示出呼气的酒精蒸气含量的百分比。如果呼气量不够，则提示重新呼气，当酒精含量超标时，LED闪亮，蜂鸣器发出“嘀……嘀……”声。

根据以上设计思路，请按以下要求操作：

1）上网查阅有关酒精蒸气测试仪以及燃料电池型呼气酒精测试传感器的资料；2）说明燃料电池型呼气酒精传感器与MQN型气敏电阻的区别；3）画出你构思中的便携式酒后驾车测试仪的外形图，包括一根带电缆的探头以及主机盒。在主机盒的面板上必须画出电源开关、呼气指示LED若干个、酒精蒸气含量数字显示器、报警LED、报警蜂鸣器发声孔等；4）画出测量呼气流量的传感器简图；5）画出测量酒精蒸气含量的传感器简图；6）画出测试仪的电路原理框图；7）简要说明几个环节之间的信号流程；8）写出该酒后驾车测试仪的使用说明书；9）上网查阅“燃料电池”式酒精含量传感器的工作原理，并与气敏电阻式酒精含量传感器进行比较，说明各自的优缺点。

2-14 希望用温度传感器控制养鸡场的室内温度，请你做一个方案，要求如下：

1）上网查阅有关养鸡场的资料和鸡舍温度要求；2）写出你的设计方案和所实现的技术指标；3）画出养鸡场的加热、测温设备布置图；4）画出温度测控系统的原理框图；5）简要说明温度测控系统的工作过程。

2-15 上网查阅齐纳安全栅和隔离式安全栅的资料，写出上述两种安全栅的典型结构形式和技术指标。

拓展阅读参考资料列表

序号	作者	拓展阅读文章题目	序号	作者	拓展阅读文章题目
1	百度百科	泊松比	11	张宏社，赵翊	数字式汽车衡的安装调试方法
2	朱箭	压阻效应在技术中的应用	12	百度百科	皮带秤
3	百度百科	箔式应变片	13	百度百科	压阻式传感器
4	戴娟，汪大鹏，等	电测应力实验中应变片的粘贴	14	维库电子市场网	压阻型微压力传感器
5	百度百科	电桥	15	江门利德信息技术有限公司	LDD1100投入式数字液位计
6	孙朝云	公路工程中材料力学特性应变电测技术	16	谭贵权，谭文佳	薄膜铂热电阻元件的应用及发展
7	（美）理查德·富兰克林	应变式称重传感器的设计与计算	17	国家质量监督检验检疫总局	我国推行“1990年国际温标”实施办法
8	刘九卿	应变式称重传感器技术动向和发展趋势	18	爱晟电子科技有限公司	各种NTC热敏电阻技术参数详解与选型
9	广州华茂传感仪器有限公司	应变式扭矩传感器	19	裕合电子有限公司	NTC热敏电阻器产品专业术语
10	正天科技有限公司	HZC-3系列荷重传感器	20	深圳市安培龙敏感技术有限公司	PTC热敏电阻器简介
			21	电子发烧友网	PTC线性热敏电阻工作原理

（续）

序号	作　　者	拓展阅读文章题目
22	网博互动科技有限公司	自恢复熔断器概述
23	杨志华，余萍，等	半导体陶瓷型薄膜气敏传感器的研究进展
24	陈祖浩，石志洁	呼气式警用酒精测试仪
25	蒋晶，聂磊	汽车氧传感器的研究
26	许建照，赵莉	湿度、露点和干燥度
27	希尔思仪表（深圳）有限公司	FA415 露点传感器
28	安徽天康股份有限公司	WZP 系列隔爆铂电阻
29	王雷，胡亚非	铂热电阻的接线造成温度失真现象的研究
30	颜重光	XTR101 通用变送器
31	百度百科	安全栅
32	百度百科	本安型仪表
33	上海涌纬自控成套设备有限公司	GD8051-EX 直流信号输入隔离式安全栅
34	天津新科成套仪表有限公司	隔离式安全栅使用说明书
35	互动百科	水平仪
36	株式会社村田制作所	微调电位器/旋转角度传感器
37	百度百科	风速测定仪
38	广电电器网	高宝 KCA-228A 型自动抽油烟机工作原理分析

第3章

电感传感器

电感传感器（Inductance Transducer）是利用绕组自感量（Self-induction Quantity）或互感量（Mutual-inductance Quantity）的变化来实现非电量电测的一种装置。利用电感传感器能对位移以及与位移有关的工件尺寸、压力、振动等参数进行测量。它具有分辨力高（可分辨0.5μm的位移量）等优点，在工业自动化测量中得到广泛的应用。电感传感器的主要缺点是响应较慢，不适用于快速动态测量。传感器的分辨力与测量范围有关。测量范围大，分辨力就差。

电感传感器可分为自感式和互感式两大类。人们习惯上提到的电感传感器通常是指自感传感器；而互感式传感器是利用变压器原理，做成差动式，故常称为差动变压器式传感器。

3.1 自感传感器

3.1 拓展阅读资料

3.1.1 自感传感器的原理与分类

常用的自感电感传感器主要由绕组、铁心、衔铁及测杆等组成。工作时，衔铁通过测杆（或转轴）与被测物体相接触，被测物体的位移将引起绕组电感量的变化，当传感器绕组接入测量转换电路后，电感的变化将被转换成电流、电压或频率的变化，从而完成非电量到电量的转换。

自感电感传感器常见的形式有变隙式、变截面式和螺线管式等几种，其原理示意图及外形如图3-1所示。

1. 变隙式电感传感器

图3-1a所示的变隙式电感传感器绕组的电感量[1]为

$$L=\frac{N^2}{R_m} \tag{3-1}$$

式中 N——绕组匝数；

R_m——磁路总磁阻。

若气隙厚度δ较小（为0.1～1mm），可以认为气隙中的磁场是均匀的。若铁心和衔铁均由铁磁损耗较小的导磁材料构成，可忽略磁路铁损。设l_1为铁心磁路总长，l_2为衔铁的磁路长，A为气隙磁通截面积，A_1为铁心横截面积，A_2为衔铁横截面积，μ_1为铁心磁导率，μ_2为衔铁磁导率，μ_0为真空磁导率，$\mu_0=4\pi\times10^{-7}$H/m，$l_{\delta1}$为左空气隙厚度，$l_{\delta2}$为右空气

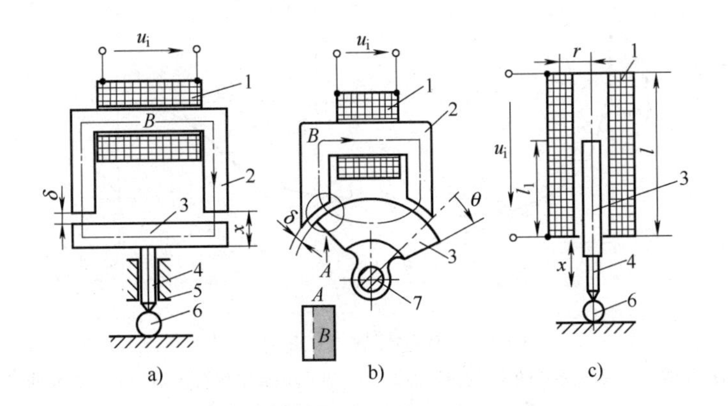

图3-1 自感传感器原理示意图

a）变隙式 b）变截面角位移式 c）螺线管式

1—绕组 2—铁心 3—衔铁 4—测杆 5—导轨 6—工件 7—转轴

隙厚度，则磁路总磁阻为

$$R_m = \frac{l_1}{\mu_1 A_1} + \frac{l_2}{\mu_2 A_2} + \frac{l_{\delta 1}}{\mu_0 A} + \frac{l_{\delta 2}}{\mu_0 A} \tag{3-2}$$

铁心和衔铁的磁阻比气隙磁阻小得多，在工程中，铁心和衔铁的磁阻可忽略不计，磁路总磁阻 R_m 近似为左右两边气隙磁阻的总和，即

$$R_m \approx \frac{2\delta}{\mu_0 A}$$

式中 δ——气隙平均厚度；

A——气隙的有效截面积；

μ_0——真空磁导率，与空气的磁导率相近。

电感绕组的电感量为

$$L \approx \frac{N^2 \mu_0 A}{2\delta} \tag{3-3}$$

由式（3-3）可知，在绕组匝数 N 确定以后，若保持气隙截面积 A 为常数，则 $L=f(\delta)$，即电感 L 是气隙厚度 δ 的函数，故称这种传感器为变隙式电感传感器。

对于变隙式电感传感器，电感 L 与气隙厚度 δ 成反比，其输出特性如图3-3a所示，输入/输出是非线性关系。灵敏度 K_δ 为

$$K_\delta = \frac{dL}{d\delta} = -\frac{N^2 \mu_0 A}{2\delta^2} = -\frac{L_0}{\delta} \tag{3-4}$$

变隙式电感传感器的 δ-L 特性曲线如图3-2a所示，输入输出是非线性关系。由于式（3-4）中的 K_1 与变量 δ 有关，所以 K_δ 不为常数。δ 越小，灵敏度越高。

在式（3-3）的推导过程中，忽略了铁心和衔铁的磁阻，所以即使 δ 等于零，L 也不可能等于无穷大，实际输出特性如图3-2a中的实线所示。为了保证一定的线性度，变隙式电感传感器只能工作在一段很小的区域，因而只能用于微小位移的测量。

2. 变截面角位移式电感传感器

由式（3-1）可知，在绕组匝数 N 确定后，若保持气隙厚度 δ_0 为常数，则 $L=f(A)$，即

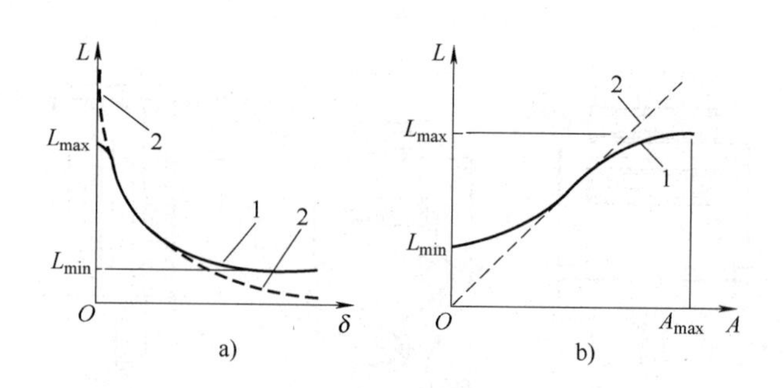

图 3-2 电感传感器的输出特性

a）变隙式电感传感器的 δ-L 特性曲线 b）变面积式电感传感器的 A-L 特性曲线

1—实际输出特性 2—理想输出特性

电感 L 是气隙有效投影截面积 A 的函数。故称这种传感器为变截面式电感传感器，其结构示意图如图 3-1b 所示。

对于变截面式电感传感器，电感量 L 与气隙截面积 A 成正比，输入输出呈线性关系，如图 3-2b 中虚线所示，灵敏度 K_A 为一常数

$$K_A=\frac{\mathrm{d}L}{\mathrm{d}A}=\frac{N^2\mu_0}{2\delta_0} \tag{3-5}$$

但是，由于漏感等原因，变截面式电感传感器在 $A=0$ 时仍有一定的电感，所以其线性区较小，而且灵敏度较低。

3. 螺线管式电感传感器

单绕组螺线管式电感传感器结构简单，如图 3-1c 所示。主要元器件是一只螺线管和一根圆柱形衔铁。衔铁插入绕组后，将引起螺线管内部磁阻的减小，电感量随插入的深度而增大。

对于长螺线管（$l>>r$），当衔铁工作在螺线管接近中部位置时，可以认为绕组中间部位磁场强度是均匀的，此时绕组的电感量 L 与衔铁插入深度成正比。螺线管越长，线性区就越大。螺线管式电感传感器适用于测量相当于螺线管长度 1/10 的位移。测杆应选用非导磁材料，电导率也应尽量小，以减小电涡流损耗。

4. 差动式电感传感器

上述三种电感传感器使用时，由于绕组中通有交流励磁电流，因而衔铁始终承受电磁吸力，会引起振动及附加误差，而且非线性误差较大；外界的干扰如电源电压频率的变化及温度的变化都产生输出电压误差。所以在实际工作中常采用差动（Differential）形式，既可以提高传感器的灵敏度，又可以减小测量误差。

（1）结构特点 差动式电感传感器结构如图 3-3 所示。两个完全相同的绕组共用一根活动衔铁就构成了差动式电感传感器。

差动式电感传感器的结构要求两个导磁体的几何尺寸完全相同，材料性能完全相同；两个绕组的电气参数（如电感、匝数、直流电阻、分布电容等）和几何尺寸也完全相同。

（2）工作原理和特性 在变隙式差动电感传感器中，当衔铁随被测量移动而偏离中间位置时，两个绕组的电感量一个增加，一个减小，形成差动形式。

在图 3-3 中，假设衔铁因工件的直径 D 增大而向上移动，则总的电感变化量 ΔL 为

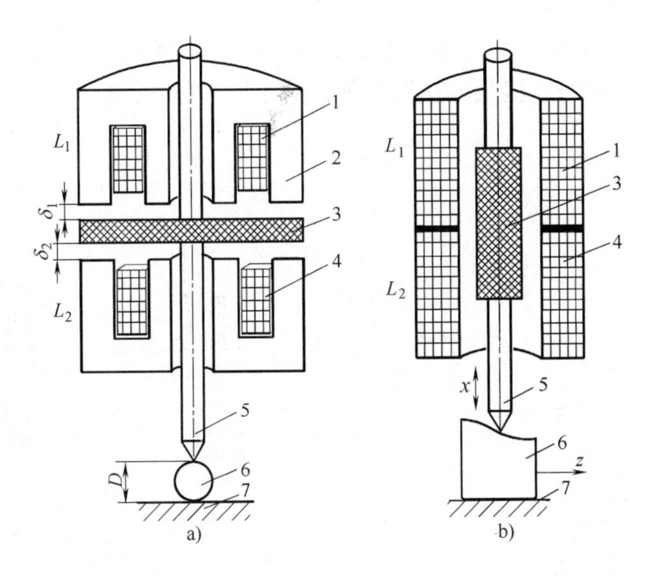

图3-3　差动式电感传感器结构

a）变隙式差动传感器　b）螺线管式差动传感器

1—上差动绕组　2—铁心　3—衔铁　4—下差动绕组　5—测杆　6—工件　7—基座

$$\Delta L = L_1 - L_2 = \frac{N^2\mu_0 A}{2(\delta_0 - \Delta\delta)} - \frac{N^2\mu_0 A}{2(\delta_0 + \Delta\delta)} = \frac{N^2\mu_0 A}{2}\frac{2\Delta\delta}{\delta_0^2 - \Delta\delta^2} \tag{3-6}$$

式中　L_1——上差动绕组的电感量；

L_2——下差动绕组的电感量；

δ_0——衔铁与铁心的初始气隙厚度。

当 $\Delta\delta \ll \delta_0$ 时，可以略去分母中的 $\Delta\delta^2$ 项，则

$$\Delta L \approx 2\frac{N^2\mu_0 A}{2\delta_0^2}\Delta\delta \tag{3-7}$$

灵敏度 $K_{\delta 2}$ 为

$$K_{\delta 2} = \frac{\Delta L}{\Delta\delta} = 2\frac{N^2\mu_0 A}{2\delta_0^2} = 2\frac{L_0}{\delta_0} \tag{3-8}$$

式中　L_0——衔铁处于上下两个差动绕组中间位置时的电感量。

比较式（3-8）和式（3-4）可以看出，变隙式差动电感传感器在一次绕组中间部位的灵敏度约为非差动式电感传感器的两倍。单绕组变隙式电感传感器与差动变隙式电感传感器的特性比较如图3-4所示。从图3-4可以看出，差动式电感传感器的线性较好，且输出曲线较陡，灵敏度约为非差动式电感传感器的两倍。对外界影响，如温度的变化、电源频率的变化等也基本上可以互相抵消，衔铁承受的电磁吸力也较小，从而减小了测量误差。

3.1.2　自感传感器的测量转换电路

电感传感器的测量转换电路可采用电桥电路，作用是将电感量的变化量 ΔL 转换成电压或电流信号，以便送入放大器进行放大，然后用仪表指示出来或记录下来。

1. 差动电感的变压器式电桥转换电路

差动电感的变压器式电桥转换电路如图3-5a所示。桥路左边两臂为激励变压器的二次

绕组，右边相邻两工作臂 Z_1、Z_2 是差动电感传感器的两个绕组阻抗。输入激励电压一般为10V以下，频率约为数千赫，输出电压取自A、B两点，B点接地。

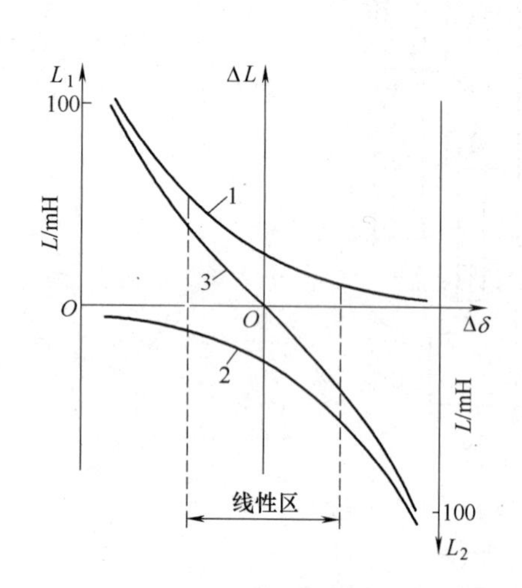

图3-4 单绕组电感传感器与差动变隙式电感传感器的特性比较

1—上绕组特性 2—下绕组特性

3—L_1、L_2 差接后的特性

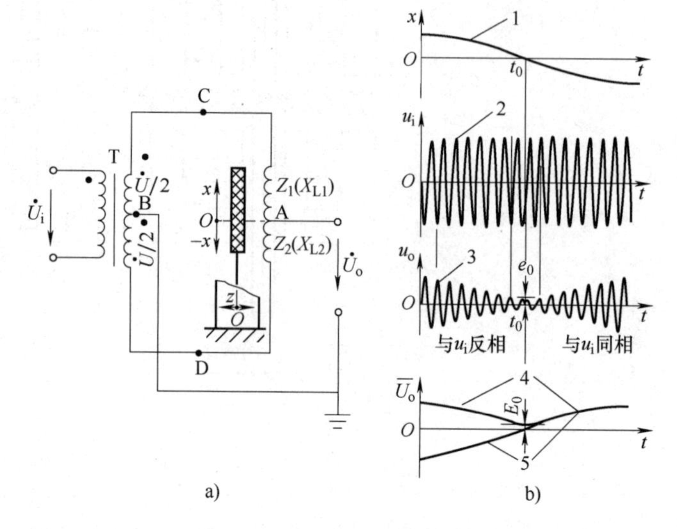

图3-5 差动电感的变压器式电桥转换电路和输出波形

a）交流电桥转换电路 b）输出波形

1—衔铁的位移曲线 2—激励源波形 3—交流电桥的输出波形

4—普通检波之后的直流平均值 5—相敏检波之后的直流平均值

t_0—衔铁上下位移到达差动螺线管绕组中间位置的时刻

e_0—零点残余电压[2]的瞬时值 E_0—零点残余电压的平均值

设定 D 点为参考点，桥路的输出电压为

$$\dot{U}_o = \dot{U}_{AB} = \dot{U}_{AD} - \dot{U}_{BD} = \frac{Z_2}{Z_1 + Z_2}\dot{U} - \frac{\dot{U}}{2} = \frac{1}{2}\frac{Z_2 - Z_1}{Z_1 + Z_2}\dot{U} \tag{3-9}$$

当衔铁处于中间位置时，由于上下两个绕组完全对称，$L_1 = L_2 = L_0$，所以 $Z_1 = Z_2 = Z_0$，此时桥路平衡，输出电压 $\dot{U}_o = 0$。

当衔铁因被测工件的尺寸变大而上移时，上差动绕组的磁阻减小，感抗增大，$Z_1 = Z_0 + \Delta Z$。而下差动绕组的磁阻增大，感抗减小，$Z_2 = Z_0 - \Delta Z$。根据式（3-9），输出电压 $\dot{U}_o$为

$$\dot{U}_o = -\frac{\Delta Z}{2Z_0}\dot{U}$$

若电感传感绕组的 Q 值较高，绕组直流电阻远小于感抗，则

$$\dot{U}_o \approx -\frac{j\omega\Delta L}{2(j\omega L_0)}\dot{U} = -\frac{\dot{U}}{2L_0}\Delta L \tag{3-10}$$

同理，当衔铁因被测工件的直径变小而下移时，上差动绕组感抗减小，$Z_1 = Z_0 - \Delta Z$。下差动绕组感抗增大，$Z_2 = Z_0 + \Delta Z$。此时的输出电压为

$$\dot{U}_o = +\frac{\Delta Z}{2Z_0}\dot{U} \approx +\frac{\dot{U}}{2L_0}\Delta L \tag{3-11}$$

综合式（3-10）和式（3-11）可得

$$\dot{U}_o = \pm \frac{\dot{U}}{2L_0}\Delta L \tag{3-12}$$

式（3-12）中的正负号表示输出电压的相位随位移方向不同而与激励源电压同相（相位差为0°）或反相（相位差为180°）。然而，若在转换电路的输出端接到普通检波电路后，指示仪表实际上却无法判别输出的相位和衔铁位移的方向。图3-6a为普通检波电路的输出电压。无论输出电压的相位如何，输出电压均为正值。

2. 相敏检波电路

检波（Demodulation）与整流（Rectification）的含义相似，都指能将交流输入转换成直流输出的转换，但检波多用于描述信号电压的转换。

如果输出电压在送到指示仪前经过一个能判别相位的检波电路，则不但可以反映位移的大小（$\dot{U}_o$的幅值），还可以反映位移的方向（$\dot{U}_o$的相位）。这种对相位变化敏感的检波电路称为相敏检波电路[3]（Phase-sensitive Detection Circuit），相敏检波的输出特性曲线如图3-6b所示。相敏检波电路的输出电压 $\overline{U}$ 的极性由输入电压的相位决定。根据式（3-12），若衔铁向上位移时，检流计的仪表指针反向偏转，则衔铁向下位移时，仪表指针就正向偏转。采用相敏检波电路得到的输出信号既能反映位移大小，也能反映位移方向[4]。相敏检波电路的具体分析如图3-20所示。

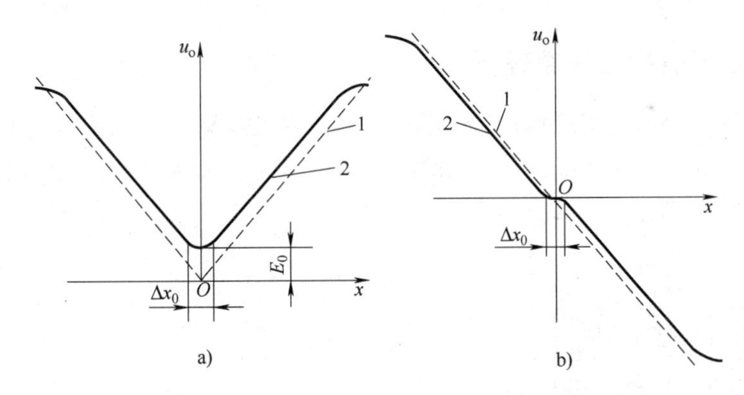

图3-6　不同检波方式的输出特性曲线

a）普通检波　b）相敏检波

1—理想特性曲线　2—实际特性曲线　E_0—零点残余电压　Δx_0—位移的不灵敏区

图3-6a中，还存在一种称为零点残余电压的误差。当衔铁处于差动电感的中间位置附近时，可以发现，无论怎样调节衔铁的位置，均无法使测量转换电路输出为零，总有一个很小的输出电压 E_0 存在。图3-6a中的虚线表示理想差动电感的输出特性，而图中的实线表示存在零点残余电压时的输出特性。零点残余电压 e_0 的存在会造成测量系统在最关键的零点附近存在一小段不灵敏区 Δx_0，它一方面限制了系统的分辨力，另一方面也造成 U_o 与位移之间的非线性。

产生零点残余电压的原因从本质上看，是流经差动电感两绕组的电流无法像理论分析中那样，在幅值和相位上同时互相抵消，衔铁在任何位置都无法使 $U_o=0$。究其具体的产生原因有：①差动电感两个绕组的圈数、直流电阻等电气参数、几何尺寸或磁路参数不完全对称；②存在寄生参数，如绕组间的寄生电容及绕组、引线与外壳间的分布电容；③电源电压含有高次谐波；④励磁电流太大使磁路的磁化曲线存在非线性等。

减小零点残余电压的方法通常有：①提高框架和绕组的对称性；②尽量采用正弦波作为激励源；③正确选择磁路材料，同时适当减小绕组的励磁电流，使衔铁工作在磁化曲线的线性区；④在绕组上并联阻容移相网络，补偿相位误差；⑤采用相敏检波电路。

从图3-6b中可以看到，由于相敏检波电路的输出电压分布在第二象限和第四象限，所以 U_o 必然过零，不再产生零点残余电压。零点附近的位移不灵敏区 Δx_0 也相应变小。

3.2 差动变压器传感器

3.2 拓展阅读资料

在工频电源的全波整流电路中，“单相变压器”有一个一次绕组和两个二次绕组。将两个二次绕组改为反向串联的差动接法后，就会发现总电压非但没有增加，反而相互抵消。如果将铁心做成可以活动的，就可以制成检测位移的另一种电感式传感器——差动变压器传感器[5]（Differential Transformer Transducer），简称差动变压器。

差动变压器是把被测位移量转换为一次绕组与两个二次绕组间的互感量 M 的变化的装置。当一次绕组接入激励电源之后，二次绕组就将产生两个感应电动势。当一次绕组与两个二次绕组间的互感量变化时，感应电动势之差也相应变化。由于两个二次绕组采用差动接法，故称为差动变压器。目前应用最广泛的结构形式是螺线管式差动变压器。

3.2.1 差动变压器的工作原理

差动变压器的结构示意图如图3-7所示。在线框中部绕有一个输入绕组（称为一次绕组）。在同一线框的上端和下端，再绕制两组完全对称的二次绕组，它们反向串联，组成差动输出形式。理想的差动变压器原理如图3-8所示。

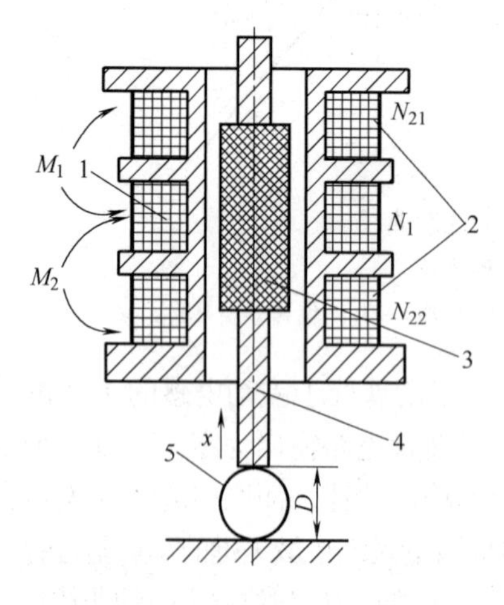

图3-7 差动变压器的结构示意图
1—一次绕组 2—二次绕组
3—衔铁 4—测杆 5—被测物

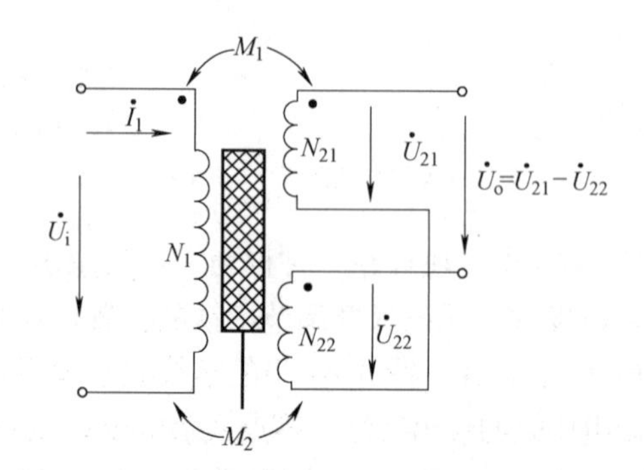

图3-8 差动变压器原理图

当一次绕组加入交流激励电源（频率约几千赫）后，由于与二次绕组之间存在互感量

M_1、M_2，二次绕组 N_{21}、N_{22}将产生感应电动势 $\dot{U}_{21}$、$\dot{U}_{22}$，其数值与互感量成正比

$$\dot{U}_{21} = -\mathrm{j}\omega M_1 \dot{I}_1$$

$$\dot{U}_{22} = -\mathrm{j}\omega M_2 \dot{I}_1$$

式中　ω——激励电源角频率；

M_1、M_2——一次绕组 N_1 与二次绕组 N_{21}、N_{22}之间的互感量；

$\dot{I}_1$——一次绕组的激励电流。

由于 N_{21}、N_{22}反向串联，所以二次绕组空载时的输出电压 $\dot{U}_o$为

$$\dot{U}_o = \dot{U}_{21} - \dot{U}_{22} = -\mathrm{j}\omega(M_1 - M_2)\dot{I}_1 = \mathrm{j}\omega(M_2 - M_1)\dot{I}_1 \tag{3-13}$$

差动变压器的输出特性如图3-9所示。图中 x 表示衔铁位移量。当差动变压器的结构及电源电压一定时，互感量 M_1、M_2 的大小与衔铁的位置有关。

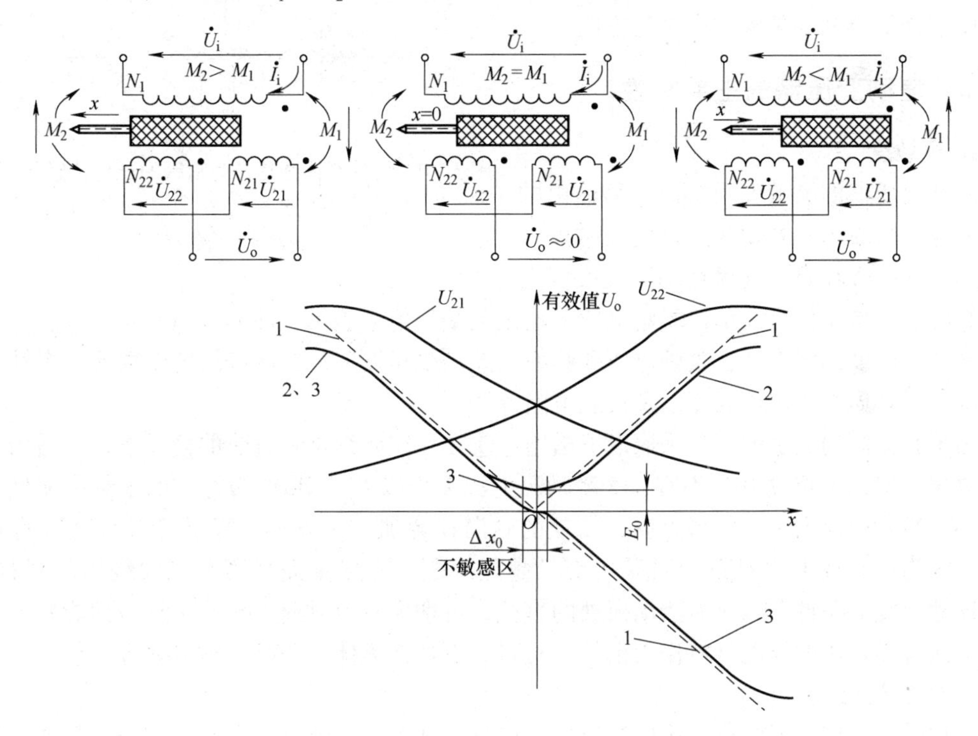

图3-9　差动变压器的输出特性

1—理想输出特性　2—非相敏检波实际输出特性　3—相敏检波实际输出特性

当衔铁处于中间位置时，$M_1 = M_2 = M_0$，所以 $\dot{U}_o = 0$。

当衔铁偏离中间位置向左移动 x 时，N_1 与 N_{21}之间的互感量减小，$M_1 = M_0 - \Delta M$，N_1 与 N_{22}之间的互感量增大，$M_2 = M_0 + \Delta M$，所以

$$\dot{U}_o = 2\mathrm{j}\omega\Delta M\dot{I}_1 \tag{3-14}$$

同理，当衔铁偏离中间位置向右移动 x 时，可得

$$\dot{U}_o = -2\mathrm{j}\omega\Delta M\dot{I}_1 \tag{3-15}$$

综合式（3-14）和式（3-15）可得

$$\dot{U}_o = \pm 2j\omega\Delta M\dot{I}_1 \tag{3-16}$$

式（3-16）中的正负号表示输出电压与激励源电压同相或反相。与差动电感相似，必须用相敏检波电路才能判断衔铁位移的方向，相敏检波电路的输出电压有效值见图3-9的曲线3。

贝克曼（Beckman）公司生产的压力变送器采用了图3-10所示的不同结构形式。该传感器的上下互感绕组采用蜂房扁平结构。当被测压力为零时，圆片状铁氧体铁心与两绕组的距离相等，$\dot{U}_o$为零。当铁心在被测压力作用下而上下移动时，改变了一、二次绕组之间的互感量 M_1 和 M_2，输出电压$\dot{U}_o$反映了铁氧体铁心位移的大小与方向。

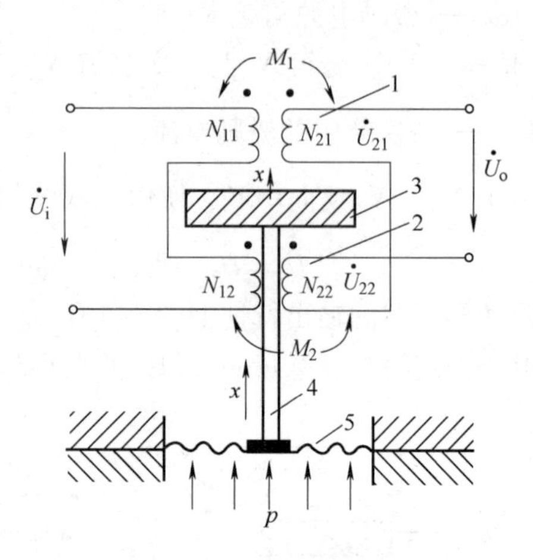

图3-10 用铁氧体圆片作为衔铁的压力传感器结构
1、2—上、下互感绕组 3—圆片状铁氧体铁心
4—测杆 5—波纹膜片

3.2.2 差动变压器的主要特性

1. 灵敏度

差动变压器的灵敏度用单位位移输出的电压或电流来表示。差动变压器的灵敏度一般可达0.5～5V/mm，行程越小，灵敏度越高。有时也用单位位移及单位激励电压下输出的毫伏值来表示，即mV/（mm·V）。

影响灵敏度的因素有：激励电压和频率，差动变压器一、二次绕组的匝数比，衔铁直径与长度，材料质量，环境温度以及负载电阻等。

为了获得高的灵敏度，可采取以下措施：①在一次绕组不致过热的情况下，可适当提高励磁电压，但以不超过10V为宜；②激励源电源频率以1～10kHz为好。如果频率太低，感抗较小，激励电流太大；频率太高，衔铁的磁滞损耗加大，分布电容也将引起绕组的 Q 值下降；③为提高绕组的 Q 值，可采用交叉叠层绕制，并尽量提高两个二次绕组的对称性；④在尺寸允许的条件下，增大活动衔铁的直径，可增大有效磁通；⑤选用导磁性能好、铁损小、电涡流损耗小的导磁材料作为衔铁的材料，例如铁氧体、非晶铁磁材料等。

2. 线性范围

理想的差动变压器输出电压应与衔铁位移呈线性关系。但是，衔铁的直径、长度、材质和绕组骨架的形状、大小的不同等均可减小测量的线性范围。多数差动变压器的线性范围为绕组骨架长度的1/10左右。由于差动变压器中间部分磁场较为均匀，所以衔铁只有处于中间部分时，才能得到较好的线性度。采用特殊的绕制方法（两头圈数多、中间圈数少），线性范围可以提高到100mm以上。第3.1节中介绍的差动式电感传感器的线性范围与差动变压器相似。

3.2.3 差动变压器的差动整流电路

差动变压器的输出电压是交流电压，它的幅值与衔铁的位移成正比。如果用交流电压表来测量输出电压时，只能判别输出幅值的大小，无法判别衔铁移动的方向。除了采用差动相敏检波电路（见图3-20）外，还常采用图3-11所示的差动整流电路（Differential Rectifier Circuit）。

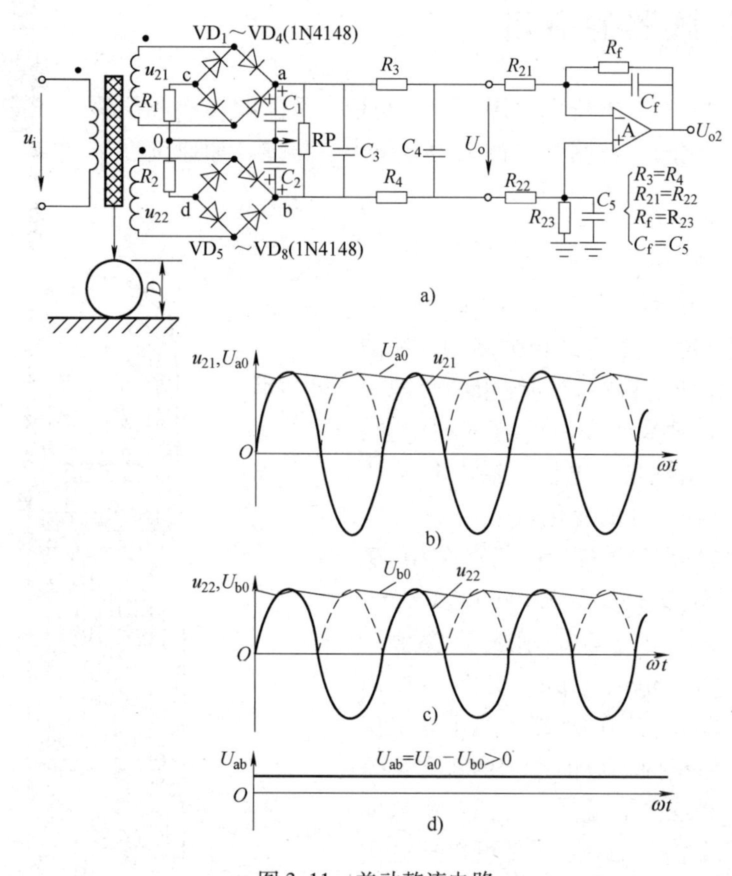

图3-11　差动整流电路

a）差动整流电路　b）第一个二次侧的整流波形

c）第二个二次侧的整流波形　d）a、b两点的对地电压差

差动变压器的二次电压 u_{21}、u_{22} 分别经 $VD_1 \sim VD_4$、$VD_5 \sim VD_8$ 组成的两个普通桥式电路整流，变成直流电压 U_{a0} 和 U_{b0}。由于 U_{ao} 与 U_{bo} 是反向串联的，所以 $U_{C3} = U_{ab} = U_{a0} - U_{b0}$。该电路是以两个桥路整流后的直流电压之差作为输出的，称为差动整流电路。图中的RP是用来微调电路平衡的。C_3、C_4 和 R_3、R_4 组成低通滤波电路，其时间常数 $\tau \geqslant 10T$（T 为激励源的周期）。运算放大器A及 R_{21}、R_{22}、R_f、R_{23} 组成差动减法放大器，用于克服a、b两点的对地共模电压。

图3-11b是当衔铁上移时的各点输出波形。当差动变压器采用差动整流测量电路时，应恰当设置一次绕组和二次绕组的匝数比，使 $\dot{U}_{21}$、$\dot{U}_{22}$ 在衔铁最大位移时，仍然能大于二极管的死区电压（0.5V）的10倍，才能克服二极管的正向非线性的影响，减小测量误差。

随着微电子技术的发展，目前已能将图3-11a中的激励源、相敏或差动整流电路、信号放大电路、温度补偿电路等做成厚膜电路，装入差动变压器的外壳（靠近电缆引出部位）内，它的输出信号可设计成符合国家标准的1～5V或4～20mA（请参阅第3.4节二线制仪表的有关论述），这种形式的差动变压器称为线性差动变压器[6]（Linear Variable Differential Transformer，LVDT）。

3.3 电感传感器的应用

3.3 拓展阅读资料

自感传感器和差动变压器主要用于位移测量以及能够转换成位移(Displacement)变化的参数测量，例如力、压力、压差、加速度、振动、工件尺寸等。

3.3.1 位移测量

轴向式电感测微器[7]的结构如图3-12所示。红宝石（或钨钢）测端接触被测物，被测物尺寸的微小变化使衔铁在差动绕组的骨架中上下位移，引起上下差动绕组电感量的变化，再通过电缆接到交流电桥，电桥的输出电压 U_o 反映了被测物体几何尺寸的变化。

专门用于与电感测微器配套的仪器称为电感测微仪，常见的量程为 ±3μm、±10μm、±30μm、±100μm、±300μm，相应的指示表分度值为0.1μm、0.5μm、1μm、5μm、10μm，分辨力最高可达0.1μm，准确度可达0.05级。当上述电感测微器的量程为3mm时，可能产生的最大误差约为1.5μm，主要包含了温漂、时漂、机械回差等。尽管绝对误差较大，但还是可以从电感测微仪上读出 ±0.1μm 的位移，适合于测量相对位移。使用时，必须每天用标准厚度的工件进行校正。

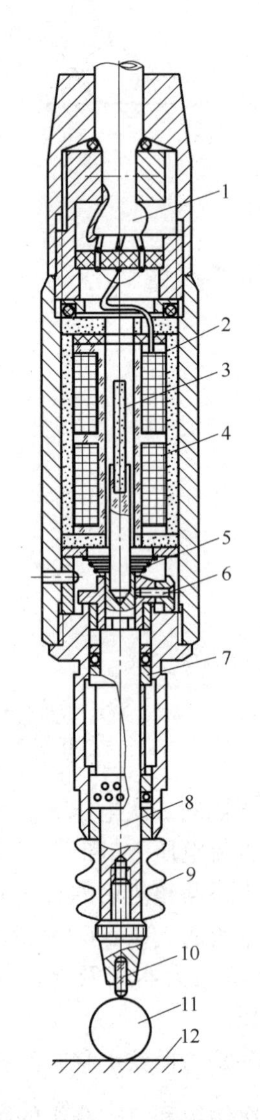

图3-12 轴向式电感测微器的结构

1—引线电缆 2—固定磁筒 3—衔铁 4—绕组 5—恢复弹簧 6—防转销 7—钢球导轨（直线轴承） 8—测杆 9—密封套 10—测端 11—被测工件 12—基准面

3.3.2 圆度测量

轴类工件的圆度[8]（Roundness）是指轴类工件的内外径正负偏差绝对值之和。圆度仪可快速测量环形工件的圆度、表面波纹度、波高分析、同心度、垂直度、同轴度、平行度、平面度、轴弯曲度、偏心、跳动量等。

测量时，将传感器顶在被测工件的被测量横截面上，测量 n 个分度点的半径变化量 Δr。每转过一个分度角 $\theta=360°/n$ 时，计算机从指示表上读出该点相对于某一半径 R_0 的偏差值 Δr，由此测得所有数据 Δr_i，并进行对应的计算。

圆度测量示意图如图3-13所示。电感测头围绕工件缓慢旋转。也可以是测头固定不动，工件绕轴心旋转。耐磨测端（多为钨钢或红宝石）与工件接触，通过杠杆，将工件圆度误差引起的位移变化传递给电感测头中的衔铁，从而使差动电感有相应的输出。信号经计算机处理后给出图3-13b所示图形。该图形按一定的比例放大工件的圆度，以便用户分析测量结果。

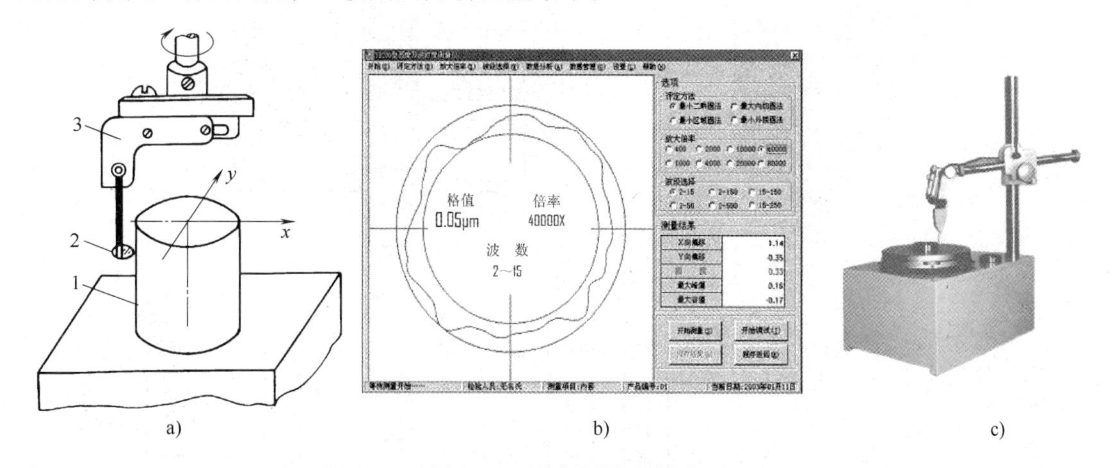

图3-13　圆度测量示意图

a）测量装置　b）计算机处理结果　c）圆度测量仪外形

1—被测物　2—耐磨测端　3—电感传感器

3.3.3　压力测量

差动变压器式压力变送器外形、结构及电路图如图3-14所示。它适用于测量各种生产流程中液体、水蒸气及气体压力。在该图中，能将压力转换为位移的弹性敏感元器件称为膜盒。

波纹膜片（Corrugated Diaphragm）如图3-10所示，是一种压有同心波纹的圆形金属薄膜。当膜片四周固定，两侧面存在压差时，膜片将弯向压力低的一侧，因此能够将压力转换为位移。波纹膜片比平膜片柔软得多，因此多用于测量较小压力的弹性敏感元器件。

为了进一步提高灵敏度，常把两个膜片周边焊在一起，制成膜盒。它的中心位移量为单个膜片的两倍。由于膜盒本身是一个封闭的整体，所以密封性好，周边不需固定，给安装带来方便，它的应用比波纹膜片广泛得多。

当被测压力未导入传感器时，波纹膜盒的自由端位移为零。这时，活动衔铁处于差动绕组的中间位置，因而输出电压为零。当被测压力从压力输入接口1导入波纹膜盒2时，波纹膜盒在被测介质的压力作用下，自由端产生正比于被测压力的位移，测杆使衔铁向上位移，在差动变压器的二次绕组中产生输出电压。此电压经过厚膜电子电路处理后，输出给二次仪表加以显示。

能够将压力转换成位移的弹性敏感元器件除了膜盒之外，还有波纹管、弹簧管（见图1-8）、等截面弹性平膜片（见图2-9）、薄壁圆筒、薄壁半球等。薄壁圆筒、薄壁半球的灵敏度很低，适合于较大压力的测量。

上述压力变送器的电路原理框图如图3-14c所示。220V交流电源通过降压、整流、滤波、稳压后，由多谐振荡器及功率驱动电路转变为6V、2kHz的稳频、稳幅交流电压$\dot{U}_{21}$、$\dot{U}_{22}$，作为差动变压器的激励源。差动变压器的二次绕组的输出电压通过半波差动整流电路、

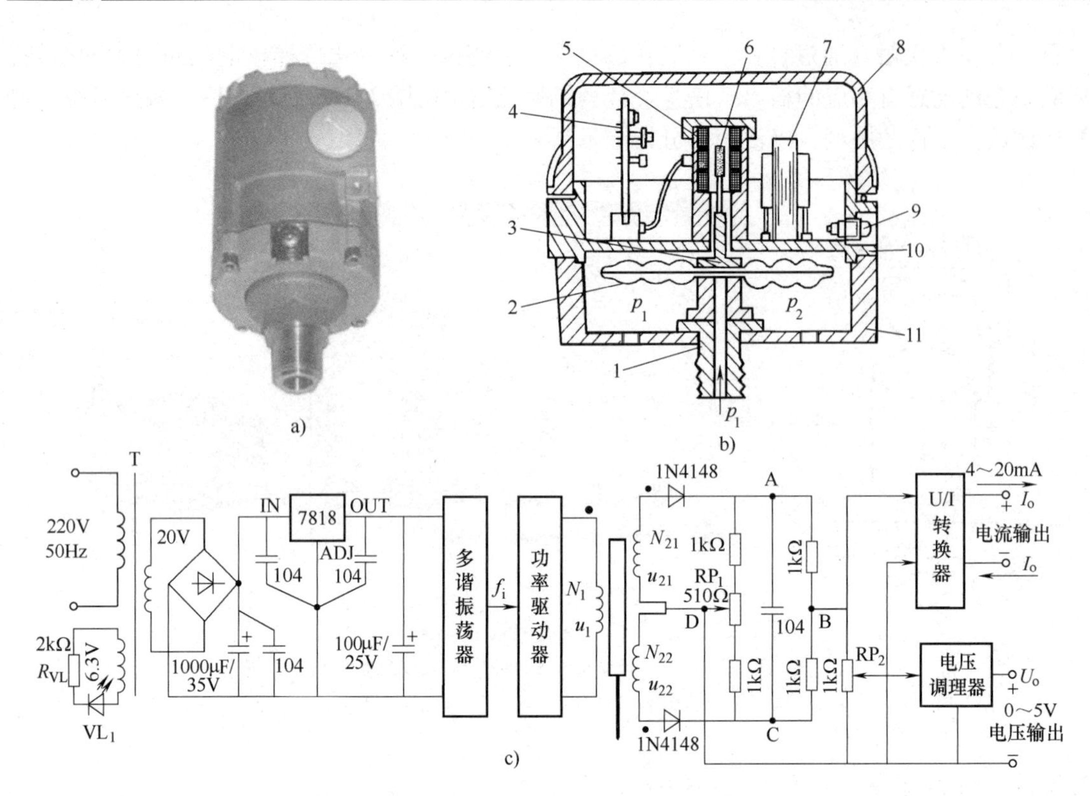

图3-14 差动变压器式压力变送器的外形、结构及电路图

a）外形 b）结构示意图 c）电路原理框图

1—压力输入接口 2—波纹膜盒 3—膜盒的自由端 4—印制电路板 5—差动绕组 6—衔铁 7—电源变压器 8—罩壳 9—指示灯 10—密封隔板 11—安装底座

低通滤波电路后，作为变送器的输出信号，可接入二次仪表加以显示。电路中的 RP_1 是调零电位器，RP_2 是调量程电位器。差动整流电路的输出也可以进一步作电压/电流变换，输出与压力成正比的电流信号，称为电流输出型变送器，它在各种变送器中占有很大的比例。

图3-14所示的压力变送器已经将传感器与信号调理电路组合在一个壳体中，并安装在检测现场，在工业中经常被称为一次仪表。一次仪表的输出信号可以是电压，也可以是电流。由于电流信号不易受干扰，且便于远距离传输（与电源电压有关），所以在一次仪表中多采用电流输出型。

我国从DDZ-Ⅲ型电动仪表开始，按照国际电工委员会（IEC）的过程控制系统用模拟信号标准，规定标准电流型仪表的输出为4~20mA（上限取20mA，是基于能量不足以引起电火花），对应的输出电压为1~5V（DDZⅡ标准为0~10mA或0~2V）。在4~20mA信号制中，4mA对应于零输入，20mA对应于满度输入。不让信号占有0~4mA这一范围的原因，一方面是有利于判断电路故障（开路）或仪表故障；另一方面，这类一次仪表内部均采用微电流集成电路，总的耗电还不到4mA，因此能利用4mA这一“本底”电流为一次仪表的内部电路提供工作电流，使一次仪表成为二线制仪表。

3.3.4 二线制仪表

二线制仪表与外界的联系只需两根导线[9]。多数情况下，其中一根为+24V电源正极导线，另一根既作为电源负极引线，又作为二次仪表的信号传输线。在信号传输线的末端通过一只精密的负载电阻（也称取样电阻）接地（也就是电源负极），将电流信号转变成电压信号。二线制仪表的接线方法如图3-15所示。二线制仪表的另一优点是：可以在仪表内部，通过电流叠加方法，在电流信号传输线上叠加数字脉冲信号，作为一次仪表的串行控制信号和数字输出信号，以便远程读取和通信，成为网络化或总线制仪表。例如，在采用HART协议的分散控制系统中，可用HART通信器与智能化二线制仪表进行双向通信[10]。由于叠加的通信信号平均值为零，所以不会影响输出的4～20mA直流信号，但是取样电阻应大于250Ω。

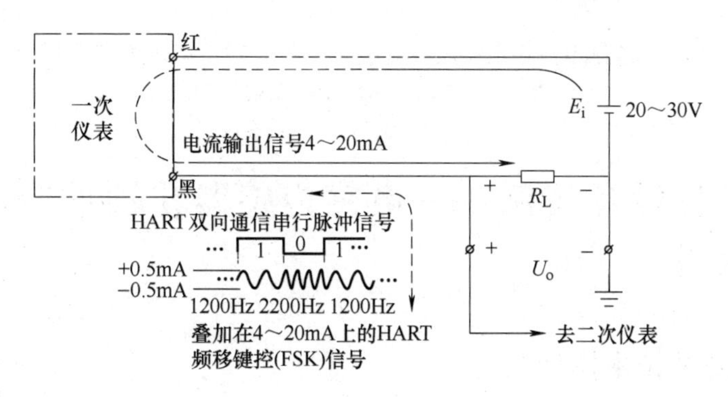

图3-15 二线制仪表的接线方法

在图3-15中，若取样电阻R_L=250.0Ω，则对应于4～20mA的输出电压U_o为1～5V。

变送器是能够将传感器的输出信号转换为可以被控制器所接受的标准信号的仪器。变送器的输出信号可直接与电动过程控制仪表连接，例如与DDZ-Ⅲ调节器或DCS连接。

例3-1 某二线制电流输出型压力变送器的产品说明书注明其量程范围为0～200kPa，对应输出电流为4～20mA。求：当测得输出电流I=12mA时的被测压力p。

解 因为该仪表说明书未说明线性度，所以可以认为输出电流与被测压力之间为线性关系，即I与p的数学关系为一次方程，所以有

$$I = a_0 + a_1 p \tag{3-17}$$

式中 a_0、a_1——待求常数。

当p=0时，a_0=4mA；当p=200kPa时，I=20mA，代入式（3-17）得a_1=0.08mA/kPa。所以该压力变送器的输入/输出方程为

$$I = 4\text{mA} + 0.08(\text{mA/kPa})p$$

将I=12mA代入式（3-17）得

$$p = (I - a_0)/a_1 = [(12-4)/0.08]\text{kPa} = 100\text{kPa}$$

输出电流为10mA时的压力并不是满量程的一半，而是75kPa。二线制电流输出型压力变送器的电流/压力特性如图3-16a所示，据此也可用作图法来得到p与I的对应关系。图3-16b为电源/负载电阻特性。

例如，常见的一次仪表本身所需的最低工作电压为12V左右。如果电源的安全电压为30V，那么负载电阻两端的压降最大只能达到18V，则负载电阻最大为900Ω。如果考虑传输电路会有压降，则负载电阻的最大值将随传输电路电压降的增大而减小。

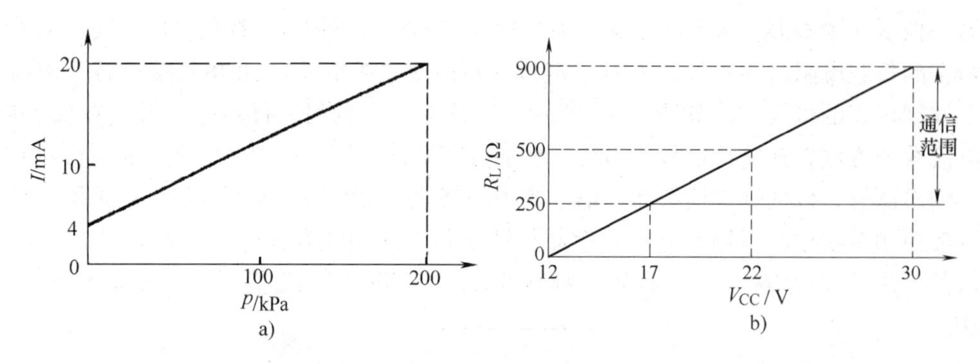

图3-16 二线制电流输出型压力变送器的输入/输出特性曲线及负载特性
a）压力/电流特性 b）电源/负载电阻特性

3.4 工程项目设计实例——电感传感器在轴承滚柱直径分选中的应用

3.4.1 项目来源及技术指标

3.4 拓展阅读资料

某轴承公司生产汽车用滚柱。按汽车厂商的要求，一套轴承中的滚柱直径必须均匀，偏差范围为 ±0.5μm，否则将造成汽车运行噪声和振动超标。该轴承公司原采用人工测量和分选滚柱直径，效率低，且易造成误测、误选。现该公司希望对车间生产的滚柱直径进行自动测量和分选[11]，技术指标及具体要求如下：

滚柱的标称直径为10.000mm，允许公差范围为 ±3μm，超出公差范围均予以剔除（分别落入"正偏差"和"负偏差"两个废料箱中）。

在公差范围内，滚柱的直径从9.997～10.003mm分为A～G共7个等级，分别落入对应的7个料箱中。滚柱直径测量的绝对误差应小于0.5μm。

滚柱的分选速度可在"人机界面"上调整，最高速度为60个/min，分选结果在液晶屏上显示。

3.4.2 设计步骤

1. 机械结构的设计

（1）测微器的选择 组装后的滚柱轴承如图3-17a所示，单个滚柱及与测微仪的关系如图3-17b所示。电感测微器采用类似图3-12的外形结构，它的钨钢测头紧压在滚柱的最高点。由于被测滚柱的公差变化范围只有6μm，

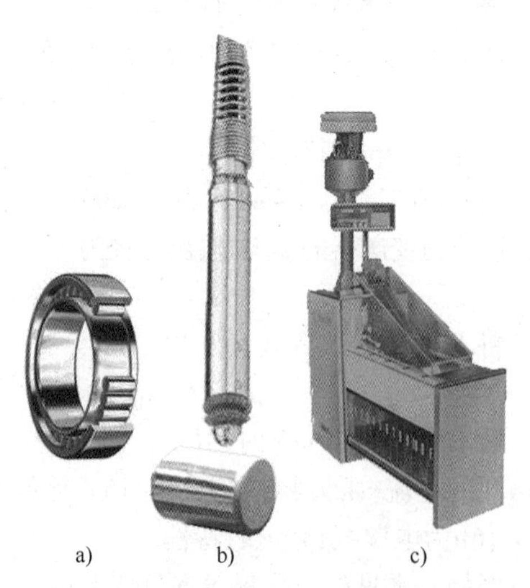

图3-17 滚柱轴承及滚柱直径的测量
a）组装后的滚柱轴承 b）测微器测量单个滚柱直径的测量位置 c）滚柱分选机外形

传感器所需要的行程较短，所以可以选择绕组骨架较短、直径较小的型号。DTH-P 系列测微仪参数如表 3-1 所示，也可选其他厂家的合适的型号。

表 3-1 DTH 系列测微仪系列

型号	DTH-P	DTH-PA	DTH-PS	DTH-PSH
特征	标准	零点位置变换	小型	小型、横出线
测量范围/mm	±1	−0.4 ~ +1	±0.7	
测杆长度/mm	4	3.5	2	
零点位置/mm	2	0.5	1	
外形直径/mm	$\phi12$	$\phi8$	$\phi6$	
重复准确度/μm	0.3			
电缆长度/m	1.5			
测量力/N	0.2 ~ 0.7			

（2）滚柱的推动与定位　滚柱直径分选机的工作原理示意图如图 3-18 所示。上万只滚柱放入图 3-18 上端的“振动料斗”中，在电磁振动力的作用下，自动排成队列，从给料管中下落到气缸的推杆右端。气缸的活塞在高压气体的推动下，将滚柱快速推至电感测微器的测标下方的限位挡板位置。为了延长测端的使用寿命并保证测杆压在滚柱的最高点上，可在图 3-18 测杆的末端加装一个钨钢测头。

（3）气缸的控制　图 3-18 和图 3-19 示出了气缸及零压二位五通电磁阀[12]的内部结构。气缸有后进/出气口 B 和前进/出气口 A。当 A 向大气敞开、高压气体从 B 口进入时，活塞向右推动，气缸前室的气体从 A 口排出。反之，活塞后退，气缸后室的气体从 B 口排出。气缸 A 口与 B 口的开启由电磁阀门控制。

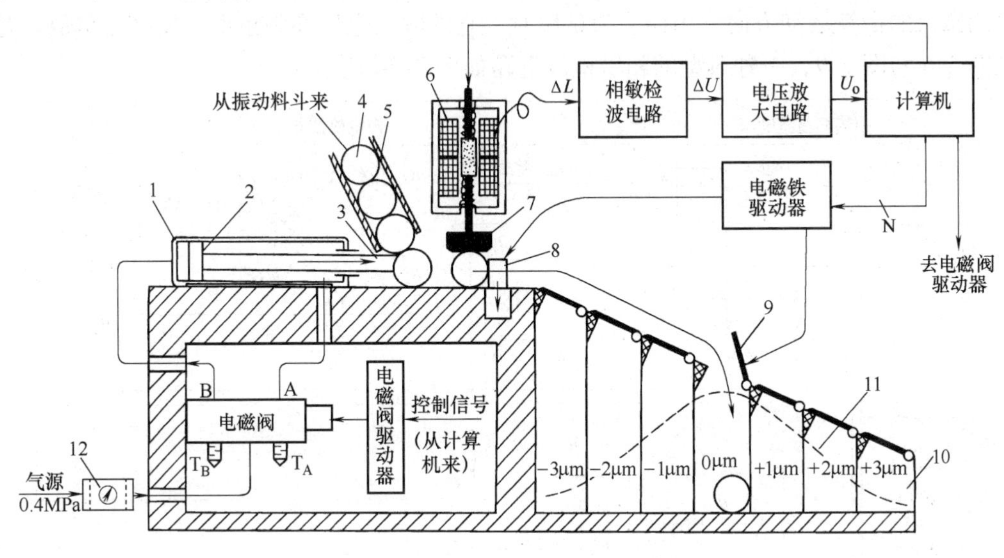

图 3-18　滚柱直径分选机的工作原理示意图

1—气缸　2—活塞　3—推杆　4—被测滚柱　5—落料管　6—电感测微器　7—钨钢测头　8—限位挡板　9—电磁翻板　10—滚柱的公差分布　11—容器（料斗）　12—气源处理三联件

欲使气缸活塞后退，电磁阀的阀芯必须处在图 3-19a 所示的位置。此时气缸前部的进/出气孔 A 通过电磁阀与进气口 P 接通，高压气源经空气调理器（又称气源处理三联件、气水分离器）[13] 和电磁阀进入气缸前半部分，活塞往左运动至终端位置。此时，气缸后部的进/出气孔 B 被电磁阀内的阀芯堵塞，与高压气源隔断，而与电磁阀左边的消音器 T_B 接通，气缸后部的残余气体从消音器排出。工业中，更多地使用结构比图 3-19 复杂的先导式非零压电磁阀，能够利用高压气体的压力，以更小的驱动电流使活塞左右运动。

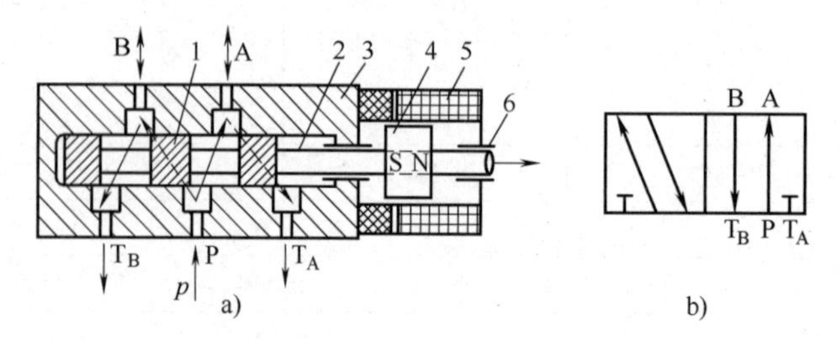

图 3-19　直动式零压电磁阀结构示意图

a）内部结构　b）电磁阀的符号

1—阀芯　2—阀芯杆　3—电磁阀壳体　4—永久磁铁　5—电磁绕组　6—直线轴承

B—左出气孔　A—右出气孔　P—进气孔　T_A—右消音器　T_B—左消音器

（4）落料箱翻板的控制　按设计要求，共有 9 个落料箱，分别是 -3μm、-2μm、-1μm、0μm、+1μm、+2μm、+3μm 以及“偏大”“偏小”废品箱（图中未画出）。它们的翻板分别由 9 个交流电磁铁控制。当计算机计算出测量结果的误差值后，对应的翻板电磁铁驱动电路导通，翻板打开。

2. 电信号调理电路的设计

系统的电路原理框图见图 3-18 的上半部分。本设计采用相敏检波电路，该电路能判别电感测微仪的衔铁运动方向。当误差为正值时，它的输出电压亦为正值，反之为负值。其特性见图 3-6 与图 3-9，一种典型的相敏检波电路如图 3-20 所示。

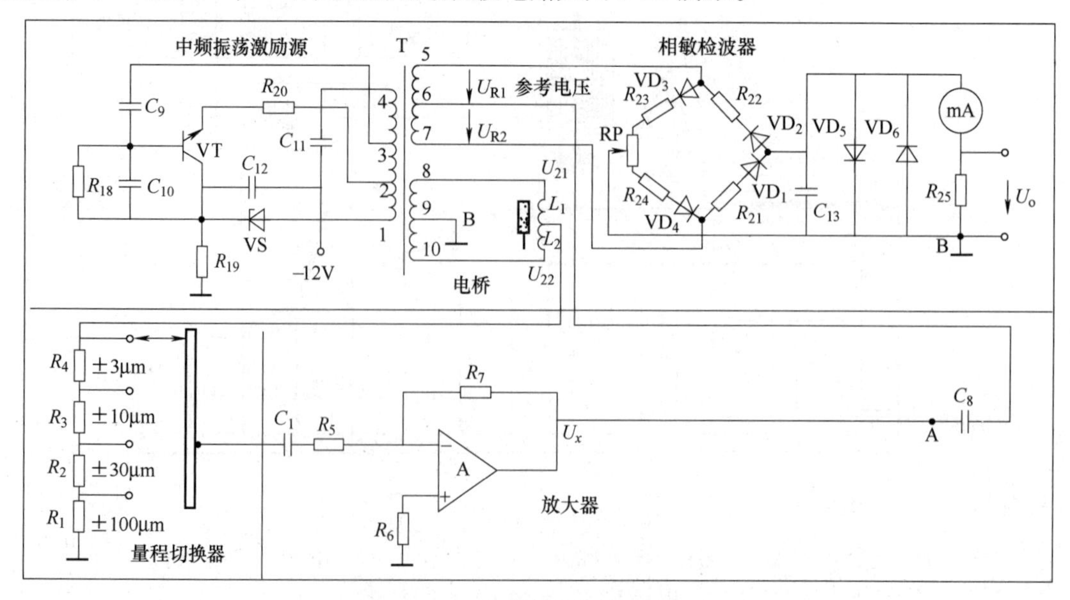

图 3-20　一种典型的相敏检波电路

图3-20中的U_x为放大后的电感传感器输出信号，U_R为参考电压（$U_R=U_{R1}+U_{R2}$），在相敏检波电路中起信号解调作用。要使相敏检波电路可靠地工作，必须满足下列条件：①参考电压U_R的频率必须与测量信号U_x完全相同；②要保证$U_R \gg U_x$，即$VD_1 \sim VD_4$的通断由U_R的极性决定；③U_R的相位与U_x的相位一致（或相差180°）。若有偏差，将导致灵敏度下降。相敏检波原理如下：

当激励变压器5、6、7三点的极性为7正、5负的U_i正半周时，由于U_{R1}、U_{R2}大大高于二极管的导通电压，所以VD_1、VD_2因正向偏置而导通，VD_3、VD_4因反向偏置而截止，这时的相敏检波等效电路如图3-21a所示。

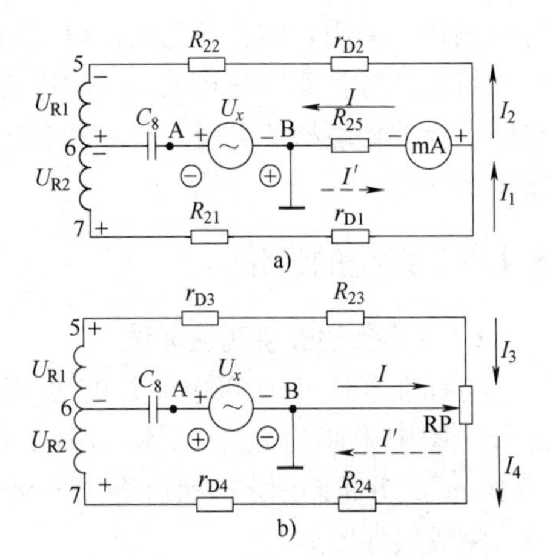

图3-21　相敏检波等效电路

a）U_R正半周时的等效电路

b）U_R负半周时的等效电路

忽略电容C_8的影响，根据电路电流回路定律可得

$$U_{R1}+U_x=I_1(R_{21}+r_{D1})+I(R_{25}+r_P)$$

$$U_{R2}-U_x=I_2(R_{22}+r_{D2})-I(R_{25}+r_P)$$

$$I=I_1-I_2$$

式中　r_{D1}——二极管VD_1的内阻；

r_{D2}——二极管VD_2的内阻；

r_P——表头内阻。

若$U_{R1}=U_{R2}$，$R_{21}+r_{D1}=R_{22}+r_{D2}=R_0$，并设$R_{25}+r_P=R_L$，则由以上三式可得

$$I=\frac{U_x}{R_L+R_0/2} \tag{3-18}$$

由式（3-18）可知，流过电流表的电流I与U_x成正比，而与参考电压U_{R1}、U_{R2}无关，电流的方向是从毫安表的“+”端流入、“-”端流出。U_{R1}、U_{R2}在电路中仅起控制二极管导通、截止的开关作用。

在负半周内，VD_1、VD_2因反向偏置而截止，VD_3、VD_4因正向偏置而导通。工作情况如图3-21b所示。这时U_x不再向表头输送电流。由此可见，这是半波检波。由于图3-20中电容C_{13}的滤波作用，将在表头内流过半波检波的平均电流，该电流与U_x成正比，而与参考电压U_R无关。

设在前半周参考电压极性仍不变，但由于传感器测杆位移方向改变，使U_x的极性与U_i反相180°，如图3-21a中的“⊕”“⊖”所示，则流过表头的电流将自左向右反向流动，如图中的虚线所示，电流的方向随U_x的极性而改变，这就是相敏作用。

若不设VD_3、VD_4，则每周的正半周不断地给C_8充电，只要几个周期，C_8将被电荷堆积堵塞，电流无法通过C_8，从而使整个电路不能正常工作。设置VD_3、VD_4就可在后半周内给C_8放电提供通路，如图3-21b所示。

由于U_{R1}与U_{R2}不一定相等，各支路阻抗也不一定完全相同，故在$U_x=0$时，还可能在表头内产生电流。这时可调节图3-20中的RP，使流过表头的电流为零。

C_{13}是滤波电容，它将半波整流电压变成平滑的直流电压。与表头及负载电阻并联的VD_5、VD_6是钳位二极管。当相敏检波器输出电压小于其死区电压0.5V时，它们都不导通，

不起作用。当输出电压的绝对值大于0.5V时，视其极性不同，或VD_5，或VD_6导通，把输出钳位在其导通电压（0.5~0.7V）上，从而保护表头不被损坏。与4个二极管串联的R_{21}~R_{24}是用来减小由于二极管内阻的不一致性引起的桥路不平衡，因此称为平衡电阻。为了尽量减小VD_1~VD_4的死区电压影响，应选用肖特基二极管。

由上面的分析可知，当衔铁正位移时，仪表指针正向偏转。当衔铁负位移时，仪表指针反向偏转。采用相敏整流电路，得到的输出信号既能反映位移大小，也能反映位移方向。

目前已有多家厂商将上述相敏检波电路制成厚膜电路，还包括前置放大电路、选频带通电路、全波相敏检波电路、有源低通滤波电路等，提高了仪器的可靠性和稳定性，缩小了电路板的空间[14]。

3.4.3 系统的调试

1. 传感器的安装高度调试

将标准直径（10.000mm）的滚柱置于测微仪的钨钢测头的正下方，松开测微仪的固定螺母（图中未画出），上下调节测微仪的安装高度，使计算机显示屏上的读数尽量接近“0.0μm”，并重新固定。然后将“人机界面”上的光标移到“清零控键”位置，按“确认”键，完成软件置零。

2. 灵敏度调试

分别将预先用精密光学测量仪器标定的+3μm和-3μm的滚柱置于钨钢测头下方，在屏幕上改变程序中的灵敏度系数，从而微调测量系统的灵敏度，使显示结果分别为+3.0μm和-3.0μm，完成“标定”的过程。“清零”和“标定”过程有可能相互影响，需反复进行几次。

3. 活塞行程控制

调节气缸的前后位置和气源处理三联件上的气压开关，使输出的气压约为0.4MPa。活塞的推杆到达最右端位置时，恰好能将待测滚柱推到钨钢测头下方，并将前一粒滚子挤到45°的滑道面上面。

4. 测量速度的调试

将一批已知直径的滚子放入振动料斗中，在显示屏上输入“电磁阀动作频率”，逐渐提高气缸活塞的往复速度。观察显示屏上显示的测量数值，可以发现动态数据与静态数据的差距越来越大。当误差超过额定指标时，活塞的往复速度就是系统的最高测试速度。如果未能达到60粒/min，则说明系统电路的响应时间常数太大，应改变对应的滤波电容的数值。

5. 电磁铁翻板的调试

分别将不同直径误差的滚柱置于钨钢测头下方，启动测试软件后，对应的电磁铁翻板应立即打开，等待滚柱落入其中。如果翻板的开启角度不正确，可微调电磁铁的“拉杆”长度。

6. 温漂测试

将整个测试系统置于可以调节气温的环境中，使测试系统的温度在4h内缓慢地从10℃上升至30℃，稳定4h，再用4h下降到10℃，反复3次。利用测试软件自动记录显示屏上的示值和温漂曲线，误差不应超过±0.5μm，整个温漂测试应大于48h。图3-22a为记录下的温漂曲线。可以看到，4次温度升降的温漂测试基本重合。若温漂曲线的斜率超过系统的设计误差范围，就需要利用对应的温度补偿软件给予补偿。图3-22b为计算机显示的分选结果。可以看到，该公司加工的滚子直径基本符合正态分布。大部分误差控制在±1μm以内。

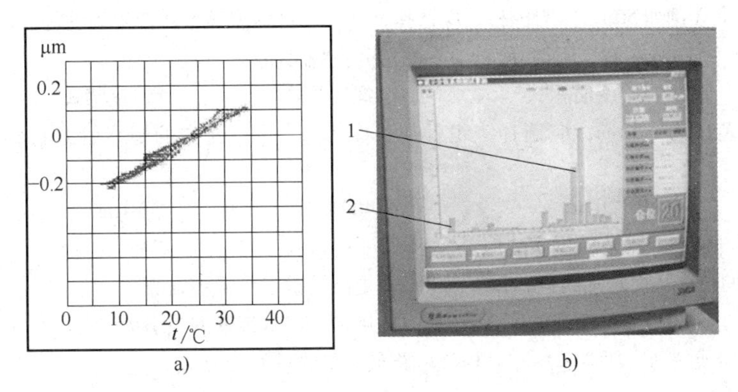

a)　　b)

图3-22　温漂曲线和分选结果显示

a）温度升降的温漂曲线　b）分选结果直方图

1—废品仓滚子数量　2—正品仓滚子数量的分布

3.4.4　误差分析与对策

该测试系统的误差主要由以下几部分引起：测微器、激励源、相敏检波电路、放大器、A-D转换器，总的误差由以上几项合成。通常情况下，激励源频率和幅度的漂移可达1%以上，信号放大器的误差小于0.5%，12位A-D转换器的误差小于0.1%，机械系统的重复性（主要是滞差）和漂移约为1%。从误差的表现来看，又有系统误差、随机误差和动态误差之分。在这个例子中，系统误差可以利用软件予以消除。变值误差的表现主要有两种：一是温漂，二是机械振动引起的安装位置漂移，这几种误差需依靠在设计和安装时予以重视。设计者可选用低温漂的电子元器件来构建系统电路，选用热胀系数小的材料来加工机械零件和结构。

动态误差是由测量过程中的数据快速变化引起的。由于该系统的测量速度达到60次/min，计算机需要等待放大器输出电压充分稳定后才能进行数据采集。根据图1-4，要求放大电路的响应时间必须小于测量系统调整时间 t_s 的1/10，约为10ms，否则动态测试值将小于静态值。发现这种不稳定时，要尽量减小测量电路的时间常数和电压上升率，这个要求与滤除工频干扰的积分电路设计是矛盾的，需要加以均衡考虑。

要提高系统的测量准确度，还需要对机械结构进行精心设计和牢固安装，应尽量提高激励源的频率、幅度的稳定性。

如果测量对象是圆锥滚子，其直径的标称位置应为圆锥滚子的轴向中心点。如果钨钢测头稍有偏差，将因斜度变化带来很大的误差，因此，如何控制测头的轴向准确度也是项目研究的关键。

通过本工程项目设计实例的学习，我们初步了解了测量系统的调零、调满度和机械位置细调等过程。在其他带有机械结构的技术改造项目中，调试过程可能更复杂。作为机电专业的读者，必须更多地查阅图书、期刊和网络资料，扩大专业知识面。

思考题与习题

3-1 单项选择题

1）欲测量微小（例如50μm）的位移，应选择________自感传感器。希望线性好、灵敏度高、量程为1mm左右、分辨力为1μm左右，应选择________自感传感器为宜。

A. 变隙式　　B. 变面积式　　C. 螺线管式　　D. 互感式

2）希望线性范围为±1mm，应选择绕组骨架长度为________左右的螺线管式自感传感器或差动变压器。

A. 2mm　　B. 20mm　　C. 400mm　　D. 1mm

3）螺线管式自感传感器采用差动结构是为了________。

A. 加长绕组的长度从而增加线性范围　　B. 提高灵敏度，减小温漂

C. 降低成本　　D. 增加绕组对衔铁的吸引力

4）自感传感器或差动变压器采用相敏检波电路最重要的目的是为了________。

A. 提高灵敏度

B. 将传感器输出的交流信号转换成直流信号

C. 使检波后的直流电压能反映检波前交流信号的相位和幅度

D. 将传感器输出的直流信号转换成交流信号

5）某车间用图3-18的装置来测量直径范围为ϕ10mm±1mm轴的直径误差，应选择线性范围为________的电感传感器为宜（当轴的直径为ϕ10mm±0.0mm时，预先调整电感传感器的安装高度，使衔铁正好处于电感传感器中间位置）。

A. 10mm　　B. 3mm　　C. 1mm　　D. 12mm

6）希望将信号传送到1km之外，应选用具有________输出的标准变送器。

A. 0~2V　　B. 1~5V　　C. 0~10mA　　D. 4~20mA

3-2 请将图3-1b改为差动变面积式自感传感器，画出示意图。

3-3 差动变压器式压力传感器如图3-14a所示，差动变压器式压力传感器的特性曲线如图3-23所示。求：

1）当输出电压为50mV时，压力p为多少千帕？2）在图3-23a、b上分别标出线性区，综合判断整个压力传感器的压力测量范围是多少（非线性误差小于2.5%）。

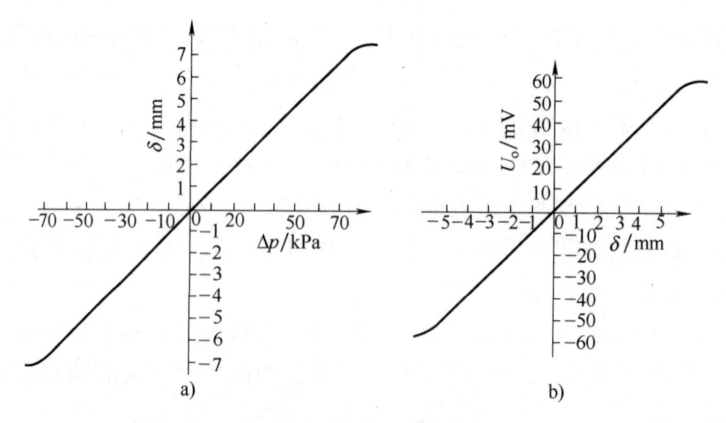

图3-23 差动变压器式压力传感器特性曲线

3-4 有一台二线制压力变送器，电源电压为24V，量程范围为0~1MPa，对应的输出电流为4~20mA。求：

1）压力p与输出电流I的关系表达式（输入/输出方程）；2）画出压力与输出电流间的输入/输出特性曲线；3）当p为0MPa、1MPa和0.5MPa时变送器的输出电流；4）如果希望在信号传输终端将电流信号转换为1～5V电压，求负载电阻R_L的阻值；5）如果负载电阻达到2kΩ，最大输出电流还能达到20mA吗？为什么？6）画出该二线制压力变送器的接线电路图（电源电压为24V）；7）如果测得变送器的输出电流为5mA，求此时的压力p；8）若测得变送器的输出电流为0mA，试说明可能是哪几个原因造成的；9）请上网查阅有关资料，写出一次仪表与二次仪表的定义，列举出若干个型号的特性；10）请将图3-24中的各元器件及仪表正确地连接起来。

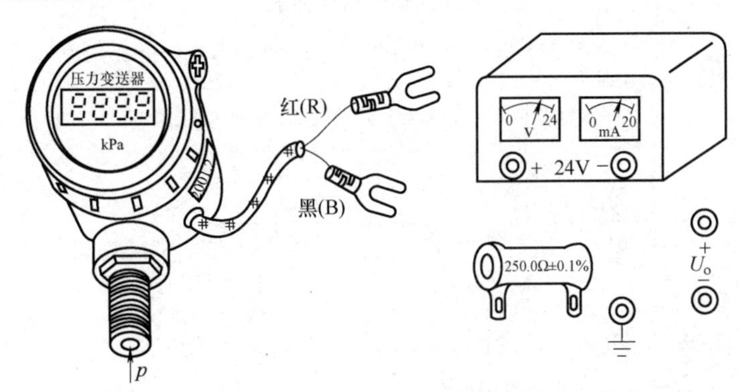

图3-24　二线制仪表的正确连接

3-5　图3-25是差动变压器式振幅测试传感器示意图。请分析其测量振幅的原理并填空。

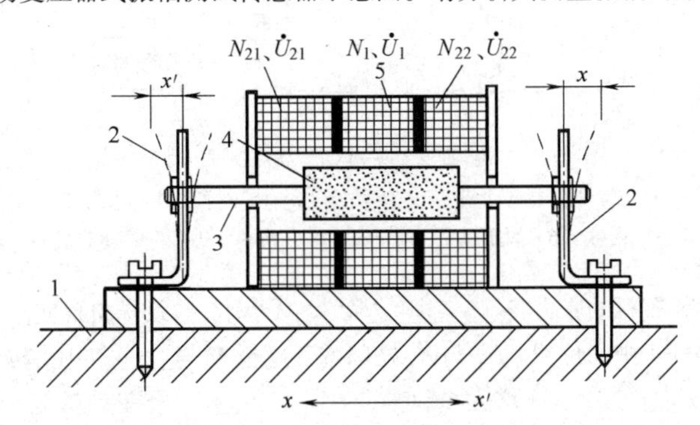

图3-25　差动变压器式振幅传感器示意图

1—振动体　2—弹簧片式悬臂梁　3—连杆　4—衔铁　5—差动变压器绕组

当振动体因振动而向左位移时，由于衔铁________性较大，所以留在原来位置，基本不动，相对于差动变压器绕组而言，相当于向________位移。N_1与N_{21}之间的互感量M_1________，所以U_{21}________。而N_1与N_{22}之间的互感量M_2________，所以U_{22}________。$U_o=U_{21}-U_{22}$，其绝对值与振动的________（幅值x/速度v/加速度a）成正比，而相位与U_i________（同相/反相）。反之，当振动体向右位移时，衔铁向________位移，U_o与U_i________相。

3-6　图3-26所示为两种测量转速的方法。

1）请根据学过的电工知识，比较它们测量转速的工作原理有何本质区别，并分别写出图a和图b中转速n的计算公式。2）图3-26所示的磁电式探头是否需要激励电源？为什么？3）请上网查阅有关转速表的资料，写出磁电式转速计的指标参数；4）请上网查阅有关资料，并简要写出汽车车速里程表原理。

3-7　生产布料的车间用图3-27所示的装置来检测和控制布料卷取过程中的松紧和张力的程度[15]，请分析填空。

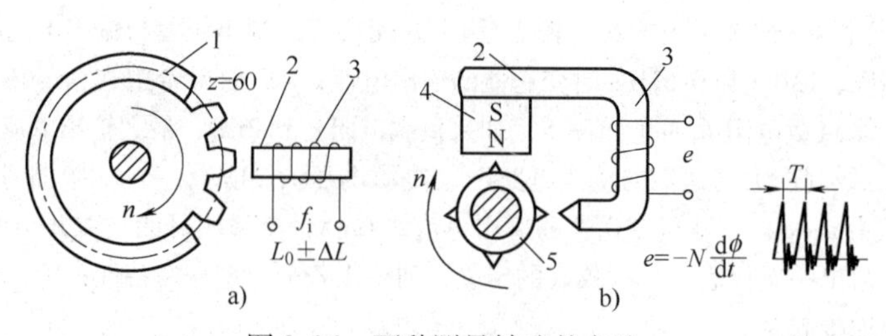

图 3-26 两种测量转速的方法

a）电感式 b）磁电式（电磁感应式）

1—被测旋转体（钢质齿轮） 2—导磁铁心 3—绕组 4—永久磁铁 5—汽车发动机曲轴转子

f_i—激励源频率 z—齿数 T—传感器输出脉冲的周期

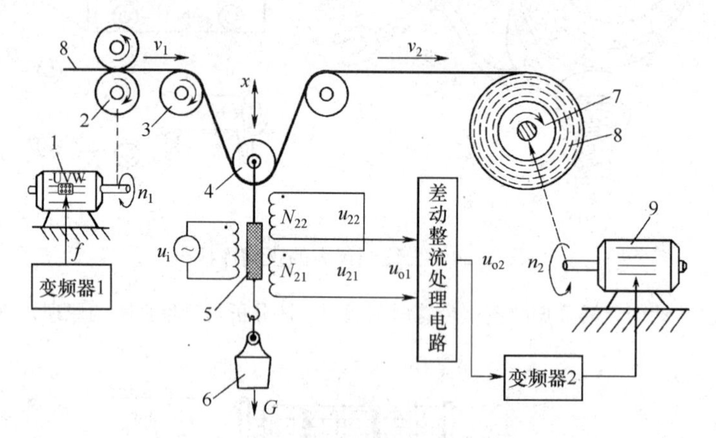

图 3-27 差动变压器式张力检测控制系统

1—变频传送电动机 2—传动辊 3—导向辊 4—张力辊

5—衔铁 6—砝码 7—收卷辊 8—布料 9—变频电动机

当收卷辊转动太快时，布料的张力将________（增大/减小）。导致张力辊向________（上/下）位移。使差动变压器的衔铁不再处于中间位置。N_{21}与N_1之间的互感量M_1 ________（增加/减小），N_{22}与N_1的互感量M_2 ________。因此U_{21}________（增大/减小），U_{22}________，经差动检波，根据式（3-16）可知，U_o为________（负/正）值，去控制伺服电动机，使它的转速变________（快/慢），从而使张力恒定。

3-8 请上网查阅有关差动变压器的资料，并参考图 3-27 的原理，构思一个测量向日葵日生长量（高度）的测量仪器。请你画出向日葵、3 只导向滑轮、1 只动滑轮、细线及固定点、差动变压器、衔铁（取消图 3-27 中的砝码）、测量转换电路、指针式毫伏表等元器件，应使读者能看清他们之间的安装关系，并简要说明其工作原理。（注：可利用滑轮将向日葵的向上生长量转换为衔铁的向下位移量，图中不应出现“电动机”之类的电动元器件。）

3-9 请上网查阅有关资料，论述网络化智能传感器、无线传感器网络等的有关标准。

拓展阅读参考资料列表

序号	作　　者	拓展阅读文章题目	序号	作　　者	拓展阅读文章题目
1	岳阳大力神电磁机械有限公司	磁学量常用单位换算	3	百度百科	相敏检波
2	21IC 电子网	差动变压器的误差因素分析	4	王楠	感应测井仪中相敏检波电路的改进研究

（续）

序号	作　者	拓展阅读文章题目	序号	作　者	拓展阅读文章题目
5	北京泰诚信测控技术有限公司	差动变压器式位移传感器	10	上海工业自动化仪表研究院	智能仪表系统中 HART 协议通信
6	百度百科	LVDT	11	周庆贵	轴承滚针分选机的控制
7	杨秀层，夏承忠	电感测微仪行业标准	12	百度百科	二位五通电磁阀
			13	百度百科	气源三联件
8	冯向军	广义系统的圆度和圆度的计算公式	14	西安威尔罗根能源科技有限公司	一种微球聚焦测井仪电压与电流测量线路的厚膜电路
9	杨明欣，谢明元，等	二线制温度变送器的设计	15	张鲁亚，徐延卿	调整卷取张力改善浸胶帘子布卷绕成型

第4章

电涡流传感器

当导体处于交变磁场中时，会因电磁感应而在内部产生自行闭合的电涡流而发热。变压器和交流电动机的铁心都是用硅钢片叠制而成的，就是为了减小电涡流，避免发热。但人们也能利用电涡流做有用的工作，比如电磁灶、中频炉、高频淬火等。

在检测领域，电涡流可以用于探测金属（安全检测、探雷等）、非接触测量微小位移和振动，以及测量工件尺寸、转速、表面温度等诸多与电涡流有关的参数，还可以用于表面无损探伤及制作金属物体接近开关。电涡流传感器的最大特点是非接触测量。

4.1　电涡流传感器的工作原理

4.1　拓展阅读资料

4.1.1　电涡流效应

电涡流传感器（Eddy Current Transducer）的基本工作原理是电涡流效应。根据法拉第电磁感应定律，金属导体置于变化的磁场中时，导体的表面就会有感应电流产生。电流的流线在金属体内自行闭合，这种由电磁感应原理产生的旋涡状感应电流称为电涡流，这种现象称为电涡流效应，电涡流传感器就是利用电涡流效应来检测导电物体的各种物理参数的。

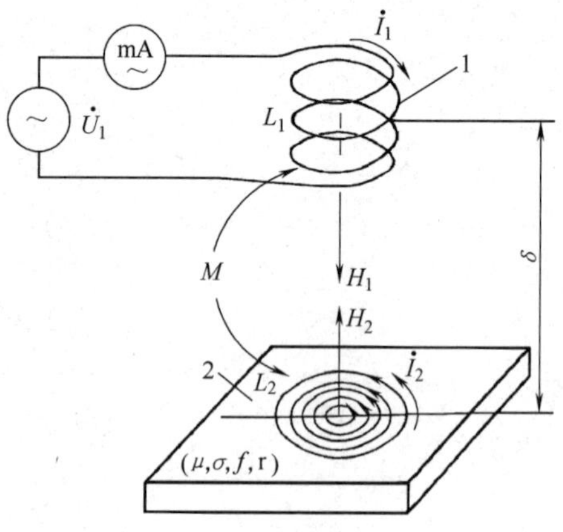

图 4-1　电涡流传感器工作原理

1—电涡流线圈　2—被测金属导体

电涡流传感器工作原理如图 4-1 所示。当高频信号源产生的高频电压 $\dot{U}_1$ 施加到一个靠近金属导体附近的电感线圈 L_1 时，将产生高频磁场 H_1。如被测导体置于该交变磁场范围之内时，被测导体表面附近就产生电涡流 $\dot{I}_2$，并且在金属导体的纵深方向不是均匀分布的，而主要集中在金属导体的表面，这称为趋肤效应[1]（Skin Effect），也称集肤效应。

趋肤效应与激励源频率 f、工件的电导率 σ、磁导率 μ 等有关。工程上定义电流密度下降到表面电流密度的 0.368（即 1/e）的厚度为趋肤深度或穿透深度[2]，用 δ 表示：

$$\delta = \frac{1}{\sqrt{\pi f \mu \sigma}} \tag{4-1}$$

从式（4-1）可知，频率f越高，电涡流的渗透深度就越浅，趋肤效应就越严重。高频电流在圆柱状导体内部的分布如图4-2所示。

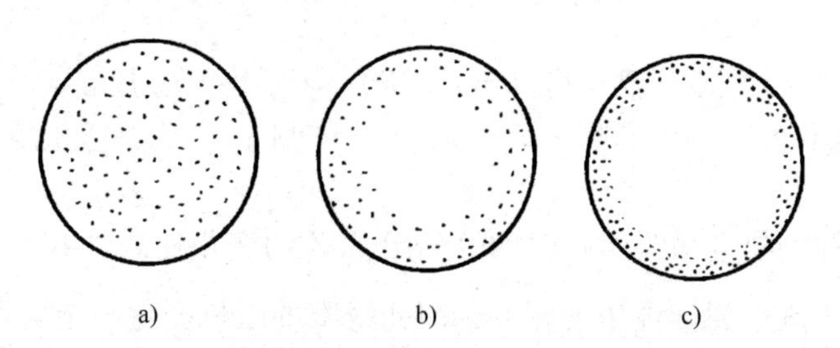

图4-2　不同频率电流在圆柱状导体内部的分布
a）直流电流的分布　b）中频电流的分布　c）高频电流的分布

圆柱状导体在100kHz时的电阻值是直流时的1.5倍，1MHz的电阻值是直流时的4倍。由于存在趋肤效应，电涡流多用于检测导体表面的各种物理参数。改变f，可控制检测深度。检测技术中激励源频率一般为100kHz～1MHz。为了使电涡流能深入金属导体深处，或欲对距离较远，或较厚的金属体进行检测，可采用十几千赫甚至几百赫的激励频率。

4.1.2　电涡流线圈的等效阻抗分析

图4-1中，高频激励源在电涡流激励线圈L_1（以下简称为电涡流线圈）中产生交变激励电流$\dot{I}_1$，在该线圈附近产生一个交变磁场H_1。H_1作用于被测金属板，感应出电涡流$\dot{I}_2$。根据楞次定律，$\dot{I}_2$将产生一个与H_1相反的的磁场H_2。由于磁场H_2的反作用，使电涡流线圈L_1的等效阻抗发生变化。电涡流$\dot{I}_2$越大，对L_1的影响也越大。

电涡流传感器的等效电路如图4-3所示。设电涡流线圈在高频时的等效电阻为R_1（大于直流电阻R_0），电感为L_1（无被测导体靠近电涡流线圈时的电感为L_0）。当有被测非磁性导体靠近电涡流线圈时，则被测导体等效为一个耦合电感（短路环），电涡流线圈L_1与导体之间存在一个互感M。互感随线圈与导体之间距离的减小而增大。短路环可以看作只有一匝的短路线圈，其等效电阻为R_2、电感为L_2。根据基尔霍夫电压定律，可以得到如下方程组

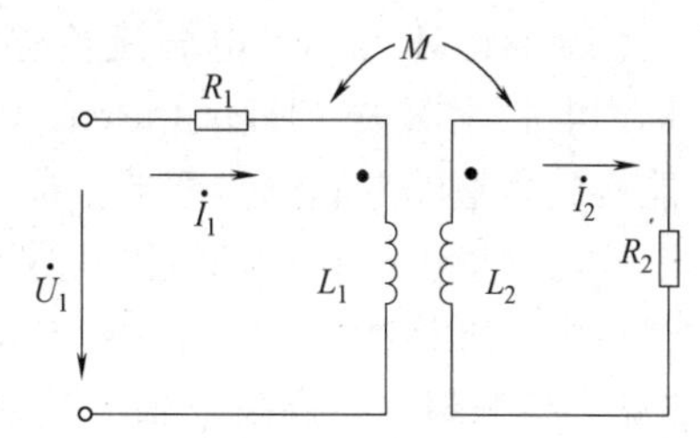

图4-3　电涡流传感器的等效电路

$$R_1\dot{I}_1 + \mathrm{j}\omega L_1\dot{I}_1 - \mathrm{j}\omega M\dot{I}_2 = \dot{U}_1$$

$$-\mathrm{j}\omega M\dot{I}_1 + R_2\dot{I}_2 + \mathrm{j}\omega L_2\dot{I}_2 = 0$$

解上列方程组，可得电涡流线圈受被测金属导体影响后的等效阻抗（Equivalent Impedance）。

$$Z = \frac{\dot{U}_1}{\dot{I}_1} = \left[R_1 + R_2\frac{\omega^2M^2}{R_2^2+(\omega L_2)^2}\right] + \mathrm{j}\left[\omega L_1 - \omega L_2\frac{\omega^2M^2}{R_2^2+(\omega L_2)^2}\right] = R + \mathrm{j}\omega L \tag{4-2}$$

式中 R、L——电涡流线圈靠近被测导体时的等效电阻和等效电感。

当 L_1 与 L_2 的间距 δ 减小时，M 增大。从式（4-2）可知，等效电感 L 减小，等效电阻 R 增大。由于线圈的感抗 X_L 的变化比 R 的变化大得多，故此时流过线圈的电流 i_1 增大。从能量守恒角度来看，也要求增加流过电涡流线圈的电流，从而为被测金属导体上的电涡流提供额外的能量。

由于线圈的品质因数 Q（$Q = X_L/R = \omega L/R$）与等效电感成正比，与等效电阻成反比，所以当电涡流增大时，Q 下降很多。可以通过测量 Q 值的变化来间接判断电涡流的大小。

电涡流线圈受被测物电涡流影响时的等效阻抗 Z 的变化比式（4-2）复杂得多。f、μ、σ 均会影响电涡流 $\dot{I}_2$ 在金属导体中的深度，因此线圈的阻抗变化与金属导体的 μ、σ 有关。除此之外，还与金属导体的形状、表面因素（粗糙度、沟痕、裂纹等）r 有关，更重要的是与线圈到金属导体的间距（距离）δ 有关，可用以下的函数表达式来表示

$$Z = R + j\omega L = f(f、\mu、\sigma、r、\delta) \tag{4-3}$$

如果控制式（4-3）中的 f、μ、σ、r 不变，电涡流线圈的阻抗 Z 就成为 δ 的单值函数，可以作为非接触测量位移的传感器。

如果控制 δ、f 不变，就可以用来检测与表面因素 r 有关的表面电导率 σ、表面温度、表面裂纹等参数，或用来检测与材料磁导率 μ 有关的材料型号、表面硬度等参数。

电涡流线圈的阻抗与 f、μ、σ、r、δ 之间的关系均呈非线性关系，必须由计算机进行线性化纠正处理或曲线拟合。

4.2 电涡流传感器的结构及特性

4.2 拓展阅读资料

4.2.1 电涡流探头结构

从前面论述可知，电涡流传感器的传感元件主要是一个线圈，俗称为电涡流探头（Eddy Current Probe）。电涡流探头必须与被测金属以及测量电路一起，才能构成完整的电涡流传感器。成品电涡流探头的结构十分简单，其核心是一个扁平“蜂巢”空心线圈。工作频率范围从数十千赫至数兆赫，线圈的圈数不必太多。有时为了使磁力线集中，可将线圈绕在长度很小的高频铁氧体铁心上。线圈用多股较细的绞扭漆包线（能减小高频阻抗，提高 Q 值）绕制而成，置于探头的端部，外部用聚四氟乙烯等高品质因数塑料密封。电涡流探头结构如图 4-4 所示。

随着电子技术的发展，电涡流传感器生产厂商已将测量转换电路安装到探头的壳体中。它的输出信号是有一定驱动能力的直流电压或电流信号，也可以是开关信号，减小了输出电缆分布电容的影响。YD9800 系列位移传感器[3]的特性如表 4-1 所示。

表 4-1 YD9800 系列电涡流位移传感器特性①

线圈直径 ϕ/mm	壳体螺纹/mm	线性范围/mm	最佳安装距离/mm	最小被测面 ϕ/mm	分辨力/μm
5	M8×1	1	0.5	15	1
11	M14×1.5	4	2	35	4

（续）

线圈直径 ϕ/mm	壳体螺纹/mm	线性范围/mm	最佳安装距离/mm	最小被测面 ϕ/mm	分辨力/μm
25	M16×1.5	8	4	70	8
50	M30×2	25	12	100	10

① 工作温度 -50 ~ +175℃；线性误差：1%；灵敏度温漂：0.05%/℃；稳定度：1%/年；互换性误差≤5%；频响：0~10kHz。

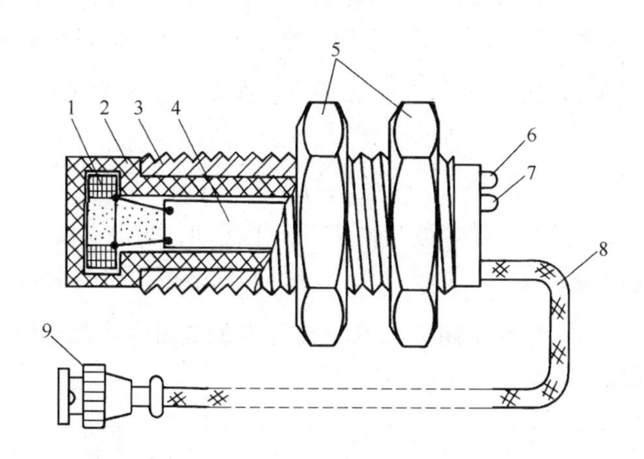

图4-4　电涡流探头结构

1—电涡流线圈　2—探头壳体　3—壳体上的位置调节螺纹　4—印制电路板　5—夹持锁紧螺母　6—电源指示灯　7—阈值指示灯　8—输出屏蔽电缆线　9—电缆插头

由表4-1可知，探头的直径越大，测量范围就越大，但分辨力就越差，灵敏度也降低。

4.2.2　被测体材料、形状和大小对灵敏度的影响

线圈阻抗变化与金属导体的电导率、磁导率有关。对于非磁性材料，被测体的电导率越高，则灵敏度越高。但被测体是磁性材料时，其磁导率将影响电涡流线圈的感抗，其磁滞损耗还将较大地影响电涡流线圈的 Q 值，所以其灵敏度要视被测金属体的具体情况而定。

当被测体为圆盘状物体的平面时，物体的直径应大于线圈直径的2倍，否则将使灵敏度降低；被测体为轴状圆柱体的圆弧表面时，它的直径应大于线圈直径的4倍以上，才不影响测量结果。而且被测体的厚度也不能太薄，一般情况下，只要厚度在0.2mm以上，测量结果就基本不受影响。另外，在测量时，传感器线圈周围除被测导体外，应尽量避开其他导体，以免干扰高频磁场，引起线圈的附加损失。

4.3　电涡流传感器的测量转换电路

4.3　拓展阅读资料

电涡流探头与被测金属之间的互感量变化可以转换为探头线圈的等效阻抗（主要是等效电抗）以及品质因数 Q（与等效电阻有关）等参数的变化。因此测量转换电路的任务是把这些参数转换为频率或电压。相应地，有调频式、调幅式和电桥法等诸多电路，这里简单介绍调幅式和调频式测量转换电路。

4.3.1 调幅式电路

所谓调幅式电路也称为AM电路，它是以输出固定频率信号的幅度来反映电涡流探头与被测金属导体之间的关系。定频调幅式测量转换电路如图4-5所示。石英晶体振荡器产生稳频、稳幅的中频或高频激励电压，通过限流电阻R，施加在由探头线圈和一个微调电容C_0组成的并联谐振回路上。由于限流电阻R较大，故可以将$\dot{I}_i$看作一个恒流源。

当被测金属导体与探头的距离δ相当远时，调节C_0，使L_xC_0的谐振频率等于石英晶体振荡器的频率f_0，此时谐振回路的Q值和阻抗Z最大。在L_xC_0并联谐振电路两端的电压$\dot{U}_{Lx}$为最大值

$$\dot{U}_{Lx}=\dot{I}_iZ$$

当被测体为非磁性金属时，随着被测物从下向上运动，与电涡流探头的距离δ减小，探头线圈的等效电感L_x也随之减小，引起Q值下降，并联谐振回路的谐振频率$f_1>f_0$，处于失谐状态，阻抗Z降低。由于限流电阻R较大，流过R的电流$\dot{I}_i$近似于恒定，所以$\dot{U}_{Lx}$必然随失谐的程度加大而降低。

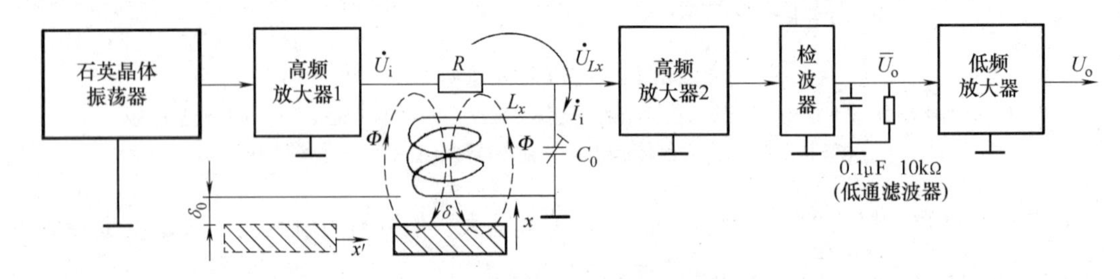

图4-5 定频调幅式测量转换电路

在图4-5中，设定被测物与电涡流线圈的距离为固定值δ_0，通常等于电涡流线圈的直径。然后使被测物从左向右平移，也可以使输出电压$\dot{U}_{Lx}$逐渐降低。超过电涡流线圈的轴线后，输出电压又逐渐增大。

当被测体为磁性金属时，由于存在磁力线集中的现象，探头线圈的电感将增大，但由于被测磁性金属体的磁滞损耗，使探头线圈的Q值大大下降，输出电压也降低很多。以上几种情况如图4-6中的幅频曲线0～3所示。被测体与探头的间距越小，输出电压$\dot{U}_{Lx}$就越低。经检波、低放之后，输出的直流电压U_o反映了被测物的位移量。

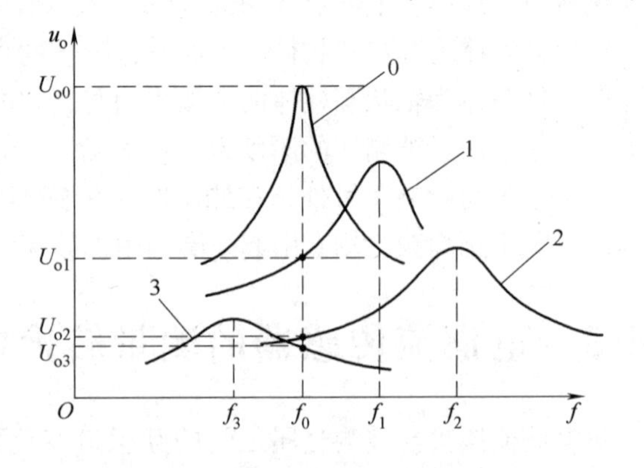

图4-6 定频调幅式的幅频曲线

0—探头与被测物间距很远时 1—非磁性金属、间距较大时 2—非磁性金属、间距较小时 3—磁性金属、间距较小时

调幅式的输出电压U_o与位移x不是线性关系，必须用千分尺逐点标定（见图4-9），并用计算机线性化之后，才能显示出位移的

数值。

调幅式转换电路的另一缺点是：输出电压放大器的放大倍数漂移会影响测量准确度，必须采取各种温度补偿措施。

4.3.2 调频式电路

调频式电路也称为FM电路，它以LC振荡器的频率f作为输出量。调频式测量转换电路原理框图及特性如图4-7所示。

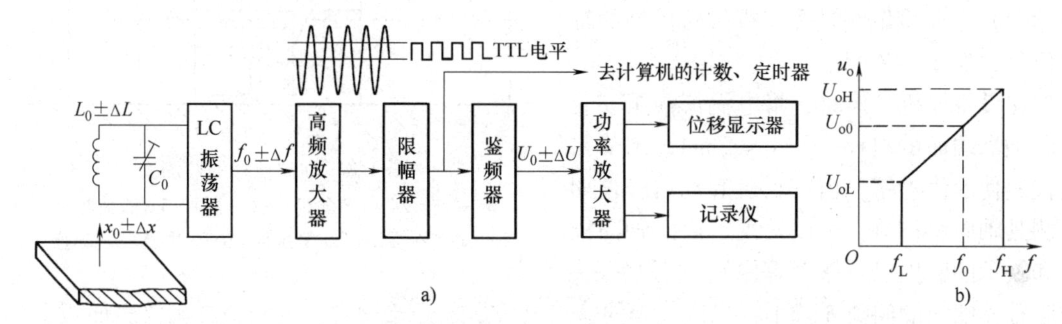

图4-7 调频式测量转换电路原理框图及鉴频器特性

a）信号流程 b）鉴频器特性

并联谐振回路的谐振频率为

$$f \approx \frac{1}{2\pi\sqrt{LC_0}} \tag{4-4}$$

当电涡流线圈与被测体的距离δ改变时，电涡流线圈的电感L也随之改变。由式（4-2）和式（4-4）可知，当非磁性金属靠近电涡流线圈时，谐振频率f升高；当磁性金属靠近电涡流线圈时，由于磁性金属的集磁效应，电感L增大，谐振频率f降低。谐振频率的变化Δf可以通过F-V转换器（又称为鉴频器）转换为电压变化ΔU；也可以将频率信号经限幅器转换成TTL电平（对于CMOS型器件，当$V_{DD}=5V$时，低电平约为0~0.8V，高电平约为3.4~5V），再送到计算机的计数/定时器端，由计算机测量出频率的变化。

4.4 电涡流传感器的应用

4.4 拓展阅读资料

电涡流探头线圈的阻抗受诸多因素影响，例如金属材料的厚度、尺寸、形状、电导率、磁导率、表面因素、距离等。如果用电涡流传感器来测量其中的某一个变量，就要固定剩余的其他变量。若几个与被测量无关的变量同时有微小的变化，就会影响测量结果，所以电涡流传感器多用于定性测量。即使要用作定量测量，也必须采用前面述及的逐点标定、计算机线性纠正、温度补偿等措施。

4.4.1 位移的测量

某些旋转机械，如高速旋转的汽轮机对轴向位移的要求很高。当汽轮机运行时，叶片在高压蒸汽推动下高速旋转，它的主轴要承受巨大的轴向推力。若主轴的位移超过规定值时，叶片有可能与其他部件碰撞而断裂。因此用电涡流传感器测量各种金属工件的微小位移量就显得十分重要。利用电涡流原理可以测量诸如汽轮机主轴的轴向位移、电动机轴向窜动、磨床换向阀、先导阀的位移和金属试件的热膨胀系数等。位移测量（Displacement Measurement）范围可以从高灵敏度的0～1mm，到低灵敏度、大量程的0～30mm，分辨率可达满量程的0.1%，其缺点是线性误差较大，大于2%[4][5]，必须用计算机来进行线性化处理。

ZXWY型电涡流轴向位移监测保护装置可以在恶劣的环境（例如高温、潮湿、剧烈振动等）下非接触测量和监视旋转机械的轴向位移，如图4-8所示。

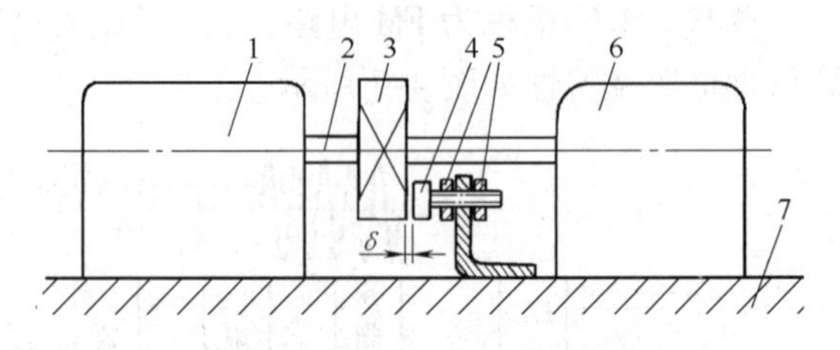

图4-8 轴向位移的监测

1—旋转设备（汽轮机） 2—主轴 3—联轴器 4—电涡流探头 5—夹紧螺母 6—发电机 7—基座

在设备停机检修时，将电涡流探头安装在联轴器端面的机座上，$\delta_0=2\text{mm}$，调节二次仪表使示值为零。当汽轮机起动后，长期监测其轴向位移量。可以发现，由于轴向推力和轴承的磨损以及振动等原因，而使探头与联轴器端面的间隙δ减小，二次仪表的输出电压从零开始增大。可调整二次仪表面板上的报警设定值，使位移量x达到危险值（本例中为$x=0.9\text{mm}$）时，二次仪表发出报警信号；当位移量x达到1.2mm（$\delta=0.8\text{mm}$）时，发出停机信号（俗称“打闸”）以避免事故发生。参考以上原理，还可以将此类仪器用于其他设备的安全监测，或轴的偏心测量等。

4.4.2 电涡流传感器的静态位移标定

上例中，电涡流传感器的位移与输出电压或频率变化之间的关系必须预先进行标定（Demarcate）。电涡流位移传感器静态标定试验台如图4-9所示。

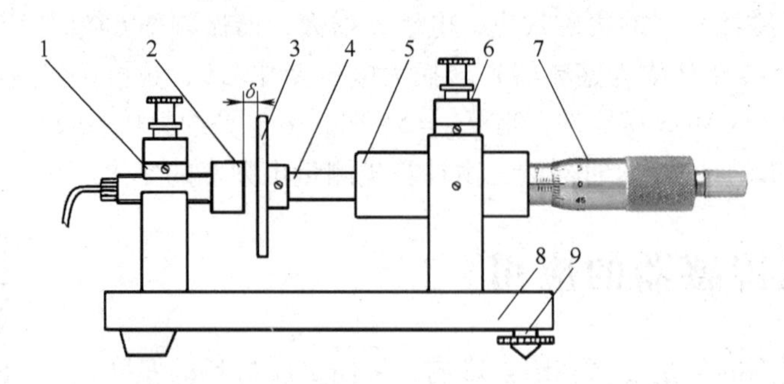

图4-9 电涡流位移传感器静态标定试验台

1—探头夹具 2—电涡流探头 3—标准圆片状试件 4—千分尺测杆 5—千分尺套筒 6—套筒固定螺钉 7—千分尺 8—底座 9—水平调节垫脚

假设被标定的电涡流位移传感器为ϕ11mm的探头，图4-9中的试件与图4-8联轴器的材料相同，直径必须比探头直径大2倍以上，厚度应大于0.2mm。这里取$\phi=100\text{mm}$，厚度为3mm，标定时的环境温度为20℃。

在0～5.6mm的标定区域里，共设置8个测量点（实际标定时，可以设置更加密集的测试点）。首先调节千分尺的读数为0.000mm。旋松探头夹具的调节螺母，使探头与试件刚好接触，计算机测得探头绝对零位的输出电压，如图4-10中的2.10mV点。然后逆时针旋动千分尺，使试件缓慢离开探头，每隔0.8mm，测量电涡流传感器的输出电压，如图4-10中的8个☻黑点所示。至5.6mm时，再顺时针旋转千分尺，往回程减小间距δ，又得到8点数据，如图4-10中的空心☺圆所示。测试结果是两组离散的点，相邻点用直线连接，形成一条折线。再用计算机软件完成曲线拟合，如图4-10中的粗实线所示。在实际的位移测试中，计算机就可以根据测量得到的毫伏数和拟合曲线的函数式，计算出被测物的实际位移量。当被测物的材料和使用温度改变时，需要再次进行静态标定。

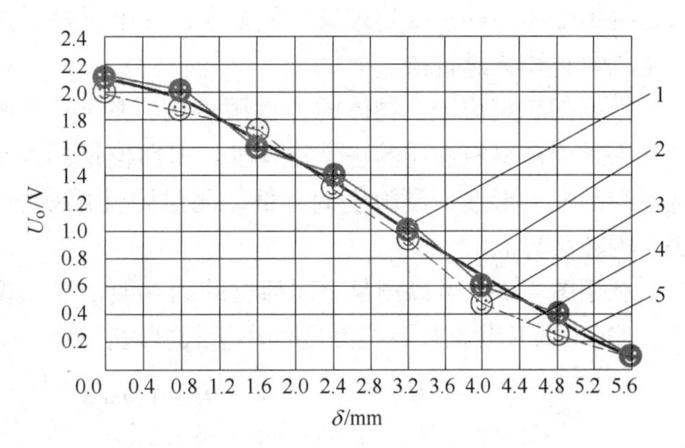

图4-10　钢板与电涡流探头的δ-U_o关系曲线

1—正程数据（黑点☻）　2—正程折线（细实线）

3—回程数据（空心圆圈☺）　4—回程折线（虚线）

5—计算机拟合曲线（粗实线）

4.4.3　振动的测量

电涡流传感器可以无接触地测量各种振动的振幅[6]、频谱分布等参数。在汽轮机、空气压缩机中，常用电涡流传感器来监控主轴的径向、轴向振动位移量，也可以测量发动机涡流叶片的振幅。在研究机器振动时，常常将多个传感器放置在机器不同部位进行检测，得到各个位置的振幅值和相位值，再进行合成，从而画出振型图，振幅测量方法如图4-11所示。由于机械振动是由多个不同频率的振动合成的，所以其波形一般不是正弦波，可以用频谱分析仪来分析输出信号的频率分布及各对应频率的幅度。

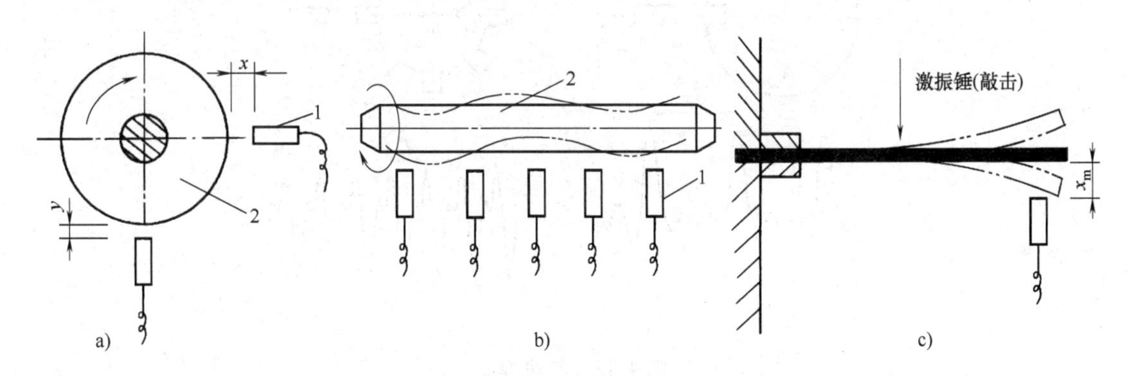

图4-11　振幅测量方法

a）径向振动测量　b）长轴多线圈测量　c）叶片振动测量

1—电涡流线圈　2—被测物

4.4.4　振动传感器测量弹性材料的弹性模量

弹性模量[7]（Modulus of Elasticity）又称杨氏模量（Young's Modulus），是描述固体材

料抵抗形变能力的重要物理量。例如在设计电子秤、扭矩等传感器时，均要选择合适的弹性模量的材料作为悬臂梁。

根据胡克定律，在物体的弹性限度内，应力与应变成正比，其比值称为材料的弹性模量，它是表征材料性质的一个物理量。弹性模量的大小标志了材料的刚性，弹性模量越大，越不容易发生形变，灵敏度就越低。测量弹性模量的方法通常有拉伸法、梁弯曲法、振动法、内耗法等。

利用图4-11c可以测量金属棒材的固有频率（共振频率），计算得到该棒材的弹性模量E。对矩形薄片状试样，当厚度远小于长度时，有

$$E=0.9464\frac{l^3m}{bh^3}f^2 \tag{4-5}$$

式中 l——棒的长度；

m——棒的质量；

f——基频振动的固有频率；

b、h——矩形棒材的宽度和高度。

式（4-5）中的变量均为国际单位制单位。关于振动特性的深入分析请参阅第6.4节。

4.4.5 转速的测量

若旋转体上已开有一条或数条槽或具有齿状物，则可以在侧面安装一个电涡流传感器，如图4-12所示。当转轴转动时，传感器周期地改变着与旋转体表面之间的距离。表面产生的电涡流i_2和电涡流探头的输出电压U_o也周期性地变化，可以用频率计测出输出电压变化的重复频率，从而测出旋转体的转速（Speed）。

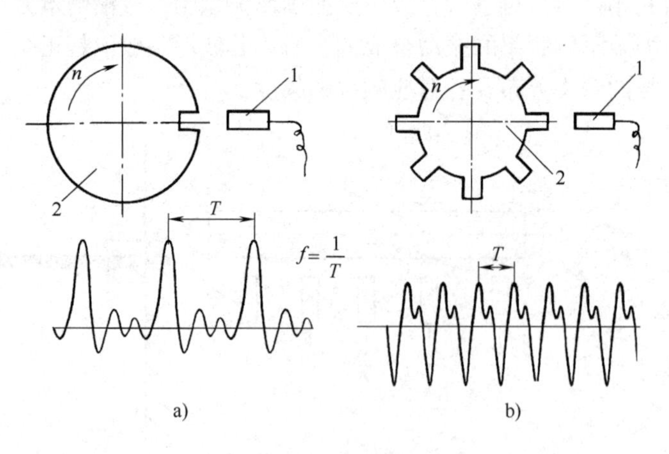

图4-12 转速测量

a）带有凹槽的转轴及输出波形 b）带有凸槽的转轴及输出波形

1—传感器 2—被测物

若转轴圆周上有z个槽（或齿），频率计的读数为f（单位为Hz），则转轴的转速n（单位为r/min，或rpm）的计算公式为

$$n=60\frac{f}{z} \tag{4-6}$$

电器市场上销售一种俗称为“电感转速表”的设备，其工作原理实质上是电涡流效应。

4.4.6 电涡流式通道安全检查门

我国于1981年开始使用出/入口安检系统，简称安检门，可有效地探测出大件金属物品。它广泛应用于机场、海关、地铁、钱币厂、监狱等重要场所[8]。

电涡流式通道安全检查门电路原理框图如图4-13所示。L_{11}、L_{12}为发射线圈，L_{21}、L_{22}为接收线圈，均用环氧树脂浇注、密封在门框内。10kHz音频信号通过L_{11}、L_{12}在线圈周围产生同频率的交变磁场。L_{21}、L_{22}实际上分成6个扁平线圈，分布在门的两侧的上、中、下部位，形成6个探测区。

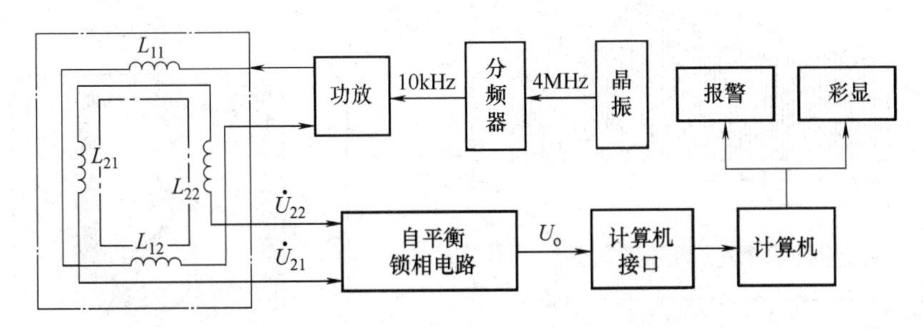

图4-13 电涡流式通道安全检查门电路原理框图

因为L_{11}、L_{12}与L_{21}、L_{22}相互垂直，成电气正交状态，无磁路交链，$U_o=0$。当有金属物体通过L_{11}、L_{12}形成的交变磁场H_1时，交变磁场就会在该金属导体表面产生电涡流。电涡流也将产生一个新的微弱磁场H_2。H_2的相位与金属体位置、大小等有关，可以在L_{21}、L_{22}中感应出电动势。计算机根据感应电压的大小、相位来判定金属物体的大小。

由于个人携带的日常金属用品，例如皮带扣、钥匙串、眼镜架、戒指甚至断腿中的钢钉等也会引起误报警。因此计算机还要进行复杂的逻辑判断，才能获得既灵敏又可靠、准确的效果。

4.4.7 电涡流表面探伤

利用电涡流传感器可以检查金属表面（已涂防锈漆）的裂纹以及焊接处等表面缺陷[9]。在探伤中，电涡流传感器应与被测导体保持距离不变。由于缺陷将引起导体电导率、磁导率的急剧变化，使电涡流I_2突变，从而引起输出电压突变。

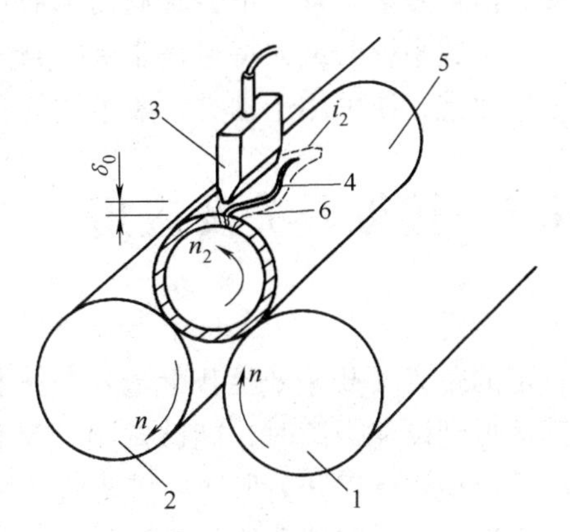

图4-14 用电涡流探头检测高压输油管表面裂纹的示意图

1、2—导向辊 3—楔形电涡流探头 4—裂纹 5—输油管 6—电涡流

用电涡流探头检测高压输油管表面裂纹的示意图如图4-14所示。两只导向辊用耐磨、不导电的聚四氟乙烯制作，有的表面还刻有螺旋导向槽，并以相同的方向旋转。油管在它们的驱动下，匀速地在楔形电涡流探头下方做360°旋转，并向前挪动，探头对油管表面逐点扫描。当油管存在裂纹时，电涡流所走的路程突然增加，电涡流突然减小。电涡流探伤

输出中的裂纹信号如图4-15a中的“尖峰”所示。该信号可能十分紊乱，用肉眼很难分辨出缺陷性质。

将该信号通过带通滤波器，滤去表面不平整、抖动等因素造成的输出异常后，调节电压比较器的阈值电压，可得到图4-15b中的尖峰信号，这是真正的缺陷信号。计算机还可以根据图4-15a的时域信号计算电涡流探头线圈的阻抗，得到图4-15c所示的“8”字花瓣状阻抗图（Impedance Diagram）。根据长期积累的探伤经验[10]，可以从该复杂的阻抗图中判断出裂纹的长短、深浅、走向等参数。图中的黑色边框为反视报警框。当“8”字花瓣图形超出报警框时即视为超标，产生报警信号[11]。

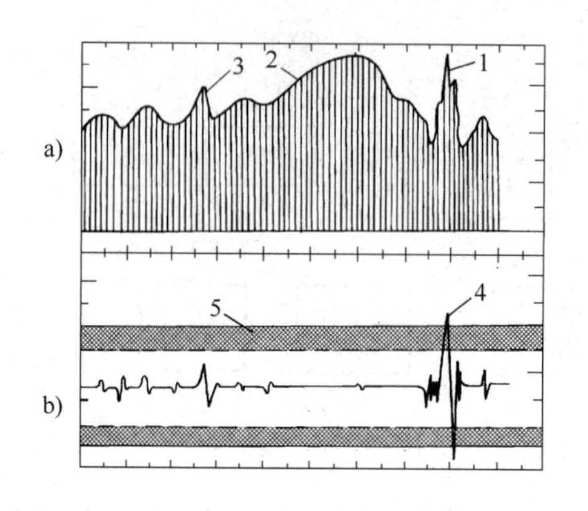

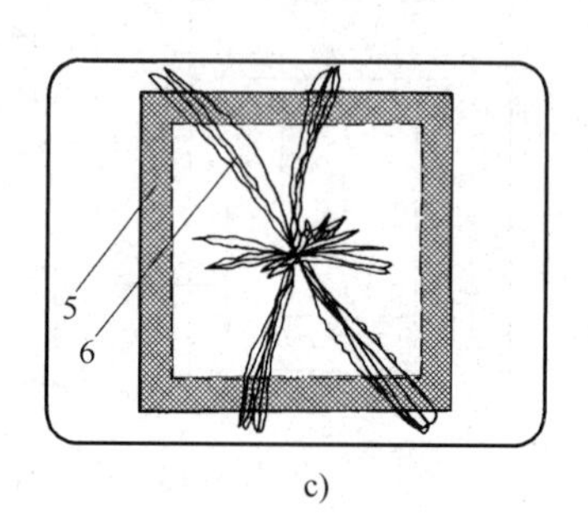

图4-15 电涡流探伤输出信号

a）原始信号 b）带通滤波器后的信号 c）阻抗图

1—尖峰信号 2—摆动引起的伪信号 3—可忽略的小缺陷 4—裂纹信号

5—反视报警框 6—花瓣阻抗图

电涡流探伤仪在实际使用时会受到诸多因素的影响。例如环境温度变化、表面硬度、机械传动不均匀、抖动等，用单个电涡流探头易受上述因素影响，严重时无法分辨缺陷和裂纹，因此必须采用差动电路。由于温漂、抖动等干扰通常是同时作用于两只电涡流差动线圈，故经差动处理，不会影响输出信号。

上述系统的最大特点是非接触测量，不磨损探头，检测速度可达几米每秒。对机械系统稍做改造，还可用于轴类、滚子类的表面缺陷检测[12]。

4.5 接近开关及应用

4.5 拓展阅读资料

接近开关[13]（Proximity Switch）又称无触点行程开关。它能在一定的距离（几毫米至几十毫米）内检测有无物体靠近。当物体与其接近到设定距离时，能够发出“动作”信号（Action Signal），而不像机械式行程开关那样，需要施加机械力。它给出的是开关信号（高电平或低电平），多数接近开关具有较大的负载能力，能直接驱动中间继电器（Intermediate Relays）。

接近开关的核心部分是“感辨头”，它能对正在接近的物体有很高的感辨能力。在生物界里，眼镜蛇的尾部能感辨出人体发出的红外线，而电涡流探头能感辨金属导体的靠近与否。但是应变片、电位器之类的传感器就无法用于接近开关，因为它们属于接触式测量。

多数接近开关已将感辨头和测量转换电路做在同一壳体内，壳体上多带有螺纹或安装孔，以便于安装和调整。

接近开关的应用已远超出行程开关的行程控制和限位保护范畴。它可以用于高速计数、测速，确定金属物体的存在和位置，测量物位和液位，用于人体保护和防盗，以及无触点按钮等。

4.5.1　常用的接近开关分类[14]

（1）电涡流式（习惯称其为电感接近开关）　只对导电良好的金属起作用。

（2）电容式　对接地的金属或地电位的导电物体起作用，对非地电位的导电物体灵敏度稍差（见第5.3节）。

（3）霍尔式　只对磁性物体起作用（见第8.1节）。

（4）干簧管　只对磁性较强的物体起作用（见第13.1节）。

从广义来讲，所有非接触式传感器均能用作接近开关。例如，光电传感器、微波和超声波传感器等。但是它们的检测距离一般均可以做得较大，可达数米甚至数十米，但定位准确度较低，通常把它们归入非接触式电子开关系列。

4.5.2　接近开关的特点

与机械行程开关相比，接近开关具有如下特点：

1）非接触检测，不影响被测物的运行工况。

2）定位准确度高。

3）不产生机械磨损和疲劳损伤，耐腐蚀，动作频率高，工作寿命长。

4）响应快，约几毫秒至十几毫秒。

5）采用全密封结构，防潮、防尘性能较好，工作可靠性强。

6）无触点、无火花、无噪声，可适用于要求防爆的场合（防爆型）。

7）易于与计算机或PLC等接口。

8）体积小，安装、调整方便

9）缺点是“触点”容量较小，负载短路时易烧毁。

4.5.3　接近开关的主要性能指标

（1）动作距离　当被测物由正面靠近接近开关的感应面时，使接近开关动作（输出状态变为有效状态）的距离定义为接近开关的动作距离δ_{min}（单位为mm，以下同）。

（2）复位距离　当被测物由正面离开接近开关的感应面，接近开关转为复位时，被测物离开感应面的距离定义为复位距离δ_{max}。

（3）动作滞差　指复位距离与动作距离之差$\Delta\delta$。动作滞差越大，对抗被测物抖动等造成的机械振动干扰的能力越强，但动作准确度就越差。

（4）额定工作距离　指接近开关在实际使用中被设定的安装距离。在此距离内，接近开关不应受温度变化、电源波动等外界干扰而产生误动作。额定工作距离小于动作距离。但是，若工作距离设置得太小，输出状态有可能无法复位。实际应用中，考虑到各方面环境因素干扰的影响，较为可靠的额定工作距离（最佳安装距离）约为动作距离的75%。

（5）重复定位准确度（重复性） 它表征多次测量的动作距离平均值。其数值离散性的大小一般为最大动作距离的1%~5%。离散性越小，重复定位准确度越高。

（6）动作频率 指每秒连续不断地进入接近开关的动作距离后又离开的被测物个数或次数称为动作频率。若接近开关的动作频率太低而被测物又运动得太快时，接近开关就来不及响应物体的运动状态，有可能造成漏检。

4.5.4 接近开关的规格及接线方式[15]

接近开关的几种结构形式如图4-16所示，可根据不同的用途选择不同的规格及型号。图a的形式便于调整与被测物的间距。图b、c的形式可用于板材的检测，图d、e可用于线材的检测。

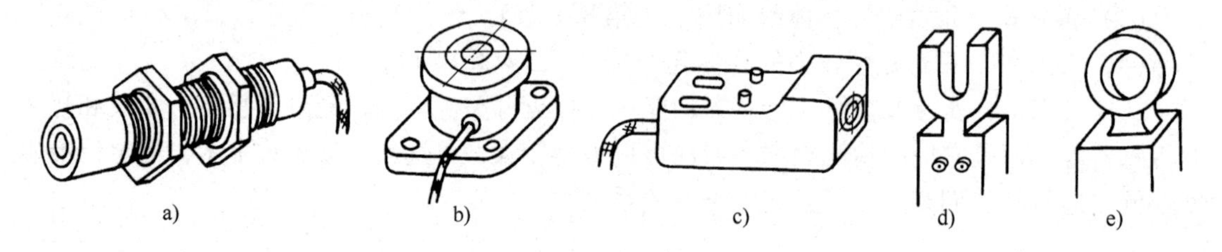

图4-16 接近开关的几种结构形式

a）圆柱形 b）平面安装形 c）矩形 d）槽形 e）贯穿形

接近开关的一种典型三线制接线方式及特性如图4-17所示。棕色引线接电源正极（18~35V），蓝色接地（电源负极），黑色为输出端。有常开、常闭之分。可以选择继电器输出型，但更多的是采用OC门（Open Collector Door）作为输出级。OC门又有“PNP”和“NPN”之分。现以NPN、常开（较为常见）为例说明接近开关的输出特性。

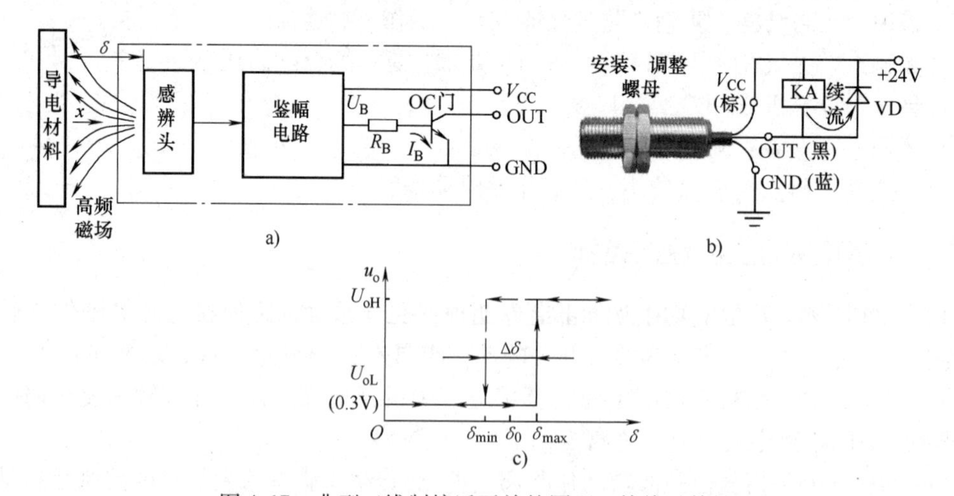

图4-17 典型三线制接近开关的原理、接线及特性

a）三线制接近开关原理框图 b）NPN、OC门常开输出电路 c）NPN型接近开关的特性

当被测物体未靠近接近开关时，$U_B=0$，OC门的基极电流$I_B=0$，OC门截止，OUT端为高阻态（接入负载后为接近电源电压的高电平）；当被测体逐渐靠近，到达动作距离δ_{min}

时，OC门的输出端对地导通，OUT端对地为低电平（约0.3V）。将中间继电器KA跨接在V_{CC}与OUT端之间时，KA得电，转变为吸合状态。常用OC门的负载工作电压为DC 9～24V最大导通电流0.1A。

当被测物体逐渐远离该接近开关，到达复位距离δ_{max}时，OC门再次截止，KA失电。通常将接近开关设计为具有“施密特特性”，$\Delta\delta$为接近开关的动作滞差（也称为“动作回差”）。回差越大，抗机械振动干扰的能力就越强。

工作过程中，若续流二极管VD虚焊或未接，当接近开关复位的瞬间，KA产生的过电压（$e=-L\mathrm{d}i/\mathrm{d}t$）有可能将OC门击穿。

4.5.5 接近开关应用实例[16]

1. 生产工件加工定位

在机械加工自动生产线上，可以使用接近开关进行工件的加工定位，工件的定位与计数如图4-18a所示。当传送机构将待加工的金属工件运送到靠近“减速”接近开关的位置时，该接近开关发出“减速”信号，传送机构减速，以提高定位准确度。当金属工件到达“定位”接近开关面前时，定位接近开关发出“动作”信号，使传送机构停止运行。紧接着，加工刀具对工件进行机械加工。

定位的准确度主要依赖于接近开关的性能指标，如“重复定位准确度”“动作滞差”等。可以仔细调整定位接近开关6的左右位置，使每一只工件均准确地停在加工位置。从图4-18b可以看到接近开关感辨头的内部工作原理。当金属体靠近电涡流线圈时，随着金属体表面电涡流的增大，电涡流线圈的Q值越来越低，振荡器的能量被金属体所吸收，其输出电压U_{o1}也越来越低，最后停振，使$U_{o1}=0$。比较器将U_{o1}与基准电压（又称比较电压）U_R做比较。当U_{o1}小于U_R时，比较器翻转，输出高电平，报警器（LED）报警（闪亮），执行机构动作（传送机构电动机停转）。从以上分析可知，该接近开关的电路利用了振荡幅度的变化，所以属于调幅式转换电路。

2. 生产零部件计数

在图4-18中，还可将传送带一侧的“减速”接近开关的信号接到计数器输入端。当传送带上的每一个金属工件从该接近开关面前掠过时，接近开关动作一次，输出一个计数脉冲，计数器加1。

传送带在运行中有可能产生抖动，此时若工件刚进入接近开关动作距离区域，但因抖动，又稍微远离接近开关，然后再进入动作距离范围。在这种情况下，有可能会产生两个以上的计数脉冲。设计接近开关时为防止出现此种情况，通常在比较器电路中加入正反馈电阻，形成有滞差电压比较器，又称迟滞比较器，它具有“施密特”特性。当工件从远处逐渐向接近开关靠近，到达δ_{min}位置时，开关动作，输出高电平（仅指PNP型接近开关）。要想让它翻转回到低电平，则需要让工件倒退$\Delta\delta$的距离（δ_{max}的位置）。$\Delta\delta$大大超过抖动造成的倒退量，所以接近开关一旦动作，只能产生一个计数脉冲，微小的机械振动干扰是无法让其复位的，这种特性称为动作滞差，如图4-18c所示。

从以上分析可知，该接近开关在“动作”时，输出接近电源电压的高电平；在“不动作”时，输出接近地电位的低电平（需接下拉电阻），是属于与图4-18b相反的“PNP型”输出。在实际工作中，用户可按照具体需要购买常开、常闭、NPN或PNP型的接近开关，

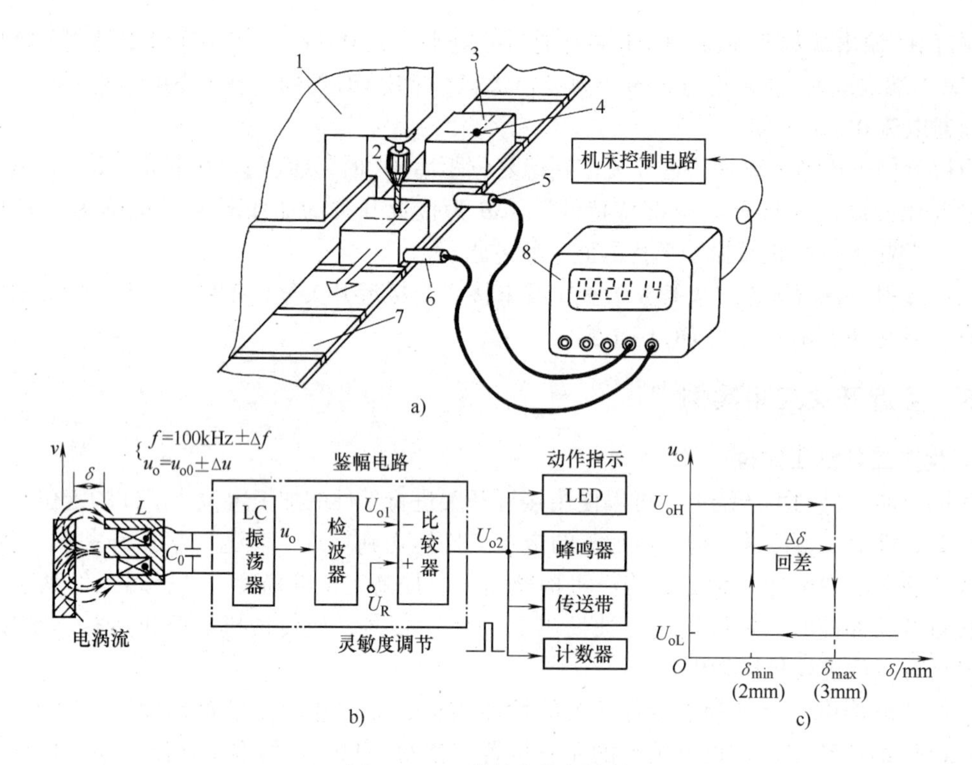

图4-18 工件的定位与计数

a）接近开关的安装位置 b）感辨头及调幅式转换电路 c）动作滞差特性

1—加工机床 2—刀具 3—金属工件 4—加工位置 5—减速接近开关

6—定位接近开关 7—传送机构 8—计数器-位置控制器

检测电路亦需作相应改变。NPN 常开、PNP 常闭型接近开关的施密特特性比较如表 4-2 所示。

表 4-2 NPN 常开、PNP 常闭型接近开关的施密特特性比较

电路形式	无金属物体靠近时			金属物体靠近到动作距离后		
	晶体管状态	I_C	U_o	晶体管状态	I_C	U_o
NPN 输出	截止	0	$+V_{CC}$（高电平）	饱和	$(V_{CC}-0.3)/R_L$	U_{CES}（0.3V，低电平）
PNP 输出	导通	$(V_{CC}-0.3)/R_L$	$+V_{CC}$（高电平）	截止	0	0V（低电平）

4.6 工程项目设计实例——电涡流传感器在棉花包金属检测中的应用

4.6 拓展阅读资料

4.6.1 项目来源和技术指标

某棉纺厂的“自动开清棉机”经常被棉花包里混杂的铁丝、铁钉等杂物绞坏，并可能由于强烈摩擦引起火灾。现欲在开清棉之前对棉包进行非接触自动检测和金属报警，技术指标如下：

被检测铁丝最小尺寸：ϕ2mm，长50mm；

棉包额定尺寸：0.7m（W）×0.53m（H）×1.4m（L）；

棉包运动速度 v：1m/s。

待加工棉花包及纺纱厂用的开清棉机如图4-19所示。开清棉机的功能是把原棉开包，使原棉恢复其天然的柔软性和使纤维块松解，并去除杂质，依靠风机和输棉管道将纤维输送到梳棉机去，从而制成棉条。

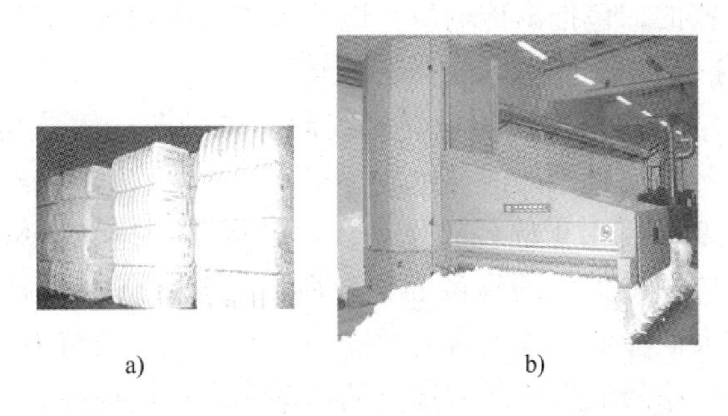

图4-19　待加工棉花包及纺纱厂用的开清棉机

a）棉花包　b）开清棉机

4.6.2　设计步骤

1. 方案选择

非接触检测棉花包的方法很多。例如，可用软X光、CT、直接拆包人工目检以及电涡流金属检测等，其中软X光和CT存在辐射危害。本项目采用电涡流检测方案，可以对通过电涡流线圈的导电物体进行报警，然后对报警棉包进行开包人工目视，可以较大地提高检测效率。棉包金属检测报警原理图如图4-20所示。

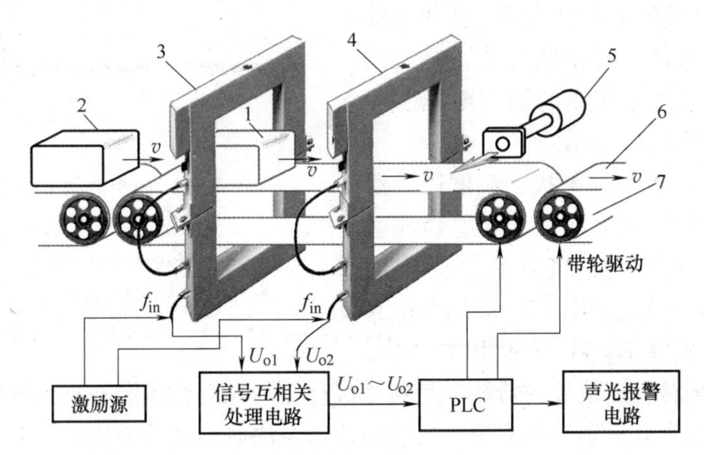

图4-20　棉包金属检测报警原理图

1—棉花包①　2—棉花包②　3—电涡流线圈①　4—电涡流线圈②

5—横向气缸　6—尼龙传输带　7—带轮

当去掉包装袋的棉包通过电涡流线圈①而未通过电涡流线圈②时，若棉包内没有导电物体，电涡流线圈①和电涡流线圈②的 Q 值均不变，输出电压信号较大，且稳定不变；当棉包中混杂有导电物体（本项目主要指铁丝）时，导电物体表面将产生电涡流，使电涡流线圈①的 Q 值及 U_{o1} 下降，而电涡流线圈②的 Q 仍然不变，所以 U_{o1} 略小于 U_{o2}；接着棉包离开电涡流线圈①，而到达电涡流线圈②，棉包中的导电物体使电涡流线圈②的 Q 值及 U_{o2} 下降，而电涡流线圈①的 Q 恢复初始值，所以 U_{o2} 略小于 U_{o1}。"信号互相关处理电路"在噪声背景下提取出这两次微小的变化量，产生报警信号，PLC 立即停止尼龙传输带的运动，横向气缸的活塞和推板将报警的棉包推出传输带，以待人工目视检查。

2. 系统原理及结构

本检测系统由两个结构完全相同的电涡流线圈、激励源、信号互相关处理电路、工控机、声光报警器、传送带以及机械部件等组成。

（1）激励源频率及功率　由于棉包的尺寸较大（通常可达约 0.8m×0.6m×1.7m），所设计的电涡流线圈尺寸应超过棉包的横截面积，所以激励源频率 f_{in} 应比上一节介绍的接近开关低，并随尺寸的增大而降低。本项目的激励源频率以几十千赫为宜，可在调试中找到最佳频率。又由于激励源频率降低后，所需提供的功率必须相应提高，所以必须设置 1W 左右的中频功率放大器。

（2）电压信号的互相关性　电压信号互相关性处理是用于提取两个电涡流线圈的电压信号变化不一致性的特征。温度以及由于工业环境存在较大的电磁干扰对测量系统的影响非常大，但是两个线圈的输出电压接收到的干扰是等量的，U_{o1}、U_{o2} 能互相抵消，互相关处理电路不产生报警信号；如果电涡流线圈①和电涡流线圈②的 Q 值和输出电压 U_{o1}、U_{o2} 在时间上存在先后的差异，互相关处理电路可以检测出这一微小的变化，并产生报警信号。两个电涡流线圈的输出电压互相关比较示意图如图 4-21 所示。

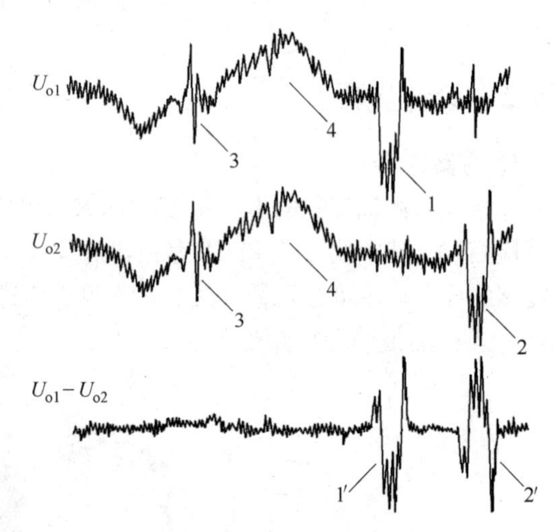

图 4-21　两个电涡流线圈的输出电压互相关比较示意图

1—导电物体引起电涡流线圈①的电压跌落

2—导电物体引起电涡流线圈②的电压跌落

3—电磁干扰　4—温度影响

从图 4-21 可以看出，干扰的幅度以及温漂所引起的输出电压变化远大于导电物体引起的变化。计算机很难直接判断出图中的"1"和"2"所标示的电压跌落。如果采用互相关处理技术来判断 U_{o1} 和 U_{o2} 的相关特性，就可以提取出这两路电压信号的特征，判断是否存在与导电物体影响有关的电压跌落。电压信号的互相关处理十分复杂，本节里，只能用差动减法放大电路来比拟。差动减法放大电路能将 U_{o1} 减去 U_{o2}，得到图 4-21 中的第三根曲线（即"$U_{o1}-U_{o2}$"）。该曲线十分清楚地显示出两个尖峰电压"1′"和"2′"。读者可以查阅有关的"信号互相关分析和处理"理论以及软件处理方法[17][18]。

3. 电涡流线圈的设计

本项目的电涡流线圈的骨架尺寸应比棉包的横、宽各放宽 0.5m，以防碰坏。由此可以确定线圈的宽度为 1.2m，高度为 1.1m。用 ϕ0.5mm 的漆包线在 PVC 骨架上密绕 50 圈，约 50mH。

4.6.3　系统调试

1. 激励源系统调试

将一根 ϕ2mm、长 50mm 的镀锌铁丝夹入棉包的中央位置，将棉包反复进入和退出电涡流线圈①，用数字电压表监测 U_{o1}的变化。缓慢调节激励源的频率f_{in}，比较棉包进入和退出电涡流线圈①时的电压跌落值 ΔU_{o1}。当 ΔU_{o1}为最大值时，激励源频率f_{in}为最佳值。固定激励源频率f_{in}，调节激励源的输出电压，使 ΔU_{o1}为最大值。

2. 温漂试验

将车间温度以 2℃/h 的速率上升 10℃，再下降 10℃，比较不同温度下的 U_{o1}和 U_{o2}差值不应超过 10mV，否则应微调两个线圈的圈数和绕制层次。

学习了棉花包金属检测的项目设计过程之后，可以参考该设计思路，将之应用于工业的其他领域，例如塑料粒子中混杂金属碎片的检测等。可以根据不同的要求，改变电涡流线圈的大小、圈数、形状以及激励源的频率，通过调试去满足用户的需求。

思考题与习题

4-1　单项选择题

1）塑料表面经常镀有一层金属镀层，以增加美观和提高耐磨性。金属镀层越薄，镀层中的电涡流也越小。欲测量金属镀层厚度，电涡流线圈的激励源频率约为__________。而用于测量小位移的螺线管式自感传感器以及差动变压器线圈的激励源频率通常约为__________。

A. 50～100Hz　　B. 1～10kHz　　C. 10～50kHz　　D. 100kHz～2MHz

2）电涡流接近开关可以利用电涡流原理检测出__________的靠近程度。

A. 人体　　B. 水　　C. 金属零件　　D. 塑料零件

3）电涡流探头的外壳用__________制作较为恰当。

A. 不锈钢　　B. 塑料　　C. 黄铜　　D. 玻璃

4）当电涡流线圈靠近非磁性导体（铜）板材后，线圈的等效电感 L __________，调频转换电路的输出频率f __________。

A. 不变　　B. 增大　　C. 减小　　D. 随机变化

5）欲探测埋藏在地下的金银财宝，应选择直径为__________左右的电涡流探头。欲测量油管表面的细小裂纹，应选择直径为__________左右的探头。

A. 0.1mm　　B. 0.5mm　　C. 50mm　　D. 500mm

6）用图 4-12b 的方法测量齿数 $z=60$ 的齿轮的转速，测得 $f=400$Hz，则该齿轮的转速 n 等于__________ r/min。

A. 400　　B. 3600　　C. 24000　　D. 60

7）图 4-18 中的接近开关动作距离是__________，动作滞差是__________。

A. 2mm　　B. 3mm　　C. 1mm　　D. 5mm

4-2　请上网查阅电磁炉的资料，简述图 4-22 中的电磁炉工作原理，包含工作频率、IGBT、锅具的磁滞特性等。

4-3　电焊条外面包有一层药皮。在焊接时，药皮熔化，覆盖在高温熔融焊料上面，起隔绝空气、防止氧化作用。如果电焊条药皮涂敷不均匀会影响焊接质量。图 4-23 是检测药皮厚度均匀性的示意图。请分析填空：

1）因为电焊条药皮是__________（导电/不导电）材料，所以对电涡流探头不起作用。

2）药皮越薄，电涡流探头与金属焊条的间距就越__________，焊条表面的电涡流就越__________，电涡流探头线圈的等效电感量 L 就越__________，调频式转换电路输出频率 f 就越__________。根据 f 的大小可以判断出药皮的厚度是否合格。

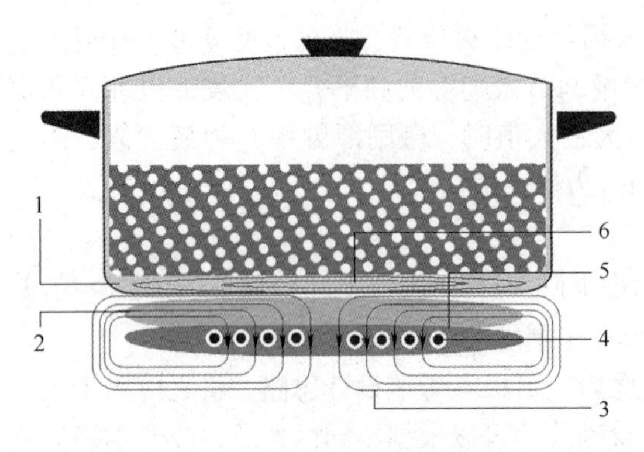

图 4-22 电磁炉原理示意图

1—不锈钢（或铁）锅体 2—微晶玻璃炉面 3—磁力线 4—线圈 5—线圈骨架 6—电涡流

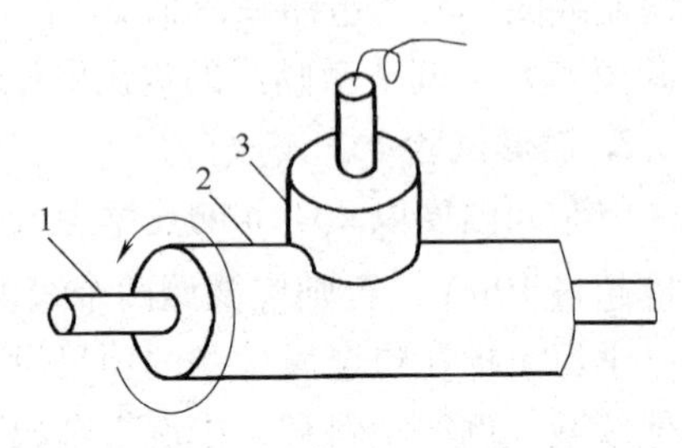

图 4-23 电焊条药皮厚度不均匀度检测

1—电焊条芯 2—药皮 3—电涡流探头

4-4 用某电涡流式测振仪测量某机器主轴的轴向窜动如图 4-24a 所示。已知传感器的灵敏度 $K=25\text{mV/mm}$，最大线性范围（优于1%时）为 5mm。现将传感器安装在主轴的右侧，使用计算机记录下的振动波形如图 4-24b 所示。求：

1）轴向振动 $A\sin\omega t$（单位为 mm）的振幅 A 为多少？2）主轴振动的基频 f 是多少？3）振动波形不是正弦波的原因有哪些？4）为了得到较好的线性度与最大的测量范围，传感器与被测金属的安装距离 l 为多少毫米为宜？5）上网查阅电涡流测振仪的资料，写出其中一种的技术指标和使用方法。

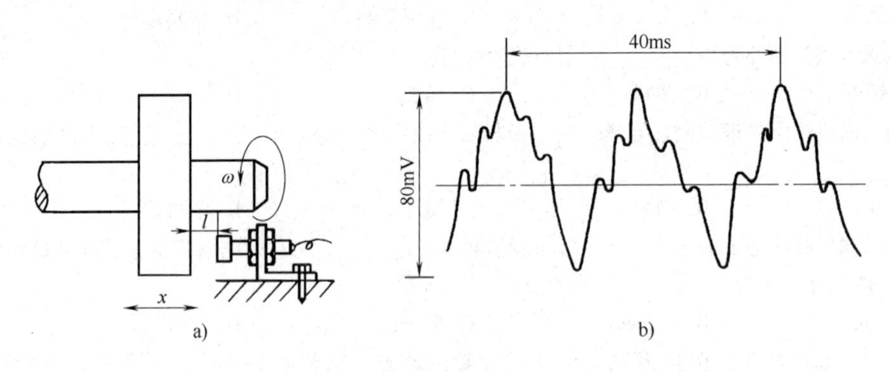

图 4-24 电涡流式测振仪测量示意图

a）电涡流传感器的测振安装 b）测振波形

4-5 请参考图 4-18c，画出与之不同的 NPN、常开型、输出端已接上拉电阻的电感接近开关的输入/输出特性曲线（滞差特性曲线）。

4-6 测量叶片共振频率的方法见图 4-11c，现将电涡流探头接到图 4-5 所示的调幅测量转换电路中。用虚拟仪器（见第 13.2 节）测得的振动波形如图 4-25a 所示，位移/电压（x/U_o）特性曲线如图 4-25b 所示，求：

1）调幅测量转换电路的输出电压峰峰值 U_{opp} 等于多少伏？2）叶片振动的位移峰峰值 x_{pp}（不计直流分量）为多少毫米？3）叶片振动的振幅 A 为多少毫米（在精密测量中，需要按照波形计算有效值和幅值。在简易测量中，可以认为振幅 A 是位移峰峰值的一半）？4）叶片振动的周期 T 为多少毫秒？5）叶片振动的频率 f 为多少赫？6）叶片振动的角频率 ω 为多少弧度每秒？7）写出叶片振动的具体表达式 $x = A\sin\omega t$（mm）。

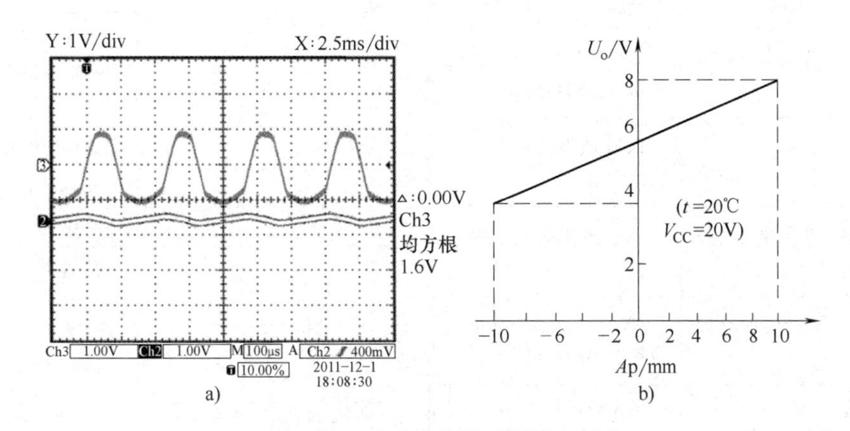

图4-25　叶片振动测量

a）测量仪器显示的波形　b）A_p/U_o 特性曲线

4-7　请参考图4-13的基本原理，上网查阅有关资料，构思一个多功能警棍，希望能够实现：①产生强烈眩光；②产生10kV左右的高压，电流限制在1mA，脉冲电流的时间限制在2s（可调）；③能在50mm距离内探测出犯罪嫌疑人是否携带体积超过设定值（可调）的金属（例如刀具）。

请画出该警棍的外形图，包括眩光灯按键、高压发生器按键、报警LED、电源总开关、脉冲持续时间、电压、金属检测灵敏度设定按钮（液晶触摸式）等，并写出使用说明书。

4-8　工业或汽车中经常需要测量运动部件的转速、直线速度及累计行程等参数。现以大家都较熟悉的自行车的车速及累计公里数训练仪的设计为例，来了解其他运动机构的类似原理。

现要求在自行车的适当位置安装一套传感器及有关电路，使之能显示出车速（km/h）和累计公里数（km）等。当车速未达到设定值（v_{min}）时绿色LED闪亮，提示运动员加速；当累计公里数达到设定值（L_{max}）时，红色LED闪亮、蜂鸣器响，提示运动员停下休息，计数器同时复位，为下一个行程做准备。具体要求如下：

1）你所选择的测圈数的传感器是__________；2）画出传感器及显示器在自行车上的安装简图（必须较形象地画出自行车及传感器，并标出传感器的安装位置；3）画出测量转换电路原理框图（包括显示电路、电源等）；4）设自行车后轮直径为26in（1in = 25.4mm），请写出公里数 L 与车轮直径 D（m）及转动圈数 N 之间的计算公式：L = ____________________ m；写出车速 v 与每转动圈所花时间 t_1 之间的关系：v = __________ m/s = __________ km/h；5）简要说明工作原理。

4-9　某一火力发电厂发现，运输到该电厂的煤炭中混杂有未爆炸的雷管和其他金属。现打算在磨煤机传送带的适当位置安装若干个传感器，当检测到雷管和其他金属时报警，并快速将该段传送带上的煤块自动推下传送带。请按以上要求，设计一台雷管检测装置。具体要求是：

1）画出该装置的简图；2）画出系统框图；3）简要说明检测原理。

4-10　上网查阅钢丝拉拔和拉丝机的资料，设计一个能够测量钢丝拉拔流水线“断线故障”的检测系统，画出安装图，说明所选用的电感接近开关（实际上是利用本章讲述的电涡流原理制作）的外形形式和系统的工作原理。

拓展阅读参考资料列表

序号	作　者	拓展阅读文章题目	序号	作　者	拓展阅读文章题目
1	周洁敏	集肤效应原理	10	张荣仁，刘凯	石化系统中的涡流探伤检测技术
2	杨非，彭洪畅	趋肤效应的定量分析	11	陈金贵，张瑛	多频涡流在轧丝铜管检测中的应用
3	上海测振自动化仪器有限公司	YDYT9800系列一体化电涡流位移传感器	12	中华人民共和国国家标准	GB-T_7735-2004_钢管涡流探伤检验方法
4	广州精信公司	JX70电涡流位移传感器说明书	13	仪器仪表交易网	几种常用接近开关工作原理
5	厦门艾帝尔电子科技有限公司	多通道智能数字涡流检测	14	维库电子通	接近开关分类、原理及选型
6	杭州华瑞仪器有限公司	ZW/ZZF系列电涡流式位移振幅测量仪	15	上海伊兰迪尔工控设备技术中心	接近开关型号说明
7	百度百科	杨氏模量	16	SIMATIC	PX接近开关的应用
8	诺鼎电子科技有限公司	金属探测器和安检门	17	于光平，陈强	相关法在超声波流量计设计中的应用
9	牟小红，程绍忠，等	浅谈直缝焊管涡流探伤工艺	18	孙伟民，李小梅，等	互相关法在光纤液滴指纹图分析中的应用

第5章

电容传感器

电容传感器（Capacitance Transducer）以各种类型的电容器作为传感器元件，将被测物理量的变化转换为电容量的变化，再经测量转换电路转换为电压、电流或频率。

电容传感器具有如下优点：

（1）可获得较大的相对变化量　用应变片测量应变时，得到电阻的相对变化量小于1%，而电容传感器的相对变化量可达到200%或更大些。

（2）能在恶劣的环境条件下工作　例如能在高温、低温和强辐射等环境中工作，其原因在于电容传感器不一定需要使用有机材料或磁性材料，而上述材料是不能用于上述恶劣环境中的。

（3）电容器工作所需的激励源功率小　电容传感器用真空、空气或硅油作为绝缘介质时，介质损失非常小，因此本身发热问题可不予考虑。由于电容传感器的电容量通常较小，容抗较大，所以激励源提供的电流很小。

（4）动态响应快　因为电容传感器的极板可以做得很薄，可动质量很小，动片的谐振频率较高，所以适合于动态测量。

由于电容传感器具有一系列突出的优点，随着微处理器的广泛应用，电容传感器所存在的引线电缆分布电容影响以及非线性等缺点也随之得到克服，因此电容传感器在自动检测中得到越来越广泛的应用。

5.1　电容传感器的工作原理及结构形式

5.1　拓展阅读资料

电容传感器的工作原理可以用图5-1所示的平板电容器来说明。当忽略边缘效应时，其电容为

$$C=\frac{\varepsilon A}{d}=\frac{\varepsilon_0\varepsilon_r A}{d} \tag{5-1}$$

式中　A——两极板相互遮盖的有效面积（m^2）；

d——两极板间的距离，也称为极距（m）；

ε——两极板间介质的介电常数（F/m）；

ε_r——两极板间介质的相对介电常数；

ε_0——真空介电常数，$\varepsilon_0=8.85\times10^{-12}$（F/m）。

由式（5-1）可知，在A、d、ε三个参量中，改变其中任意一个量，均可使电容C改变。也就是说，电容 C 是 A、d、ε 的函数。固定三个参量中的两个，可以制作成以下三种类型的电容传感器。

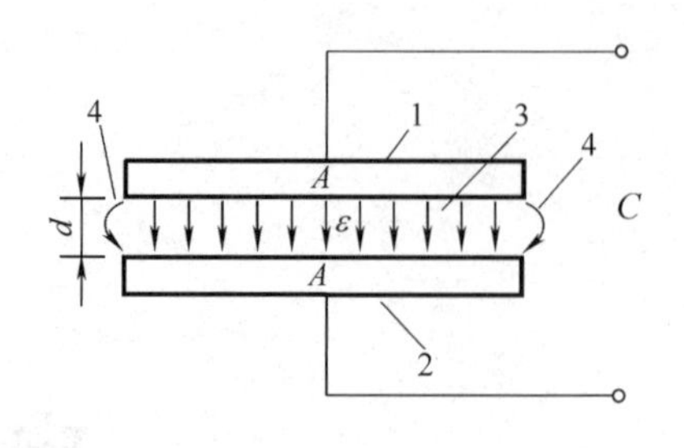

图 5-1 平板电容器

1—上极板 2—下极板

3—电力线 4—边缘效应

5.1.1 变面积式电容传感器

变面积式电容传感器的结构及原理如图 5-2 所示。

1. 平板形直线位移式电容传感器

图 5-2a 中的定极板 1 固定不动，动极板 2 可以左右移动，两者的间隙保持不变。

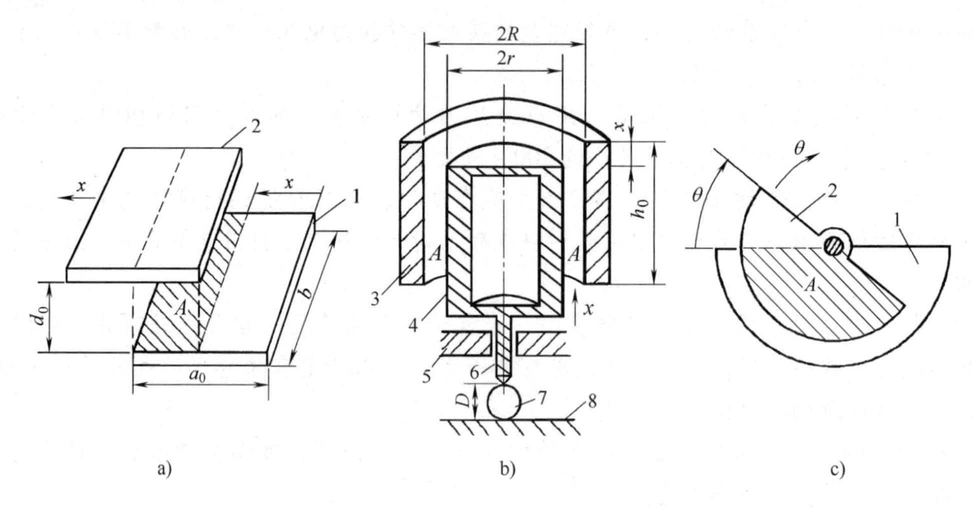

图 5-2 变面积式电容传感器的结构及原理

a）平板形直线位移式 b）圆筒形直线位移式（剖面图） c）半圆形角位移式

1—定极板 2—动极板 3—外圆筒 4—内圆筒 5—导轨 6—测杆 7—被测物 8—水平基准

设两极板原来的遮盖长度为 a_0，极板宽度为 b，极距固定为 d_0，当动极板随被测物体向左移动 x 后，两极板的遮盖面积 A 将减小，电容也随之减小，电容 C_x 为

$$C_x = \frac{\varepsilon b(a_0 - x)}{d_0} = C_0\left(1 - \frac{x}{a_0}\right) \tag{5-2}$$

式中 C_0——初始电容值，$C_0 = \dfrac{\varepsilon b a_0}{d_0}$。

此传感器的灵敏度 K_x 为

$$K_x = \frac{\mathrm{d}C_x}{\mathrm{d}x} = -\frac{\varepsilon b}{d_0} \tag{5-3}$$

由式（5-3）可知，增大极板长度 b、减小初始极距 d_0，可提高灵敏度。但 d_0 太小时，容易引起短路。

2. 同心圆筒形直线位移式电容传感器

图 5-2b 中的外圆筒不动，内圆筒在外圆筒内做上、下直线运动。在实际设计时，必须使用导轨来保持两圆筒的间隙不变。设内、外圆筒的半径分别为 R 和 r，两者原来的遮盖长

度为h_0，当内圆筒向下位移x时，则这两个同心圆筒的遮盖面积将减小，所构成的电容器的电容C_x也随之减小。

$$C_x = \frac{2\pi\varepsilon(h_0 - x)}{\ln(R/r)} = C_0\left(1 - \frac{x}{h_0}\right) \tag{5-4}$$

此传感器的灵敏度K_x为

$$K_x = \frac{dC_x}{dx} = -\frac{2\pi\varepsilon}{\ln(R/r)} \tag{5-5}$$

由式（5-5）可知，内外圆筒的半径差越小，灵敏度越高。实际使用时，外圆筒必须接地，这样可以屏蔽外界电场干扰，并且能减小周围人体及金属体与内圆筒的分布电容，以减小误差。

3. 角位移式电容传感器

半圆形角位移变面积式电容传感器结构如图5-2c所示。设两极板完全遮盖时，遮盖角度$\theta_0 = \pi$，初始电容$C_0 = \frac{\varepsilon A_0}{d_0}$，动极板2的轴由被测物体带动而旋转一个角位移$\theta$时，两极板的遮盖面积$A$就减小，因而电容也随之减小。

$$C_\theta = \frac{\varepsilon A_0}{d_0}\left(1 - \frac{\theta}{\pi}\right) = C_0\left(1 - \frac{\theta}{\pi}\right) \tag{5-6}$$

此传感器的灵敏度K_θ为常数

$$K_\theta = \frac{dC_\theta}{d\theta} = -\frac{\varepsilon A_0}{\pi d} \tag{5-7}$$

在实际使用中，可增加动极板的数目，使多片同轴动极板在等间隔排列的定极板间隙中转动，以提高灵敏度。由于动极板与轴连接，所以一般动极板接地。但必须制作一个接地的金属屏蔽盒，将定极板屏蔽起来。

由式（5-3）、式（5-5）、式（5-7）可知，变面积式电容传感器的灵敏度是常数，输出特性是线性的。变面积式电容传感器多用于检测直线位移、角位移、尺寸等参量，还可以制作成变面积式的容栅，用于微小位移的测量。

5.1.2 变极距式电容传感器

变极距式电容传感器结构如图5-3a所示。

当动极板受被测物体作用引起上下位移时，改变了两极板之间的距离d，从而使电容发生变化。设初始极距为d_0，当动极板向上位移时，极板间距减小了x值后，其电容变大。设$C_0 = \varepsilon A/d_0$，则有

$$C_x = \frac{\varepsilon A}{d_0 - x} = C_0\left(1 + \frac{x}{d_0 - x}\right)$$

$$\Delta C = C_x - C_0 = \frac{x}{d_0 - x}C_0 \tag{5-8}$$

由此可知，电容C_x与位移x不是线性关系，其灵敏度K_x不为常数

$$K_x = \frac{dC_x}{dx} = -\frac{\varepsilon A}{(d_0 - x)^2} \tag{5-9}$$

由式（5-9）和图5-3b可知，当d_0较小时，对于同样的位移x或Δd，所引起的电容变

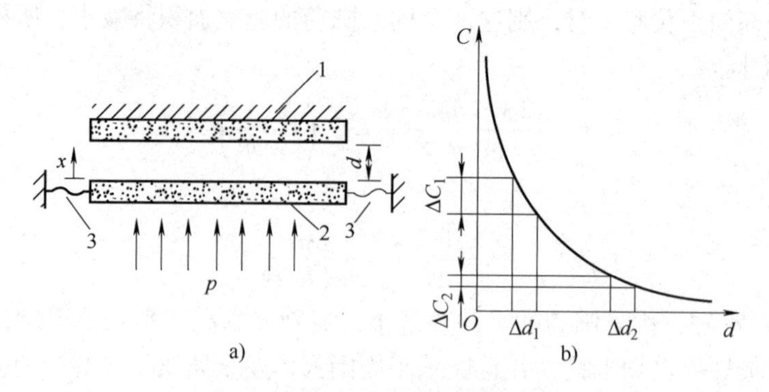

图5-3 变极距式电容传感器结构及特性
a）结构示意图 b）电容与极板距离的关系
1—定极板 2—动极板 3—弹性膜片

化量比 d_0 较大时的 ΔC 大得多，即灵敏度较高。所以实际使用时，总是使初始极距 d_0 尽量小些，以提高灵敏度。但这也带来了变极距式电容器行程较小的缺点。

一般变极距式电容传感器起始电容设置在十几皮法至几十皮法、极距 d_0 设置在 100 ~ 1000μm 的范围内较为妥当。最大位移应该小于两极板间距的 1/4，电容的变化可高达 2 ~ 3 倍。近年来，随着计算机技术的发展，电容传感器大多都配置了微处理器，所以其非线性误差可用微处理器来计算修正。

在手机、收音机等接收高频信号的设备中，使用变容二极管来微调谐振频率。当施加在变容二极管两端的反向偏置电压增大时，变容二极管的 PN 结变厚，等效电容减小，相当于一个有损耗的变极距式电容器。

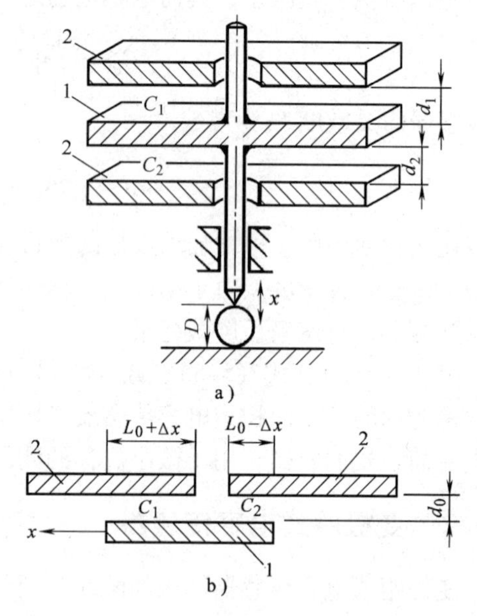

图5-4 差动变极距式电容传感器的结构示意图
a）差动变极距式 b）差动变面积式
1—动极板 2—定极板

5.1.3 差动式电容传感器

为了提高传感器的灵敏度，减小非线性，常常把传感器做成差动形式。图 5-4 为差动变极距式电容传感器的结构示意图。中间为动极板（接地），上下两块为定极板。当动极板向上移动 Δx 后，C_1 的极距变为 $d_0-\Delta x$，而 C_2 的极距变为 $d_0+\Delta x$，电容 C_1 和 C_2 形成差动变化，经过信号测量转换电路后，灵敏度提高近一倍，线性也得到改善。外界的影响诸如温度、激励源电压、频率变化等也基本能相互抵消。

5.1.4 变介电常数式电容传感器

因为各种介质的相对介电常数不同，所以在电容器两极板间插入不同介质时，电容器的电容也就不同。利用这种原理制作的电容传感器称为变介电常数式电容传感器，它们常用来检测片状材料的厚度、性质，颗粒状物体的含水量以及测量液体的液位等。表 5-1 列出了几种介质的相对介电常数。

表 5-1　几种介质的相对介电常数

介 质 名 称	相对介电常数 ε_r	介 质 名 称	相对介电常数 ε_r
真空	1	玻璃釉	3~5
空气	略大于 1	SiO_2	38
其他气体	1~1.2①	云母	5~8
变压器油	2~4	干的纸	2~4
硅油	2~3.5	干的谷物	3~5
聚丙烯	2~2.2	环氧树脂	3~10
聚苯乙烯	2.4~2.6	高频陶瓷	10~160
聚四氟乙烯	2.0	低频陶瓷、压电陶瓷	1000~10000
聚偏二氟乙烯	3~5	纯净的水	80

注：相对介电常数的数值视该介质的成分和化学结构不同而有区别，以下同。

变介电常数式电容传感器如图 5-5 所示。

当某种被测介质处于两极板间时，介质的厚度 δ 越大，电容 C_δ 也就越大。C_δ 等效于空气所引起的电容 C_1 和被测介质所引起的电容 C_2 的串联。

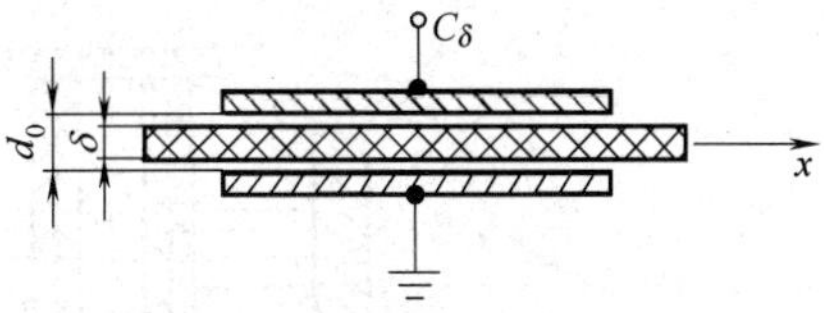

图 5-5　变介电常数式电容传感器

$$C_\delta = \frac{1}{1/C_1 + 1/C_2} = \frac{1}{1\Big/\dfrac{\varepsilon_0 A}{d-\delta} + 1\Big/\dfrac{\varepsilon_0 \varepsilon_r A}{\delta}} = \frac{\varepsilon_0 A}{d - \delta + \delta/\varepsilon_r} \tag{5-10}$$

式中　C_1——空气介质引起的等效电容；

C_2——被测介质引起的等效电容；

δ——介质的厚度；

d——极距。

当介质厚度 δ 保持不变、而相对介电常数 ε_r 改变时，该电容器可作为相对介电常数 ε_r 的测试仪器。又如，当空气湿度变化，介质吸入潮气（$\varepsilon_{r水}=80$）时，电容将变大，但介质损耗也变大。因此该电容器又可作为空气相对湿度传感器。反之，若 ε_r 不变，则可作为检测介质厚度的传感器。

如图 5-6a 所示的电容液位计也可以理解成变介电常数式电容传感器。当被测液体（绝缘体）的液面在两个同心圆金属管状电极间上下变化时，引起两电极间不同介电常数介质（上半部分为空气，下半部分为液体）的高度变化，因而导致总电容的变化。

电容 C_h 与液面高度 h（从管状电极底部算起）的关系式为

$$\begin{aligned} C_h &= C_{空} + C_{液} = \frac{2\pi(h_1 - h)\varepsilon_0}{\ln(R/r)} + \frac{2\pi h \varepsilon_1}{\ln(R/r)} \\ &= \frac{2\pi h_1 \varepsilon_0}{\ln(R/r)} + \frac{2\pi(\varepsilon_1 - \varepsilon_0)}{\ln(R/r)} h = \frac{2\pi \varepsilon_0}{\ln(R/r)}[h_1 + (\varepsilon_{r1} - 1)h] \end{aligned} \tag{5-11}$$

式中 h_1——电容器极板高度；

r——内圆管状电极的外半径；

R——外圆管状电极的内半径；

h——不考虑安装高度时的液位；

ε_0——真空介电常数（空气的介电常数与之相近）；

ε_{r1}——被测液体的相对介电常数；

ε_1——被测液体的介电常数，$\varepsilon_1=\varepsilon_{r1}\varepsilon_0$。

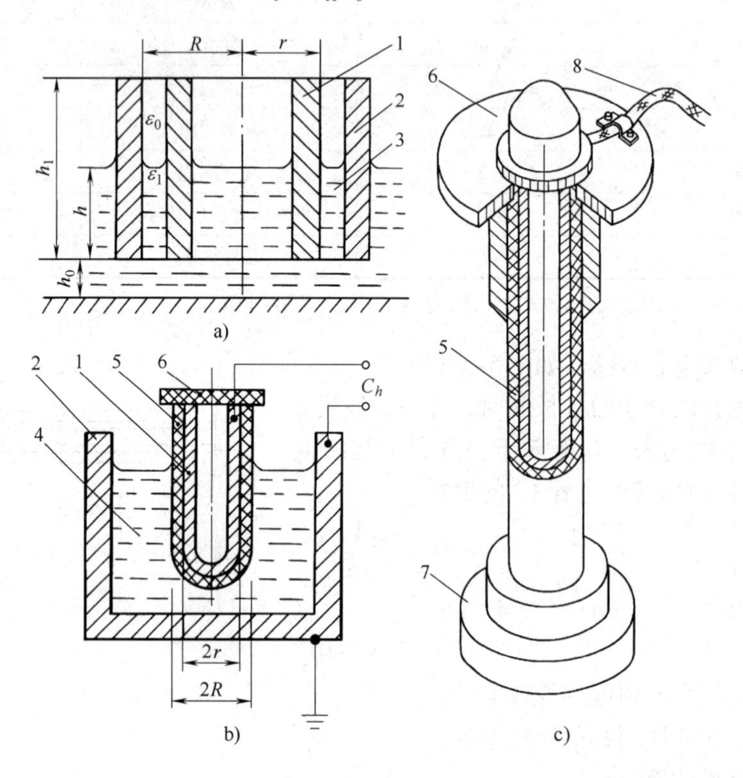

图5-6 电容液位计

a）同轴内外金属管式 b）金属管外套聚四氟乙烯套管式 c）带底座的电容液位传感器的结构

1—内圆筒 2—外圆筒 3—被测绝缘液体 4—被测导电液体 5—聚四氟乙烯套管

6—顶盖 7—绝缘底座 8—信号传输屏蔽电缆

由式（5-11）可知，输出电容 C 与液面高度 h 呈线性关系。由式（5-11）可知，输出电容 C_h 与液面高度 h 呈线性关系。其灵敏度 K_h 为常数

$$K_h=\frac{\mathrm{d}C}{\mathrm{d}h}=\frac{2\pi\varepsilon_0(\varepsilon_r-1)}{\ln(R/r)} \tag{5-12}$$

R/r 越小，灵敏度越高。但是，在 R/r 较小的情况下，由于液体毛细管作用的影响，两圆管间的液面将高于实际液位，从而带来测量误差。在被测液体为黏性液体时，由黏附现象引起的测量误差将更大。

当液罐外壁是导电金属时，可以将液罐外壁接地，并作为液位计的外电极，如图5-6b所示。当被测介质是导电的液体（例如水溶液）时，则内电极应采用金属管外套聚四氟乙

烯套管式电极。而且这时的外电极也不再是液罐外壁，而是该导电介质本身。这时内、外电极的极距只是聚四氟乙烯套管的壁厚。以上讨论的电容液位计的工作原理也可用上下两段不同面积、不同介电常数的电容之和来理解。

5.2　电容传感器的测量转换电路

5.2　拓展阅读资料

电容传感器将被测物理量转换为电容的变化后，必须采用测量转换电路将其转换为电压、电流或频率信号。电容传感器的测量转换电路种类很多，下面介绍一些常用的测量转换电路。

5.2.1　桥式电路

电容传感器的桥式转换电路如图 5-7 所示，在图 5-7a 所示的单臂接法桥式测量电路中，电容 C_1、C_2、C_3、C_x构成电桥的 4 个臂，C_x为电容传感器，1MHz 左右的高频激励电源 U_i 经高频变压器接到电容桥的一对对角线上。交流电桥平衡时

$$\frac{C_x}{C_3}=\frac{C_1}{C_2}\qquad \dot{U}_o=0$$

当 C_x改变时，桥路有输出电压。

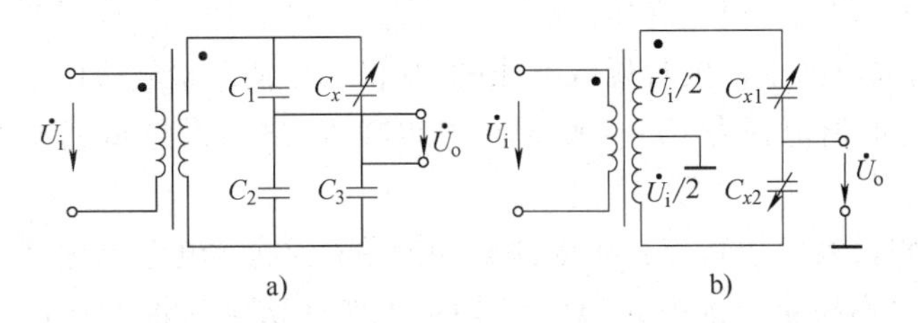

图 5-7　电容传感器的桥式转换电路

a）单臂接法　b）差动接法

在图 5-7b 中，交流电桥右边的两个桥臂为差动电容，它们的电容变化趋势相反，灵敏度约为单臂接法的两倍，线性也较好。差动电桥的空载输出电压可用下式表示

$$\dot{U}_o=\frac{C_{x1}-C_{x2}}{C_{x1}+C_{x2}}\frac{\dot{U}}{2}=\frac{(C_0\pm\Delta C)-(C_0\mp\Delta C)}{(C_0\pm\Delta C)+(C_0\mp\Delta C)}\frac{\dot{U}}{2}=\pm\frac{\Delta C}{C_0}\frac{\dot{U}_i}{2}\tag{5-13}$$

式中　C_0——传感器的初始电容值；

　　ΔC——差动电容的差值。

输出交流电压 $\dot{U}_o$还应接到对应的相敏检波电路，才能反映 $\dot{U}_o$的相位变化。相敏检波的原理可参考第 3.4 节的论述。

5.2.2　双 T 形电桥电路

二极管双 T 形交流电桥如图 5-8 所示。U_i 是频率为 f 的高频激励电源，它提供了幅值对称的方波。VD_1、VD_2 为特性完全相同的两只二极管，固定电阻 $R_1=R_2=R$，C_1、C_2 为传感器的两个差动电容，初始值 $C_1=C_2$。

在 U_i 为正半周时，VD_1 导通、VD_2 截止，于是电容 C_1 快速充电到 U_i 的幅值，有电流 i_1 流过 R_L。在随后的负半周时，VD_1 截止、VD_2 导通，于是电容 C_2 快速充电到 U_i 的幅值，而电容 C_1 放电。有电流 i_2 逆向流过 R_L。

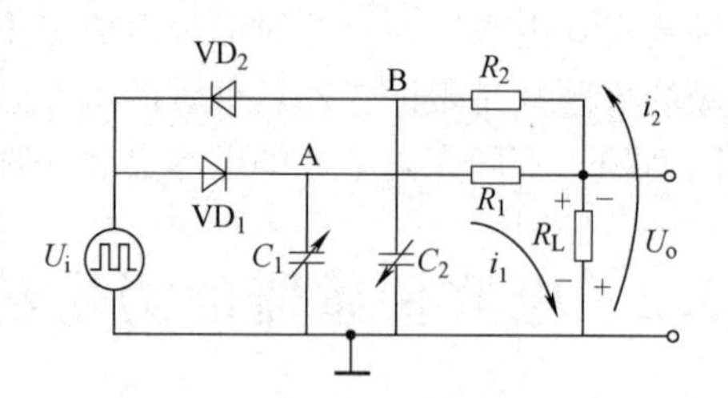

图5-8 二极管双T形交流电桥电路

在初始状态，由于 $C_1=C_2$，所以电流 $i_1=i_2$ 且方向相反，在一个周期内流过 R_L 的平均电流 $I_L=0$。

若差动电容传感器的 $C_1 \neq C_2$，则 $i_1 \neq i_2$。在一个周期内流过 R_L 的平均电流 I_L 就不为零，输出电压 U_o 在一个周期内平均值为

$$U_o = R_L I_L = R_L \frac{1}{T}\int_0^T [i_1(t) - i_2(t)]\mathrm{d}t$$
$$\approx \frac{R(R+2R_L)}{(R+R_L)^2} R_L U_i f(C_1 - C_2)$$

当$\frac{R(R+2R_L)}{(R+R_L)^2}R_L = M$ 为常数时，有

$$U_o = U_i fM(C_1 - C_2)\Delta C = K_T \Delta C \tag{5-14}$$

由式（5-14）可知，输出电压 U_o 与双T形电桥电路中的电容 C_1 和 C_2 的差值成正比。

电路的灵敏度 K_T 也与激励电源电压幅值 U_i 以及频率 f 有关，故对激励电源的稳定性要求较高。选取 U_i 的幅值高于二极管死区电压的10倍，可使二极管 VD_1、VD_2 工作在线性区域。R_1、R_2 及 R_L 的取值范围为 10～100kΩ。可以在 R_L 之后设置低通滤波器，能获得平稳的直流输出电压。

双T形电桥电路具有以下特点：①电路较为简单；②差动电容传感器、信号源、负载有一个公共的接地点，不易受干扰；③VD_1 和 VD_2 工作在伏安特性的线性段，死区电压影响较小；④输出信号为幅值较高的直流电压。

5.2.3 调频电路

调频电路是将电容传感器作为LC振荡器谐振回路的一部分，或作为晶体振荡器中的石英晶体的负载电容。与电涡流传感器区别的是，当电容传感器工作时，电容 C_x 发生变化，就使振荡器的频率 f 产生相应的变化。由于振荡器的频率受电容传感器电容的调制，这样就实现了 C-f 的变换，故称为调频电路。图5-9为LC振荡器调频电路框图。调频振荡器的频率可由下式决定

$$f = \frac{1}{2\pi\sqrt{L_0 C}} \tag{5-15}$$

式中 L_0——振荡回路的固定电感；

C——振荡回路的总电容。

C 包括传感器电容 C_x、谐振回路中的微调电容 C_0、传感器电缆分布电容 C_c 和输入电路的输入电容 C_i，即 $C = C_x + C_0 + C_c + C_i$。

振荡器的输出信号是一个受被测量控制的调频波，频率的变化在鉴频器中变换为电压幅度的变化，经过放大器放大、检波后就可用仪表来指示，也可将频率信号直接送到计算机的

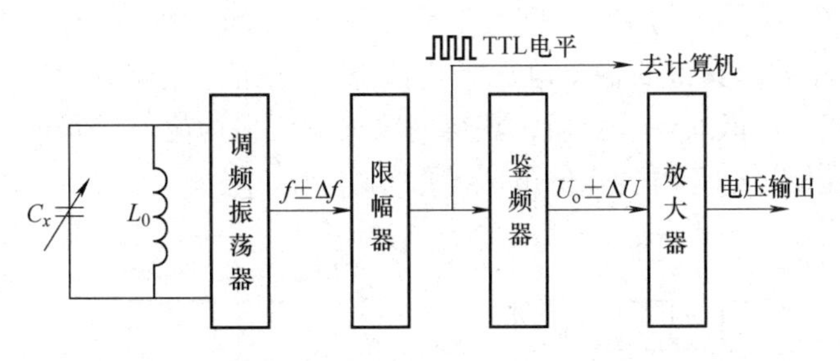

图5-9　LC振荡器调频电路框图

计数定时器进行测量和显示。限幅器的作用是对叠加在有用信号上的干扰电压进行“削峰”，提高抗干扰能力。

5.2.4　脉冲宽度调制电路

脉冲宽度调制[1]（Pulse Width Modulation，PWM）电路是利用某种方法对半导体开关器件的导通和关断进行控制，在电路的输出端得到一系列按一定规律变化的，幅值相等、宽度不相等的脉冲，是一种调节输出能量和波形的调制方式。

电容容量的不同将引起充放电时间的快慢变化，导致矩形波发生电路输出脉冲的占空比（Duty Cycle）随差动电容传感器的电容变化而变化，通过低通滤波器可以得到对应于被测量变化的直流信号。

脉冲宽度调制电路如图5-10所示。该电路由比较器 A_1、A_2，双稳态触发器及电容充放电回路所组成，C_1、C_2 为外接差动电容传感器。

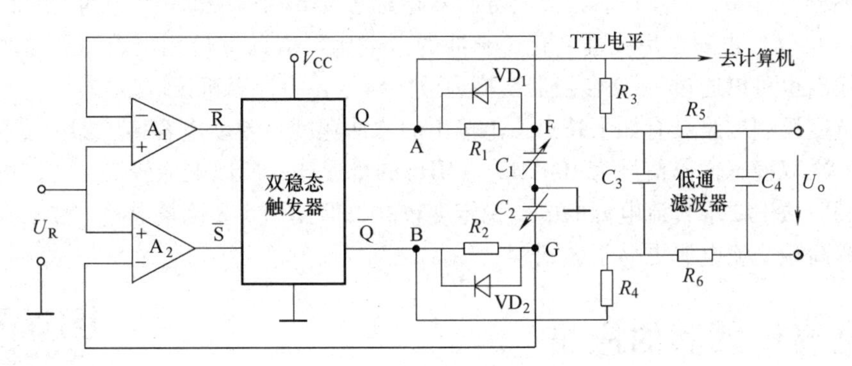

图5-10　脉冲宽度调制电路

当双稳态触发器的Q端输出高电平时，A点通过 R_1 对 C_1 充电，F 点电位逐渐升高。在Q端为高电平期间，$\overline{Q}$端输出低电平，电容 C_2 通过二极管 VD_2 迅速放电，G点电位被钳制在低电平。当 F 点电位升高超过参考电压 U_R 时，比较器 A_1 产生一个“置零脉冲”，触发双稳态触发器翻转，A点跳变为低电位，B点跳变为高电位。此时 C_1 经二极管 VD_1 迅速放电，F点被钳制在低电平，而同时B点高电位经 R_2 向 C_2 充电。当G点电位超过 U_R 时，比较器 A_2 产生一个“置1脉冲”，使触发器再次翻转，A点恢复为高电位，B点恢复为低电位。如此周而复始，在双稳态触发器的两输出端各自产生一个宽度受 C_1、C_2 调制的脉冲波形。

当 $C_1=C_2$ 时，脉冲宽度调制电路的各点电压波形如图5-11a所示，A、B两点间的平均电压为零。当 $C_1>C_2$ 时，C_1 的充电时间大于 C_2 的充电时间，即 $t_1>t_2$，电压波形如图5-11b所示。经低通滤波器后，获得的输出电压平均值 U_o 为正值。当 $C_1<C_2$ 时，C_1 的充电时间小于 C_2 的充电时间，经低通滤波器后，获得的输出电压平均值 U_o 为负值。读者可自行根据图5-11b的原理画出 $C_1<C_2$ 时各点的电压波形。

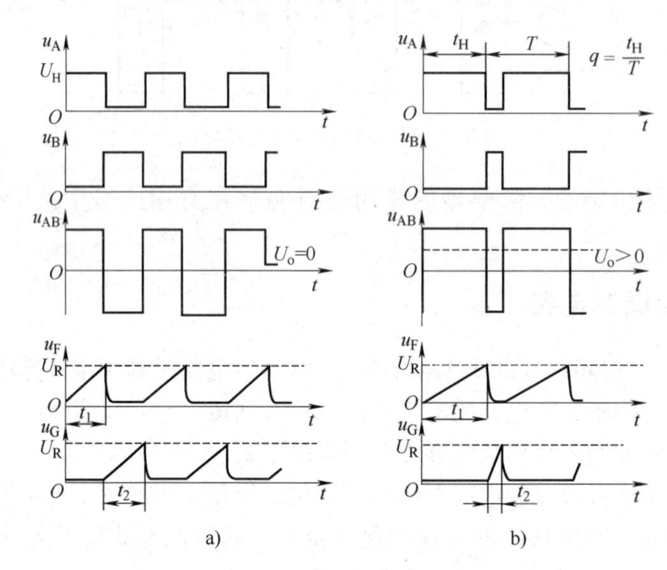

图5-11 脉冲宽度调制电路的各点电压波形

a）$C_1=C_2$ 时的波形 b）$C_1>C_2$ 时的波形

由上述分析可知，差动电容之差将导致双稳态触发器输出端的矩形脉冲宽度的改变，占空比 q（$q=t_H/T$）也随之呈线性变化，脉冲的占空比可由计算机测出。经低通滤波器后的直流电压输出也可以通过A-D转换器变换为数字信号，由计算机读取。

脉冲宽度调制电路具有如下特点：①输出的脉冲宽度与差动电容传感器的变化量 ΔC 呈线性关系；②双稳态输出信号为100kHz～1MHz的矩形波，所以响应较快；③该电路采用直流电源激励。虽然要求直流电源的电压稳定度较高，但比图5-8测量电路中要求高稳定度的稳频、稳幅高频交流电源更易于做到。

5.3 电容传感器的应用

5.3 拓展阅读资料

电容器的容量受三个因素影响，即极距 d、极间相对面积 A 和极间介电常数 ε。固定其中两个变量，电容 C 就是另一个变量的一元函数。只要想办法将被测非电量转换成极距或者极间相对面积、介电常数的变化，就可以通过测量电容这个电参数来达到非电量电测的目的。

例如，图5-5所示的简单结构就可以用于测量纸张含水量、塑料薄膜的厚度等。而图5-2b所示的传感器就可以用于测量工件的尺寸，图5-2c可以用于测量机械臂的角位移。

电容传感器的用途还有许多。例如，可以利用极距变化的原理，测量振动、压力；利用相对面积变化的原理，可以精确地测量角位移和直线位移，构成电子千分尺；利用介电常数变化的原理，可以测量空气相对湿度、液位、物位等。

5.3.1　电容加速度传感器

由于微电子机械系统（Micro Electro-Mechanical System，MEMS）技术的发展，可以将一块多晶硅加工成多层结构，用硅微机械加工技术制作的“三明治”摆式硅微电容加速度传感器结构示意图如图 5-12 所示。它是在硅衬底上，利用表面微加工技术制造出三个多晶硅电极，组成差动电容 C_1、C_2。图中的底层多晶硅和顶层多晶硅固定不动。中间层多晶硅是一个可以上下微动的振动片，其左端固定在衬底上，所以相当于悬臂梁。它的核心部分只有 ϕ3mm 左右，与测量转换电路一起封装在外壳中，外形酷似普通的集成电路，其内部核心部分如图 5-12b 和 c 所示。

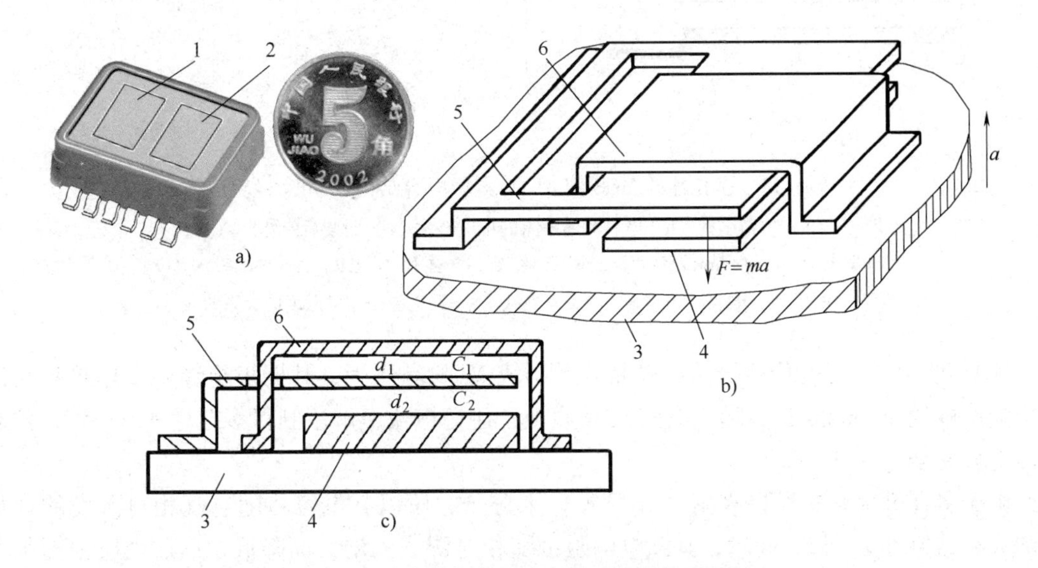

图 5-12　硅微电容加速度传感器结构示意图

a）厚膜封装外形　b）“三明治”多晶硅多层结构　c）加速度测试单元的工作原理

1—加速度测试单元　2—信号调理单元　3—衬底　4—底层多晶硅（下电极）

5—多晶硅悬臂梁　6—顶层多晶硅（上电极）

当硅微电容加速度测试单元感受到上下振动时，C_1、C_2 呈差动变化。与加速度测试单元封装在同一壳体中的信号处理单元将 ΔC 转换成直流输出电压。它的激励源也做在同一壳体内，所以集成度很高。由于硅的弹性滞后很小，且悬臂梁的质量很轻，所以频率响应可达 1kHz 以上，允许加速度范围可达 ±100g。

将该加速度电容传感器安装在炸弹上，可以控制炸弹爆炸的延时时刻；安装在轿车上，可以作为碰撞传感器。当正常刹车和小事故碰擦时，传感器输出信号较小。当其测得的负加速度值超过设定值时，CPU 据此判断发生碰撞，于是就启动轿车前部的折叠式安全气囊迅速充气（引燃火药）而膨胀，托住驾驶员及前排乘员的胸部和头部[2]。

5.3.2　湿敏电容传感器

除了在第 2.4 节中介绍过的湿敏电阻外，本节介绍的湿敏电容传感器[3]（以下简称湿敏电容）也可以用于测量空气的相对湿度。

湿敏电容利用具有很大吸湿性的绝缘材料作为电容传感器的介质，在其两侧面镀上多孔性电极。当相对湿度（Relative Humidity）增大时，吸湿性介质吸收空气中的水蒸气，使两块电极之间的介质相对介电常数大为增加（水的相对介电常数为80），所以电容增大。

成品湿敏电容主要使用以下两种吸湿性介质：一种是多孔性氧化铝，另一种是高分子吸湿膜。多孔性硅 MOS 型 Al_2O_3 湿敏电容结构及特性如图 5-13 所示。

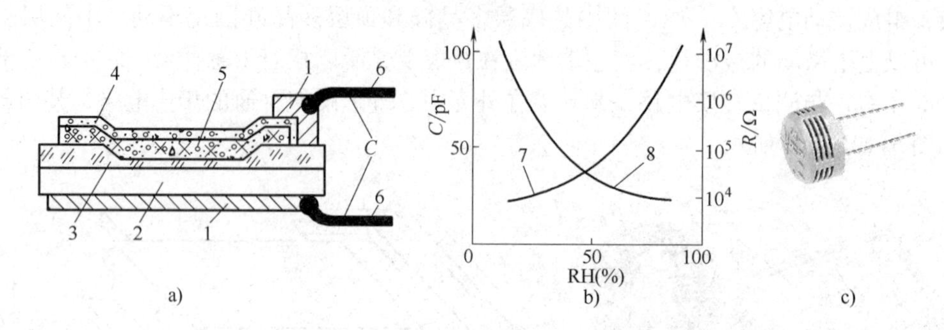

图 5-13 多孔性硅 MOS 型 Al_2O_3 湿敏电容结构、外形及特性

a）内部结构 b）电容和漏电阻的湿度特性 c）封装后的外形

1—铝电极 2—单晶硅基底 3—SiO_2绝缘膜 4—多孔 Au 电极 5—吸湿层 Al_2O_3

6—引线 7—电容与相对湿度的关系曲线 8—漏电阻与相对湿度的关系曲线

MOS 型 Al_2O_3 湿度传感器是在单晶硅上制成 MOS 晶体管，其栅极绝缘层是用热氧化法生成的厚度约 80nm 的 SiO_2 膜。在此 SiO_2 膜上，用蒸镀或电解法制得多孔性 Al_2O_3 膜，然后再镀上多孔金（Au）膜。

由于多孔性氧化铝可以吸附（或释放）水分子，所以其电容将随空气相对湿度的增加而增大（或减小）。与此同时，其漏电电阻也随相对湿度的增大而降低，形成介质损耗很大的电容器。

可以将该湿敏电容作为 LC 振荡器中的振荡电容，通过测量其振荡频率和振荡幅度，可以换算成相对湿度值。还可以将它接到 RC 振荡器中。常见的 RC 振荡电路有 555 多谐振荡器、CMOS 两级反相器组成的 RC 振荡器、施密特反相器组成的 RC 振荡器等，但要采取温度补偿措施。湿敏电容还具有较大的湿度滞后量，响应时间较慢，通常大于 5s 左右。

目前市售湿敏电容中，还有一个系列是用高分子亲水薄膜作为感湿材料，在该薄膜的两面制作多孔透气金电极。在水汽压力差的作用下，空气中的水分子可以透过多孔性电极，向亲水性高分子薄膜内部扩散，其扩散速度随着湿度的升高而加剧。

5.3.3 电容接近开关

1. 电容接近开关的结构

电容接近开关[4]的核心是以电容极板作为检测端的电容传感器，结构如图 5-14a 所示。检测极板设置在接近开关的最前端，测量转换电路安装在接近开关壳体后部，并用介质损耗很小的环氧树脂充填、灌封。

2. 电容接近开关的工作原理

电容接近开关的调幅式测量转换电路原理框图如图 5-14b 所示，它由 RC 高频振荡器、

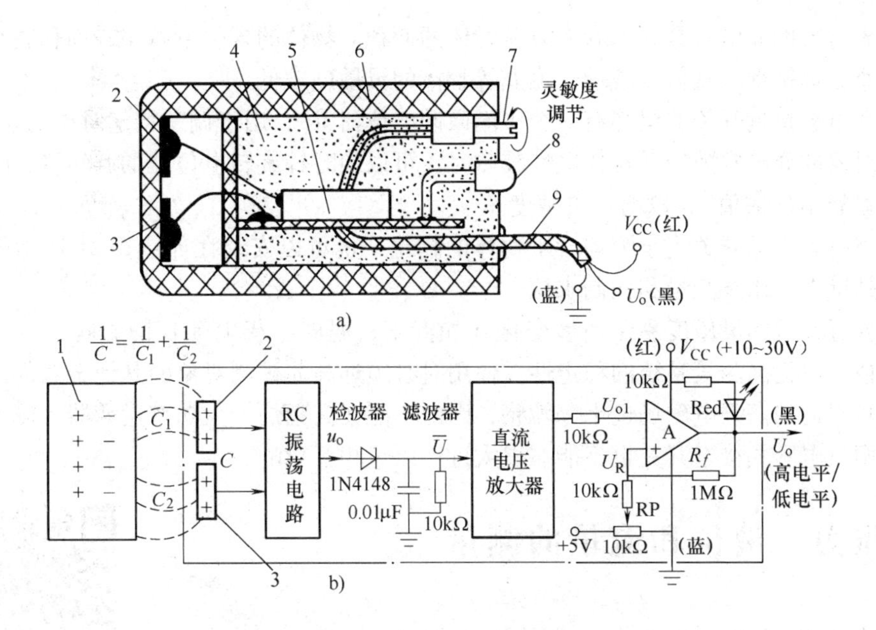

图 5-14　圆柱形电容接近开关的结构及原理框图

a）结构示意图　b）调幅式测量转换电路原理框图

1—被测物　2—上检测极板（或内圆电极）　3—下检测极板（或外圆电极）　4—充填树脂　5—测量转换电路板　6—塑料外壳　7—灵敏度调节电位器 RP　8—动作指示灯　9—电缆　U_R—比较器的基准电压

检波器、低通滤波器、直流电压放大器、电压比较器等组成。

电容接近开关的感应板由两个同心圆金属平面电极构成，很像两块“打开的”电容器电极。

当没有被测物体靠近电容接近开关时，由于 C_1 与 C_2 很小，RC 振荡器停振。当被测物体朝着电容接近开关的两个同心圆电极靠近时，两个电极与被测物体构成电容 C，接到 RC 振荡回路中，等效电容 C 等于 C_1、C_2 的串联结果。

当 C 增大到设定数值后，RC 振荡器起振。振荡器的高频输出电压 u_o 经二极管检波和低通滤波器，得到正半周的平均值 $\overline{U}$。再经直流电压放大电路放大后，U_{o1} 与灵敏度调节电位器 RP 设定的基准电压 U_R 进行比较。若 U_{o1} 超过基准电压时，比较器翻转，输出动作信号（高电平或低电平），从而起到了检测有无物体靠近的目的。

3. 电容接近开关的特性、调试及使用

接近开关的输出有 NPN、PNP 和 AC 二线制等多种型式。图 5-14b 中的 R_f 在比较器电路中起正反馈作用，使比较器具有施密特特性。R_f 越小，翻转时的回差就越大，抗机械振动的干扰能力就越强，通常将回差控制在动作距离的 20% 之内。

如果在图 5-14b 所示的比较器之后再设置 OC 门输出级电路，就有较大的负载能力。通常可以驱动 100mA 的感性负载或 300mA 的阻性负载，具体电路请参见图 4-18a。

当被测物是导电物体时，即使两者的距离较远，但等效电容 C 仍较大，RC 回路较容易起振，所以灵敏度较高。

对于非金属物体，例如水、油、纸板、皮革、塑料、陶瓷、玻璃、沙石、粮食等，动作距离取决于材料的介电常数和电导率以及物体的面积。物体的含水量越小，面积越小，动作距离也越小，灵敏度就越低，玻璃、尼龙等物体的灵敏度较低。

大多数电容接近开关的尾部有一个多圈微调电位器 RP，用于调整特定对象的动作距离。当被测试对象的介电常数较低且导电性较差时，可以顺时针旋转电位器的旋转臂，降低负输入端的“翻转电压阈值”，以增加灵敏度。

可以将电容接近开关用于测控含水物体的物位，也可以安装在如图 5-21 所示的水箱玻璃连通器外壁上，用于测量和控制水位。

电容接近开关的灵敏度易受环境变化（如湿度、温度、灰尘等）的影响，被测物体最好能够接地，以提高测量系统的稳定性。使用时必须远离非被测对象的其他金属部件。电容接近开关对附近的高频电磁场也十分敏感，因此不能在高频炉、大功率逆变器等设备附近使用，而且两只电容式接近开关也不能靠得太近，以免相互影响。

5.4 压力、液位和流量的测量

5.4 拓展阅读资料

5.4.1 压力传感器分类

压力（Pressure）与生产、科研、生活等各方面密切相关，因此压力测量是本课程的重点之一。物理学中的“压强”在检测领域和工业中称为“压力”，用 p 表示。压力等于垂直作用于一定面积 A 上的力 F（称为压向力）除以面积 A，即 $p=F/A$。

压力的国际单位为帕斯卡（Pa），1N（牛顿）力垂直而均匀地作用于 $1m^2$ 面积上的压力等于 1Pa。

根据不同的测量条件，压力可分为绝对压力和相对压力。相对压力又可分为差压和表压，相应地，测量压力的传感器也可分为三大类：绝对压力传感器、差压传感器和表压传感器[5]。

（1）绝对压力传感器　它所测得的压力数值是相对于密封在绝对压力传感器负压腔的基准真空（相当于零压力参考点）而言的，是以真空为起点的压力。平常所说的环境大气压为某某千帕就是指绝对压力。当绝对压力小于 101kPa（标准大气条件下，海平面的气压）时，可以认为是“负压”，所测得压力的数值相当于真空度。

（2）差压传感器　差压是指两个压力 p_1 和 p_2 之差，又称为压力差。当差压表两侧面均向大气敞开时，差压等于零。

在许多情况下，电容压力表中间的波纹膜片的左右两侧均存在很大的压力。当差压表左侧管道的压力大于右侧时，电容差压表内部的膜片将向管道的右侧弯曲；反之，膜片将向管道的左侧弯曲。膜片的弯曲方向由左右两侧的压力之差决定，而与大气压（环境压力）无关。例如，$p_1=0.8\sim1.1\text{MPa}$，$p_2=0.9\sim1.0\text{MPa}$，就必须选择测量范围为 $-0.1\sim+0.2\text{MPa}$ 的差压传感器。

差压传感器在使用时不允许在一侧仍保持很高压力的情况下，将另一侧的压力降低到零（指环境压力），这将使原来用于测量微小差压的膜片破裂。所以在它的两侧最好安装一个保护用的均压阀。

（3）表压传感器　表压传感器常称为“压力传感器”。表压测量是差压测量的特殊情况。测量时，以环境大气压为参考基准，将差压传感器的一侧向大气敞开，就转变成表压传感器。表压传感器的输出为零时，其膜片两侧实际上均存在一个大气压的绝对压力。当医生测量血压时，实际上就是测量人体血压与大气压力之差。这类传感器的输出随大气压的波动而波动，但误差不大。在工业生产和日常生活中所提到的压力绝大多数指的是表压，生产中所使用的压力表绝大多数都属于表压传感器，而计量领域多使用绝对压力传感器。

5.4.2　电容式差压变送器

差动电容式差压变送器结构示意图[6]如图5-15所示。它的核心部分是一个变极距差动式电容传感器。它以热胀冷缩系数很小的两个凹形玻璃（或绝缘陶瓷）圆片上的镀金薄膜作为定极板，两个凹形镀金薄膜与夹紧在它们中间的弹性平膜片组成 C_1 和 C_2。

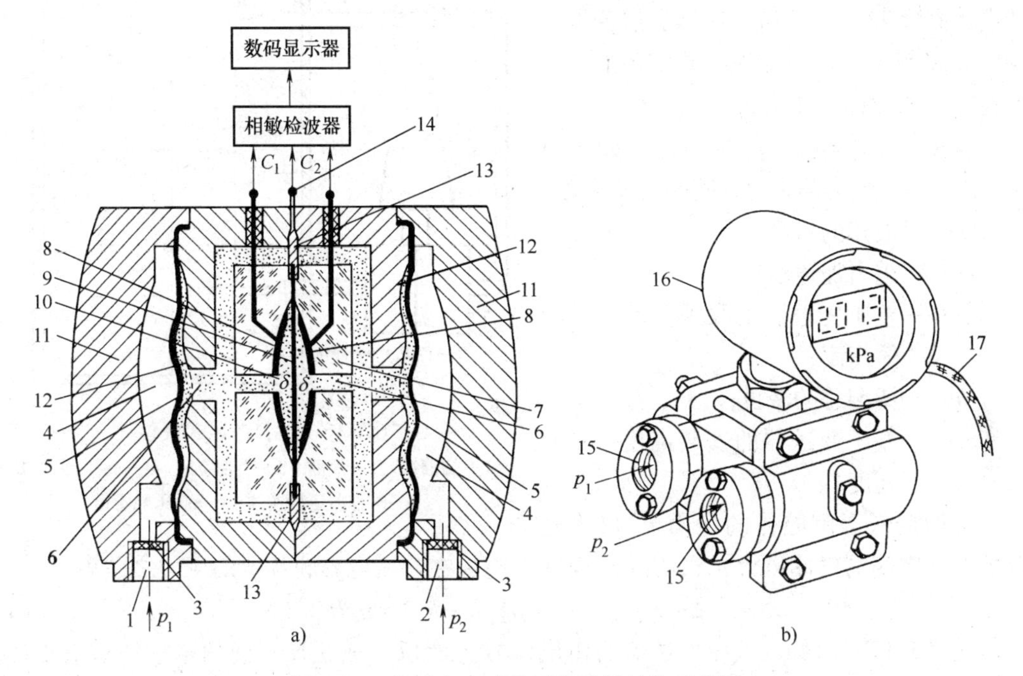

图5-15　差动电容式差压变送器结构示意图

a）结构　b）外观

1—高压侧进气口　2—低压侧进气口　3—过滤片　4—空腔　5—柔性不锈钢波纹隔离膜片
6—导压硅油　7—凹形玻璃圆片　8—镀金凹形电极（定极板）　9—弹性平膜片　10—δ腔
11—铝合金外壳　12—限位波纹盘　13—过压保护悬浮波纹膜片　14—公共参考端（地电位）
15—螺纹压力接头　16—测量转换电路及显示器铝合金盒　17—信号电缆

被测压力 p_1、p_2 通过两侧的内螺纹压力接头施加到不锈钢波纹隔离膜，再通过热稳定性很好的灌充液（导压硅油），传导到“δ腔”。弹性平膜片由于受到来自两侧的压力之差，而凸向压力小的一侧。在δ腔中，弹性膜片与两侧的镀金定极之间的距离很小（约0.5mm），所以微小的位移（不大于0.1mm）就可以使电容变化100pF以上。测量转换电路（相敏检波器）将此电容的变化转换成4～20mA的标准电流信号，通过信号电缆线输出到二次仪表。从图5-15b中还可以看到，该压力变送器自带LCD数码显示器，可以在现场读取测量值，内部模块的电流损耗不超过4mA。

差动电容的输入激励源通常做在信号调理壳体中，其频率可以选取500kHz左右，幅值约为10V左右[7]。经变送器内部的微处理器线性化后，差压变送器的准确度可达0.5%。

对额定量程较小的差动电容式差压变送器来说，当某一侧突然失压时，巨大的差压有可能将很薄的平膜片压破，所以设置了安全悬浮膜片和限位波纹盘，起过压保护作用。

5.4.3 利用差压变送器测量液体的液位

电容差压变送器也可以用于测量液体的压力。其高压侧（p_+）取压孔及低压侧（p_-）取压孔通过管道与储液罐上下部位相连，组成电容差压式液位计，如图5-16所示。图中的液位 h 等于差压变送器高压侧取压口上方的液体高度 H 加上差压变送器高压侧取压口的安装高度 h_0。假设储液罐是密闭的，则施加在高压侧腔体的压力为

$$p_+ = p_0 + \rho g H = p_0 + \rho g(h - h_0) \tag{5-16}$$

式中 p_0——密封容器上部空间的气体压力；

ρ——液体的密度；

g——重力加速度；

H——差压变送器正取压孔上方的液体高度；

h——待测总的液位；

h_0——差压变送器的安装高度（δ腔高度）。

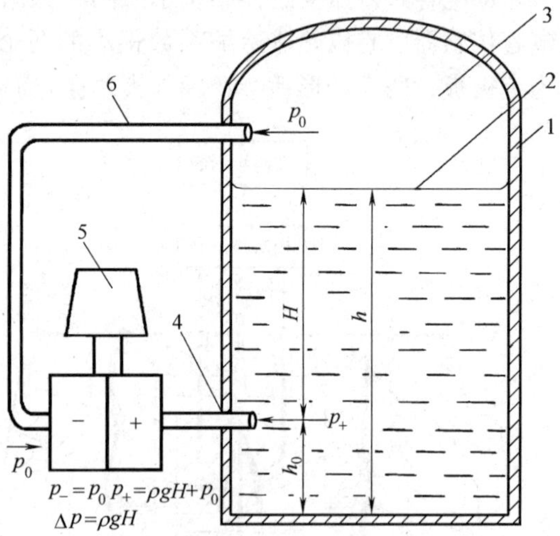

图5-16 电容差压式液位计

1—储液罐 2—液面 3—上部空间 4—高压侧管道 5—电容差压变送器 6—低压侧管道

而施加在低压侧腔体的压力 p_- 仅为密闭容器上部空间的气体压力 p_0，所以 $p_- = p_0$。施加在差压电容膜片上的压力之差为

$$\Delta p = p_+ - p_- = \rho g(h - h_0) = \rho g H \tag{5-17}$$

由式（5-17）可知，差压变送器的输出信号与液位 h 成正比。前两章论述过的电感式差压变送器和扩散硅压阻式差压传感器也一样能用来测量液位。

如果考虑到差压变送器的安装高度 h_0，则总的液位 $h = h_0 + \Delta p/\rho g$。

5.4.4 流量的基本概念

在工业中，凡是涉及流体介质的生产流程（如气体、液体及粉状物质的传送等）都有流量测量和控制的问题。

流量（Flow）是指流体在单位时间内通过某一截面的体积数或质量数，分别称为体积流量 q_V 和质量流量 q_m。这种单位时间内的流量统称为瞬时流量 q。把瞬时流量对时间 t 进行积分，求出累计体积或累计质量的总和，称为累积流量，也叫总量。

$$q_{总} = \int_0^t q(t)\,\mathrm{d}t$$

如果流量十分平稳，则可将短暂时段 t_i 与该时段的瞬时流量 q_i 的平均值相乘，并对乘积

进行累加，从而得到累积流量

$$q_{总} = \sum_{i=1}^{n} (\bar{q}_i t_i) \tag{5-18}$$

式中 $q_{总}$——累积流量；

$\bar{q}_i$——在某一时段内的平均瞬时流量；

t_i——该时段经历的时间。

流速 v 越快，瞬时流量就越大；管道的截面积越大，瞬时流量也越大。根据瞬时流量的定义，体积流量 $q_V = Av$，单位为 m^3/h 或 L/s；质量流量 $q_M = \rho Av$，单位为 t/h 或 kg/s。v 为流过某截面的平均流速，A 为管道的截面积，ρ 为流体的密度。采用测量流速 v 而推算出流量的仪器称为流速法流量计。

测量流量的方法很多[8]，除了上述的流速法之外，还有容积法、质量法、水槽法等。流速法中，又有叶轮式、涡轮式、卡门涡流式（又称涡街式）、热线式、多普勒式、超声式、电磁式、差压节流式[9]等。

5.4.5 节流式流量计及电容差压变送器在流量测量中的应用

差压式流量计又称节流式流量计。在流体流动的管道内，设置一个节流装置，如图5-17a所示。

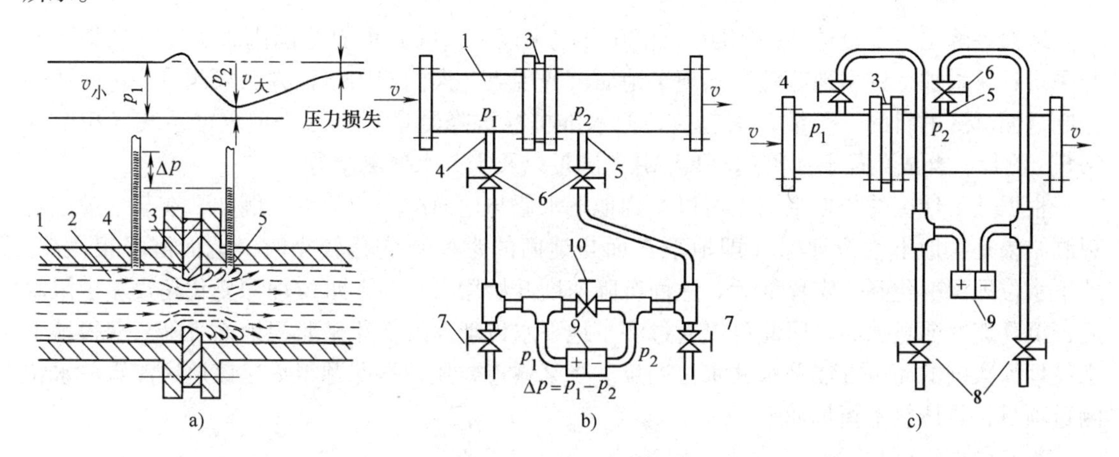

图5-17 节流式流量计

a）流体流经节流孔板时，流速和压力的变化情况 b）测量液体时导压管的标准安装方法

c）测量气体时导压管的标准安装方法

1—上游管道 2—流体 3—节流孔板 4—前取压孔位置 5—后取压孔位置 6—截止阀

7—放气阀 8—排水阀 9—差压变送器 10—均压阀

所谓节流装置[10]，就是在管道中段设置一个流通面积比管道狭窄的孔板或者文丘里喷嘴，使流体经过该节流装置时，流束局部收缩，流速提高。根据物理学中的伯努利定律，管道中流体流速越高，压强（在工业中俗称压力）就越小。所以流体在节流后的压力将小于未节流之前的压力。节流装置两侧的差压与通过的流量有关。流量为零时，差压为零，流量越大，差压越大。流量 q_V 与差压 $\Delta p = p_1 - p_2$ 之间的关系为

$$q_V = \alpha\varepsilon A \sqrt{\frac{2(p_1 - p_2)}{\rho}} \tag{5-19}$$

式中 α——流量系数；

ε——流体的膨胀系数，液体的 $\varepsilon \approx 1$；

A——节流装置前端的开口面积；

p_1、p_2——节流装置前、后的压力；

ρ——流体密度。

节流装置两侧的差压 Δp 可以选用各种压力变送器进行测量，然后根据式（5-19）计算得到流量 q_V，再乘以流体的密度 ρ，得到质量流量 q_M。

节流式流量计的缺点是：①输入与输出之间是非线性关系，流速（流量）较小时，误差较大；②流体通过节流装置后，会产生不可逆的压力损失；③当流体的温度 t、压力 p_1 变化时，流体的密度将随之改变，所以必须进行温度、压力的修正和补偿。在内设微处理器的智能化流量计中，可以分别对 p_1、t 进行采样，然后按有关公式对 ρ 进行计算修正。

5.5 工程项目设计实例——利用电容压力传感器测量地面沉降

5.5 拓展阅读资料

5.5.1 项目来源和技术指标

地面沉降是一个全球性的问题。自20世纪末以来，随着世界范围内人类对深层地下水开采量日益增加，许多地区陆续出现了地面沉降现象。人们使用多种方法来测量并进而达到控制地面沉降的目的。测量方法包括地面水准桩标沉降测量、全球卫星定位系统（BDS或GPS）测量、合成孔径干涉雷达（InSAR）测量以及水井水位测量等。

根据某一地区的长期观测，可以得到地下水位与地面沉降的关系。例如，在某一地区的观测结果是：地下水位埋深（即地下水面与地面的距离）变化较小时，地面沉降很微弱；地下水位埋深变化到一定程度后，地面沉降速度开始增大；地下水位埋深变化超过一定限度后，沉降速率明显加大。因此可以通过测量地下水位埋深的变化来监视地面沉降。获得地下水位埋深数据的简单方法是水井水位测量。受某城市委托，本课题组承接该地区深水井水位测量项目，具体技术指标如下：

水井最大深度：70m；

最小地下水位埋深：10m；

最大地下水位埋深：50m；

最大水位变率：不大于0.1m/min；

水位测量允许误差：0.2m；

验收标准：符合GB/T 11828.2—2005国家标准。

5.5.2 水井水位测量方案

水井水位是指水井底部到水面的直线距离。水井底部距地面的距离 l 减去水井水位 h 就等于地下水位埋深 x，三者的关系如图5-18所示。

目前国内测量水井水位的方法主要有绳子标尺法[11]、超声法、浮球磁致伸缩法和压力法等。绳子标尺法是在绳子一端系重物而坠入井中，重物到达井底后再提起，由绳子被水浸湿的长度测出水位。这种方法不准确，也不利于自动测量，更无法测量“动水位”；超声法的价格较高，误差较大，且要求井壁垂直，没有障碍物；浮球磁致伸缩法是较先进水位测量方法，但是其测量范围一般不超过10m，且要注意不要使浮球卡在不锈钢的磁致伸缩杆上。

压力法采用投入式压力变送器来测量井底的水压，通过一定的换算公式，可以得到水井的水位。压力变送器无活动部件，可靠性高，使用寿命长，能直接投入被测介质中，从水、油到黏度较大的糊状物都可以进行高准确度的测量，不易受被测介质起泡、沉积、污泥的影响，安装也很方便。本项目选用投入式压力变送器来测量水井水位。

图5-18　水井底部距地面的距离、水井水位、地下水位埋深三者之间的关系

5.5.3　投入式压力变送器的选型

（1）扩散硅压阻式液位变送器　常见的投入式压力变送器的核心是扩散硅压阻式压力传感器（见图2-9b），它的优点是灵敏度高、价格低，缺点是有一定的温漂。

（2）陶瓷压阻式液位变送器　投入式压力变送器还可以采用“干式陶瓷压阻式压力传感器”[12]原理。陶瓷是一种高弹性、抗腐蚀、抗磨损、抗冲击、热稳定好的材料。在人工蓝宝石-陶瓷圆膜片的背面，利用溅射工艺，在该陶瓷膜片上制作出厚膜电阻并组成惠斯通电桥。压力直接作用在陶瓷圆膜片的前表面，使膜片产生微小的形变，由于应变压阻效应，该电桥产生一个与压力成正比的高度线性电压信号。通过激光标定，传感器具有很高的温度稳定性和时间稳定性。干式陶瓷压阻压力传感器不用硅油传递压力，对被测液体不会产生污染，而且还是正负压双向测量型压力传感器。

（3）陶瓷电容式液位变送器　近年来，人们研究出了性能更好的陶瓷电容压力传感器。与干式陶瓷压阻式压力传感器相似，被测介质的压力直接作用于传感器的陶瓷圆膜片上，使膜片产生与介质压力成正比的微小位移。在额定工作状态下，膜片最大位移不大于0.05mm，膜片的背面镀上一层金膜，与作为定极板的另一镀金陶瓷膜片构成变极距电容。厚膜电子组件检测这一位移量所引起的电容变化量，把这一压力信号线性地转换为标准输出电信号。内置的温度传感器不断测量介质的温度，并进行温度补偿，从而使它的工作温度范围为-40～125℃。

超压过载时，膜片将被紧压在坚固的陶瓷基体上。由于膜片与基体间隙只有0.1mm，因此过载时膜片的最大位移只能是0.1mm，从结构上保证了膜片不会产生过大的变形，使传感器具有很强的抗冲击及抗过载能力，过压能力可达量程的100倍。陶瓷电容压力传感器的优异特性使它成为扩散硅压阻式压力传感器的升级换代产品。

本项目选用投入式陶瓷电容液位变送器如图5-19所示。

为了防止腐蚀和被测液体渗入陶瓷电容压力传感器内部，液位变送器必须用不锈钢（例如1Cr 18Ni 9Ti）为外壳，内衬聚四氟乙烯，并采用全焊接工艺，不使用密封圈。陶瓷电容压力传感器（包括检测电路单元）位于不锈钢外壳内，组成探头。变送器的输出信号通过导气电缆与铸铝接线盒沟通。导气电缆将液面上的大气压 p 引入到陶瓷电容的参考压力

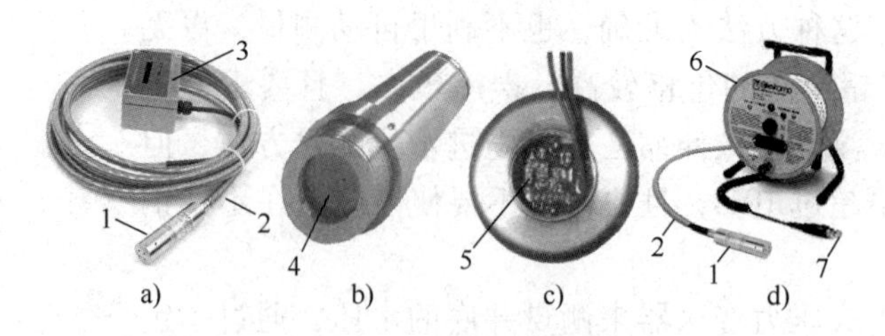

图5-19 投入式陶瓷电容液位变送器

a）外形 b）探头放大图 c）内部电路 d）超长液位变送器

1—探头 2—导气背压管 3—接线盒 4—陶瓷膜片

5—内部电路 6—收线轮 7—信号电缆插头

腔。导气电缆的外壳为聚氨酯或聚四氟乙烯套管。这种套管柔软、耐腐蚀、耐高温、强度高。整个液位变送器在壳体、电缆等各个环节的连接处都进行了可靠密封，可在酸碱、污水等液体中长期工作。导气电缆的开口处采用“分子过滤筛”工艺，具有防结露作用，保证了传感器的水密性，又使得陶瓷电容的参考压力腔与环境气压相通。变送器内部还设置了防雷电路，使该变送器具有“本质安全防爆”的特点（见图2-30）。

投入式陶瓷电容投入式液位变送器的典型特性如表5-2所示，可根据本项目的技术指标，选择合适的型号。

表5-2 投入式陶瓷电容投入式液位变送器的典型特性

量程	0～100mH_2O①
综合准确度	0.2%
分辨率	≤0.05%
长期稳定性	0.2%/年
零点温度系数	10^{-4}/℃
灵敏度温度系数	10^{-4}/℃
输出信号	4～20mA 二线制，或 RS485/RS232
电源电压	DC10～36V
工作温度范围	-20～85℃
电缆	ϕ16mm 聚氨酯导气电缆或聚四氟乙烯
绝缘	1000MΩ（500V）
外壳防护等级	IP68

① 1mH_2O相当于9.80665kPa。

5.5.4 水位埋深自动测报系统

水位埋深自动测报系统由多个遥测站、中心站、远程数据通信网以及数据通信、数据管理与分析软件等组成，水位埋深检测系统原理框图如图5-20所示。

（1）投入式液位变送器的布局 为了消除地层的不均匀性，以每一个测试点（又称为遥测站）为中心，在一个边长为100m的等边三角形的三个顶点，均匀打三个50m左右（视当地的水位而定）的深井，将投入式压力变送器沉入井底，取三个变送器测量值的算术平

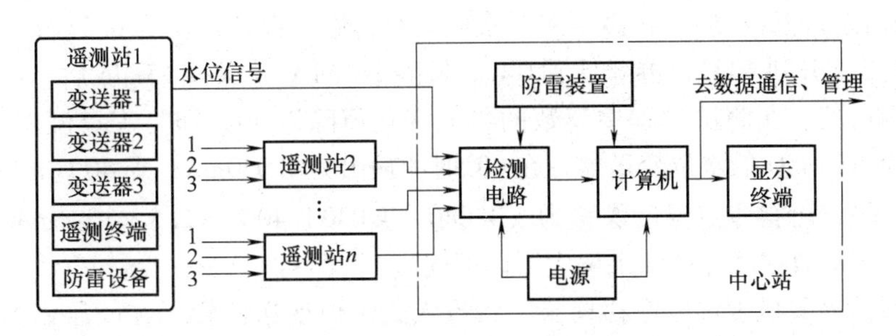

图5-20　水位埋深检测系统原理框图

均值为水位测量结果。

(2) 安装支架　由于水井的淤泥沉淀较多，所以还应设置一个不锈钢安装支架（高度约1m，见图2-10b）。将带有导气电缆（起背压管作用）的变送器夹紧在不锈钢安装支架上，一起缓缓投入水井中。导气电缆的长度应大于水井的深度，并固定在井架上。导气电缆端部的防水接线盒通过屏蔽电缆与遥测中心站的计算机接口相连。

(3) 电源　投入式陶瓷电容投入式液位变送器的电源电压允许范围为9～30V。考虑到有的遥测站与中心站的距离很远，线路压降较为可观，所以选取24V标准电压。电源的功率视变送器的个数而定。本项目的测点共20个，每个测点设置3个变送器，每个变送器的最大电流为20mA，考虑到余量，要求电源必须能提供1.5A以上的电流。

(4) 遥测站和中心站的组成　遥测站主要由变送器、遥测终端、防雷设备等组成；中心站由实时监控服务器、数据服务器、预报分析站、通信设备、电源系统、防雷设施、软件系统等组成。

如果要求系统采用“查询-应答”和“自报”兼容方式工作，则必须选用具有HART通信协议的智能化二线制变送器进行双向通信。可以设置成以自报式为主，查询-应答式为辅。一般情况下，遥测站主动向中心站发送采集到的水位数据，遥测站也能响应中心站的查询信号而发送数据。

5.5.5　有关计算及校验

1. 负载电阻

二线制、4～20mA仪表的输出必须依靠负载电阻，将输出的电流信号转换成电压信号。负载电阻越大，得到的输出电压就越高。但负载电阻的上限受电源电压的限制，当电源电压为24V、变送器的最低工作电压为9V、线路电阻为100Ω时，可以通过厂方给出的经验公式求得最大负载电阻R_L为600Ω。当R_L取500Ω、满量程输出电流为20mA时，最大取样电压$U_o=10V$。当选择HART通信方式时，R_L不应低于250Ω。

2. 水位埋深的计算

设在图5-19b中，陶瓷膜片处的压力为p，$p=\rho gh$（式中ρ为液体密度，g为重力加速度），则被测液位$h=p_1/(\rho g)$，水位埋深$x=l-h$（l为水井的深度）。

如果考虑到不锈钢安装支架的高度h_0，则水位埋深$x=l-h-h_0$。

3. 投入式水位变送器的校验[13]

传感器性能校验的目的是为计算机误差补偿提供数据，主要有以下几点：

（1）零点温度漂移校验 在高压密封水位试验台中，保持水压为0.2mH_2O不变。缓慢地将水温从0℃上升到40℃，再降低到0℃。每隔10±1℃并保持15min后，读取投入式水位变送器的测量值。在测试过程中读数的最大变化值除以40，即为零点温度漂移。例如，某一满度值为50mH_2O的水位变送器，在0℃时的输出为4.030mA，在40℃时变送器的输出上升为4.040mA，可得零点温度漂移为（4.040－4.030）/40℃＝2.5×10^{-4}mA/℃（为了计算方便起见，所举数据的计算结果偏大，以下同）。

（2）灵敏度及灵敏度温度漂移校验 将投入式水位变送器置于在高压密封水位试验台中，将水压从0.2mH_2O增加到40mH_2O（0.3922MPa），水温保持在0℃不变。分别读取水压在0.2mH_2O和40mH_2O时，投入式水位变送器的测量值，可以得到0℃时的灵敏度K_0（ΔI_0/39.8mH_2O）；将水温上升到40℃，按相同的方法，可以得到40℃时的灵敏度K_{40}；将K_{40}减去K_0，再除以40，就等于灵敏度温度漂移。例如0℃时，水压从0.2mH_2O增加到40mH_2O，水位变送器的输出从4.030mA增加到16.830mA，则K_0＝0.322mA/mH_2O；在40℃时，水压从0.2mH_2O增加到40mH_2O，水位变送器的输出从4.040mA增加到16.890mA，则K_{40}＝0.323mA/mH_2O；则零点温度漂移为（$K_{40}-K_0$）/40℃＝1.00×10^{-3}/℃。

（3）输出时漂和再现性误差校验 在约1mH_2O的固定压力下，使投入式水位变送器连续工作24h，水位显示的变化量即为输出时漂。在48h，将水压上升到40mH_2O，再下降到初值。关断电源，再隔24h，重复上述步骤3次。记录1mH_2O的水位显示变化量即为再现性误差。

（4）绝缘电阻校验 将变送器放入水中24h后，在20℃条件下，用直流100V的绝缘电阻表（俗称兆欧表）分别测量变送器的负电源端与机箱外壳之间的绝缘电阻，其值应大于50MΩ。

（5）防水密封性校验 将投入式水位变送器置于1.5倍的额定压力下，保持1h后（或在额定压力条件下，保持10h），按第（4）条方法，测量绝缘电阻不应小于10MΩ。

实际使用时，还需要进行更多的校验项目，以确定测试系统是否达到项目的技术指标。

综上所述，陶瓷电容投入式液位变送器可以长期测量地下静水位，也可以测量动水位和水位下降速度，为地面沉降的监测和控制提供科学依据。

通过学习本项目的设计过程，可以获得许多有益的经验。例如，在实施工程项目时，首先要了解项目的要求、指标，然后收集国内外相关资料，做出多个设计方案，比较不同方案的优劣，确定其中一种最佳方案。然后上网查阅适合本项目的各种仪表和设备。比较不同厂商的产品技术指标，并考虑厂商的信誉和资质，从而确定仪表、设备的具体型号，设计系统方案和实物，调试。还需要对各项技术指标进行认真的校验和考核，进行EMC（电磁兼容）试验（见第12.2节）和老化试验（见图1-15），最后由甲、乙双方根据项目指标和要求，共同对工程项目进行验收。

思考题与习题

5-1 单项选择题

1）在两片间隙为1mm的两块平行极板的间隙中插入相等厚度的__________，可测得最大的电容。

A. 塑料薄膜 B. 干的纸 C. 湿的纸 D. 玻璃薄片

2）电子卡尺的分辨力可达0.01mm，直线行程可达200mm，它的内部所采用的“容栅传感器”由动极板与定极板构成，两者之间的极距保持不变，但可以左右相对移动，其工作原理属于__________。

A. 变极距式　　B. 变面积式　　C. 变介电常数式　　D. 变气隙式

3）在电容传感器中，若采用调频法测量转换电路，则电路中__________。

A. 电容和电感均为变量　　B. 电容是变量，电感保持不变

C. 电容保持常数，电感为变量　　D. 电容和电感均保持不变

4）利用图 5-13 所示的湿敏电容可以测量__________。

A. 空气的绝对湿度　　B. 空气的相对湿度

C. 空气的温度　　D. 纸张的含水量

5）轿车的保护气囊可用__________来控制。

A. 气敏传感器　　B. 湿敏传感器　　C. 差动变压器　　D. 电容式加速度传感器

6）图 5-16 中，当储液罐中装满液体后，电容差压变送器中的膜片__________。

A. 向左弯曲　　B. 向右弯曲　　C. 保持不动　　D. 破裂

7）自来水公司到用户家中抄自来水表数据，得到的是__________。

A. 瞬时流量，单位为 t/h　　B. 累积流量，单位为 t 或 m^3

C. 瞬时流量，单位为 kg/s　　D. 累积流量，单位为 kg

8）在图 5-17 中，管道中流体的流速越快，压力就越__________。

A. 大　　B. 小　　C. 不变　　D. 消失

9）在图 5-17 中，管道中的流体自左向右流动时，__________。

A. $p_1 > p_2$　　B. $p_1 < p_2$　　C. $p_1 = p_2$　　D. 压力均等于零

5-2　光柱显示编码式液位计原理示意图如图 5-21 所示。玻璃连通器 3 的外圆壁上等间隔地套着 n 个不锈钢圆环，显示器采用 101 线 LED 光柱（第一线常亮，作为电源指示）。求：

1）该方法采用了电容传感器中变极距、变面积原理中的哪一种？2）被测液体应该是导电液体还是绝缘体？3）设 $n=32$，$h_2=8\text{m}$，请分别写出该液位计的分辨率（%）及分辨力（h_2/n，几分之一米），并说明如何提高此类传感器的分辨率；4）设当液体上升到第 32 个不锈钢圆环的高度时，101 线 LED 光柱全亮，则当液体上升到 $m=8$ 个不锈钢圆环的高度时，共有多少线 LED 被点亮？

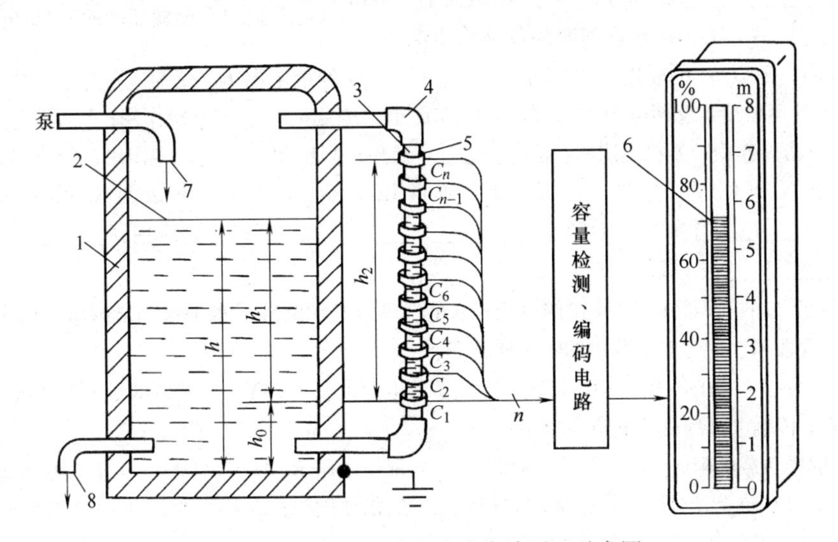

图 5-21　光柱显示编码式液位计原理示意图

1—储液罐　2—液面　3—玻璃连通器　4—钢质直角接头　5—不锈钢圆环

6—101 线 LED 光柱　7—进水口　8—出水口

5-3 人体感应式接近开关原理图如图5-22所示，鉴频器的输入/输出特性曲线如图5-23所示。请分析该原理图并填空。

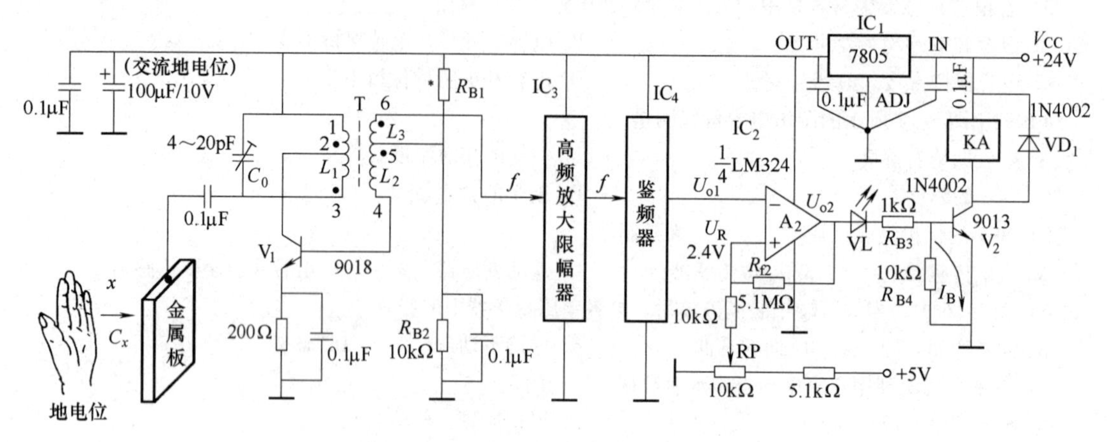

图5-22 人体感应式接近开关原理图

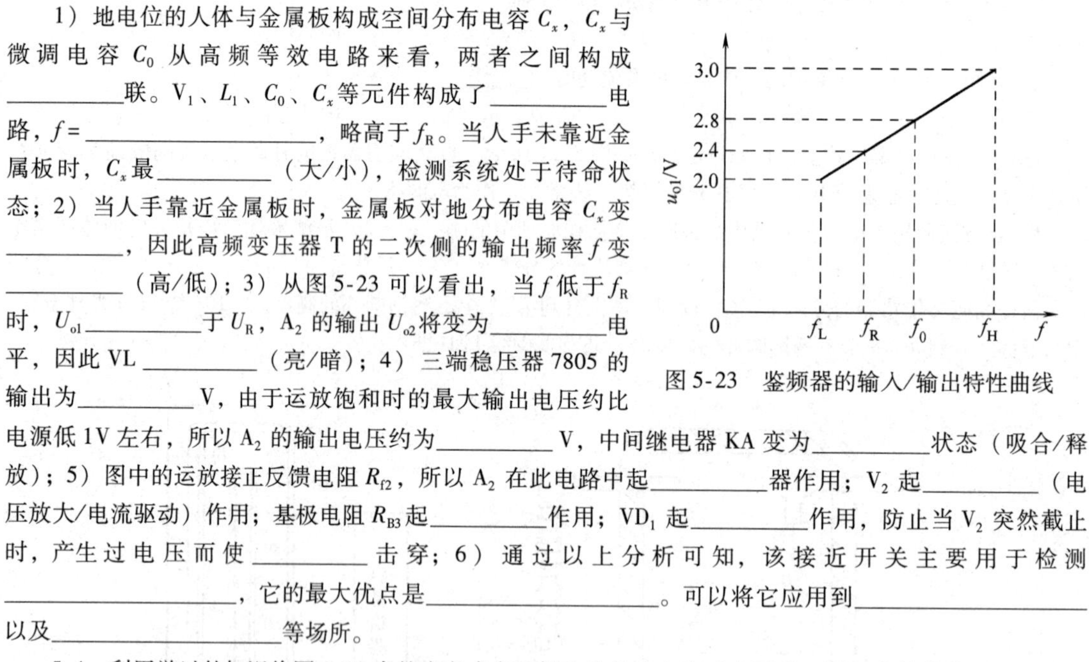

图5-23 鉴频器的输入/输出特性曲线

1）地电位的人体与金属板构成空间分布电容 C_x，C_x 与微调电容 C_0 从高频等效电路来看，两者之间构成__________联。V_1、L_1、C_0、C_x 等元件构成了__________电路，f=____________________，略高于 f_R。当人手未靠近金属板时，C_x 最__________（大/小），检测系统处于待命状态；2）当人手靠近金属板时，金属板对地分布电容 C_x 变__________，因此高频变压器T的二次侧的输出频率 f 变__________（高/低）；3）从图5-23可以看出，当 f 低于 f_R 时，U_{o1}__________于 U_R，A_2 的输出 U_{o2} 将变为__________电平，因此VL__________（亮/暗）；4）三端稳压器7805的输出为__________V，由于运放饱和时的最大输出电压约比电源低1V左右，所以 A_2 的输出电压约为__________V，中间继电器KA变为__________状态（吸合/释放）；5）图中的运放接正反馈电阻 R_{f2}，所以 A_2 在此电路中起__________器作用；V_2 起__________（电压放大/电流驱动）作用；基极电阻 R_{B3} 起__________作用；VD_1 起__________作用，防止当 V_2 突然截止时，产生过电压而使__________击穿；6）通过以上分析可知，该接近开关主要用于检测____________________，它的最大优点是____________________。可以将它应用到____________________以及____________________等场所。

5-4 利用学过的知识将图2-34中的应变式水平仪改为差动电容式水平仪。请画出结构简图，并说明属于变极距、变面积、变介电常数中的哪一种类型。

5-5 某二线制4～20mA电流输出型压力变送器的电源电压为24V，变送器的最低工作电压为12V，传输线路共1km，传输电路的直流电阻为100Ω，求：

1）最大取样负载电阻 R_L 可以达到多少欧？2）当取样电阻 R_L 取250Ω时，取样电阻两端的最大输出电压 U_o 为多少伏？3）当取样电阻 R_L 取250Ω时，传输线的电阻值最多为多少欧？4）当采取HART通信方式时，取样电阻 R_L 不应低于多少欧？

5-6 参考图5-5的原理，将平板电容的上、下极板置于生产绝缘薄膜（例如塑料薄膜）传送生产线的上下方，将绝缘薄膜夹在中间，就可连续监测和控制绝缘薄膜的厚度。

1）请画出测量控制装置的示意图，包括信号调理框图、控制薄膜厚度的张力伺服电动机、卷取辊、变频器、变速传送电动机、传动辊（可参考图3-27）等机械传送装置；2）简要说明闭环控制的工作过程。

5-7　粮食部门在收购、存储谷物、菜籽等时，需测定这些粮食、种子的干燥程度，以防霉变。请根据已学过的知识，设计一台粮食含水量测试仪[14]，要求：

1）能显示在标准质量（100g）条件下粮食的含水量（一般在10%～20%之间）；2）能进行粮食品种的选择（能输入不同的纠正系数）；3）粮食易于倒入及倒出（内极柱应为圆锥顶，将图5-6b的内圆筒倒置）；4）外壳对操作者有静电屏蔽作用（可减少手的影响），引线从下方中心接出，并考虑与周边接地外壳绝缘；5）画出传感器结构简图、信号调理框图，并说明其工作原理及优、缺点。（可参考图5-6b的原理，但结构必须按题意，在工艺和尺寸等方面做适当的修改。）

5-8　谈谈轿车防“侧向碰撞”的传感器选择和安装，并画出简图。

5-9　请上网查阅有关技术合同的规格和有关自来水厂流量测量的资料，草拟一份你所在公司与自来水厂订立的“技改项目协议书”。协议书应包括：甲乙双方名称、双方的权利和义务、技术指标、主要技术方案、完成日期、验收方法、付款方式等。

拓展阅读参考资料列表

序号	作　者	拓展阅读文章题目
1	百度百科	脉冲宽度调制
2	国家质量技术监督检验检疫总局	汽车侧面碰撞的乘员保护
3	深圳市新世联科技有限公司	湿敏电容
4	OMRON	电容接近开关选型
5	百度百科	压力传感器
6	上海涌纬自控成套有限公司	3851系列电容式智能压力变送器选型样本
7	开仪自动化仪表有限公司	KFB3151型电容式压力/差压变送器
8	张渡	流量测量的方法和分类
9	中国工控网	现场仪表对比分析—流量计
10	牛福河，夏洪儒，等	差压式流量计的流量计算及节流件计算
11	正天科技有限公司	FLC-3型浮子式细井水位计
12	无锡盛迈克传感技术有限公司	SMC1800系列干式陶瓷压阻压力传感器
13	国家质量技术监督检验检疫总局	国家标准，水位测量仪器
14	高修吾，杨浩然，等	粮食、油料检验，水分测定法 GB/T 5497—1985

第6章

压电传感器

压电式传感器是一种自发电式传感器。它以某些电介质的压电效应为基础，在外力作用下，在电介质表面产生电荷，从而实现非电量电测的目的。压电传感元件是力敏感元件，可以测量最终能变换为力的非电物理量，例如动态力、动态压力、振动加速度等，但不能用于静态参数的测量。

压电式传感器具有体积小、重量轻、频率响应高、信噪比大等特点。由于压电式传感器没有运动部件，因此结构坚固，可靠性、稳定性高。

近年来，随着电子技术的发展，已可以将测量调理电路与压电探头安装在同一壳体中，输出为电压，能减少传输电缆的影响。

6.1 压电式传感器的工作原理

6.1 拓展阅读资料

在完全黑暗的环境中，用榔头将一块干燥的冰糖敲碎，可以看到冰糖在破碎的瞬间，发出暗淡的蓝色闪光，这是强电场放电所产生的闪光，产生闪光的机理是晶体的压电效应。

6.1.1 压电效应

某些电介质在沿一定方向上受到外力的作用而变形时，内部会产生极化（Polarization）现象，同时在其表面上产生电荷（Electric Charge），当外力去掉后，又重新回到不带电的状态，这种现象称为压电效应（Piezoelectric Effect）。鸣沙丘和煤气灶点火都涉及压电效应。反之，在电介质的极化方向上施加交变电场或电压，它会产生机械振动。当去掉外加电场时，电介质变形随之消失，这种现象称为逆压电效应（电致伸缩效应）。例如，音乐贺卡中的压电片就是利用逆压电效应而发声的。具有压电效应的物质很多，如天然形成的石英晶体、人工制造的压电陶瓷等。现以石英晶体为例，简要说明压电效应的机理。

天然结构的石英晶体（Quartz Crystal）呈六角形晶柱，石英晶体及切片如图6-1所示。在晶体学中可用三根相互垂直的轴来表示。其中纵向轴称为光轴，也称 z 轴，光学透镜就是沿与 z 轴垂直的 z 面切割和磨制的。经过正六面体棱线并垂直于光轴的轴线称为电轴，也称 x 轴；经过正六面体的棱面且垂直于光轴的轴线称为机械轴，也称 y 轴。可以用金刚石刀具沿与 z 轴垂直的方向，从图6-1a所示的石英晶体上切割出一块正平行六面体的切片，如图6-1b所示。再进一步从该正六面体上切割出正方形薄片，如图6-1c所示，这就是工业中常用的石英晶片。正方形薄片的6个面分别垂直于光轴（z轴）、电轴（x轴）和机械轴（y轴）。通常把垂直于x轴的表面称为x面，把垂直于y轴的表面称为y面。

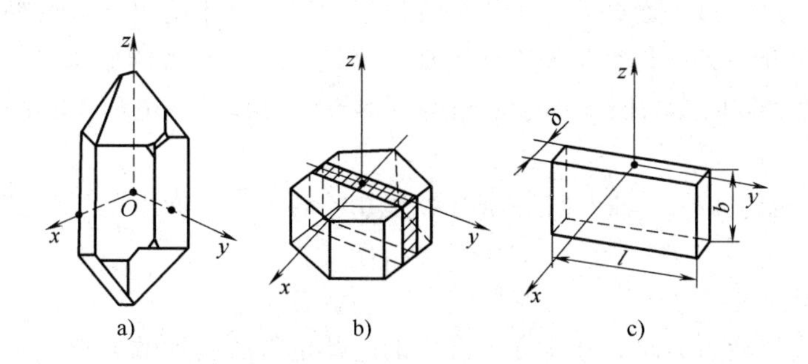

图6-1　石英晶体及切片

a）完整的石英晶体　b）石英晶片的切割　c）石英晶片

石英晶体的压电效应与其内部结构有关。石英晶体的化学式为SiO_2，它的每个晶胞中有3个硅离子和6个氧离子，一个硅离子和两个氧离子交替排列（氧离子是成对出现的）。沿光轴看去，可以等效地认为有如图6-2a所示的正六边形排列结构。在无外力作用时，硅离子所带正电荷的等效中心与氧离子所带负电荷的等效中心是重合的，整个晶胞不呈现带电现象。

当晶体沿电轴（x轴）方向受到压力时，晶格产生变形，如图6-2b所示。硅离子的正电荷中心上移，氧离子的负电荷中心下移，正负电荷中心分离，在晶体的x面的上表面产生正电荷，下表面出现负电荷而形成电场。反之，如果沿x轴方向受到拉力作用时，情况恰好相反，x面的上表面将产生负电荷，下表面产生正电荷。如果受的是交变力，则在x面的上下表面间将产生交变电场。如果在x面的前后表面镀上银电极，就能测出所产生电荷的大小。

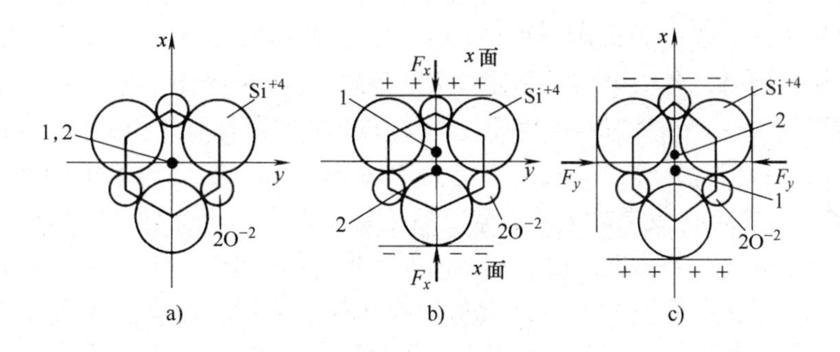

图6-2　石英晶体的压电效应机理

a）未受力时的石英晶体　b）受x向压力时的石英晶体　c）受y向压力时的石英晶体

1—正电荷等效中心　2—负电荷等效中心

由于外力作用在压电元件上产生的电荷只有在无泄漏的情况下才能保存，即需要测量回路具有无限大的输入阻抗，这实际上是不可能的，因此压电式传感器不能用于静态测量。压电元件在交变力的作用下，电荷可以不断补充，可以供给测量回路以一定的交变电流，故只适用于动态测量。

同样，当晶体的机械轴（y 轴）方向受到动态力时，也会产生晶格变形，如图 6-2c 所示。硅离子的正电荷中心下移，氧离子的负电荷中心上移，在 x 面的上表面产生负电荷，下表面产生正电荷，这个过程恰好与 x 轴方向受动态力时所产生的电场方向相反。

从上述分析可知，无论是沿 x 轴方向施加力，还是沿 y 轴方向施加力，电荷只产生在 x 面上。光轴（z 轴）方向受力时，由于晶格的变形不会引起正负电荷中心的分离，所以不会产生压电效应。

在晶体的弹性限度内，x 轴方向上施加动态力 F_x 时，在 x 面上产生的电荷为

$$Q = d_{11} F_x \tag{6-1}$$

式中 d_{11}——压电常数。

在 y 轴方向施加动态力时，在 x 面上产生的电荷也与所施加的力成正比，但还与石英晶片的长度和厚度有关。

6.1.2 压电材料的分类及特性

压电式传感器中的压电元件材料主要有三类：压电晶体（单晶体）、压电陶瓷（多晶体）和高分子压电材料。

1. 石英晶体

石英晶体是一种性能良好的压电晶体，它的突出优点是性能非常稳定。在 20 ~ 200℃ 的范围内压电常数的变化率只有 -0.0001/℃。此外，它还具有自振频率高、动态响应好、机械强度高、绝缘性能好、迟滞小、重复性好、线性范围宽等优点。石英晶体的不足之处是压电常数较小（$d = 2.31 \times 10^{-12}$C/N）。因此石英晶体大多只在标准传感器、高准确度传感器或使用温度较高的传感器中使用，而在一般要求的测量中，基本上采用压电陶瓷。

2. 压电陶瓷

压电陶瓷（Piezoelectric Ceramic）是一种多晶压电材料[1]。某些特殊的陶瓷粉末原料，在一定的工艺条件下，经 1000℃以上高温烧结、机械加工，可以制成圆片或其他需要的形状。烧结而成的压电陶瓷由无数细微的电畴组成，这些电畴实际上是分子自发极化的小区域。在无外电场作用时，各个电畴在晶体中杂乱分布，它们的极化效应被相互抵消了，因此原始的压电陶瓷呈中性，不具有压电性质。为了使压电陶瓷具有压电效应，必须在高温下，用上千伏高电压进行极化处理[2]。极化电场为 3 ~ 5kV/mm，温度为 100 ~ 150℃，时间 5 ~ 20min，这三者是影响极化效果的主要因素。极化处理之后，陶瓷材料内部存在很强的剩余极化强度。当压电陶瓷受外力作用时，其表面能产生电荷，所以压电陶瓷也具有压电效应。

通过改变配方或掺杂微量元素可使材料的技术性能有较大改变，以适应各种不同的要求。压电陶瓷比石英晶体的压电系数高得多，而制造成本却较低，因此目前国内外生产的压电传感器绝大多数都采用压电陶瓷。

常用的压电陶瓷材料主要有以下几种：

（1）锆钛酸铅系列压电陶瓷 锆钛酸铅压电陶瓷（PZT）[3]是由钛酸铅和锆酸铅组成的固熔体。它有较高的压电常数，$d = (200 \sim 500) \times 10^{-12}$C/N，居里点可达 500℃，是目前经常采用的一种压电材料。在上述材料中加入微量的镧（La）、铌（Nb）或锑（Sb）等，可以得到不同性能的 PZT 材料。PZT 是工业中应用较多的压电陶瓷。

（2）非铅系压电陶瓷 为减少制造过程中铅对环境的污染，人们正积极研制非铅系压

电陶瓷[4]。目前非铅系压电陶瓷（铁电陶瓷）体系主要有：$BaTiO_3$ 基无铅压电陶瓷、BNT 基无铅压电陶瓷、铌酸盐基无铅压电陶瓷、钛酸铋钠钾无铅压电陶瓷、钛酸铋锶钙无铅压电陶瓷和钛酸钡钙压电陶瓷等，它们的多项性能都已超过含铅系列压电陶瓷，是今后压电陶瓷的发展方向。

3. 高分子压电材料

高分子压电材料[5]是近年来发展很快的一种新型材料，应用领域也很广。典型的高分子压电材料有聚偏二氟乙烯（PVF2 或 PVDF）、聚氟乙烯（PVF）、改性聚氯乙烯（PVC）等，灵敏度比压电陶瓷高几十倍，其输出脉冲电压有的可以直接驱动 CMOS 集成门电路。

高分子压电材料是一种柔软的压电材料。将 PVDF 树脂加热，用辊压机压制成膜或电缆套管。定向拉伸的温度约为 120℃，在拉伸薄膜的两面蒸镀金、银等金属电极，电极厚度为 0.1μm。

与压电陶瓷类似，必须用高电压进行极化处理。薄膜经极化处理后就显现出电压特性。极化电场强度约为 10～40kV/m，极化场强约 5kV/m，极化温度为 80～100℃，极化时间为 30～60min。

高分子压电薄膜不易破碎，具有防水性，可以制成较大面积或较长的成品，因此价格便宜。其测量动态范围可达 80dB，频率响应范围可从 0.1Hz 直至 10^9Hz。这些优点都是其他压电材料所不具备的。在一些测量准确度要求不高的场合，例如在水声，防盗、振动测量等领域中获得应用。高分子压电薄膜的密度较小，声阻抗也小，与空气的声阻抗有较好的匹配，因而是很有希望的电声材料。例如在它的两侧面电极上施加高压音频信号时，可以制成特大口径的壁挂式低音扬声器，也可以作为超声波空气探头传感器。

高分子压电材料的工作温度一般低于 100℃。温度升高时，灵敏度将降低。它的机械强度不够高，耐紫外线能力较差，不宜暴晒，以免老化。

6.2 压电式传感器的测量转换电路

6.2 拓展阅读资料

6.2.1 压电元件的等效电路

压电元件在承受沿敏感轴方向的外力作用时将产生电荷，因此它相当于一个电荷源。当压电元件表面聚集电荷时，它又相当于一个以压电材料为介质的电容器，两电极板间的电容 C_a 为

$$C_a = \frac{\varepsilon_r \varepsilon_0 A}{\delta} \tag{6-2}$$

式中 A——压电元件电极面积；

δ——压电元件厚度；

ε_r——压电材料的相对介电常数；

ε_0——真空介电常数。

可以把压电元件等效为一个电荷源与一个极间电容 C_a（通常大于 1000pF），以及一个约几兆欧的漏电阻 R_a 相并联的等效电路，如图 6-3 所示，图中的 R_a 与空气的湿度有关。如果忽略 R_a 的影响，压电元件 B 的端电压 U_o 与产生的电荷 Q 的关系为

$$U_o = \frac{Q}{C_a} \quad (6\text{-}3)$$

式中 U_o——压电元件输出端的交流电压有效值；

Q——压电元件输出电荷量的交流有效值。

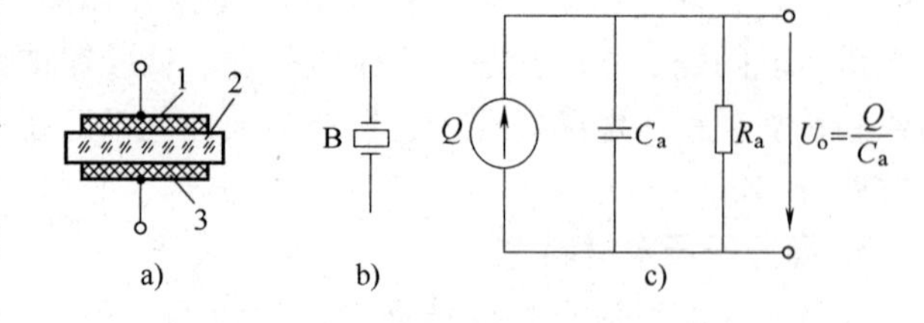

图6-3 压电元件的图形符号及等效电路

a）结构示意图 b）压电元件的符号 c）压电元件的等效电路

1—镀银上电极 2—压电晶体 3—镀银下电极

如果压电元件直接与放大器配套使用，还应考虑到传输屏蔽电缆芯线对接地的屏蔽层分布电容 C_c 的影响。如果忽略 R_a 和放大器的输入电阻 R_i 的影响，则有

$$U_i = \frac{Q}{C_{总}} = \frac{Q}{C_a + C_c + C_i}$$

式中 C_i——电压放大器的输入电容；

Q——压电元件输出的电荷量。

屏蔽电缆的对地分布电容大约为100pF/m。当屏蔽电缆较长时，C_c 显著增大，放大器的输入电压 U_i将比压电传感器空载时的输出电压 U_o小很多。从图6-3可知，外力作用在压电元件上，虽然可以产生电荷 Q，但在上下镀银电极之间总是存在泄漏电阻 R_a，电荷的保存时间通常小于几秒，而且要求放大器的输入电阻 R_i 无限大，因此压电式传感器不能用于静态力的测量。

6.2.2 电荷放大器

压电元件的输出信号非常微弱，一般需将电信号放大后才能送到二次仪表。因为压电元件的内阻抗极高，因此它需要与高输入阻抗的前置放大器配合。如果使用电压放大器，其输入电压将随屏蔽电缆的分布电容 C_c 而变化，会影响测量结果，目前多采用能减小屏蔽电缆分布电容影响的电荷放大器[6]（Charge-Amplifier）。

1. 电荷放大器原理

电荷放大器实际上是一种输出电压与输入电荷量成正比的“电荷/电压转换器”，与压电元件配接，可用于测量振动、冲击、压力等机械量，输入可接长电缆，对测量准确度的影响较小。质量好的电荷放大器的频带宽度可达0.01Hz～100kHz，灵敏度可达1V/g，或10V/(m·s^{-2})，输出峰值可达±10V或±100mA。

电荷放大器是一个具有反馈电容 C_f 的高增益运算放大器电路，如图6-4所示。当放大器开环增益 A 和输入电阻 R_i、反馈电阻 R_f（用于防止放大器的直流饱和）相当大时，放大器的输出电压 U_o 正比于输入电荷 Q，反比于反馈电容 C_f，而基本上与 C_c 无关。

在图6-4中，反馈电容 C_f跨接在放大器的反相输入端和输出端之间。根据密勒等效定理[7]，相当于在输入端并联了一个容量很大的等效电容 C_f'。设运算放大器的开环增益数为 A，通常约为120dB，相当于10^6。$C_f' = (1+A)C_f$，C_f的取值范围多为100pF～0.1μF。若 C_f 取最小值100pF，则等效电容 C_f'约为100μF。输入回路的总电容基本上由 C_f'决定

$$C_{总} = C_a + C_c + C_i + (1+A)C_f$$

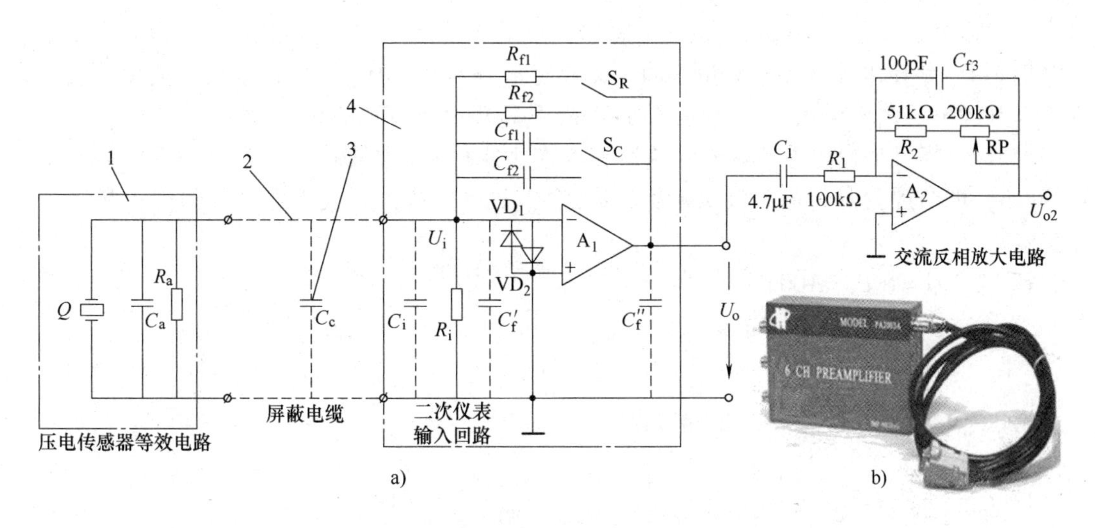

图6-4　电荷放大器

a）电路　b）外形

1—压电传感器　2—屏蔽电缆线　3—传输线分布电容　4—电荷放大器

S_C—灵敏度选择开关　S_R—带宽选择开关

C_f'—C_f在放大器输入端的密勒等效电容　C_f''—C_f在放大器输出端的密勒等效电容

电荷放大器的输出电压

$$U_o = -Au_i = -A\frac{Q}{C_{总}} = \frac{-AQ}{C_a + C_c + C_i + (1+A)C_f}$$

式中　Q——压电元件受动态力作用所产生的电荷有效值；

C_f——并联在放大器输入端和输出端之间的反馈电容。

当A足够大时，则$(1+A)C_f \gg (C_a + C_c + C_i)$，上式可化简为

$$U_o \approx \frac{-AQ}{(1+A)C_f} \approx -\frac{Q}{C_f} \tag{6-4}$$

由式（6-4）可知，电荷放大器的输出电压仅与输入电荷和反馈电容有关，电缆引线电容等因素的影响可忽略不计。

2. 反馈电容和反馈电阻的选取

根据式（6-4），当被测振动较小时，电荷放大器的反馈电容C_f应取得小一些，可以取得较大的输出电压；为了进一步减少传感器输出电缆的分布电容对放大电路的影响，常将电荷放大器装在传感器内，或紧靠在传感器附近；为了防止电荷放大器的输入端受“过电压”影响，可在集成运放输入端并联保护二极管VD_1、VD_2；为了防止因C_f长时间充电导致集成运放饱和，必须在C_f上并联直流负反馈电阻R_f。

电荷放大器的高频截止频率主要由运算放大器的电压上升率和电缆引线电容决定。下限频率f_L由R_f与C_f的乘积决定。当被测电荷信号的频率下降到f_L时，电荷放大器的输出电压降低到中频时的$1/\sqrt{2}$（即中频时的0.707）。$f_L = 1/2\pi C_f R_f$。

常见的电荷放大器第一级通常为高输入阻抗的Q-U转换器，是整个电荷放大器的核心部分；第2级为可调放大倍数的放大器；第3级为低通滤波器；第4级为高通滤波器；第5

级为功率输出放大器，还包括过负荷报警器、稳压电源等。实际电路比图6-4复杂得多。

例6-1 某压电元件用于测量振动，灵敏度 $d_{11}=100\times10^{-12}\text{C/N}$，电荷放大器的反馈电容 $C_f=1000\text{pF}$，$R_f=10\text{M}\Omega$，测得图6-4中 A_1 的输出电压 $U_o=0.2\text{V}$，求：

1）压电元件的输出电荷量 Q 的有效值为多少库伦？2）被测振动力 F 的有效值为多少牛顿？3）电荷放大器的灵敏度 K_Q 为多少 mV/pC？4）该电荷放大器的低频截止频率为多少赫？

解 1）$Q=C_fU_o=1000\times10^{-12}\text{F}\times0.2\text{V}=200\times10^{-12}\text{C}=200\text{pC}$。

2）$F=\dfrac{Q}{d_{11}}=\dfrac{200\times10^{-12}\text{C}}{100\times10^{-12}\text{C/N}}=2\text{N}$。

3）$K_Q=\dfrac{U}{Q}=\dfrac{200\text{mV}}{200\times10^{-12}\text{C}}=1\text{mV/pC}$。

4）$f_L=\dfrac{1}{2\pi R_fC_f}\approx\dfrac{1}{2\times3.14\times10\times10^6\times1000\times10^{-12}\text{s}}=16\text{Hz}$。

内置电荷放大器的便携式测振仪可以显示时域图形和频域图形（见第6.4节），便携式测振仪外形及频谱图如图6-5所示。用户可根据被测信号的频率下限，用图6-4中的开关 S_R 切换不同的 R_f，来获得不同的带宽，以减小噪声干扰。

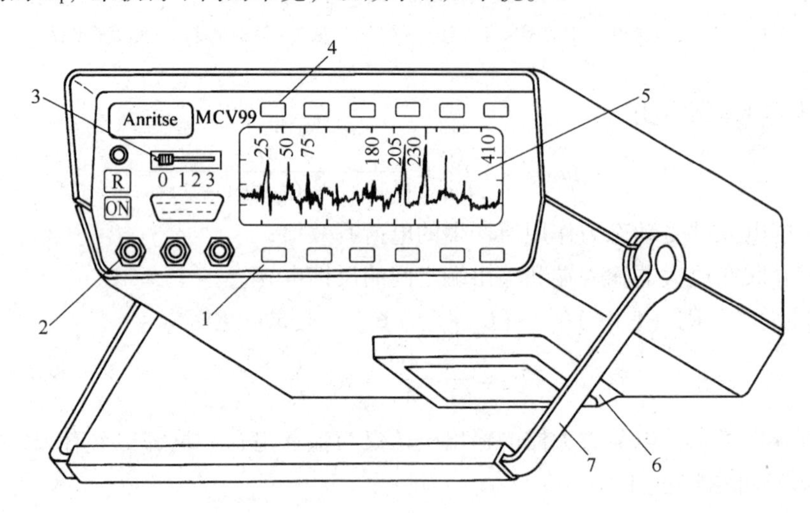

图6-5 便携式测振仪外形及频谱图

1—量程选择开关 2—压电传感器输入信号插座 3—多路选择开关 4—带宽选择开关
5—带背光的点阵液晶频谱显示器 6—电池盒 7—可变角度支架

6.3 压电传感器的结构及应用

6.3 拓展阅读资料

压电传感器主要用于脉动力、冲击力、振动等动态参数的测量。由于压电材料可以是石英晶体、压电陶瓷和高分子压电材料等，它们的特性不尽相同，所以用途也不一样。

石英晶体主要用于精密测量，多作为实验室基准传感器；压电陶瓷灵敏度较高，机械强度稍低，多用作测力和振动传感器；而高分子压电材料多用作定性测量。

6.3.1　高分子压电材料的应用

1. 玻璃打碎报警装置

玻璃破碎时会发出几千赫以上的振动。将高分子压电薄膜粘贴在玻璃上，可以感受到这一振动，并将电压信号传送给集中报警系统。高分子压电薄膜振动感应片如图6-6所示。

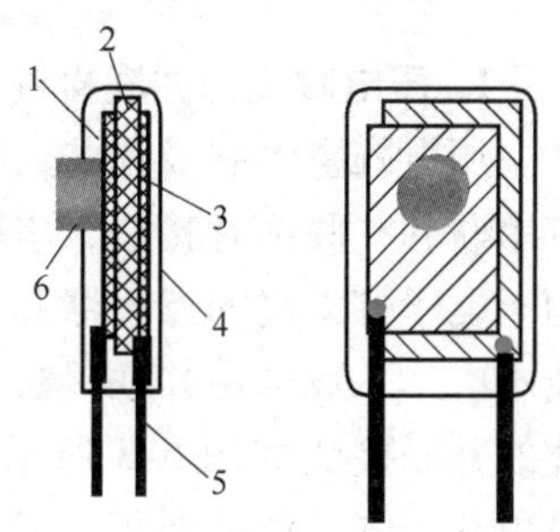

图6-6　高分子压电薄膜振动感应片

1—正面透明电极　2—PVDF薄膜　3—反面透明电极　4—保护膜　5—引脚　6—质量块

高分子薄膜厚约0.2mm，用聚偏二氟乙烯（PVDF）薄膜裁制成10mm×20mm大小。在它的正反两面各喷涂透明的二氧化锡导电电极，也可以用热印制工艺制作铝薄膜电极再用超声波焊接上两根柔软的电极引线，并用保护膜覆盖。

使用时，用瞬干胶将其粘贴在玻璃上。当玻璃遭暴力打碎的瞬间，压电薄膜感受到剧烈振动，表面产生电荷Q，在两个输出引脚之间产生窄脉冲电压$u_o = Q/C_a$（C_a是两电极之间的电容及电缆线的分布电容）。脉冲信号经放大后，用电缆输送到集中报警装置，产生报警信号。

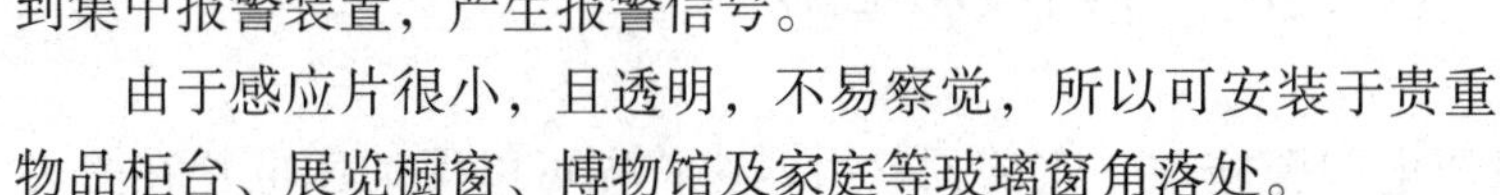

由于感应片很小，且透明，不易察觉，所以可安装于贵重物品柜台、展览橱窗、博物馆及家庭等玻璃窗角落处。

2. 压电式周界报警系统

周界报警系统[8]又称线控报警系统，警戒的是一条边界包围的重要区域。当入侵者进入防范区之内时，系统就会发出报警信号。

周界报警器最常见的是安装有报警器的铁丝网，但在民用部门常使用隐蔽的传感器。常用的有以下几种形式：地音传感器、高频辐射漏泄电缆、红外激光遮断式、微波多普勒式、高分子压电电缆等[9]，高分子压电电缆周界报警系统如图6-7所示。

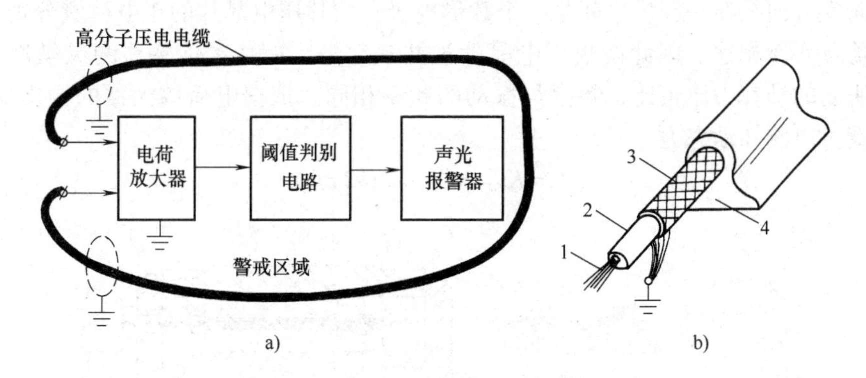

图6-7　高分子压电电缆周界报警系统

a）原理框图　　b）高分子压电电缆的结构

1—铜心线（分布电容内电极）　2—管状高分子压电塑料绝缘层

3—铜网屏蔽层（分布电容外电极）　4—橡胶保护层（承压弹性元件）

在警戒区域的四周埋设多根以高分子压电材料为绝缘物的单芯屏蔽电缆。由于屏蔽层接大地，与电缆芯线之间以PVDF为介质而构成分布电容。当入侵者踩到电缆上面的柔性地面时，该压电电缆受到挤压，产生压电脉冲，引起报警。通过编码电路，还可以判断入侵者的大致方位。压电电缆可长达数百米，可警戒较大的区域，不易受电、光、雾、雨水等干扰，费用也比微波等方法便宜。

6.3.2 压电陶瓷传感器的应用

1. 压电陶瓷的并联接法

压电陶瓷多制成片状，称为压电片。压电片通常是两片（或两片以上）黏结在一起，有串联和并联两种接法，串联法能提高输出电压，可以用于电子打火机的点火器和压电式高压变压器。在检测技术中，一般采用并联接法，以增加输出电荷量。压电片的并联接法如图6-8所示，其总面积及输出电容 $C_{并}$ 是单片压电元件的两倍，但输出电压 $U_{并}$ 仍等于单片压电元件的电压 U，极板上的总电荷 $Q_{并}$ 为单片电荷 Q 的两倍，即

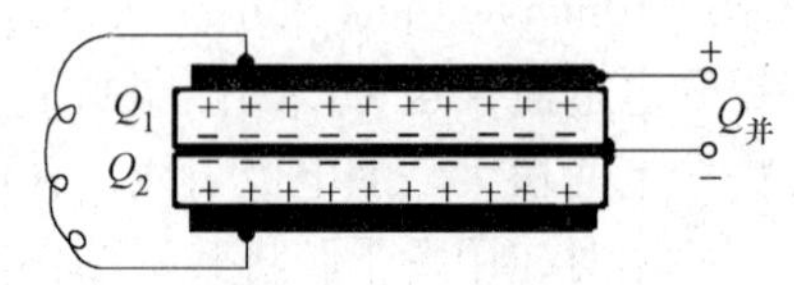

图6-8 压电片的并联接法

$$C_{并}=2C,\ U_{并}=U,\ Q_{并}=2Q$$

2. 压电陶瓷的预紧力

在测力传感器中，必须对压电陶瓷施加一定的预紧力，这首先可以保证压电片在受力时，不易松动；其次能消除两压电片之间因接触不良而引起的非线性误差。预紧力在两个镀银电极之间产生的正负电荷在预紧几秒之后就会相互中和，不影响之后的交变力测量。但是预紧力也不能太大，否则将会引起压电陶瓷的破损。

3. 压电陶瓷用于动态力、振动和加速度的测量

（1）压电式动态力传感器　压电式单向动态力传感器如图6-9所示，可以用于车床动态切削力的测试。被测力通过传力上盖使压电晶片在沿轴方向受压力作用而产生电荷，两块晶片沿轴向反方向叠在一起，中间是一个片形电极。两片压电晶片的正电荷侧分别与传感器的传力上盖及底座相连。因此两块压电晶片被并联起来，提高了传感器的灵敏度。电荷 Q 的幅值与所受的动态力成正比，频率与振动的频率相同。依据电荷放大器的输出 u_o 的幅值和频率，就可以测知动态力

$$\Delta F=Ku_o=KU_{oP}\sin(2\pi ft) \tag{6-5}$$

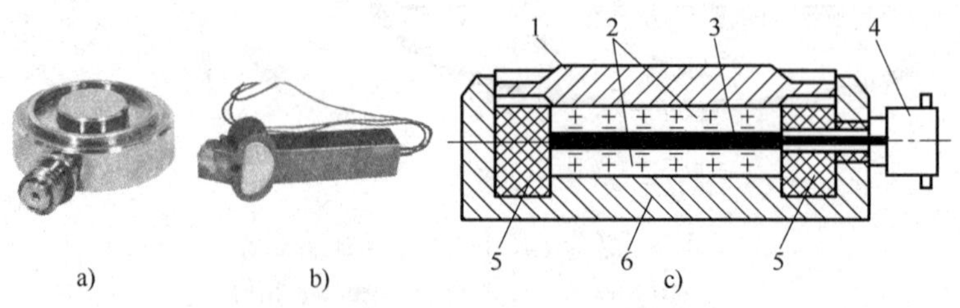

图6-9 压电式单向动态力传感器

a）单向力传感器外形　b）三维切削力传感器外形　c）内部结构

1—刚性传力上盖　2—压电片　3—电极　4—电极引出插头　5—绝缘材料　6—底座

压电式单向动态力传感器的测力范围与压电晶片的尺寸有关。例如，一片直径为

18mm、厚度为7mm的压电晶片可承受5kN的力，可以测量固有振动频率（可达数十千赫）以下的振动。YDS-III79K型压电石英三维力传感器特性指标如表6-1所示。

表6-1　YDS-III79K型压电石英三维力传感器特性指标

项　　目	数　　值
z向测力范围/kgf①	±1000
x、y向测力范围/kgf	±200
分辨力/kgf	±0.001
z向灵敏度/(pC/kgf)	±40
x、y向灵敏度/(pC/kgf)	±80
刚度/kgf	85
固有频率/kHz	15~25
非线性（%）	±1
横向干扰（%）	±5
温度系数/(%℃$^{-1}$)	-0.04
使用温度范围/℃	-60~120

① 工程中，1kgf≈10.2N。

（2）单向动态力传感器的应用　利用单向动态力传感器测量刀具切削力的示意图如图6-10所示，压电动态力传感器位于车刀前端的下方。

切削前，虽然车刀紧压在传感器上，压电晶片在压紧的瞬间产生电荷，但几秒之内，正负电荷就通过外电路的泄漏电阻中和掉了。

切削过程中，车刀在切削力的作用下，车床上下剧烈振动[10]，将脉动力传递给单向动态力传感器。传感器的电荷变化量由电荷放大器转换成电压，经处理后，用记录仪记录下切削力的变化量。

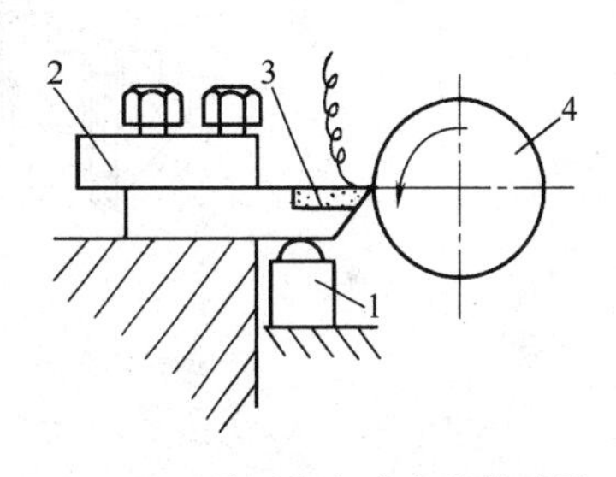

图6-10　利用单向动态力传感器测量刀具切削力的示意图
1—单向动态力传感器　2—刀架
3—车刀　4—工件

6.4　振动测量及频谱分析

6.4　拓展阅读资料

6.4.1　振动的基本概念

物体围绕平衡位置做往复运动称为振动（Vibration）。从振动对象来分，有机械振动（例如机床、电机、泵风机等运行时的振动），土木结构振动（房屋、桥梁等的振动），运输工具振动（汽车、飞机等的振动）以及地震、武器、爆炸引起的冲击振动等。从振动的频率范围来分，有高频振动、低频振动和超低频振动等。

振动测量主要是研究上述各种振动的特征、变化规律以及分析产生振动的原因，从而找出解决问题的方法。

物体振动一次所需的时间称为周期，用T表示，单位是s。每秒振动的次数称为频率，用f表示，单位为Hz。振动物体的位移用x表示，偏离平衡位置的最大距离称为振幅（Amplitude），用A表示，单位为mm；振动的速度（Speed）用v表示，单位为m/s；加速度（Acceleration）用a表示，单位为m/s^2。

6.4.2 测振传感器分类

测振用的传感器又称拾振器（Picked Vibrator），有接触式和非接触式之分。接触式中又有磁电式、电感式、压电式等。非接触式中又有电涡流式、电容式、霍尔式、光电式等。在图6-11所示的测振系统力学模型中[11]，有一个质量块m、弹簧k、阻尼器c（包括弹性体的内耗及弹性滞后）。这样的测振系统称为惯性式测振系统。惯性式测振系统必须紧固在被测振动体A上。

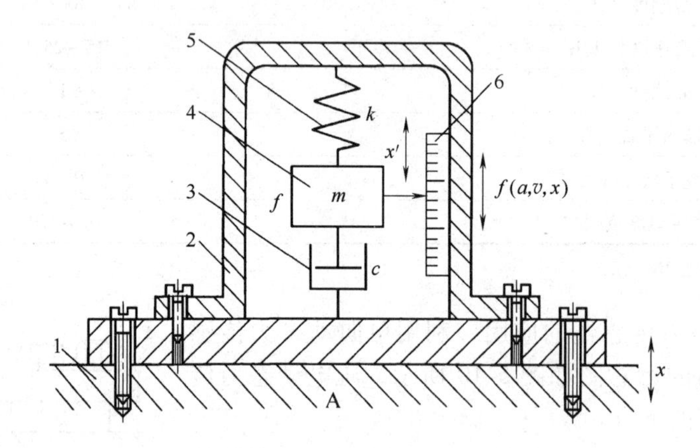

图6-11　测振系统力学模型

1—振动体基座　2—壳体　3—阻尼器　4—惯性体　5—弹簧　6—标尺

当测振系统自身的固有振动频率$f_0$$\left(f_0=\frac{1}{2\pi}\sqrt{\frac{K}{m}}\right)$远小于被测振动体A的振动频率$f$，即$f_0\leqslant 5f$时，质量块$m$相对于壳体的振动位移$x'$将与被测振动体A的振动位移$x$成正比，这样的测振传感器称为振幅计，如图3-25所示的差动变压器式测振仪等；当$f_0\approx f$且阻尼c很大时，质量块m的振动位移x'将与被测振动体A的振动速度v成正比，这样的测振传感器称为速度计，如电动式测振仪等；当$f_0\geqslant 5f$时，质量块将与振动体A一起振动，质量块与被测振动体A所感受到的振动加速度a基本一致，这样的测振传感器称为加速度计，如图6-12所示的压电式振动加速度传感器等。

6.4.3 压电式振动加速度传感器的结构

常用的压电式振动加速度传感器[12]如图6-12所示。当传感器与被测振动加速度的机件紧固在一起后，传感器受机械运动的振动加速度作用，压电晶片受到质量块惯性引起的交变力，其方向与振动加速度方向相反，大小由$F=ma$决定。惯性引起的压力作用在压电晶片上产生电荷。电荷由引出电极输出，由此将振动加速度转换成电参量。弹簧给压电晶片施加预紧力。预紧力的大小基本不影响输出电荷的大小。若预紧力不够，而加速度又较大时，质量块将与压电晶片敲击碰撞；预紧力也不能太大，否则又会引起压电晶片的非线性误

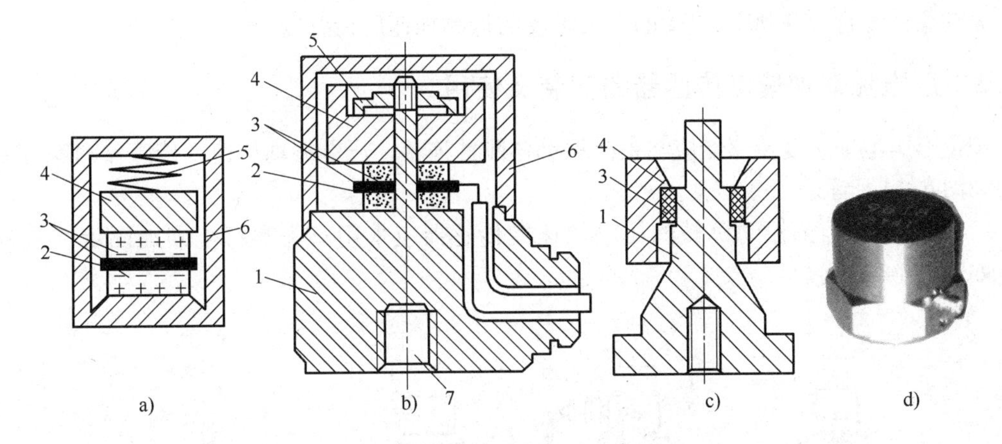

图6-12 常用的压电式振动加速度传感器

a）原理图 b）中心压缩式压电加速度传感器结构 c）环形剪切式压电加速度传感器结构 d）外形

1—基座 2—引出电极 3—压电晶片 4—质量块 5—弹簧 6—壳体 7—固定螺孔

差。常用的压电式加速度传感器的结构多种多样，图6-12b的结构有较高的固有振动频率（符合 $f_0>5f$），可用于较高频率的测量（几千赫至几十千赫）。

上述压电传感器称为中心安装压缩式结构。目前，还更多地使用性能比中心安装压缩式结构更好的环形剪切式压电加速度传感器[13]如图6-12c所示。

6.4.4 压电振动加速度传感器的性能指标

（1）灵敏度 K　压电式加速度传感器属于自发电型传感器，它的输出为电荷量，以pC为单位（$1\text{pC}=10^{-12}\text{C}$）。而输入量为加速度，单位为 m/s^2，所以灵敏度以 pC/(ms)^{-2} 为单位。但是在振动测量中，往往用标准重力加速度g作为加速度的单位，这是检测行业的一种习惯用法。大多数测量振动的仪器都用g作为加速度单位，并在仪器的面板上以及说明书中标出，灵敏度的范围约为10～100pC/g。

目前许多压电加速度传感器已将电荷放大器做在同一个壳体中，它的输出是电压，所以许多压电加速度传感器的灵敏度单位为mV/g，范围为10～1000mV/g。

灵敏度并不是越高越好。灵敏度低的传感器可用于动态范围很宽的振动测量，例如打桩机的冲击振动、汽车的撞击试验、炸弹的贯穿延时引爆等。而高灵敏度的压电传感器可用于测量微弱的振动。例如用于寻找地下管道的泄漏点（水管漏水处可发出几千赫的振动），或测量桥梁、楼房、桩基的受激振动以及分析精密机床床身的振动以提高加工准确度等。

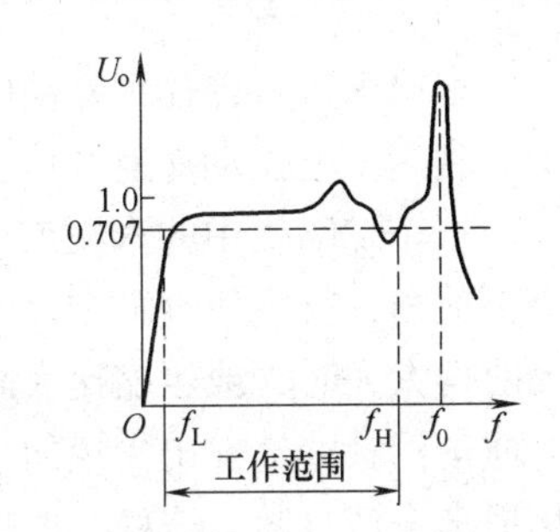

图6-13 压电加速度传感器的频率响应范围

（2）频率范围　常见的压电加速度传感器的频率范围为0.01Hz～20kHz。压电加速度传感器的频率响应范围如图6-13所示。当被测振动的频率接近传感器的固有频率 f_0 时，传感器的输出急剧增大。

（3）动态范围　常用的测量范围为0.1～100g，或 1000m/s^2。测量冲击振动时应选用100～10000g的高频加速度传感器；而测量桥梁、地基等微弱振动往往要选择0.001～10g的高灵敏度的低频加速度传感器。

6.4.5 压电振动加速度传感器的安装及使用

理论上压电加速度传感器应与被测振动体刚性连接。压电振动加速度传感器的安装使用方法如图6-14所示。

1）用于长期监测振动机械的压电加速度传感器应采用双头螺钉牢固地固定在监视点上，如图6-14a所示。

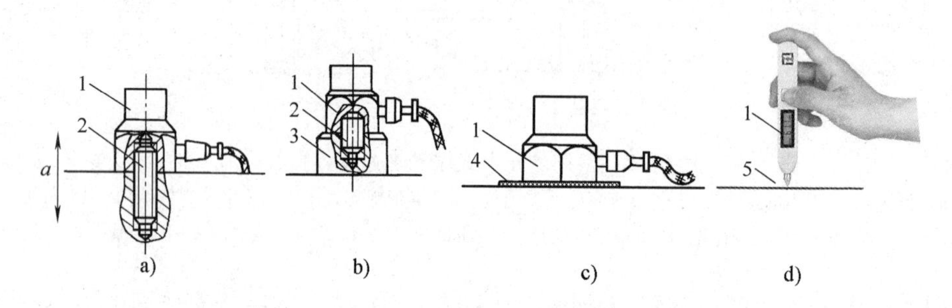

图6-14 压电振动加速度传感器安装使用方法

a）双头螺钉固定法 b）磁铁吸附法 c）胶水黏结法 d）手持探针式法

1—压电式加速度传感器 2—双头螺钉 3—磁铁 4—黏结剂 5—顶针

2）短时间监测低频微弱振动时，可用磁铁将钢质传感器底座吸附在监测点上，如图6-14b所示。

3）临时测量更微弱的振动时，可以用环氧树脂、瞬干胶，甚至双面胶将传感器牢固地胶于监测点上，如图6-14c所示。但要注意传感器底座与被测体之间的胶层越薄越好，否则将会使高频响应变差，使用上限频率降低。

4）在对许多测试点进行定期巡检时，也可采用手持探针式加速度传感器。使用时，用手握住探针，紧紧地抵触在监测点上，如图6-14d所示。此方法方便，但测量误差较大，重复性差，使用频率上限将降低到500Hz以下。

6.4.6 压电振动加速度传感器在汽车中的应用

在第5.3节曾提到差动电容式加速度传感器可以用于汽车碰撞时使气囊迅速充气的例子。利用压电振动加速度传感器也可以实现同样的目的。

汽车发动机中的汽缸点火时刻必须十分精确。如果恰当地将点火时间提前一些，即有一个提前角，就可使汽缸中汽油与空气的混合气体得到充分燃烧，使扭矩增大，排污减少。但提前角太大时，或压缩比太高时，混合气体燃烧受到干扰或自燃，就会产生冲击波，以超音速撞击汽缸壁，发出尖锐的金属敲击声，称为爆震（俗称敲缸），可能使火花塞、活塞环熔化损坏，使缸盖、连杆、曲轴等部件过载、变形。

将类似于图6-13的压电式振动传感器旋在汽缸体的侧壁上。当内燃机发生爆震时，传感器产生共振，输出尖脉冲信号（5kHz左右）送到汽车发动机的电控单元（又称ECU），进而推迟点火时刻，尽量使点火时刻接近爆震区而不发生爆震，又能使发动机输出尽可能大的扭矩。

6.4.7 振动的频谱分析

1. 时域图形和频域图形

（1）时域图形　使用示波器可以看到振动加速度的波形图。图6-15是使用压电振动加速度传感器测量一台振动剧烈的空调压缩机的振动波形。图6-15的横坐标为时间轴，因此称为时域图形（Time-domain Graph）。从这个波形图中，可以看到它的幅度变化明显地存在着周期为几秒的振动，还能隐隐约约地看到它还包含其他频率高得多的周期振动。除此之外，无法从这些杂乱无章的波形中得到更多的信息，也无法用频率计测出这些复杂的频率分量。

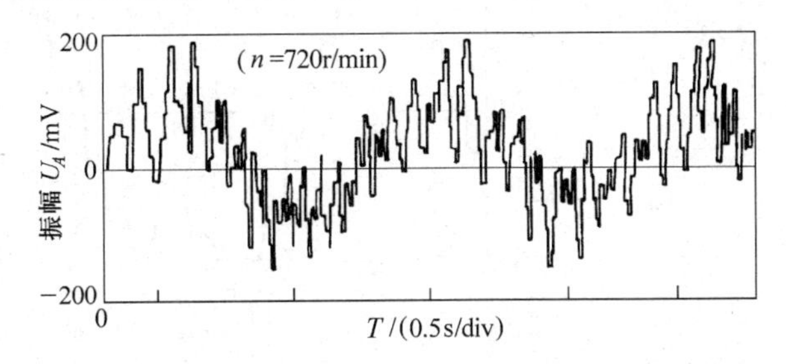

图6-15　空调压缩机在720r/min带负载时的时域图形

（2）频域图形　如果将时域图经过快速傅里叶变换[14]（FFT），就能在计算机显示器上显示出另一种坐标图，它的横坐标为频率f，纵坐标可以是加速度，也可以是振幅或功率等。它反映了在频率范围之内，对应于每一个频率的振动分量的大小，这样的图形称为频谱图或频域图形（Frequency-domain Graph），专门用于测量和显示频谱的仪器称为频谱仪（Spectrum Analyzer）。

用频谱仪将图6-15的时域图经FFT变换，就可以得到图6-16所示的频谱图。从图中可以看到，这台压缩机在$f=0.86$Hz时存在很窄的尖峰电压，称之为“谱线”，人们感觉到压缩机的低频颤动就是接近1Hz的振动造成的，它使人的心脏感到难受。从频谱图中还可以看到，在24.9Hz、50Hz以及其他频率点上还存在高低不一的谱线（Spectral Lines）。依靠这些频线，可以根据“故障分析技术”（Failure Analysis）分析振动的原因和解决方案。

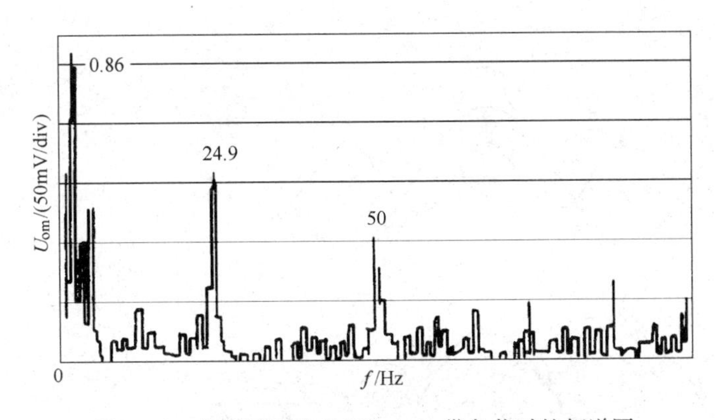

图6-16　空调压缩机在720r/min带负载时的频谱图

2. 依靠频谱分析法进行故障诊断

某手扶拖拉机发动机活塞振动的时域图和频谱图如图6-17所示。从时域图可以看出，活塞的振动不是简谐振动（不是正弦波形），其中必定包括了其他的振动分量。从频谱仪得到的频谱图（又称频域图，见图6-17b）中可以清楚地看到，活塞的振动是由5Hz和10Hz

等多个振动分量合成的。10Hz 的幅值大约是 5Hz 幅值的一半。

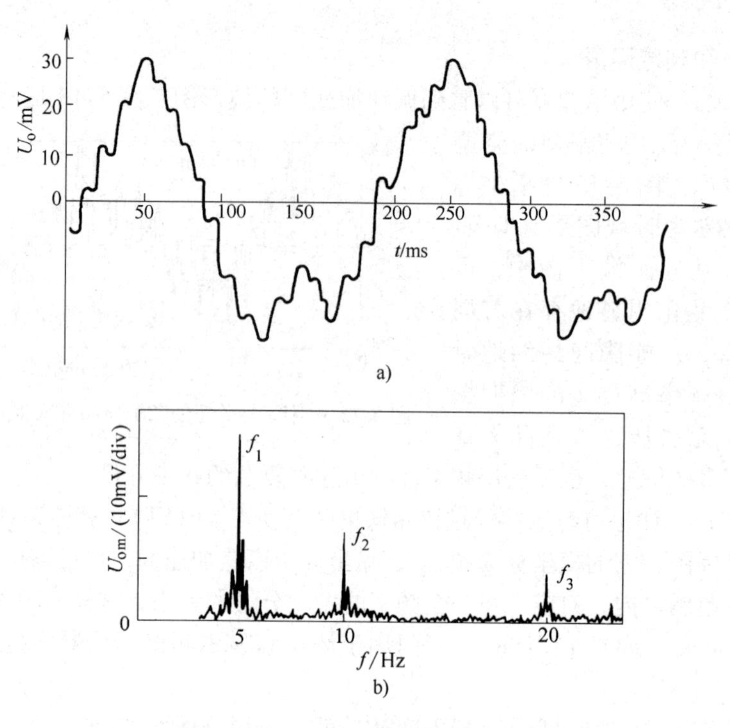

图 6-17 手扶拖拉机发动机活塞振动的时域图和频谱图

a）时域图 b）频谱图

如果不考虑其他振动分量，而单独地将 5Hz 和 10Hz 这两个频率信号画在时域坐标图中，并用代数作图法叠加，就可以合成与图 6-17a 相似的波形，如图 6-18a 中的虚线所示。若增加其他谐波分量（例如 20Hz），合成波形就不光滑了。如果试着将图 6-18a 中的 f_1、f_2

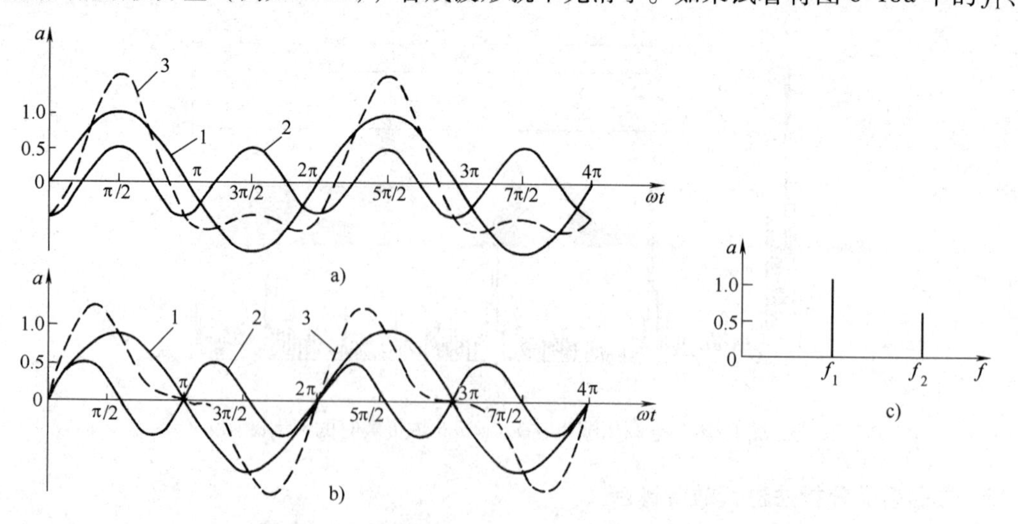

图 6-18 频谱图相同、相位不同而合成的不同波形

a）第一种相位差时的合成 b）第二种相位差时的合成 c）相同的频谱图

1—f_1 的时域波形 2—f_2 的时域波形（$f_2=2f_1$） 3—合成后的波形

两个频率信号的相位稍微错开一些，将得到与图6-18a有很大区别的波形，如图6-18b中的虚线所示，但它们所含谐波的频率、幅度是相同的。

在故障引起的振动中，许多不同频率分量的相位不停地变化，它们的合成波形基于上述原因而变得杂乱无章和似乎毫无规律，远比图6-17复杂，从时域图很难分析振动的原因。而它的频谱图却不因相位变化而变化（见图6-18c），因此可依靠频谱分析（Spectrum Analysis）法进行故障诊断[15]（Fault Diagnosis）。

根据图6-17所示的发动机活塞振动谱线，我们可以尝试分析该拖拉机的故障。有经验的工程师可能会告诉你：f_2的存在说明发动机的燃气压缩比不正确；在f_1和f_2的两侧还出现较多的小谱线——工程中称其为边频带，说明是发动机减速齿轮磨损严重，导致啮合不良。

以上故障分析必须依靠长期的经验积累，并保存正常和各种非正常的频谱图档案，以便检修时作对比。当与正常运行状态下的频谱图相比较时，若发现出现新的谱线（见图6-17b中的f_3）时，就要考虑该机械是否发生了某些新的故障。

6.5　工程项目设计实例——压电传感器在齿轮箱故障诊断中的应用

6.5　拓展阅读资料

6.5.1　项目来源及意义

低速筒式磨煤机主要用于火力发电厂“粉磨”各种硬度的煤炭，同时也适用于冶金、建材、化工等行业的煤粉制备。低速筒式磨煤机主要由进料、出料部、传动部、轴承部等组成。原煤由进料部进入回转部，筒体转动时，研磨钢球被提升到一定高度后，在重力的作用下跌落，煤块被冲击和研磨成煤粉。磨好的煤粉经分级筛选后成品进入煤粉仓，不合格品返回磨机筒体重新研磨。

某发电厂的低速筒式磨煤机噪声大、振动剧烈，该厂希望通过振动频谱分析，确定磨煤机振动的原因和故障点。低速筒式磨煤机外形及齿轮箱解剖图如图6-19所示，某发电厂使用的低速筒式磨煤机特性如表6-2所示。

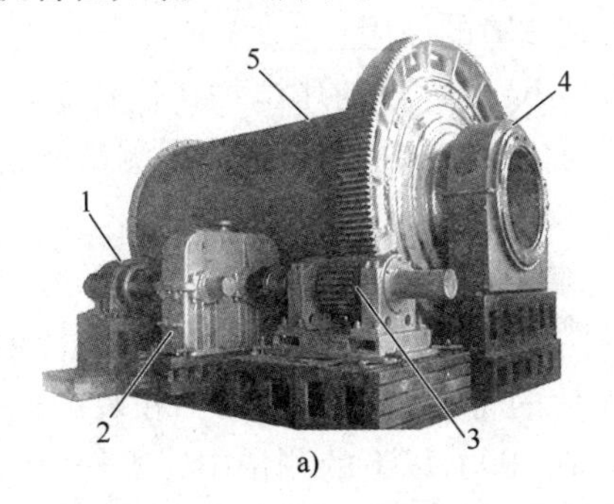

a)

b)

图6-19　低速筒式磨煤机外形及齿轮箱解剖图

a）磨煤机　b）齿轮箱

1—电动机　2—减速箱　3—传动齿轮　4—滑动轴承座　5—筒体

表6-2 某发电厂使用的低速筒式磨煤机特性

有效容积/m³	有效长度/m	有效直径/m	功率/kW	电压/V	产量/(t·h⁻¹)	筒体转速/(r·min⁻¹)	最大装球量/t	重量/t
10	2.6	2.2	185	380	4	22	10	37

由于磨煤机的研磨过程冲击较大，负载变化频繁，传动齿轮箱的齿轮、轴瓦、轴承等部件的损坏是磨煤机故障的主要原因，由于电厂的大修周期较长，对齿轮箱进行在线故障诊断具有重要经济价值。

6.5.2 磨煤机齿轮箱故障诊断的方案选择

方案一 目视诊断：目视诊断必须在磨煤机大修时进行。拆开齿轮箱后，技术人员通过观察定齿轮箱部件及齿轮的磨损情况，根据经验确定齿轮箱的故障。如轴承失效、轴不对中、轴向窜动、轴弯曲、齿面胶合、擦伤、烧伤、磨损、点蚀、剥落、断齿等。虽然目视诊断无法实现在线监测，也较难实现早期预报，但它是齿轮箱自动监测的基础。

方案二 振动噪声听诊：在机械行业，有时还可以看到有经验的设备维护人员利用螺钉旋具或改装了的医用听诊器来判断机器故障。近年来研制出的机器听诊器是一种电子听诊装置(简易振动测试仪)，它可以将机械振动和故障发出的杂声及震颤拾取出来，并放大到适当的音量，供设备维护人员直接依靠听觉判断机械设备是否正常。振动噪声听诊器还设有外接记录仪接口，可将现场机器噪声记录下来，与预先录制的示范信号作比较、分析并存档。机器听诊器及现场使用如图6-20所示。

图6-20 机器听诊器及现场使用

方案三 频谱分析法：采用压电式加速度传感器，把振动信号转换成电信号，对输入信号进行分析处理，得到被测振动的加速度、速度、位移值，并通过频谱分析得到故障的原因。

在振动频谱分析中，多使用内装微型IC放大器的压电加速度传感器。它将传统的压电加速度传感器与电荷放大器集于一体，简化了测试系统，提高了测试准确度和可靠性，可以进行长电缆传输，适用于多点测量。

压电加速度传感器有中心压缩式和倒装中心压缩式结构以及环形剪切、平面剪切和三角剪切结构等区别。压缩式压电加速度计[16]的特点是：机械加工简单，装配方便，输出灵敏度较高，成本较低；剪切式压电加速度计的特点是：机械加工和装配比较复杂，售价也较高，但灵敏度漂移和横向效应[17]较小。在200℃以下的测量中，工程中已逐渐改用剪切式结构的压电加速度计。某系列剪切式压电加速度计外形如图6-12d所示，某系列剪切式压电加速度计特性如表6-3所示。使用者可以根据被测信号的频率和振幅范围，选择合适的传感器型号。

表 6-3　某系列剪切式压电加速度计特性

型号	电荷灵敏度 /(pC/m · s^{-2})	频率范围 /kHz	谐振点 /kHz	量程 /(m · s^{-2})	重量 /g	安装螺孔 /mm	几何尺寸 /mm × mm
SG1401	0.3	1 ~ 18	50	20000	3	M3	六方 7.6 × 14①
SG1406	400	0.1 ~ 0.5	2	500	160	M5	六方 36 × 26
SG1408	0.002	1 ~ 20	60	300000	3	M5	六方 8 × 14

① 该型号压电加速度计的安装底座为正六角形，“六方 7.6 × 14” 中的 “7.6” 指该正六角形两个对边的间距。

6.5.3　齿轮传动的振动机理

齿轮传动的振动机理是频谱分析的基础，掌握了振动机理后，就可以根据实际测量得到的频谱，对齿轮的振动进行定性和定量的分析。

1. 齿轮副的力学模型分析

齿轮副的力学模型如图 6-21 所示。齿轮具有一定的质量 m 和刚度 k，所以若以一对齿轮（称为齿轮副）作为研究对象，则该齿轮副可以看作一个振动系统，其振动方程为

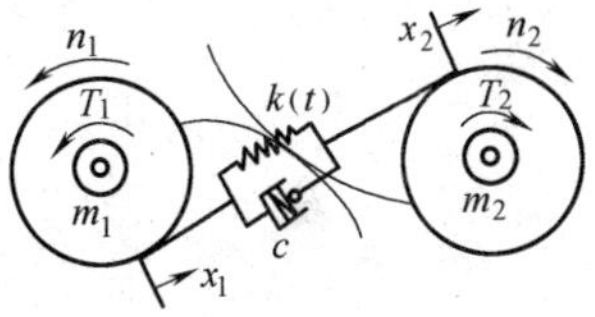

图 6-21　齿轮副的力学模型

$$m_r\ddot{x} + c\dot{x} + k(t)x = k(t)e_1 + k(t)e_2(t) \tag{6-6}$$

式中　x——沿作用线上齿轮的相对位移（$x = x_2 - x_1$）；

m_r——质量换算，$m_r = m_1 m_2/(m_1 + m_2)$；

c——齿轮啮合阻尼系数；

$k(t)$——齿轮啮合刚度函数；

e_1——齿轮受载后的平均静弹性变形；

$e_2(t)$——由于齿轮误差和故障造成的两个齿轮间的相对位移，也称为故障函数。

齿轮副啮合运转时，参与工作的齿数不停地由一对变成两对，又由两对变成一对，形成单双齿啮合交替变化，对齿轮施加一个周期性的冲击，从而形成齿轮啮合振动，属于自激振动。

式（6-6）中的齿轮啮合刚度 $k(t)$ 为周期性的变量，齿轮的振动主要是由 $k(t)$ 的这种周期变化引起的。

若齿轮副的主动轮转速为 n_1、齿数为 z_1，从动轮转速为 n_2、齿数为 z_2，则齿轮啮合刚度的变化频率（即啮合频率）为

$$f = \frac{n_1}{60}z_1 = \frac{n_2}{60}z_2 \tag{6-7}$$

无论齿轮处于正常或异常状态下，这一振动成分总是存在的，但正常或异常状态下的振动特征是有差异的。因此，根据齿轮振动信号的啮合频率分量进行故障诊断是可行的。

2. 幅值调制与频率调制

齿轮振动信号的调制现象中包含有很多故障信息，所以研究信号调制对齿轮故障诊断是非常重要的。故障信息主要是在频域进行。信号调制可分为两种：幅值调制和频率调制。信号调制的结果是使齿轮啮合频率周围出现边频带成分。

（1）幅值调制　幅值调制是由于齿面载荷波动对振动幅值的影响而造成的。例如，齿

轮的偏心使齿轮啮合时，一个半周紧，另一个半周松，从而产生载荷波动，使振幅按此规律周期性地变化。又如，齿轮的加工误差（例如节距不匀）使齿轮在啮合中产生短暂的“加载”和“卸载”效应，也会产生幅值调制。

幅值调制从数学上看，相当于两个信号在时域上相乘；而在频域上，相当于两个信号的卷积，单一频率的幅值调制如图6-22所示。其中 $x_c(t)$ 称为载波，其频率相对来说较高；$a(t)$ 称为调制波，其频率相对于载波频率来说较低。在齿轮信号中，啮合频率成分通常是载波成分，齿轮轴旋转频率成分通常是调制波成分。

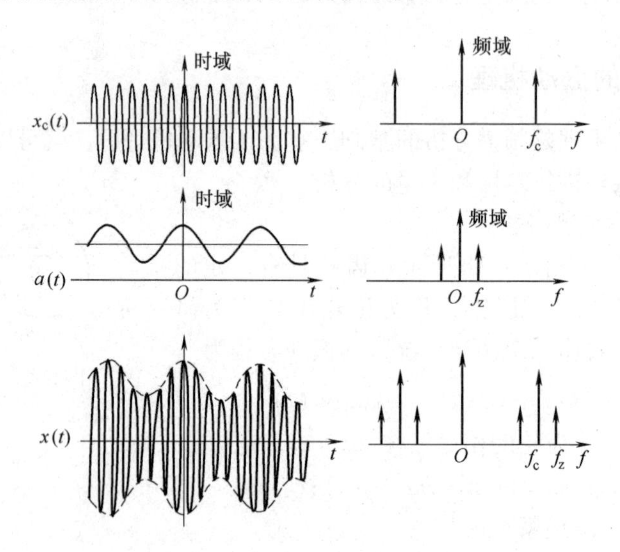

图6-22　单一频率的幅值调制

$x_c(t)$—齿轮啮合振动信号　$a(t)$—齿轮轴的旋转振动信号　$x(t)$—调幅后的振动信号

f_c—齿轮啮合振动频率　f_z—齿轮轴的旋转振动频率

若 $x_c(t)=A\sin(2\pi f_c t+\varphi)$，$a(t)=1+B\cos2\pi f_z t$，则调幅后的振动信号为

$$x(t)=a(t)x_c(t)=A(1+B\cos2\pi f_z t)\sin(2\pi f_c t+\varphi) \tag{6-8}$$

式中　A——振幅；

B——幅值调制指数；

f_z——调制频率，它等于齿轮的旋转频率。

上述调制信号在频域可表示为

$$|x(f)|=A\delta(f-f_z)+(1/2)AB\delta[f-(f_c+f_z)]+(1/2)AB[f-(f_c-f_z)] \tag{6-9}$$

由此可见，调制后的信号中除原来的啮合频率分量外，增加了一对分量（f_c+f_z）和（f_c-f_z）。它们是以 f_c 为中心，以 f_z 为间距，对称分布于 f_c 的两侧，称为边频带（见图6-23）。

在式6-6中的 $k(t)$ 可以理解为载波信号，它包含有齿轮啮合频率及其倍频成分；$e_2(t)$ 为调幅信号，反映齿轮的误差和故障情况。由于齿轮周而复始地运转，所以齿轮每转一圈，$e_2(t)$ 就变化一次，$e_2(t)$ 包含了齿轮轴旋转频率及其倍频成分。调幅后的振动信号 $y(t)$ 在时域上可用下式表示

$$Y(t)=k(t)e_2(t) \tag{6-10}$$

调频后的振动信号 $S_y(f)$ 在频域上可用下式表示

$$S_y(f) = S_k(f) * S_e(f) \tag{6-11}$$

式（6-11）中的 $S_y(f)$、$S_k(f)$ 和 $S_e(f)$ 分别为 $y(t)$、$k(t)$ 和 $e_2(t)$ 的频谱，“ * ”为卷积符号。

齿轮传动振动的幅值调制与频率调制如图 6-23 所示。在时域上，调幅的过程为载波信号 $k(t)$ 和调幅信号 $e_2(t)$ 的相乘，如图 6-23a 所示；而在频域上，调制可以用两个信号幅值频谱的卷积来理解，调频后的振动信号是一组频率间隔较大的脉冲函数和一组频率间隔较小的脉冲函数的卷积，从而在频谱上形成若干组围绕啮合频率及其倍频成分两侧的边频带，齿轮频谱上的边频带形成如图 6-23b 所示。

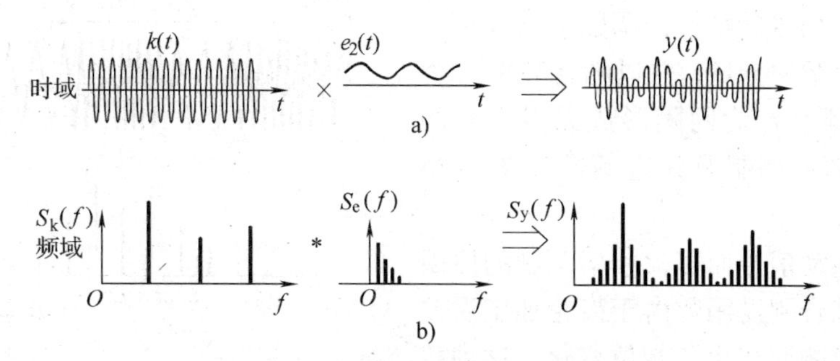

图 6-23　齿轮传动振动的幅值调制与频率调制

a）幅值调制　b）频率调制

齿轮存在某种局部缺陷时的振动波形及频谱如图 6-24a 所示。这时相当于齿轮的振动受到一个干扰脉冲 $e_2(t)$ 的调制，干扰脉冲的周期等于齿轮的旋转周期，由此形成的边频带数量多，且均匀。图 6-24b 为齿轮存在均布缺陷时的情形。由于均布缺陷所产生的幅值调制较为平缓，由此形成的边频带比较高而且窄。齿轮上的缺陷分布越均匀，谱图上的边频带就越高、越集中。

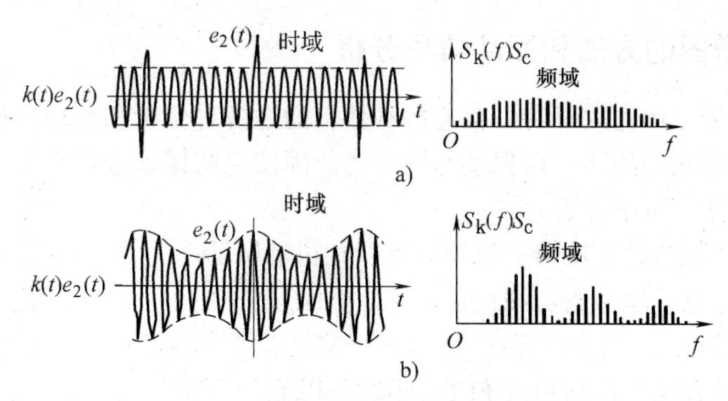

图 6-24　齿轮缺陷分布对边频带的影响

a）局部缺陷　b）均布缺陷

（2）频率调制　齿轮载荷不均匀、齿距不均匀及类似故障造成的载荷波动除了对振动幅值产生影响外，同时也必然产生扭矩波动，使齿轮转速产生波动。这种波动表现在振动上为频率调制或相位调制。对于齿轮传动，任何导致产生幅值调制的因素也同时会导致频率调制。两种调制总是同时存在的。对于质量较小的齿轮副，频率调制现象尤为突出。

频率调制即使在载波信号和调制信号均为单一频率成分的情况下，也会形成很多边频成分。若载波信号为 $A\sin(2\pi f_c t+\varphi)$，调制信号为 $\beta\sin(2\pi f_z t)$ 则频率调制后的信号为

$$F(t)=A\sin[2\pi f_c t+\beta\sin(2\pi f_z t)+\varphi] \tag{6-12}$$

式中 A——振幅；

f_c——载波频率；

f_z——调制频率；

β——调制指数，相当于由调制产生的最大相位移；

φ——初相角。

式（6-12）可以用贝塞尔（Besser）函数展开，得到调频信号的特性：调频的振动信号包含有无限多个频率分量，并以啮合频率 f_c 为中心，以调制频率 f_z 为间隔形成无限多对的调制边频带，频率调制及其边频带如图 6-25 所示。

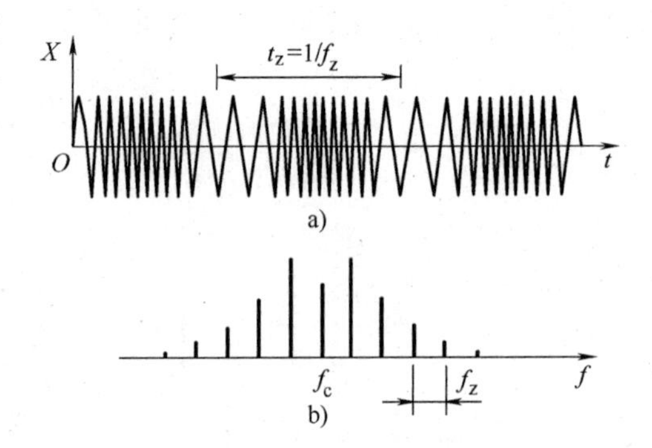

图 6-25 频率调制及其边频带

a）调频振动信号的时域波形

b）调频振动信号中的频率分量

对于齿轮振动信号而言，频率调制的原因主要是：齿轮啮合刚度函数由于齿轮加工误差和类似故障的影响而产生了相位变化，这种相位变化会由于齿轮的旋转而具有周期性。因此在齿轮信号频率调制中，载波函数和调制函数均为一般周期函数，均包含基频及其各阶倍频成分。调制结果是在各阶啮合频率两侧形成一系列边频带。边频的间隔为齿轮轴的旋转频率 f_z，边频带的形状主要取决于调制指数 β。

（3）齿轮振动信号的调制特点 齿轮振动信号的频率调制和幅值调制的共同点在于：①载波频率相等；②边频带频率对应相等；③边频带对称于载波频率。

6.5.4 识读频谱图的方法和振动信号分析

振动和噪声信号是齿轮故障特征信息的载体，通过各种分析和处理，提取其故障特征信息，从而诊断出齿轮箱的故障。以振动与噪声为故障信息载体来进行齿轮的精密诊断，目前常用的分析处理方法有以下几种：

1）时域分析，包括时域波形、解调幅度、相位解调等。

2）频域分析，包括功率谱、细化谱。

3）倒频谱分析[18]。

4）时频域分析方法，包括短时 FFT、小波分析等。

5）瞬态信号分析方法，包括瀑布图等。

本节重点介绍故障的频域分析。用振动频谱图（在工业中经常简称为谱图）来分析齿轮传动存在的问题以及发现早期的齿轮缺陷是可能的。困难之处是：传感器的安装位置将较大地影响测量结果，多个故障因数和振源将合成一个复杂的频谱，所以必须在掌握振动理论的基础上，依靠以往收集的大量频谱图和故障档案，对实际测试结果进行综合评判。

例 6-2 利用频谱图分析磨煤机齿轮箱的故障[19]

某钢厂磨煤机的减速齿轮箱使用 3 年后便出现异常情况：齿轮箱冲击噪声明显增加，一

段时间后运转声音沉重，振动大，且停机后难以起动。现将压电式加速度传感器用双头螺钉固定在减速齿轮箱表面的适当位置上，减速箱故障的测试如图6-26所示。

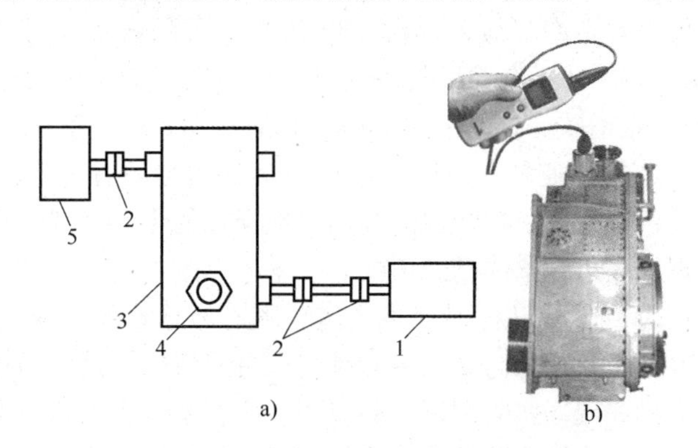

图6-26 减速箱的故障测试

a）减速箱结构 b）减速箱的振动测试

1—负载 2—联轴器 3—减速箱 4—压电振动传感器 5—电动机

传感器的安装位置（测点）不同，所得到的测定值会有较大的差异。因此必须对多个测点做出标记，以保证每次测定的部位不变。另外还应注意测定部位的表面应是光滑洁净的，避免脏物对振动传递造成衰减，以及考虑测量处的机械导纳对测量值的影响。在不同的故障中，发生最大振动的方向各不相同，因此一般应尽可能地沿相互垂直的两个径向以及轴向（共3个方向）同时进行测定。使用示波器或虚拟仪器可以得到时域信号，使用频谱仪或专用仪器可以得到频域信号，减速箱故障分析的时域图和频谱图如图6-27所示。

从图6-27a只能看到杂乱的信号，较难从中得到有用的结论。而从图6-27b的频谱图上可以看到，在6.9Hz左右有一较高的谱线。要了解6.9Hz谱线的意义，就必须知道电动机的转速和齿轮箱的减速比。

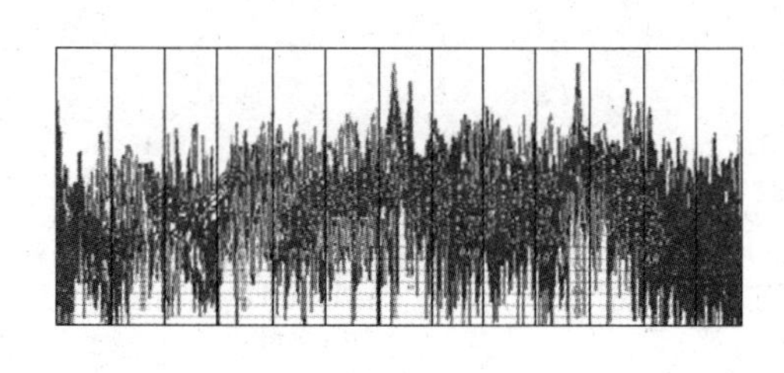

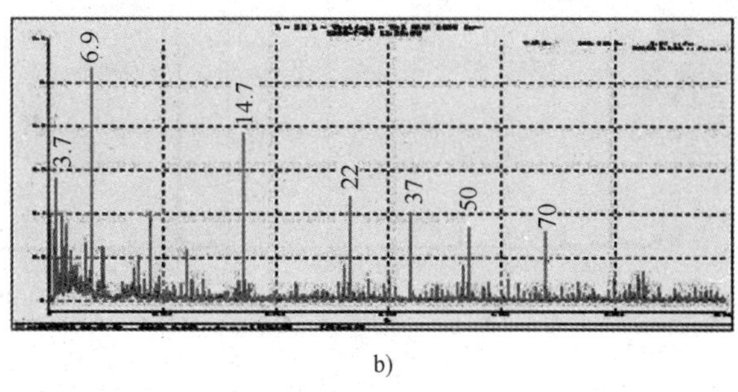

a) b)

图6-27 减速箱故障分析的时域图和频谱图截屏

a）时域图 b）频谱图

首先用转速表测得记录频谱图的时刻，磨煤机筒体的转速约为22r/min，相当于0.366r/s。查阅该齿轮箱的资料得知：其中与筒体啮合的大齿轮为36齿，而与它啮合的小齿轮为19齿，将转速乘以小齿轮齿数，其结果恰好与该谱线吻合：$0.366\times19\approx6.9\text{Hz}$，故6.9Hz的谱线为齿轮的啮合频率。该频率两旁出现许多小谱线（即边频带），这说明小齿轮严重磨损。而图6-27b中的14Hz约为啮合频率的2倍（由于电动机抖动，所以不可能是6.9Hz的整数倍）。而21.3Hz是啮合频率的3倍。这两根谱线均较高，根据以往的经验，可判断齿面啮合很不好。

从图6-27b中还可以看到许多与大齿轮（36齿）有关的频率。可以逐一分析产生这些谱线的原因[20]。比如3.7Hz处还有一根很高的谱线，说明可能是大齿轮的某一个齿破损引起的。在50Hz处也有一根谱线，这是工频电压引起的振动。还有一些谱线是减速箱中的其他齿轮引起的。由于它们的转速较快，所以大部分落到谱图的右边外面去了。频谱分析之后，将预先准备好有关机械配件，用最短的时间更换损坏的零件以减少停工时间。然后重新做频谱分析，可以发现许多边频谱线已经消失。

在安装调试减速箱时，还可以看到有一些谱线随着减速箱固定螺丝的旋紧，以及联轴器、电动机角度的调整而逐渐降低高度，依靠频谱仪可以将机械设备调整到最佳状态。这些都是频谱分析在故障分析和现场实时调试中的应用。应在工作中逐渐积累频谱分析的经验和资料，以便发生事故时能很快地排除故障，降低停运时间和维修成本。

上述针对磨煤机齿轮箱的分析方法还可以用于大型风力发电机组、电冰箱、空调、汽车等领域的研发、生产中，判定产生噪声和振动的原因，提高产品的竞争能力。

例6-3 旋转机械不平衡故障的谱图分析。

某旋转机械的不平衡频谱如图6-28所示。旋转机械不平衡的谱图特点是：

1）振动频率比较单一，振动方向以径向为主。在转频（称为：1X）处有一最大峰值。

2）在一阶临界转速内，振幅随转速的升高而增大。

3）谱图中一般不含转频的高次谐波（2X，3X，…）。

例如，一台旋转机械在严重故障发生前3个月的谱图如图6-28a所示。在转频（1800r/min）处的幅值最大，为1.5μm。3个月后发现振动越来越剧烈，同一频率处的最大峰值已是2.8μm（见图6-28b），达到该机械的安全运行报警值。拆机修理发现一异物缠绕在主轴上，改变了质心。排除异物后，转频处的幅值仅为0.97μm（见图6-28c），振幅明显减小。

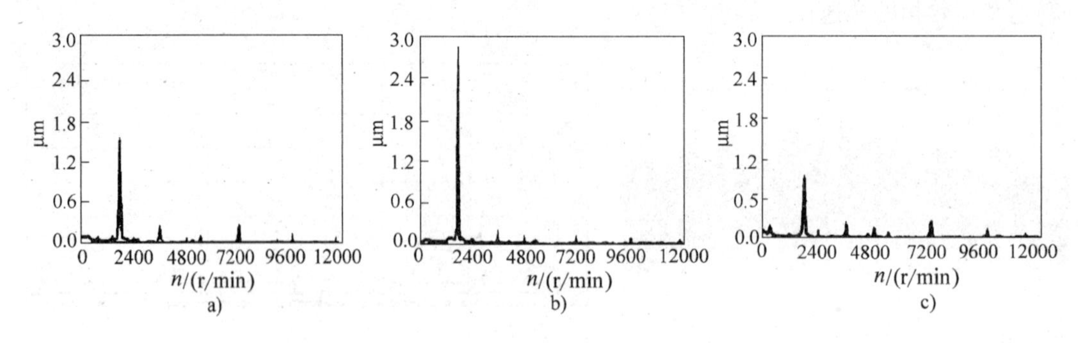

图6-28 某旋转机械的不平衡频谱图

a）严重不平衡前3个月的频谱 b）严重不平衡时的频谱 c）排除故障后的频谱

例6-4 齿轮箱轴弯曲故障谱图的分析。

某旋转机械故障（轴弯曲）的时域图和频谱图如图6-29所示。测试结果显示，转频1X（1020r/min）幅值达4.6μm。初步判断是不平衡所致。动平衡校正后，再次测量，幅值减少到0.5μm。但运行一段时间后，1X幅值又超过4μm。再分别测量轴向和径向的振动数据，查阅以往的维修资料，推断该故障不是不平衡引起，而是由于轴弯曲在轴承上产生推拉力所致。不平衡和轴弯曲在1X处都会产生大的峰值，但不平衡引起的振动主要在径向，而轴弯曲会在轴向引起大的振动力。2X、3X处的谐波就说明有轴向抖动。停机后检查，发现由于转轴在长期冲击下弯曲。振动还使前轴瓦一端的固定螺钉松动，证实了上述诊断结论。

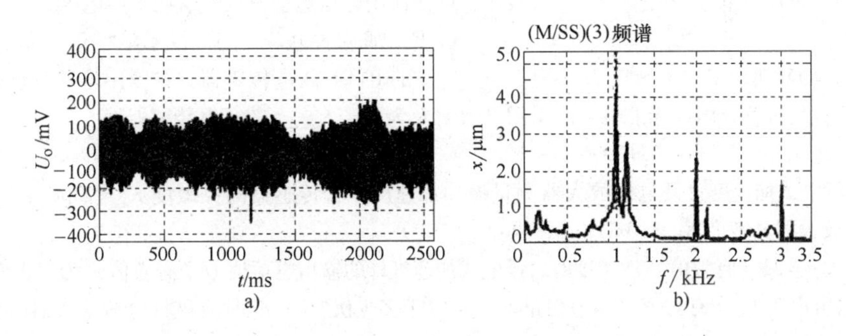

图6-29 某旋转机械故障（轴弯曲）的时域图和频谱图

a）时域图 b）频谱图

以上实例介绍了常见故障的频谱特征，总结归纳了识读频谱图的方法和以频率特征为依据的故障类型诊断原则。但是，机械设备是一个复杂的整体，同一故障往往可以得到不同表现形式的图谱，而两张似乎相同的频谱图又常是不同故障的结果。更多的情况是，多种故障共同作用的结果会引起非常复杂的频谱图。因此，只有对多种因素综合考虑才能有效地提高故障诊断的准确率[21]。

近几年来，新的齿轮故障诊断方法不断涌现出来。例如有一种称为倒频谱分析的故障分析方法，能更好地分析结构复杂的齿轮箱的振动。对于同时有多对齿轮啮合的齿轮箱振动谱图，由于每对齿轮啮合都将产生边频带，几个边频带交叉分布在一起，经常无法看清频谱结构。倒频谱分析又称二次频谱分析，其实质是对功率谱取对数，然后再进行频谱分析，可以检测出频谱中的周期成分，将原来频谱图上成簇的边频带谱线简化，更便于分析出反映故障特征的调制频率。

小波分析方法发展更为迅速。小波分析有着傅里叶分析不可替代的优势，它能同时提供振动信号的时域和频域的局部化信息，具有多尺度特性和“数学显微”特性。这些特性使得小波分析能识别齿轮振动信号中的局部特征，非常适合于对齿轮的局部故障进行诊断。因此近几年来小波分析越来越广泛地应用于齿轮故障诊断中[22]。

思考题与习题

6-1 单项选择题

1）将超声波（机械振动波）转换成电信号是利用压电材料的__________；蜂鸣器中发出“嘀……嘀……”声的压电片发声原理是利用压电材料的__________。

A. 应变效应　　B. 电涡流效应　　C. 压电效应　　D. 逆压电效应

2）在实验室作检验标准用的压电仪表应采用__________压电材料；能制成薄膜，粘贴在一个微小探头上，用于测量人的脉搏的压电材料应采用__________；用在压电加速度传感器中测量振动的压电材料应采用__________。

A. PTC　　B. PZT　　C. PVDF　　D. SiO_2

3）使用压电陶瓷制作的力或压力传感器可测量__________。

A. 人的体重　　B. 车刀的压紧力

C. 车刀在切削时感受到的切削力的变化量　　D. 自来水管中的水的压力

4）动态力传感器中，两片压电片多采用__________接法，可增大输出电荷量；在电子打火机和煤气灶点火装置中，多片压电片采用__________接法，可使输出电压达上万伏，从而产生电火花。

A. 串联　　B. 并联　　C. 既串联又并联　　D. 既不串联又不并联

5）测量人的脉搏应采用灵敏度 K 约为__________的 PVDF 压电传感器；在家用电器（已包装）做跌落试验，以检查是否符合国家标准时，应采用灵敏度 K 为__________的压电传感器。

A. $100\text{V}/g$　　B. $0.1\text{V}/g$　　C. $10\text{mV}/g$　　D. $0\text{V}/g$

6-2　用压电式加速度计及电荷放大器测量振动加速度，若传感器的灵敏度 $K_g = 70\text{pC}/g$（g 为重力加速度），电荷放大器灵敏度 $K_Q = 10\text{mV/pC}$，求：

1）当输入 $a = 3g$（有效值）加速度时，压电式加速度计的输出电荷值 Q（有效值）为多少皮库？2）电荷放大器的输出电压 U_o（有效值，不考虑正负号）等于多少伏？3）此时应该将电荷放大器的反馈电容 C_f 切换到多少皮法？

6-3　用图 6-9 所示的压电式单向脉动力传感器测量一正弦变化的力，$F = F_p \sin\omega t$（单位为 N），压电片的压电常数 $d = 250 \times 10^{-12}\text{C/N}$，电荷放大器的反馈电容 $C_f = 2000\text{pF}$，用“峰值电压表”测得电荷放大器的输出电压峰值 $U_p = 5\text{V}$，用频率计测得脉动力 F 的频率 $f = 10\text{Hz}$。求：

1）该压电传感器产生的电荷峰值 Q_p 为多少 pC？2）单向脉动力的峰值 F_p 为多少牛？3）写出脉动力 F 瞬时值的具体表达式。

6-4　振动式黏度计原理示意图如图 6 30 所示。导磁的悬臂梁 6 与铁心 3 组成激振器。压电片 4 粘贴于悬臂梁上，振动板 7 固定在悬臂梁的下端，并插入到被测黏度的黏性液体中。请分析该黏度计的工作原理，并填空。

1）当励磁线圈接到 10Hz 左右的交流激励源 u_i 上时，电磁铁心产生__________Hz（两倍的激励频率）的交变__________，并对__________产生交变吸力。由于它的上端被固定，所以它将带动振动板 7 在__________里来回振动；2）液体的黏性越高，对振动板的阻力就越__________，振动板的振幅 A 就越__________，所以它的加速度 $a = A\omega^2 \sin\omega t$ 就越__________，因此质量块 5 对压电片 4 所施加的惯性力 $F = ma$ 就越__________，压电片的输出电荷量 Q 或电压 u_o 就越__________，压电片的输出反映了液体的黏度；3）该黏度计的缺点是与温度 t 有关，温度升高，大多数液体的黏度变__________，所以将带来测量误差。

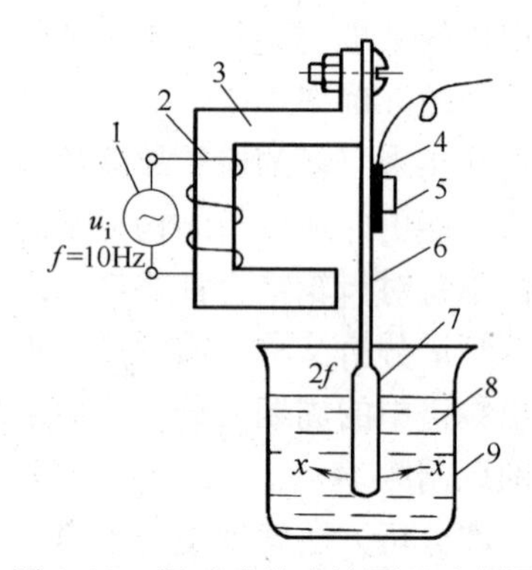

图 6-30　振动式黏度计原理示意图

1—交流励磁电源　2—励磁线圈　3—电磁铁心　4—压电片　5—质量块　6—悬臂梁　7—振动板　8—黏性液体　9—容器

6-5　PVDF 压电电缆测速原理图如图 6-31 所示[23]。两根高分子压电电缆（外形见图 6-7b）相距 $L = 2\text{m}$，平行埋设于柏油公路的路面下约 50mm。它们可以用来测量车速及汽车的超重[24]，并根据存储在计算机内部的档案数据，判定汽车的车型。

现有一辆超重车辆以较快的车速压过测速传感器，两根 PVDF 压电电缆的输出信号如图 6-31b 所示，求：

1）估算车速 v 为多少 m/s？2）车速 v 换算为多少 km/h？3）估算汽车前后轮间的轴距 d（可据此判定车型）为多少米？4）说明载重量 m 以及车速 v 与 A、B 压电电缆输出信号波形的幅度以及时间间隔之间的关系。

6-6　上网查阅压电陶瓷的资料，写出其中两种产品的特性参数和特点。

6-7　上网查阅压电加速度计的资料，写出其中 1 个系列 3 种产品的特性参数和公司名称。

6-8　某机床生产厂商欲测量金属切削机床的振动数据，以提高产品质量。请你上网查阅典型机床的数据，说明振动对金属切削准确度的危害性。选择合适的测量传感器型号，写出测量方案。

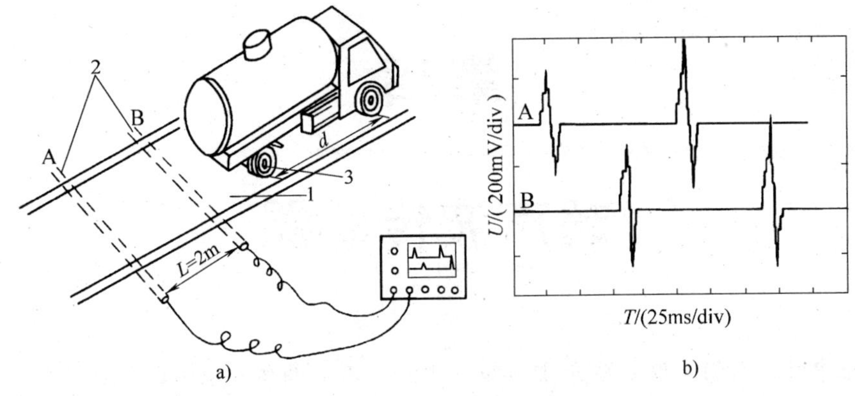

图6-31　PVDF压电电缆测速原理图

a）PVDF压电电缆埋设示意图　b）A、B压电电缆的输出信号波形

1—柏油公路　2—PVDF压电电缆　3—车轮

拓展阅读参考资料列表

序号	作　者	拓展阅读文章题目
1	百度百科	压电陶瓷
2	株式会社村田制作所	压电体极化处理方法
3	李涛，彭同江	锆钛酸铅压电陶瓷的研究进展与发展动态
4	陈志华，裴志彬	非铅基压电陶瓷体系的研究及进展
5	北京赛斯维测控技术有限公司	压电薄膜传感器在医疗行业生命特征监测方面的应用
6	朗斯测试技术有限公司	LC0603积分电荷放大器
7	维基百科	密勒效应
8	李天銮，施巨岭，等	入侵报警系统工程设计规范
9	戎宁科技公司	入侵报警探测器
10	北京机床研究所	金属切削机床振动测量方法
11	张炽伟	振动力学基础
12	北京鹏联科技发展有限公司	压电式加速度传感器
13	北京智腾永逸仪器设备有限公司	YD系列（IEPE）电压输出压电加速度传感器
14	百度百科	快速傅里叶变换
15	北京金三航科技发展有限公司	机械故障诊断培训教程及测振仪的应用
16	奇石乐仪器股份公司	KISTLERK剪切式压电晶体加速度计
17	钟良，刘继光	压电加速度计横向灵敏度比的超差解决方法
18	樊长博，张来斌，等	应用倒频谱分析法对风力发电机组齿轮箱的故障诊断
19	旭鑫传动机械制造有限公司	齿轮故障诊断常用信号分析处理方法
20	王新晴，王耀华，等	齿轮传动中几种典型故障的振动图谱分析
21	陈宇晓	齿轮箱复合故障的频谱分析
22	柳晓伟，吴金强	小波分析在齿轮箱故障诊断中的应用
23	精量电子（深圳）有限公司	压电薄膜交通传感器
24	刘九卿	压电薄膜轴传感器及其在智能交通系统中的应用

第7章

超声波传感器

20世纪中叶，人们发现某些介质的晶体，例如石英晶体、酒石酸钾钠晶体、PZT晶体等，在高电压、窄脉冲作用下，能产生较大功率的超声波。超声波与可闻声波不同，可以被聚焦，能用于集成电路的焊接，玻璃管内部的清洗等；在检测方面，利用超声波有类似于光波的折射、反射的特性，可制作超声波声呐探测器，可以用于探测海底沉船、敌方潜艇等。现在，超声波已渗透到我们生活中的许多领域，例如B超、碎石机、遥控、防盗、无损探伤等。本章简要介绍超声波的物理特性，着重分析超声波在检测技术中的一些应用，重点介绍超声波无损探伤。

7.1 超声波的物理基础

7.1 拓展阅读资料

7.1.1 声波的分类

声波是一种机械振动波。当它的振动频率在20Hz～20kHz的范围内时，可为人耳所感觉，称为可闻声波；低于20Hz的机械振动人耳不可闻，称为次声波，但许多动物却能感受到。比如地震发生前的次声波就会引起许多动物的异常反应。声波的频率分布如图7-1所示。

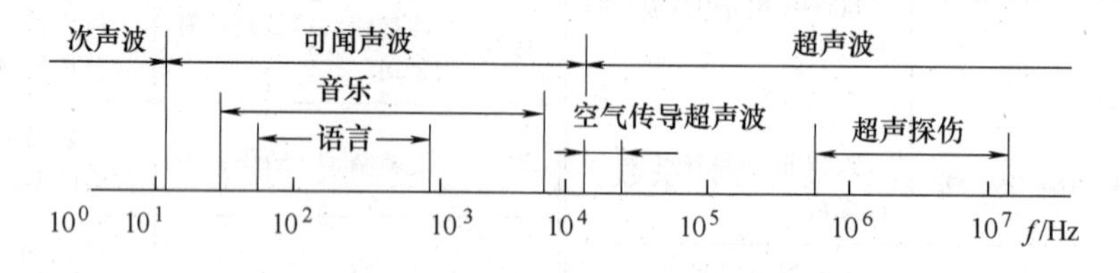

图7-1 声波的频率分布

频率高于20kHz的机械振动波称为超声波（Ultrasonic）。超声波有许多不同于可闻声波的特点，比如指向性好、能量集中。1MHz的超声波的能量，相当于振幅相同，频率为1000Hz可闻声波的100万倍，能穿透几米厚的钢板，而能量损失不大。在遇到两种介质的分界面（例如钢板与空气的交界面）时，能产生明显的反射和折射现象，这一现象类似于光波。超声波的频率越高，其声场指向性越好，与光波的反射、折射特性越接近。

7.1.2　超声波的传播波型

超声波的传播波型主要可分为纵波（P-wave）、横波（S-wave）、表面波（Surface Wave）等几种。纵波和横波示意图如图7-2所示。

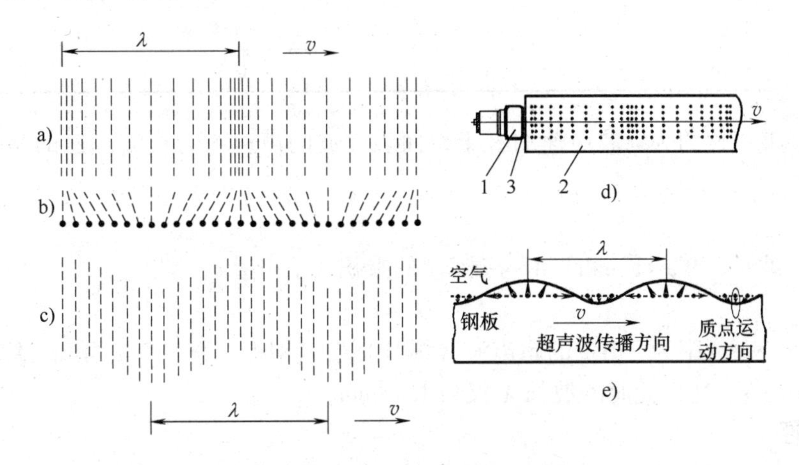

图7-2　纵波、横波和表面波示意图

a）纵波　b）质点的运动过程　c）横波　d）纵波在钢材中的传播　e）表面波在钢材表面的传播

1—超声波发生器　2—钢材　3—耦合剂

（1）纵波　质点的振动方向与波的传播方向一致，称为纵波，又称压缩波，如图7-2a所示。纵波能够在固体、液体、气体中传播。人讲话时产生的声波就属于纵波。

（2）横波　质点的振动方向与波的传播方向相垂直，称为横波，如图7-2c所示。它是固体介质受到交变剪切应力作用时产生的剪切形变，所以又称剪切波，它只能在固体中传播。

（3）表面波　固体的质点在固体表面的平衡位置附近作椭圆轨迹的振动，使振动波只沿着固体的表面向前传播，称为表面波，也称瑞利波，如图7-2e所示。

7.1.3　声速、波长与指向性

1. 声速

声波的传播速度取决于介质的弹性系数、介质的密度以及声阻抗。几种常用材料的声速与密度、声阻抗的关系（环境温度为0℃）如表7-1所示。声阻抗（Acoustic Impedance）是描述介质传播声波特性的一个物理量。介质声阻抗 Z 表征介质中的声吸收，等于界面声压与通过该面的声通量之比。声波的传播速度取决于介质的弹性系数、密度以及声阻抗。

表7-1　几种常用材料的声速与密度、声阻抗的关系（环境温度为0℃）[1]

材　料	密度 $\rho/(\times10^3\mathrm{kg\cdot m^{-3}})$	声阻抗 $Z/(\mathrm{MPa\cdot s\cdot m^{-1}})$	纵波声速 $c_L/(\mathrm{km\cdot s^{-1}})$	横波声速 $c_S/(\mathrm{km\cdot s^{-1}})$
钢	7.7	460	5.9	3.2
铜	8.9	420	4.7	2.2
铝	2.7	170	6.3	3.1
有机玻璃	1.18	32	2.7	1.20

（续）

材 料	密度 $\rho/(\times10^3\text{kg}\cdot\text{m}^{-3})$	声阻抗 $Z/(\text{MPa}\cdot\text{s}\cdot\text{m}^{-1})$	纵波声速 $c_L/(\text{km}\cdot\text{s}^{-1})$	横波声速 $c_S/(\text{km}\cdot\text{s}^{-1})$
甘油	1.27	24	1.9	—
水（20℃）	1.0	14.8	1.48	—
机油	0.9	12.8	1.4	—
空气	0.0013	4×10^{-3}	0.34	—

固体的横波声速约为纵波声速的一半，而表面波的声速约为横波声速的90%，故又称表面波为慢波。

2. 波长

超声波的波长（Wavelength）λ 与频率 f 的乘积等于声速 c，即

$$\lambda f = c \tag{7-1}$$

例如，将一束频率为5MHz的超声波（纵波）射入钢板，查表7-1可知，纵波在钢中的声速 $c_L = 5.9\text{km/s}$，所以此时的波长 λ 仅为1.18mm。

3. 指向性

超声波声源发出的超声波束以一定的角度逐渐向外扩散，声场指向性及指向角如图7-3所示。在声束横截面的中心轴线上，超声波最强，且随着扩散角度的增大而减小。指向角 θ（单位为rad）与超声源的直径 D 以及波长 λ 之间的关系为

$$\sin\theta = 1.22\frac{\lambda}{D} \tag{7-2}$$

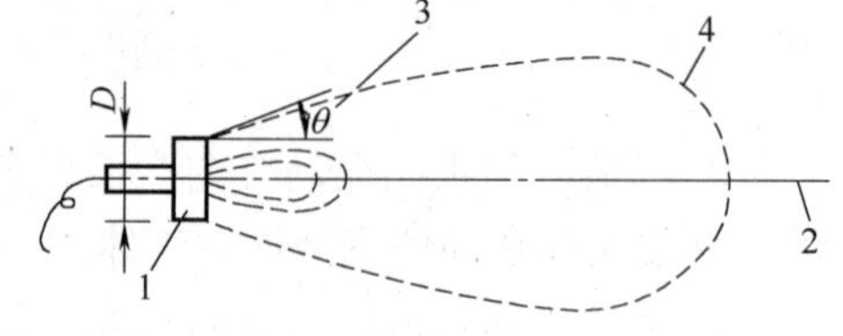

图7-3 声场指向性及指向角

1—超声源 2—轴线 3—指向角 4—等强度线

例如，超声源的直径 $D = 20\text{mm}$，射入钢板的超声波（纵波）的频率为5MHz，据式（7-2）可得，指向角 $\theta = 0.07\text{rad} \approx 4°$，可见该超声波声源的指向性是十分尖锐的。人声的频率（几百赫）比超声波低得多，波长 λ 很长，指向角就非常大，所以可闻声波不太适合用于检测领域。

7.1.4 倾斜入射时的反射与折射

当超声入射波 P_c 以一定的入射角 α 从介质1传播到介质2的分界面（Interface）上时，一部分能量反射回原介质，称为反射波 P_r；另一部分能量则透过分界面，在介质2内继续传播，称为折射波或透射波 P_s，如图7-4所示。入射角 α 与反射角 α_r 以及折射角 β 之间遵循类似光学的反射定律和折射定律。某些情况下，入射的纵波在折射时会转换为横波。

1. 反射定理

超声波入射角（Angle of Incidence）α 的正弦与反射角（Angle of Reflection）α_r 的正弦之比，等于入射波所处介质的声速 c_1 与反射波所处介质的声速 c_r 之比，即

$$\sin\alpha/\sin\alpha_r = c_1/c_r$$

如果反射波波型与入射波波型都是纵波，则 $\alpha_r = \alpha$。

2. 折射定律

入射角 α 的正弦与折射角（Angle of Refraction）β 的正弦之比，等于超声波在入射波所

处介质1的声速 c_1 与折射波所处介质2中的传播速度 c_s 之比，即

$$\sin\alpha/\sin\beta = c_1/c_s$$

在图7-3中，折射角大于入射角，说明第二介质的声速 c_s 大于第一介质的声速 c_1。超声波从密度 ρ_1 较小的水中，入射到密度 ρ_2 较大的金属板中，就是图7-3的典型例子。

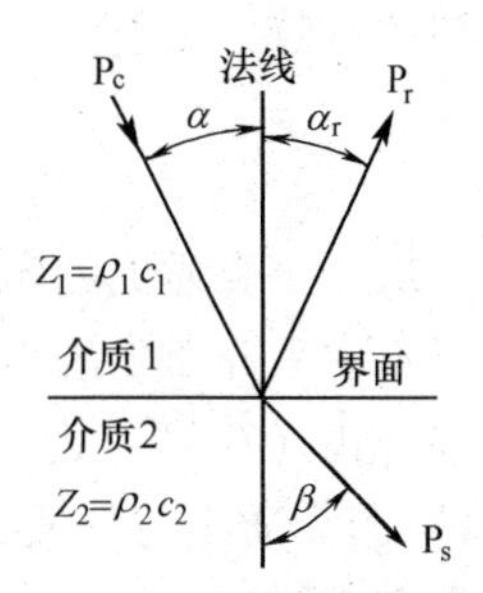

图7-4　超声波的反射与折射

P_c—入射波　α—入射角

P_r—反射波　α_r—反射角

P_s—折射波　β—折射角

如果入射波的入射角 α 足够大时，将导致折射角 $\beta=90°$，则折射波只能在介质分界面传播，折射波形将转换为表面波，这时的入射角称为横波临界角（Critical Angle）。如果入射声波的入射角 α 大于临界角，将导致声波的全反射。

当声波倾斜入射到异质界面时，除产生反射、折射（透射）现象外，还往往伴随着波型转换现象。可能由纵波转换为横波。

7.1.5　垂直入射时的反射与透射

1. 声压

介质中没有声波传播时，质点处于平衡状态，质点所受到的压强称为静压强；当超声波在介质中传播时，质点在平衡位置附近振动，质点所受压强将发生变化。质点所受交变压强与静压强之差称为声压 p。声压与介质密度 ρ、声速 c、质点的振幅 x 及振动的角频率 ω 成正比，即

$$p=\rho cx\omega \tag{7-3}$$

超声波的角频率 ω 较大，虽然振幅不大，但加速度 $a=\omega^2X_m\sin\omega t$ 却较大，所以它对试件施加的力也较大。将超声波施加在两片压紧的金属片上时，可以将它们"焊接"在一起，称为超声波焊接。

2. 声强 I

单位时间内，垂直于声波传播方向上的单位面积 A 内所通过的声能称为声强 I，又称声功率。声强与声压 p 的二次方成正比，与声阻抗 Z 成反比

$$I=\frac{1}{2}\frac{p^2}{Z} \tag{7-4}$$

3. 反射率与折射率

当声波垂直入射到光滑的界面上时的示意图如图7-5所示，入射声压 p_i、反射声压 p_r、透射声压 p_d 三者之间满足如下关系：

$$p_i + p_r = p_d \tag{7-5}$$

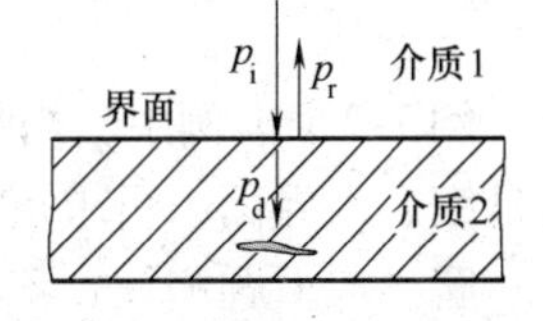

图7-5　超声波垂直入射时的反射与入射示意图

图7-5中，反射波和透射波声压的比例与组成界面的两种介质的声阻抗 Z 有关。界面一侧的总声压等于另一侧的总声压，压强处于平衡状态。将反射声压 p_r 与入射波声压 p_i 之比称为声压反射率 γ

$$\gamma=\frac{p_r}{p_i}=\frac{Z_2-Z_1}{Z_2+Z_1} \tag{7-6}$$

与此对应，透射波声压 p_d 与入射波声压 p_i 之比称为声压透射率 d

$$d = \frac{p_d}{p_i} = \frac{2Z_2}{Z_2 + Z_1} \tag{7-7}$$

式中 Z_1——介质1的声阻抗；

Z_2——介质2的声阻抗。

综合式（7-6）、式（7-7），有以下几种不同情况：

1）当介质1与介质2的声阻抗相等或十分接近时，$\gamma=0$，$d=1$，即不产生反射波，可以视为全透射。

2）当超声波从声阻抗（Z_1）低的介质射向声阻抗（Z_2）高的介质时，反射声压 p_r 与入射声压 p_i 相位相同，但透射声压 p_d 却大于入射声压 p_i（声压并不等同于声能）。

3）当超声波从声阻抗（Z_1）大的介质射向声阻抗（Z_2）小的介质时，反射声压 p_r 与入射声压 p_i 相位相反，且透射声压 p_d 小于入射声压 p_i。

例7-1 当超声波从水中入射到钢板与水的界面时，求反射率 γ、透射率 d。

解 查表7-1可得，$Z_水=14.8\text{MPa}\cdot\text{s}\cdot\text{m}^{-3}$，$Z_钢=460\text{MPa}\cdot\text{s}\cdot\text{m}^{-3}$，则有

$$\gamma = \frac{460-14.8}{460+14.8} = 0.938 > 0$$

$$d = \frac{2\times460}{460+14.8} = 1.938 > 1$$

$$d - \gamma = 1$$

以上计算说明，超声波从声阻抗小的材料（密度通常也较小），入射到声阻抗大的材料（密度通常也较大）时，透射声压反而增大。本例中，透射率 d 高达193.8%（见图7-6中的 p_{d2}），而反射率也较大，γ 达93.8%（见图7-6中的 p_{r1}），必须予以吸收，才不至于造成干扰。水浸探头在水中将超声波耦合到钢板中的反射率与透射率如图7-6所示。

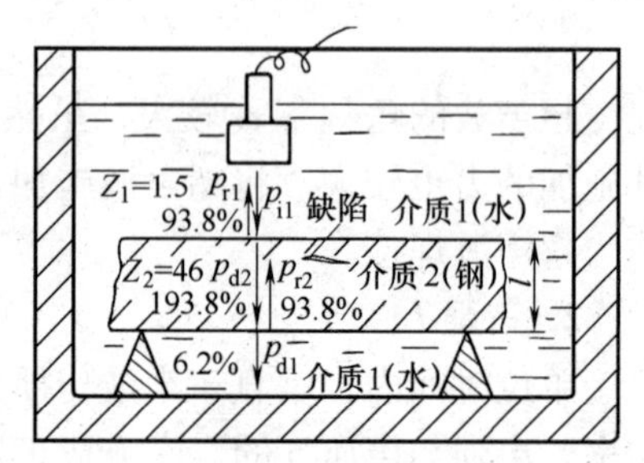

图7-6 水浸探头在水中将超声波耦合到钢板中的反射率与透射率

在例7-1中，透射率 $d>1$（但小于2），并不等于透射能量会大于入射能量。这是因为，虽然透射声压大于入射声压，但根据透射声强公式（7-4），声阻抗 Z 增大更多，所以透射声强 I_d 仍然小于入射声强 I_i，而且遵守能量守恒定律

$$I_d + I_r = I_i \tag{7-8}$$

例7-2 上例中，当超声波已经在钢板中传播了一段距离 l，并到达钢板底面时，若底面是钢、水界面，再求反射率 γ_2 及透射率 d_2。

解 与上题相反，$Z_2=Z_水$，$Z_1=Z_钢$，所以有

$$\gamma = \frac{14.8-460}{460+14.8} = -0.938 < 0$$

$$d = \frac{2\times14.8}{460+14.8} = 0.062 < 1$$

以上计算表明，超声波从声阻抗大的材料透射到声阻抗小的材料时，声压的大部分被反射。本例中，反射率 γ 高达93.8%，而只有一小部分泄漏出来。本例中透射到水中的声压

p_{d1}只有6.2%。如果钢板的底面是与空气交界时，则泄漏量就更小了。超声波的这一特性有利于金属探伤和测厚。

7.1.6　超声波在介质中的衰减

由于多数介质中都含有微小的结晶体或不规则的缺陷，超声波在这样的介质中传播时，在众多的晶体交界面或缺陷界面上会引起散射，从而使沿入射方向传播的超声波声强下降；其次，由于介质的质点在传导超声波时，存在弹性滞后及分子内摩擦，它将吸收超声波的能量，并将之转换成热能；又由于传播超声波的材料存在各向异性结构，使超声波发生散射，随着传播距离的增大，声强将越来越弱，如图7-7所示。

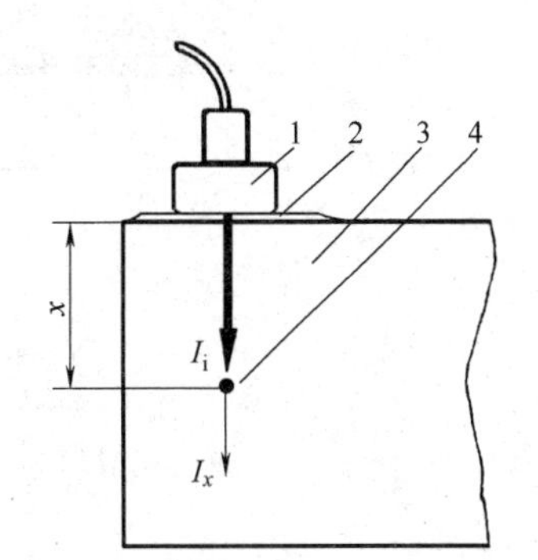

图7-7　超声波在介质中的衰减
1—超声探头　2—耦合剂
3—试件　4—被测试点

以固体介质为例，设超声波进入介质时的声强为I_i，通过一定距离x的介质后的声强衰减为I_x，衰减系数为K，则

$$I_x = I_i e^{-Kx} \tag{7-9}$$

介质中的声强衰减与超声波的频率及介质的密度、晶粒粗细等因素有关。晶粒越粗或密度越小，K越大，衰减越快；频率越高，衰减也越快。

气体的密度很小，因此衰减较快，尤其在频率高时衰减更快。因此在空气中传导的超声波的频率选得较低，数十千赫，而在固体、液体中则选用较高的频率（MHz数量级）。

7.2　超声波换能器及耦合技术

7.2　拓展阅读资料

超声波换能器有时又称超声波探头。超声波换能器按工作原理，可分为压电式、磁致伸缩式、电磁式等数种，在检测技术中主要采用压电式。压电式换能器又可分为直探头、斜探头、聚焦探头、冲水探头、水浸探头、双探头、表面波探头、空气传导探头以及其他专用探头等[2]，超声波探头结构示意图如图7-8所示。

7.2.1　以固体为传导介质的超声探头

1. 单晶直探头

（1）结构　用于固体介质的单晶直探头（Straight Beam Probe）俗称直探头，结构如图7-8a所示。发射超声波的压电晶片采用第6.1节述及的PZT压电陶瓷材料制作，外壳用金属制作，保护膜用于防止压电晶片磨损。保护膜可以用三氧化二铝（钢玉）、碳化硼等硬度很高的耐磨材料制作。阻尼吸收块用于吸收压电晶片背面的超声脉冲能量，防止杂乱反射波产生，提高分辨力。阻尼吸收块用钨粉、环氧树脂等浇注。

（2）发射和接收超声波原理　发射超声波时，将500V以上的高压电脉冲施加到压电晶片上，利用逆压电效应，使压电晶片发射出一束频率落在超声范围内、持续时间很短的超声振动波。向上方发射的超声振动波被阻尼块所吸收，而向下发射的超声波垂直透射

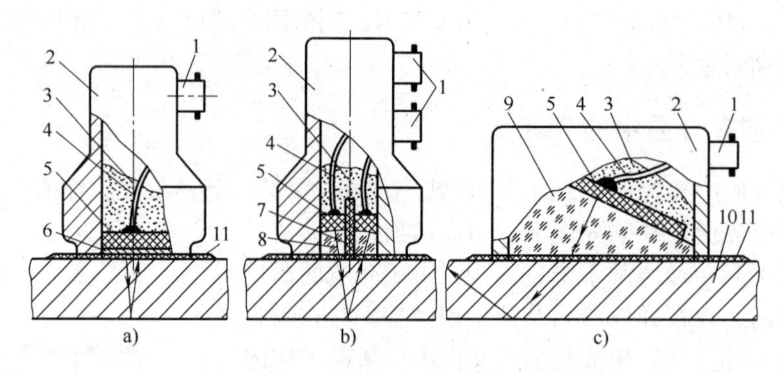

图 7-8 超声波探头结构示意图

a）单晶直探头 b）双晶直探头 c）斜探头

1—接插件 2—外壳 3—阻尼吸收块 4—引线 5—压电晶体 6—保护膜

7—隔离层 8—延迟块 9—有机玻璃斜楔块 10—试件 11—耦合剂

到图 7-8a 中的试件 10 内。

假设该试件为钢板，而其底面与空气交界，到达钢板底部的超声波的绝大部分能量被底部界面所反射（见图 7-6）。反射波经过一个短暂的传播时间，回到压电晶片。根据压电效应，压电晶片将超声振动波转换成同频率的交变电荷和电压。由于衰减等原因，该电压通常只有几十毫伏，还要加以放大，才能在显示器上显示出该脉冲的波形和幅值。

从以上分析可知，超声波的发射和接收虽然均是利用同一块压电晶片，但时间上有先后，所以单晶直探头处于分时工作状态，必须用电子开关来切换这两种不同的状态，电子开关切换电路框图如图 7-14 所示。

2. 双晶直探头

双晶直探头[3]（Twin Transducer Probe 或 Double Transducer Probe）结构如图 7-8b 所示。它是由两个单晶探头组合而成，装配在同一壳体内。其中一片压电晶片发射超声波，另一片压电晶片接收超声波。两压电晶片之间用一片吸声性能强、绝缘性能好的薄片加以隔离，使超声波的发射和接收互不干扰。向内略有倾斜的压电晶片下方还设置延迟块，它用有机玻璃或环氧树脂制作，它能使超声波延迟一段时间后才入射到试件中，可减小试件接近表面处的盲区，提高分辨能力。双晶探头多数用于纵波探伤。结构虽然复杂些，但检测准确度比单晶直探头高，且超声信号的反射和接收的控制电路较单晶直探头简单。

3. 斜探头

某些情况下，为了使超声波能以一定的角度倾斜入射到被测介质中，可选用斜探头（Angle Probe），主要用于横波探伤，如图 7-8c 所示。压电晶片粘贴在与底面成一定角度（如 30°、45°等）的有机玻璃材料制作的斜楔块上，压电晶片的上方用吸声性强的阻尼吸收块覆盖。当斜楔块与不同材料的被测介质（试件）接触时，超声波产生一定角度的折射，倾斜入射到试件中去，折射角可通过计算求得。

4. 聚焦探头

由于超声波的波长很短（毫米数量级），所以它也像光波一样，可以被聚焦成十分细的声束，其直径可小到 1mm 左右，可以分辨试件中细小的缺陷，这种探头称为聚焦探头

(Focusing Type Probe)，是一种很有发展前途的新型探头。

聚焦探头采用曲面压电晶片来发出聚焦的超声波。也可以采用两种不同声速的塑料来制作声透镜。也可以利用类似光学反射镜的原理制作声凹面镜（出射声速较大时）来聚焦超声波。如果将双晶直探头的延迟块按上述方法加工，也可具有聚焦功能。

5. 箔式探头

利用第6.1节介绍过的聚偏二氟乙烯（PVDF）高分子薄膜，制作出的薄膜式探头称为箔式探头[4]（Foil Type Probe)，可以获得0.2mm的超细声束，用在医用诊断仪器上，可以获得很高清晰度的图像。

7.2.2　以空气为传导介质的超声探头

由于空气的声阻抗是固体声阻抗的几千分之一，所以空气传导型超声探头的结构与固体传导探头有很大的差别。空气传导型超声探头的发射换能器和接收换能器简称为发射器和接收器，或超声探头，一般是分开设置的，两者结构也略有不同，空气传导型超声发射器、接收器结构如图7-9所示。发射器的压电晶片上粘贴了一只锥形共振盘，以提高发射效率和方向性。接收器在共振盘上还增加了一只阻抗匹配器，以滤除噪声、提高接收效率。配套的空气传导超声发射器和接收器的有效工作范围可达几米至几十米。

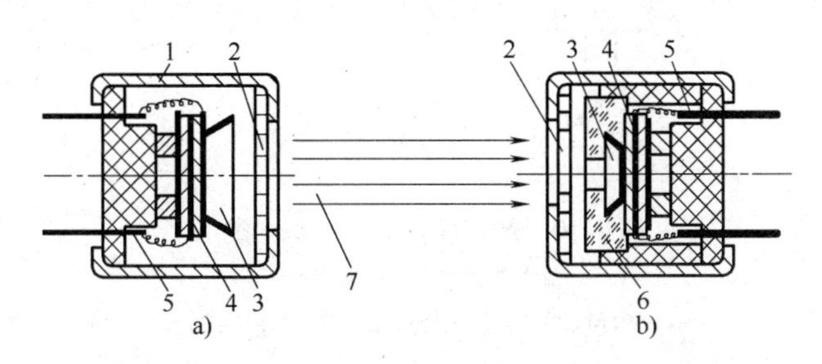

图7-9　空气传导型超声发射器、接收器结构

a）超声发射器　b）超声接收器

1—外壳　2—金属丝网罩　3—锥形共振盘　4—压电晶片　5—引脚　6—阻抗匹配器　7—超声波束

7.2.3　耦合技术

在图7-8中，无论是直探头还是斜探头，一般不能直接将其放在被测介质（特别是粗糙金属）表面来回移动，以防磨损。更重要的是，由于超声探头与被测物体接触时，在工件表面不平整的情况下，探头与被测物体表面间必然存在一层空气薄层。空气的密度很小，将引起三个界面间强烈的杂乱反射波，造成干扰，而且空气也将对超声波造成很大的衰减。为此，必须将接触面之间的空气排挤掉，使超声波能顺利地入射到被测介质中。在工业中，经常使用一种称为耦合剂（Coupler）的液体物质，使之充满在接触层中，起到传递超声波的作用。常用的耦合剂[5]有水、机油、甘油、水玻璃、胶水、化学浆糊、洗洁精等。耦合剂的厚度应尽量薄一些，以减小耦合损耗。所选用的耦合剂不应对被测物产生腐蚀。

有时为了降低耦合剂的成本，还可在单晶直探头、双晶直探头或斜探头的侧面，加工一个自来水接口。在使用时，自来水通过此孔压入到保护膜和试件之间的空隙中。使用完毕，将水迹擦干即可，这种探头称为水冲探头。图7-6所示的探伤方法即为水浸法探伤。

7.3 超声波传感器的应用

7.3 拓展阅读资料

根据超声波的发射器与接收器的安装方向的不同，可以分为遮断型和反射型两种基本类型，如图7-10所示。当超声发射器与接收器分别置于被测物两侧时，称为遮断型。遮断型可用于防盗报警器、接近开关等。当超声发射器与接收器置于被测物同侧时，属于反射型，反射型可用于接近开关、测距、测液位或料位、金属探伤以及测厚等。

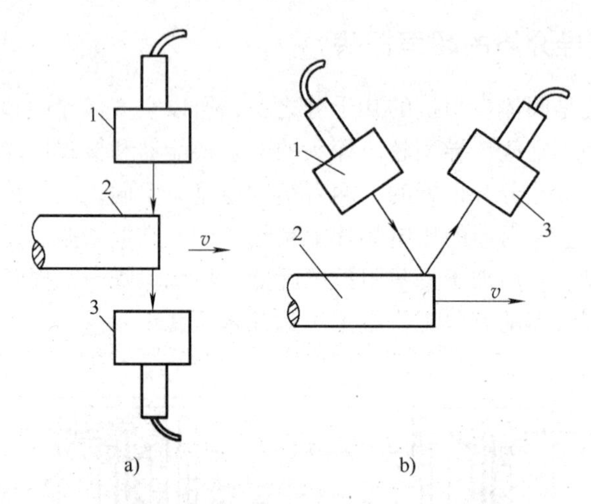

图7-10 超声应用的两种基本类型

a）遮断型 b）反射型

1—超声发射器 2—被测物 3—超声接收器

按超声波的波形不同，又可分为连续超声波和脉冲超声波。连续超声波是指持续时间较长的超声振动。而脉冲超声波是持续时间只有几十个重复脉冲的超声振动。为了提高分辨力，减少干扰，超声波传感器多采用脉冲超声波。

7.3.1 超声波流量计

流量的检测在图2-37中已有简单的介绍。常见的流量计有热丝式气体流量计、差压节流式流量计、电磁流量计、涡街流量计、科里奥利质量流量计等。超声波流量计有频率差法、时间差法、相位法和超声多普勒法[6]、互相干法[7]测量等。时间差法与流体中的声速 c 有关，而多数材料中的声速 c 随温度的升高而变小，造成测量误差，目前多采用频率差法和多普勒法。

1. 频率差法测量流量的原理

频率差法流量测量原理如图7-11a所示。在测试点的上游和下游管壁外侧面，各安装一个结构完全相同的超声斜探头 F_1、F_2。通过电子开关的控制，交替地作为超声波发射器与接收器使用。

在图7-11中，首先由 F_1 顺流发射出第一个超声脉冲，它通过管壁、流体及另一侧管壁，被 F_2 接收，F_2 的输出电压经放大后，再次触发 F_1 的驱动电路，使 F_1 发射第二个声脉

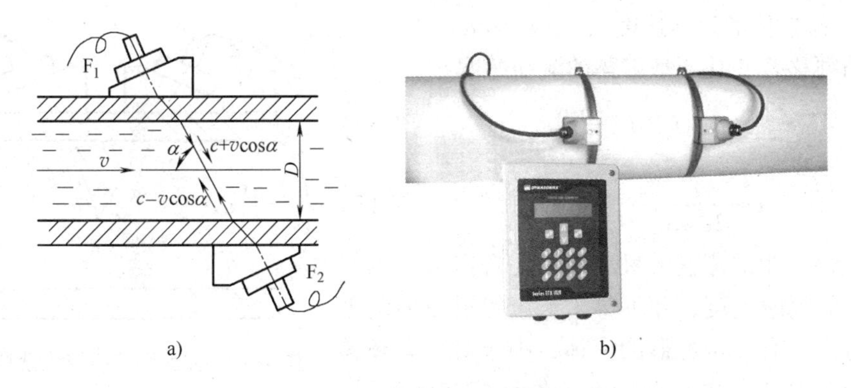

a)　　b)

图7-11　频率差法流量测量

a）原理图　b）超声流量计外形

冲，以此类推。在第一个时间段 t_1 里，F_1 的脉冲重复频率为

$$f_1=\frac{c+v\cos\alpha}{D/\sin\alpha}=\frac{(c+v\cos\alpha)\sin\alpha}{D}$$

式中　α——超声波束与流体的夹角；

v——流体的流速；

D——管道的直径。

在紧接下去的另一个相同的时间间隔 t_2（$t_2=t_1$）内，与上述过程相反，由 F_2 逆流发射超声脉冲，而 F_1 接收脉冲。可以测得 F_2 的脉冲重复频率为

$$f_2=\frac{c-v\cos\alpha}{D/\sin\alpha}=\frac{(c-v\cos\alpha)\sin\alpha}{D}$$

如果不考虑管道的壁厚，则超声脉冲的重复频率差 Δf 与流速 v 成正比

$$\Delta f=f_1-f_2=\frac{\sin2\alpha}{D}v \tag{7-10}$$

频率法测得的流速 v 约等于管道截面的平均流速，所以体积流量为

$$q_V=\frac{\pi D^3}{4}\frac{\Delta f}{\sin2\alpha} \tag{7-11}$$

由式（7-10）和式（7-11）可知，Δf 只与被测流速 v 成正比，而与声速 c 基本无关，所以频率法测量流速的温漂较小。

由于流体中的气泡和杂物会干扰超声波的传播速度，并衰减超声波的能量，所以频率法不适宜含有较多气泡和杂物的液体的测量。

2. 多普勒法测量流量的原理

多普勒效应（Doppler Effect）是指运动物体迎着波源运动时，波被压缩，波长变得较短，频率变得较高；当运动物体背着波源运动时，会产生相反的效应。物体的速度越快，所产生的频偏效应就越大。产生的频偏 f_d 与波源、移动物体两者之间的相对速度 v 及方向有关。多普勒效应广泛存在于光波（电磁波）、声波等物理现象中。

多普勒法超声波流量测量原理如图7-12所示[8]。超声探头 F_1 向流体发出频率为 f_1 的连续超声波，照射到液体中的散射体（悬浮颗粒或气泡）。散射的超声波产生多普勒频移 f_d，接收探头 F_2 接收到频率为 f_2 的超声波，其值为 $f_2=f_1\frac{c+v\cos\alpha}{c-v\cos\alpha}$

式中 v——散射体的运动速度，$v \ll c/\cos\alpha$。

多普勒频移f_d正比于散射体的流动速度v

$$f_d = f_2 - f_1 \approx f_1 \frac{2\cos\alpha}{c} v \tag{7-12}$$

$$v \approx \frac{c}{2\cos\alpha} \frac{f_d}{f_1} \tag{7-13}$$

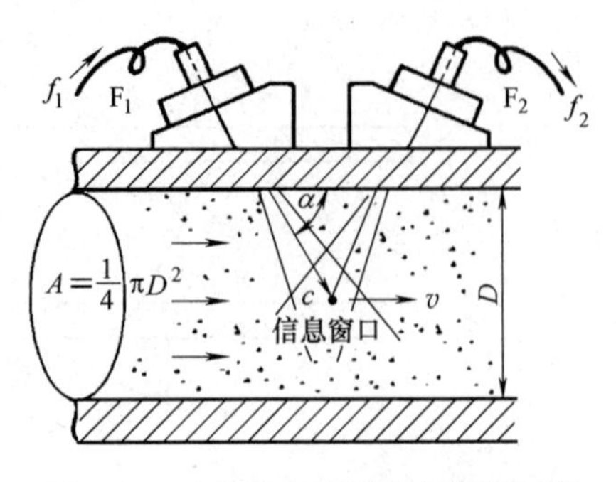

图7-12 多普勒超声波流量测量原理

式（7-13）中的流速v只反映了信息窗区域内的某一颗粒子的瞬时速度，并不等于整个管道流体的平均流速。对于含有大量粒群的流体，则应对所有频移信号进行统计处理，再根据标准流量计标定的结果，折算出平均流速，再乘以管道的截面积A，才等于被测体积的流量。由于散射波的幅值很小，且被测杂质断断续续，所以必须在放大电路之后，引入锁相环[9]，才能在流体中没有杂质的短暂时间段里“锁存”住粒子断续之前的f_d。

3. 超声流量计的特点

探头可安装在被测管道的外壁，实现非接触测量。既不干扰流场，又不受流场参数的影响。超声流量计的输出与流量基本上呈线性关系，准确度一般可达±1%，价格不随管道直径的增大而增加，因此特别适合大口径管道或腐蚀性液体的流量测量。

大部分流量传感器或多或少受进口流动状况的影响，最普遍的是流速分布不均匀和旋涡。安装流量传感器的上下游要有一段直管，以减小测量误差。

7.3.2 超声波测厚仪

测量试件厚度的方法很多，比如可以用第3.3节介绍的电感测微器等。超声测厚仪[10]具有量程范围大、便携等优点，它的缺点是测量准确度与温度及材料的材质有关。

图7-13是便携式超声波测厚仪示意图，它可用于测量钢及其他金属、有机玻璃、硬塑料等材料的厚度。

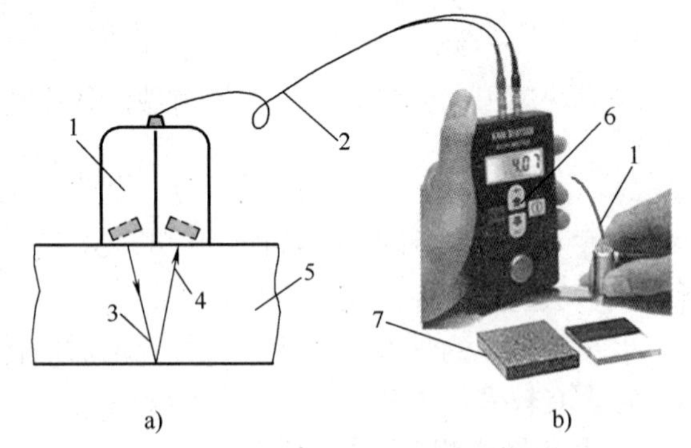

图7-13 便携式超声波测厚仪示意图

a）超声波测厚原理 b）超声波测厚仪的使用

1—双晶直探头 2—引线电缆 3—入射波 4—反射波 5—试件 6—测厚仪 7—标准试块

双晶直探头左边的压电晶片发射超声脉冲，经探头底部的延迟块延时后，超声脉冲进入被测试件，到达试件底面时，被反射回来。反射波（Echo）被右边的压电晶片所接收。只要测出从发射超声波脉冲到接收超声波脉冲所需的时间t（扣除经两次人为延迟的时间），再乘上被测体的声速常数c，就是超声脉冲在被测件中所经历的来回距离，也就代表了厚度δ，即

$$\delta = \frac{1}{2} ct \tag{7-14}$$

只要在发射到接收这段时间内使计数电路计数，便可达到数字显示的目的。使用双晶直

探头可以使信号调理电路趋于简化。探头内部的延迟块可减小杂乱反射波的干扰。对不同材质的试件，由于其声速 c 各不相同，所以测试前必须将 c 值从面板输入，并将耦合剂涂抹于标准厚度的钢质试块表面，用探头压在试块上，进行比较和校准。

7.3.3　超声波测量液位和物位

超声波液位计原理如图7-14所示，在液面上方安装空气传导型超声发射器和接收器。按超声脉冲反射原理，根据超声波的往返时间就可测出液体的液面。如果液面晃动，就会由于反射波散射而使接收困难，此时可用直管将超声传播路径限定在某一空间内。由于空气中的声速随温度改变会造成温漂，所以在传送路径中还设置了一个反射性良好的小板作标准参照物，以便计算修正。上述方法除了可以测量液位外，也可以测量粉状物体和粒状体的物位。

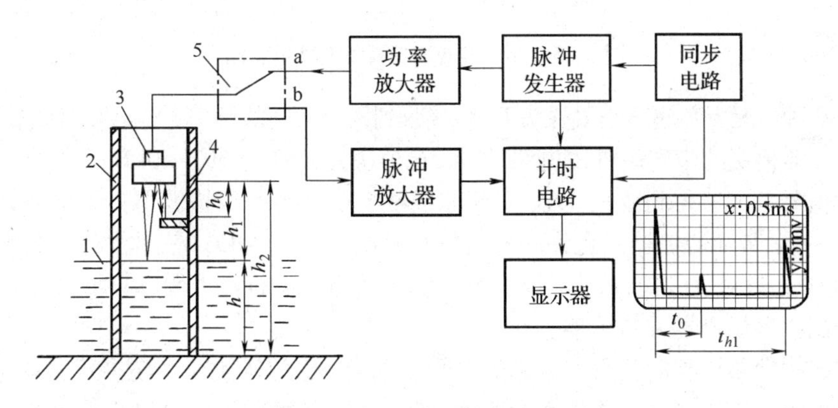

图7-14　超声波液位计原理图

1—液面　2—直管　3—空气超声探头　4—反射小板　5—电子开关

例7-3　超声波液位计原理如图7-14所示，从显示屏上测得 $t_0=2\text{ms}$，$t_{h1}=5.6\text{ms}$。已知水底与超声探头的间距 h_2 为10m，反射小板与探头的间距 h_0 为0.34m，求液位 h。

解　由于

$$c=\frac{2h_0}{t_0}=\frac{2h_1}{t_{h1}}$$

所以有

$$\frac{h_0}{t_0}=\frac{h_1}{t_{h1}}$$

$$h_1=\frac{t_{h1}}{t_0}h_0\approx\frac{5.6\text{ms}}{2.0\text{ms}}\times0.34\text{m}=0.95\text{m}$$

所以液位 h 为

$$h=h_2-h_1=10\text{m}-0.95\text{m}=9.05\text{m}$$

7.3.4　超声波防盗报警器

图7-15为超声波防盗报警器电路示意图。上部分为发射部分的电路原理框图，下部分为接收部分的电路原理框图，发射电路与接收电路装在同一块线路板上。发射器（超声空气探头 B_1）发射 $f=40\text{kHz}$ 左右的连续超声波。选用40kHz工作频率可使空气探头与空气之间有较好的阻抗耦合，并可避开环境噪声干扰[11]。

如果有人进入信号的有效区域，相对速度为 v，从人体反射回接收器的超声波将由于多普勒效应，就会发生第7.3节所述的频率偏移 f_d 或 Δf。当人体静止不动时，$\Delta f=0$；当人体接近发射探头时，Δf 为正值；当人体远离发射探头时，Δf 为负值；当人体斜向运动时，Δf 取决于运动方向与发射器轴线夹角的余弦，见式（7-12）。

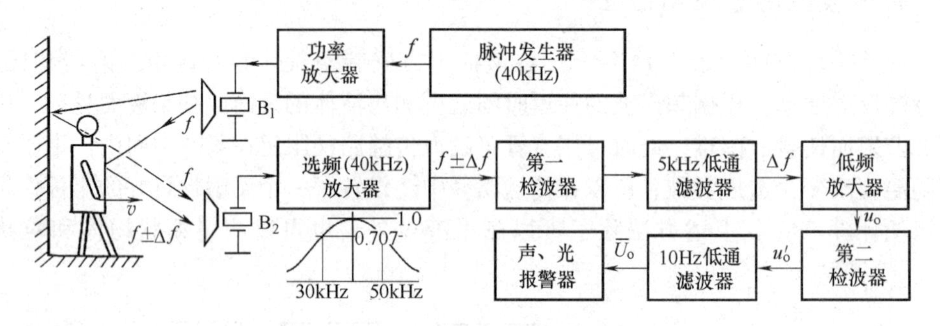

图7-15 超声波防盗报警器电路示意图

在上述几种情况下，超声空气探头 B_2 将接收到两个不同的频率：$f_1=40\text{kHz}$，$f_2=40\text{kHz}\pm\Delta f$。选频放大器模块的带宽由外围电路的 R、C 值决定，约为30～50kHz。这个频带之外的高频或低频信号都无法得到放大。f_1、f_2 经非线性电路（第一级检波器）混频后，产生差拍信号 $\Delta f=f_2-f_1$。带通滤波器只允许多普勒信号通过，滤去40kHz信号。低频放大器的上限频率约为3kHz，只对 Δf 进行放大。第二级检波器留下 Δf 的正半周，再滤波变为脉动直流电压，去控制报警扬声器或指示器。

超声防盗报警器可检测几百立方米的空间。由于空气流动也会产生多普勒效应，所以只能用于室内检测。由于静止的物体不会产生 Δf，所以多普勒效应可以排除墙壁、家具的影响。根据本装置的原理，还能运用多普勒效应去测量运动物体的速度，汽车防碰、防追尾等。

利用超高频电磁信号（雷达）的多普勒效应，可以测量汽车的车速，还可以用于生命探测器[12]等。

7.4 无损探伤

7.4 拓展阅读资料

7.4.1 无损探伤的基本概念

1. 材料的缺陷

人们在使用各种材料，尤其是金属材料的长期实践中，观察到大量的断裂现象，它曾给人类带来许多灾难事故，涉及舰船、飞机、轴类、压力容器、宇航器、核设备等。

实际金属材料的强度比理论计算值要低2～3个数量级。究其原因，是因为金属原子间的结构不是理想晶体，存在着大量微观和宏观的缺陷。微观缺陷如杂质原子、晶格错位、晶界等；宏观缺陷则是材料和构件在冶炼、铸造、锻造、焊接、轧制和热处理等加工过程中产生的，例如气孔、夹渣、裂纹、焊缝等。由于这些微观和宏观缺陷的存在，大大降低了材料和构件的强度。

1929年，第一次报道了将超声波用于材料检测。其后的几十年，超声检测仍处于实验和发展阶段。直到六七十年代，由于电子技术的高速发展，超声探伤技术才在重工业中被广泛应用。

2. 无损探伤方法及分类[13]

对上述缺陷的检测手段有破坏性试验和无损探伤。由于无损探伤以不损坏被检验对象为前提，所以可以在设备运行过程中进行连续监测。

无损探伤一般有三种含义，即无损检测 NDT（Non-destructive Testing）、无损检查 NDI（Non-destructive Inspection）和无损评价 NDE（Non-destructive Evaluation）。NDT 仅仅是检测出缺陷；NDI 则以 NDT 结果为判定基础；而 NDE 则是对被测对象的完整性、可靠性等进行综合评价。近年来，无损探伤已逐步从 NDT 向 NDE 过渡。

无损检测的方法多种多样，可依具体对象，选择一种或几种方法来综合评定检测结果。例如，对铁磁材料，可采用磁粉检测法[14]；对导电材料，可用电涡流法；对非导电材料还可以用荧光染色渗透法[15]（Liquid Penetrant Testing，LPT）。以上几种方法只能检测材料表面及接近表面的缺陷。

采用放射线（X 光、中子射线、γ 射线）照相检测法[16]可以检测材料内部的缺陷，但对人体有较大的危险，且设备复杂，不利于现场检测[17]。除此之外，还有红外、激光、声发射、微波、计算机断层成像技术（CT）探伤[18]等。

超声波检测和探伤是目前应用十分广泛的一种无损探伤手段。它既可检测材料表面的缺陷，又可检测内部几米深的缺陷，这是 X 光探伤所达不到的深度。

3. 超声探伤分类

超声探伤目前可分为 A、B、C 等几种类型。

（1）A 型超声探伤　A 型超声探伤[19]的结果以二维坐标图形式给出。它的横坐标为时间轴，纵坐标为反射波强度。可以从二维坐标图上分析出缺陷的深度、大致尺寸，但较难识别缺陷的性质和类型。

（2）B 型超声探伤　B 型超声探伤的原理类似于医学上的 B 超。它将探头的水平扫描距离作为横坐标，探伤深度作为纵坐标，以屏幕的辉度（亮度）来反映反射波的强度。它可以绘制被测材料的纵截面图形。探头的扫描可以是机械式的，更多的是用计算机来控制一组发射压电晶片阵列（线阵）来完成与机械式移动探头相似的扫描动作，但扫描速度更快，定位更准确。

（3）C 型超声探伤　目前发展最快的是 C 型超声探伤，它类似于医学上的 CT 扫描原理。计算机控制探头中的三维压电晶片阵列（面阵），使探头在材料的纵、深方向上扫描，因此可绘制出材料内部缺陷的横截面图，这个横截面与扫描声束相垂直。横截面图上各点的反射波强可对应的几十种颜色，在计算机的高分辨率彩色显示器上显示出来。经过复杂的算法，可以得到缺陷的立体图像和每一个断面的切片图像。利用三维动画原理，分析员可以在屏幕上控制该立体图像，以任意角度来观察缺陷的大小和走向。

当需要观察缺陷的细节时，还可以对该缺陷图像进行放大（放大倍数可达几十倍），并显示出图像的各项数据，如缺陷的面积、尺寸和性质。对每一个横断面都可以做出相应的解释和评判其是否超出设定标准。

每一次扫描的原始数据都可记录并存储，可以在以后的任何时刻调用，并打印探伤结果。

下面介绍最常用的 A 型超声探伤原理及应用，B 型和 C 型超声波探伤请参阅有关文献[20,21]。

7.4.2 A 型超声探伤

A 型超声探伤采用超声脉冲反射法。而脉冲反射法根据波形不同又可分为纵波探伤、横波探伤和表面波探伤等。A 型超声探伤仪[22]外形如图 7-16 所示。

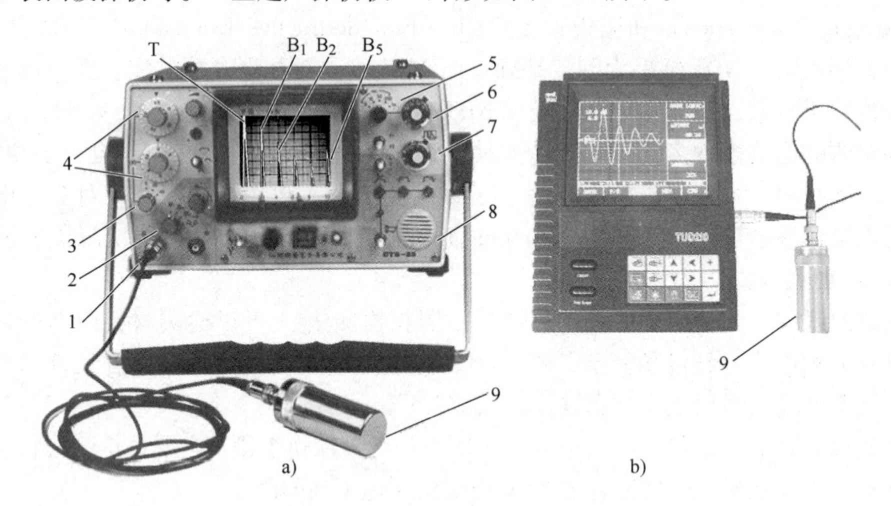

图 7-16 A 型超声波探伤仪外形

a）台式 A 型探伤仪 b）便携式 A 型探伤仪

1—探头电缆插头座 2—工作方式选择 3—衰减细调 4—衰减粗调 5—扫描时间调节 6—扫描时间微调 7—x 轴移位 8—报警扬声器 9—直探头

T—发射波 B_1—第一次底反射波 B_2—第二次底反射波 B_5—第五次底反射波

1. 纵波探伤

测试前，先将探头插入探伤仪的连接插座上。探伤仪面板上有一个显示屏，通过显示屏可知工件中是否存在缺陷、缺陷大小及缺陷位置。工作时探头放于被测工件上，并在工件上来回移动进行检测。探头发出的超声波，以一定速度向工件内部传播，如工件中没有缺陷，则超声波传到工件底部便产生反射，反射波到达表面后再次向下反射。周而复始，在荧光屏上出现始脉冲波 T 和一系列底脉冲波 B_1、B_2、B_3、…（见图 7-16a）。B 波的高度与材料对超声波的衰减有关，可以用于判断试件的材质、内部晶体粗细等微观缺陷（Flaw）。纵波探伤示意图如图 7-17 所示。

此后，可减小显示器的横坐标轴扫描时间，使荧光屏上只出现始脉冲波 T 和一个底脉冲波 B，如图 7-17a 所示。如工件中有缺陷，一部分声脉冲在缺陷处产生反射，另一小部分继续传播到工件底面产生反射，在荧光屏上除出现始脉冲 T 波和底脉冲 B 波外，还出现缺陷脉冲波 F，如图 7-17b 所示。荧光屏上的水平亮线为扫描线（时间基线），其长度与工件的厚度成正比（可调整），通过判断缺陷脉冲在荧光屏上的位置（div 数乘以扫描时间）可确定缺陷在工件中的深度。亦可通过缺陷脉冲幅度的高低差别来判断缺陷的大小。如缺陷面积大，则缺陷脉冲的幅度就高，而 B 脉冲的幅度就低。通过移动探头还可确定缺陷大致长度和走向。

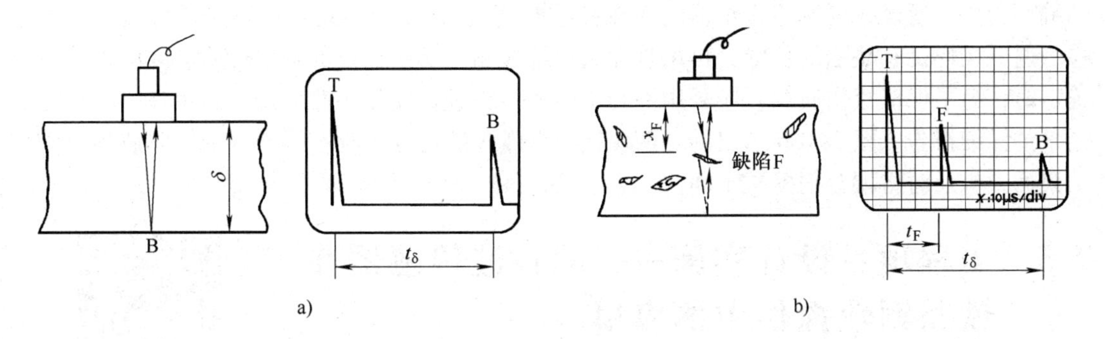

图7-17 纵波探伤示意图

a）无缺陷时超声波的反射及显示波形 b）有缺陷时超声波的反射及显示波形

例7-4 图7-17b中，显示器的X轴为10μs/div（格），现测得B波与T波的距离为10格，F波与T波的距离为3.5格。求：1）$t_δ$及t_F；2）钢板的厚度$δ$及缺陷与表面的距离x_F。

解 1）$t_δ=10\mu s/div\times10div=100\mu s=0.1ms$，$t_F=10\mu s/div\times3.5div=35\mu s=0.035ms$

2）查表7-1得到纵波在钢构件中的声速$c_L=5.9\times10^3 m/s$，则

$$δ=c_L t_δ/2=(5.9\times10^3 m/s)\times0.1\times10^{-3}s/2\approx0.3m$$

$$x_F=c_L t_F/2=(5.9\times10^3 m/s)\times0.035\times10^{-3}s/2\approx0.1m$$

2. 横波探伤

横波探伤属于斜探头探伤，其示意图如图7-18所示。在直探头探伤时，当超声波束中心线与缺陷截面垂直时，探测灵敏度最高。但如遇到图7-18所示方向的缺陷时，就不能真实反映缺陷的大小，甚至有可能漏检。这时若用斜探头探测，探伤效果较好。

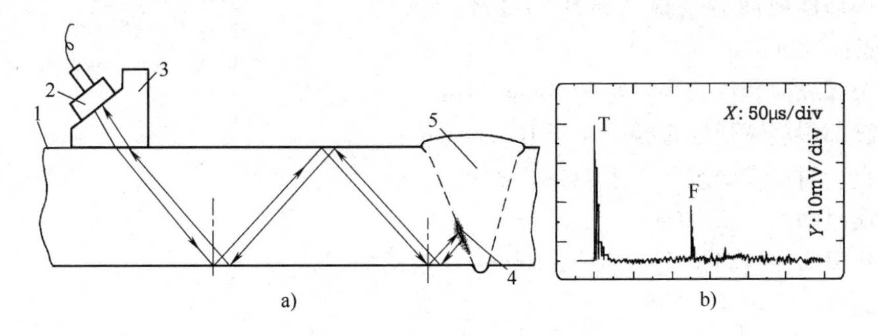

图7-18 斜探头横波探伤示意图

a）横波在试件中的传播 b）缺陷回波

1—试件 2—斜探头 3—斜楔块 4—缺陷（焊渣或气孔） 5—V形焊缝中的焊料

斜探头发出的超声波（纵波）以较大的倾斜角进入钢试件后，将转换为两个波束：一束仍为纵波，另一束为横波。由于纵波的声速比横波大一倍，所以折射角也比横波大许多。控制探头的倾斜角，就可以使探头只接收到横波，而对纵波（在这里成为干扰）“视而不见”，所以斜探头探伤又称为横波探伤。

如果整块试件均没有大的缺陷，则横波在钢板的上下表面之间逐次反射，直至到达试件

的端面为止。所以只要调节显示器的 X 轴扫描时间（ms/div），就可以很快地将整个试件粗检一遍。在怀疑有缺陷的位置，再用直探头仔细探测。所在试件的缺陷性质、取向事先不能确定时，为了保证探伤质量，应采用一套不同的探头进行反复探测，最后给用户打印出探测结果的详细报告。图7-18b示出的是两块钢板电弧焊的焊缝中存在焊渣时的缺陷波形。探伤结束后，应及时将耦合剂擦拭干净。

7.5 工程项目设计实例——超声波传感器在铁路钢轨探伤中的应用

7.5 拓展阅读资料

7.5.1 项目来源及技术指标

铁路提速大大减少了人们的在途时间，提高了货物的运输效率。但是，如果采用无缝钢轨技术必然产生强大的低温冷缩拉应力，在强度较低的钢轨焊接接头，可能出现开裂现象。其次，钢轨在重载列车的交变应力的反复作用下，也容易产生疲劳伤损裂纹。当裂纹达到某一临界尺寸时，就会在一瞬间断裂，造成列车颠覆事故，因此迫切需要开发高速在线钢轨裂纹探伤设备。在裂纹扩大到临界尺寸之前，就将其探测出来，将断裂事故消灭在萌芽状态。铁路钢轨的缺陷及断裂事故如图7-19所示。钢轨高速探伤设备的技术指标如下：

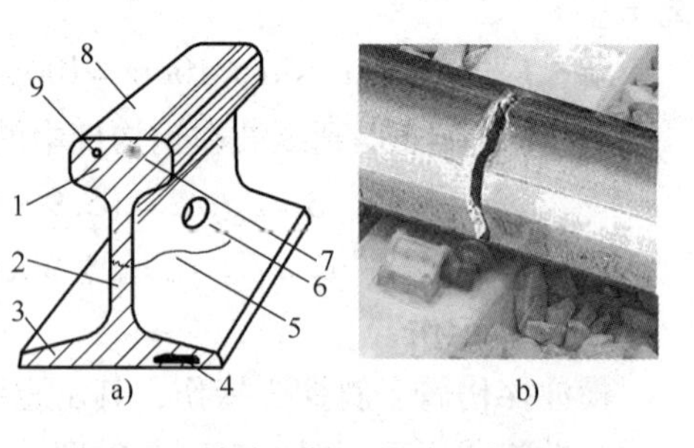

图7-19 铁路钢轨的缺陷及断裂事故
a）钢轨及缺陷 b）裂纹扩大导致整体断裂
1—钢轨头部 2—钢轨腰部 3—钢轨底部
4—轨底缺陷 5—轨腰裂纹 6—轨腰螺孔
7—轨头核伤 8—轨面 9—ϕ5mm人工平底孔

在线探测速度：大于80km/h；

钢轨头部横向疲劳裂纹（核伤）报警：小于 ϕ5mm 平底孔当量；

钢轨头部纵向裂纹报警：小于10mm当量；

钢轨腰部斜裂纹长度报警：小于10mm当量；

探轮自动对中准确度：小于1mm；

损伤误报率：小于20%；

钢轨伤损所在线路位置误差：±100mm（自动标记）；

使用温度：-40～+70℃。

7.5.2 探伤方法的选择

钢轨裂纹检查属于无损探伤。常用的无损探伤方法有：X光射线探伤、磁粉探伤、着色渗透探伤、涡流探伤、γ射线探伤、超声波探伤等。

（1）磁粉探伤　使用大电流对导磁金属材料制成的工件进行磁化，使之达到饱和的程度。若材料内部非常均匀，没有缺陷，则在其内部将产生均匀分布的磁力线。如果工件表面或近表面区域存在裂纹、夹渣或气孔等缺陷时，这些缺陷会阻碍磁力线的通过，产生漏磁现象，使缺陷两侧的表面产生一对N、S极的局部磁场。这时，若在被检工件的表面上撒放磁铁粉悬液，磁粉就会被漏磁场所吸附，产生磁粉集聚，因而把缺陷的形象清楚地显示出来。

磁粉探伤适宜用来检查磁性材料的表面与近表面缺陷，不能检查钢轨的深部缺陷，不适合钢轨探伤。电涡流传感器也只能检测表面的裂纹，也不适合钢轨探伤。

（2）X射线探伤 X射线管产生的X射线穿过待检物，到达胶片或X射线摄像头。然后在X-Ray图像增强器上形成一个放大的X光图。该图像的质量主要由分辨率及对比度决定。成像系统的分辨率（清晰度）决定于X射线源焦斑的大小，以及探测器像素的大小。目前微焦点X光管的焦斑可小到几个微米。

被测物的密度越大，对X射线的衰减就越大。X射线的波长越短，就越“硬”，能穿透钢轨的轨头，从而发现微小的裂纹。但硬X射线对人体危害较大，不适合在线测量，γ射线探伤的危险性就更大[23]。

（3）着色渗透探伤 通过喷洒、刷涂或浸渍等方法，把渗透能力很强的渗透液施加到被检查的物体上，利用毛细现象，使渗透液渗入缺陷。将表面渗透液擦拭或冲洗干净后，再在物体表面均匀施加显像剂，就能显示出缺陷的图像，该图像可以在白光下用肉眼观察。若用紫外光照射被检查的物体，可以更清晰地观察到从裂纹中渗透出来的显像剂的荧光。着色渗透法能检查材料表面微米级的开口性缺陷，不适合钢轨内部探伤。

（4）超声钢轨探伤 超声钢轨探伤在我国已有50多年的历史。在20多年前，我国就已经制造出手推超声探伤车。它以示波管显示钢轨缺陷的信号，对明显的缺陷信号，能自动报警，探伤速度与步行速度相当，大约1m/s（3.6km/h）。超声波铁轨探伤仪的使用如图7-20所示。

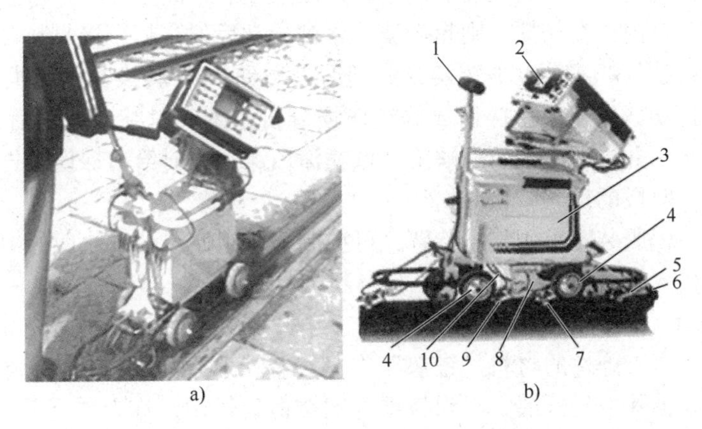

图7-20 超声波铁轨探伤仪的使用

a）现场使用 b）手推探伤车底部探头

1—手柄 2—显示器 3—耦合液储水箱 4—导向轮 5—轨面清扫器 6—钢轨
7—第一对滑靴式超声探头 8—弹力对中装置 9—第二对滑靴式超声探头 10—水管

我国列车大提速以后，各机务段可利用的钢轨探伤作业时间的间隙越来越少，手推超声探伤车越来越不能适应繁忙线路的探伤，因此必须考虑高速探伤列车方案。在短暂的行车间隙和空间里，要完成长度为250km左右钢轨的探伤，探伤车的速度必须达到80km/h以上。在高速长距离行驶中，接触式超声探头（称为滑靴）磨损十分严重，所以必须改用轮式探头[24]。根据以上要求，超声传感器的形式必须有较大的突破。

7.5.3 高速探伤列车的设计步骤

1. 轮式钢轨探伤系统的总体方案

轮式钢轨探伤系统由轮式探头（以下简称探轮）、超声发射/接收装置、探轮自动对中伺服装置、高速数据采集系统、数字信号调理主机、伤损分析系统，以及打印、报警喷漆等外围设备组成[25]。轮式钢轨探伤系统原理框图如图7-21所示。

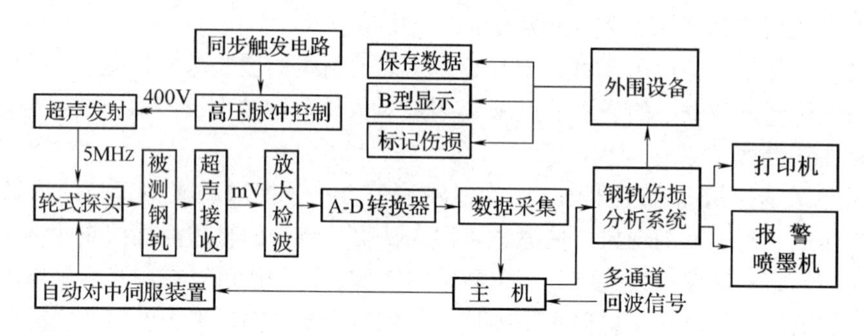

图7-21 轮式钢轨探伤系统原理框图

为了减小超声波束的发散角，采用了0.2μs的窄脉冲来触发超声压电片，尽量提高脉冲的重复频率，可以减少高速运行时的漏检率。本项目中，重复频率设计为5000次/s。

轮式钢轨探伤系统工作时，计算机跟踪探轮的位置，控制探轮始终处于轨面的正中位置。同步触发电路控制探轮内的换能器向钢轨发出连续脉冲超声波束，通过耦合液及探轮壁到达钢轨内。如钢轨内存在伤损，则超声波束将被异常反射。超声接收装置将微弱的回波信号放大，并经过检波、滤波、电平转换等处理后，送到A-D转换器和数据采集卡，最后经计算机处理得到探伤数据。多路探伤数据经伤损分析系统实时综合处理后，以B型图方式在屏幕上实时显示，并立即向钢轨的缺陷区域喷涂白漆，同时给出探伤报告。探伤数据可随时回放，重现任一时段的检测结果。

探轮自动对中伺服装置采用气压装置，可控制探轮组始终处于轨面的中间位置，以确保超声波束正确地传入钢轨内。

2. 探轮的设计

若使用柔软、富有弹性的材料“铺垫”在超声探头和钢轨顶面之间，在适当的压力下，弹性材料能有效地消除空气薄层，起到与耦合剂类似的作用，称为“干耦合”。依据这种思路，用柔软的高耐磨材料制成轮胎形状，借助液压伺服系统紧压在钢轨上，接触面呈扁平状。该轮胎在“探伤小车”的推动下，沿钢轨顶面滚动。

超声组合探头（内部有多个换能器）通过“位置保持器”，在探轮内保持垂直向下。超声组合探头在同步触发脉冲的作用下，发射5束角度不同的超声波，通过油类耦合剂射入钢轨的顶面。这种代替滑靴的滚动式超声探头称为探轮，探轮的结构及外形如图7-22所示。

制作探轮的轮胎材料应满足透声性好、弹性好、机械强度高，且耐磨、耐油、耐高温(70℃)、耐低温（-40℃）等要求。经实验选择，特殊配方的丁腈橡胶和硅橡胶可以满足上述要求。耦合液必须进行循环冷却，以保证在探轮高速运行时不因受热而损坏。

3. 探伤小车的设计

探轮通过轮轴固定在探伤小车上，探伤小车通过气压伺服系统固定在高速探伤车的底

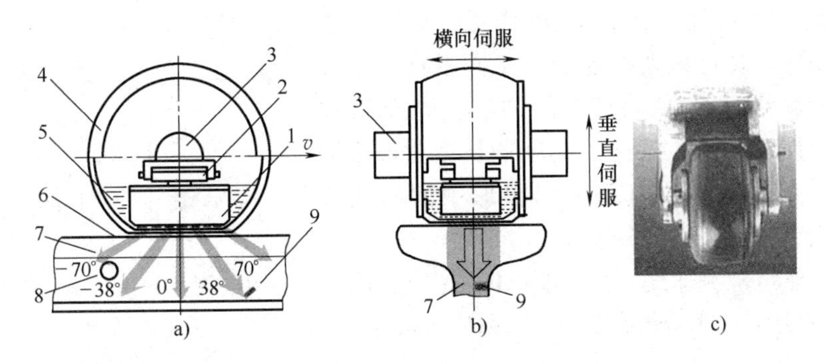

图7-22　探轮的结构及外形

a）侧视图　b）正视图　c）外形

1—换能器及反射波放大电路　2—柔性保持器　3—轮轴　4—轮胎

5—耦合油　6—钢轨　7—5路超声波束　8—钢轨螺孔　9—缺陷

部，列车底部的探伤小车结构如图7-23所示[26]。

探伤小车必须能够双向运动，所以其前端和后端各设置了一对“导向轮对”，用于保持探伤小车的运动方向和高度。0.4MPa的气压通过4个ϕ80mm的气缸，作用于探伤小车，使导向轮对紧贴轨面，以防止跳动。

图7-23　列车底部的探伤小车结构

1—探伤小车支撑架　2—探伤小车悬挂装置　3—前导向轮对

4—轨面喷气清扫装置　5—探轮液压缸　6—前探轮

7—对中装置　8—后探轮　9—后导向轮对　10—钢轨

探轮的加压装置采用液压伺服装置。液压缸的一端铰接在探伤小车上，另一端铰接在探轮上。油压使探轮与钢轨紧贴在一起，图7-22a和b中的轮胎下半部分呈扁平状，可减小超声波在耦合油中通过的时间，减小漏检率。

对中装置在探伤小车的运行中保证探轮安装梁与钢轨间的对中准确度。两个横向伺服液压缸控制探轮安装梁的横向运动和摇头运动；两个垂直伺服液压缸控制探轮安装梁的浮沉和点头运动。

高压气体从轨面清扫装置的出口喷出，起到清扫轨面沙尘的作用。

4. 超声发射/接收装置电路设计

用于超声探伤的换能器由压电晶片构成。换能器可将存储在电容C内的能量转换为超声波脉冲。由于换能器辐射面声压与激励电压对时间的导数（du/dt）成正比，因此应尽量减小激励脉冲的上升时间。为此设计了一种尖脉冲发生器来激励换能器[27]。尖脉冲发生器电路原理图如图7-24所示。

直流电源通过限流电阻R_c（取33kΩ）和阻尼电阻R_d（取510Ω）将电容C（取100pF）充电至300～500V，充电时间约为10μs，可满足5000Hz重复频率（即每隔200μs，探轮发射一次超声波脉冲）的设计要求。在施加高压完成后，电子开关S突然闭合，使高压电容C反向并接在压电晶片B的两端。此时换能器以发射超声波的形式响应电压负突变。随后，由于与换能器并联的阻尼电阻 R_d 的作用，激励电压迅速下降。操作人员可根据换能器的不同阻抗，通过控制面板上的旋钮对 R_d 的阻值进行调节。R_d 阻值的大小直接决定换能器的“振铃”时间的长短。若振铃时间过长，会使超声接收电路输出波形中的始波变宽，从而影响钢轨近表面的分辨率。

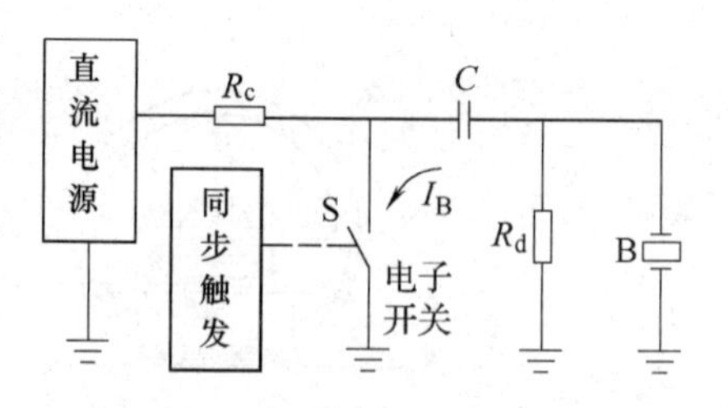

图 7-24 尖脉冲发生器电路原理图

若探伤车额定检测速度 v 为 80km/h，超声脉冲重复频率 f 为 5000Hz，则探测密度 S（与漏检率成正比）为

$$S=\frac{v\times10^6}{3600\times f}=\frac{80\times10^6}{3600\times5000}\text{mm}=4.4\text{mm}$$

为了减小漏检率，探伤时需使用 4 个探轮（每条钢轨两个），每个探轮内又设置有 5 个不同角度（0°、38°、-38°、70°、-70°）的探头，探伤系统共有 20 个探头，因此超声发射/接收电路需设计 20 个通道。计算机综合计算一条钢轨上的 10 路信号，得到 B 型图像。单路超声发射/接收电路原理框图如图 7-25 所示。

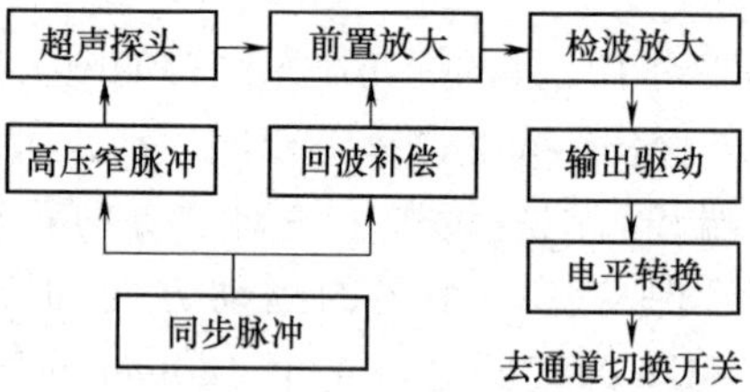

超声探头
前置放大
检波放大
高压窄脉冲
回波补偿
输出驱动
电平转换
同步脉冲
去通道切换开关

图 7-25 单路超声发射/接收电路原理框图

由于回波信号需要经过较长的电缆线才能传输至高速探伤车车厢内的主机中，这将导致信号衰减。而回波信号幅值仅为几毫伏，因此必须将前置放大器和驱动器直接安装在探轮内。又由于超声波束在传播过程中会随着声程的增大而衰减，因此远离始波的回波比接近始波的回波（见图 7-16 中的 B_5 和 B_1）衰减大。为补偿这种差异，设计了回波补偿器。回波补偿器能让始波附近的信号放大倍数较小、远离始波的信号放大倍数较大，可降低铁轨底部缺陷的漏检率。

7.5.4 标定试验

高速探伤车设计完成后，必须进行静态试检、动态试验和路试。

1. 静态试检

1）将探轮以标准压力紧压在无缺陷的标准钢轨表面。观察和记录 0°、38°、70°探头的回波信号，并记录不同温度时的反射波幅度。

2）在钢轨的头部、腰部、底部，用专用工具切割出宽度为 0.1mm、0.2mm 和 0.5mm，长度为 10mm 的人工裂纹锯口，观察回波信号和报警信号，制作“波形-幅度-裂纹尺寸”的对应电子档案。

3）在钢轨的头部、腰部、底部，用专用工具制作出横向 ϕ1mm、ϕ2mm、ϕ5mm，深度为 10mm 的人工平底孔，制作“波形-幅度-平底孔尺寸”的对应电子档案。

2. 动态试验

动态试验是在回转试验台上完成的，目的是考察探伤小车在 80km/h 速度下，对钢轨人工伤损方面的探伤能力。动态试验装置由环行轨、变频调速器、电动牵引车等组成。探伤小车在电动机的驱动下，绕中心轴高速运动。计算机记录与静态试验相比较的漏检率。

3. 路试

路试在铁道试验线上进行。将探伤小车通过气压伺服系统固定在高速探伤车的底部，以80km/h 的速度运行250km。记录与静态试验时相比较的漏检率，并考核耦合油的温升不应大于40℃。

7.5.5　信号解读

静态回波A型显示如图7-26所示。在图7-26中，波形①为0°探头探测到的轨底回波。由于0°探头发出的超声波束与轨面及轨底垂直，超声波束可在钢轨内来回反射，因此可看到二次波，甚至三次波。波形②为38°探头探测螺孔裂纹时得到的回波，由于螺孔边缘和螺孔裂纹同时有超声波束反射到探头，因此呈现出双峰波形，这也是判别螺孔裂纹的重要标志。波形③是0°探头探测到的螺孔顶部回波，由于轨面距螺孔顶部的声程较短，故回波离始波较近。设计电路时应考虑尽量使始波变窄，否则声程较短的回波信号会淹没在始波中。波形④为70°探头探测到的位于轨头的ϕ5mm小孔（见图7-19）的回波波形。

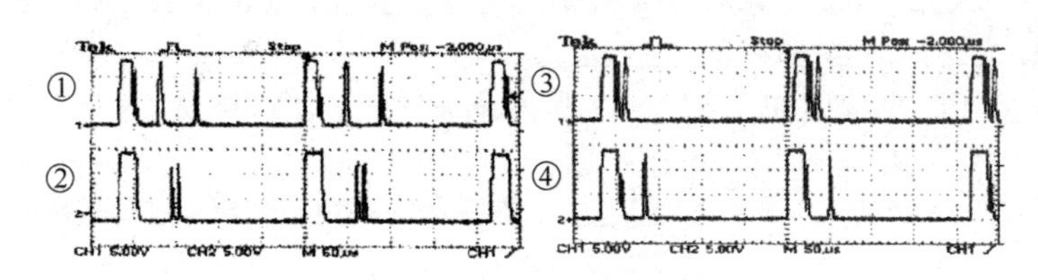

图7-26　静态回波信号解读

7.5.6　项目总结

轮式探伤耐磨损，不需要喷洒耦合液。以探轮为技术基础的高速探伤车能以80km/h 以上的速度检测钢轨的轨头和轨腰、接头的疲劳缺陷和焊接缺陷，还能检测擦伤、轨头压溃和波浪形磨耗以及轨底锈蚀和月牙掉块，可以满足钢轨高速探伤的检测要求，是钢轨探伤的发展趋势。

在试验中发现，轮式探头的干耦合比滑靴的水耦合灵敏度降低数个分贝，漏检率也高于滑靴水耦合方式。在铁路上实际运行时，探伤小车的跳动剧烈，探轮对中准确度降低。在通过道岔、道口、错牙时，探轮有可能损坏，需要通过改进设计和加工工艺来提高检测系统的可靠性。在铁路的重点区域，还需要进行人工复查。

今后的发展趋势是进一步提高探伤速度，提高探轮寿命，提高探轮的对中准确度。还需要研究更清晰的B型显示图形以及改进计算机算法，以提高报警准确度。

思考题与习题

7-1　单项选择题

1）人讲话时，声音从口腔沿水平方向向前方传播，则沿传播方向的空气分子________。

A. 从口腔附近通过振动，移动到听者的耳朵

B. 在原来的平衡位置前后振动而产生横波

C. 在原来的平衡位置上下振动而产生横波

D. 在原来的平衡位置前后振动而产生纵波

2）一束频率为2MHz的超声波（纵波）在钢板中传播时，它的声速约为__________，波长约为__________。

A. 5.9m　　B. 340m　　C. 3mm　　D. 3m

E. 5.9km/s　　F. 340m/s　　G. 1500m/s

3）超声波频率越高，__________。

A. 波长越短，指向角越小，方向性越好

B. 波长越长，指向角越大，方向性越好

C. 波长越短，指向角越大，方向性越好

D. 波长越短，指向角越小，方向性越差

4）超声波在有机玻璃中的声速比在水中的声速__________，比在钢中的声速__________。

A. 大　　B. 小　　C. 相等

5）超声波从水（密度小的介质）里，以45°倾斜角入射到钢（密度大的介质）中时，折射角__________于入射角。

A. 大于　　B. 小于　　C. 等于

6）单晶直探头发射超声波时，是利用压电晶片的__________，而接收超声波时是利用压电晶片的__________，发射在__________，接收在__________。

A. 压电效应　　B. 逆压电效应　　C. 电涡流效应　　D. 先

E. 后　　F. 同时

7）钢板探伤时，超声波的频率多为__________，在房间中利用空气探头进行超声防盗时，超声波的频率多为__________。

A. 20Hz～20kHz　　B. 35k～45kHz　　C. 1.5M～5MHz　　D. 100M～500MHz

8）大面积钢板探伤时，耦合剂应选__________为宜；机床床身探伤时，耦合剂应选__________为宜；给人体做B超时，耦合剂应选__________。

A. 自来水　　B. 机油　　C. 液体石蜡　　D. 化学浆糊

9）A型探伤时，显示图像的X轴为__________，Y轴为__________。而B型探伤时，显示图像的X轴为__________，Y轴为__________，辉度为__________。

A. 时间轴　　B. 水平扫描距离　　C. 反射波强度　　D. 探伤的深度

E. 探头移动的速度

10）在A型探伤中，F波幅度较高，与T波的距离较接近，说明__________。

A. 缺陷横截面积较大，且较接近探测表面

B. 缺陷横截面积较大，且较接近底面

C. 缺陷横截面积较小，但较接近探测表面

D. 缺陷横截面积较小，但较接近底面

11）对港口吊车吊臂深部的缺陷定期探伤，宜采用__________；对涂覆防锈漆的输油管外表面缺陷探伤，宜采用__________。

A. 电涡流　　B. 超声波　　C. 测量电阻值　　D. X光

7-2　在图7-11的超声波流量测量中，流体密度$\rho=900\text{kg/m}^3$，管道直径$D=1\text{m}$，$\alpha=45°$，测得$\Delta f=1\text{Hz}$，求：

1）管道横截面积A；2）流体流速v；3）每秒的体积流量q_V；4）质量流量q_m为多少千克每秒？5）1小时的累积流量$q_{总}$为多少吨？

7-3　利用A型探伤仪（纵波探头）测量一根某大部分埋入地下的钢制$\phi0.5\text{m}$、长约数米的柱状物的长度，从类似于图7-17b的显示器中测得B波与T波的时间差$t_\delta=1.2\text{ms}$，求：被测柱状物的长度δ。

7-4　可以利用图7-8a所示的单晶直探头来测量液位。请参考图7-14的基本原理，画出单晶直探头

（固体、液体传导探头）及反射小板在液体中的安装位置，写出计算液位的公式。

7-5　图7-27是汽车倒车防碰装置的示意图。请根据学过的知识，分析该装置的工作原理。并说明与防汽车追尾雷达的本质区别。

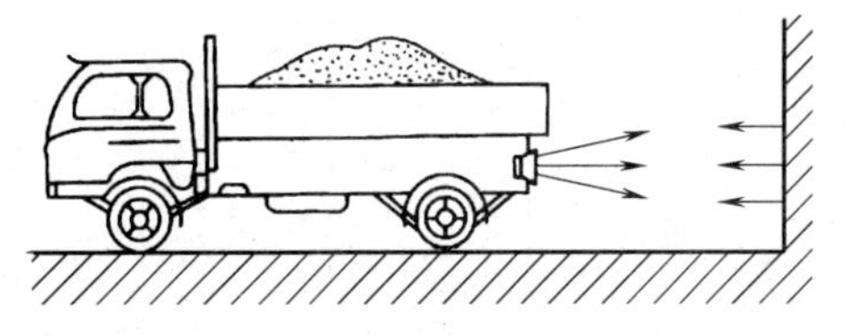

图7-27　汽车倒车防碰超声装置的示意图

7-6　请上网查阅超声波测距仪的原理，写出超声波测距仪的设计方案。

1）请画出外形图（包括瞄准装置、电源开关、液晶显示器等）；2）画出电原理框图；3）写出超声波接收、放大模块的型号；4）简要写出超声波测距仪的工作原理；5）简要写出超声波式房间体积测量仪的工作原理；6）写出使用说明书。

7-7　请构思一种盲人防撞导路棒，说明其工作原理。

7-8　请上网查阅机车轮毂探伤的资料，写出机车轮毂探伤系统的技术指标和原理框图。

拓展阅读参考资料列表

序号	作　者	拓展阅读文章题目	序号	作　者	拓展阅读文章题目
1	远东无损检测资讯网	声阻抗和声速	16	黄新超	射线检测设备及器材
2	百度百科	超声波探头	17	无损检测资源网	无损检测的辐射安全防护
3	刘凯	正确选择和使用纵波双晶探头	18	庞勇，韩焱	超声成像方法综述
4	北京赛斯维测控技术有限公司	压电薄膜	19	曾克京	A型脉冲反射式超声探伤系统工作性能测试方法
5	张维，陈贤聪，等	粗糙表面超声探伤耦合剂的研究	20	上海双旭电子有限公司	超声波探伤仪工作原理及应用
6	百度百科	多普勒效应			
7	于光平，陈强	相关法在超声波流量计设计中的应用	21	倪文磊	超声CT理论与方法综述
8	阮芬，马树升，等	超声波流量计的测流原理及其应用	22	北京时代新天科贸有限公司	TUD210超声波探伤仪
9	百度百科	锁相环	23	国家环境保护总局	关于印发《关于γ射线探伤装置的辐射安全要求》的通知
10	北京声华兴业科技有限公司	超声波测厚仪概述			
11	华凯达实业发展有限公司	各种防盗报警器详解	24	干石生，梁惠斌	钢轨探伤用超声轮式探头
12	百度百科	生命探测仪	25	牟斌，陈军德，等	高速钢轨探伤车中走行小车的设计及试验
13	张广增，李良	无损检测通用技术简介			
14	武汉爱斯佩科学仪器有限公司	荧光磁粉探伤法发展应用探讨	26	金炜，范荣巍，等	新型钢轨探伤中试试验车探伤小车的研制
15	武汉爱斯佩科学仪器有限公司	荧光渗透/染色渗透探伤的原理	27	孙军华，董明利	钢轨高速探伤系统超声发射、接收装置的设计

第8章

霍尔传感器

1879年，美国物理学家霍尔（E·H·Hall）经过大量的实验发现：一恒定电流通过一金属薄片，并将薄片置于强磁场中，在金属薄片的另外两侧将产生与磁感应强度成正比的电动势。这个现象后来被人们称为霍尔效应。但是由于这种效应在金属中非常微弱，当时并没有引起人们的足够重视。1948年以后，由于半导体技术迅速发展，人们找到了霍尔效应比较明显的半导体材料，并制成了锑化铟、硅、砷化镓等材料的霍尔元件。

1980年，德国斯图加特固体研究所的冯·克利青（Klaus von Klitzing）发现了一种“整数量子霍尔效应”。由于此项发现，他获得了1985年诺贝尔物理学奖。1998年，美国科学家劳克林、斯特默和崔琦发现了分数量子霍尔效应，并获得诺贝尔物理学奖。

本章主要介绍霍尔传感器的工作原理、特性和应用。例如，霍尔IC可以用于测量地球磁场，制成电罗盘；将霍尔IC卡在环形铁心中，可以制成大电流传感器。霍尔传感器还广泛用于高斯计、无刷电动机、接近开关等，它的最大特点是非接触测量。

8.1 霍尔元件的工作原理及特性

8.1 拓展阅读资料

8.1.1 工作原理

金属或半导体薄片置于磁感应强度为 B 的磁场中，磁场方向垂直于薄片。当有电流 I 流过薄片时，在垂直于电流 I 和磁感应强度 B 的方向上将产生电动势 E_H，这种现象称为霍尔效应（Hall Effect），该电动势称为霍尔电动势（Hall EMF），上述金属或半导体薄片称为霍尔元件（Hall Element）。用霍尔元件做成的传感器称为霍尔传感器。霍尔元件示意图如图8-1所示。

在a、b端通入激励电流 I，并将薄片置于磁场中。设该磁场垂直于薄片，磁感应强度为 B，这时电子将受到洛仑兹力[1]（Lorentz Force）F_L 的作用，向薄片的内侧（d侧）偏移，在该侧形成电子堆积，而另一侧（c侧）因缺少电子而形成空穴堆积，从而在薄片的c、d方向产生电场 E。随后的电子受到洛仑兹力 F_L 的作用，又同时受到该电场力 F_E 的作用。从图8-1a可以看出，这两种力的方向相反。电子和空穴积累越多，F_E 也越大，而洛仑兹力保持不变。最后，当 $|F_L|=|F_E|$ 时，电子和空穴的积累达到动态平衡。这时，在半导体薄片c、d方向的端面之间，建立起稳定的电动势 E_H，称为霍尔电动势。

流入（流出）激励电流端（a、b）的电流 I 越大，电子和空穴积累得就越多；作用在薄片上的磁感应强度 B 越强，电子受到的洛仑兹力也越大，霍尔电动势也就越高。

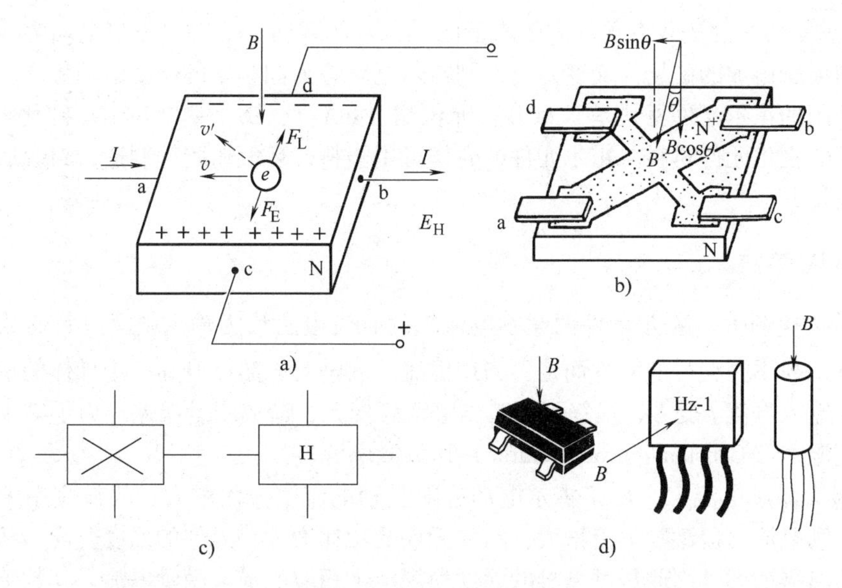

图8-1　霍尔元件示意图

a）霍尔效应原理图　b）N型硅霍尔元件结构示意图　c）图形符号　d）外形

薄片的厚度、半导体材料中的电子浓度等因素对霍尔电动势也有很大的影响。设半导体薄片的厚度为δ，霍尔元件中的电子浓度为n，电子的电荷量为e，则霍尔电动势E_H可用下式表示

$$E_H = \frac{IB}{ne\delta}$$

上式中的n、e、δ在薄片的尺寸、材料确定后，均为常数，可令$K_H = 1/(ne\delta)$，则上式可简化为

$$E_H = K_H IB \tag{8-1}$$

式中　K_H——霍尔元件的灵敏度。

由于金属材料中的电子浓度n很大，所以灵敏度K_H非常小。而半导体材料中的电子浓度较小，所以灵敏度比较高。近年来，采用外延离子注入工艺或采用溅射工艺，制造出了尺寸小、性能较好的薄膜型霍尔元件，如图8-1b所示。它由衬底、十字形薄膜、引线（电极）及塑料外壳等组成。

薄膜型霍尔元件是在掺杂浓度很低、电阻率很大的N型衬底上，用杂质扩散法，制作出如图8-1b所示的N^+导电区（a～b段），它的厚度非常薄，电阻值几百欧。在a～b导电薄片的两侧，对称地用杂质扩散法制作出霍尔电动势引出端c、d，因此霍尔元件是四端元件。其中一对（即a、b端）称为激励电流端，另外一对（即c、d端）称为霍尔电动势输出端，c、d端应处于侧面的中点。

若磁感应强度B不垂直于霍尔元件，而是与其法线成某一角度θ时，实际上作用于霍尔元件上的有效磁感应强度是其法线方向的分量，即$B\cos\theta$（见图8-1b），这时的霍尔电动势为

$$E_H = K_H IB\cos\theta \tag{8-2}$$

从式（8-2）可知，霍尔电动势E_H与流入霍尔元件激励电流端的电流I、磁感应强度

B，以及磁场与薄片的法线夹角的余弦成正比。当 B 的方向改变时，霍尔电动势的方向也随之改变。如果所施加的磁场为交变磁场，则霍尔电动势为同频率的交变电动势。

目前常用的霍尔元件材料是N型硅，砷化铟（InAs）、锑化铟（InSb）砷化镓（GaAs）等也是常用的霍尔元件材料。霍尔元件的壳体可用塑料、环氧树脂等制造，封装后的外形如图8-1d所示。

8.1.2 特性参数

（1）输入电阻 R_i 霍尔元件两激励电流端的直流电阻称为输入电阻。它的数值从几十欧到几百欧，视不同型号的元件而定。当用恒流源激励时，温度升高，半导体的输入电阻变小，从而使输入电流 I 变大，最终引起霍尔电动势变大，造成测量误差。为了减少温漂，最好采用恒流源[2]（Constant-current Source）作为激励源。

（2）最大激励电流 I_m 由于霍尔电动势随激励电流增大而增大，故在应用中总希望选用较大的激励电流。但激励电流增大，霍尔元件的功耗增大，元件的温度升高，从而引起霍尔电动势的温漂增大，因此每种型号的元件均规定了相应的最大激励电流，其数值从几百微安至十几毫安。

（3）灵敏度 K_H 在磁场垂直于霍尔元件的测试条件下，$K_H = E_H/(IB)$，它的单位为mV/(mA·T)。

（4）最大磁感应强度 B_m 磁感应强度超过 B_m 时，霍尔电动势的非线性误差将明显增大，B_m 的数值一般小于零点几特斯拉（T），$1\text{Gs} = 10^{-4}\text{T}$[3]。

（5）不等位电动势 在额定激励电流下，当外加磁场为零时，霍尔输出端之间的开路电压称为不等位电动势[4] E_0，它是由于4个电极的几何尺寸不对称引起的，使用时多采用电桥法来补偿不等位电动势引起的误差，用调零电位器来消除零位误差[5]。

（6）霍尔电动势温度系数 在一定磁感应强度和激励电流的作用下，温度每变化1℃时，霍尔电动势变化的百分数称为霍尔电动势温度系数，它与霍尔元件的材料有关，一般约为0.1%/℃左右。在要求较高的场合，应选择低温漂的霍尔元件。

8.2 霍尔集成电路

8.2 拓展阅读资料

自20世纪60年代开始，随着集成电路技术的发展，出现了将霍尔半导体元件和相关的信号调理电路集成在一起的霍尔电路。目前霍尔器件多已集成化。霍尔集成电路（又称霍尔IC）有许多优点，如体积小、灵敏度高、输出幅度大、温漂小、对电源稳定性要求低等。

8.2.1 线性型霍尔集成电路

线性型霍尔集成电路将霍尔元件和恒流源、线性差动放大器等做在一个芯片上，输出电压为伏特级，比直接使用霍尔元件方便得多。较典型的线性霍尔器件如UGN3501等[6]，线性型霍尔集成电路外形和内部电路如图8-2所示，线性型霍尔集成电路输出特性如图8-3所示。

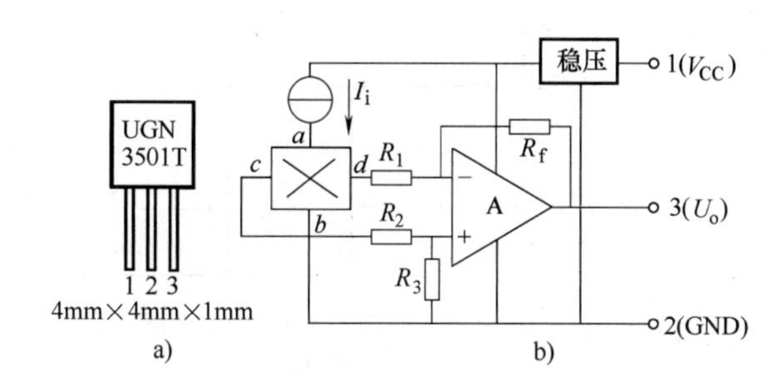

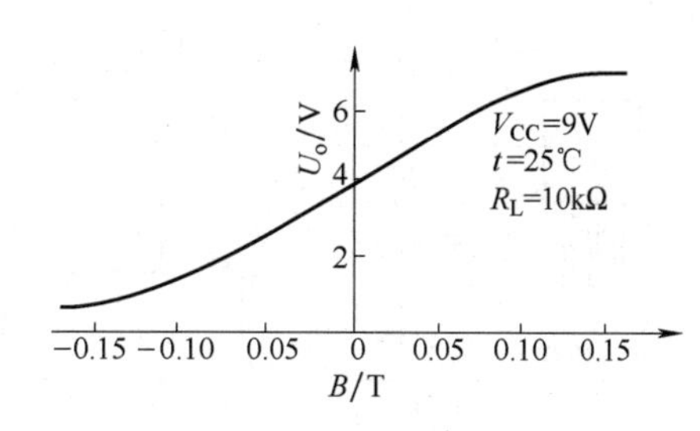

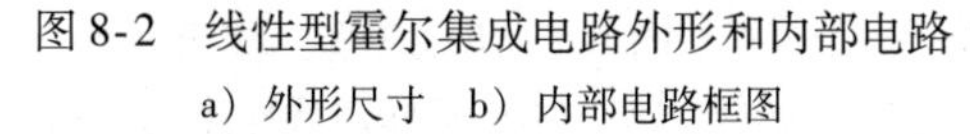

图8-2　线性型霍尔集成电路外形和内部电路

a）外形尺寸　b）内部电路框图

图8-3　线性型霍尔集成电路输出特性

具有双端差动输出特性的线性霍尔器件UGN3501M电路及特性如图8-4和图8-5所示。当UGN3501M感受的磁场为零时，第1引脚相对于第8引脚的输出电压等于零；当感受的磁场为正向（磁铁的S极对准3501M的正面）时，输出为正；当感受的磁场为反向时，输出为负，因此使用起来更加方便。它的第5、6、7引脚外接一只调零电位器后，就可以微调并消除不等位电动势引起的差动输出零点漂移。如果要将第1、8引脚输出电压转换成单端输出，就必须将1、8引脚接到差动减法放大器的正负输入端上，才能消除第1、8引脚对地的共模干扰电压影响。

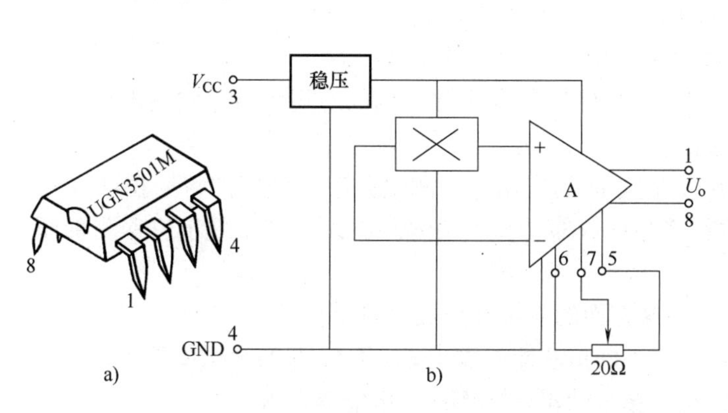

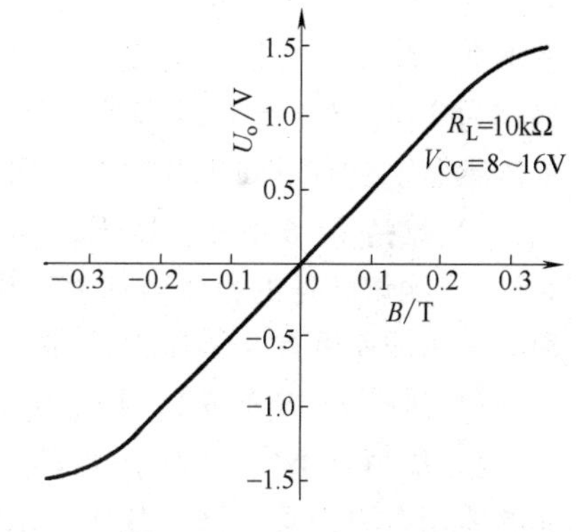

图8-4　差动输出线性型霍尔集成电路外形及电路框图

a）外形　b）内部电路框图

图8-5　差动输出线性型霍尔集成电路输出特性曲线

8.2.2　开关型霍尔集成电路

开关型霍尔集成电路是将霍尔元件、稳压电路、放大器、施密特触发器（Schmitt Toggle）、OC门（集电极开路输出门）等电路做在同一个芯片上。当外加磁感应强度超过规定的工作点B_H时，OC门由截止状态变为导通状态，输出变为低电平；当外加磁感应强度低于释放点B_L时，OC门恢复截止状态。如果未接上拉电阻，输出为高阻态；如果在电源与OC门的输出端跨接有上拉电阻或继电器等负载，输出为高电平。这类器件中较典型的有单极性的UGN3020系列等[7]。开关型霍尔集成电路外形和内部电路如图8-6所示，输出电压与磁场的关系曲线如图8-7所示。

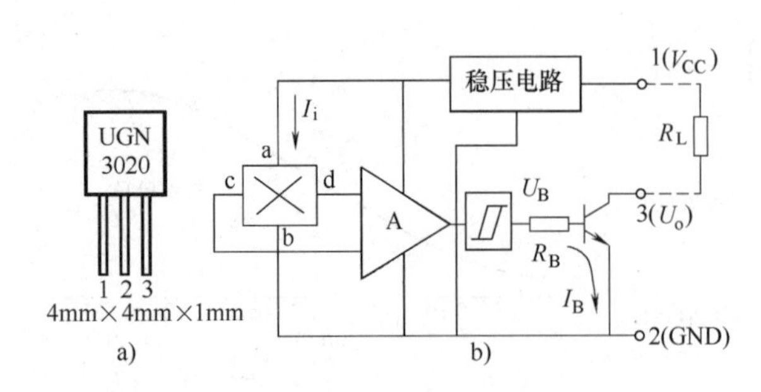

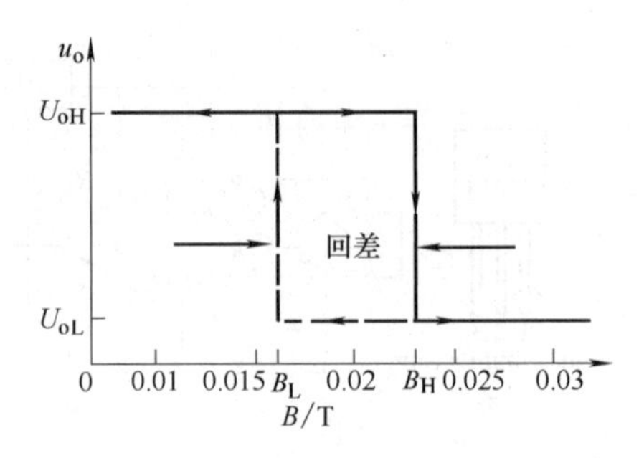

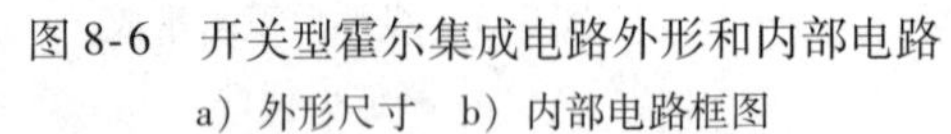

图 8-6 开关型霍尔集成电路外形和内部电路
a）外形尺寸 b）内部电路框图

图 8-7 开关型霍尔集成电路的施密特输出特性曲线

有一些开关型霍尔集成电路内部还包括双稳态电路，这类器件的特点是必须施加相反极性的磁场，电路的输出才能翻转回到高电平，也就是说，具有“锁键”功能。这类器件又称为锁键型霍尔集成电路，如 UGN3075 等。

8.3 霍尔传感器的应用

8.3 拓展阅读资料

从第 8.1 节的分析可知，霍尔电动势 E_H 是关于 I、B、θ 等 3 个变量的函数，即 $E_H = K_H IB\cos\theta$，人们利用这个关系可以使其中两个量不变，将第 3 个量作为变量，或者固定其中一个量、其余两个量都作为变量。3 个变量的多种组合使得霍尔传感器具有非常广阔的应用领域。归纳起来，霍尔传感器主要有下列 3 个方面的用途：

1）维持 I、θ 不变，则 $E_H = f(B)$，这方面的应用有：测量磁感应强度的特斯拉计（高斯计）、测量转速的霍尔转速表、磁性产品计数器、霍尔角编码器以及基于微小位移测量原理的霍尔加速度计、微压力计等。

2）维持 I、B 不变，则 $E_H = f(\theta)$，这方面的应用有角位移测量仪等。

3）维持 θ 不变（0°），则 $E_H = f(IB)$，即传感器的输出 E_H 与 I、B 的乘积成正比，这方面的应用有模拟乘法器、基于霍尔乘法器技术的霍尔功率计、电能表[8]等。

8.3.1 霍尔式特斯拉计

特斯拉计（又称高斯计）用于测量和显示被测量物体在空间上一个点的静态或动态（交变）磁感应强度。其工作原理是基于霍尔效应，由霍尔探头和放大器、显示器、计算机通信接口等构成。测量结果可换算为单位面积平均磁通密度、磁能积、矫顽力、剩余磁通密度、剩余磁化强度和气隙磁场等，能够判别磁场的方向。

在使用中，霍尔探头被放置于被测磁场中，磁力线的垂直分量穿过霍尔元件的测量平面，从而产生与被测磁感应强度成正比的霍尔电动势，再根据设置的转换系数，由液晶板显示出 B 值。

在 SI 单位制中，磁感应强度 B 的单位是特斯拉，在 CGS 单位制中，磁感应强度的单位是高斯，特斯拉与高斯的换算倍数为 1T = 10000Gs。特斯拉计的读数以“毫特斯拉”以及“千高斯”为单位，可以相互切换。当感受的磁场为反向（磁铁的 N 极对准霍尔器件的正面）时，输出为负，如图8-8所示。

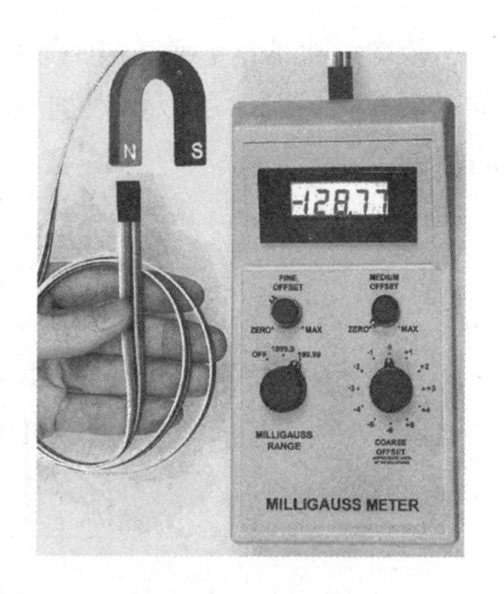

图8-8　霍尔式特斯拉计的外形与使用

8.3.2　霍尔无触点汽车电子点火装置

传统的汽车发动机点火装置采用机械式分电器，它由分电器转轴凸轮来控制合金触点的闭合，存在着易磨损、点火时间不准确、触点易烧坏、高速时动力不足等缺点。采用霍尔无触点电子点火装置能较好地克服上述缺点[9]，桑塔纳汽车霍尔分电器结构及工作原理示意图如图8-9所示。

霍尔无触点电子点火装置安装在分电器壳体中。它由分电器转子（又称触发器叶片）、钕铁硼合金永久磁铁、霍尔IC及IGBT晶体管功率开关等组成。导磁性良好的软铁磁材料制作的触发器叶片固定在分电器转轴上，并随之转动。在叶片圆周上按气缸数目开出相应的槽口。叶片在永久磁铁和霍尔IC之间的缝隙中旋转，起屏蔽磁场/导通磁场的作用[10]。

当叶片遮挡在霍尔IC面前时，永久磁铁产生的磁力线被导磁性良好的叶片分流，无法到达霍尔IC（这种现象称为磁屏蔽），如图8-9b所示。此时PNP型霍尔IC的输出U_H为低电平，经反相变为高电平U'_H，由IGBT晶体管组成的功率开关翻转，变成导通状态，点火线圈低压侧有较大电流通过，并以磁场能量的形式储存在点火线圈的铁心中。

当叶片槽口转到霍尔IC面前时，磁力线无阻挡地穿过槽口气隙到达霍尔IC，如图8-9c所示。霍尔IC输出U_H跳变为高电平，经反相变为低电平，IGBT截止，切断点火线圈的低压侧电流。由于没有续流元件，所以存储在点火线圈铁心中的磁场能量在高压侧感应出30～50kV的高电压。

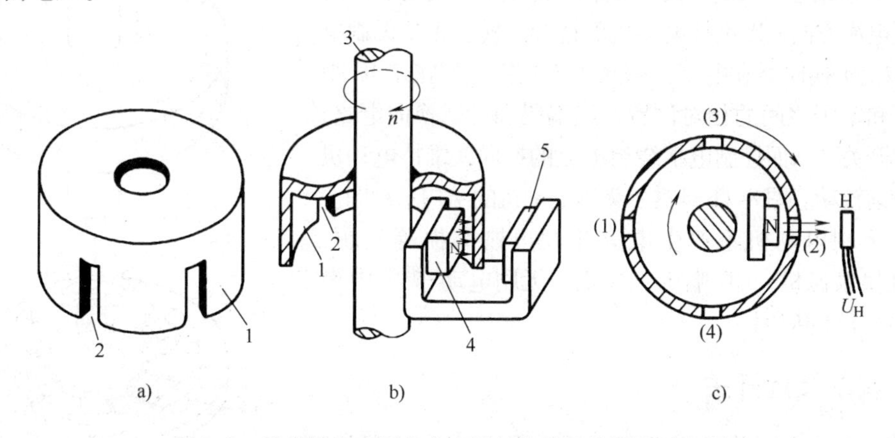

图8-9　桑塔纳汽车霍尔分电器结构及工作原理示意图

a）带缺口的触发器叶片　b）触发器叶片与永久磁铁及霍尔集成电路之间的安装关系　c）叶片位置与点火正时的关系

1—触发器叶片　2—槽口　3—分电器转轴　4—永久磁铁　5—霍尔集成电路

高电压通过分电器中的分火头（与分电器同轴）按气缸的顺序，使对应的火花塞放电，点燃气缸中的汽油—空气混合气体。叶片旋转一圈，对4气缸而言，产生4个霍尔输出脉冲，依次点火4次，汽车电子点火电路及波形如图8-10所示。由于点火时刻可以由槽口的位置来准确控制，所以可根据发动机转速，计算出提前点火角[11]信号，从而达到点火正时的目的。

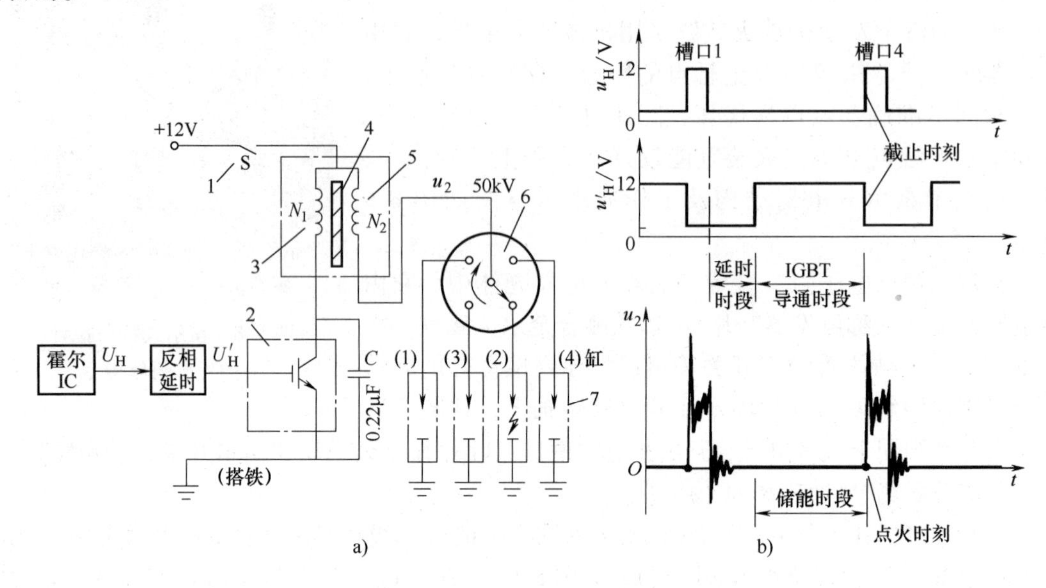

图8-10 汽车电子点火电路及波形

a）电路 b）霍尔IC及点火线圈高压侧输出波形

1—点火开关 2—IGBT功率开关 3—点火线圈低压侧 4—点火线圈铁心 5—点火线圈高压侧 6—分火头 7—火花塞

8.3.3 霍尔无刷电动机

传统的直流电动机使用换向器来改变转子（或定子）的电枢绕组电流方向，以维持电动机的持续运转。霍尔无刷电动机[12]取消了换向器和电刷，而采用3只锁存型霍尔IC来检测转子和定子之间的相对位置，经编码和逻辑换向电路，触发功率开关，从而控制电枢绕组电流的换向，维持电动机转子的持续转动。图8-11是霍尔无刷电动机的结构示意图。

由于无刷电动机不产生电火花及电刷磨损等问题，所以它在摄录像机、CD唱机、光驱、无刷电动车[13]中得到越来越广泛的应用。

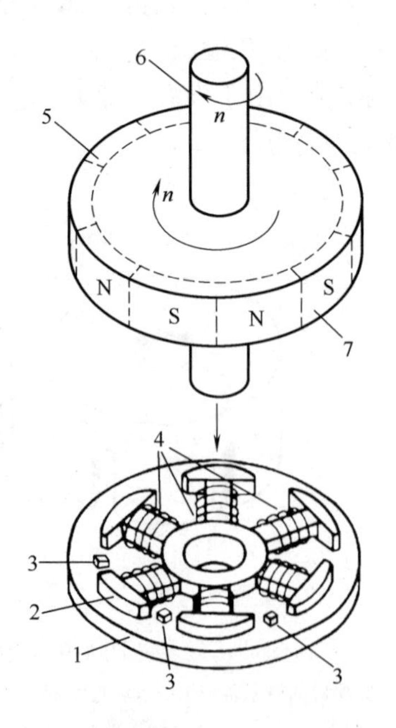

图8-11 霍尔无刷电动机结构示意图

1—定子底座 2—定子铁心 3—锁存型霍尔IC 4—三相电枢绕组 5—外转子 6—转轴 7—磁极

8.3.4 霍尔接近开关

在第4.5节中，曾介绍过接近开关的基本概念。利用霍尔元件也能实现接近开关的功能，但是它只能用于带有磁性的材料的检测，必须建立一个较强的闭合磁场。

霍尔接近开关[14]应用示意图如图8-12所示。在图8-12b中，磁极的轴线与霍尔接近开关的轴线在同一直线上。当磁铁随运动部件移动到距霍尔接近开关几毫米时，霍尔接近开关的输出由高电平变为低电平，经驱动电路使继电器吸合或释放，控制运动部件停止移动（否则将撞坏霍尔接近开关）起到限位的作用。

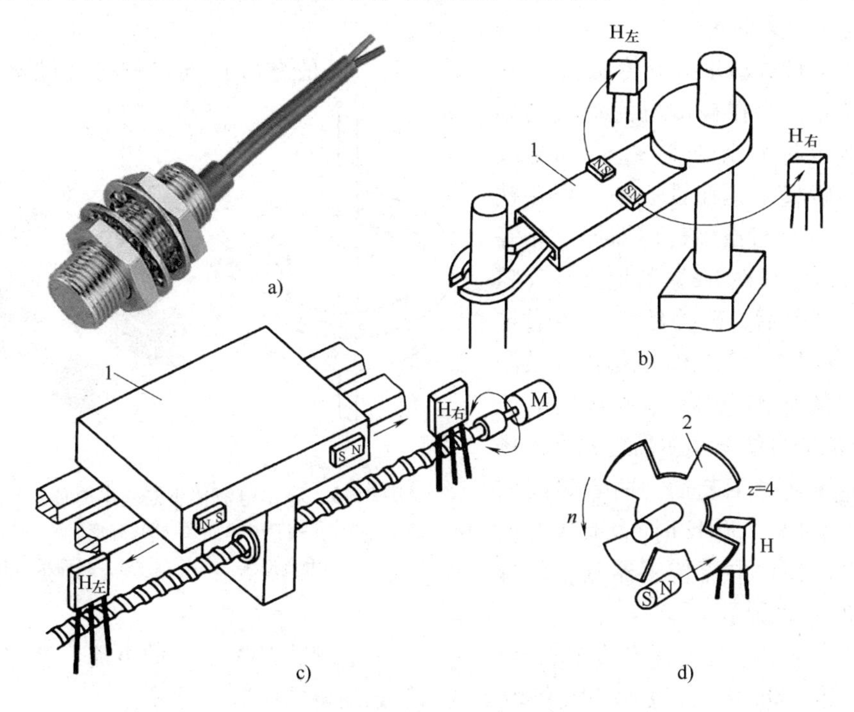

图 8-12　霍尔接近开关应用示意图

a）外形　b）接近式　c）滑过式　d）分流翼片式

1—运动部件　2—软铁分流翼片

在图 8-12c 中，磁铁随运动部件运动，当磁铁与霍尔接近开关的距离小于某一数值时，霍尔接近开关的输出由高电平跳变为低电平。与图 8-12b 不同的是，当磁铁继续运动时，与霍尔接近开关的距离又重新拉大，霍尔接近开关输出重新跳变为高电平，且不存在损坏霍尔接近开关的可能。

如果采用“锁存型”霍尔传感器制作霍尔接近开关，当磁铁的 N 极与霍尔接近开关的距离小于某一数值时，霍尔接近开关的输出由高电平跳变为低电平。但是，当磁铁倒退，或继续往前运动时，N 极与霍尔接近开关的距离即使重新拉大，霍尔接近开关的输出也不会跳变为高电平，这种输出特性称为“锁存”。只有当 S 极运动到霍尔接近开关的面前时，霍尔接近开关的输出才会跳变为高电平。锁存特性有很强的抗机械振动干扰能力。

在图 8-12d 中，磁铁和霍尔接近开关保持一定的间隙，且固定不变。软铁制作的分流翼片与运动部件联动。当它移动到磁铁与霍尔接近开关之间时，磁力线被屏蔽（分流），无法到达霍尔接近开关，所以此时霍尔接近开关输出跳变为高电平。改变分流翼片的宽度可以改变霍尔接近开关的高电平与低电平的占空比。前面介绍过的汽车霍尔分电器就是它的一个典型应用实例，电梯“平层”也是利用分流翼片的原理。

8.3.5　霍尔电流传感器

霍尔电流传感器是近十几年发展起来的新一代的电力仪表，能够测量直流和脉动电流，其弱电回路与主回路隔离，容易与计算机及二次仪表接口，响应时间快、频带宽，不易产生过电压等，因而广泛应用于电力逆变、太阳能、传动、冶金等自动控制系统中的电流的检测和控制、高压隔离等场合[15]。

（1）磁强计式霍尔电流传感器　用环形（也可以是方形）导磁材料（硅钢片或铁氧体）制作铁心，套在被测电流流过的导线（有时候也称电流母线）上，将导线电流产生的磁场聚集在铁心中。再在铁心上切割出一个与霍尔传感器厚度相等的气隙，将霍尔线性IC紧紧地夹在气隙中央。导线通电后，磁力线就集中通过铁心中的霍尔IC，霍尔IC就输出与被测电流成正比的输出电压 U_o 或输出电流 I_S。被测电流的导线与霍尔器件只有磁场的联系。加强绝缘工艺后，两者之间的耐压值可达10kV（50Hz时），有较好的电气隔离性。霍尔电流传感器基本原理及外形如图8-13所示。

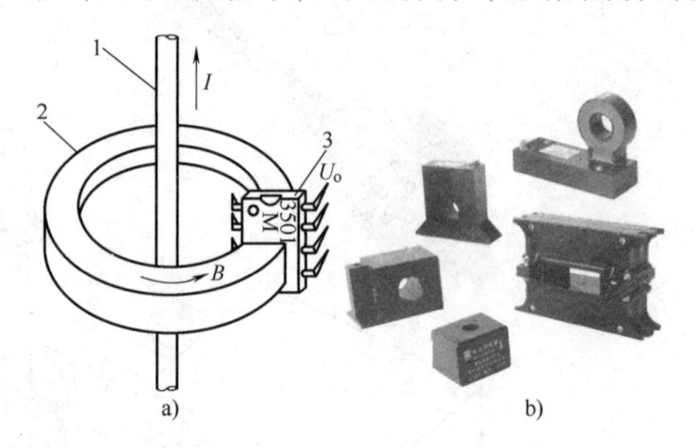

图8-13　霍尔电流传感器基本原理及外形

a）基本原理　b）外形

1—被测电流母线　2—铁心　3—线性霍尔IC

磁强计式霍尔电流传感器的铁心容易饱和，只能测量10A以下的电流，被测电流的波形可以是高达100kHz的正弦波和传统电工技术较难测量的中频窄脉冲。

（2）磁平衡式霍尔电流传感器　工程中，更多地使用一种“磁平衡式霍尔电流传感器”，也称“零磁通式霍尔电流传感器”[16]。这种电流传感器的铁心上绕有二次绕组，二次绕组与负载电阻 R_S 串联。霍尔电动势经放大，并转换成与被测电流 I_P 成正比的输出电流 I_S。I_S 流经多匝的二次绕组后，在铁心中所产生的磁通与一次电流 I_P 所产生的磁通相抵消，所以铁心不易饱和及发热。霍尔器件在测量中，仅起到检测零磁通的作用，属于闭环测量，可减小温漂等影响。二次绕组的匝数越多，电感量也越大，响应就越慢。

（3）技术指标及换算　基于技术进步及技术嫁接的原因，在工程中，霍尔电流传感器的技术指标套用交流电流互感器的技术指标：将被测电流称为一次电流 I_P，将霍尔电流传感器的输出电流称为“二次电流” I_S（磁强计式霍尔电流传感器中并不存在二次绕组）。霍尔电流传感器的额定电流比 $K_N = I_{PN}/I_{SN}$。I_{PN}是指额定输入电流；I_{SN}是指额定输出电流。

霍尔电流传感器中，I_S 一般被设置为较小的数值，4～20mA为优选值。在工业现场，如果需要将输出电流直接接到模拟式电流表，则可选择额定输出为500mA或其他等级的电流。

霍尔电流传感器又套用交流电流互感器的“匝数比”和“电流比”的概念来定义N_P/N_S和 I_S/I_P。在霍尔电流传感器中，N_P 被定义为“一次绕组”的匝数，一般 $N_P=1$ 匝；N_S 为厂商所设定的“二次绕组的匝数”（磁强计式霍尔电流传感器实际上不存在二次绕组），匝数比 $i=N_P/N_S$。根据磁场有关定律，同一个铁心中的一次绕组与二次绕组有相等的安匝数，即：$I_PN_P=I_SN_S$，或

$$\frac{N_P}{N_S}=\frac{I_S}{I_P} \tag{8-3}$$

依据霍尔电流传感器的额定技术参数和输出电流 I_S、匝数比、额定电流比以及式（8-3），可以计算得到被测电流 I_P。

如果将一只负载电阻（有时也称为取样电阻）R_S 串联在霍尔电流传感器二次绕组的输出电流端和公共参考端之间，就可以在取样电阻两端得到一个与一次电流（被测电流）成正比的、大小为伏特级的电压信号（可参见图8-20或图13-30），可以将二次输出电压经转换电路后接到微处理器，从而快速跟踪被测电流的变化。

例8-1 设某型号霍尔电流传感器的铭牌标识为：额定电流比 $K_N = I_{PN}/I_{SN} = 300:0.3$，匝数比 $i = N_P/N_S = 1/1000$，$N_P = 1$，“二次负载电阻” $R_S = 30\Omega$（不允许开路）。通电后，用数字电压表测得二次输出电压有效值 $U_S = 4.5V$。求：

1）额定电流 I_{PN} 及 I_{SN}；2）流过 R_S 的二次电流 I_S；3）被测电流 I_P。

解 1）由额定电流比 $K_N = 300:0.3$ 可知，$I_{PN} = 300A$，$I_{SN} = 0.3A$。

2）$I_S = U_S/R_S = 4.5V/30\Omega = 0.15A$。

3）根据式（8-3），被测电流 I_P 为

$$I_P = \frac{N_S}{N_P} I_S = \frac{1000}{1} \times 0.15A = 150A$$

在工程中还经常涉及直流电压的测量。常用的“磁平衡式霍尔电压传感器”的磁平衡基本工作原理与“磁平衡式霍尔电流传感器”类似，可以测量10kV以下的直流电压和低频交流电压，主要是起隔离作用。霍尔电压传感器必须串联适当功率的限流电阻，才能接到被测电压回路中，外电路的计算见本章“思考题与习题”的第8-5题及图13-30。利用霍尔电流、电压传感器的原理，还可以设计出交直流霍尔式电功率计。

8.4 工程项目设计实例——油、气管道腐蚀及裂纹的漏磁法探伤检测

8.4 拓展阅读资料

8.4.1 项目来源及技术指标

输油、输气管道在长期使用中，易产生腐蚀、麻点、凹坑、裂纹等缺陷。油气管道还经常由于地基不稳定、意外事故等原因，发生位貌变化。当产生的故障较小时，裂纹和损伤不易被发现。当故障逐渐扩大时，将发生油气泄漏，所以要求对工业油气管道进行定期无损检测。输油管道及内部的“湖形”腐蚀缺陷如图8-14所示，技术指标如下：

测量壁厚：小于32mm；

管道内径：1.06m；

分辨力：10%壁厚；

轴向定位误差：0.1%D；

周向定位误差：5°；

最小弯头：1.5D；

最大爬行速度：1m/s；

图8-14 输油管道及内部的“湖形”腐蚀缺陷
a）输油管道外形 b）内部的“湖形”腐蚀缺陷

工作温度：-10～70℃。

8.4.2 方案的选择

无损检测的方法有磁粉法（MP）、渗透法（LP）、超声波法（UT）、X射线法（RT）、电涡流法（ET）和漏磁法（MFL）等。

1. 输油管道无损探伤的几种方法

1）磁粉法的优点是表面探伤灵敏度高，显示直观，特别适宜对凹凸不平的零件探伤。它的缺点是不能用于非铁磁材料，自动化程度低，需要肉眼观察，不适宜工件表面有涂层或表面潮湿的情况，更不适于管道内部的自动检测。

2）超声波法可以很好地发现工件内部的缺陷，但不允许被测表面存在涂层和污物，特别是沾粘有很多油污的输油管道。

3）渗透法也适宜表面裂纹检查，然而也要求工件表面清洁和干燥，而且荧光渗透剂易造成环境污染。

4）X射线法可以发现工件表面和内部的细小裂纹，但它要求有良好的防护措施，以避免产生人身伤害，不太适合野外环境管道的检测。

2. 漏磁法探伤简介

（1）漏磁法探伤原理　漏磁法探伤[17]（Magnetic Flux Leakage Testing）是建立在铁磁性材料的高磁导率特性之上的。当利用一种能产生强磁场的“磁化器”磁化被测铁磁管道时，磁场的大部分将进入管壁。若材料的材质是连续、均匀的，因磁阻小的缘故，磁力线将被约束在材料中，磁通是平行于管道的轴线，很少有磁力线从表面穿出。管腔内也无磁场或磁场较弱。磁力线在导磁体中的分布如图8-15a所示。

当试件表面或近表面存在着切割磁力线的缺陷（如凹坑、裂纹等）时，材料表面的缺陷或组织状态变化会使磁导率发生变化。由于缺陷的磁导率很小，磁阻很大，因而使磁路中的磁通发生畸变。除了部分磁通直接穿过缺陷或通过材料内部而绕过缺陷外，还有部分磁通会泄漏到材料表面上方，通过空气绕过缺陷，再度重新进入材料，从而在材料表面缺陷处形成漏磁场。此时的磁力线在导磁体中的分布如图8-15b所示。利用磁敏传感器就可测得该缺陷信号，对此信号进行分析和处理，就可得到缺陷的特征，如孔或裂纹的大小、深度、宽度等信息[18]。

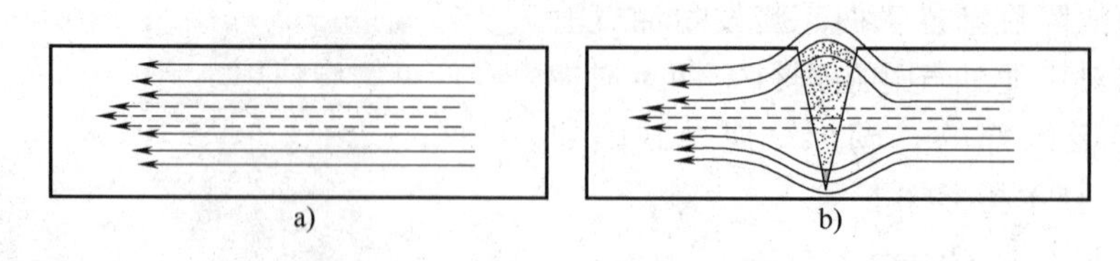

图8-15　磁力线在导磁体中的分布
a）材质连续、均匀时的磁力线分布　b）材质存在不均匀缺陷时的磁力线分布

（2）漏磁法探伤的特点

1）可连续检测。传感器的检测速度比其他方法快，可连续测量上千米管道，可以获得很高的检测效率。

2）能穿透工件表面存在的、数毫米厚的非导体涂层、铁锈等，不但能在潮湿的条件下使用，甚至能浸泡在油中使用。

3）在壁厚达到20mm的管道无损检测中，仍可同时检测到内外壁缺陷。

4）对管道内外表面“湖形”“锥形”“柱形”缺陷的检测效果比超声波探伤灵敏度高。

5）不必使用耦合剂等化学药剂，不产生环境污染。

（3）漏磁法探伤的应用范围

1）在钢铁行业中，漏磁法探伤可用于对钢结构件、钢坯、圆钢、棒材、钢管、焊缝、的出厂检验，以确保成品质量。

2）在石化行业中，漏磁法探伤可对已安装的输油气管道（包括埋地管道）、储油罐底板和内壁以及待安装的油田钢管进行检测。

3）对正在使用的钢缆、钢丝绳等进行定期的在线探伤。

8.4.3　漏磁法探伤设备的设计

1. 磁化方法的选择

对铁磁管道磁化的方法有交变磁化法和永磁法，下面分别给予介绍和比较。

（1）交变磁化法　钢构件的励磁装置由U形铁心及绕以一定匝数的励磁线圈组成。线圈中通以一定幅值和频率的交变电流（例如3kHz），沿管道轴线方向进行局部磁化。励磁的强度必须使被测材料里的磁通密度接近于饱和。当磁化强度大于管道材料磁化曲线上的磁导率拐点时，在缺陷附近的局部区域中，一部分磁场将会穿过裂纹下方的空气隙，使外泄漏磁通量相对增大。当磁极和测试面之间的气隙（称为“提离”）没有太大的变化时，设计的支架必须使磁铁系统能沿着起伏的扫描面移动。

使用电磁铁的好处之一是：在不同厚度材料或提离变化的条件下，磁感应强度可以由计算机来调节；另一好处是能够随时关闭磁场。交变磁化法的主要缺点是尺寸较大，重量较重，所需的励磁电源功率较大。

（2）永磁法励磁　在永磁法励磁中，一般采用烧结钕铁硼磁铁（稀土磁性材料）来产生工作磁场。例如，用一个100mm×80mm×50mm的钕铁硼Ⅱ号磁铁，就可在输油管道内得到约0.3T的磁感应强度。钕铁硼磁铁具有高磁能积、高矫顽力、磁性能稳定的特点，能使材料饱和的磁感应强度。在空气隙中，磁感应强度会随气隙增大而迅速下降。为使霍尔器件能检测出漏磁场，要尽量减小气隙δ的厚度。

带有移动支架系统的永磁漏磁法探伤原理示意图如图8-16所示。这种形式的结构能形成紧凑的扫描头装置，适用的壁厚为20mm；如果降低灵敏度使用，其适用的最大壁厚可达到技术指标规定的30mm。

由于扫描头进入被测输油管道以后，需自动“爬行”数千米，所以本项目中不采用耗电较大的交流励磁，而采用图8-16所示的无源的永磁磁化方案。

图8-16中的U形导磁体应选用工业纯铁，这种材料具有高的磁感应强度，小的矫顽力，并且加工性能好，能适应检测时的导磁要求。

为了快速大面积扫查管道缺陷，设计了导向辊。在检测过程中，由于受磁铁吸力、管道摩擦力、障碍物的阻力等影响，扫描头在检测时需要一定的牵引力。为了减小这个牵引力，也需要导向辊使检测探头的永磁体与管道之间保持一定的气隙，从而使磁力引起的运行阻力变小。扫描头的爬行由液压驱动，这里就不再讨论。

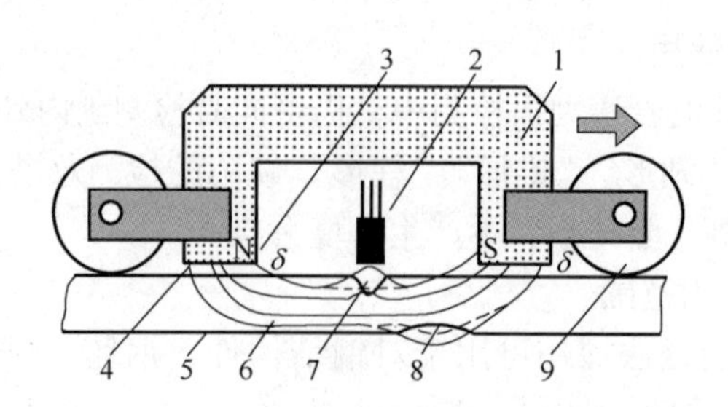

图8-16 带有移动支架系统的永磁漏磁法探伤原理示意图

1—U形永磁体 2—霍尔元件 3—磁极 4—气隙 5—被测管道 6—磁力线 7—锥状内缺陷 8—湖状外缺陷 9—导向辊

2. 磁敏器件的选择

由于管道缺陷引起的漏磁通很小，所以磁敏元件的选择是漏磁测量分辨率的关键。目前常用的磁敏器件有磁敏二极管、磁敏电阻、检测线圈、霍尔元件等。

磁敏二极管的灵敏度虽然较高，但线性度较差；磁敏电阻的温度特性较差，且非线性较严重；检测线圈的灵敏度、温度特性和线性度都较好，但只能测量交变磁场，不适合永磁探伤，而且线圈和磁场之间运动的相对速度变化会影响测量幅值的大小，易造成误判。

常用的霍尔元件材料有 GaAs、InSb、Si 等。其中的 GaAs（砷化镓）霍尔元件是性能突出的一种。它具有以下特点：霍尔输出电压灵敏度适中，线性好，温度系数小，使用温度范围宽，不确定度较小（可达10^{-2} ~ 10^{-3}数量级）；有超薄型、盒型、扁铜管型等多种封装形式，易于与漏磁法探伤管道匹配，因此本项目采用 GaAs 霍尔元件作为磁敏元件。典型的砷化镓霍尔器件主要参数如表8-1所示。

表8-1 典型的砷化镓霍尔器件主要参数[19]

项目	符号	测试条件	典型值	单位
额定功耗	P_0	$t=25℃$	25	mW
开路灵敏度	K_H	$I_H=1mA，B=0.1T$	0.2	mV/mA
不等位电动势	U_0	$I_H=1mA，B=0$	0.1	mV
最大工作电流	I_m	$t=60℃$	20	mA
最大磁感应强度	B_m	$I_m=10mA$	0.7	T
输入电阻	R_i	$I_H=0.1mA，B=0$	500	Ω
输出电阻	R_{out}		500	Ω
线性度	γ_L	$B=0\sim0.2T，I_H=1mA$	0.2	%
内阻温度系数	a	$I_H=0，B=0，t=-50\sim70℃$	0.3	%/℃
灵敏度温度系数	b		1.0	10^{-4}/℃
霍尔电动势温度系数	c	$I_H=1mA，B=0.1T，t=-50\sim70℃$	-0.1	%/℃
工作温度	t	-40 ~ +125		℃

3. 扫描头的设计

在实际探伤中，缺陷的形状、深度、宽度、长度、倾斜角度等参数都是随机的，所以漏磁场是空间上的三维向量，单个磁敏元件只能测量某一点上的磁场分量，因此必须综合考虑空间分辨力、覆盖范围等因素。漏磁探伤传感器使用的扫描头必须是一排探头（探头数量视所要求的缺陷分辨力而定），相邻探头之间的探测范围必须重叠，以避免造成漏检。漏磁探伤磁敏扫描头如图 8-17 所示。

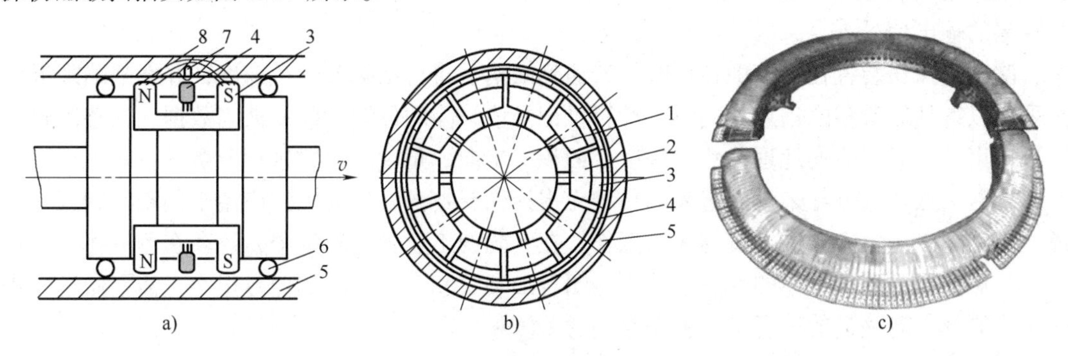

图 8-17　漏磁探伤磁敏扫描头

a）扫描头内部结构示意图　b）霍尔传感器圆环阵列结构　c）霍尔传感器圆环阵列实物照片

1—内部导磁圆筒　2—导磁体　3—永磁体　4—磁敏元件　5—管道　6—导辊　7—柱状缺陷　8—磁力线

在图 8-17 中，将多片霍尔元件均匀分布在探头周围，所需霍尔元件的片数可由被检测的输油管直径、周向最小缺陷检测长度 l_c 和径向最小缺陷检测长度 l_r 来确定。经计算，对于一个 ϕ219mm 的管道，当要求缺陷周向及径向最小检测长度均为 14mm 时，霍尔元件的数目至少为 50 片。为了扫查直径达 1m 的管道，图 8-17 中的霍尔元件多达 800 片，以满足设计指标要求的分辨力。

为了适应圆形管道内的检测，必须把霍尔阵列、永磁体、导磁体、自爬行装置等器件装配在一起，称为扫描头总成，如图 8-18 所示。

4. 电信号调理电路设计

漏磁法探伤电信号调理原理框图如图 8-19 所示。

图 8-18　漏磁法探伤扫描头总成

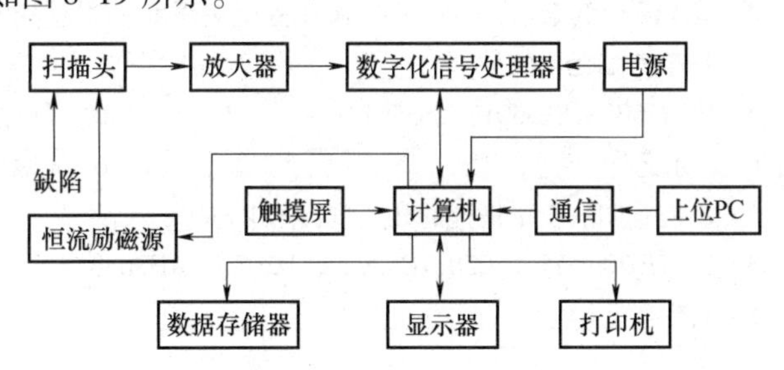

图 8-19　漏磁法探伤电信号调理原理框图

漏磁法探伤传感器电路的前置级由霍尔元件、恒流励磁源、差动放大电路等组成。其中恒流源为霍尔元件提供控制电流，电流值控制在 1mA 以内；中等缺陷时，测得漏磁场在 80mT 的范围内，霍尔传感器的输出电压约为 0.2V，再转换成串行信号输出扫描头中还需设置温度检测电路，随时测量管道温度值，并记录存储，作为对霍尔温度误差的补偿。

8.4.4　漏磁法探伤装置的标定和测试结果分析

为了得到缺陷的大小与检测到的电信号之间的关系，必须对传感器进行标定。工程中经常借助技术模型，研究缺陷坑的体积和深度对霍尔传感器输出电压的影响。可以制作一系列设定深度和不同体积的缺陷坑模型试验板。例如，可以在10mm的钢板上，制作40%、50%和60%壁厚深度的“锥形”和“湖形”坑，利用同型号的扫描头，在实验室得到对应于这些缺陷的输出信号。

漏磁法探伤装置在管道中扫描时，若遇到缺陷，将自动降低运行速度，并在缺陷附近多次采样以得到尽量多的信息。同时，计算机记录该缺陷的位置坐标和缺陷数据，在整段管道检测结束后，对缺陷的地理位置、深度、面积、走向、角度等参数进行分析并打印。

漏磁法探伤是近年来发展起来的一种无损探伤新技术，目前广泛应用于钢管、钢板、钢缆、储油罐、压力容器等设备的无损探伤。在实际的工业管道测试中，还存在着一些不确定因素。例如，对开裂很窄的裂纹，特别是闭合形裂纹和疲劳裂纹的信号很小，需要做进一步的深入研究。有兴趣的读者可以上网查阅有关资料。

思考题与习题

8-1 单项选择题

1）公式 $E_H = K_H IB\cos\theta$ 中的 θ 是指________。

A. 磁力线与霍尔薄片平面之间的夹角　B. 磁力线与霍尔元件内部电流方向的夹角

C. 磁力线与霍尔薄片的垂线之间的夹角　D. 霍尔元件内部a、b端连线与c、d端连线的夹角

2）磁场垂直于霍尔薄片，磁感应强度为 B，但磁场方向与图8-1相反（$\theta = 180°$）时，霍尔电动势________，因此霍尔元件可用于测量交变磁场。

A. 绝对值相同，符号相反　B. 绝对值相同，符号相同

C. 绝对值相反，符号相同　D. 绝对值相反，符号相反

3）霍尔元件采用恒流源激励是为了________。

A. 提高灵敏度　B. 减小温漂　C. 减小不等位电动势　D. 防止烧毁霍尔元件

4）减小霍尔元件的“输出不等位电动势”的办法是________。

A. 减小激励电流　B. 减小磁感应强度　C. 使用电桥调零电位器　D. 减小环境温度

5）属于四端元件的是________。

A. UGN3501（SL3501，CS3501）　B. 压电晶片

C. 霍尔元件　D. 光敏电阻

6）上网查阅属于单极性的开关型霍尔IC是________。

A. UGN3020（YHM3020，CS3020，H3020，AH3020）

B. 3075

C. 9013

D. 1N4148

7）常将开关型霍尔IC设计成具有施密特特性，是为了________，其回差（迟滞）越大，它的________能力就越强。

A. 增加灵敏度　B. 减小温漂　C. 抗机械振动干扰　D. 抗静电干扰

8）NPN型OC门的基极输入为低电平且其集电极不接“上拉电阻”时，集电极的输出为________。

A. 高电平　B. 低电平　C. 高阻态　D. 对地饱和导通

9）为保证测量准确度，图8-3中的线性霍尔IC的磁感应强度不宜超过________为宜。

A. 0T　B. ±0.10T　C. ±0.15T　D. ±100Gs

10）欲将图8-4中运放输出的双端输出信号（对地存在较高的共模电压）变成单端输出信号，应选用

________. 运放电路。

A. 反相加法　　B. 同相　　C. 减法差动　　D. 积分

11）测量玻璃纤维和碳纤维复合材料制作的风力发电机叶片的疲劳裂痕，应选用________探伤；测量导磁的储油罐底部的腐蚀缺陷，应选用________探伤为宜。

A. 超声波　　B. 霍尔　　C. 光电　　D. 电涡流

12）某霍尔电流传感器的额定匝数比为1/1000，额定电流值为300A，被测电流母线直接穿过铁心，测得二次电流为0.15A，则被测电流为________ A。

A. 0.15　　B. 45　　C. 0.15×10^{-3}　　D. 150

8-2　请在分析图8-8～图8-13的工作原理之后，说出在这几个霍尔传感器的应用实例中，哪几个只能采用线性霍尔集成电路，哪几个可以用开关型霍尔集成电路？

8-3　UGN3020的引脚如图8-6a所示，其特性如图8-7所示，求：1）当UGN3020感受的磁感应强度从零增大到多少特斯拉时输出翻转？2）此时第3引脚为何电平？3）回差Δ_B为多少特斯拉？4）相当于多少高斯？5）这种特性在工业中有何实用价值？

8-4　图8-20是霍尔交直流钳形表及外部接线示意图，请分析填空。

1）夹持在铁心中的导线电流越大，产生的磁感应强度B就越________，紧夹在铁心缺口（在钳形表内部，图中未画出）中的霍尔元件产生的霍尔电动势也就越________，因此该霍尔电流传感器的输出电压与被测导线中的电流呈________关系；2）由于被测导线与铁心、铁心与霍尔元件之间是绝缘的，所以霍尔电流传感器不但能传输和转换被测电流信号，而且还能起到________作用，使后续电路不受强电的影响（例如麻电、击穿、烧毁等）；3）由于霍尔元件能响应静态磁场，所以霍尔交直流钳形表与交流电流互感器相比，关键的不同之处是能够____________；4）设该霍尔电流传感器的额定输出电流为4～20mA，希望在一次额定电流（例如300A）时，得到4V的输出电压，应选择________ Ω的负载电阻R_S；5）观察图8-20的结构，谈谈被测导线是（怎样）____________放入图8-20所示的铁心中间的；6）如果“磁强计式霍尔电流传感器”的被测电流大于额定值，为什么铁心会急剧发热？

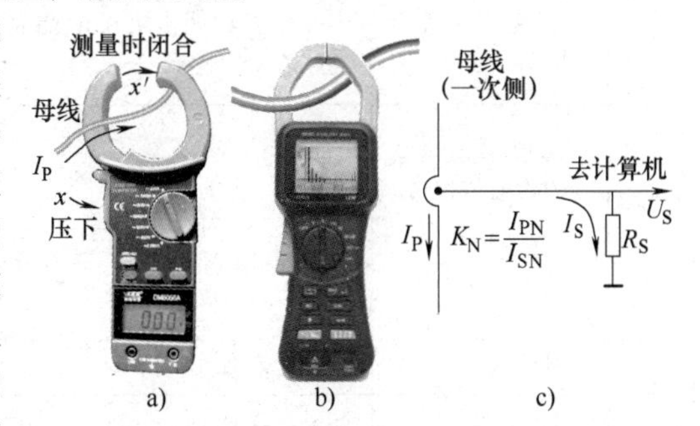

图8-20　霍尔交直流钳形表及外部接线

a）霍尔交直流钳形电流表[20]　b）霍尔电流谐波分析表
c）霍尔电流传感器的输出电流/电压转换电路

8-5　工程中，经常需要用计算机来测量交、直流电压。现希望以一定的准确度，将0～500V的电压转换成0～5V的弱电信号，以便于A-D转换。

1）上网查阅有关资料，简述磁平衡式霍尔电压传感器的工作原理[21]；2）说明霍尔电压传感器[22]与交流电压互感器在结构和用途，例如，直流/交流、有/无源、耐压和安全性等方面的区别；3）霍尔电压传感器的应用电路如图13-30所示，设霍尔电压传感器在额定输入电压（500V）时的一次额定输入电流$I_{PN}=10\text{mA}$，绕组的直流电阻忽略不计，求限流电阻R_1的阻值；4）计算限流电阻R_1的最大消耗功率P_1为多少瓦？5）若所选购的限流电阻的额定功率是实际消耗功率P_1的4倍，则限流电阻的标称功率P_{1N}为多少瓦？6）设该霍尔电压传感器的额定输出电流$I_{SN}=20\text{mA}$，若希望二次输出电压$U_o=5\text{V}$，则负载电阻R_S为多少欧？7）依据上述提示，画出一次和二次回路的电路（霍尔电压传感器用一个方框表示，共6个引脚，参见图13-30），电源电压为±12～±15V；8）设该霍尔电压传感器的准确度等级S为0.5级，当测得传感器的输出电压U_o仅有0.1V时，计算被测一次电压U_i的估计值，并写出U_i的实际范围和示值相对误差γ_x；9）若希望该电压传感器的示值相对误差不超过2%，计算被测电压的下限值$U_{i\min}$。

拓展阅读参考资料列表

序号	作　者	拓展阅读文章题目	序号	作　者	拓展阅读文章题目
1	百度百科	洛仑兹力	13	陆伟	电动自行车电机工作原理
2	百度百科	恒流源	14	南京正角电子科技有限公司	霍尔接近开关使用说明书HK系列
3	百度百科	磁感应强度			
4	董沛存，董浩	一种用于电阻应变片电桥和霍尔元件零点补偿电路	15	董高峰	浅析霍尔电流传感器的应用
5	王美丽	霍尔传感器的应用探讨	16	成小玲，黄大华	LEM磁平衡式霍尔检零电流传感器的工作原理和应用
6	ALLEGRO公司	UGN3501特性			
7	泰通达电子公司	AH3140，AH3020，AH3040单极霍尔电路	17	张复兴，胡秉仁，等	钢管漏磁探伤方法
8	管建明，保春生，等	一种多功能全电子电能表的原理和检定	18	宋凯，康宜华，等	漏磁与涡流复合探伤时信号产生机理研究
9	上海复旦微电子股份有限公司	FM497霍尔型汽车点火电路	19	深圳市智嘉电子有限公司	砷化镓霍尔器件
			20	成都晶峰电子有限公司	磁平衡式霍尔电流钳
10	爱卡汽车网	桑塔纳霍尔式电子点火系统	21	南京奇霍科技有限公司	VSM025A型霍尔电压传感器
11	百度百科	点火提前			
12	罗能之	霍尔传感器应用于无刷电机驱动控制	22	南京中旭电子科技有限公司	HNV025T霍尔电压传感器

第9章

热电偶传感器

测量温度的传感器品种繁多，所依据的工作原理也各不相同。热电偶传感器（Thermocouple Temperature Transducer）是众多测温传感器中已形成系列化、标准化的一种，它能将温度信号转换成电动势。目前在工业生产和科学研究中已得到广泛的应用，并且可以选用标准的显示仪表和记录仪表来进行显示和记录。

热电偶测温的主要优点有：

1）属于自发电型传感器，因此测量时可以不需要外加电源，直接驱动动圈式仪表。

2）结构简单，使用方便，热电偶的电极不受粗细和形状的限制，可按照需要选择。

3）测温范围广，高温热电偶可达1800℃以上，低温热电偶可达－260℃。

4）测量准确度较高，各温区中的误差均符合国际计量委员会的标准。

9.1 温度测量的基本概念

9.1 拓展阅读资料

温度是一个和人们生活环境有着密切关系的物理量，也是一种在生产、科研、生活中需要测量和控制的重要物理量，是国际单位制7个基本单位之一。本节将系统地介绍有关温度、温标和温度传感器分类等一些基本概念。

9.1.1 温度

温度[1]（Temperature）是表征物体冷热程度的物理量。温度概念是以热平衡为基础的。如果两个相接触的物体温度不相同，它们之间就会产生热交换，热量将从温度高的物体向温度低的物体传递，直到两个物体达到相同的温度为止。

温度的微观概念是：温度标志着物质内部大量分子无规则运动的剧烈程度。温度越高，表示物体内部分子热运动越剧烈。

9.1.2 温标

温标（Temperature Scale）是衡量温度高低的标尺[2]，是描述温度数值的统一表示方法（或定义方法）。温标明确了温度的单位、定义、固定点的数值、内插标准仪器和标准的插补公式。各类温度计的刻度均由温标确定。国际上常用的温标有：摄氏温标、华氏温标、热力学温标、1990国际温标等。

1. 摄氏温标

摄氏温标（Degree Celsius）把在标准大气压下冰的熔点定为零度（0℃），把水的沸点定为100度（100℃）。在这两固定点间划分一百等分，每一等分为摄氏一度，符号为t。

2. 华氏温标

华氏温标（Fahrenheit Celsius）规定在标准大气压下，冰的熔点为32℉，水的沸点为212℉，两固定点间划分180个等分，每一等分为华氏1度，符号为θ。它与摄氏温标的关系式为

$$\theta/℉ = (1.8t/℃ + 32) \tag{9-1}$$

例如，20℃时的华氏温度$\theta = (1.8 \times 20 + 32)$℉$=68$℉。美国和英国在日常生活中还使用华氏温标。

3. 热力学温标

热力学温标（Thermodynamic Celsius）是开尔文（Kelvin）根据热力学定律总结出来的温标，又称开氏温标。它的符号是T，其单位是开尔文（K）。

热力学温标规定分子运动停止（即没有热存在，且不可能实现）时的温度为绝对零度（Absolute Zero），水的三相点（气、液、固三态同时存在且进入平衡状态时的温度，Triple Point）的温度为273.16K，把从绝对零度到水的三相点之间的温度均匀分为273.16格，每格为1K。

由于以前曾规定冰点的温度为273.15K，所以现在沿用这个规定，用下式进行开氏和摄氏的换算

$$t/℃ = T/\text{K} - 273.15 \tag{9-2}$$

或

$$T/\text{K} = t/℃ + 273.15 \tag{9-3}$$

例如，100℃时的热力学温度$T = (100 + 273.15)\text{K} = 373.15\text{K}$。

4. 1990国际实用温标

国际计量委员会在1968年建立了一种国际协议性温标，即IPTS-68温标。这种温标与热力学温标基本吻合，其差值符合规定的范围，而且复现性（在全世界用相同的方法，可以得到相同的温度值）好，所规定的标准仪器使用方便、容易制造。

在IPTS-68温标的基础上，根据第18届国际计量大会的决议，从1990年1月1日开始，在全世界范围内采用1990年国际实用温标，简称ITS-90[3]。

ITS-90定义了一系列温度固定点，测量和重现这些固定点的标准仪器以及计算公式。ITS-90的定义固定点共17个，见表9-1。

表9-1 ITS-90定义固定点

序号	国际实用温标规定值		物质	状态
	T90/K	t90/℃		
1	3~5	−270.15~−268.15	He	蒸气压点（V）
2	13.8033	−259.3467	e-H_2	三相点（T）
3	17	−256.15	e-H_2或（He）	蒸气压点（V）（或气体温度计）
4	20.3	−252.85	e-H_2或（He）	蒸气压点（V）（或气体温度计）
5	24.5561	−248.5939	Ne	三相点（T）

（续）

序 号	国际实用温标规定值		物 质	状 态
	T90/K	t90/℃		
6	54.3584	-218.7916	O_2	三相点（T）
7	83.8058	-189.3442	Ar	三相点（T）
8	234.3158	-38.8344	Hg	三相点（T）
9	273.16	0.01	H_2O	三相点（T）
10	302.9146	29.7646	Ga	熔点（M）
11	429.7485	156.5985	In	凝固点（F）
12	505.078	231.928	Sn	凝固点（F）
13	692.677	419.527	Zn	凝固点（F）
14	933.473	660.323	Al	凝固点（F）
15	1234.93	961.78	Ag	凝固点（F）
16	1337.33	1064.18	Au	凝固点（F）
17	1357.77	1084.62	Cu	凝固点（F）

注：1. 除3He外，其他物质均为自然同位素成分，e-H_2 为分子态处于平衡浓度的氢；

2. 各符号的含义为：V—蒸气压点；T—三相点，在此温度下，固、液和蒸气相呈平衡；M、F—熔点和凝固点，在101325Pa压力下，固、液相的平衡温度。

ITS-90规定了不同温度段的标准测量仪器[4]。例如，在极低温度范围，用气体体积热膨胀温度计来定义和测量；在氢的三相点和银的凝固点之间，用铂电阻温度计来定义和测量；而在银凝固点以上用光学辐射温度计来定义和测量等。

9.1.3 温度传感器分类

常用的各种材料和元器件的性能大都会随着温度的变化而变化，具有一定的温度效应。其中一些稳定性好、温度灵敏度高、能批量生产的材料才可以作为温度传感器。

温度传感器的分类方法很多。按照用途可分为基准温度计和工业温度计；按照测量方法可分为接触式和非接触式；按工作原理可分为膨胀式、电阻式、热电式、辐射式等；按输出方式可分为自发电型、非电测型等。可以根据成本、准确度、测温范围及被测对象的不同，选择不同的温度传感器。表9-2列出了常用测温传感器的工作原理、名称、测温范围和特点。

表9-2 温度传感器的种类及特点

所利用的物理现象	传感器类型	测温范围/℃	特 点
体积 热膨胀[5]	气体温度计 液体压力温度计 玻璃水银温度计 双金属片温度计[6]	-250~1000 -200~350 -50~350 -50~300	不需要电源，耐用；感温部件体积较大

（续）

所利用的物理现象	传感器类型	测温范围/℃	特 点
接触热电动势	钨铼热电偶 铂铑热电偶 其他热电偶	1000～2100 200～1800 -200～1200	自发电型，标准化程度高，品种多，可根据需要选择；需进行冷端温度补偿
电阻的变化	铂热电阻 热敏电阻	-200～900 -50～300	标准化程度高；需要接入桥路才能得到电压输出
PN结的结电压	硅半导体二极管（半导体集成温度传感器）	-50～150	体积小，线性好，-2mV/℃；测温范围小
温度-颜色	示温涂料 示温液晶	-50～1300 0～100	面积大，可得到温度彩色图像；易衰老，准确度低
光辐射 热辐射	红外辐射温度计 高温比色温度计 热释电温度计 光子探测器	-50～1500 500～3000 0～1000 0～3500	非接触式测量，反应快；易受环境及被测体表面状态影响，标定困难

9.2 热电偶的工作原理

9.2 拓展阅读资料

9.2.1 热电偶与热电效应

1. 热电偶

1821年，德国物理学家赛贝克（T·J·Seebeck）用两种不同金属组成闭合回路，并用酒精灯加热其中一个接触点（称为结点），发现放在回路中的指南针发生偏转，如图9-1a所示。如果用两盏酒精灯对两个结点同时加热，指南针的偏转角反而减小。显然，指南针的偏转说明了回路中有电动势产生并有电流在回路中流动，电流的强弱与两个结点的温差有关。

据此，赛贝克发现和证明了在两种不同材料的导体A和B组成的闭合回路中，当两个结点温度不相同时，回路中将产生电动势。这种物理现象称为热电效应（Thermoelectric Effect或Seebeck Effect）。两种不同材料的导体所组成的测温回路称为热电偶（Thermocouple），组成热电偶的导体称为热电极，热电偶所产生的电动势称为热电动势。热电偶的两个结点中，置于温度为T的被测对象中的结点称之为测量端，又称为工作端或热端

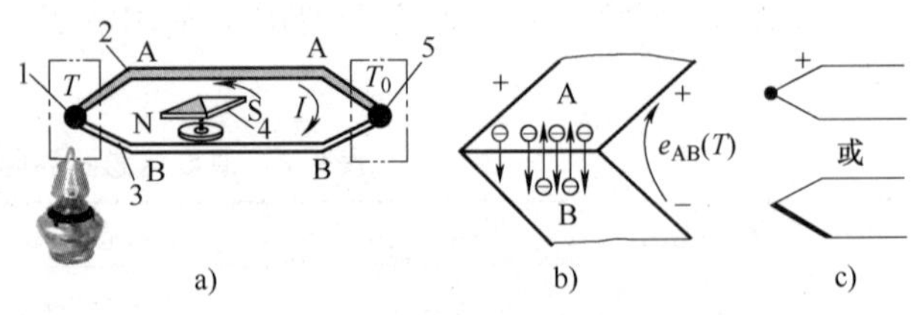

图9-1 热电偶原理图

a）热电效应 b）结点产生热电动势示意 c）图形符号

1—工作端 2—热电极A 3—热电极B 4—指南针 5—参考端

(Hot Junction)；而置于参考温度为 T_0 中的另一结点称之为参考端，又称自由端或冷端(Cold Junction)。

2. 热电效应

热电偶产生的热电动势 E_{AB}（T，T_0）由接触电动势和每一个导体的温差电动势两部分组成。单一导体的温差电动势与接触电动势相比较，可以忽略不计，在热电偶回路中起主要作用的是两个结点之间的接触电动势。

将两种不同的金属互相接触（见图9-1b），由于不同金属内自由电子的密度不同，在两种金属A和B的接触处会发生自由电子的扩散现象。自由电子将从密度大的金属A扩散到密度小的金属B，使A失去电子带正电，B得到电子带负电，直至在接点处建立起充分强大的电场，能够阻止电子的继续扩散，从而达到动态平衡为止。这种在两种不同金属的接点处产生的电动势又称接触电动势。它的数值取决于两种导体的自由电子密度和接触点的温度，而与导体的形状及尺寸无关。图9-1b中的接触电动势 e_{AB}（T）可用下式表示：

$$e_{AB}(T)=\frac{kT}{e}\ln\frac{n_A}{n_B} \tag{9-4}$$

式中 $e_{AB}(T)$ ——A、B两种材料在温度为 T 时的接触电动势；

T——接触处的热力学温度；

k——玻尔兹曼常数（$k=1.38\times10^{-23}$J/K）；

e——电子电荷（$e=1.6\times10^{-19}$C）；

n_A、n_B——热电极材料A、B的自由电子密度。

如果取 e_{AB}（T）的方向为正方向，如图9-2所示，则有

$$E_{AB}(T,\ T_0)\approx e_{AB}(T)-e_{AB}(T_0)=\frac{kT}{e}\ln\frac{n_A}{n_B}-\frac{kT_0}{e}\ln\frac{n_A}{n_B}=\frac{k}{e}(T-T_0)\ln\frac{n_A}{n_B} \tag{9-5}$$

3. 有关热电动势的几个结论

1）如果热电偶两电极材料相同，即使两端温度不同（$t\neq t_0$），但总输出热电动势仍为零。因此必须由两种不同材料才能构成热电偶。

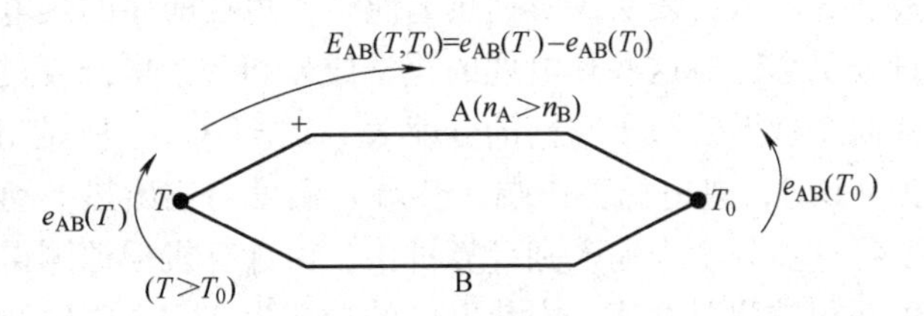

图9-2 热电偶的热电动势

2）如果热电偶两结点温度相同，则回路总的热电动势必然等于零。两结点温差越大，热电动势越大。

3）式（9-5）中未包含与热电偶的尺寸形状有关的参数，所以热电动势的大小只与材料和结点温度有关。

如果以摄氏温度为单位，$E_{AB}(T,\ T_0)$ 也可以写成 $E_{AB}(t,\ t_0)$，其物理意义虽然有所不同，但电动势的数值是相同的。

9.2.2 中间导体定律

若在热电偶回路中插入"中间导体"（A、B热电极之外的其他导体），只要中间导体两端温度相同，则对热电偶回路的总热电动势无影响，这就是中间导体定律[7]，具有中间导体的热电偶回路如图9-3a所示。如果热电偶回路中插入多种导体（D、E、F、…，见图

9-3b)，只要保证插入的每种导体的两端温度相同，则对热电偶的热电动势也无影响。

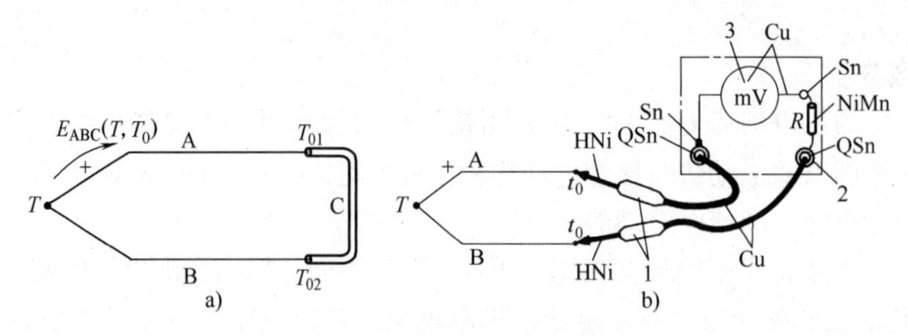

图9-3 具有中间导体的热电偶回路

a）原理图 b）应用电路

1—毫伏表的镍铜表棒 2—磷铜接插件 3—铜漆包线动圈表头

HNi—镍黄铜 QSn—锡磷青铜 Sn—焊锡 NiMn—镍锰铜电阻丝 Cu—纯铜导线

利用热电偶来实际测温时，连接导线、显示仪表和接插件等均可看成是中间导体，只要保证这些中间导体两端的温度各自相同，则对热电偶的热电动势没有影响。因此中间导体定律对热电偶的实际应用是十分重要的。在使用热电偶及各种仪表时，应尽量使上述元器件两端的温度相同，才能减少测量误差。

9.3 热电偶的种类及结构

9.3 拓展阅读资料

9.3.1 通用热电偶的种类

热电极和热电偶的种类繁多，按ITS-90标准，共有8种标准化了的通用热电偶[8]，如表9-3所示。表9-3所列热电偶中，写在前面的热电极为正极，写在后面的为负极。国际计量委员会已对这些热电偶的化学成分和每一摄氏度的热电动势做了非常精密的测试和规定，并向全世界公布了它们的分度表（t_0 = 0℃）。所谓分度表就是热电偶自由端（冷端）温度为0℃时，热电偶工作端（热端）温度与输出热电动势之间的对应关系的表格。使用前，只要将这些分度表输入到计算机中，由计算机根据测得的热电动势及冷端补偿值，自动查表就可获得被测温度值。当热电偶的冷端为0℃时的K型热电偶分度表见附录D。

表9-3 8种国际通用热电偶特性表

名 称	分度号	测温范围/℃	100℃时的热电动势/mV	1000℃时的热电动势/mV	特 点
铂铑30-铂铑6①	B	50～1820	0.033	4.834	熔点高，测温上限高，性能稳定，准确度高，100℃以下热电动势极小，所以可不必考虑冷端温度补偿；价昂，热电动势小，线性差；只适用于高温域的测量
铂铑13-铂	R	-50～1768	0.647	10.506	使用上限较高，准确度高，性能稳定，复现性好；热电动势较小，不能在金属蒸气和还原性气氛中使用，在高温下连续使用时特性会逐渐变坏，价昂；多用于精密测量

（续）

名　　称	分度号	测温范围/℃	100℃时的热电动势/mV	1000℃时的热电动势/mV	特　　点
铂铑10-铂	S	-50~1768	0.646	9.587	优点同上，但性能不如R型热电偶；以前曾经作为国际温标的法定标准热电偶
镍铬-镍硅	K	-270~1370	4.096	41.276	热电动势大，线性好，稳定性好，价廉；材质较硬，在1000℃以上长期使用会引起热电动势漂移；多用于工业测量
镍铬硅-镍硅	N	-270~1300	2.744	36.256	是一种新型热电偶，各项性能均比K型热电偶好，适宜于工业测量
镍铬-铜镍（锰白铜）	E	-270~800	6.319	—	热电动势比K型热电偶大50%左右，线性好，价廉；不能用于还原性气氛；多用于工业测量
铁-铜镍（锰白铜）	J	-210~760	5.269	—	价廉，在还原性气体中较稳定；纯铁易被腐蚀和氧化；多用于工业测量
铜-铜镍（锰白铜）	T	-270~400	4.279	—	价廉，加工性能好，离散性小，性能稳定，线性好，准确度高；铜在高温时易被氧化，测温上限低；多用于低温域测量；可作-200~0℃温域的计量标准

① 铂铑30表示该合金含70%的铂及30%的铑，以下类推。

常用热电偶的热电动势与温度的关系曲线如图9-4所示。因为绘制热电动势-温度曲线或制定分度表时，总是将冷端置于0℃这一规定环境中，所以在0℃时各种热电偶的热电动势均为零。

B、R、S及WRe5-WRe26（钨铼5-钨铼26）等热电偶在100℃时的热电动势几乎为零，只适合于高温测量。

9.3.2　热电偶的结构

1. 装配式热电偶

装配式热电偶[9]主要用于测量气体、蒸气和液体等介质的温度。这类热电偶已做成标准形式，包括棒形、角形、锥形等。从安装固定方式来看，有固定法兰式、活动法兰式、固定螺栓式、焊接固定式和无专门固定式等几种。装配式热电偶主要由接线盒、保护管、接线端子、绝缘瓷珠和热电极组成基本结构，并配以各种安装固定装置组成，强度高，安装方便。图9-5所示为装配式热电偶结构及外形。

2. 铠装式热电偶

铠装式热电偶[10]（Sheathed Thermocouple）是由金属保护套管、绝缘材料和热电极三者组合成一体的特殊结构的热电偶。它是在薄壁金属套管（金属铠）中装入热电极，在两根热电极之间及热电极与管壁之间牢固充填无机绝缘物（MgO或Al_2O_3），使它们之间相互绝缘，使热电极与金属铠成为一个整体。它可以做得很细很长，而且可以弯曲。热电偶的套管

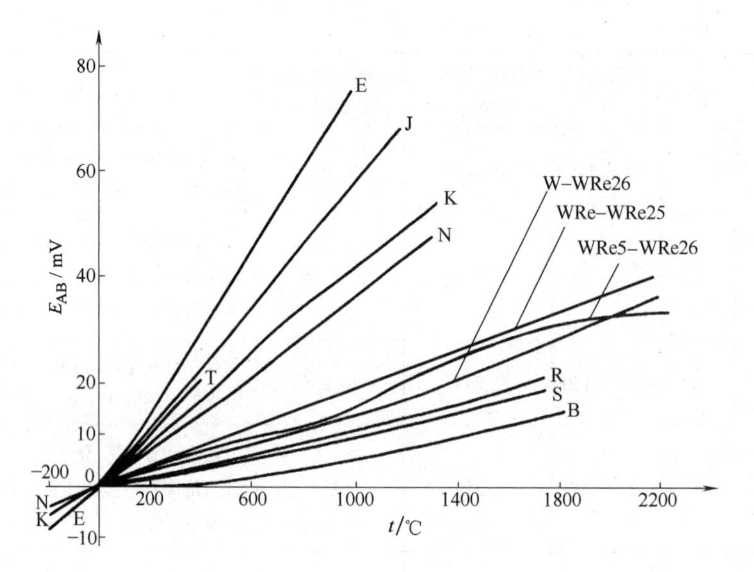

图 9-4 常用热电偶的热电动势与温度的关系曲线

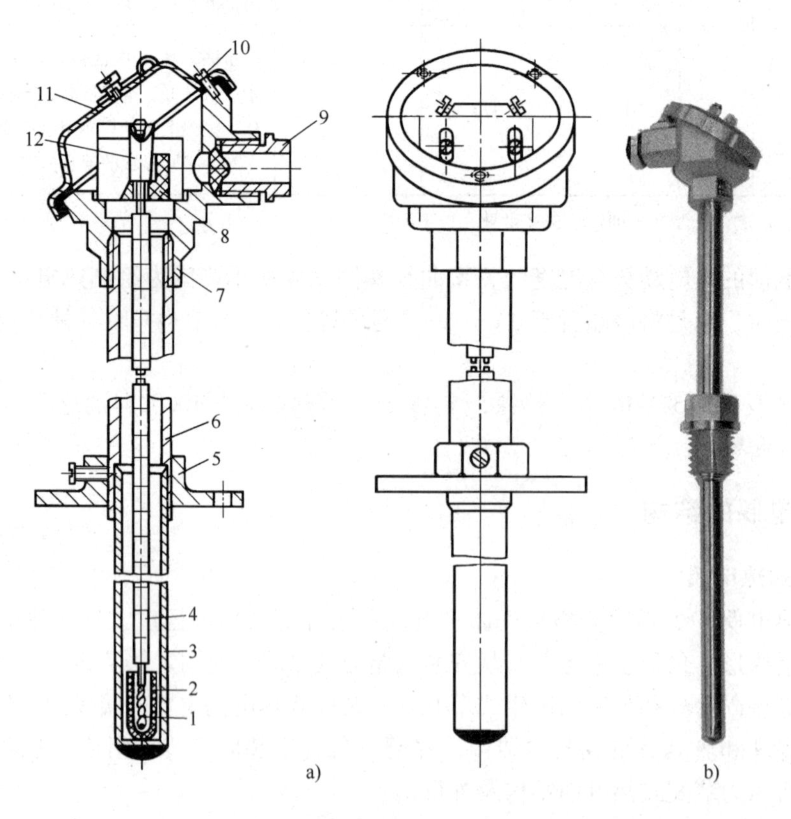

图 9-5 装配式热电偶结构及外形

a）法兰安装式 b）螺栓安装式

1—热电偶工作端 2—绝缘套 3—下保护套管 4—绝缘珠管 5—固定法兰 6—上保护套管 7—接线盒底座 8—接线绝缘座 9—引出线套管 10—固定螺栓 11—接线盒外罩 12—接线柱

外径最细能达 0.25mm，长度可达 100m 以上。铠装式热电偶的结构及外形如图 9-6 所示。

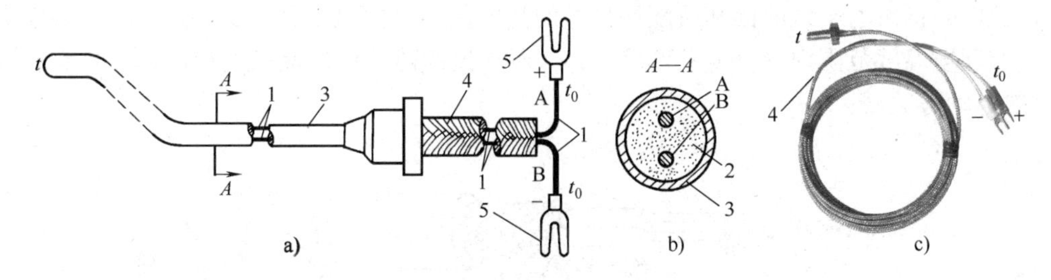

图 9-6　铠装式热电偶的结构及外形

a）结构　b）径向剖面图　c）外形

1—内电极　2—绝缘材料　3—薄壁金属保护套管　4—屏蔽层　5—接线卡　t—测量端　t_0—冷端

铠装式热电偶具有响应速度快，可靠性好，耐冲击，比较柔软，可挠性好，便于安装等优点，因此特别适用于复杂结构（如狭小弯曲管道内）的温度测量。

3. 薄膜式热电偶

薄膜式热电偶[11] 如图 9-7 所示。它是用真空蒸镀、离子镀或磁控溅射的方法，把热电极材料蒸镀在很薄的绝缘基板（陶瓷片或云母片）上，两种不同的金属薄膜形成了热电偶。测量端既小又薄，厚度约为 0.01 ~ 0.1μm，热容量小，响应速度快，便于敷贴。适用于测量微小面积上的瞬变温度，以及微波的功率测量等。它的结构有片状、针状，以及把热电极材料直接蒸镀在被测表面上等 3 种。所用的电极类型有铁-锰白铜、镍铬-锰白铜、铁-镍、铜-锰白铜、镍铬-镍硅、铂铑-铂、铱-铑、镍-钼、钨-铼等。

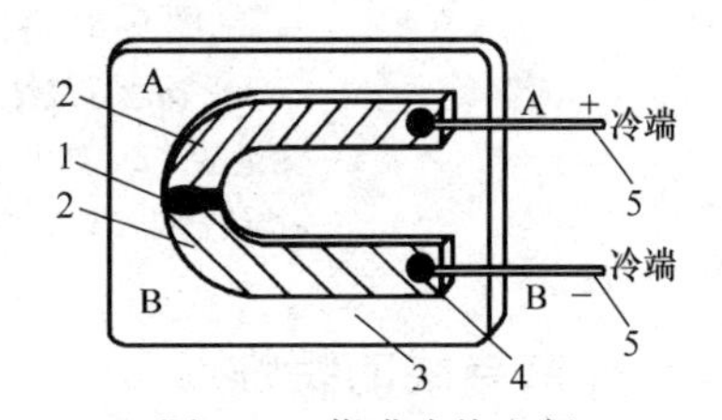

图 9-7　薄膜式热电偶

1—工作端　2—薄膜热电极　3—耐高温绝缘基板　4—引脚接头　5—引出线（材质与热电极相同）

除以上所述之外，尚有专门用来测量各种固体表面温度的表面热电偶，专门为测量钢水和其他熔融金属而设计的快速热电偶等。

9.4　热电偶冷端的延长

9.4　拓展阅读资料

9.4.1　热电偶冷端延长的必要性

实际测温时，由于热电偶长度有限，自由端温度将直接受到被测物温度和周围环境温度的影响。例如，热电偶安装在电炉壁上，而自由端放在接线盒内，电炉壁周围温度不稳定，波及接线盒内的自由端，造成测量误差。虽然可以将热电偶做得很长，但将提高测量系统的成本，是很不经济的。工业中一般是采用补偿导线来延长热电偶的冷端，使之远离高温区。

9.4.2　延长热电偶冷端的方法

补偿导线（A′、B′）是两种不同材料的、相对比较便宜的金属（多为铜与铜的合金）导线。在一定温度范围内，与所匹配的热电偶的热电动势标称值相同。利用“补偿导线”

延长热电偶的冷端如图9-8所示[12]。

A′、B′的自由电子密度比和所配接型号的热电偶的自由电子密度比相等，所以补偿导线在一定的环境温度范围内（如0～200℃），与所配接的热电偶的灵敏度相同，即具有相同的温度-热电动势关系：

$$E_{A'B'}(t,t_0)=E_{AB}(t,t_0) \tag{9-6}$$

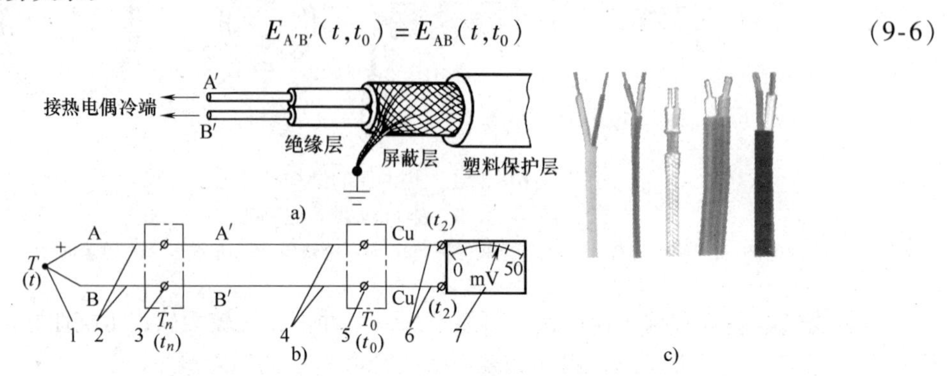

图9-8 利用补偿导线延长热电偶的冷端

a）补偿导线结构 b）接线图 c）补偿导线的外形

1—测量端 2—热电极 3—接线盒1（中间温度） 4—补偿导线

5—接线盒2（新的冷端） 6—铜引线（中间导体） 7—毫伏表

9.4.3 补偿导线的特性

补偿导线的特性为：①将自由端从温度波动区 t_n 延长到补偿导线末端的温度相对稳定区 t_0，使指示仪表的示值（毫伏数）比较稳定；②购买补偿导线比使用相同长度的热电极（A、B）便宜许多，可节约大量贵金属；③多是用铜及铜的合金制作，所以单位长度的直流电阻比热电极小得多，可减小测量误差；④由于补偿导线通常用塑料（聚氯乙烯或聚四氟乙烯）作为绝缘层，其自身又为较柔软的铜合金多股导线，所以易弯曲，便于敷设[13]。常用热电偶补偿导线的特性如表9-4所示。

表9-4 常用热电偶补偿导线的特性[14]

型号	配用热电偶 正-负	补偿导线 正-负	导线外皮颜色		100℃时的热电动势 /mV	20℃时的电阻率 /(Ω·m)
			正	负		
SC	铂铑10-铂	铜-铜镍①	红	绿	0.646±0.023	0.05×9^{-6}
KC	镍铬-镍硅	铜-锰白铜	红	蓝	4.096±0.063	0.52×9^{-6}
WC5/26	钨铼5-钨铼26	铜-铜镍②	红	橙	1.451±0.051	0.10×9^{-6}

① 99.4% Cu，0.6% Ni；

② 98.2%～98.3% Cu，1.7%～1.8% Ni。

必须指出的是，使用补偿导线仅能延长热电偶的冷端，虽然使用补偿导线后，总的热电动势会比不用补偿导线时有所提高，但从本质上看，这并不是因为温度补偿引起的，而远离高温区、热端和冷端温差变大的缘故，故将其称“补偿导线”只是一种习惯用语。真正的补偿方法将在下一节中给予介绍。

9.5　热电偶的冷端温度补偿及集成温度传感器

9.5　拓展阅读资料

9.5.1　热电偶的冷端温度补偿方法

由热电偶测温原理可知，热电偶的输出热电动势是热电偶两端温度 t 和 t_0 差值的函数，当冷端温度 t_0 不变时，热电动势与工作端温度成单值函数关系。各种热电偶温度与热电动势关系的分度表都是在冷端温度为0℃时做出的，因此用热电偶测量时，若要直接应用热电偶的分度表，就必须满足 t_0 =0℃的条件。但在实际测温中，冷端温度常随环境温度而变化，这样 t_0 不但不是0℃，而且也不恒定，因此将产生误差，一般情况下，冷端温度均高于0℃，热电动势总是偏小，因此需要进行冷端温度补偿（Cold Junction Compensation）。常用的消除或补偿上述热电动势损失的方法有以下几种：

1. 冷端恒温法

1）将热电偶的冷端置于装有冰水混合物的恒温容器中，使冷端的温度保持在0℃不变。此法也称冰浴法，它消除了 t_0 不等于0℃而引入的误差，由于冰融化较快，所以一般只适用于实验室中。

2）将热电偶的冷端置于电热恒温器中，恒温器的温度略高于环境温度的上限（例如40℃）。

3）将热电偶的冷端置于恒温空调房间中，使冷端温度恒定。

应该指出的是，除了冰浴法是使冷端温度保持0℃外，后两种方法只是使冷端维持在某一恒定（或变化较小）的温度上，因此后两种方法仍必须采用下述几种方法予以修正。图9-9是冰浴法接线图。

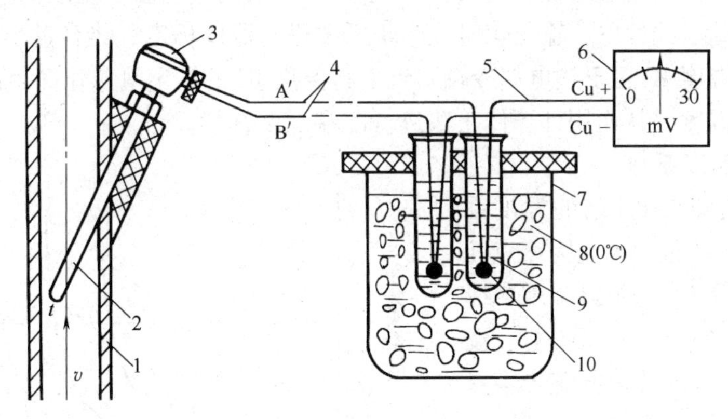

图9-9　冰浴法接线图

1—被测流体管道　2—热电偶　3—接线盒　4—补偿导线　5—铜质导线
6—毫伏表　7—冰瓶　8—冰水混合物　9—试管　10—新的冷端

2. 计算修正法

当热电偶的冷端温度 $t_0 \neq 0℃$ 时，由于热端与冷端的温差随冷端的变化而变化，所以测得的热电动势 $E_{AB}(t, t_0)$ 与冷端为0℃时所测得的热电动势 $E_{AB}(t, 0℃)$ 不等。若冷端温

度高于0℃，则$E_{AB}(t, t_0) < E_{AB}(t, 0℃)$。可以利用下式计算并修正测量误差

$$E_{AB}(t,0℃) = E_{AB}(t,t_0) + E_{AB}(t_0,0℃) \tag{9-7}$$

式（9-7）中，$E_{AB}(t, t_0)$是用毫伏表直接测得的毫伏数。修正时，先测出冷端温度t_0，然后从该热电偶分度表中查出$E_{AB}(t_0, 0℃)$（此值相当于损失掉的热电动势），并把它加到所测得的$E_{AB}(t, t_0)$上。根据式（9-7）求出$E_{AB}(t, 0℃)$（此值是已得到补偿的热电动势），根据此值再在分度表中查出相应的温度值。计算修正法共需要查分度表两次。如果冷端温度低于0℃，由于查出的$E_{AB}(t_0, 0℃)$是负值，所以仍可用式(9-7)计算修正。

例9-1 用镍铬-镍硅（K型）热电偶测炉温时，冷端温度$t_0 = 30℃$，在直流毫伏表上测得的热电动势$E_{AB}(t, 30℃) = 38.505\text{mV}$，求：炉温为多少？

解 查镍铬-镍硅热电偶（见附录D）分度表，得到$E_{AB}(30℃, 0℃) = 1.203\text{mV}$。根据式（9-7）有

$$E_{AB}(t,0℃) = E_{AB}(t,30℃) + E_{AB}(30℃,0℃) = (38.505 + 1.203)\text{mV} = 39.708\text{mV}$$

反查K型热电的偶分度表，得到$t = 960℃$。

该方法适用于热电偶冷端温度较恒定的情况。在智能化仪表中，查表及运算过程均可由计算机完成。

在工业中，还有“仪表机械零点调整法”和“电桥补偿法”等方法也能够进行热电偶的冷端温度补偿。

9.5.2 半导体集成温度传感器及热电偶冷端温度的测量

在计算修正法中，首先必须测出冷端温度t_0，才有可能按照式（9-7）进行计算修正。现在普遍使用半导体集成温度传感器（简称温度IC）来测量室温。温度IC具有体积小、集成度高、准确度高、线性好、输出信号大、不需要进行温度标定、热容量小、外围电路简单等优点。只要将温度IC置于热电偶冷端附近，将温度IC的输出电压作简单的换算，就能得到热电偶的冷端温度，从而用计算修正法进行冷端温度补偿。

1. PN结的温度系数

温度IC的基础是PN结的温度系数。当流过PN结的正向电流为零点几毫安时，正向压降U_D与绝对温度成线性关系，温度系数$\alpha \approx -2\text{mV/℃}$。温度升高，$U_D$降低。在激励电流为零点几毫安、环境温度为20℃时，其U_D约600mV。当环境温度从20℃增加到120℃时，其正向电压降U_D约降低了200mV。硅二极管正向电压与温度、正向电流之间的关系如图9-10所示。

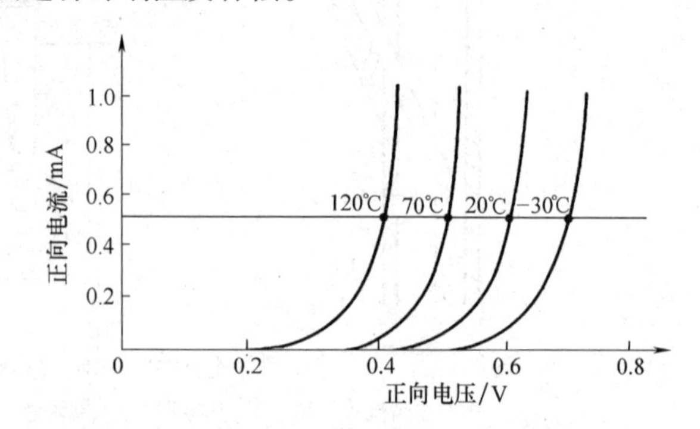

图9-10 硅二极管正向电压与温度、正向电流之间的关系

温度IC的测温范围取决于半导体的工作温度范围，大多数二极管可以在-50～150℃之间工作。由图9-10的恒电流负载线（图中的0.5mA水平线，或更小的电流）与不同温度下的正向电压曲线交点的间隔可以看出，半导体硅材料的PN结正向导通电压与温度变化呈线

性关系，所以可将感受到温度变化转换成电压的变化。

2. 温度IC的分类及在热电偶冷端温度补偿中的应用

温度IC可分为模拟型温度IC和数字型温度IC。模拟型温度IC有电流输出型的AD590[15]、电压输出型的LM35[16]等。数字型温度IC有DS18B20[17]、LM74、LM87、LM92等[18]。

MAX6675[19]是基于SPI总线、专门用于对工业中最常用的镍铬-镍硅（K型）热电偶进行温度补偿的芯片，它能产生因K型热电偶冷端不为0℃时带来的损失。在0～125℃范围内，MAX6675将产生41.6μV/℃的补偿电压。

热电偶的补偿导线A′、B′接到MAX6675芯片的T_+、T_-端，经MAX6675内部的加法电路，将K型热电偶补偿后的热电动势转换为代表温度的数字信号，从SPI串行接口输出到单片机，如图9-11所示。MAX6675工作时，必须与热电偶冷端或补偿导线A′、B′的末端处于相同的温度场t_0中。

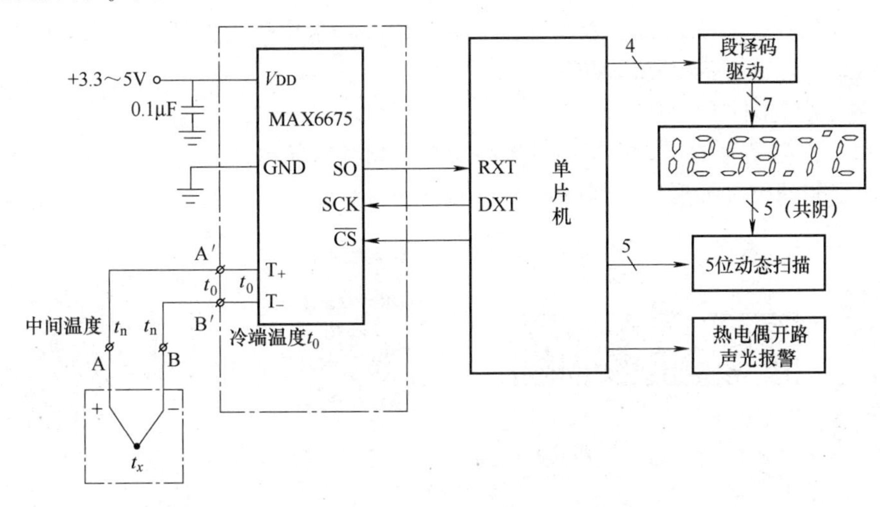

图9-11　MAX6675构成的热电偶冷端补偿及测量显示电原理框图

9.6　热电偶的应用及配套仪表

9.6　拓展阅读资料

由于我国生产的热电偶均符合ITS-90国际温标所规定的标准，其一致性非常好，所以国家又制定了与每一种标准热电偶配套的仪表标准，它们的显示值为温度，而且均已线性化。

9.6.1　与热电偶配套的仪表

与热电偶配套的仪表有动圈式仪表及数字式仪表。符合国家标准的动圈式显示仪表命名为XC系列。按其功能有指示型（XCZ）和指示调节型（XCT）等系列品种[20]。与K型热电偶配套的动圈仪表型号为XCZ系列及XCT系列。

与热电偶配套的数字式仪表按其功能也有指示型XMZ系列和指示调节型XMT系列品种[21]。XMT系列仪表是有调节、报警功能的数字式指示-调节型仪表，适用于热工、电力、化工等工业系统测量、显示、PID控制温度。其面板上设置有温度设定按键。当被测温度高于设定温度时，仪表内部的继电器动作，可以切断加热回路，还能输出固态继电器的触发信号。这类仪表多具有以下功能：

（1）双屏显示　主屏显示测量值，副屏显示控制设定值。

（2）输入分度号切换　仪表的输入分度号可按键切换（如K、R、S、B、N、E型等）。

（3）量程设定　测量量程和显示分辨力由按键设定。

（4）控制设定　上限、下限或“上上限”“下下限”等各控制点值可在全量程范围内设定，上下限控制回差值也可分别设定。

（5）继电器功能设定　内部的数个继电器可根据需要设定成上限控制（报警）方式或下限控制（报警）方式，有多个报警输出模块。

（6）断线保护输出　可预先设定各继电器在传感器输入断线时的保护输出状态（ON/OFF/KEEP）。

（7）全数字操作　仪表的各参数设定、准确度校准均采用按键操作，无须电位器调整，掉电不丢失信息，还具有数字滤波功能。

（8）冷端补偿范围：0～60℃。

（9）接口　许多型号的仪表还带有计算机总线接口和打印接口。

与热电偶配套的仪表外形及接线图如图9-12所示。

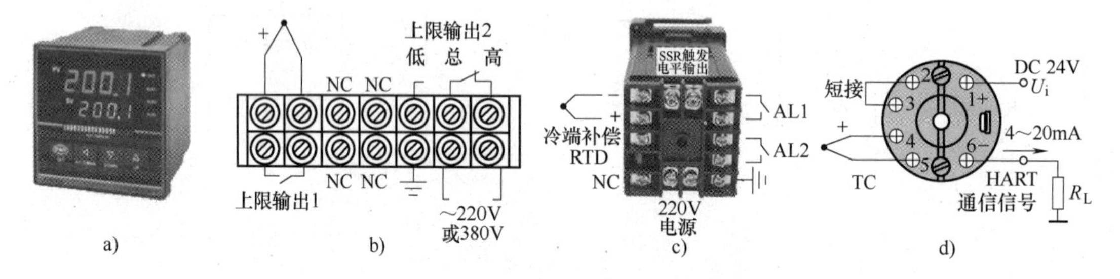

图9-12　与热电偶配套的仪表外形及接线图

a）XMT型仪表面板　b）XMT型仪表背面接线端子

c）XMT800智能PID温控仪背面接线端子　d）STT两线制智能温度变送器接线图

图9-12b右上角的三个接线端子为“上限输出2”的三个触点，从左到右依次为：仪表内继电器的常开（动合）触点、动触点和常闭（动断）触点。当被测温度低于设定的上限值时，“高-总”端子接通，“低-总”端子断开；当被测温度达到上限值时，“低-总”端子接通，而“高-总”端子断开。“高”“总”“低”三个输出端子在外部通过适当连接，能起到控温或报警作用。“上限输出1”的两个触点还可用于控制其他电路，如鼓风机、电加热器等。

图9-12c上方中间的两个接线端子能够产生固态继电器SSR的过零触发信号。在工业中，目前多使用DCS、FCS等设备来更好地控制温度。

9.6.2　热电偶的应用

1. 管道温度的测量

为了使管道的气流充分与热电偶产生热交换，装配式热电偶应尽可能垂直向下插入管道中。装配式热电偶在管道中的安装方法如图9-13所示，也可以采用图9-9的斜插法。

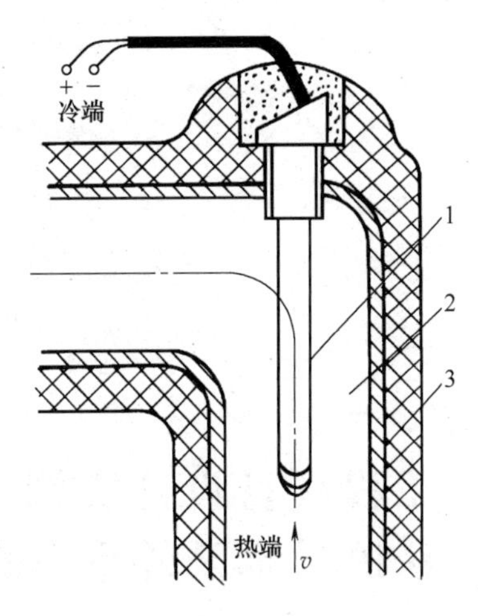

图9-13 装配式热电偶在管道中的安装方法
1—热电偶 2—管道 3—绝热层

2. 金属表面温度的测量

在机械、冶金、能源、国防等部门，经常涉及金属表面温度的测量。例如，热处理工作中锻件、铸件以及各种余热利用的热交换器表面、蒸气管道、炉壁面等表面温度的测量。根据对象特点，测温范围从摄氏几百度到一千多度，而测量方法通常采用直接接触测温法。

直接接触测温法是指采用各种型号及规格的热电偶（视温度范围而定），用黏接剂或焊接的方法，将热电偶与被测金属表面（或去掉表面后的浅槽）直接接触，然后把热电偶接到显示仪表上组成测温系统。

图9-14所示的是适合不同壁面的热电偶使用方式。如果金属壁比较薄，可用耐高温胶合物将热电偶丝粘贴在被测元件表面，如图9-14a所示。为减少误差，在紧靠测量端的地方应加足够长的保温材料保温。

对于硬质壁面（例如钨钢），可用激光加工一个斜孔，从斜孔内插入如图9-14b所示；图9-14c示出了利用电动机起吊螺孔，将热电偶从孔槽内插入的方法。

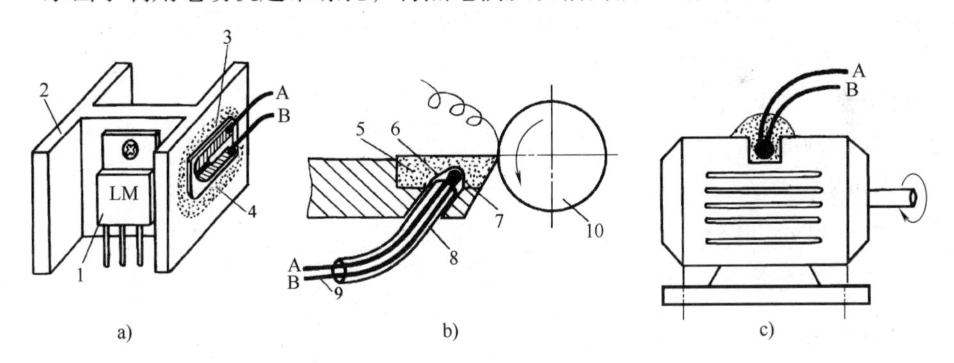

图9-14 适合不同壁面的热电偶及使用方式
a）将热电偶丝或薄膜热电偶粘贴在被测元件表面 b）将铠装热电偶的测量端从斜孔内插入 c）测量端从原有的孔内插入
1—功率元件 2—散热片 3—薄膜热电偶 4—绝热保护层 5—车刀 6—激光加工的斜孔
7—露头式铠装热电偶测量端 8—薄壁金属保护套管 9—冷端 10—工件

WREM、WRNM型表面热电偶专供测量0～800℃范围内各种不同形状固体的表面温度，常作为锻造、热压、局部加热、电机轴瓦、塑料注射机、金属淬火、模具加工等现场测温的有效工具。表面热电偶的外形如图9-15a所示。使用时，将表面热电偶的热端紧压在被测物体表面，待热平衡后读取温度数据。表面热电偶的冷端插头材料与对应的补偿导线的材料相同，不影响测量结果，但要注意插头与插座的正负极不要接反。图9-8中的接线盒1也经常采用图9-15b所示的热电偶插头插座代替。

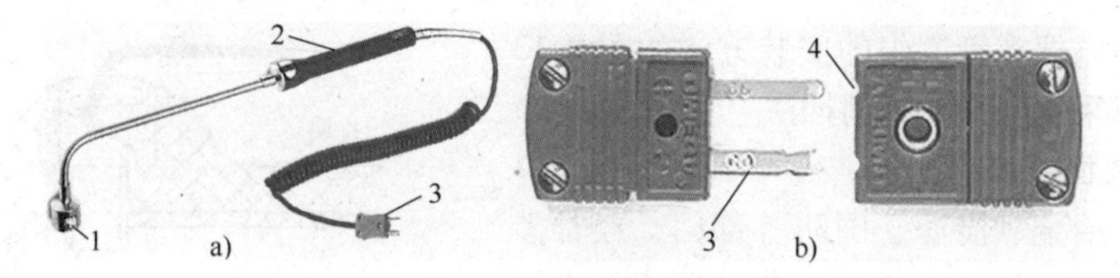

图9-15 表面热电偶外形及热电偶插头插座

a）表面热电偶外形 b）热电偶插头插座

1—热端 2—握柄 3—冷端插头 4—冷端插座

9.7 工程项目设计实例——热电偶在热力学法测量水泵效率中的应用

9.7 拓展阅读资料

9.7.1 项目来源及技术指标

水泵能将动力机械（多数为电动机）输入的机械能传递给所输送的液体，使液体的能量（位能、压能或动能）增加。水泵效率是指水泵的输出功率和水泵轴功率（即水泵输入功率）之比。水泵动力轴输入的机械能量只有一部分转变成水的动能和势能，还有一部分转化为热能。目前国内各类水泵的耗电量约占全国发电量的20%左右，水泵的节能降耗是提高企业经济效益的重要途径之一[22]。

某抽水泵站希望对该站的一台水泵进行效率测量，以制定调速方案，进而实现节能的目的。被测水泵及测量技术指标如下：

电动机功率：100kW；

水泵流量：800m^3/h；

扬程：30m；

水泵效率：60%~80%；

效率测量误差：3%。

9.7.2 设计步骤

1. 方案选择

水泵效率测量方法有多种，下面给予分析和比较。

方案一 水力学法：该测试方法需要测量出水泵的扬程、流量、轴功率（电动机输入到水泵的功率）等主要参数，然后根据式（9-8）计算出水泵效率为

$$\eta = \frac{\rho q_V h}{102 P_i} \times 100\% \tag{9-8}$$

式中 ρ——被输送的液体的密度（kg/L）；

q_V——水泵的体积流量（L/s）；

h——水泵的扬程（m）；

P_i——水泵轴的输入机械功率（W）。

由于水泵工作现场条件的限制，流量、轴功率的测量相当繁杂，影响测试准确度的因素

较多，故很难测准。

方案二　热力学法：利用热力学方法测量水泵的效率时，不需要测量水泵的流量和轴功率，只需测量出水泵的进、出口之间的压力差和温度差，就可以根据热力学原理，方便、准确地确定水泵的效率。国内外已经将热力学测试方法作为水轮机和水泵的标准验收方法之一。本项目选用热力学法。

2. 热力学法测量水泵效率的原理[23]

根据热力学原理，水泵的叶轮旋转对流体（此处讨论的介质为水）做功时，除了使水获得有用功率之外，还由于各种因素造成能量损失。例如，水在水泵中流动时，存在着摩擦、冲击、涡流、紊流、边界摩擦剪力等，使一部分机械能转化为热能，水的温度必然升高。这些因素造成水泵进、出口水温产生温差。因此只需测出泵进、出口的温差和压力，即可求得水泵的效率。这种方法的基本依据就是能量守恒定律。从原理上看，热力学法测量的是占总能量中比例较小的“损失项”，而水力学方法测量的是占总能量中比例较大的“有用项”，所以热力学法测量结果的准确度比水力学方法高。

由于水泵进、出口处的水温之差较小，通常不会超过10℃，若分别使用两个传感器分别测出水泵进、出口处的水温，再做减法，可能造成很大的误差。故须采用测量温度差的方法来直接得到Δt。

测量温度差的方法很多，可以使用贝克曼差式温度计（刻度范围0～5℃，最小分度值0.01℃）[24]、石英晶体温度计（又称频率温度计，利用晶体谐振频率与温度的关系而制成的温度计，分辨力可达0.001℃）[25]、双铂热电阻电桥和双热电偶法等。由于热电偶属于自发电型传感器，可以将两根同型号、同批次的热电偶反向串联，两者的热电动势得到抵消[26]，ΔE基本上与温差Δt成正比，而与电缆、接线端子的电阻无关。利用热电偶传感器测量水泵效率的原理图如图9-16所示。

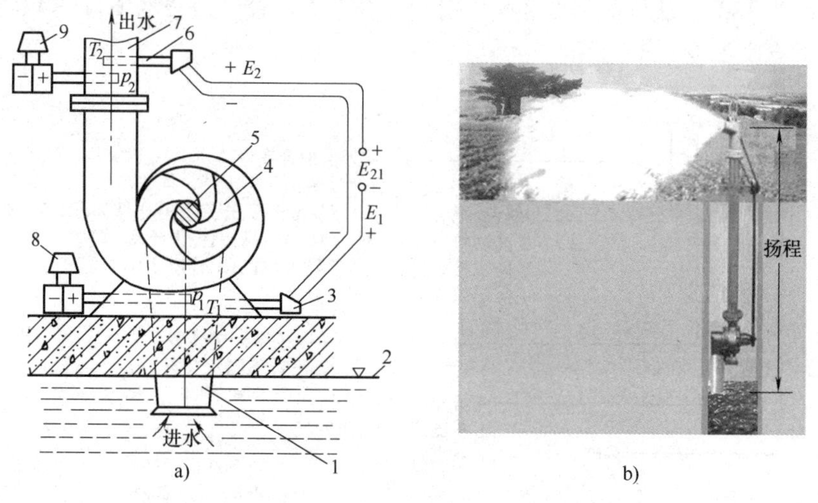

图9-16　利用热电偶传感器测量水泵效率的原理图

a）原理　b）抽水泵示意图

1—吸水管　2—水面　3—进水口热电偶　4—叶轮　5—动力轴　6—出水口热电偶
7—压水管　8—进水口压力传感器　9—出水口压力传感器

在图9-16中，将两根同型号的热电偶分别安装在进水口和出水口处，它们的输出反向串联，其热电动势之差 E_{21}（即 E_2-E_1）与出、进水口的温差成正比。计算机根据 E_{21}，查所选热电偶型号的分度表（还需参考进水口热电偶自身的温度值 t_1）得到温差值 Δt 的近似值。再根据热力学公式，就可以计算出水泵的效率 η。计算水泵效率的热力学方程有多种，式（9-9）是考虑到水流泄漏和轴承摩擦力等因素之后的一个近似公式

$$\eta \approx \frac{\alpha \Delta p}{1.02(\beta \Delta p + c_p \Delta t)} \times 100\% \tag{9-9}$$

式中 α——水的比容（m^3/kg）；

β——水的压缩系数（m^3/kg）；

c_p——水的比热容（J/kg·K）；

Δp——水泵进、出口处的水压之差（Pa）；

Δt——水泵进、出口处的水温之差（K）。

由式（9-9）可知，水泵进、出水口处的水温之差 Δt 越大，该水泵的效率就越低。式（9-9）中的 Δp 与扬程有关。工程中常采用兆帕（MPa）来作为扬程的指标。1MPa 大约相当于102m 的扬程。压力传感器可选用第5.4节介绍的电容式压力变送器。

3. 热电偶的选择

热电偶的种类很多，可从表9-3列出的8种标准化通用热电偶中选择。选择的依据是测温范围、灵敏度和稳定性等参数。在8种标准化通用热电偶中，灵敏度最高的是E型热电偶。E型热电偶在100℃时的热电动势较大，为6.319mV，较适合本项目的要求。

E型热电偶又有装配式和铠装式之分。装配式具有安装法兰，不易漏水，比较适合本项目。装配式热电偶的热响应时间较长，应选择保护管直径较细的规格，以减小水温波动的影响。可根据水泵的扬程、测试时间的要求，选择不同的型号。例如，ϕ16mm 装配式热电偶的热响应时间为180s，从机械强度和响应时间综合考虑，较为适合本项目。WR系列装配式热电偶型号的含义如图9-17所示。

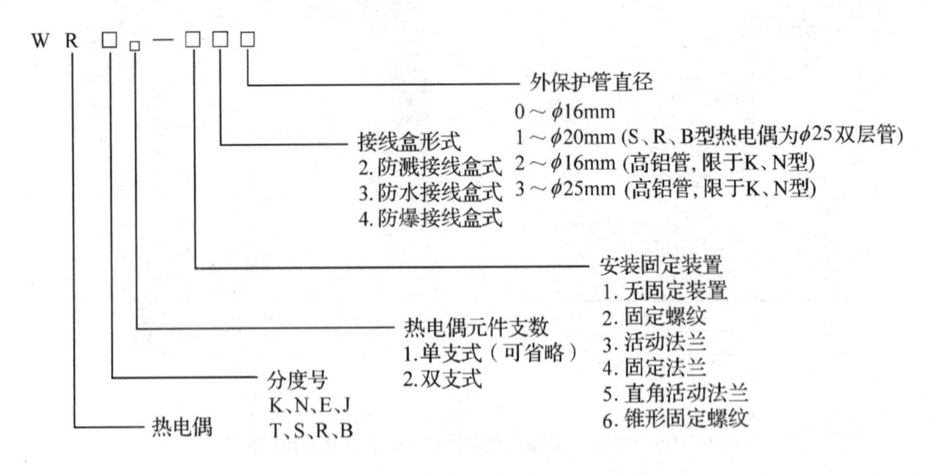

图9-17 WR系列装配式热电偶型号的含义

4. 放大器的设计

设泵的扬程为30m，被测水温初始值为10～100℃，被测水泵的效率在60%～80%之间，

若希望测量误差不超过2.5%，由有关的热力学方程可以算得，测温误差不应超过0.2℃。

一般情况下，设最大温差 Δt 为10℃，则两根E型热电偶的输出电动势之差约为0.591mV。0.2℃的测温误差相当于11.82μV。若计算机选用12位ADC（5V时的满度输出为 2^{12}），它的分辨力为1.22mV，则放大倍数最小值应为

$$K=\frac{5000\text{mV}/2^{12}}{(0.591\text{mV}/10)\times 0.2}=103.3 \tag{9-10}$$

考虑到抗干扰等因素，根据长期测试经验，将放大器的放大倍数取式（9-10）的计算结果的4倍（目的是为了提高分辨力，但测量准确度不会提高），为413倍（应选用低温漂的仪表放大器，见图12-32），则0.2℃的测温误差相当于4.88mV。

由于工业现场存在大量的电磁干扰，所以必须选用隔离式放大器，具体电路原理见第12.4节。

9.7.3 系统调试

（1）调零　当进、出水口处的温差为零时，放大器的输出电压必须为零。由于热电偶不完全对称等原因，将导致放大器的输出不为零。调零时，将两根良好接地的不锈钢E型装配式热电偶插入盛有温水（40℃左右）的大型保温桶中，静候20min。待不锈钢保护管中的热电偶达到热平衡后，调节放大器的调零电位器，使放大器的输出电压等于零。

将水温缓慢升高到100℃，放大器的输出电压必须始终为零。若偏差超过2mV，应更换其中的一根热电偶，重新进行配对。若发现无法配对，应另选热电偶生产商。

（2）调满度　将上述两根热电偶分别插入两个盛有40℃和50℃温水（用同一根0.1℃刻度的水银玻璃温度计校准）的保温桶中，静候20min。调节放大器的调满度电位器，使放大器的输出电压等于244.0mV（不必考虑热电偶的冷端温度）。

（3）获取“热电动势差值/温度（$\Delta E/\Delta t$）修正系数”　将第一个保温桶的水温缓慢（1.0℃/h）上升，第二个保温桶的水温保持不变，测量放大器的输出电压的变化。水温每增加1.0℃，输出电压应增加24.4mV。如果发现偏差，记录该差值，为计算机的 $\Delta E/\Delta t$ 修正子程序提供修正系数。

9.7.4 误差分析

1）热力学法测量水泵效率简便易行，但水泵出口与入口的温差 Δt 很小，对于高压水泵，Δt 约4～10℃；对常温常压水泵则更小。若要保证效率测量的误差不超过1%，当水温为20℃、泵扬程为3MPa时，最大允许温差测量的误差为0.05℃。因此，热力学法的主要误差由泵出入口微小温差测量的准确度决定。

2）热电偶的分度表是热电偶的冷端为0℃时，热电动势与温度的对照表。本项目中，依据两根热电偶的输出热电动势之差，直接查分度表，这在理论上是有缺陷的，必须依赖实验数据来修正测量结果。

3）热力学测量水泵效率的理论方程忽略了许多实际影响因素，故还需进一步完善其数学模型，对不同的测量对象给出不同的修正系数。

思考题与习题

9-1 单项选择题

1）两端密闭的弹簧管（又称波登管，Bourdon Tube，参见图1-8）中的气体温度升高后，气体对容器内壁的压强随之增大，弹簧管的截面趋向于圆形，截面的短轴力图伸长，长轴缩短。截面形状的改变导致弹簧管趋向伸直，一直到与压力的作用相平衡为止使弹簧管撑直，从而可用于测量温度。从微观上分析，弹簧管内部压强随温度升高的原因是＿＿＿＿＿＿。

A. 气体分子的无规则运动加剧，撞击容器内壁的能量增大

B. 气体分子的直径增大

C. 气体分子之间的排斥力增大

D. 气体中产生自由电子

2）正常人的体温为37℃，则此时的华氏温度约为＿＿＿＿，热力学温度约为＿＿＿＿。

A. 32℉，100K　B. 99℉，236K　C. 99℉，310K　D. 37℉，310K

3）＿＿＿＿的数值越大，热电偶的输出热电动势就越大。

A. 热端直径　B. 热端和冷端的温度　C. 热端和冷端的温差　D. 热电极的电导率

4）测量钢水的温度，最好选择耐高温的＿＿＿＿型热电偶；测量钢退火炉的温度，最好选择＿＿＿＿型热电偶；测量汽轮机高压蒸气（200℃左右）的温度，且希望灵敏度高一些，选择＿＿＿＿型热电偶为宜。

A. J　B. B　C. E　D. K

5）测量CPU散热片的温度应选用＿＿＿＿式的热电偶；测量锅炉烟道中的烟气温度，应选用＿＿＿＿式的热电偶；测量100m深的岩石钻孔中的温度，应选用＿＿＿＿式的热电偶。

A. 装配　B. 铠装　C. 薄膜　D. 热电堆

6）镍铬-镍硅热电偶的分度号为＿＿＿＿，铂铑13-铂热电偶的分度号是＿＿＿＿，铂铑30-铂铑6热电偶的分度号是＿＿＿＿。

A. R　B. B　C. S　D. K

7）在热电偶测温回路中经常使用补偿导线的最主要的目的是＿＿＿＿。

A. 补偿热电偶冷端热电动势的损失　B. 起冷端温度补偿作用

C. 将热电偶冷端延长到远离高温区的地方　D. 提高灵敏度

8）在图9-8中，热电偶新的冷端在＿＿＿＿。

A. 温度为t处　B. 温度为t_n处　C. 温度为t_0处（T_0处）　D. 毫伏表接线端子上

9）在实验室中测量金属的熔点时，冷端温度补偿采用＿＿＿＿，可减小测量误差；而在车间，用带微处理器的数字式测温仪表测量炉膛的温度时，应采用＿＿＿＿较为妥当。

A. 计算修正法　B. 仪表机械零点调整法

C. 冰浴法　D. 冷端补偿器法（电桥补偿法）

9-2 在炼钢厂中，按照YB163/T-2008《消耗型快速热电偶》行业标准，可以直接将廉价热电极（易耗品，例如镍铬、镍硅热偶丝，时间稍长即损坏）插入钢水中测量钢水的温度[27]，如图9-18所示。试说明：

1）为什么不必将工作端焊在一起？如果被测物不是钢水，而是熔化的塑料行吗？2）要满足哪些条件才不影响测量准确度？采用上述方法是利用了热电偶的什么定律？3）可以将A、B的测量端磨尖，直接紧紧地接触炽热钢板的表面，从而测量钢板的表面温度。这是利用了热电偶的什么定律？

9-3 用镍铬-镍硅K型热电偶测量退火炉内部温度，已知冷端温度t_0为40℃，用高准确度毫伏表测得这时的热电动势为29.186mV，求被测点温度t。

9-4 图9-19所示为镍铬-镍硅热电偶测温电路，热电极A、B直接焊接在钢板上（V形焊接），A′、B′

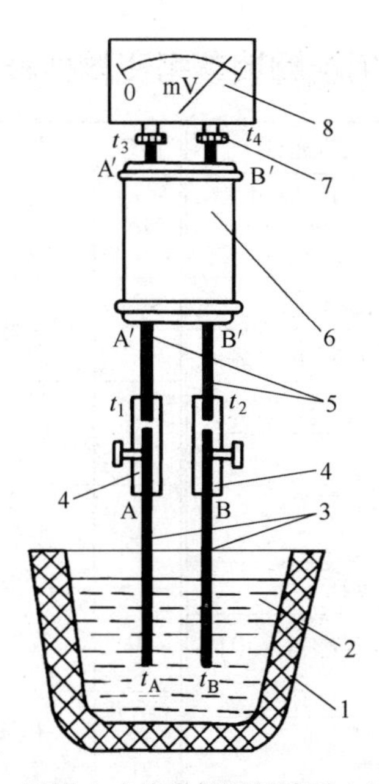

图9-18　用浸入式热电偶测量熔融金属示意图

1—钢水包　2—钢熔融体　3—热电极 A、B　4、7—补偿导线接线柱
5—补偿导线　6—保护管　8—毫伏表

为补偿导线，Cu 为铜导线，已知接线盒 1 的温度 $t_1=40.0℃$，冰水温度 $t_2=0.0℃$，接线盒 2 的温度 $t_3=20.0℃$。求：

1）当 $U_x=39.314\text{mV}$ 时，计算被测点温度 t_x；2）如果 A′、B′换成铜导线，此时 $U_x=37.702\text{mV}$，再求 t_x；3）直接将热电极 A、B 焊接在钢板上时，t_x 与 t_x'哪一个略大一些？为什么？如何减小这一误差？

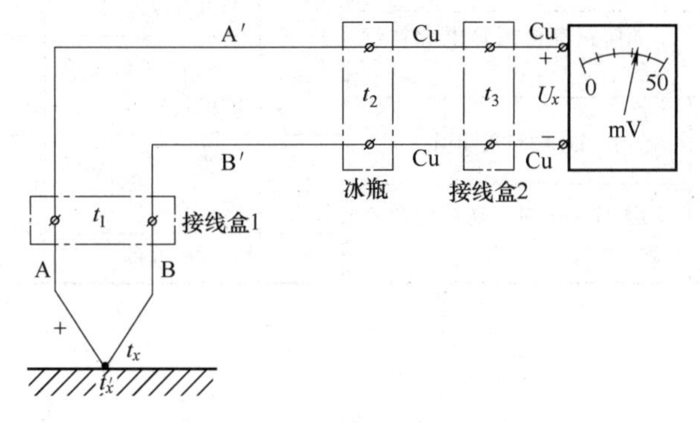

图9-19　采用补偿导线的镍铬-镍硅热电偶测温示意图

9-5　请上网查阅能够用于热电偶冷端温度补偿的集成温度传感器的资料，写出其中一种的主要特性。

9-6　请到商店观察符合国家标准的煤气灶，并上网查阅有关资料，说明煤气灶熄火保护装置的基本原理。

9-7　请上网查阅装配式热电偶的资料，写出其中一个型号的主要结构、性能指标和使用方法。

9-8　请上网查阅有关蓄能水电站的资料，说明如何利用热力学法对可逆式水泵水轮机进行现场效率试验。

拓展阅读参考资料列表

序号	作　　者	拓展阅读文章题目
1	百度百科	温度
2	百度百科	温标
3	仪表展览网	ITS-90 国际温标
4	国家质量监督检验检疫总局	我国推行“1990 年国际温标”实施办法
5	哈尔滨同济自动化装备成套有限公司	气体膨胀温度计
6	百度百科	双金属片温度计
7	北京赛亿凌科技有限公司	热电偶温度传感器（中间导体定律）
8	上海维连电子科技有限公司	热电偶的种类
9	江苏省苏科仪表有限公司	装配式热电偶
10	百度百科	铠装热电偶
11	黄吕权，李付国，等	薄膜热电偶
12	百度百科	补偿导线
13	施建政，林松	如何正确使用热电偶补偿导线
14	云南希博特科技有限公司	热电偶补偿导线知识
15	张新安	用 AD590 制作高精度数字温度计
16	王景景	基于 LM35 的温度测量系统
17	王明英	温度传感器 DS18B20 的应用
18	电子工程专辑	美国国家半导体温度传感器的应用
19	李平，李亚荣	基于 MAX6675 的温度控制器设计
20	流量计信息网	热电偶的实际应用和配套仪表
21	上海涌纬自控成套设备有限公司	XMZ/XMT 系列数字式显示调节仪
22	崔金玲，曾香梅，等	泵效率对电能消耗的影响
23	李春曦，安连锁，等	热力学方法测量泵效率的研究进展
24	北京中世远达商贸有限公司	数字式贝克曼温度计
25	哈尔滨龙成智能仪表公司	石英晶体温度仪
26	朱之轮，谢再金，等	乳腺癌诊断仪
27	百度百科	快速热电偶

第10章

光电传感器

两千多年前，人类已了解到光的直线传播特性。1860 年，英国物理学家麦克斯韦建立了电磁理论，认识到光是一种电磁波。光的波动学说很好地说明了光的反射、折射、干涉、衍射、偏振等现象，但是仍然不能解释物质对光的吸收、散射和光电子发射等现象。1900 年，德国物理学家普朗克提出了量子学说[1]，认为任何物质发射或吸收的能量是一个最小能量单位（称为量子）的整数倍。1887 年赫兹发现了光电效应。1905 年，德国物理学家爱因斯坦用光量子学说解释了光电发射效应[2]。1916 年，美国科学家密立根通过精密的定量实验，证明了爱因斯坦对光电效应的理论解释，从而也证明了光量子理论。

爱因斯坦认为，光是由光子组成，每一个光子具有的能量 E 正比于光的频率 f，即 $E=hf$（h 为普朗克常数），光子的频率越高（即波长越短），光子的能量就越大。爱因斯坦确立了光的波动-粒子两重性质，并为实验所证明。

光电传感器（Photo-electric Transducer）是将光信号转换为电信号的一种传感器。使用光电传感器测量其他非电量（如转速、浊度等）时，只要将这些非电量转换为光信号的变化即可。光电检测法具有反应速度快、非接触等优点。本章介绍光电效应、光电元件的结构、工作原理、特性以及测量电路，着重介绍光电传感器的各种应用。

10.1 光电效应及光电元件

10.1 拓展阅读资料

光电传感器的理论基础是光电效应[3]。用光照射某一物体，可以看作物体受到一连串能量为 hf 的光子的轰击，组成这物体的材料吸收光子能量而发生相应电效应的物理现象称为光电效应（Photo-electric Effect）。通常把光电效应分为三类：

1）在光线的作用下能使电子逸出物体表面的现象称为外光电效应，基于外光电效应的光电元件有光电管和光电倍增管等。

2）在光线的作用下能使物体的导电能力改变的现象称为内光电效应，也称为光电导效应。基于内光电效应的光电元件有光敏电阻、光敏二极管、光敏晶体管及光敏晶闸管等。

3）在光线的作用下半导体材料产生一定方向电动势的现象称为光生伏特效应。基于光生伏特效应的光电元件有光电池等。

第一类光电元件属于玻璃真空管元件，第二、三类属于半导体元件。

10.1.1 基于外光电效应的光电元件

光电管（Phototube）属于外光电效应的光电元件，如图10-1所示。金属阳极A和阴极K封装在一个石英玻璃壳内，当入射光照射在阴极板上时，光子的能量传递给阴极表面的电子，当电子获得的能量足够大时，电子就可以克服金属表面对它的束缚（称为逸出功）而逸出金属表面，形成电子发射，这种电子俗称为“光电子”。电子逸出金属表面的速度 v 可由能量守恒定律确定

$$\frac{1}{2}mv^2 = hf - W \qquad (10\text{-}1)$$

式中 m——电子质量；

W——金属光电阴极材料的逸出功；

f——入射光的频率。

式（10-1）即为著名的爱因斯坦光电方程，它揭示了光电效应的本质。由于逸出功与材料的性质有关，当材料选定后，要使金属表面有电子逸出，入射光的频率 f 应有一最低的限度值。当 hf 小于 W 时，即使光通量很大，照射时间很长，也不可能有电子逸出，这个最低限度的频率称为红限[4]（Long Wavelength Threshold）。

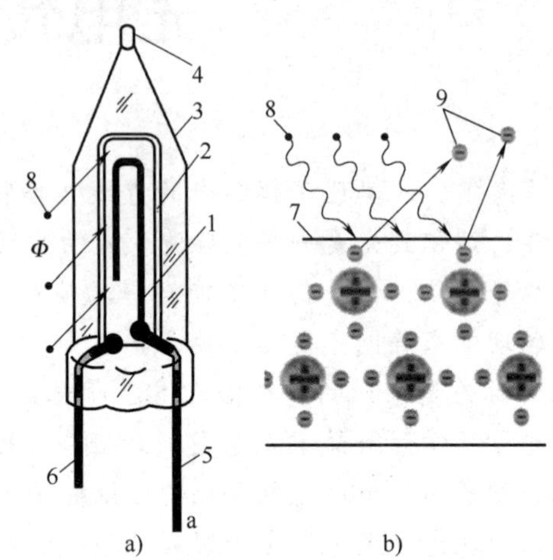

图10-1 光电管及外光电效应示意图

a）光电管 b）外光电效应示意图

1—阳极A 2—阴极K 3—石英玻璃外壳 4—抽气管蒂 5—阳极引脚 6—阴极引脚 7—金属表面 8—光子 9—光致发射电子

不同物质相应的红限波长 λ 是不同的。在光电技术中，经常使用光的波长，而不是光的频率。光的波长 λ 与光的频率 f、光速 c 之间的关系为 $\lambda = c/f$，$c \approx 3 \times 10^8 \text{m/s}$。几种金属材料的红限波长如表10-1所示。

表10-1 几种金属材料的红限波长

金属	铯	钠	锌	银	铂
红限波长/μm	0.652	0.540	0.372	0.260	0.196

当 hf 大于 W 时，光通量越大，撞击到阴极的光子数目也越多，逸出的电子数目也越多，光电流 I_Φ 就越大。

当光电管阳极加上适当电压（几伏至数十伏，视不同型号而定）时，从阴极表面逸出的电子被具有正电压的阳极所吸引，在光电管中形成电流，简称为光电流。光电流 I_Φ 正比于光电子数，而光电子数又正比于光照度。

由于材料的逸出功不同，所以不同材料的光电阴极对不同频率的入射光有不同的灵敏度，光电管符号及测量电路如图10-2所示。目前紫外光电管在工业检测中多用于紫外线测量、火焰监测[5]等，可见光较难引起光电子的发射。

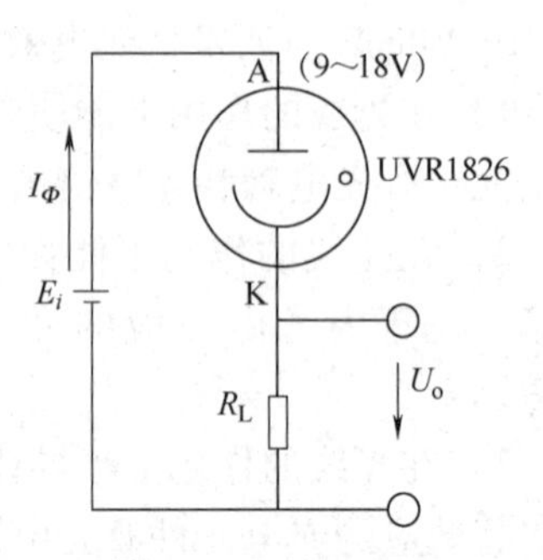

图10-2 光电管符号及测量电路

外光电效应的典型元器件还有光电倍增管[6]（PMT）。它的灵敏度比上述光电管高出几万倍，在星光下就可以产生可观的电流，光通量在10^{-14}～10^{-6}lm（流明）的很大变化区间里，其输出电流均能保持线性，因此可用于微光测量，如探测高能射线产生的辉光等。但由于光电倍增管是玻璃真空器件，体积大、易破碎，工作电压高达上千伏，所以目前已逐渐被新型半导体光敏元件所取代。

10.1.2　基于内光电效应的光电元件

1. 光敏电阻

（1）光敏电阻[7]（Photoresistor）的工作原理　在半导体光敏材料两端装上电极引线，将其封装在带有透明窗的管壳里就构成光敏电阻，如图10-3a所示。光敏电阻的工作原理是基于内光电效应。为了增加接触面积，从而提高灵敏度，左右两个电极常做成梳状，如图10-3b所示，图形符号如图10-3c所示。

构成光敏电阻的材料有金属的硫化物（CdS）、硒化物、碲化物等半导体。半导体的导电能力取决于半导体载流子数目的多少。当光敏电阻受到光照时，若光子能量hf大于该半导体材料的禁带宽度[8]，则价带中的电子吸收光子能量后，跃迁到导带，成为自由电子，同时产生空穴，电子-空穴对的出现使电阻率变小。光照越强，光生电子-空穴对就越多，阻值就越低。入射光消失，电子-空穴对逐渐复合，电阻也逐渐恢复原值。

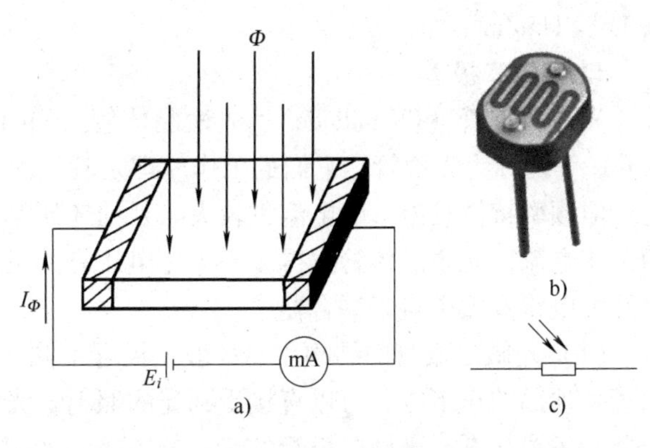

图10-3　光敏电阻
a）原理图　b）外形图　c）图形符号

（2）光敏电阻的特性和参数

1）暗电阻：置于室温、全暗条件下测得的稳定电阻值称为暗电阻，通常大于1MΩ。光敏电阻受温度影响甚大，温度上升，暗电阻减小，暗电流增大，灵敏度下降，这是光敏电阻的一大缺点。

2）光电特性：在光敏电阻两极电压固定不变时，光照度与电阻及电流间的关系称为光电特性。某型号光敏电阻的光电特性如图10-4所示。

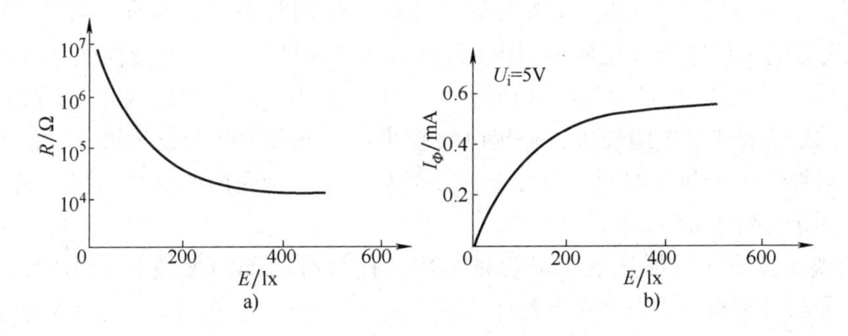

图10-4　某型号光敏电阻的光电特性
a）光照/电阻特性　b）光照/电流特性

从图中可以看到，当光照度大于 100 lx 时，它的光电特性非线性就十分严重了。而 150 lx是教育部门要求学校课堂桌面所必须达到的标准照度[9]。由于光敏电阻光电特性为非线性，所以不能用于光的精密测量，只能用于定性地判断有无光照，或光照度是否大于某一设定值，可作为照相机的测光元件。

3）响应时间：光敏电阻受光照后，光电流需要经过一段时间（上升时间）才能达到其稳定值。同样，在停止光照后，光电流也需要经过一段时间（下降时间）才能恢复到其暗电流值，这就是光敏电阻的时延特性。光敏电阻的上升响应时间和下降响应时间约为 $10^{-2}\sim10^{-3}$s，可见光敏电阻不能用于要求快速响应的场合。

4）关于照度：在图 10-4 的光电特性曲线中，光敏电阻的输入信号为光照度 E，单位是 lx（勒克斯）[10]。光度学中常用的单位还有流明（lm）[11]，它是光通量 Φ 的单位。它与人的眼睛感觉到的光强有关，也与光的波长（颜色）有关。所有的灯具都以流明来表示输出光通量的大小。若受照面积为 A，所接收的光通量[12]为 Φ，则照度被定义为 $E=\mathrm{d}\Phi/\mathrm{d}A$，所以 $1\mathrm{lx}=1\mathrm{lm/m^2}$。

2. 光敏二极管

光敏二极管（Photodiode）、光敏晶体管（Phototransistor）、光敏晶闸管（Photosensitive, SCR）等统称为光敏管，它们的工作原理是基于内光电效应。光敏晶体管的灵敏度比二极管高，但频率特性较差，暗电流也较大。目前还研制出可由强光照触发导通的光敏晶闸管，它的工作电流比光敏晶体管大得多，工作电压有的可达数百伏，因此输出功率大，主要用于光控开关电路及大电流光耦合器中。

（1）光敏二极管的结构　与一般二极管不同之处在于：光敏二极管的 PN 结被设置在透明管壳顶部的正下方，可以直接受到光的照射。光敏二极管如图 10-5c 所示，它在电路中处于反向偏置状态，光敏二极管的反向偏置接法如图 10-6 所示。

（2）工作原理　在没有光照时，由于二极管反向偏置，所以反向电流很小，这时的电流称为暗电流，相当于普通二极管的反向饱和漏电流。当光照射在光敏二极管的 PN 结（又称耗尽层）上时，在 PN 结中产生的电子-空穴对数量也随之增加，光电流也相应增大，光电流与照度成正比。

（3）特殊光敏二极管　目前研制出的几种新型的特殊光敏二极管，各自在某个应用领域具有优异的特性。

PIN 光敏二极管[13]是在 P 区和 N 区之间插入一层较厚的 I 本征半导体层，从而使 PN 结的间距加宽，结电容变小。因此，PIN 光敏二极管的使用频带可以较高，可达 GHz 数量级。PIN 光敏二极管的工作电压（反向偏置电压）可达 100V 左右，光电转换效率较高，灵敏度比普通的光敏二极管高得多。特殊结构的 PIN 二极管可用于测量紫外线[14]和光纤通信。PIN 光敏二极管的缺点是 I 层电阻较大，输出电流较小，一般多为微安数量级。目前有将 PIN 二极管与前置运算放大器集成在同一硅片上，并封装于一个管壳内的商品出售，输出信号得以增大，可以用于光纤通信。

APD 光敏二极管（雪崩光敏二极管）[15]是一种具有内部倍增放大作用的光敏二极管。当有一个光子从外部射入到其 PN 结上时，将产生一个电子-空穴对。由于 PN 结上施加了较高的工作电压（约 100～200V），接近于反向击穿电压，PN 结中的电场强度可达 10^4V/mm 数量级，因此能将光子所产生的光电子加速到具有很高的动能，撞击其他原子，产生新的电

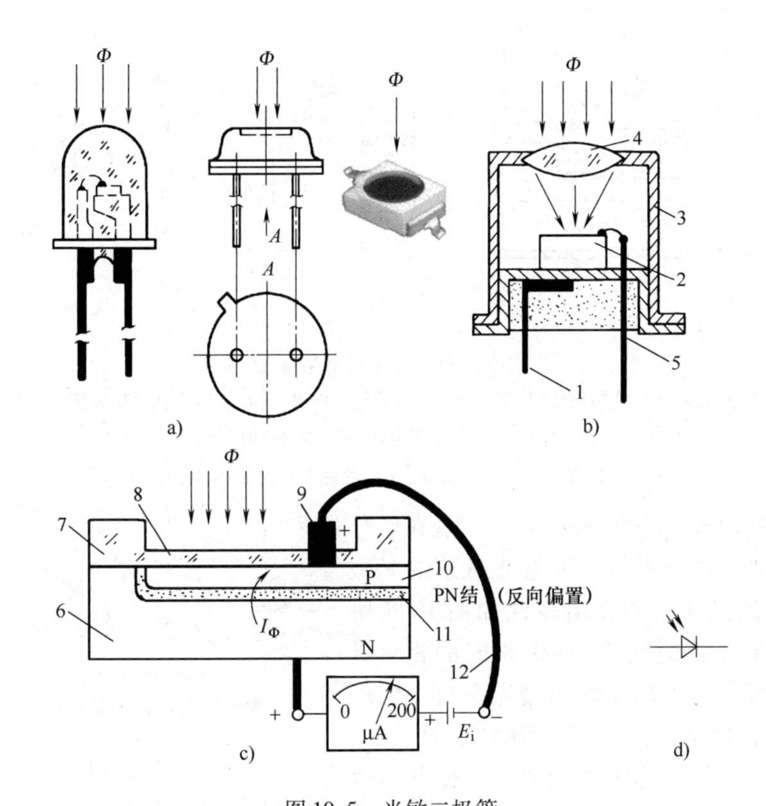

图 10-5 光敏二极管

a）外形图 b）封装结构 c）管芯结构 d）图形符号

1—负极引脚 2—管芯 3—外壳 4—玻璃聚光镜 5—正极引脚 6—N型衬底 7—SiO_2保护圈 8—SiO_2透明保护层 9—铝引出电极 10—P型扩散层 11—耗尽层 12—金丝引出线

子空穴对。如此多次碰撞，以致最终造成载流子按几何级数剧增的“雪崩”效应，形成对原始光电流的放大作用，增益可达几千倍。雪崩产生和恢复所需的时间可小于1ns，适用于微光信号检测。噪声大是这种APD光敏二极管的一个主要缺点。

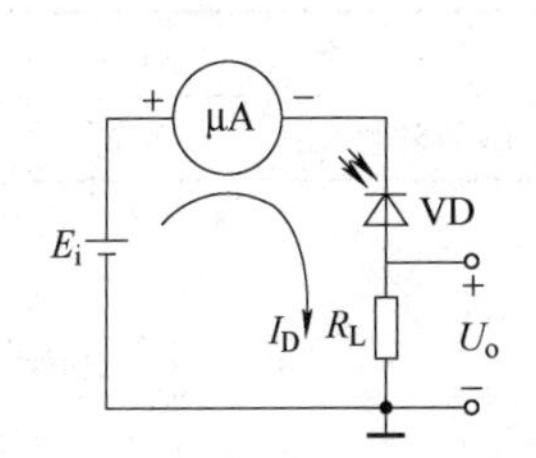

图 10-6 光敏二极管的反向偏置接法

3. 光敏晶体管

光敏晶体管也称为光敏三极管，有两个PN结。与普通晶体管相似，也有电流增益。NPN型光敏晶体管的示意图如图10-7所示。多数光敏晶体管的基极没有引出线，只有正负（C、E）两个引脚，所以其外形与光敏二极管相似，从外观上很难区别。

光线通过透明窗口落在基区及集电结上，当电路按图10-7c所标示的电压极性连接时，集电结反偏，发射结正偏。当入射光子在集电结附近产生电子-空穴对时，与普通晶体管的电流增益作用相似，集电极电流I_C是原始光电流的β倍，因此光敏晶体管比二极管的灵敏度高几十倍。

4. 光敏二极管和光敏晶体管的特性

（1）光谱特性 不同材料的光敏晶体管对不同波长的入射光的灵敏度是不同的，即使是同一材料（如硅光敏晶体管），控制PN结的制造工艺，也能得到不同的光谱特性。例如，

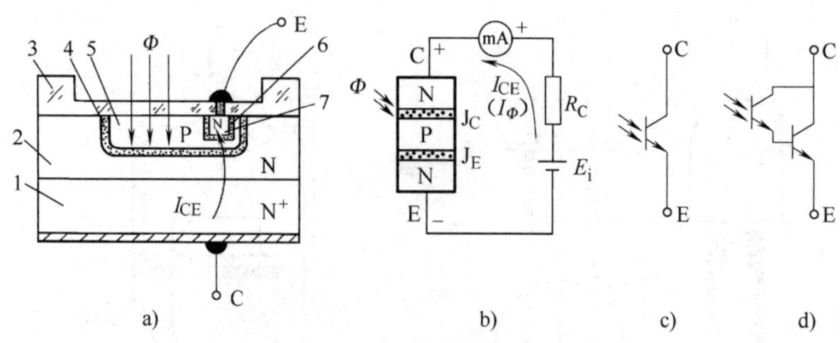

图 10-7 NPN 光敏晶体管示意图

a）管芯结构 b）结构简化图 c）光敏晶体管图形符号 d）光敏达林顿晶体管图形符号

1—N^+ 衬底 2—N 型集电区 3—透光 SiO_2 保护圈

4—集电结 J_C 5—P 型基区 6—发射结 J_E 7—N 型发射区

硅光敏元件的峰值波长为 0.8μm 左右。现在已分别制出对红外光、可见光直至蓝紫光敏感的光敏晶体管[16]，光敏晶体管的光谱特性如图 10-8 所示。K_r 表示相对于峰值波长为 100% 时的相对灵敏度。有时还可在光敏晶体管的透光窗口上配以不同颜色的滤光玻璃，以达到光谱修正的目的，使光谱响应峰值波长根据需要而改变，据此可以制作色彩传感器。目前已研制出的几种光敏材料光谱波长如表 10-2 所示，广义电磁波谱（波长的大致分布）如图 10-9 所示。

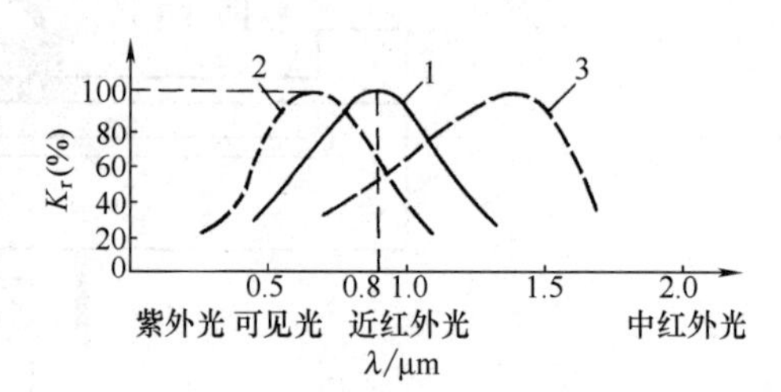

图 10-8 光敏晶体管的光谱特性

1—常规工艺硅光敏晶体管的光谱特性

2—滤光玻璃引起的光谱特性紫偏移

3—滤光玻璃引起的光谱特性红偏移

表 10-2 几种光敏材料的光谱峰值波长

材料名称	GaAsP	GaAs	Si	HgCdTe	Ge	GaInAsP	AlGaSb	GaInAs	InSb
峰值波长/μm	0.6	0.65	0.8	1~2	1.3	1.3	1.4	1.65	5.0

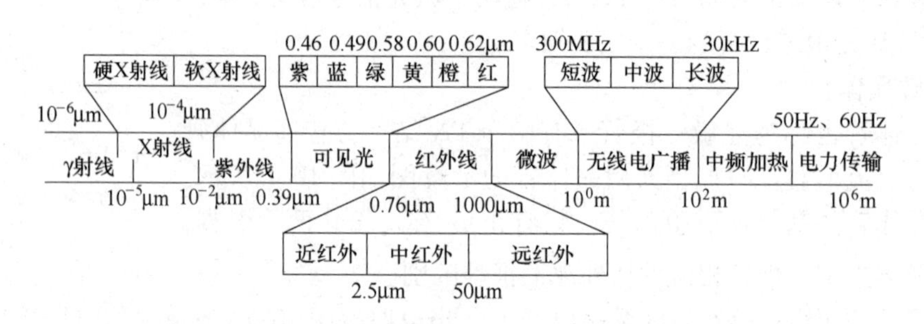

图 10-9 广义电磁波谱（波长的大致分布）

目前已研制出专用的“颜色传感器”[17]，它能判断一束光线中的红、绿、蓝光的比例，输出对应的三色电信号。经计算机合成，可以判断被测物的颜色。

（2）伏安特性 某系列光敏二极管及光敏晶体管的伏安特性如图 10-10 所示。在图 10-10a 中，光敏二极管工作在第三象限，流过它的电流与光照度成正比（曲线的间隔相等），正常使用时应施加 1.5V 以上的反向偏置电压为宜。

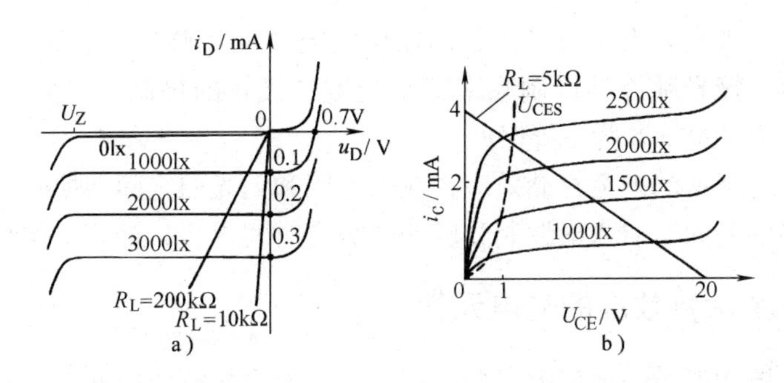

图10-10　某系列光敏二极管及光敏晶体管的伏安特性

a）光敏二极管伏安特性　b）光敏晶体管伏安特性

光敏晶体管在不同照度下的伏安特性与一般晶体管在不同基极电流下的输出特性相似。从图10-10b中可以看出，光敏晶体管的工作电压一般应大于3V。若在伏安特性曲线上做负载线，便可求得某光强下的输出电压 U_{CE}。

（3）光电特性　某系列光敏二极管和光敏晶体管的光电特性如图10-11中的曲线1、曲线2所示。从图10-11可以看出，光电流 I_Φ 在设定的范围内与光照度呈线性关系。

（4）温度特性　温度变化对亮电流影响不大，但对暗电流的影响非常大，并且是非线性的，将给微光测量带来误差。硅光敏晶体管的温漂比光敏二极管大许多，虽然硅光敏晶体管的灵敏度较高，但在高准确度测量中却必须选用硅光敏二极管，并采用低温漂、高准确度的运算放大器来提高检测灵敏度。

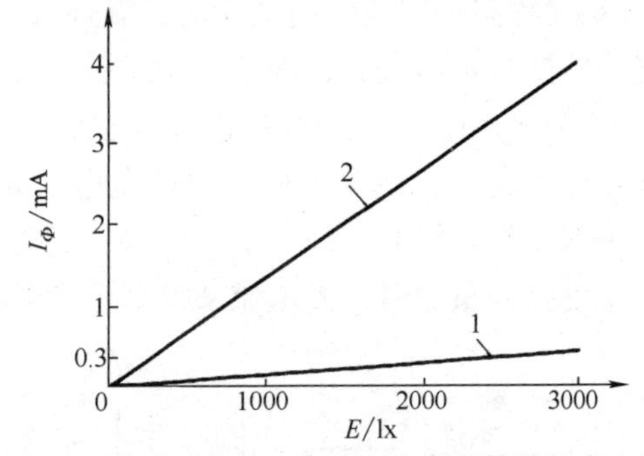

图10-11　某系列光敏二极管和光敏晶体管的光电特性

1—光敏二极管光电特性　2—光敏晶体管光电特性

（5）响应时间　工业级硅光敏二极管的响应时间为 $10^{-7}\sim10^{-5}$s 左右，光敏晶体管的响应时间比相应的二极管约慢一个数量级，因此在要求快速响应或入射光调制频率（明暗交替频率）较高时，应选用硅光敏二极管。

某型号光敏二极管频率特性如图10-12所示。当光脉冲的重复频率提高时，由于光敏二极管的PN结电容需要一定的充放电时间，所以它的输出电流的变化无法立即跟上光脉冲的

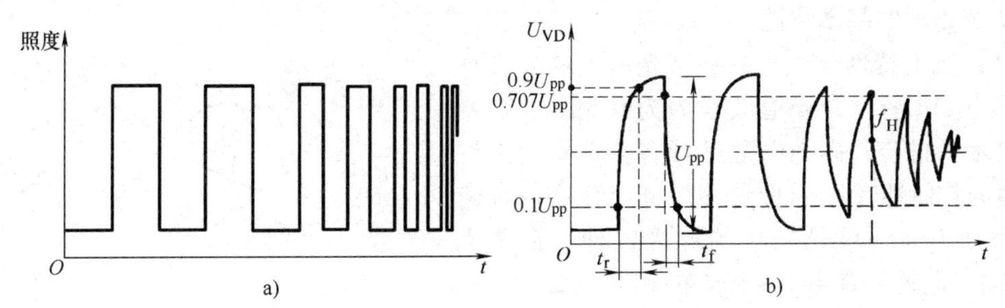

图10-12　某型号光敏二极管的频率特性

a）输入调制光脉冲　b）光敏二极管的脉冲响应

变化，输出波形产生失真。当光敏二极管的输出电流或电压脉冲幅度减小到低频时的 $1/\sqrt{2}$ 时，失真十分严重，该光脉冲的调制频率就是光敏二极管的最高工作频率 f_H，又称截止频率。图中的 t_r 为上升时间，t_f 为下降时间。

由于光敏晶体管基区的电荷存储效应，在强光照和无光照之间切换时，光敏晶体管的饱和与截止需要更多的时间，对入射调制光脉冲的响应时间更慢，最高工作频率 f_H 更低。

10.1.3 基于光生伏特效应的光电元件

光电池能将入射光能量转换成电压和电流，属于光生伏特效应元件。从能量转换角度来看，光电池是作为输出电能的器件而工作的。从信号检测角度来看，光电池作为一种自发电型的光电传感器，可用于检测光的照度，以及能引起光照度变化的其他非电量。

1. 硅光电池的结构及工作原理

硅光电池的材料有单晶硅、多晶硅和非晶硅[18]。单晶硅电池转换效率高，稳定性好，价格较高。单晶硅光电池的结构示意图如图10-13a所示。硅光电池实质上是一个大面积的半导体PN结，基体材料多为几百微米厚度的P型单晶硅。在P型硅的表面，利用扩散法生成一层很薄的N型受光层，再在上面覆盖栅状透明电极。

PN结又称阻挡层或空间电荷区，靠近N区的区域带正电，靠近P区的区域带负电。当入射光子的能量足够大时，PN结每吸收一个光子，就产生一对光生电子-空穴对。光生电子在PN结的内电场作用下，漂移进入N区；光生空穴在PN结的内电场作用下，漂移进入P区。光生电子在N区的聚集使N区带负电，光生空穴在P区的集结使P区带正电。如果光照是连续的，经短暂的时间（μs数量级），PN结两侧就有一个稳定的光生电动势 E 输出。当硅光电池接入负载后，光电流从P区经负载流至N区，向负载输出功率。

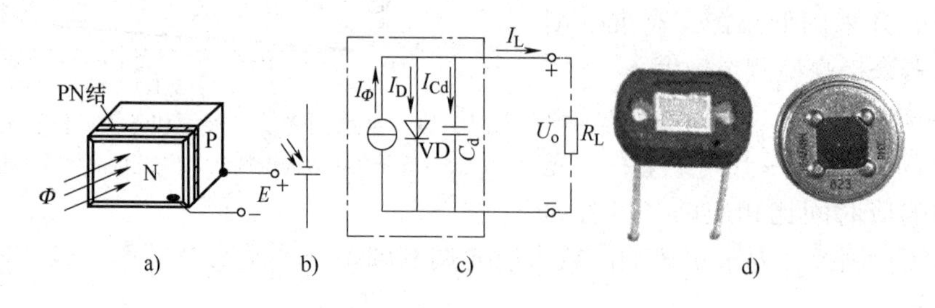

图10-13 硅光电池

a）结构示意图 b）图形符号 c）等效电路 d）外形

2. 光电池的基本特性

（1）光谱特性 硒、硅、锗光电池的光谱特性如图10-14所示，峰值波长约为0.8μm。随着制造技术的进步，硅光电池已具有从蓝紫到近红外的宽光谱特性[19]。目前许多厂商已生产出峰值波长为0.7μm（可见光）的硅光电池，在紫光（0.4μm）附近仍有40%~60%的相对灵敏度，扩展了硅光电池的应用领域。硒光电池和锗光电池由于稳定性较差，目前应用渐少。

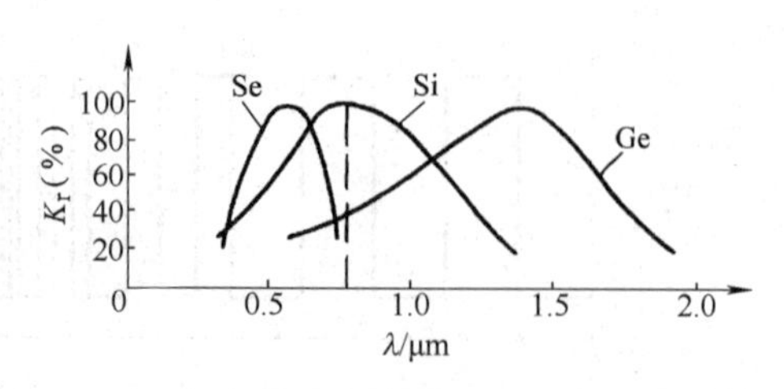

图10-14 硒、硅、锗光电池的光谱特性

（2）光电特性　硅光电池的负载电阻不同，输出电压和电流也不同。某系列硅光电池的光电特性如图 10-15 所示。曲线 1 是光电池负载开路时的“开路电压” U_o 的特性曲线，曲线 2 是负载短路时的“短路电流” I_Φ的特性曲线。开路电压 U_o 与光照度的关系呈非线性，近似于对数关系，在 2000lx 照度以上就趋于饱和。由实验测得，负载电阻越小，光电流与照度之间的线性关系就越好。当负载短路时，光电流在很大范围内与照度呈线性关系，当希望光电池的输出与光照度成正比时，应把光电池作为电流源来使用；当被测非电量是开关量时，也可以把光电池作为电压源来使用。

从图 10-13c 的光电池等效电路也可以看出，光电池实际上是一个光控恒流源。当 R_L 开路时，由于等效电路中，正向并联着一个由光电池 PN 结构成的二极管，当光电池的输出电压超过 PN 结的导通电压 0.5～0.6V 时，I_Φ 就通过该 PN 结形成回路，所以单片硅光电池的输出电压不可能超过 PN 结的正向导通电压。如果要得到较大的输出电压，必须将多块光电池串联起来。

（3）光电池的温度特性　光电池的温度特性是描述光电池的开路电压 U_o 及短路电流 I_o 随温度变化的特性。从图 10-16 可以看出，开路电压随温度增加而下降，开路电压的温度系数约为 -0.34%/℃；短路电流温度系数约为 +0.017%/℃；工作温度范围：-40～+90℃。当光电池作为检测元件时，应考虑温度漂移的影响，采取相应措施进行补偿。

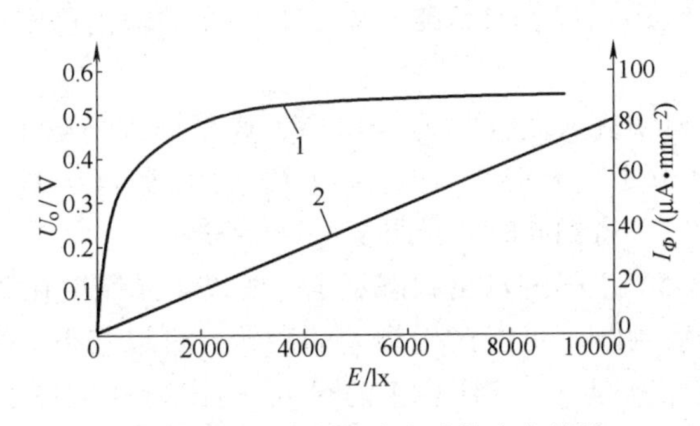

图 10-15　某系列硅光电池的光电特性

1—开路电压曲线　2—短路电流曲线

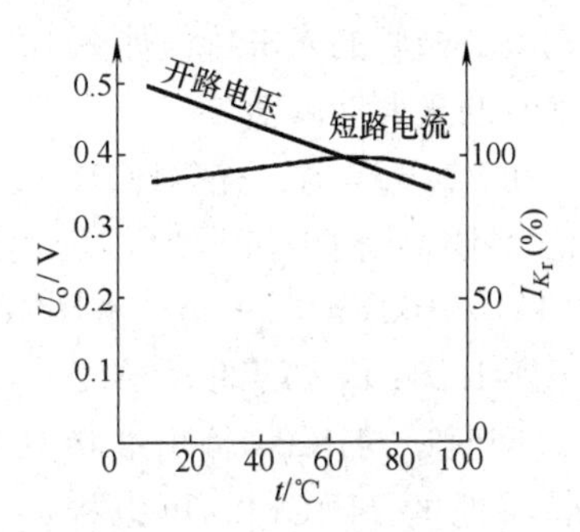

图 10-16　光电池在实验室条件下的温度特性

（4）频率特性　频率特性是描述入射光的调制频率与光电池输出电流间的关系。由于光电池受照射产生电子-空穴对需要一定的时间，因此当入射光的调制频率太高时，光电池的输出光电流将下降。硅光电池的面积越小，PN 结的极间电容也越小，频率响应就越好，硅光电池的频率响应可达数兆赫。

10.2　光电元件的基本应用电路

10.2　拓展阅读资料

10.2.1　光敏电阻的基本应用电路

光敏电阻基本应用电路如图 10-17 所示。光敏电阻与负载电阻串联后，接到电源上。在图 10-17a 中，当无光照时，光敏电阻 R_Φ很大，I_Φ在 R_L 上的压降 U_o 很小。随着入射光增大，R_Φ减小，U_o 随之增大。

图10-17b的情况恰好与图17-a相反，入射光增大，U_o反而减小。

10.2.2 光敏二极管的应用电路

光敏二极管在应用电路中必须反向偏置，否则流过它的电流就与普通二极管的正向电流一样，不受入射光的控制。光敏二极管的一种应用电路如图10-18所示，利用反相器可将光敏二极管的输出电压转换成TTL电平。

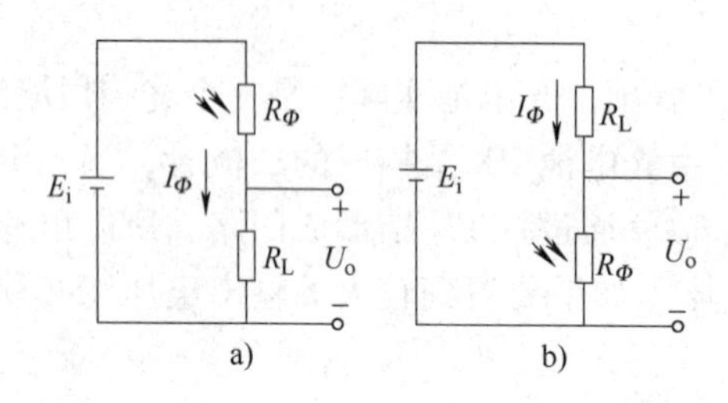

图10-17 光敏电阻基本应用电路

a）U_o与光照变化趋势相同的电路 b）U_o与光照变化趋势相反的电路

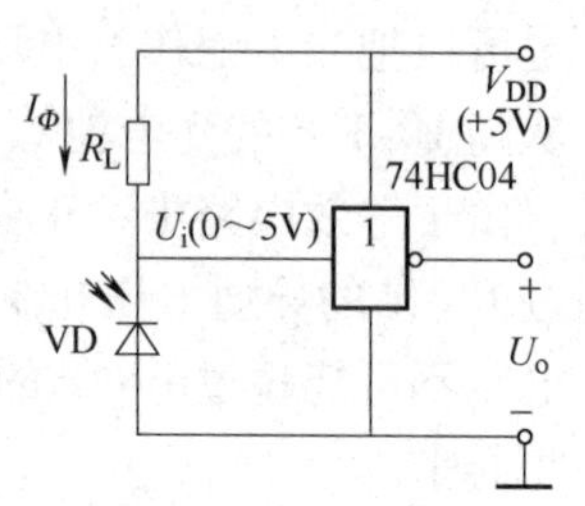

图10-18 光敏二极管的一种应用电路

例10-1 采用高速CMOS（74HC系列）反相器可以得到较大的负载能力。如图10-18所示，光敏二极管的光电特性如图10-11所示，$R_L=10k\Omega$，求：74HC04的输出稳定地跳变为高电平时的光照度阈值。

解 在$V_{DD}=5V$时，查74HC04[19]的典型输入低电平$V_{IL}=2.1V$，典型输入高电平$V_{IH}=2.4V$。当74HC04输出可靠地跳变为高电平（4.9V）时，流过R_L的电流$I_\Phi=V_{IL}/R_L=(5V-2.1V)/10k\Omega=0.29mA$。查图10-11，得到此时的光照度约为2900 lx。

由于74HC04输入端的U_i在2.2～2.5V之间的输出状态不定，所以当光照度在2100～2600 lx之间时，74HC04输出端状态无法判断，可能产生频繁的翻转。可以将IC_1改为具有施密特特性的74HC14，可以提高抗干扰能力。74HC14的输入/输出特性如图10-39b所示。

10.2.3 光敏晶体管的基本应用电路

光敏晶体管的两种常用电路如图10-19所示，其输出状态比较如表10-3所示。

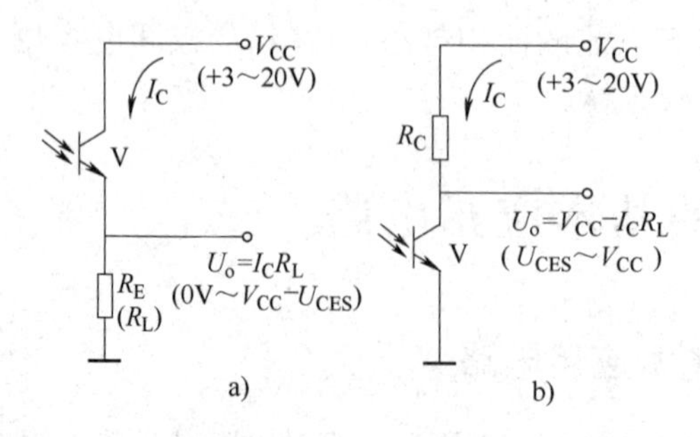

图10-19 光敏晶体管的两种常用电路

a）射极输出电路 b）集电极输出电路

表 10-3　光敏晶体管的输出状态比较

电路形式	无光照时			强光照时		
	晶体管状态	I_C	U_o	晶体管状态	I_C	U_o
射极输出	截止	0	0（低电平）	饱和	$(V_{CC}-0.3)/R_L$	$V_{CC}-U_{CES}$（高电平）
集电极输出	截止	0	V_{CC}（高电平）	饱和	$(V_{CC}-0.3)/R_L$	U_{CES}（0.3V，低电平）

从表10-3可以看出，射极输出电路的输出电压变化与光照的变化趋势相同，而集电极输出电路的输出变化趋势恰好相反。

例10-2　光控继电器电路如图10-20所示。

1）分析工作过程；2）若 $V_{CC}=12V$，中间继电器KA的驱动线圈阻值 $R_{KA}=100\Omega$，设 V_2 的 β 足够大，求：在强光照时，流过中间继电器KA的电流。

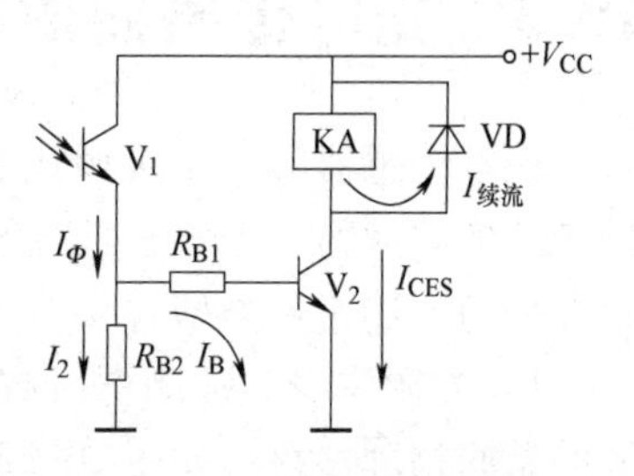

图10-20　光控继电器电路

解　1）当无光照时，V_1 截止，$I_B=0$，V_2 也截止，继电器KA处于失电（释放）状态。

当有强光照时，V_1 产生较大的光电流 I_Φ，I_Φ 一部分流过下偏流电阻 R_{B2}（起稳定工作点作用），另一部分流经 R_{B1} 及 V_2 的发射结。当 $I_B>I_{BS}$（$I_{BS}=I_{CS}/\beta$）时，V_2 饱和，产生较大的集电极饱和电流 I_{CS}，$I_{CS}=(V_{CC}-0.3V)/R_{KA}$，因此继电器KA得电并吸合。

如果将 V_1 与 R_{B2} 位置上下对调，其结果相反，请读者自行分析。

2）由于 β 足够大（大于100），在强光照时，I_Φ 较大，流过 V_2 集电极的电流与 β 以及基极电流 I_B 基本无关，集电极饱和电流 $I_{CES}\approx(12V-0.3V)/0.1k\Omega=117mA$。

10.2.4　光电池的应用电路

为了得到光电流与光照度呈线性的特性，要求光电池的负载必须短路（负载电阻趋向于零）。可是，这在直接采用动圈式仪表的测量电路中是很难做到的。采用集成运算放大器组成的I-U转换电路就能较好地解决这个矛盾。图10-21是光电池的短路电流测量电路。由于运算放大器的开环放大倍数 $A_{od}\to\infty$，所以 $U_{AB}\to0$，A点为地电位（虚地）。从光电池的角度来看，相当于A点对地短路，所以其负载特性属于短路电流的性质。又因为运算放大器反相端输入电流 $I_A\to0$，所以 $I_{Rf}\approx I_\Phi$，则输出电压 U_{o1} 为

$$U_{o1}=-U_{Rf}=-I_\Phi R_f \tag{10-2}$$

从上式可知，该电路的输出电压 U_{o1} 与光电流 I_Φ 成正比，从而达到电流/电压转换的目的。

若希望 U_{o1} 为正值，可将光电池极性调换。若光电池用于微光测量时，I_Φ 可能较小，则可增加一级放大电路，并使用电位器RP微调总的放大倍数，如图10-21中右边的反相比例放大器电路所示。

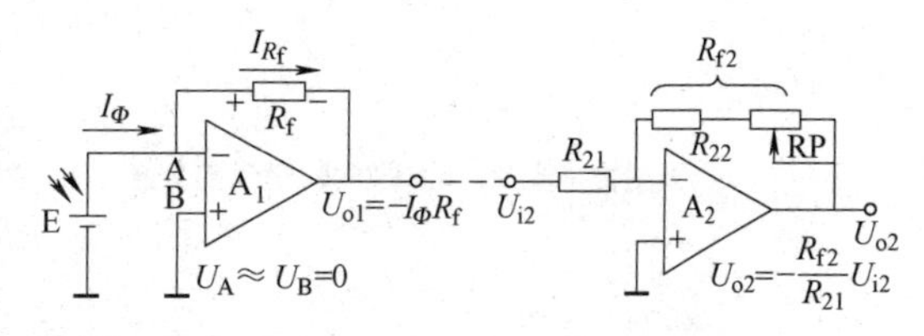

图10-21　光电池短路电流测量电路

例10-3　设某光电池的面积 $A=10mm^2$，输出特性如图10-15所示，$R_f=100k\Omega$，$R_{21}=10k\Omega$，$R_{22}=300k\Omega$，$R_{RP}=50k\Omega$（标称值），$E=10$ lx，求：U_{o2} 的调节范围。

解 $I_\Phi = K_\Phi A = \dfrac{(80\mu A/mm^2)}{10000\ lx} \times 10\ lx \times 10mm^2 = 0.8\mu A$

$$U_{o1} = -I_\Phi R_f = -0.8\mu A \times 0.1M\Omega = -0.08V$$

$$U_{o2max} = -\frac{R_{f2}}{R_{21}}U_{o1} = -\frac{R_{22}+R_{RP}}{R_{21}}U_{o1} = -\frac{300k\Omega + 50k\Omega}{10k\Omega} \times (-0.08V) = 2.8V$$

$$U_{o2min} = -\frac{R_{22}}{R_{21}}U_{o1} = -\frac{300k\Omega}{10k\Omega} \times (-0.08V) = 2.4V$$

10.3 光电传感器的应用

10.3 拓展阅读资料

光电传感器属于非接触式测量，目前越来越多地用于生产的各领域。依被测物、光源、光电元件三者之间的关系，可以将光电传感器分为下述4种类型。

1）光源本身是被测物，被测物发出的光投射到光电元件上，光电元件的输出反映了光源的某些物理参数，如图10-22a所示。典型的例子有光电高温比色温度计、光照度计、照相机曝光量控制等。

2）恒光源发射的光通量穿过被测物，一部分由被测物吸收，剩余部分投射到光电元件上，吸收量决定于被测物的某些参数，如图10-22b所示。典型例子如透明度计、浊度计等。

3）恒光源发出的光通量投射到被测物上，然后从被测物表面反射到光电元件上，光电元件的输出反映了被测物的某些参数，如图10-22c所示。典型的例子如用反射式光电法测转速、测量工件表面粗糙度、纸张的白度等。

4）恒光源发出的光通量在到达光电元件的途中遇到被测物，照射到光电元件上的光通量被遮蔽掉一部分，光电元件的输出反映了被测物的尺寸，如图10-22d所示。典型的例子如振动测量、工件尺寸测量等。

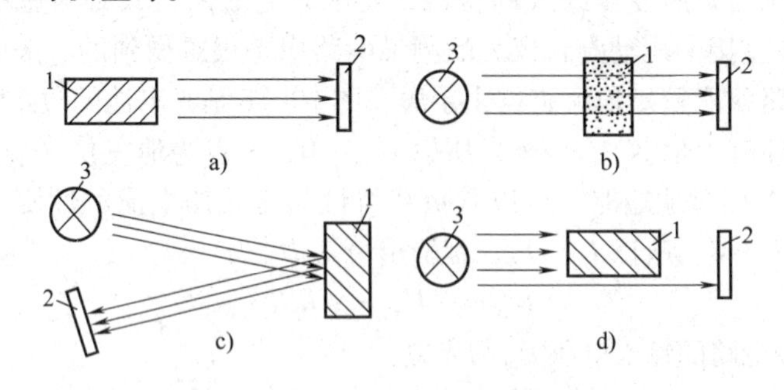

图10-22 光电传感器的几种形式

a）被测物是光源 b）被测物吸收部分光 c）被测物是有反射能力的表面 d）被测物遮蔽部分光

1—被测物 2—光电元件 3—恒光源

10.3.1 光源本身是被测物的应用实例

1. 红外线辐射测量温度

任何物体在开氏温度0K以上都能产生热辐射。温度较低时，辐射的是不可见的红外光，随着温度的升高，波长短的光开始丰富起来。温度升高到500℃时，开始辐射一部分暗红色的光。从500～2500℃，辐射光颜色逐渐从红色→橙色→黄色→蓝色→白色。也就是说，在2500℃时的热辐射中，已包含了从几十微米至0.4μm，甚至更短波长的连续光谱。如果温度再升高，例如达到5500℃时，辐射光谱的上限已超过蓝色、紫色，进入紫外线区域。因此测量光的颜色以及辐射强度，可粗略判定物体的温度。特别是在高温（3000℃以上）区域，已无法用常规的温度传感器来测量，例如钨铼5-钨铼26热电偶的测温上限也只有2100℃，所以高温测量多采用辐射原理的温度计[20]。

辐射温度计可分为高温辐射温度计、高温比色温度计、红外辐射温度计、红外热像仪等[21]。其中红外辐射温度计既可用于高温测量，又可用于冰点以下的温度测量，所以它是辐射温度计的发展趋势。市售的红外辐射温度计的温度范围为－50～2000℃，中间分成若干个不同的规格，可根据需要选择适合的型号。红外辐射温度计如图10-23所示。

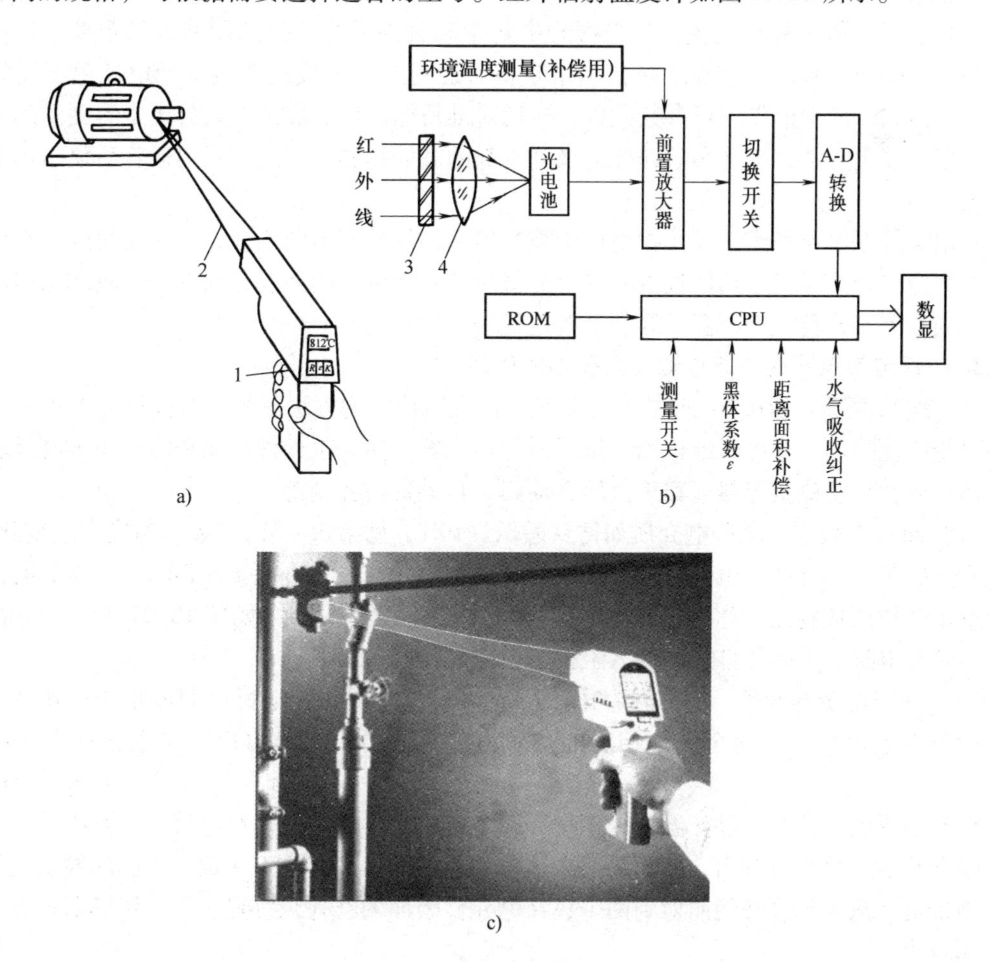

图10-23　红外辐射温度计[22]

a）表面温度测量示意图　b）内部原理框图　c）现场使用

1—枪形外壳　2—红色激光瞄准系统　3—滤光片　4—聚焦透镜

测试时，按下手枪形测量仪的开关，枪口射出一束低功率的红色激光（瞄准用），被测物发出的红外辐射能量才能准确地聚焦在红外辐射温度计“枪口”内部的红外光电元件（InGaAs、Si等）上。红外辐射温度计内部的CPU根据距离、被测物表面黑度辐射系数、水蒸气及粉尘吸收修正系数、环境温度以及被测物辐射出来的红外光强度等诸多参数，计算出被测物体的表面温度。其反应速度只需0.5s，有峰值、平均值显示及保持功能，可与计算机串行通信。它广泛用于铁路机车轴温检测，冶金、化工、高压输变电设备、热加工流水线表面温度测量，还可快速测量人体温度。

当被测物不是绝对黑体时，在相同温度下，辐射能量将减小。比如十分光亮的物体只能发射或接收很少一部分光的辐射能量，因此必须根据预先标定过的温度，输入光谱黑度修正系数 ε_λ（或称发射本领系数）。上述测量方法中，必须保证被测物体的“热像”充满红外光电元件的整个视场。

高温测量还经常使用一种称为光电比色温度计的仪表。其优点是：理论上与被测物表面的辐射系数（黑体系数）无关；不受视野中灰尘和其他吸光气体的影响；与距离、环境温度无关，不受镜头脏污（这在现场使用中是不可避免的）程度的影响。光电比色温度计多做成望远镜式。使用前先进行参数设置，然后对准目标，调节焦距至从目镜中看到清晰的像为止。按下锁定开关，被测参数即被记录到内部的微处理器中，经一系列运算后显示出被测温度值。

利用红外探测器和光学成像物镜接受被测目标的红外辐射的能量，从而获得红外热像图的仪器称为红外热像仪。热像仪液晶屏上所显示的热像图与物体表面的热分布场相对应。热图像上的红色和橙色代表高温，绿色、蓝色代表低温。

2. 热释电传感器在人体检测、报警中的应用

红外线是波长大于0.76μm的不可见光。红外线检测的方法很多，有前面述及的热电偶检测、光电池检测、光导纤维检测、量子器件检测等。热释电元件可用于能产生远红外辐射的人体检测，如防盗报警器、宾馆大厅自动门、自动灯的控制等。

（1）热释电效应　某些电介质如锆钛酸铅（PZT，见第6.1节），表面温度发生变化时，在电介质的表面就会产生电荷，这种现象称为热释电效应（Pyroelectric Effect），用具有这种效应的电介质制成的元件称为热释电元件。红外热释电传感器[23]如图10-24所示。它由滤光片、热释电红外敏感元件，高输入阻抗场效应晶体管等组成。

（2）热释电敏感元件　制作热释电敏感元件时，先把热释电材料制成很小的薄片，在薄片两侧镀上电极，把两个极性相反的热释电敏感元件并排，再反向串联，如图10-24c所示。

由环境影响而使整个晶片温度变化时，两个传感元件产生的热释电信号相互抵消，所以对缓慢变化的信号没有输出。但如果两个热释电元件的温度变化不一致，它们的输出信号就不会被抵消。只要想办法使照射到两个热释电元件表面的红外线忽强忽弱，传感器就会有交变电压输出。

（3）滤光片　为了防止可见光对热释电元件的干扰，必须在两个热释电元件的表面安装一块滤光片（FT）。不同温度的物体发出的红外辐射波长不同。当人体外表温度为36℃时，人体辐射的红外线在9.4μm处最强。所以热释电传感器的滤光片应选取7.5～14μm波段。

（4）阻抗变换　热释电元件输出的交变电压信号由高输入阻抗的场效应晶体管（FET）

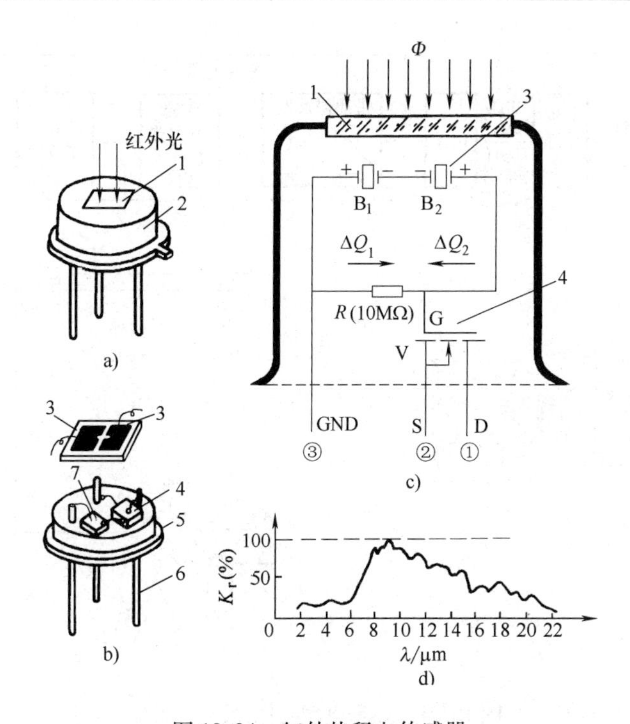

图10-24　红外热释电传感器

a）外形　b）分体结构　c）内部电气接线图　d）滤光片的光谱特性

1—滤光片　2—管帽　3—左、右敏感元件　4—放大器　5—管座　6—引脚　7—高阻值电阻 R

放大器放大，并转换为低输出阻抗的电压信号。

（5）菲涅尔透镜　热释电传感器用于红外防盗器时，必须在表面再罩上一块由一组平行的棱柱形透镜所组成菲涅尔透镜[24]（Fresnel Lens）如图10-25b所示。若从热释电元件的角度来看，它前面的每一透镜单元都只有一个不大的视场角，而且相邻的两个单元透镜的视场既不连续，也不重叠，都相隔着一个盲区。当人体在透镜总的监视范围（视野约70°角）中运动时，顺次地进入某一单元透镜的视场，又走出这一视场。热释电元件对运动物体一会儿“看得见”，一会儿又变得“看不见”，如此循环往复。传感器晶片上的两个反向串联热释电元件是轮流“看到”运动物体的，所以人体的红外辐射以光脉冲的形式不断改变两个热释电元件的温度，使它输出一串交变脉冲信号。当然，如果人体静止不动地站在热释电元件前面，它是“视而不见”的。

（6）对信号调理电路的要求　人体运动速度的不同，热释电传感器输出电压的频率也不同。在正常行走速度下，由菲涅尔透镜产生的光脉冲调制频率约为6Hz左右；当人体快速奔跑通过传感器面前时，可能达到20Hz。再考虑到荧光灯的脉动频闪（人眼不易察觉）为100Hz，所以信号调理电路中的放大器带宽不应太宽，以0.1～20Hz为宜。带宽窄，则干扰小，误判率低；带宽大，噪声电压大，可能引起误报警，但对快速和极慢速移动响应好。热释电型人体检测原理框图如图10-25a所示，目前已可将点画线框中的所有电路集成到一片厚膜电路中。

10.3.2　被测物吸收光通量的应用实例

水样本的浊度是水文资料的重要内容之一，光电式浊度计原理图如图10-26所示。

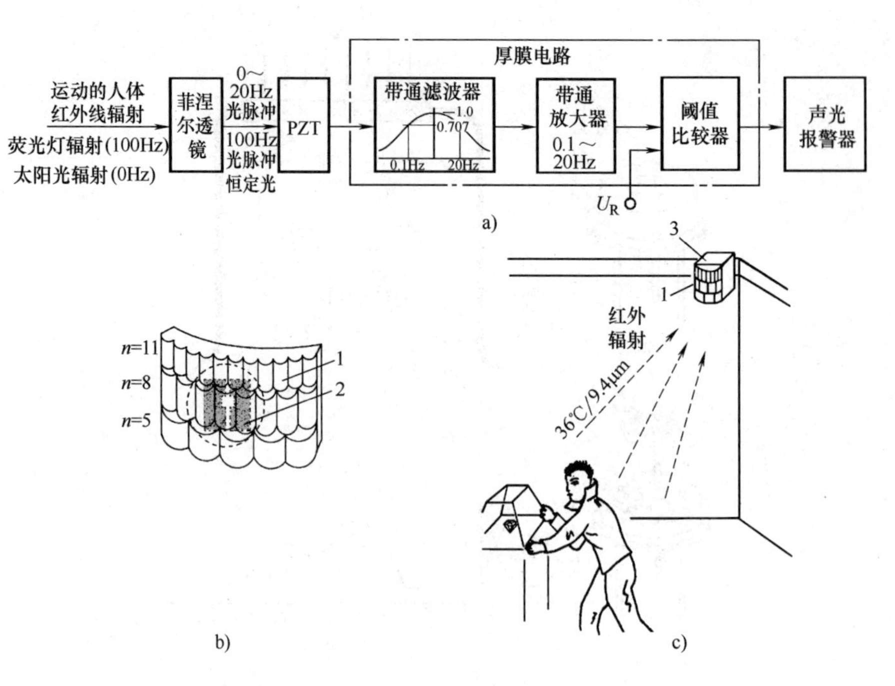

图10-25　热释电型人体检测原理图

a）电路原理框图　b）菲涅尔透镜示意图　c）防盗报警示意图

1—菲涅尔透镜　2—热释电元件（在透镜后面）　3—传感器外形

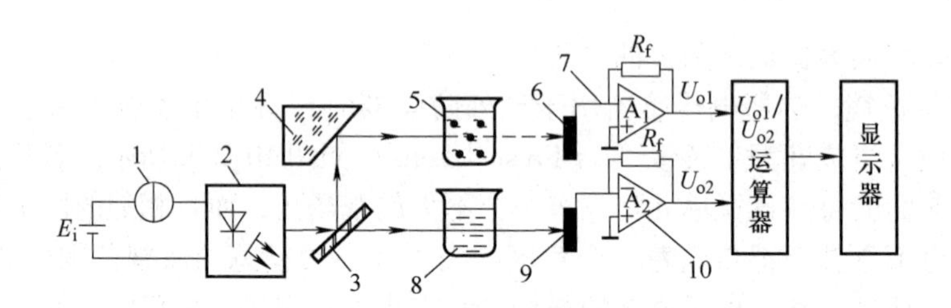

图10-26　光电式浊度计原理图

1—恒流源　2—半导体激光器　3—半反半透镜　4—反射镜　5—被测水样

6、9—光电池　7、10—电流/电压转换器　8—标准水样

光源发出的光线经过半反半透镜分成两束强度相等的光线：一路光线穿过标准水样8（有时也采用标准衰减板），到达光电池9，产生作为被测水样浊度的参比信号；另一路光线穿过被测水样品5，到达光电池6，其中一部分光线被样品介质吸收，样品水样越混浊，光线衰减量越大，到达光电池6的光通量就越小。两路光信号均转换成电压信号U_{o1}、U_{o2}，由运算器计算出U_{o1}、U_{o2}的比值，并进一步算出被测水样的浊度。

采用半反半透镜3、标准水样8以及光电池9作为参比通道的好处是：当光源的光通量由于种种原因有所变化或环境温度变化引起光电池灵敏度发生改变时，由于两个通道的结构完全一样，所以在最后运算U_{o1}/U_{o2}值（其值的范围是0～1）时，上述误差可自动抵消，减小了测量误差。检测技术中经常采用类似上述的方法，因此从事测量工作的人员必须熟练掌握参比和差动的概念。将上述装置略加改动，还可以制成光电比色计，用于血色素浓度测量[25]和化学分析等。

10.3.3　被测物体反射光通量的应用实例

1. 反射式烟雾报警器

宾馆等对防火设施有严格要求的场所必须按规定安装火灾传感器。火灾发生时伴随有光和热的化学反应。物质在燃烧过程中一般有下列现象发生：

（1）产生热量，使环境温度升高　物质剧烈燃烧时会释放出大量的热量，这时可以用表9-1列出的各种温度传感器来测量。但是在燃烧速度非常缓慢的情况下，火灾初期的环境温度上升是不易鉴别的。

（2）产生可燃性气体　有机物在燃烧的初始阶段，首先释放出来的是可燃性气体，如CO等。

（3）产生烟雾　烟雾是人们肉眼能见到的微小悬浮颗粒，其粒子直径大于10nm。烟雾有很大的流动性，可潜入烟雾传感器中，是检测火灾比较有效的手段。

（4）产生火焰　火焰是物质产生灼烧气体而发出的光，是一种辐射能量。火焰辐射出红外线、可见光和紫外线。其中红外线和可见光不太适合用于火灾报警，这是因为正常使用中的取暖设备、电灯、太阳光线都包含有红外线或可见光。利用第10.1节介绍过的紫外线管（外光电效应型）或用某些专用的半导体内光电效应型紫外线传感器，能够有效地监测火焰发出的紫外线，但应避开太阳光的照射，以免引起误动作。下面简单介绍光电反射型烟雾传感器的结构和工作原理。

在没有烟雾时，由于红外对管相互垂直，烟雾室内又涂有黑色吸光材料，红外LED发出的红外光无法到达红外光敏晶体管。当烟雾进入烟雾室后，烟雾的固体粒子对红外光产生漫反射（图中画出几个微粒的反射示意图），使部分红外光到达光敏晶体管。漫反射式烟雾传感器[26]如图10-27所示。

在反射式烟雾报警器中，红外LED的激励电流不是连续的直流电，而是用40kHz调制的脉冲，所以红外光敏晶体管接收到的光信号也是同频率的调制光。它输出的40kHz电信号经窄带选频放大器放大、检波后成为直流电压，再经低放和阈值比较器输出报警信号。室内的灯光、太阳光即使泄漏进烟雾检测室也无法通过40kHz选频放大器，所以不会引起误报警。

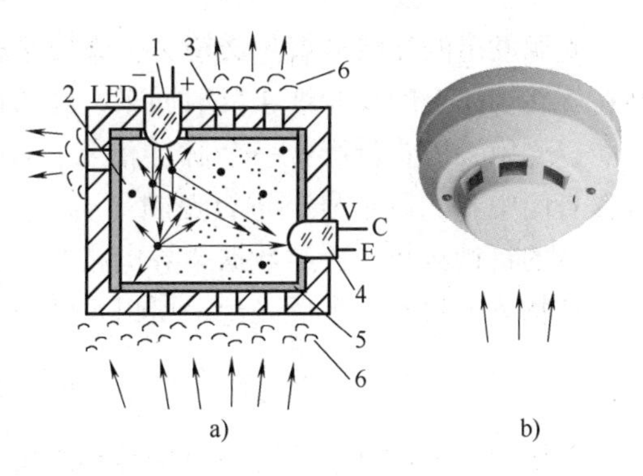

图10-27　漫反射式烟雾传感器

a）原理示意图　b）外形

1—红外发光二极管　2—烟雾检测室　3—透烟孔　4—红外光敏晶体管　5—黑色吸光绒布　6—烟雾

2. 光电式转速表

光电式转速表[27]的基本原理　转速是指每分钟内旋转物体转动的圈数，它的单位是r/min。光电式转速表属于反射式光电传感器，它可以在距被测物数十毫米外非接触地测量其转速。由于光电器件的动态特性较好，所以可以用于高转速的测量而又不干扰被测物的转动，光电式转速表工作原理及各点波形如图10-28所示。

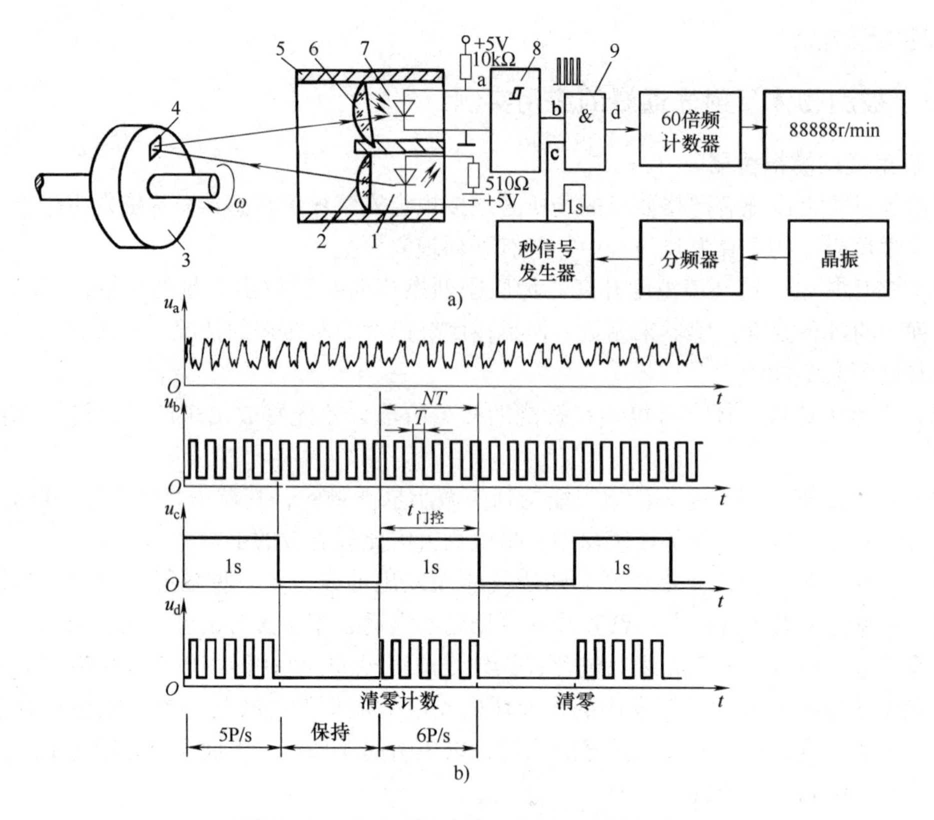

图 10-28 光电式转速表工作原理及各点波形

a）光路及工作原理框图 b）各点波形

1—光源（红色 LED） 2、6—聚焦透镜 3—被测旋转物 4—银白色反光纸

5—遮光罩 7—光敏二极管 8—施密特整形电路 9—秒信号闸门

光源发出的光线经聚焦透镜 2 会聚成平行光束，照射到被测旋转物 3 上，光线经事先粘贴在旋转物体上的反光纸 4 反射回来，经透镜 6 聚焦后落在光敏二极管 7 上。旋转物体每转一圈，光敏二极管就产生一个脉冲信号，经放大整形电路得到 TTL 电平的脉冲信号，该信号在与门中和“秒信号”进行逻辑“与”。与门在 1s 的时间间隔内输出的脉冲数正比于旋转物体的每秒转数，再经数据运算电路处理后，由数码显示器显示出每分钟的转数。由于被测旋转物体上只有一个反光片，所以每转只产生 1 个脉冲，则转速 n 为

$$n = 60\frac{f}{z} = 60f$$

实质上，上述测量转速的原理是利用电子计数器测量频率。测频误差主要由两个因素决定：一是闸门时间 $t_{闸门}$ 的误差，可以使用晶振来提高 $t_{闸门}$ 的准确性；二是量化误差，又称为 ±1 误差[28]。

测频时，计数脉冲通过闸门（图 10-28 中的与门）进入计数器，被测频率 $f = N/t_{门控}$。由于闸门开启时刻（秒信号的上升沿）和被测计数脉冲上升沿到来时刻之间的关系是随机的，有可能像图 10-28 中的 u_d 波形所示，在第二个 1s 闸门时间里，比在第一个 1s 闸门时间多计数了一个脉冲。可以由微处理器来控制闸门信号的上升沿与被测脉冲的上升沿同步，以减小 ±1 误差，称为同步计数计时法。

当被测频率f较低时，±1误差所产生的示值相对误差明显增大。例如，当$t_{门控}=1s$、被测频率$f=1000Hz$时，1个脉冲所产生的±1误差代表1Hz，示值相对误差

$$\gamma_{f1000}=\pm\frac{1Hz}{1000Hz}\times 100\%=\pm 0.1\%$$

当被测频率$f=10Hz$，$t_{门控}$仍然为1s时，$\gamma_{f10}=\pm\frac{1Hz}{10Hz}\times 100\%=\pm 10\%$。

当被测频率f较低时，应增加门控时间，以减小±1误差。例如，当$T_{门控}=10s$、被测频率$f=10Hz$时，根据$f=N/t_{门控}$，在10s的时间间隔里，可以得到$N=ft_{门控}=10\times 10=100$个脉冲，每一个±1脉冲代表0.1Hz，所产生的示值相对误差只有$t_{门控}=1s$时的1/10

$$\gamma'_{f10}=\pm\frac{0.1Hz}{10Hz}\times 100\%=\pm 1\%$$

以上大部分脉冲处理过程可以由微处理器来完成，并且可以利用同步电路来减小±1误差。

10.3.4　被测物遮蔽光通量应用实例

使用光电线阵可以测量带材的边缘位置宽度[29]，具有数字式测量的特点：准确度高，漂移小，可不考虑光敏元件的线性误差等，图10-29是用光敏二极管线阵测量钢板宽度的例子。

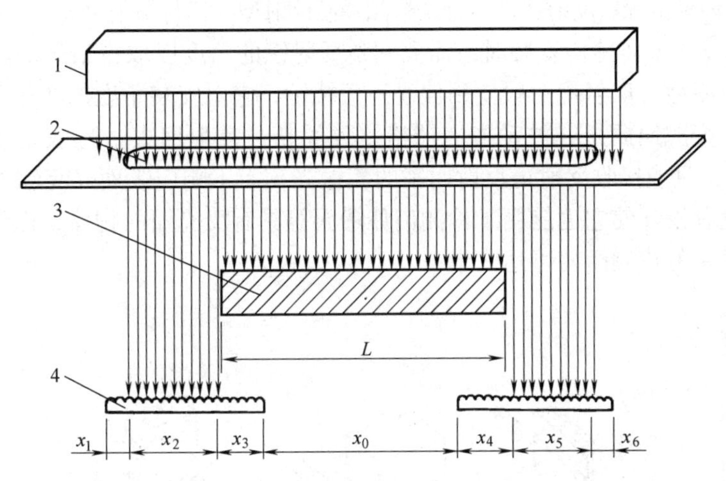

图10-29　光敏二极管线阵在带材宽度检测中的应用

1—平行光源（光幕）　2—狭缝　3—被测带材　4—光敏二极管阵列

光源置于钢板上方。采用特殊形状的圆柱状透镜和同样长度的窄缝，可形成薄片状的平行光光源，称为“光幕”或“片光源”。在钢板下方的两侧，各安装一条光敏二极管线阵。钢板阴影区内的光敏二极管输出低电平，而亮区内的光敏二极管输出高电平。用计算机读取输出高电平的二极管编号及数目，再乘以光敏二极管的间距就是亮区的宽度，再考虑到光敏线阵的总长度及安装距离x_0，就可计算出钢板的宽度L及钢板的位置。如果用准确度更高的CCD面阵，还可以计算出钢板的面积。利用类似原理，可制成光幕式汽车探测器、光幕式防侵入系统、光幕式冲床安全保护系统、光幕式电梯关门防夹保护系统等。

10.4 光电开关与光电断续器

10.4 拓展阅读资料

光电开关与光电断续器都是用来检测物体的靠近、通过等状态的光电传感器。随着生产自动化、机电一体化的普及，光电开关及光电断续器已发展成系列产品，用户可根据生产需要选用适当规格的产品，而不必自行设计光路和电路。

从原理上讲，光电开关及光电断续器没有太大的差别，都是由红外线发射元件与光敏接收元件组成，只是光电断续器是整体结构，其检测距离只有几毫米至几十毫米，而光电开关需要两部分组合而成。

10.4.1 光电开关的结构和分类

光电开关可分为两类：遮断型和反射型，如图10-30所示。图10-30a中，发射器和接收器相对安放，轴线严格对准。当有物体在两者中间通过时，红外光束被遮断，接收器接收不到红外线而产生一个负脉冲信号。可以将一组平行排列的红外或红光LED与对应的光敏晶体管组成“光幕”。只要被测物体阻挡其中一根光线，检测系统就将产生报警信号。遮断型光电开关的检测距离可达十几米。

反射型分为两种情况：反射镜反射型及被测物漫反射型（简称散射型），分别如图10-30b和c所示。反射镜反射型传感器安装时，需要调整反射镜的角度以取得最佳的反射效果，它的检测距离不如遮断型。反射镜一般使用偏光三角棱镜，它对安装角度的变化不太敏感，能将光源发出的光转变成偏振光（波动方向严格一致的光）反射回去。光敏元件表面覆盖一层偏光透镜（膜），只能接收反射镜反射回来的偏振光，而不响应表面光亮物体反射回来的各种非偏振光。这种设计使它也能用于检测诸如罐头等具有反光面的物体，而不受干扰。反射镜反射型光电开关的检测距离可达几米。

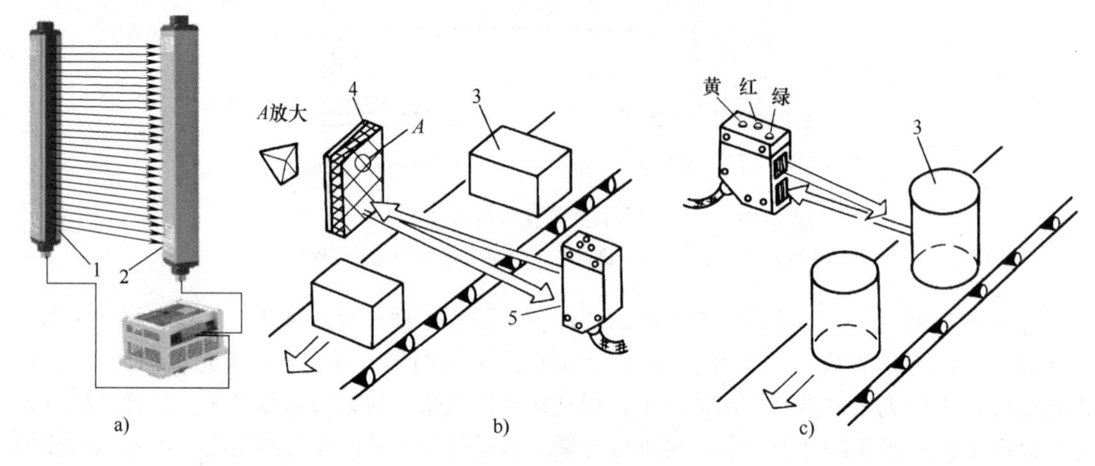

图10-30 光电开关类型及应用

a）遮断型 b）反射镜反射型 c）散射型

1—发射器 2—接收器 3—被测物 4—偏振光反射镜 5—带偏振光滤光片的接收器

散射型安装最为方便，只要不是全黑的物体均能产生漫反射。散射型光电开关的检测距离与被测物的黑度及表面反射率有关，一般只有几百毫米。用户可根据实际情况，选用不同类型的光电开关。

光电开关中的红外光发射器一般采用发光二极管，而接收器可采用光敏二极管、光敏晶体管或光电池。为了防止荧光灯的干扰，可选用红外LED，并在光敏元件表面加红外滤光透镜或表面呈黑色的专用红外接收管；如果要求方便地瞄准（对中），亦可采用红色LED。其次，LED最好用中频（40kHz左右）窄脉冲电流驱动，从而发射40kHz调制光脉冲。相应地，接收光电元件的输出信号经40kHz选频交流放大器及专用的解调芯片处理，可以有效地防止太阳光的干扰，又可减小发射LED的功耗。

光电开关可用于生产流水线上统计产量、检测装配件到位与否及装配质量，并且可以根据被测物的特定标记给出自动控制信号。它已广泛地应用于自动包装机、自动灌装机、装配流水线等自动化机械装置中。

10.4.2　光电断续器

光电断续器[30]的工作原理与光电开关相同，但其光的发射器、接收器做在体积很小的同一塑料壳体中，所以两者能可靠地对准，为安装和使用提供了方便，它也可以分为遮断型和反射型两种，光电断续器如图10-31所示。遮断型（也称槽式）的槽宽、深度及光敏元件可以有各种不同的形式，并已形成系列化产品，可供用户选择。反射型的检测距离较小，多用于安装空间较小的场合。由于检测范围小，光电断续器的发光二极管可以直接用直流电驱动，亦可用40kHz尖脉冲电流驱动。红外LED的正向压降约为1.1～1.3V，驱动电流控制在10mA以内。

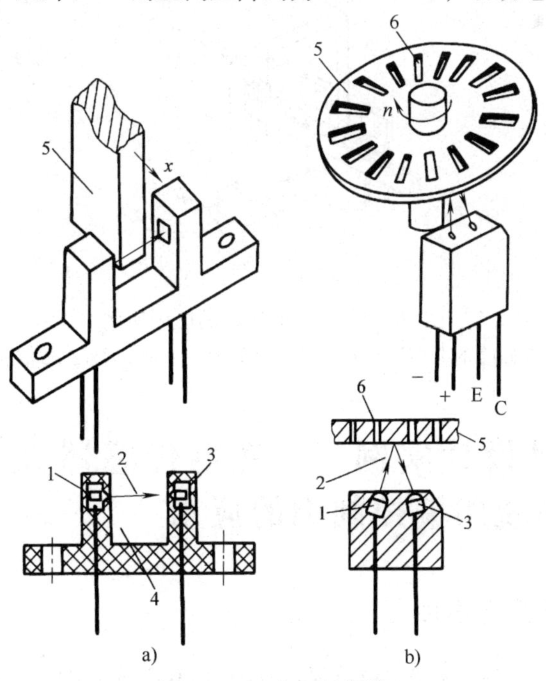

图10-31　光电断续器

a）遮断型　b）反射型

1—发光二极管　2—红外光　3—光敏元件　4—槽　5—被测物　6—透光孔

光电断续器是较便宜、简单、可靠的光电器件，广泛应用于自动控制系统、生产流水线、机电一体化设备、办公设备和家用电器中。例如，在复印机和打印机中，它被用来检测复印纸的有无；在流水线上检测细小物体的通过及物体上的标记，检测印制电路板元件是否漏装以及检测物体是否靠近等。图 10-32 示出了光电断续器的部分应用。例如在图 10-32e 中，用两只反射型光电断续器检测肖特基二极管（Schottky Diode）的两个引脚的长短是否有误，以便于包装和焊接。

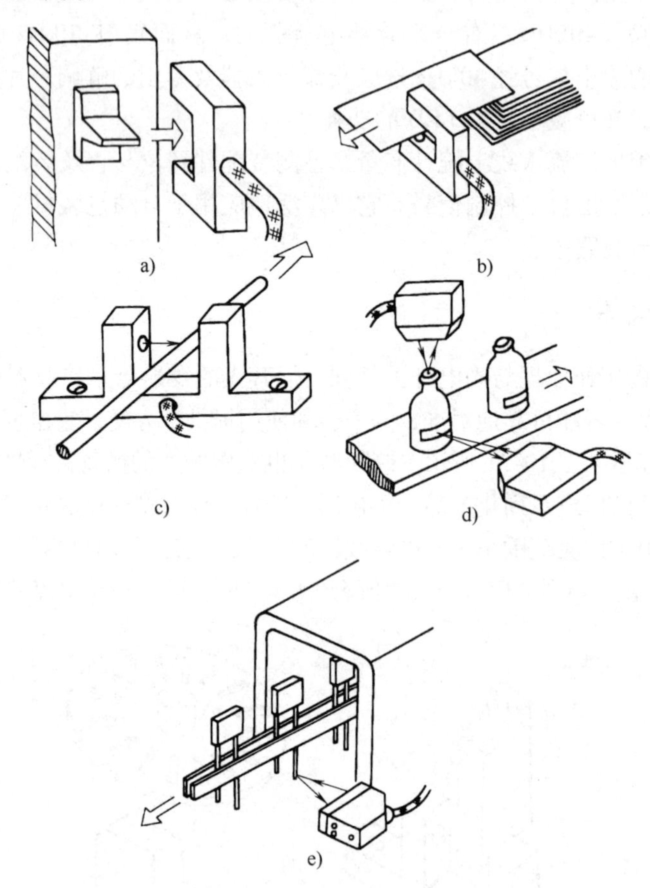

图 10-32 光电断续器的应用实例

a）防盗门的位置检测 b）印刷机械上的送纸检测 c）线料连续检测 d）瓶盖及标签的检测 e）电子元件生产流水线检测

10.5 工程项目设计实例——光电传感器在带钢开卷机纠偏控制中的应用

10.5 拓展阅读资料

10.5.1 项目来源及技术指标

在带材生产线上，由于带材横向厚度及压辊压力不均等原因，导致带材边缘或纵向标志线与加工机械的中心线不平行或不重合，从而发生带材横向运行偏差，称为“跑偏”。为保证带材边缘整齐，需要以带材边缘纵向为基准，实行边缘位置控制，称为“纠偏”[31]。

钢铁工业中，以冷轧钢卷为基板进行产品精整和深加工的工序很多，如酸洗、退火、拉伸、电镀锌、热镀锌、彩涂钢板以及PVC覆膜钢板等。在连续作业线上，带钢必须由“开卷机”进行开卷。

若带钢在连续作业线上发生跑偏，不仅容易造成带钢刮伤、断带等事故，还会使后续产品不整齐（卷材侧面出现塔状），影响产品质量。因此在带钢生产线中，需要设置纠偏控制装置，以确保带钢生产的高速、高质和安全。带钢开卷纠偏技术指标如下：

带钢最大传送速度：10m/s；

纠偏最大动态范围：±100mm；

纠偏误差：±0.5mm；

跑偏检测传感器响应时间：≤100μs；

液压比例伺服阀响应时间：≤50ms；

伺服液压缸最大驱动速度：20mm/s；

电液伺服最大推力：6×10^4N（可按需要配置液压系统）；

环境工作温度：-20~70℃。

10.5.2 设计指导思想

带钢纠偏装置由电动机、减速箱、开卷辊、跑偏检测传感器、电气控制柜、伺服比例阀、伺服液压缸等组成。由于带钢表面没有明显的标记，所以在多数情况下，采取检测带钢边缘的运动状态来确定带钢的跑偏，对应的传感器称为“边缘位置检测传感器”。开卷机的跑偏控制装置示意图如图10-33所示。

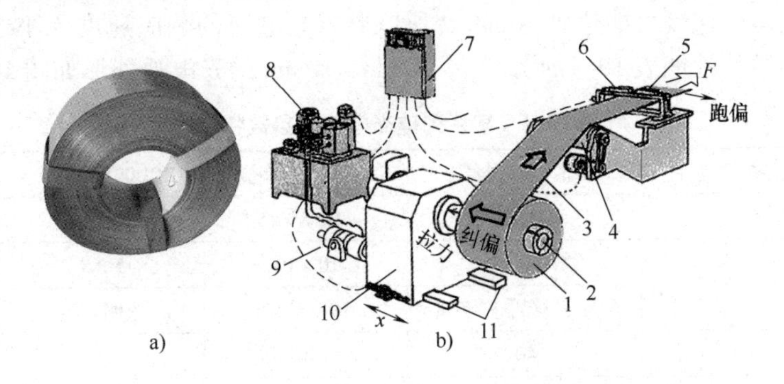

图10-33 开卷机的跑偏控制装置示意图

a）开卷前的带钢外形 b）开卷机的跑偏控制原理

1—带钢卷 2—开卷辊 3—带钢 4—导辊 5—右边缘位置检测传感器 6—左边缘位置检测传感器 7—电控柜 8—液压站 9—伺服液压缸及纠偏液压缸 10—减速箱 11—导轨

在带钢纠偏装置中，边缘位置检测传感器的位置固定不动，开卷机的开卷辊可左右移动。在伺服液压缸的推动下，开卷机构（包括减速箱和开卷辊等）沿着导轨做垂直于带材行进方向的纠偏运动。

纠偏装置的工作原理是连续的闭环控制[32]。当带材未跑偏时，跑偏检测传感器输出的偏差信号为零，开卷筒处于平衡位置；当边缘位置检测传感器检测到带材偏离正确的位置时，偏差信号通过电液伺服比例调节阀，控制压力油的流动方向和流量大小，液压缸在压力油的作用下，做横向移动，直到带材的位置偏差消除为止。

例如，当带材向左跑偏时，偏差信号为负值，开卷机构就应从平衡位置向右调整。带材在传送过程中，跑偏总是随机出现的，因此纠偏系统总是随跑偏方向和大小而不停地做反向运动。

在大多数带钢的连续作业线上，还需要将完成加工的带钢“卷取”起来。在卷取过程中，也会产生带材跑偏，产生宝塔状卷材，同样需要进行纠偏。带材自动纠偏系统还广泛应用于塑料膜、人造革、箔材、造纸、纺织品、印染、印刷、胶片、磁带等生产中，使各种带材的边缘运动位置准确，收、放卷整齐。

10.5.3 设计步骤

1. 边缘位置检测传感器的确定

为了不影响带钢的运动，边缘位置检测必须采用非接触式测量。非接触式传感器有电涡流传感器、磁电式传感器、电容传感器、超声波传感器、霍尔传感器和光电传感器等。其中光电传感器具有有效检测距离远、响应速度快、能较精确地感知物体边缘遮光的变化等特点，所以本项目采用光电传感器检测带钢的跑偏。

2. 光电元件的选择

（1）光敏元件的选择 接收光的光敏元件可选用光敏电阻、光敏二极管、光敏晶体管、光电池等。光敏电阻的温漂较大，不适宜于精密测量；光敏晶体管的受光面积较小，不适合带钢的纠偏动态范围变化；光电池的面积较大，输出电流与光照度成正比，所以考虑采用光电池测量带材的遮光变化。

由于带钢的运行速度可能达到10m/s，所以要求光电池的响应速度要小于100μs。某系列硅光电池的参数特性如表10-4所示[33]。10mm×10mm的光电池外形如图10-13d所示。

表10-4 某系列硅光电池的参数特性

<table>
<tr><th>参数名称</th><th>测试条件</th><th colspan="3">2CU金属外壳</th><th>2CU100黑陶瓷</th><th>2CU025黑陶瓷</th><th>2DU025黑陶瓷</th></tr>
<tr><td>外形尺寸/mm</td><td>—</td><td colspan="3">φ22</td><td>φ16.5×15</td><td>φ10.5×9</td><td>φ16.5×9×4</td></tr>
<tr><td>有效面积/mm²</td><td>—</td><td colspan="3">10×10</td><td>10×10</td><td>5×5</td><td>5×5</td></tr>
<tr><td>窗口材料</td><td>—</td><td>玻璃</td><td>石英</td><td>色片</td><td>透明环氧</td><td>透明石英</td><td>透明环氧</td></tr>
<tr><td>灵敏度/μA</td><td>2856K，100 lx</td><td colspan="3">40</td><td>40</td><td>20</td><td>20</td></tr>
<tr><td>波长范围/nm</td><td>10% λ_{max}</td><td colspan="2">200～1050</td><td>380～680</td><td>300～1050</td><td>200～1050</td><td>400～1100</td></tr>
<tr><td>峰值波长/nm</td><td>—</td><td colspan="2">650</td><td>550</td><td colspan="2">650</td><td>900</td></tr>
<tr><td>暗电流/μA</td><td>$E=0$，$V_r=1V$</td><td>1</td><td>0.1</td><td>10</td><td>1</td><td>0.1</td><td>1</td></tr>
<tr><td>结电容/nF</td><td>$E=0$，$V_r=0$</td><td><10</td><td><10</td><td><10</td><td><10</td><td><2.5</td><td><1.2</td></tr>
<tr><td>上升时间/μs</td><td>$E=1000$ lx，
$R_L=100\Omega$</td><td colspan="2">100</td><td>200</td><td>100</td><td>20</td><td>10</td></tr>
</table>

（2）光源的选择 早期的光电检测装置多使用小型白炽灯泡，使用寿命短，不易聚焦，热量大。现在多使用LED作为测量光源。

可见光和红外光均可用于边缘位置检测。若使用红外光，用户调试时将无法看到光斑的位置，所以可考虑使用红色光发光二极管作为光源。LED的直径常见的有φ3mm、φ5mm、

ϕ8mm，考虑到光斑直径应方便对焦，故选取ϕ5mm 较为合适。其发光波长和最佳发光电流视不同型号而异，某系列发光二极管规格如图 10-34 所示，其光电特性如表 10-5 所示。HDD-504RL-1 型的顶端带半圆透镜，发射散角为 22°。当照射距离为 40mm 时，由半功率角度指标可计算得到光斑的直径小于 20mm，无法覆盖带材跑偏的范围。此时可使用多个 LED 与塑料透镜扩束，再聚焦为平行光，利用“光栏”遮挡一部分光线，得到“窄带状光幕”，光幕宽度为 250mm，可满足跑偏范围的要求。LED 的激励电流取 20mA 时，可得到较大的发光效率，又可延长使用寿命。

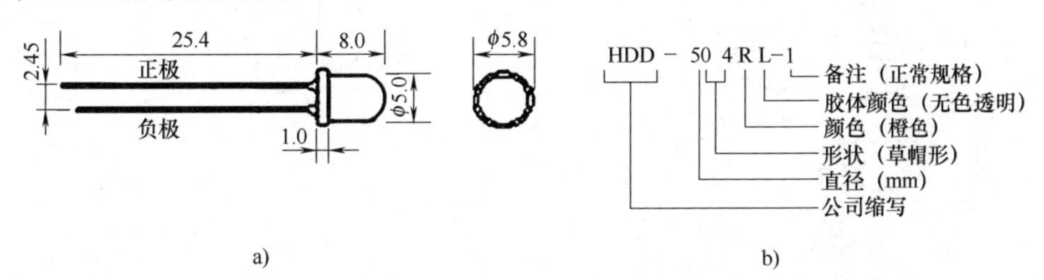

图 10-34 某系列发光二极管规格

a）某系列ϕ5mmLED 外形 b）产品编号说明

表 10-5 某系列ϕ5mm LED 光电特性（芯片材质：AlGaInP，$t=25$℃）

项 目	符 号	测试条件	最 小 值	典 型 值	最 大 值
发光强度/mcd	L_V	$I_F=20$mA	2000	4000	—
半功率角度/(°)	$2\theta_{1/2P}$	$I_F=20$mA	8	22	—
波长/nm	λ	$I_F=20$mA	—	620 ±5	635
正向电压/V	U_F	$I_F=20$mA	1.7	1.9	2.4
反向电流/μA	I_R	$U_{反}=30$V	—	—	50
使用寿命/h	—	$I_F=20$mA	1×10^5	2×10^5	5×10^5

3. 边缘位置检测传感器的安装

发光二极管、透镜组及光电池安装在一个整体结构里，组成边缘位置检测传感器。边缘位置检测传感器的安装如图 10-35 所示，传感器与带钢的距离不应太近，以防被碰坏。本项目中设定为 15mm 左右。

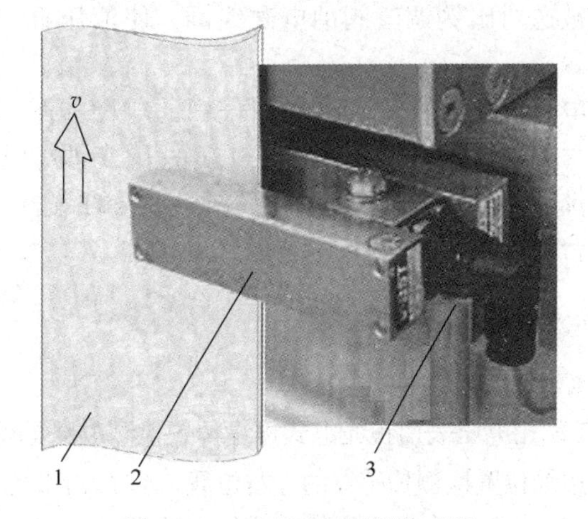

图 10-35 边缘位置检测传感器

1—带材 2—边缘位置检测传感器 3—电源及信号线连接座

4. 光电式边缘位置检测电路的设计

光电式边缘位置检测光路及测控电路如图 10-36 所示。光源 1 发出的光线经扩束透镜 2 和平行光束镜 3，变为平行光束，投向会聚透镜 4，再次被会聚为ϕ8mm 左右的光斑，落到光电池（E_1）上。在平行光束到达会聚透镜 4 的途中，有部分光线受到被测带材 6 的遮挡，从而使到达光电池的光

通量 Φ 减小。

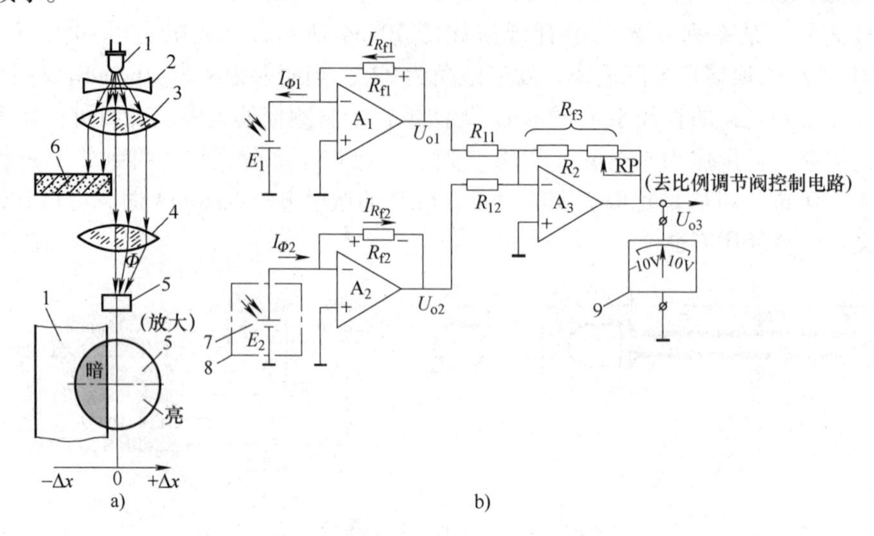

图 10-36 光电式边缘位置检测光路及测控电路

a）光路 b）测量电路

1—LED 光源 2—扩束透镜 3—平行光束镜 4—会聚透镜 5—光电池 E_1

6—带材 7—温度补偿光电池 E_2 8—遮光罩 9—跑偏指示

采用I-U 电路来将光电池的短路电流转换为输出电压，计算公式见式（10-2）。图 10-37 中的 E_1、E_2 是相同型号的光电池，E_1 作为测量元件装在带材下方，而 E_2 用遮光罩罩住，与 A_2 共同起温度补偿作用。当带材处于正确位置（中间位置）时，由运算放大器 A_1、A_2、组成的两路“光电池短路电流放大电路”输出相同，即 $U_{o1} = -U_{o2}$，则反相加法器电路 A_3 的输出电压 U_{o3} 为零。

当带材左偏时，遮光面积减小，光电池 E_1 的受光面积增大，输出电流增加，导致 A_1 的输出电压 U_{o1} 变大，而 A_2 的输出电压 U_{o2} 不变。A_3 将这一不平衡电压加以放大，输出电压 U_{o3} 为负值，它反映了带材跑偏的方向及大小。输出电压 U_{o3} 一方面由显示器显示出来，另一方面被送到比例调节阀的电磁线圈，使液压缸中的活塞向右推动开卷机构，达到纠偏的目的。

电液伺服系统[34]在带材纠偏中的应用如图 10-37 所示，纠偏液压缸如图 10-38 所示。若带材向左跑偏，A_3 输出信号（负的 U_{o3}）驱动电磁线圈和比例调节阀，使伺服液压缸中的活塞推动滑台向右运移动，从而纠正带材的跑偏。液压缸的行程范围为 ±100mm，额定推力视滑台的重量而定，通常要大于 6×10^4N。

10.5.4 调试和检验

1. 静态调试

1）用电压表监视光电式边缘位置检测电路的输出电压 U_{o3}，仔细调节图 10-36 和图 10-37 中的边缘位置检测传感器的左右位置。当 $U_{o3}=0$ 时，旋紧安装螺钉。

2）人为地将带钢往传感器的左边移动 5mm，将 U_{o3} 接到电液伺服系统的电控柜有关接线端子上。可以发现，电液伺服系统控制滑台自动向右移动了 5mm，U_{o3} 重新恢复零值。

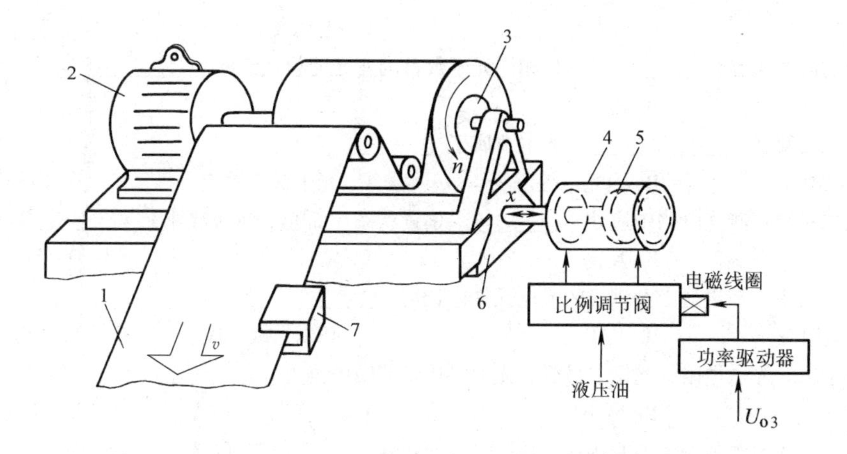

图10-37　电液伺服系统在带材纠偏中的应用

1—被测带材　2—开卷电动机　3—开卷辊　4—伺服液压缸

5—活塞　6—滑台　7—光电边缘位置检测传感器

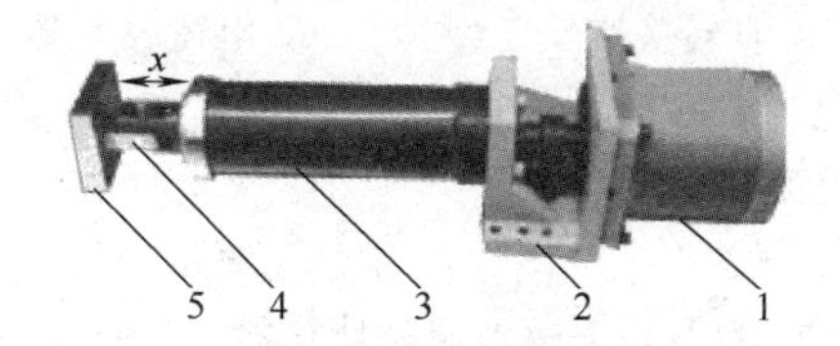

图10-38　纠偏液压缸

1—比例调节阀　2—安装座　3—液压缸　4—活塞杆　5—法兰盘

3）若U_{o3}与零值略有偏差，且调节传感器位置不起作用时，可增加图10-36中的RP的数值，以增大放大器的放大倍数，从而减小闭环系统的“静差”。

2. 动态调试

接通开卷机电源，分别检验带钢在低速、中速和高速状态下的纠偏数据，记录跑偏的最大值和响应时间。

3. 抗杂散光干扰试验

开启车间的照明设备，观察灯光对纠偏的影响。如果影响超过技术指标允许的范围，可考虑将LED的激励源由直流电流改为40kHz左右的中频电流。相应地，光电池放大以后的输出电压应经过40kHz带通滤波器和整流、滤波处理后接到电液伺服系统的电控柜。40kHz带通滤波器阻挡了由太阳光及车间照明光源（100Hz）所引起的光电池输出电流，提高了抗外界杂光干扰的能力。

如果要进一步提高系统的纠偏能力，可用“片光源”（平行光源）代替LED，用CCD线阵代替光电池，则分辨力、温漂等指标将会更好一些，但响应时间将可能慢，请读者自行上网查阅有关资料。

思考题与习题

10-1　单项选择题

1）晒太阳取暖利用了____________；人造卫星的光电池板利用了________；植物的生长利用了____________。

A. 光电效应　　B. 光化学效应　　C. 光热效应　　D. 感光效应

2）蓝光的波长比红光__________，相同光子数目的蓝光能量比红光__________。

A. 长　　B. 短　　C. 大　　D. 小

3）光敏二极管属于__________，光电池属于__________。

A. 外光电效应　　B. 内光电效应　　C. 光生伏特效应　　D. 内外光电效应

4）光敏二极管在测光电路中应处于________偏置状态，而光电池通常处于________偏置状态。

A. 正向　　B. 反向　　C. 零　　D. 无

5）光纤通信中，与出射光纤耦合的光电元件应选用__________。

A. 光敏电阻　　B. PAD　　C. PIN 光敏二极管　　D. 光敏晶体管

6）温度上升，光敏电阻、光敏二极管、光敏晶体管的暗电流__________。

A. 增加　　B. 减小　　C. 不变　　D. 随机变化

7）普通型硅光电池的峰值波长为__________，落在__________区域。

A. 0.8m　　B. 8mm　　C. 0.8μm　　D. 0.8nm

E. 可见光　　F. 近红外光　　G. 紫外光　　H. 远红外光

8）欲精密、线性测量光的照度，光电池应配接__________。

A. 电压放大器　　B. A-D 转换器　　C. 电荷放大器　　D. I-U 转换器

9）欲利用光电池为手机充电，需将数片光电池_______起来，以提高输出电压，再将几组光电池__________起来，以提高输出电流。

A. 并联　　B. 串联　　C. 短路　　D. 开路

10）欲利用光电池在灯光（约 200 lx）下驱动液晶计算器（1.5V）工作，由图 10-15 可知，必须将_______光电池串联起来才能正常工作。

A. 2 片　　B. 3 片　　C. 5 片　　D. 20 片

11）超市收银台用激光扫描器检测商品的条形码[35]是利用了图 10-22 __________的原理；用光电传感器检测复印机走纸故障（两张重叠，变厚）是利用了图 10-22 _______的原理；电梯的轿厢门口有人时，电梯的轿厢门不会关闭，是利用了图 10-22 __________的原理；而洗手间红外反射式干手机[36]又是利用了图 10-22 _______的原理。

A. 图 a　　B. 图 b　　C. 图 c　　D. 图 d

12）如果图 10-36 中的发光二极管改用 40kHz 中频激励，则光电池的放大电路应选用 40kHz __________电路。

A. 直流放大　　B. 选频带通放大　　C. 低通滤波　　D. 分频

10-2　光电继电器电路如图 10-39a 所示，VD_1 输出特性如图 10-11 所示，施密特型反相器 74HC14（CD40106）[37]的输出特性如图 10-39b 所示，请分析填空。

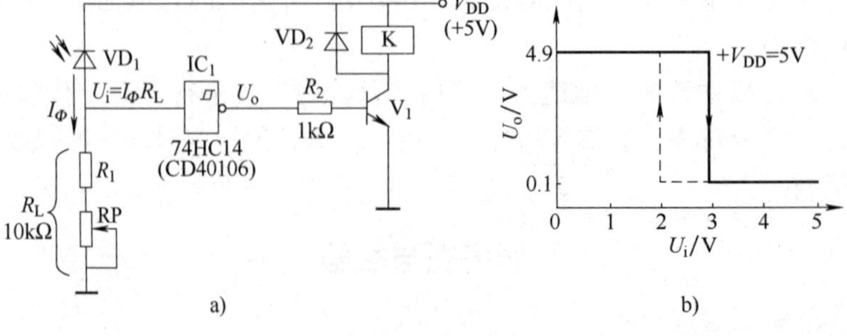

图 10-39　光电继电器电路

a）电路　b）74HC14（CD40106）的输入/输出特性

1）当无光照时，VD_1 ________（导通/截止），I_Φ为________，U_i 为________，所以 U_o 为________电平，约为____________ V。设 V_1 的 $U_{BE}=0.7V$，则 I_B 约为________ mA，设 V_1 的 β 足够大（例如 $\beta=200$），集电极饱和压降 $U_{CES}=0.3V$，继电器 K 的线圈直流电阻为 100Ω，则饱和电流 I_S 为____________ mA。若 K 的额定工作电流为 45mA，则 K 必定处于（吸合/释放）状态；2）若光照增强，从图 10-39b 可以看出，当 U_i ________（大/小）于________ V 时，施密特反相器翻转，U_o 跳变为________电平，则 K ________；3）设 $R_L=10k\Omega$，此时 I_Φ应________（大/小）于____________ mA。在图 10-11 中，用作图法得到此时的光照度为________ lx；4）若此时光照 E 变化 ±500lx，则 U_o ____________（跳变/不变）；5）当光照度 E ____________（大/小）于________________ lx 时，IC_1 才再次翻转，跳变为____________电平，K ____________。因此，使用具有施密特特性的反相器后，允许光照度 E 的回差为________ lx，施密特反相器在电路中起____________（提高灵敏度/抗干扰）的作用；6）若希望在光照度很小的情况下 K 动作，R_L 应________（变大/变小），此时应将 RP 往____________（上/下）调。RP 称为调____________电位器；7）图中的 R_2 起________作用，V_1 起____________（电压/功率）放大作用，VD_2 起________作用，保护____________在 K 突然失电时不致被继电器线圈的反向感应电动势所击穿，因此 VD_2 又称为____________二极管。

10-3　某光敏晶体管在强光照时的光电流为 2.5mA，选用的继电器的额定吸合电流 I_{NKA}为 50mA，直流电阻 R_{KA}为 200Ω。现欲设计一个简单的光电开关，在有强光照时继电器 KA 释放（失电）。求：

1）请画出光电开关的电路图（只采用普通晶体管放大光电流）；2）选用的电源标称电压值 V_{CC}；3）标出 R_{B1}和 R_{B2}的电阻值；4）求在该标称电压下，KA 得电时，流经 KA 的实际电流值 I_{KA}（设该光敏晶体管的 $U_{CES}\approx 0.3V$）。

10-4　某光电池的有效受光面积为 $2mm^2$，光电特性如图 10-15 所示。请你设计并画出一个线性的光电池测量电路（由两级运算放大器电路组成），要求：

1）电路的输出电压 U_o 与光照度成正比；2）当光照度为 25 lx 时，输出电压 $U_o=10V$，此时光电池输出的光电流为多少？3）标出电源电压标称值及各电阻值（非理想运算放大器情况下，$10k\Omega \leqslant R_f \leqslant 1M\Omega$，$1k\Omega \leqslant R_1 \leqslant 100k\Omega$）；4）希望第二级运算放大器的放大倍数可微调；5）你所设计的第二级运算放大器的放大倍数是多少？放大倍数的调节范围为多少？

10-5　光电识别系统示意图如图 10-40 所示。试问：

1）该光电识别装置是利用了图 10-22 ____________的原理；2）挑选以下一项用途（邮政、机场安检通道、印制电路板检验、电子元件型号识别、被测物尺寸、形状、面积、颜色等），上网查阅有关资料，简要说明如何将光电识别系统用于该领域的检测。

10-6　在一片 0.5mm 厚的不锈钢圆片边缘，用线切割机[38]加工出等间隔的透光缝，缝的总数 $z=60$，如图 10-41 所示。将该薄圆片置于光电断续器（见图 10-31a）的槽内，并随旋转物转动。用计数器对光电断续器的输出脉冲进行计数，在 10s 内测得计数脉冲数 N 如图所示（计数时间从清零以后开始计算，10s 后自动停止）。求：

1）流过光电断续器左侧的发光二极管电流 I_{VL}为多少毫安（红外发光二极管的正向压降 $U_{VL}=1.2V$）？2）光电断续器的输出脉冲频率 f 约为多少赫兹？3）旋转物平均每秒大约转过多少圈？转速 n 约为多少 r/min？4）如果在自右向左倒数第 2 位数码管的右下方，点亮小数点 dp2，数码显示器的示值与转速 n 之间又是什么关系？5）旋转

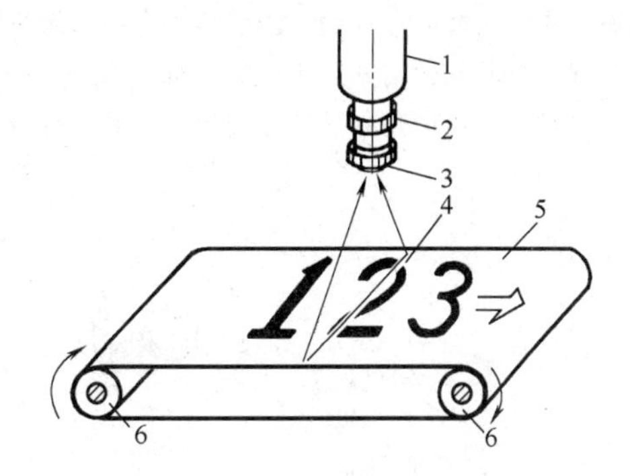

图 10-40　光电识别系统示意图

1—光电识别装置　2—焦距调节装置　3—光学镜头　4—被识别图形　5—传送带　6—传动轴

物在这10s内共转过了多少圈又多少度？

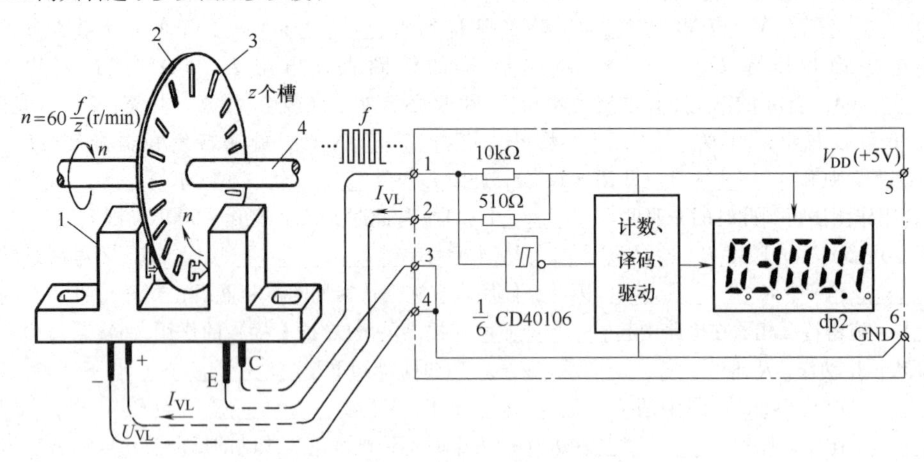

图10-41 利用光电断续器测量转速和圈数

1—光电断续器 2—不锈钢薄圆片 3—透光缝 4—旋转物转轴

10-7 光电式心律（脉搏）测量仪[39]的传感器示意图如图10-42所示。请分析其工作原理，画出光敏晶体管的输出电压波形。并从编号a、b、c、d的引线端点向右画出具体的LED驱动电路、光敏晶体管线性电压放大电路以及A-D转换器、微处理器、显示器等电路原理框图。

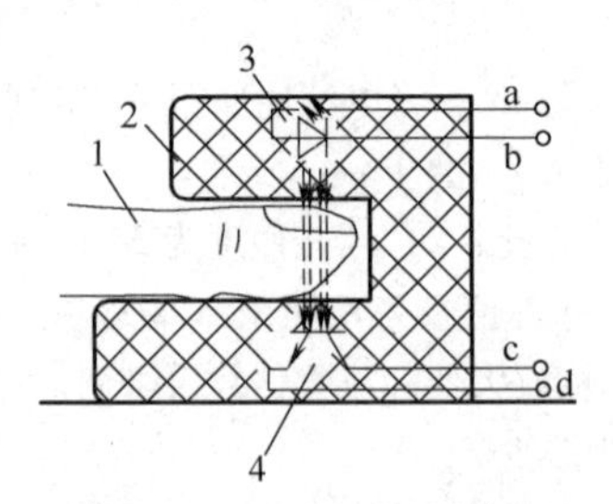

图10-42 光电式脉搏、血液黏度测试仪的传感器示意图

1—中指 2—遮光盒 3—红色发光二极管 4—光敏晶体管

10-8 光导纤维（简称光纤）[40]自20世纪60年代问世以来，已广泛应用于通信、图像传送以及检测领域。光纤由纤芯、包层、保护套等组成，光导纤维原理示意图如图10-43所示。纤芯与包层均由石英玻璃制成，纤芯的折射率大于包层，所以入射光线在纤芯中沿着前进的方向不断地产生全反射，入射光被限制在光纤中，可以传导到很远的地方，而只有很小的损耗（-0.1dB/km）。

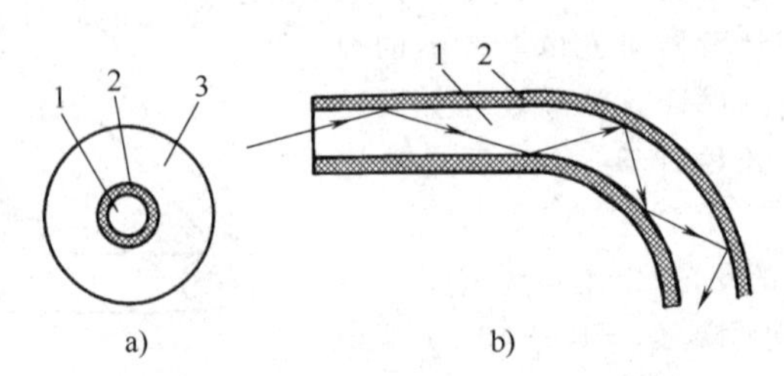

a) b)

图10-43 光导纤维原理示意图

a）光纤横截面图 b）入射光线在光纤中的全反射

1—纤芯 2—包层 3—尼龙保护套

光纤柔软、不受电磁场的干扰，可以非接触测量许多种非电量，如压力、张力、温度、液位、位移、旋转、振动等。利用一对光纤测量几种机械量的原理如图 10-44 所示。

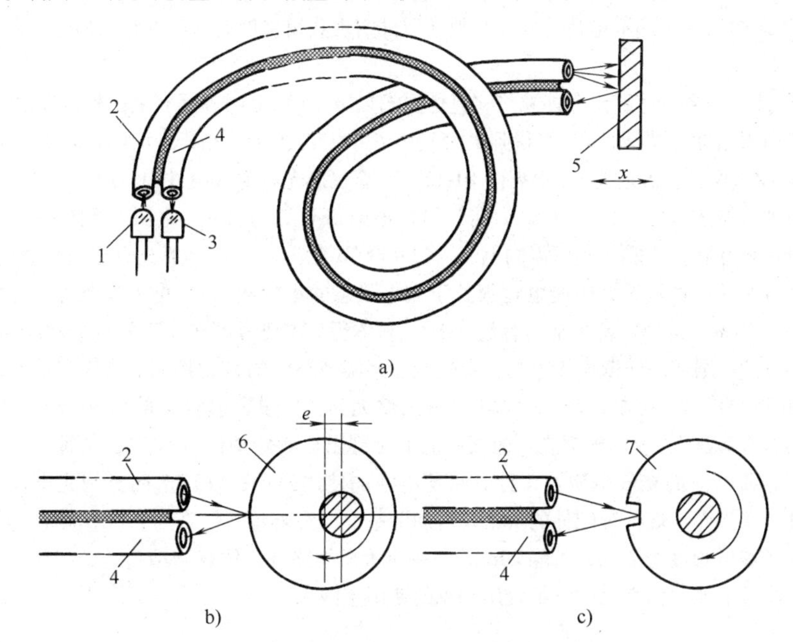

图 10-44　利用一对光纤测量几种机械量的原理

a）光纤测振　b）光纤测偏心　c）光纤测转速

1—LED　2—入射光纤　3—光敏晶体管　4—出射光纤　5—振动体　6—偏心旋转体　7—带槽旋转体

1）上网查阅有关光导纤维的资料，写出其中一种特性参数；2）简要说明光纤测振、测偏心和测转速的工作原理；3）在图 10-44a 中，补充完成该振动测试仪的发射、接收的信号调理电路框图；4）请参考本题原理，画出利用光纤测量水位的原理示意图（提示：可将多根光纤固定在玻璃连通器外侧，参见图 5-22，利用空气和水的反射率不同的特点来测量）；5）说明光导纤维在“光干涉”中的应用。

10-9　造纸工业中经常需要测量纸张的“白度”[41]以提高纸张质量，请设计一台智能检测纸张“白度”的测量仪，要求：

1）上网查阅有关纸张“白度”的测试仪的资料，写出其中一种的特性参数；2）说明该白度测试仪是利用了图 10-22 ____________图的原理；3）画出光路简图（应包括参比通道）；4）画出测量电路原理框图；5）简要说明工作过程。

10-10　保存贵重物品的场所都需要安装多种不同类型的防盗报警器，例如 PVDF 压电薄膜玻璃破碎感应片、超声波、红外光电开关、热释电元件、微波多普勒报警器等。现希望在窗户、门口、保险箱前面、上下、左右安装多种不同工作原理的传感器的多道防线，组成“与”逻辑的“天罗地网”，以达到多重防护、报警的目的。请你画出相应的图样，包括立体图和平面图，并写出工程说明书。

10-11　冲床工作时，工人稍不留神就有可能被冲掉手指头。请上网查阅冲床保护的资料，选用类似于图 10-29、10-30 的光栅栏原理来探测工人的手是否处于危险区域（冲头下方）。只要有光栅栏中的任意一个光电接收器输出有效（即检测到手未离开该危险区），则不让冲头动作，或使正在动作的冲头惯性轮刹车。

1）请上网查阅有关光栅栏的工作原理，写出其中一种的特性参数；2）请写出你的检测、控制方案，画出光幕与冲床的关系图，说明工作原理，并说明为什么必须使用左右两只手同时操作冲床开关？

10-12　请上网查阅电子式自来水表的资料，并在课后打开家中的自来水表，观察其结构及工作过程。然后考虑如何利用学到的光电、霍尔测转速原理，在自来水表玻璃外面安装若干电子元器件，改造成为数字式自来水累积流量测量并用数字显示测量值。请比较在自来水流量测量中，锁存型霍尔传感器（可参考图8-11的基本原理）比光电传感器的优越之处，请以文字形式写出你的设计方案。

10-13 请谈谈如何利用热释电传感器及其他元器件实现宾馆玻璃旋转门的自动启停。防止夹手的措施有哪些？

10-14 请设计一种乡村道路太阳能路灯，具体要求如下：1）上网查阅有关资料，根据本地区的纬度，计算光电池板的向阳角度（法线角），以得到最大光功率，并说明为什么需要考虑纬度值；2）希望LED路灯的额定值为24V/12W（直流逆变），根据图10-15，计算在该光电池板组件中，最少需要将多少片光电池进行串联，以得到所需的电压（以4000 lx为准）；3）根据LED灯的功率、电压以及图10-15，计算总共需要多大面积的电池板并联，才能得到所需的电流（以4000 lx为准）；4）计算光电池组件总的面积；5）根据本地的年平均日照，计算每天太阳能电池板处于充电状态的小时数；6）由上述条件，并假设蓄电池的充放电总体效率为60%，选择铅蓄电池的容量（Ah）和体积，需要考虑连续7天为阴天的情况（假设阴天的照度为500 lx）；7）阐述怎样依据光电池自身的电压，实现路灯的自动控制。当天光的平均照度小于某个设定值（例如30 lx）时，控制路灯亮；当天光逐渐增大到某个设定值时（例如50 lx），路灯暗；8）说明上述照度的回差有何意义？9）根据光电池板性能退化到出厂额定值的63%时，估计太阳能光电池板的寿命；10）根据铅蓄电池的充放电次数，计算铅蓄电池的使用寿命；11）上网查阅光电池组件、LED组件、蓄电池组件、保护壳、灯杆等配件的价格，再加上基建、安装费，估算一个太阳能光电池路灯的造价；12）假设该乡村道路的长度为2km，每隔20m竖立一个太阳能路灯，估算该项目总的报价；13）假设在使用期间，更换5次蓄电池，估算总的维护费用和总的使用年限。

拓展阅读参考资料列表

序号	作　者	拓展阅读文章题目
1	百度百科	普朗克常数
2	王卫东，卢环，等	纪念爱因斯坦1905年解释光电效应100周年
3	百度百科	光电效应
4	徐兵，彭欣，等	γ光子与物质作用产生次级电子的红限与紫限
5	北京东旭恒业技术开发有限公司	紫外线火焰监测报警控制器
6	百度百科	光电倍增管
7	百度百科	光敏电阻
8	百度百科	半导体材料的禁带宽度
9	张绍纲，赵融，等	中小学校教室采光和照明卫生标准
10	百度百科	照度
11	百度百科	流明
12	百度百科	光通量
13	威龙电子商务科技有限公司	高速SMD PIN光敏二极管
14	谢雪松	氮化镓基PIN结构紫外探测器研究与应用
15	武汉光驰科技有限公司	APD光电二极管特性测试
16	何波，马忠权，等	新型SINP硅蓝紫光电池的研究
17	安华高科技有限公司	RGB色彩传感器工作原理及应用方案分析
18	林坚杨	太阳电池技术
19	Qooic电子产品及信息平台	74HC04资料下载
20	王文革	辐射测温技术综述
21	岳临萍	辐射式温度计的原理简析及在轧钢厂的应用
22	百度百科	红外线测温仪
23	深圳森霸光电有限公司	热释电红外线传感器
24	百度百科	菲涅尔透镜

（续）

序号	作　者	拓展阅读文章题目
25	医学教育网	静止悬浮液血球计数及分类仪的测量系统
26	百度百科	烟雾报警器
27	郑州君达仪器仪表有限公司	小野测器转速表传感器工作原理
28	夏振华	等精度频率计的实现
29	崔庆胜，尹海潮，等	红外测宽技术及其在热轧带钢宽度检测中的应用
30	庞络半导体	光电断续器、光电开关
31	贾彦杰	卷取机跑偏控制系统的设计
32	万巍，邱震明	带钢纠偏系统的分析与仿真
33	南通振华光电有限公司	线性硅光电池参数
34	百度百科	电液伺服系统
35	百度百科	条形码
36	佘俊芳	干手机原理
37	电子天下网	CD40106 施密特触发器参数
38	百度百科	线切割机
39	21IC 中国电子网	光柱式脉搏测试仪电路图
40	百度百科	光导纤维
41	百度百科	纸张白度仪

第11章

数字式位置传感器

长期以来，世界各国都在致力于发展数字式位置测量技术，希望能够高准确度地自动测量直线位移或角位移，用数字形式显示出来，并自动控制机床的加工过程，从而提高加工效率及加工准确度。

早在1874年，物理学家瑞利就发现了构成计量光栅基础的莫尔条纹光学放大原理，但直到20世纪50年代初，英国FERRANTI公司才成功地将计量光栅用于数控铣床。与此同时，美国的FARRAND公司发明了感应同步器（Inductosyn）。20世纪60年代末，日本SONY公司发明了磁栅数显系统。90年代初，瑞士SYLVAC公司又推出了容栅数显系统。容栅（Capacitive）利用了变面积电容传感器原理，价格低廉，耗电省，分辨力可达10μm，测量长度可达1m，可用于直线测量，使传统的游标卡尺、千分尺、高度尺等实现数显化[1]。目前，数字位置测量的直线位移分辨力可达0.1μm，角位移分辨力可达0.1″，并正朝着大量程、自动补偿、测量数据处理高速化的方向发展。

数字式位置传感器与前几章介绍过的其他位置传感器，如电感、电涡流、电容等位移传感器不同，它可以直接给出抗干扰能力较强的增量脉冲信号或编码信号，既有很高的准确度，又可测量很大的位移量，测量准确度与量程基本无关。数字式位置传感器广泛应用于数控机床中，进行位置测量和伺服控制。

本章将从结构、原理等方面，介绍几种常用的数字式位置传感器，如角编码器（Encoder）、光栅（Grating）传感器、磁栅（Magnetic Grid）传感器等，并论述它们在工程中的应用。

11.1 位置测量方式

11.1 拓展阅读资料

许多机械设备的工作过程涉及长度和角度的测量和控制。位置测量主要是指直线位移和角位移的精密测量。数字式位置传感器有直接测量和间接测量，增量式测量和绝对式测量之分。

11.1.1 直接测量和间接测量

若位置传感器所测量的对象就是被测量本身，即直线式传感器直接测量直线位移，旋转式传感器直接测量角位移，则该测量方式为直接测量。例如用直线光栅和长磁栅测量直线位移等。

若旋转式位置传感器测量的回转运动只是被测量的中间值，再由测量结果推算出与之关联的运动部件的直线位移，则该测量方式属于间接测量。例如用角编码器测量出机械丝杆的旋转角度，再计算丝杆上螺母的直线位移。直接测量和间接测量示意图如图 11-1 所示。

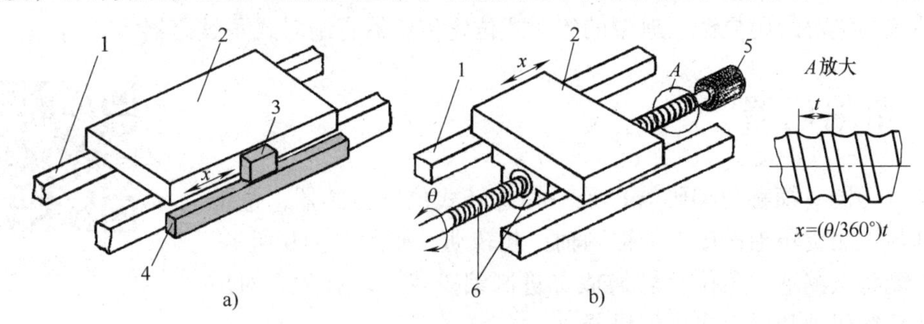

图 11-1　直接测量和间接测量示意图

a）直接测量　b）间接测量

1—导轨　2—运动部件　3—直线式位置传感器的随动部件

4—直线式位置传感器的固定部件　5—旋转式位置传感器　6—丝杠-螺母副

在图 11-1b 中，电动机驱动丝杠[2]的正、反向旋转，丝杠通过螺母带动运动部件做正、反向直线运动。安装在丝杠上的旋转式位置传感器通过测量丝杠旋转的角度，可间接获得运动部件的直线位移。

例 11-1　若丝杠的螺距 $t=6.00\text{mm}$（当丝杠转一圈 360°时，螺母移动的直线距离为 6.00mm），旋转式位置传感器（例如第 11.2 节介绍的角编码器）测得丝杠的旋转角度 $\theta=7290°$，求：螺母的直线位移 x。

解　螺母的直线位移

$$x=(7290°/360°)\times 6\text{mm}=121.50\text{mm}$$

用直线式位置传感器进行直线位移的直接测量时，传感器必须与直线行程等长，测量范围受传感器长度的限制，但没有机械传动误差，测量准确度高；旋转式间接测量时，无长度限制，但由于存在直线与旋转运动的中间传递误差，例如机械传动链的间隙等，故测量准确度不及直接测量。能够将旋转运动转换成直线运动的机械传动装置除了丝杠-螺母副外，还有齿轮-齿条、同步带-带轮等传动装置。

11.1.2　增量式和绝对式测量

（1）增量式测量的特点　运动部件每移动一个基本长度（或角度）单位，位置传感器便发出一个输出信号，此信号通常是脉冲形式。一个脉冲所代表的基本长度（或角度）就是分辨力。微处理器对脉冲进行计数，便可得到位移量。

例 11-2　在图 11-1a 中，若增量式测量系统的每个脉冲代表 0.01mm，直线光栅传感器发出 200 个脉冲，求：工作台的直线位移 x。

解　根据题意，工作台每移动 0.01mm，直线光栅传感器便发出 1 个脉冲，计数器就加 1 或减 1。当计数值为 200 时，工作台移动了

$$x=200\times 0.01\text{mm}=2.00\text{mm}$$

增量式位置传感器必须有一个零位标志，作为测量起点的标志（见图 11-4 中的序号 4 元件和图 11-12 中的序号 5 元件）。如果测量中途断电，增量式位置传感器将丢失运动部件

的绝对位置数据。典型的增量式位置传感器有增量式光电编码器、增量式光栅等。

（2）绝对式测量的特点 运动部件的每一运动位置都有一个对应的编码，常以多位二进制码来表示。对于绝对式测量方式的位置测量传感器，即使断电之后再重新上电，也能读出当前位置的绝对编码数据。典型的绝对式位置传感器有绝对式角编码器等。

11.2 角编码器

11.2 拓展阅读资料

轴角编码器（简称角编码器）是一种旋转式位置传感器，它的转轴通常与被测旋转轴连接，随被测轴一起转动，如图11-1b所示。角编码器能将被测轴的角位移转换成二进制编码或一串脉冲，对应于绝对式角编码器和增量式角编码器。

11.2.1 绝对式角编码器

绝对式角编码器[3]是将被测角度直接进行编码的传感器。根据内部结构和检测方式的不同，有接触式、光电式、磁阻式等形式。

1. 接触式角编码器的结构

4位二进制接触式（仅参考其基本原理）码盘如图11-2所示。在一个不导电基体上，制造出许多有规律的导电金属区，图中的涂黑部分为导电区，用电平“1”表示，其他部分为绝缘区，用电平“0”表示。图11-2中的码盘分成4个输出码道，在每个码道上都有一个电刷，电刷经取样电阻 $R_0\sim R_3$ 接地，信号从电阻的“热端”（非接地端）取出。这样，无论码盘处在哪个角度上，该角度均有4个输出码道上的“1”和“0”组成的4位二进制编码与之对应。码盘的最里面一圈轨道是公用的，公用码道和各输出码道的导电部分连在一起，接到激励电源 E_i 的正极。

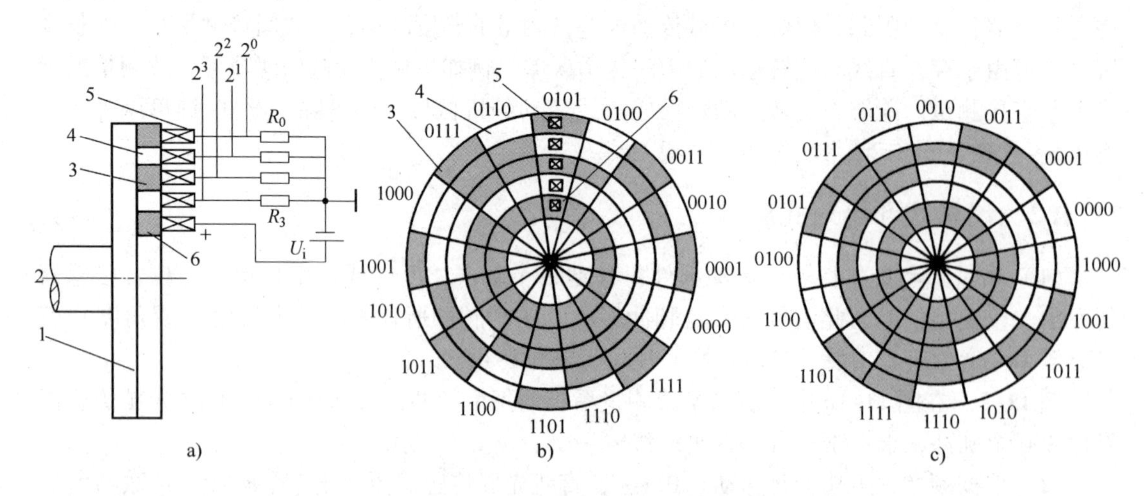

图11-2 4位二进制接触式码盘

a）电刷在码盘上的位置 b）4位自然二进制码盘 c）4位格雷码码盘

1—码盘 2—转轴 3—导电体 4—绝缘体 5—电刷 6—激励公用轨道（接电源正极）

码盘是与被测转轴连在一起的，而电刷位置是固定的。当码盘随被测轴一起转动时，电刷和码盘的位置就发生相对变化。若某一个电刷接触到导电区域（见图 11-2 中的阴影区域），则该回路中的取样电阻上有电流流过，产生压降，输出为“1”；反之，若电刷接触的是绝缘区域，输出为“0”，由此可根据电刷的位置得到由“1”“0”组成的 4 位二进制码。例如，在图 11-2b 中可以看到，此时的输出为 0101。

2. 接触式角编码器的分辨力与分辨率

从以上分析可知，码道的圈数（不包括最里面的公用轨道）就是二进制的位数，高位在内，低位在外。由此可以推断出，n 位二进制码盘就有 n 圈码道，且圆周被均分为 2^n 个区域，分别表示不同的角度位置，所能分辨的角度 α（即分辨力）为

$$\alpha = 360°/2^n \tag{11-1}$$

$$分辨率 = 1/2^n \tag{11-2}$$

显然，位数 n 越大，所能分辨的角度 α 就越小，测量准确度就越高。若要提高分辨力，就必须增加码道数。

例 11-3　求 12 码道的绝对式角编码器的分辨率及分辨力 α。

解　该 12 码道的绝对式角编码器的圆周被均分为 $2^{12} = 4096$ 个位置数，分辨率为 1/4096，能分辨的角度

$$\alpha = 360°/2^{12} = 5.27'$$

在接触式绝对角编码器中，对码盘制作和电刷安装的要求十分严格，否则就会产生非单值性误差。

例如，在自然二进制码盘中，当码盘由位置（0111）向位置（1000）过渡时，4 个电刷的接触区合计可能会出现 8～15 之间的 8 个不同的十进制数。为了消除这种非单值性误差，可采用二进制循环码盘，又称格雷码盘。

格雷码[4]（Gray Yards）是一种无权码，是一种误差最小化的编码方式，相邻两个二进制数码只有一个数位不同，也就是说，码盘旋转时，N 个电刷接触的码道中，每次只有一位产生切换，这样就可以把误差控制在最小分辨力内。4 位格雷码盘如图 11-2c 所示。4 位十进制数与自然二进制码以及格雷码的对照表如表 11-1 所示。

表 11-1　4 位十进制数与自然二进制码以及格雷码的对照表

十进制数	自然二进制码	格雷码	十进制数	自然二进制码	格雷码
0	0000	0000	8	1000	1100
1	0001	0001	9	1001	1101
2	0010	0011	10	1010	1111
3	0011	0010	11	1011	1110
4	0100	0110	12	1100	1010
5	0101	0111	13	1101	1011
6	0110	0101	14	1110	1001
7	0111	0100	15	1111	1000

3. 绝对式光电角编码器的结构及特点

绝对式光电角编码器由绝对式光电码盘及光电元件构成。绝对式光电码盘中黑的区域为

不透光区，用“0”表示；白的区域为透光区，用“1”表示（也可以相反）。每一码道上都有一组光电元件，在任意角度都有对应的、唯一的二进制编码，如图 11-3a 所示。

光电码盘的特点是没有接触磨损，寿命长，额定转速高。用不锈钢薄板刻蚀制成的光电码盘要比玻璃码盘抗振性好，但由于槽数受限，所以分辨力较玻璃码盘低。现在也采用树脂镀膜刻蚀，强度比玻璃码盘高，可以制得 20 个以上的码道。位数较多的绝对式角编码器多采用串行码输出。

当图 11-3 所示的绝对式光电码盘转动超过 360°时，编码又回到原点，因此只能用于旋转范围 360°以内的测量，称为单圈绝对式编码器。如果测量旋转超过 360°，旋转圈数用寄存器保存，而寄存器需要靠锂电池来保存数据。也可以采用类似钟表的齿轮结构来记忆圈数，称为多圈绝对式编码器。还可以在图 11-3 所示的码盘的内圈，增加“粗码刻度”，可以做到在 4096 圈之内不重复输出格雷码[5]。

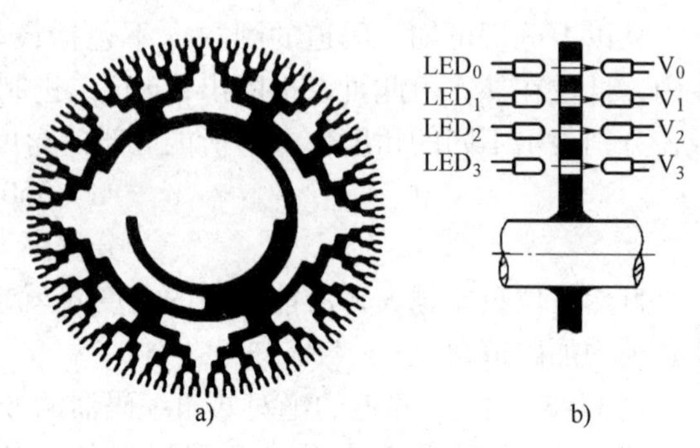

图 11-3 绝对式光电码盘

a）12 码道光电码盘的平面结构

b）4 码道光电码盘与光源、光敏元件的对应关系

11.2.2 增量式角编码器

1. 增量式光电角编码器的结构

增量式光电角编码器的结构示意图如图 11-4 所示。增量式码盘可用不锈钢或玻璃材料制作，表面镀一层不透光的金属铬，再在边缘切割出向心的透光狭缝。透光狭缝在码盘圆周上等分，数量从几百条到几千条不等。这样，整个码盘圆周上就被等分成 n 个透光的槽。光电码盘与转轴连在一起。

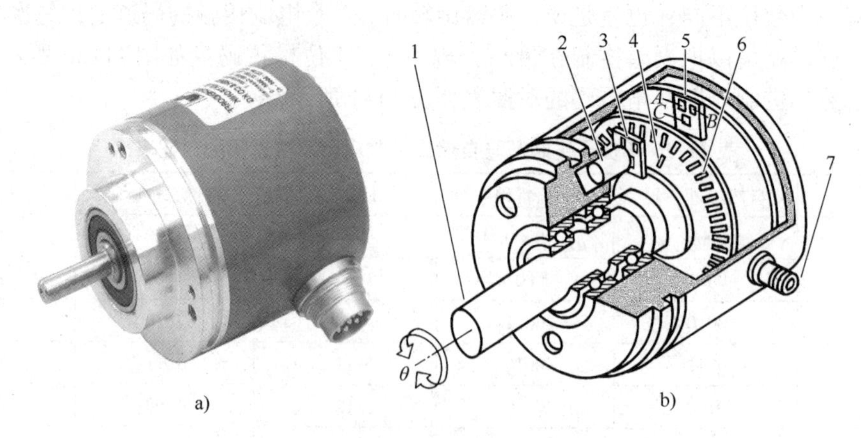

图 11-4 增量式光电角编码器结构示意图

a）外形 b）内部结构

1—转轴 2—发光二极管 3—光栏板 4—零标志位光槽 5—光敏元件 6—码盘 7—电源及信号线连接座

增量式光电角编码器的光源使用自身有聚光效果的 LED。当光电码盘随工作轴一起转动时，LED 发出的光线透过光电码盘和光栏板狭缝，形成忽明忽暗的光信号。光敏元件（光

敏晶体管或小尺寸的光电池）把此光信号的变化转换成电脉冲信号，通过信号调理电路后，向微处理器系统输出计数脉冲，由数码管显示位移量。

2. 增量式光电角编码器的分辨力与分辨率

增量式光电角编码器的测量准确度与码盘圆周上的狭缝条纹数目 n 有关，能分辨的角度 α 为

$$\alpha = 360°/n \tag{11-3}$$

$$\text{分辨率} = 1/n \tag{11-4}$$

例 11-4　某增量式角编码器的技术指标为 1024 个脉冲/圈（即 $N = 1024\text{P/r}$），求分辨力 α。

解　按题意，码盘边缘的透光槽数为 1024 个，则能分辨的最小角度为

$$\alpha = 360°/1024 = 0.352° \approx 21'$$

为了判断码盘旋转的方向，必须在增量式角编码器的光栏板上设置两个狭缝，其距离是码盘上的两个狭缝距离的（$m \pm 1/4$）倍，m 为正整数。并设置了两组对应的光敏元件，如图 11-4 中的 A、B 光敏元件，也称为 cos、sin 元件。光电编码器的输出波形如图 11-5 所示。有关 A、B 信号如何用于辨向、细分的原理将在第 11.3 节中论述。

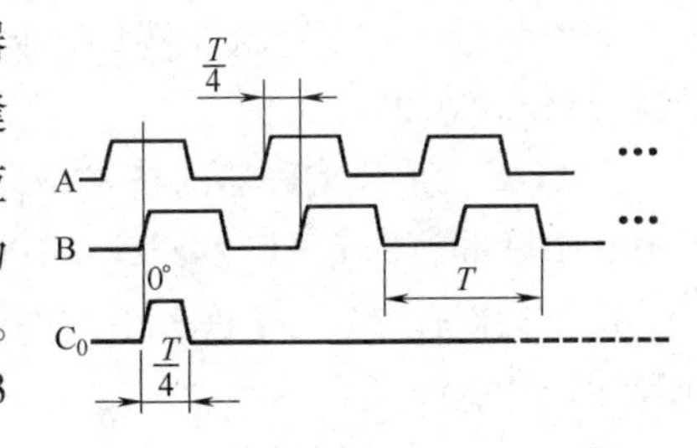

图 11-5　光电编码器的输出波形

为了得到码盘转动的绝对位置，还必须设置一个基准点，如图 11-4 中的“零位标志槽”。码盘每转一圈，零位标志槽对应的光敏元件产生一个脉冲，称为“一转脉冲”，见图 11-5 中的 C_0 脉冲。

11.2.3　角编码器的应用

角编码器除了能直接测量角位移或间接测量直线位移外，还有以下用途。

1. 角编码器在数字测速中的应用

由于增量式角编码器的输出是脉冲信号，因此，可以通过测量脉冲频率或周期的方法来测量转速。角编码器可代替测速发电动机的模拟测速，而成为数字测速装置。数字测速方法有 M 法测速、T 法测速和 M/T 法测速[7]等，M 法和 T 法测速原理如图 11-6 所示[8]。

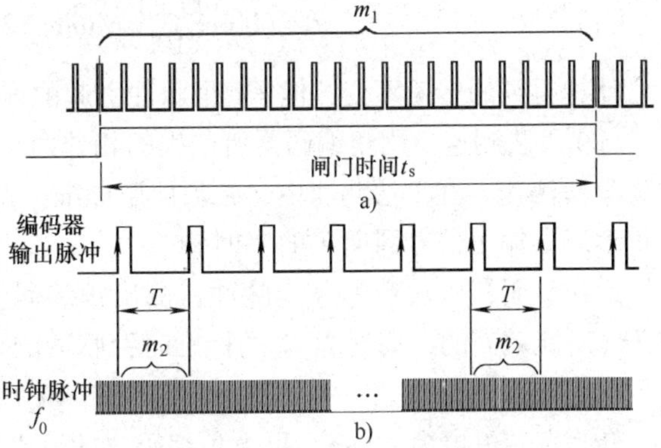

图 11-6　M 法和 T 法测速原理

a）M 法测速　b）T 法测速

（1）M 法测速　在一定的时间间隔 T_s 内（$T_s = T_{闸门}$，如 10s、1s、0.1s 等），用编码器所产生的脉冲数来确定速度的方法称为 M 法测速。

若编码器每转产生 N 个脉冲，在 t_s 的闸门时间间隔内得到 m_1 个脉冲，则编码器所产生的脉冲频率

$$f = \frac{m_1}{t_s} \tag{11-5}$$

则转速（单位为 r/min）

$$n = 60\frac{f}{N} = 60\frac{m_1}{t_s N} \tag{11-6}$$

M 法测速适合于转速较快的场合。例如，角编码器的输出脉冲频率 $f = 1000\text{Hz}$，闸门时间 $t_s = 1\text{s}$ 时，±1 误差（多或少计数 1 个脉冲，见第 10.3 节）导致的测量误差只有 0.1% 左右；而当转速较慢时，角编码器输出脉冲频率较低，若图 11-6 中的闸门时间随机地向后延迟了一点，将导致计数得到的角编码器脉冲减少一个（或增加一个），导致测量误差。

闸门时间 t_s 的长短也会影响测量准确度。t_s 取得较长时，测量准确度较高，但不能反映速度的瞬时变化，不适合动态测量；t_s 也不能取得太小，以至于在 t_s 时段内得到的脉冲太少，而使测量准确度降低。例如，脉冲的频率 f 仍为 1000Hz，t_s 缩短到 0.01s 时，此时的测量误差将高达 10%。

例 11-5 某角编码器的技术指标为 1024 个脉冲/r（即 $N = 1024\text{P/r}$），在 0.2s 时间内测得 100 个脉冲，即 $t_s = 0.2\text{s}$，$m_1 = 100$，求：

1）转速 n；2）±1 误差引起的转速测量误差为多少 r/min；3）如果将 t_s 延长到 1s，再计算 ±1 误差。

解 1）角编码器轴的转速为

$$n = 60\frac{m_1}{t_s N} = 60\frac{100}{0.2\times 1024}\text{r/min} = 29.3\text{r/min}$$

2）由于存在 ±1 误差，在 t_s 时间段里，计数得到的脉冲数 $m_1 = 100 \pm 1$ 个脉冲，则

$$n = 60\frac{100 \pm 1}{0.2\times 1024}\text{r/min} = 29.3 \pm 0.29\text{r/min}$$

3）如果将 t_s 延长到 1s，m'_1 必然增加到 500，则

$$n = 60\frac{500 \pm 1}{1\times 1024}\text{r/min} = 29.3 \pm 0.06\text{r/min}$$

计算得到的转速不变，但 ±1 个脉冲引起的误差显然缩小。

（2）T 法测速 用角编码器所产生的相邻两个脉冲之间的时间 T 来确定被测转速的方法称为 T 法测速。在 T 法测速中，必须使用标准时钟脉冲 f_0（其周期为 T_0，例如 1μs）作为测量角编码器输出信号周期 T 的"时钟"。

设角编码器每转产生 N 个脉冲，测出角编码器输出的两个相邻脉冲上升沿之间（即周期 T）所能填充的，周期为 T_0 的标准时钟脉冲的个数 m_2，就可得到编码器输出脉冲的周期

$$T = m_2 T_0 \tag{11-7}$$

转速 n（单位为 r/min）可由角编码器的输出频率 f 或周期 T 求得

$$n = 60\frac{f}{N} = 60\frac{1}{T}\frac{1}{N} = 60\frac{1}{m_2 T_0}\frac{1}{N} = 60\frac{f_0}{m_2 N} \tag{11-8}$$

例 11-6 某角编码器的指标为 1024P/r，已知标准时钟频率 $f_0 = 1\text{MHz}$，测得角编码器输出的两个相邻脉冲上升沿之间所填充的标准时钟数 $m_2 = 100$ 脉冲，求转速 n。

解 角编码器轴的转速

$$n = 60\frac{f_0}{m_2 N} = 60\frac{1\times10^6}{100\times1024}\text{r/min} = 585.9\text{r/min}$$

T法测速适合于转速较慢的场合。例如，角编码器输出脉冲的频率$f=10\text{Hz}$、$f_0=10\text{kHz}$时，测量准确度可达0.1%左右；而当转速较快时，角编码器输出脉冲的周期较短，所能填充的标准时钟数较少，测量准确度则降低。所以f_0应选得高一些，以提高在T时段内得到的脉冲数。

（3）M/T法测速　M/T法测速能克服M法和T法的局限性，可以在较宽速度范围内实现转速的高准确度测量，M/T法测速原理如图11-7所示。

与M法稍有不同的是，闸门时间发生器受角编码器输出脉冲上升沿的触发，在经历设定的时间后，闸门高电平信号随被测脉冲上升沿而同步结束，见图11-7中的“同步闸门时间”时序。

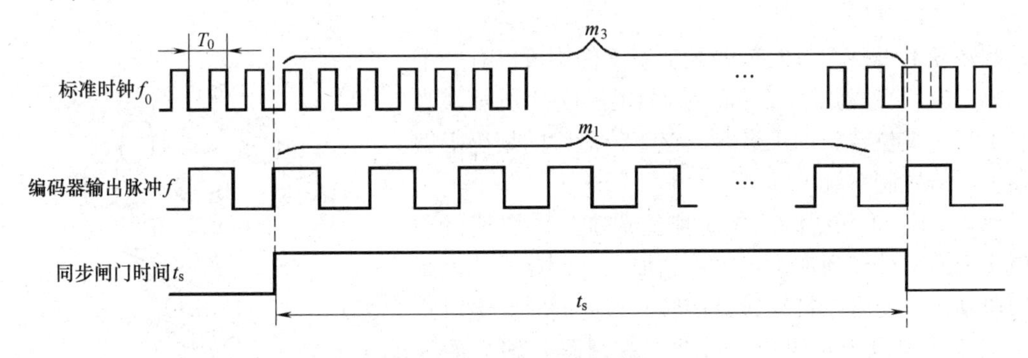

图11-7　M/T法测速原理

分别用两个计数器，对角编码器的输出脉冲个数m_1和标准时钟脉冲（周期为T_0）的个数m_3同时进行计数，从而计算得到$t_s=m_3T_0=m_3/f_0$。与M法相似，角编码器的输出脉冲频率

$$f = \frac{m_1}{t_s} = \frac{m_1 f_0}{m_3} \tag{11-9}$$

则角编码器的转速

$$n = 60\frac{f}{N} = \frac{60}{N}\frac{m_1 f_0}{m_3} \tag{11-10}$$

M/T法测速减小了被测脉冲的±1误差，在较高和较低的转速范围内，都有较高的测量准确度。

2. 角编码器在交流伺服电动机中的应用

交流伺服电动机[9]的控制是当前伺服控制中最新技术之一。交流伺服电动机的运行需要角度位置传感器，以确定各个时刻转子磁极相对于定子绕组转过的角度，从而控制电动机的运行。交流伺服电动机及控制系统如图11-8所示。

从图11-8b中可以看出，光电编码器在交流伺服电动机控制中起了三个方面的作用：①提供电动机定、转子之间相互位置的数据；②通过角编码器测速，提供速度反馈信号；③提供传动系统角位移信号，作为位置反馈信号。

3. 角编码器在工件定价加工中的应用

由于绝对式角编码器每一转角位置均有一个固定的编码输出，若编码器与转盘同轴相

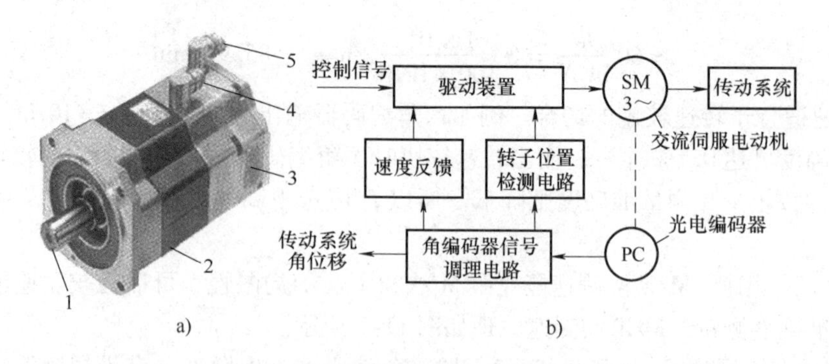

图 11-8 交流伺服电动机及控制系统

a）外形 b）控制系统框图

1—电动机转子轴 2—电动机本体 3—光电编码器 4—三相电源连接座 5—光电角编码器输出（航空插头）

连，则转盘上每一工位安装的被加工工件均可以有一个编码相对应，转盘加工工位的编码如图 11-9 所示。当转盘上某一工位转到加工点时，该工位对应的编码由编码器输出给控制系统。

例如，图 11-9 中的工位 1 刚完成加工，要使处于工位 2 上的工件转到加工点等待钻加工，计算机就控制伺服电动机，使带轮带动转盘旋转。与此同时，绝对式角编码器（假设为 4 码道，自然二进制码）输出的编码不断变化。当输出从 0000 变为 0010（变化 1/8 圈）时，表示转盘已将工位 2 转到图中的加工点，伺服电动机停转，并使转盘保持在停止位置。

这种编码方式在加工中心（一种带刀库和自动换刀装置的数控机床）的刀库选刀控制[10]中得到广泛应用。光电编码器在其他领域中的具体应用参见第 13.5 节的有关内容。

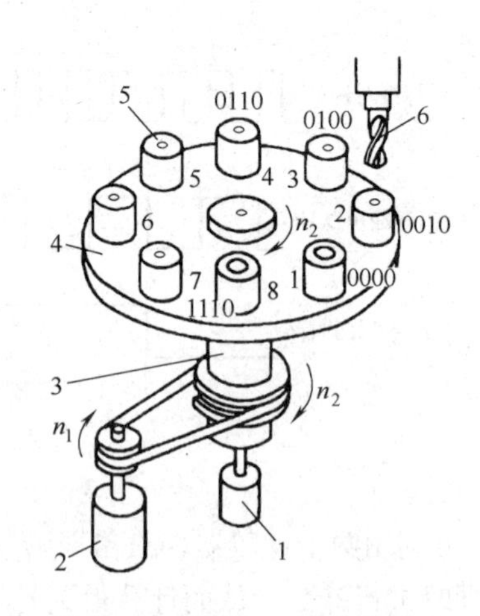

图 11-9 转盘加工工位的编码

1—绝对式角编码器 2—伺服电动机 3—转轴 4—转盘 5—工件 6—刀具

11.3 光栅传感器

11.3 拓展阅读资料

11.3.1 光栅的类型和结构

1. 光栅的类型

光栅的种类很多，可分为物理光栅和计量光栅。物理光栅[11]主要是利用光的衍射现象，常用于光谱分析和光波波长测定。在检测技术中，常用的是计量光栅[12]。计量光栅主要是利用光的透射和反射现象，常用于位移测量，有很高的分辨力，可优于 0.1μm。另外，计量光栅的脉冲读数速率可达每毫秒几百次。

2. 计量光栅的分类与结构

计量光栅可分为透射式光栅和反射式光栅两大类，如图 11-10 所示。它们均由光源、光栅副、光敏元件三大部分组成。光敏元件可以是光敏晶体管，也可以是光电池。透射式光栅一般是用光学玻璃作基体，并镀铬，在其上均匀地刻划出间距、宽度相等的条纹，形成连续的透光区和不透光区，如图 11-10a 所示；反射式光栅一般使用不锈钢制作基体，在基体上用化学腐蚀方法制出黑白相间的条纹，形成反光区和不反光区，如图 11-10b 所示。

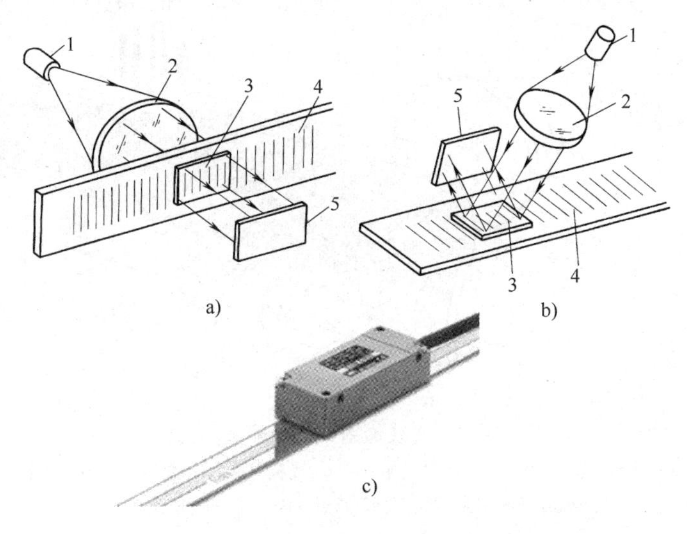

图 11-10　计量光栅的分类示意图

a）透射式光栅　b）反射式光栅　c）敞开式反射钢带光栅外形

1—光源　2—透镜　3—指示光栅　4—主光栅（标尺光栅）　5—光敏元件

计量光栅按形状可分为长光栅和圆光栅[13]。长光栅用于直线位移测量，故又称直线光栅；圆光栅用于角位移测量，两者工作原理基本相似。图 11-11 所示为直线光栅外观及内部结构剖面示意图，图 11-12 为直线透射式光栅测量示意图。

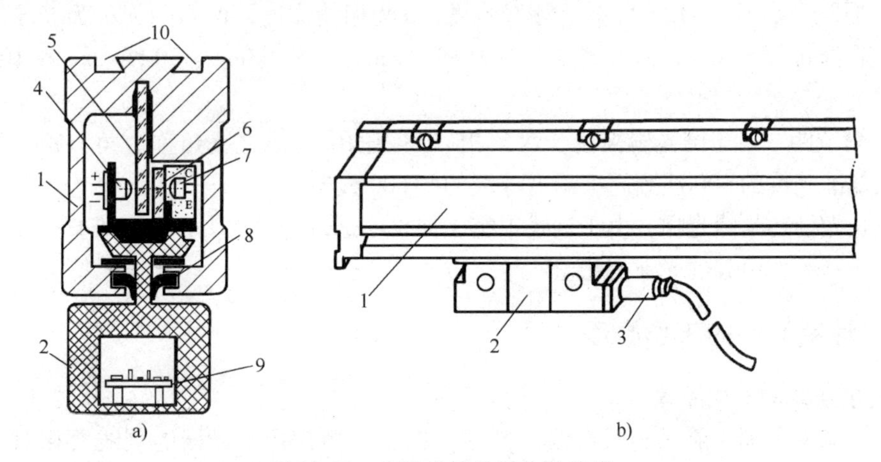

图 11-11　直线光栅的结构及外观

a）内部结构剖面图　b）安装示意图

1—铝合金定尺尺身外壳　2—读数头（动尺）　3—电缆　4—带聚光镜的 LED

5—主光栅（标尺光栅，固定在定尺尺身上）　6—指示光栅（随读数头及溜板移动）

7—光敏元件　8—密封唇　9—信号调理电路　10—安装槽

3. 透射式光栅的结构

直线透射式光栅测量示意图如图 11-12 所示。

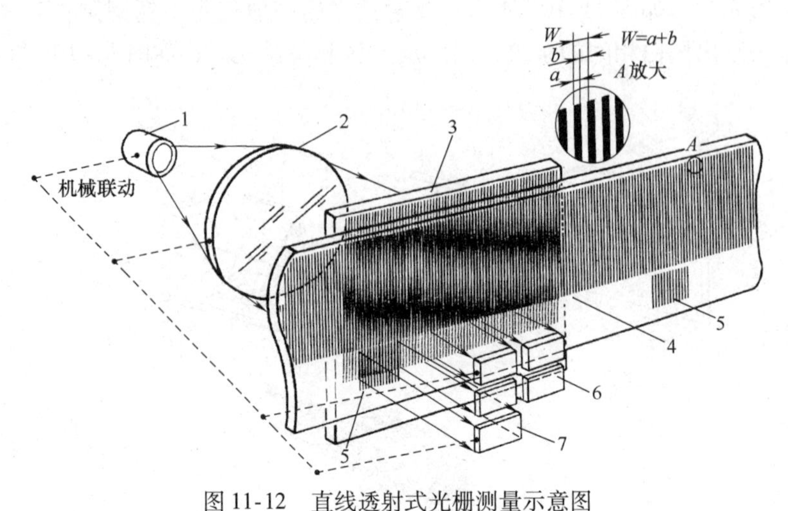

图 11-12 直线透射式光栅测量示意图

1—光源 2—透镜 3—指示光栅 4—主光栅（标尺光栅） 5—零位光栅

6—细分辨向用光敏元件（2 路或 4 路） 7—零位光敏元件

（1）光栅副　直线透射式计量光栅由主光栅（标尺光栅）和指示光栅组成，所以计量光栅又称光栅副。主光栅和指示光栅的刻线宽度和间距完全相同。将指示光栅与主光栅叠合在一起，两者之间保持很小的间隙（0.1mm）。在长光栅中，主光栅通常固定不动，而指示光栅安装在运动部件上，所以两者之间形成相对运动。在圆光栅中，指示光栅通常固定不动，而主光栅随转轴转动。图 11-12 中，器件 1、2、3、6、7 随扫描头联动，与器件 4（主光栅）形成相对位移。

（2）栅距　在图 11-12 中，a 为栅线宽度，b 为栅缝宽度，$W=a+b$ 称为光栅常数，或称栅距。通常 $a=b=W/2$，栅线密度一般为 10 线/mm、25 线/mm、50 线/mm 和 100 线/mm 等几种[14]。

（3）角节距　对于圆光栅来说，两条相邻刻线的中心线之夹角称为角节距，每圈的栅线数从较低准确度的 100 线到高准确度等级的 21600 线不等。

无论长光栅还是圆光栅，由于刻线很密，如果不进行光学放大，就很难直接用光敏元件来分辨光栅移动所引起的光强变化。

11.3.2 计量光栅的工作原理

1. 莫尔条纹的形成原理

（1）亮带和暗带　在透射式直线光栅中，把主光栅与指示光栅的刻线面相对叠合在一起，中间留有很小的间隙，并使两者的栅线保持很小的夹角 θ。在两光栅的刻线重合处，光从缝隙透过，形成亮带，如图 11-13 中 a-a 线所示；在两光栅刻线的错开处，由于相互挡光作用而形成暗带，如图 11-13 中 b-b 线所示。从图 11-12 中，也可以看到亮带和暗带。

这种亮带和暗带形成明暗相间的条纹称为莫尔条纹[15]（Moire Fringe），条纹方向与刻线方向近似垂直。通常在光栅的适当位置（见图 11-13 中的 sin 位置或 cos 位置）安装两只

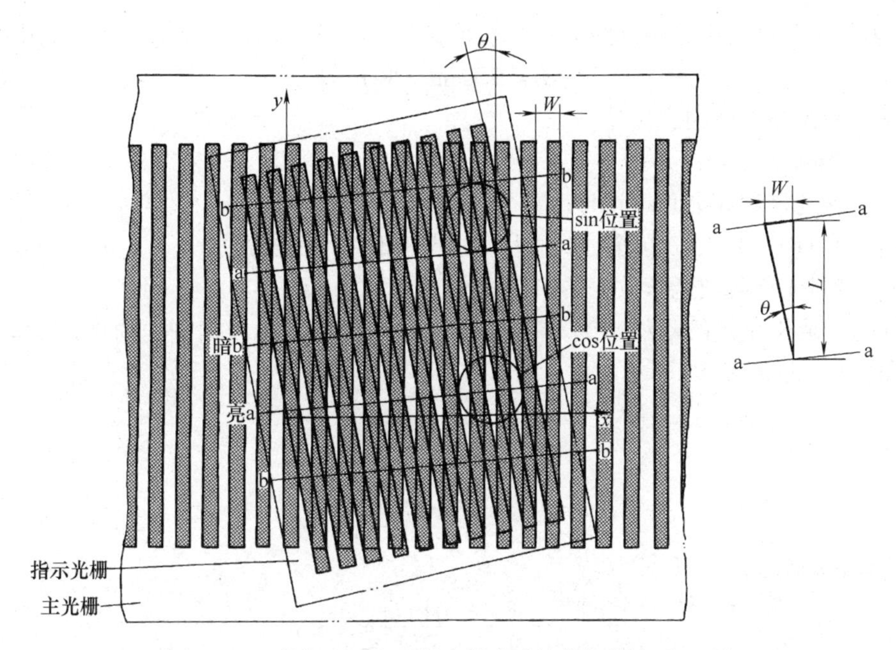

图 11-13　等栅距黑白透射光栅形成的莫尔条纹（$\theta \neq 0$）

光敏元件（为了提高分辨力，可安装 4 只光敏元件）。

（2）sin 光敏元件和 cos 光敏元件　当指示光栅沿 x 轴自左向右移动时，莫尔条纹的亮带和暗带（图 11-13 中的 a-a 线和 b-b 线）将顺序自下而上（图中的 y 方向）不断地掠过光敏元件。光敏元件（光电池或光敏晶体管）"观察"到莫尔条纹的光强变化近似于正弦波变化。光栅移动一个栅距 W，光强变化一个周期。sin 和 cos 光敏元件的输出电压的波形如图 11-14a 所示。

由于光栅的刻线非常细，很难直接分辨究竟相对移动了多少个栅距。利用莫尔条纹的实际价值就在于：从图 11-13 可以看出莫尔条纹的距离比光栅距大许多倍，所以能让光敏元件"看清"随光栅刻线左右位移所带来的光强变化。

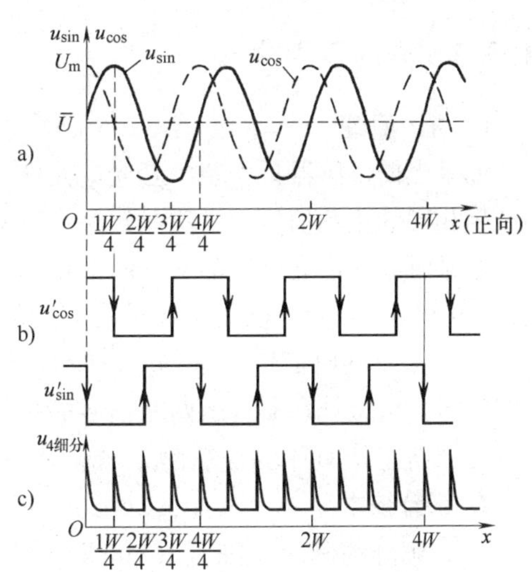

图 11-14　sin 和 cos 光敏元件的输出电压波形及细分脉冲

a）光栅位移与光强及输出电压的关系
b）整形后方波的上升沿和下降沿　c）4 细分脉冲

2. 莫尔条纹的特征

1）莫尔条纹是由光栅的大量刻线共同形成的，对光栅的刻划误差有平均作用，从而能在很大程度上消除光栅刻线不均匀引起的误差。

2）当指示光栅沿与栅线垂直的方向做相对移动时，莫尔条纹则沿光栅刻线方向移动（两者的运动方向相互垂直）；指示光栅反向移动，莫尔条纹亦反向移动。在图 11-13 中，当指示光栅向右移动时，莫尔条纹向上运动。

3）莫尔条纹的间距是放大了的光栅的栅

距，它随着指示光栅与主光栅刻线夹角变小而变大。由于θ很小，所以其关系可用下式表示

$$L = W/\sin\theta \approx W/\theta \tag{11-11}$$

式中 L——莫尔条纹间距；

W——光栅栅距；

θ——两光栅刻线夹角（rad）。

从式（11-11）可知，θ越小，L越大，相当于把微小的栅距放大了$1/\theta$（θ小于1）倍。由此可见，计量光栅起到光学放大器的作用。

例11-7 某长光栅的刻线数为25线/mm，指示光栅与主光栅刻线的夹角$\alpha=1°$，求：栅距W和莫尔条纹间距L。

解

$$W = \frac{1\text{mm}}{25} = 0.04\text{mm}$$

$$\theta = 1° \times \frac{2\pi}{360°} = 0.017\text{rad}$$

由于夹角θ较小，所以

$$L = \frac{W}{\sin\theta} \approx \frac{W}{\theta} = \frac{0.04\text{mm}}{0.017} = 2.35\text{mm}$$

莫尔条纹的宽度L必须大于光敏元件的尺寸，否则光敏元件无法分辨光强的变化。从上例可以看到，2.35mm的莫尔条纹变化是光敏元件可以分辨的尺度。但若不采用莫尔条纹光学放大，则无法分辨$W=0.04$mm的光强变化。

4）莫尔条纹移过的条纹数目与光栅移过的刻线数相等。例如，采用100线/mm光栅时，若光栅从左向右移动了x（也就是移过了$100x$条光栅刻线），则从光电元件面前，从下向上（也可能相反）掠过的莫尔条纹也是$100x$条。对莫尔条纹产生的电脉冲信号计数，就可知道移动的实际距离。

11.3.3 辨向及细分

1. 辨向原理

如果光栅传感器只安装一套光电元件，则无论光栅做正向移动还是反向移动，光敏元件都产生相同的正弦信号，无法分辨移动方向，为此必须设置“辨向电路”[16]。

通常可以在沿光栅线的y方向上相距（$m \pm 1/4$）L（相当于电相角1/4周期）的距离上设置sin和cos两套光电元件（见图11-13中的sin位置和cos位置）。这样就可以得到两个相位相差$\pi/2$的电信号$u_{\sin}$和$u_{\cos}$，如图11-14a所示。经放大、整形后，得到$u'_{\sin}$和$u'_{\cos}$两个方波信号，由微处理器判断两路信号的相位差。当指示光栅向右移动时，$u_{\sin}$滞后于$u_{\cos}$；当指示光栅向左移动时，$u_{\sin}$超前于$u_{\cos}$。微处理器据此判断指示光栅的移动方向。

2. 细分技术

（1）细分的概念 细分（Subdivision）技术又称倍频（Frequency Doubling）技术[17]。由前面的讨论可知，当两光栅相对移过一个栅距W时，莫尔条纹也相应移过一个L，光敏元件的输出就变化一个电周期2π。如将这个电信号直接计数的话，则光栅的分辨力只有一个W的大小。为了能够分辨比W更小的位移量，必须采用细分电路。电子细分电路能在不增加光栅刻线数（线数越多，成本越昂贵）的情况下提高光栅的分辨力。

利用细分电路能在一个 W 的距离内等间隔地给出 n 个计数脉冲。细分后计数脉冲的频率是原来的 n 倍，传感器的分辨力就会有较大的提高。

（2）细分的方法简介　如果将 sin 和 cos 光敏元件的输出电压 $u_{\sin}$ 和 $u_{\cos}$ 放大和整形后，可得到 $u'_{\sin}$ 和 $u'_{\cos}$ 两个方波信号，如图 11-14b 所示。两个方波信号经 RC 微分电路并进行叠加，在一个 W 周期内，就可以得到 4 个微分尖脉冲，实现 4 倍频，如图 11-14c 所示。使用 4 个光敏元件，通过专用集成电路，还可以实现 16 倍频、32 倍频。

例 11-8　某光栅电路的细分数 $n=4$，光栅刻线数 $N=100$ 根/mm，求 4 细分后光栅的分辨力 Δ。

解　栅距 $W=1/N=1\text{mm}/100=0.01\text{mm}$。

$\Delta=W/n=0.01\text{mm}/4=0.0025\text{mm}=2.5\mu\text{m}$。

由上例可见，光栅信号通过 4 细分技术处理后，光栅能够分辨位移的数值是原来的四分之一。

3. 零位光栅

在增量式光栅中，为了寻找坐标原点、消除误差积累，在测量系统中需要有零位标记（位移的起始点），因此在光栅尺上除了主光栅刻线外，还必须刻有零位基准的零位光栅（参见图 11-12 中的序号 5、7 元件），以形成零位脉冲，又称参考脉冲。把整形后的零位信号作为计数开始的条件。

11.3.4　光栅传感器的应用

由于光栅具有测量准确度高等一系列优点，若采用不锈钢反射式光栅，测量范围可达十几米，而且不需“接长”[18]，信号的电抗干扰能力强，因此受到广泛的重视，但使用时必须注意防尘、防震问题。近年来，设计、制造了很多光栅式测量长度和角度的专用仪器，用于精密机床和仪器的精密定位、长度检测、速度的测量。

1. 微机光栅数显表

微机光栅数显表的组成框图如图 11-15 所示。所谓“微机”是指在 20 世纪 80 年代所研制的，类似于现在的单片机。虽然其功能比较简单，但能够处理数字信号，在上个世纪得到广泛的应用。在微机光栅数显表中，放大、整形采用传统的集成电路，辨向、细分可由微处理器（微机）来完成。光栅数显表在机床进给运动中的应用如图 11-16 所示。

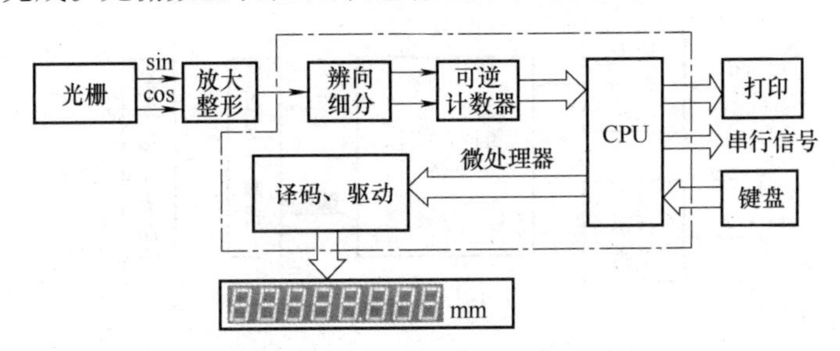

图 11-15　微机光栅数显表的组成框图

在机床操作过程中，由于用数字显示方式代替了传统的标尺刻度读数，大大提高了加工准确度和加工效率。以横向进给为例，光栅读数头固定在工作台上，尺身固定在床鞍上，当工作台沿着床鞍左右运动时，工作台移动的位移量（相对值/绝对值）可通过数字显示装置显示出来。同理，床鞍前后移动的位移量可按同样的方法来处理。

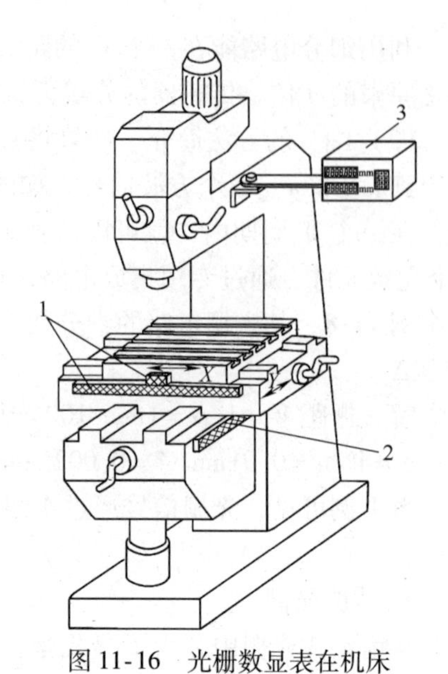

图 11-16 光栅数显表在机床进给运动中的应用

1—横向进给位置光栅检测 2—纵向进给位置光栅检测 3—数字显示装置

2. 轴环式数显表

ZBS 型轴环式数显表如图 11-17 所示。它的主光栅用不锈钢圆薄片制成，可用于角位移的测量。

在轴环式数显表中，定片（指示光栅）固定，动片（主光栅）可与外接旋转轴相连并转动。动片边沿被均匀地镂空出500 条透光条纹，见图 11-17b 的 A 放大图。分辨力为 0.72°。定片为圆弧形薄片，在其表面刻有两组与动片相同间隔的透光条纹（每组 3 条），定片上的条纹与动片上的条纹成一角度 θ。两组条纹分别与两组红外发光二极管和光敏晶体管相对应。当动片旋转时，产生的莫尔条纹亮暗信号由光敏晶体管接收，相位正好相差 π/2，即第一个光敏晶体管接收到正弦信号，第二个光敏晶体管接收到余弦信号。经整形电路处理后，两者仍保持 1/4 周期的相位关系。再经过细分及辨向电路，根据运动的方向来控制可逆计数器做加法或减法计数，测量电路框图如图 11-17c 所示。测量显示的零点由外部复位开关完成。辨向、细分、计数等功能由微处理器完成。

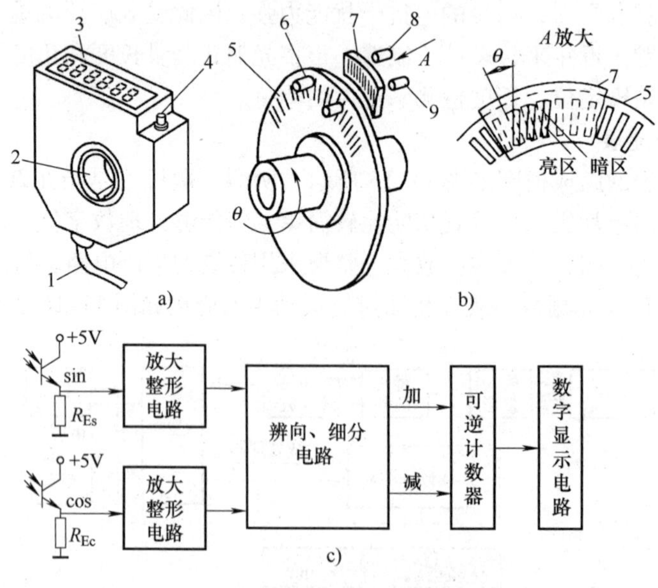

图 11-17 ZBS 型轴环式数显表

a）外形 b）内部结构 c）测量电路框图

1—电源线 2—轴套 3—数字显示器 4—复位开关 5—主光栅

6—红外发光二极管 7—指示光栅 8—sin 光敏晶体管 9—cos 光敏晶体管

光栅型轴环式数显表具有体积小、安装简便、读数直观、可靠性好、性能/价格比高等优点，适用于中小型机床的进给或定位测量，也适用于老机床的改造。如果将它装在车床进给刻度轮的位置，可以直接读出进给尺寸，减少停机测量的次数，从而提高工作效率和加工准确度。

11.4　磁栅传感器

11.4　拓展阅读资料

与其他类型的位置检测元件相比，磁栅传感器具有结构简单、录磁方便、测量范围宽（可达十几米）、不需接长、抗干扰能力强、结构比光栅简单等优点[19]，因而在大型机床的数字检测及自动化机床的定位控制等方面得到了广泛的应用。但分辨力略差于光栅，要注意防止退磁和定期更换磁头。

磁栅可分为长磁栅和圆磁栅两大类。长磁栅主要用于直线位移的测量，圆磁栅主要用于角位移的测量。图 11-18 为长磁栅外观示意图。

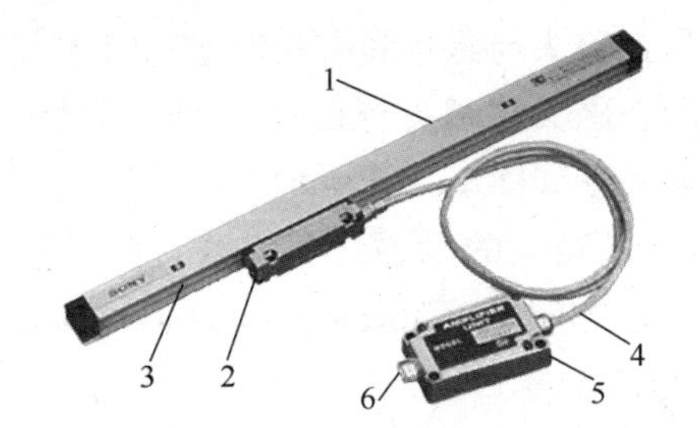

图 11-18　长磁栅外观示意图

1—尺身　2—滑尺（读数头）　3—密封唇　4—电缆　5—接口盒　6—接插口

11.4.1　磁栅的结构及工作原理

磁栅传感器主要由磁尺（Magnetic Foot）、磁头（Magnetic Head）和信号调理电路组成。

1. 磁尺的分类和结构

磁尺按基体形状有带形磁尺、线形磁尺（又称同轴型）和圆形磁尺，如图 11-19 所示。

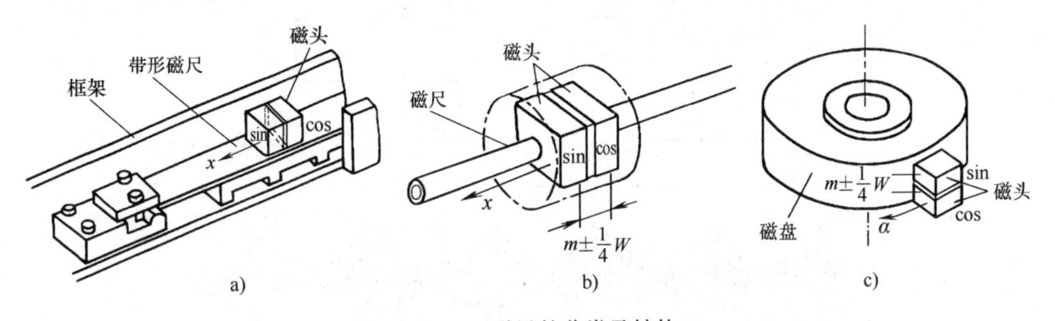

图 11-19　磁尺的分类及结构

a）带形磁尺　b）线形磁尺　c）圆形磁尺

带形磁栅尺[20]是用约宽 20mm、厚 0.2mm 的具有较大的剩磁和矫顽力的磁性金属（如钕铁硼材料[21]）作为尺基，其有效长度可达 30m 以上。带形磁尺固定在用低碳钢做成的屏蔽壳体内，并以一定的预紧力（拉力）固定在框架中，框架又固定在设备上，使带形磁尺同设备一起胀缩，从而减少温度对测量准确度的影响。

线形磁尺是用 ϕ2mm ~ ϕ4mm 的圆形磁性线材作尺基，磁头套在圆型材上。由于磁尺被圆柱状磁头包围在中间，对周围电磁场起到了屏蔽作用，所以抗干扰能力较强，安装和使用都十分方便。

圆形磁尺做成圆盘状，用于制作圆磁栅[22]，测量角位移 α。

利用与录音技术相似的方法，与激光测长仪配合，通过录磁磁头，在磁尺上录制出节距严格相等的磁信号作为计数信号，磁信号可为正弦波或方波，节距 W 通常为 0.05mm、0.1mm、0.2mm 等[23]。在磁尺表面还要涂上一层 1 ~ 2μm 厚的硬质保护膜，以防磁头频繁摩擦而造成磨损。图 11-20 中的第一根曲线为磁尺的磁化波形。在 N 和 N、S 与 S 重叠部分的磁感应强度绝对值最大，磁头的输出电压包络线也最高。若磁尺的磁化从 N 到 S 的磁感应强度是呈正弦波变化，则磁头的输出电压也呈受调制波形，见包络波形。

2. 磁头的分类、结构和工作原理

磁头可分为动态磁头（又称速度响应式磁头）和静态磁头（又称磁通响应式磁头）。动态磁头只有一个输出绕组，只在磁头与磁尺间有相对运动时才有信号输出，故不适用于速度不均匀、时走时停的机床。静态磁头在磁头与磁栅间没有相对运动时也有信号输出。静态磁头的结构及输出信号与磁尺的关系如图 11-20 所示。

图 11-20 中的 sin 磁头和 cos 磁头的励磁绕组串联，两端输入幅度较大的中频 5kHz 或 25kHz 正弦励磁电压。基于磁阻效应[24]（Magnetoresistance Effects），磁头输出两倍于励磁频率的信号电压（10kHz 或 50kHz）。

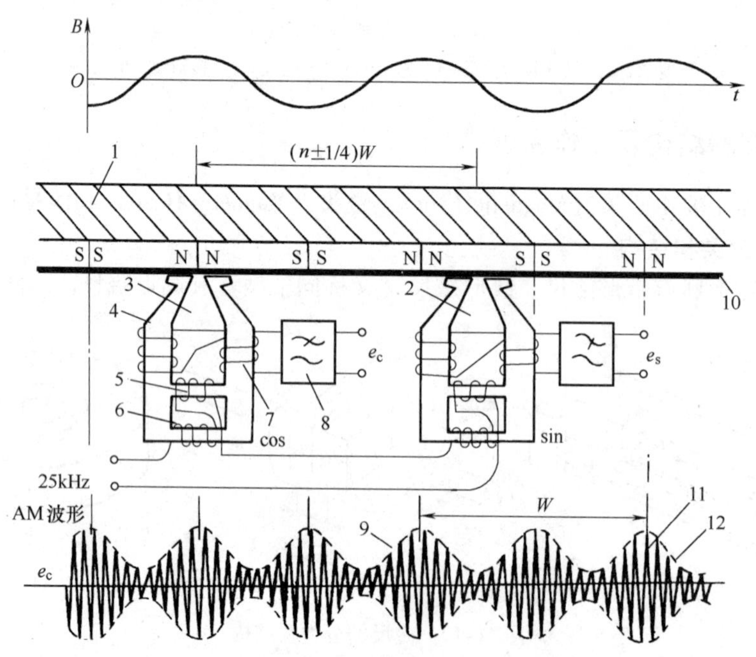

图 11-20　静态磁头的结构及输出信号与磁尺的关系

1—磁尺　2—sin 磁头　3—cos 磁头　4—磁极铁心　5—可饱和铁心　6—励磁绕组
7—感应输出绕组　8—低通滤波器　9—匀速运动时 sin 磁头的输出波形（基波为 2 倍励磁频率）
10—保护膜　11—载波　12—包络线（调制频率与运动速度成正比）

图 11-21 示出了 sin 磁头从静止（幅值并不一定等于零）到开始运动，再恢复到静止的波形曲线。图 a 为磁头静止停在磁尺磁通较小位置处的输出信号波形（$t_1 \sim t_2$ 时段），它是等幅波，幅值较小；图 b 为磁头从静止到快速运动再转变为慢速运动，最后在 t_3 时刻停止下来的输出波形（$t_2 \sim t_3$ 时段），它是调幅波，包络线的调制频率 f_2 与运动速度成正比，$f_2 = v/W$；图 c 为磁头静止停在磁尺磁通较大位置处的输出波形（$t_3 \sim t_4$ 时段），其包络线的幅值与所处的磁尺的位置有关。

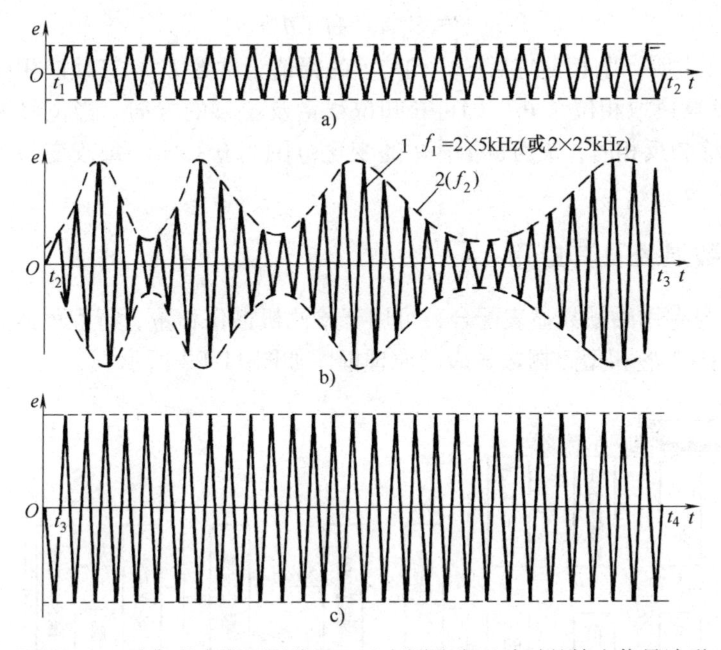

图 11-21　动态磁头在不同位置，以不同速度运动时的输出信号波形

a）磁头静止于磁通较小位置时的波形　b）磁头从快速运动转变为慢速运动的波形　c）磁头静止于磁通较大位置时的等幅波形

1—载波信号　2—包络线

3. 信号调理方式

磁栅传感器的信号调理方式有鉴相式、鉴幅式等。下面简要介绍鉴相调理方式。

所谓鉴相调理方式就是利用输出信号的相位来反映磁头的位移量或磁头与磁尺的相对位置的信号调理方式。

为了辨别磁头运动的方向，必须采用两只磁头（sin 磁头、cos 磁头）来同时拾取磁信号。sin 磁头与 cos 磁头之间的距离为 $(m \pm 1/4)W$，m 为整数。为了保证距离的准确性，通常将两个磁头做成一体。

当两只磁头的励磁线圈上施加同相、同幅的励磁电流时，两磁头输出绕组的输出信号经低通滤波器后，分别为

$$e_1 = (E_m \sin\theta_x)\sin\omega t \tag{11-12}$$

$$e_2 = (E_m \cos\theta_x)\sin\omega t \tag{11-13}$$

式中　E_m——感应电动势的幅值系数；

ω——载波角频率；

θ_x——机械位移相位角，简称机械角，$\theta_x = 2\pi x/W$，x 为机械位移量，W 为磁栅节距。

机械位移相位角 θ_x 反映了磁头与磁栅节距间的周期关系。$E_m\sin\theta_x$ 及 $E_m\cos\theta_x$ 分别表示两个磁头输出的正弦信号幅值。

采用电子线路，把式（11-12）中的 e_1 移相90°后，用 e_1' 表示

$$e_1' = (E_m\sin\theta_x)\cos\omega t \tag{11-14}$$

将式（11-14）、式（11-13）经三角函数和差角公式求和，并经带通滤波器后可得

$$\begin{aligned} e = e_1' \pm e_2 &= E_m(\sin\theta_x\cos\omega t \pm \cos\theta_x\sin\omega t) \\ &= E_m\sin(\omega t + \theta_x) \end{aligned} \tag{11-15}$$

式（11-15）表明，鉴相处理后的电动势 e 的幅值为常数 E_m，其载波相位正比于位移量 x。可以用微处理器读取相位角 θ_x，即可获知位移量及位移的方向。当位移为正向时，相位 θ_x 为正值；当位移为反相时，θ_x 为负值。θ_x 的变化范围为 $0\sim2\pi$。每改变一个 W，θ_x 就变化一个机械周期。

11.4.2 磁栅数显表及其应用

磁头、磁尺与专用磁栅数显表配合，可用于检测机械位移量，行程可达数十米，分辨力优于1μm。ZCB-101鉴相型磁栅数显表的原理框图如图11-22所示。

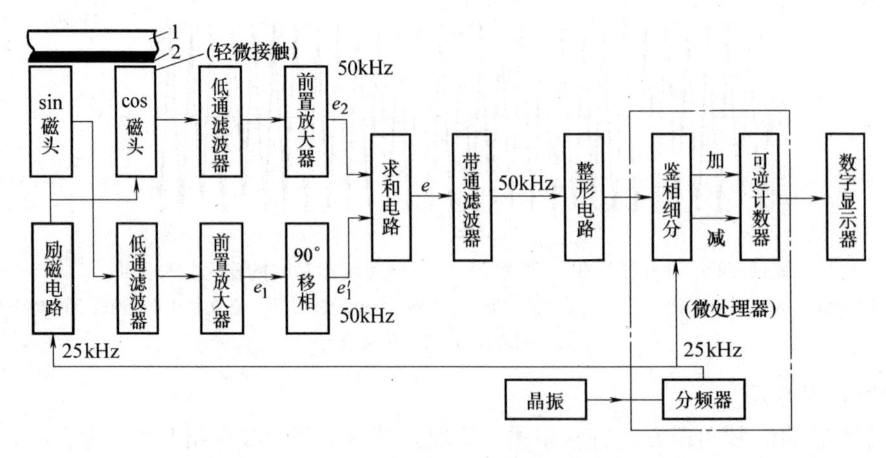

图11-22 ZCB-101鉴相型磁栅数显表的原理框图

1—磁尺基底 2—录磁后的硬磁性薄膜

图11-22中，晶体振荡器输出的脉冲经分频器（也可以由微处理器实现）变为25kHz方波信号，经功率放大后，送入相互串联的sin、cos两个磁头的励磁线圈，对磁头进行励磁，保证了励磁电流的相位相同。两只磁头产生的感应电动势经低通滤波器和前置放大器，送到求和放大电路，得到相位能反映位移量的电动势 $e = E_m\sin(\omega t \pm 2\pi x/W)$。

由于求和电路的输出信号中还包括有许多高次谐波、干扰等无用信号，所以还需送入一个“带通滤波器”，取出式（11-15）所表达的角频率为 ω（50kHz）的正弦信号，并将其整形为方波。当磁头相对磁尺位移一个节距 W 时，其相位就变化360°。

为了检测比一个节距更小的位移量，需要在一个节距内进行电气细分。每当位移 x 使整形后的方波相位变化1.8°时，“鉴相、内插细分”电路就输出一个计数脉冲，此脉冲就表示磁头相对磁尺位移了1μm（设 $W=0.2\text{mm}$，$\Delta x = 0.2\text{mm}\times1.8°/360° = 1\mu\text{m}$）。鉴相、细分电

路有“加”“减”两个脉冲输出端。当磁头正向位移时，电路输出加脉冲，可逆计数器做加法；反之则做减法，计数结果由多位十进制数码管显示。

目前，磁栅数显表多已采用微处理器来实现图11-22框图中的功能。从而使硬件的数量大大减少，而功能却优于普通数显表。现以WCB微机磁栅数显表为例来说明带微处理器的数显表功能。

WCB与XCC系列、SONY系列的直线形磁尺兼容，组成直线位移数显表装置。该表具有位移显示、直径/半径、公制/英制转换及显示功能、数据预置、断电记忆、超限报警、非线性误差修正、故障自检等功能。它能同时测量x、y、z三个方向的位移，通过微处理器软件程序对三个坐标轴的数据进行处理，分别显示三个坐标轴的位移数据。当用户的坐标轴数大于1时，其经济效益指标就明显优于普通形数显表。磁栅数显表同样可用于如图11-16的机床进给位置显示。

随着材料技术的进步，目前带形磁栅可做成开放式的，长度可达几十米，并可卷曲。安装时可直接用特殊的材料粘贴在被测对象（热胀系数必须相同）的基座上，读数头与控制器相连并进行数据通信，可随意对行程进行显示和控制。目前的磁头体积也有逐渐缩小的趋势，出现了磁敏电阻原理的磁头，可不必设置励磁电路，检测速度也进一步提高。目前还开发出“空间静磁栅”。在失电→上电后，仍能正确地反映失电前的位置或角度，实现了磁栅的“绝对编码”。

11.5 工程项目设计实例——鞋楦机的数字化逆向制造系统

11.5 拓展阅读资料

11.5.1 项目来源及技术指标

近十年来，中国制鞋业在全球制鞋业中一跃成为全球最大的鞋类生产国和出口国，这就对制作鞋子的模型——鞋楦[25]的制造提出了更高的要求。传统鞋楦机加工多采用机械靠模仿形[26]加工的原理方法，效率较低，而且较难建立有关鞋楦形状和尺寸等方面的计算机数据，母楦实物的存放还要占用大量空间。

所谓逆向制造或逆向工程（Reverse Engineering，RE），是对产品设计过程的一种描述。正向工程就是先设计图样，然后按图样加工出产品实物，而逆向工程是按照现有实物模型，通过三维扫描等方法，进行逆向软件处理和CAD重新建模的过程。鞋楦的三维数据测量方法如图11-23所示，数控鞋楦机的数字逆向制造流程框图如图11-24所示。

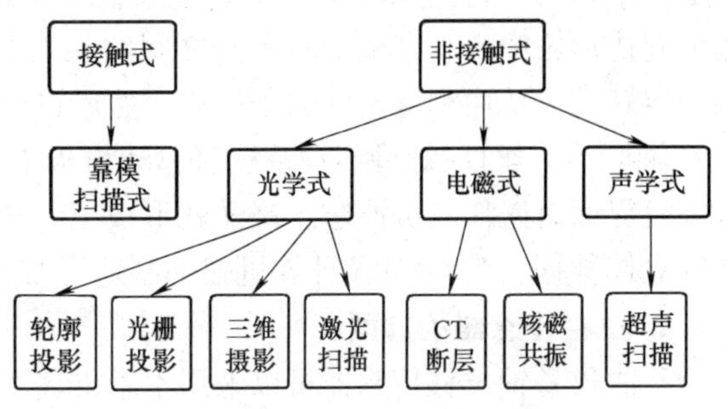

图11-23 三维数据测量方法

目前已研制出各种数控鞋楦机，它首先采用数字化逆向制造技术，对母楦模型进行三维扫描[27]后，形成母楦数据文件，然后再经过数据处理软件，对母楦数据进行旋转、缩放、样条插值和表面光顺等数学处理，就可以形成各种尺码的鞋楦加工数据文件，送到数控刻楦

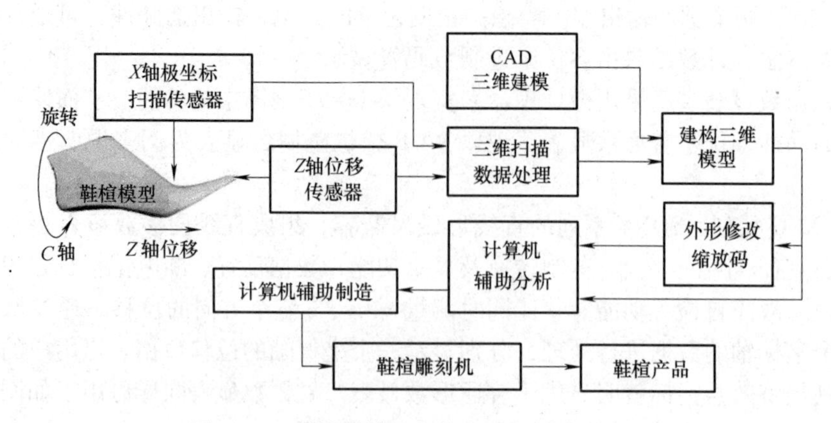

图 11-24 数控鞋楦机的数字逆向制造流程框图

机[28]中加工。

鞋楦的数字化加工大大改善了产品的准确度、尺寸一致性以及表面加工质量，缩短了产品的开发周期，提高了我国鞋类产品国际竞争力。本项目的主要技术指标有：

系统响应速度：X 轴仿形轮不丢点最高扫描速度 45r/min；

X 轴分辨力：0.005mm，换算为角编码器的分辨力：0.03°；

C 轴角分辨力：优于 0.036°；

鞋楦截面数据点数：1000～2000 点/圈；

每只鞋楦数据量：4MB（当鞋楦长 270mm，加工螺距 1.6mm 时）；

测量加工极限：最大旋转直径 ϕ220mm，最大测量长度 450mm。

11.5.2 设计步骤

1. 总体设计方案

福州大学研制的光电编码器鞋楦数据扫描机如图 11-25 所示。鞋楦顶叉顶住鞋楦，在 C 轴伺服电动机带动下，以恒定的转速绕 Z 轴（鞋楦的长度方向）旋转，C 轴角编码器（图中未显示）与顶叉同轴联动。仿形轮依靠外界弹簧压力，紧靠在鞋楦表面，鞋楦的高度变化引起仿形轮中心和鞋楦旋转中心之间的相对位移称为 X 轴位移，仿形轮和测臂带动光电编码器转动，从而测得测臂的角位移，然后再经数学转换获得 X 轴位移。鞋楦每转过一圈，与 C 轴联动的丝杆-螺母传动系统就驱动溜板沿 Z 方向移动一个“行距”，行距的大小可通过人机界面由操作人员设定。这样就形成了一个由 X、C、Z 组成的螺旋柱面极坐标系鞋楦三维立体数据，为 CAM（计算机辅助制造）提供了加工数据。

2. 位移传感器的选型

X 轴和 Z 轴位移传感器可以采用本章讲述过的几种数字式传感器。由于 C 轴角位移和 Z 轴直线位移的关系是由丝杆-螺母副的传动比决定的，所以只需通过测量 Z 轴的位移量，经换算就可得到 C 轴的角位移数值，不必设置测量 C 轴的角位移传感器。

透射式光栅和磁栅传感器的准确度较高，但光栅读数头和磁栅磁头的密封圈摩擦阻力均较大，所以只能适应较慢的扫描速度（适用的鞋楦测量速度约为 20r/min 左右）。光电角编码器轴承的摩擦力较小，所以适合较高的测量速度，但角位移转换成直线位移时存在一定的机械误差，等效后的直线分辨率不高。此外，还可使用无摩擦力的反射式钢带光栅，能兼顾速度与准确度的要求。本项目使用两个光电角编码器，分别测量 Z 轴和 X 轴的位移。从图 11-25 可以看到，X 轴角编码器的壳体与溜板支架固定在一起，仿形轮的角位移通过测臂带动角编码器的转轴。

图 11-25　光电编码器鞋楦数据扫描机
1—Z 向丝杠　2—传动螺母　3—溜板　4—鞋楦　5—仿形轮　6—丝杆轴承支撑　7—鞋楦顶叉（由 C 轴伺服电动机驱动）　8—测臂　9—X 轴角编码器

角编码器有绝对式和增量式之分。当鞋楦的高度突变时，增量式易产生“失码”现象，而且较难避免产生累计误差。本项目选用绝对式角编码器，它的码道数必须大于等于 14 位，才能达到 0.03°的分辨力（$360°/2^{12}$）的项目指标。表 11-2 左半边示出了满足要求的一种绝对式角编码器特性。该角编码器与变送器的外形如图 11-26a 所示。

如果系统的测量速度较慢，X 轴的位移也可以不用角编码器，而改用直线磁栅传感器来测量，可避免运算误差。直线磁栅传感器安装在仿形轮支架的侧面，用直线磁栅测量仿形轮的 X 轴位移的设备外形如图 11-27 所示。较适合于本项目的直线磁栅传感器特性（见表 11-2 的右半边），该磁栅传感器及变送器的外形如图 11-26b 所示。

表 11-2　绝对式角编码器和磁栅传感器的特性

绝对式角编码器		磁栅传感器	
型　　号	E1050-14	型　　号	XCCB
位数	14	刻线数/(线·mm^{-1})	20
分辨力/″	80	分辨力/μm	0.5
最大误差/″	±100	最大误差/μm	±(5+5L/1000)
外尺寸/mm	ϕ50×40	全长/mm	L+143
输出轴尺寸/mm	ϕ6×12	有效长度 L/mm	100~900
重量/g	250	最大行程/mm	L+22
允许转速/(r·min^{-1})	200	最大响应速度/(m·min^{-1})	60
电源电压/V	DC12（±5%），或 5（±5%），可选	恒流激励源	10kHz
光源	红外 LED	光源	红外 LED
输出信号	格雷码，TTL 电平	脉冲/mm	20（TTL 电平）
使用温度/℃	-40 ~ +55	移动寿命/km	9000
工作环境相对湿度（%）	95（35℃时）	电缆最大长度/m	30
振动/g	6	—	—
冲击/g	50	—	—

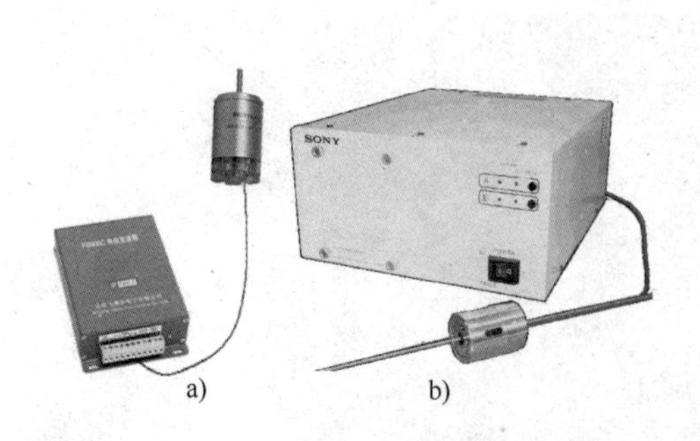

图 11-26 角编码器、直线磁栅传感器及变送器的外形

a）角编码器及变送器的外形

b）直线磁栅传感器及变送器的外形

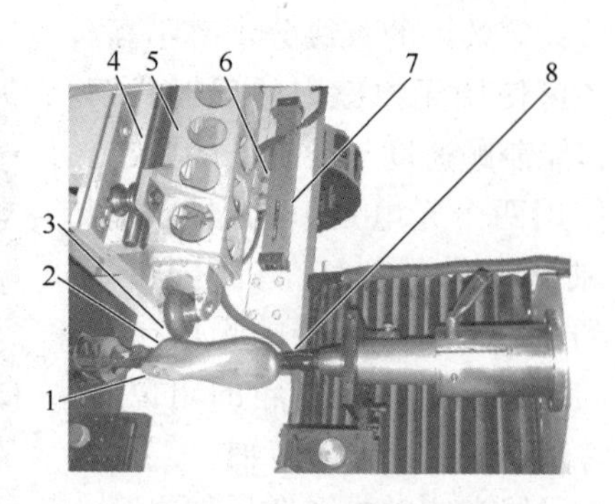

图 11-27 用直线磁栅测量仿形轮的 X 轴位移的设备外形

1—鞋楦 2—鞋楦顶叉 3—靠轮 4—仿形轮支架导轨 5—仿形轮支架 6—磁栅传感器读数头 7—磁栅尺 8—鞋楦顶尖

磁栅传感器输出相位差为 π/2 的 A、B 两路信号，用来进行辨向和细分计算。为在测量中提供一个绝对参考点，在磁栅尺的固定位置提供参考点标记信号 C_0。当扫描磁头通过该点时，能确定仿形轮在 X 轴方向的绝对位置。许多磁栅尺每隔 50mm 就有一个参考点标记 C_0，可保证不产生累计误差。A、B、C_0 三路信号（见图 11-5）送到变送器内置的进行放大、细分、驱动电路等前置处理，再送到上位机完成数据处理。磁栅传感器也可以配置专用的磁栅传感器采集卡，可直接插入 PC 的 PCI 卡槽中，也可选择 USB 接口的采集卡。数控鞋楦机的系统框图如图 11-28 所示。

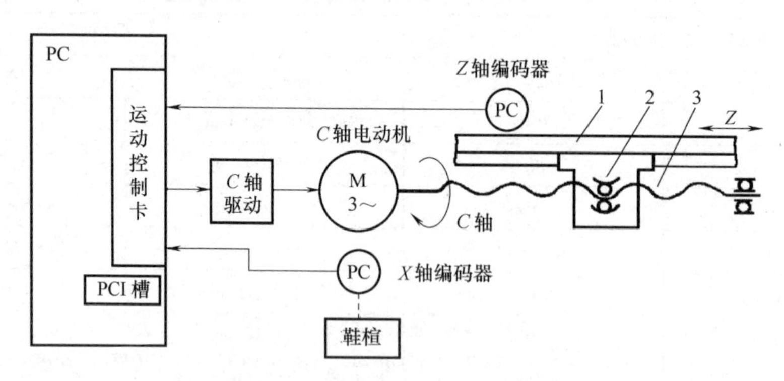

图 11-28 数控鞋楦机的系统框图

1—Z 轴平移工作台 2—滚珠螺母 3—滚珠丝杠

3. 数控鞋楦机的数据处理

数控鞋楦机可采用 PC 作为上位机，完成数据分析、处理以及对执行机构的控制等任务。可利用 VC++ 进行软件设计、开发，通过运动控制卡驱动系统，同时采集三轴数据，得到扫描数据文件，用于 CAM（Computer Aided Manufacturing，计算机辅助制造）加工[29]。运动控制卡作为控制核心，完成发送及接收脉冲，各电动机接收驱动装置系统发送的脉冲，驱动对应轴运动。由于鞋楦是自由曲面，每段轮廓可利用数学曲线表达，程序中含有起点、

终点、圆心坐标等信息。采样点越密集，数据量就越大，加工出来的产品就越光滑。因此多由数字化逆向工程系统软件根据数学方程自动进行数据“密化”（插补）[30]。目前已有专用的计算机辅助测量、处理软件，常用的逆向工程软件有：EDS公司的Imageware、Raindrop公司的Geomagic Studio、DELCAM公司的Copy CAD、INUS公司的RapidForm、DELPHI等[31]。这些后续处理软件还可以很方便地帮助建立CAD和CAM之间的联系纽带。如果要生成实体模型，可导入UG、PRO/E等软件[32]进行进一步的处理，从而实现全数字化的制造环境。数据采集处理后的鞋楦三维造型图如图11-29所示。

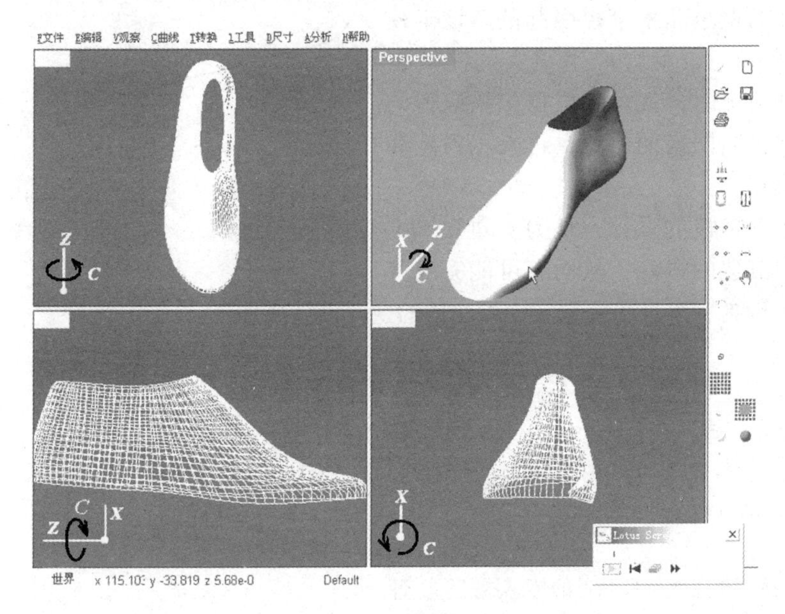

图11-29　鞋楦三维造型图

11.5.3　误差分析

1）按项目的技术指标，鞋楦旋转一圈共采集1000～2000点数据，每点的三维数据处理时间小于1ms。在进行高速数据扫描时，在鞋楦截面半径变化大的位置极易因丢点产生误差。

2）采用仿形轮所获得的数据实际上是在螺旋极坐标系中仿形轮中心点O的轨迹数据，其轨迹是一条空间螺旋极坐标系下的复杂空间曲线，并非鞋楦实际表面点的数据。由于仿形轮是一个有一定厚度的类似轮胎的环状体，所以它与鞋楦的接触点（即切点）也不总是落在仿形轮的最大圆截面上，所以必须经过专门的数学转换，由仿形轮中心点数据反求仿形轮与鞋楦自由曲面的切点，才能得到所需的鞋楦真实表面点极坐标数据。由于这种数学转换步骤繁杂，产生转换误差不可避免。目前各研究单位已提出多种仿形轮心轨迹点和鞋楦表面切点之间的数学转换方法，读者可上网搜索有关文献。

3）如果测量鞋楦极径的X轴传感器采用直线光栅或磁栅（见图11-26和图11-27），可直接得到仿形轮心的直线位移x的数据，$x=r_A-r_B$。但如果采用光电角编码器，测得的只是光电角编码器测臂的转角α。转角α与极径r_A、r_B之间的关系如图11-30所示。

当图中的鞋楦在C轴电动机的驱动下，顺时针旋转过一定的角度θ时，仿形轮以O点为圆心、以 r_2 为半径，绕角编码器的轴心 O_2 旋转。由图 11-30 中的 O 点转到 O'点时，角编码器的转轴顺时针转动的角度为 α。依据测得的转角 α，经数学转换可求得鞋楦极径 r 的变化量。计算机进行以上数学转换时，存在一定的转换误差。

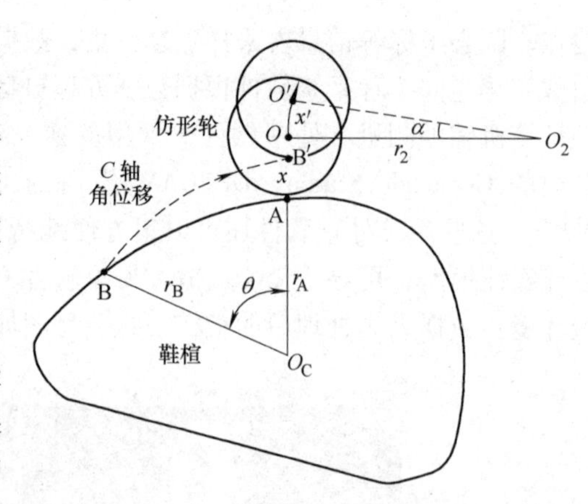

图 11-30 转角 α 与极径 r_A、r_B 之间的关系

r_A、r_B—鞋楦极径 θ—鞋楦的 C 轴角位移 α—角编码器测得的角度 x—鞋楦表面 A 点到 B 的极径差

4）引起数控鞋楦机测量误差的另一原因是由鞋楦凹面的最小曲率半径引起的。该半径小于仿形轮半径时，就会产生很大的测量误差。遇到这种情况时，就需要根据扫描取得的数据变化趋势判断凹槽的位置，再人工设定和补偿凹面的误差。

学习数控鞋楦机的设计，是为了建立三维扫描数字逆向制造的概念，从而有可能完成其他诸如模具、玩具、车身和大型文物等物体的逆向设计或加工。

思考题与习题

11-1 单项选择题

1）数字式位置传感器不能用于________的测量。

A. 机床刀具的位移　　B. 机械手的旋转角度

C. 振动加速度　　D. 机床的位置控制

2）不能直接用于直线位移测量的传感器是________。

A. 长光栅　　B. 长磁栅　　C. 角编码器　　D. 压电传感器

3）绝对式位置传感器输出的信号是________，增量式位置传感器输出的信号是________。

A. 模拟电流信号　　B. 模拟电压信号

C. 脉冲信号　　D. 二进制格雷码

4）有一只十码道绝对式角编码器，其分辨率为________，能分辨的最小角位移为________。

A. 1/10　　B. $1/2^{10}$　　C. $1/10^2$　　D. 36°

E. 0.35°　　F. 3.6°

5）有一 1024p/r 增量式角编码器，在零位脉冲之后，光敏元件连续输出 10241 个脉冲，说明该编码器的转轴从零位开始转过了________。

A. 10241 圈　　B. 1/10241 圈　　C. 10 又 1/1024 圈　　D. 11 圈

6）有一 2048p/r 增量式角编码器，光敏元件在 30s 内连续输出了 204800 个脉冲，则该编码器转轴的转速为________。

A. 204800r/min　　B. 60 × 204800r/min

C. （100/30） r/min　　D. 200r/min

7）某直线光栅每毫米刻线数为 50 线，采用 4 细分技术，则该光栅的分辨力为________。

A. 5μm　　B. 50μm　　C. 4μm　　D. 20μm

8）不能将角位移转变成直线位移的机械装置是________。

A. 滚珠丝杠-螺母　　B. 齿轮-齿条　　C. 蜗轮-蜗杆　　D. 同步带-带轮

9）光栅中采用 sin 和 cos 两套光电元件是为了________。

A. 提高信号幅度　　B. 辨向　　C. 抗干扰　　D. 作三角函数运算

10）图11-9中，假设工件1的编码为0000，当工件8刚已完成加工，要使处于工位7上的工件转到加工点等待钻加工，当绝对式角编码器（假设为4码道，自然二进制码）输出的编码从1110变为________时，表示转盘已将工位7转到图中的加工点。

A. 0000　　B. 1111　　C. 0111　　D. 1100

11）光栅传感器利用莫尔条纹来达到________。

A. 提高光栅的分辨力

B. 辨向的目的

C. 使光敏元件能分辨主光栅移动时引起的光强变化

D. 细分的目的

12）当主光栅（标尺光栅）与指示光栅的夹角为θ（单位为rad，其数值很小）、主光栅与指示光栅相对移动一个栅距时，莫尔条纹移动________。

A. 一个莫尔条纹间距L　　B. θ个L

C. $1/\theta$个L　　D. 一个W的间距

13）磁带录音机中采用________来读取磁信号数据；磁栅传感器中应采用________来读取磁信号数据。

A. 动态磁头　　B. 静态磁头　　C. 电涡流探头　　D. 光电池

14）容栅传感器[33]是根据电容的________工作原理来工作的，价格比磁栅________很多。

A. 变极距式　　B. 变面积式　　C. 变介质式　　D. 高

E. 低　　F. 类似

15）粉尘较多的场合不宜采用________传感器；直线位移测量超过1m时，为减少接长误差，不宜采用廉价的________。

A. 光栅　　B. 磁栅　　C. 容栅　　D. 热敏电阻

16）测量超过200m的直线位移量，应选用旋转式的________。

A. 光栅　　B. 光电式角编码器　　C. 容栅　　D. 磁栅

11-2　有一直线光栅，每毫米刻线数为100线，主光栅与指示光栅的夹角$\theta=1.8°$（即$1.8\pi/180$rad），采用4细分技术，列式计算：

1）栅距$W=$________mm；2）4细分后的分辨力Δ________μm；3）$\theta=$________rad。4）莫尔条纹的宽度$L=$________mm。

11-3　一透射式圆光栅，指标为3600线/圈，采用4细分技术，求：

1）角节距θ为多少度？2）细分前的角度分辨力为多少度？3）4细分后该圆光栅数显表每产生一个脉冲，说明主光栅旋转了多少度？4）若测得主光栅顺时针旋转时产生加脉冲1200个，然后又测得减脉冲200个，则主光栅的角位移为多少度？

11-4　上网查阅角编码器、光栅、磁栅的资料，各写出一个厂商的名称、型号、规格、参数和使用注意事项。

11-5　测量身高[34]的测量装置的外观如图11-31a所示，图11-31b所示为测量身高的传动机构简图，请分析填空并列式计算。

1）测量体重的荷重传感器应该选择________。该传感器应安装在________部位；2）设传动轮的减速比为1:5（即D_1:D_2=1:5），则电动机每转一圈，带轮转了________圈；3）在身高测量中，若光电编码器的参数为1024p/r，则电动机每转动一圈，光电编码器产生________个脉冲；4）电动机与角编码器及小带轮联轴，再带动大带轮及标杆，且两根传动带外表面的线速度v及位移处处相同。设带轮的直径D_2 = 0.1592m，则带轮每转一圈，标杆上升或下降________m；电动机每转一圈，标杆上升或下降________m。每测得一个光电编码器产生的脉冲，就说明标杆上升或________m；5）设标杆原位（基准位置）距踏脚平面的高度$h_0=2.2$m，当标杆从图中的原位下移碰到人的头部时，共测得5120个脉冲，则标杆位移了$x=$

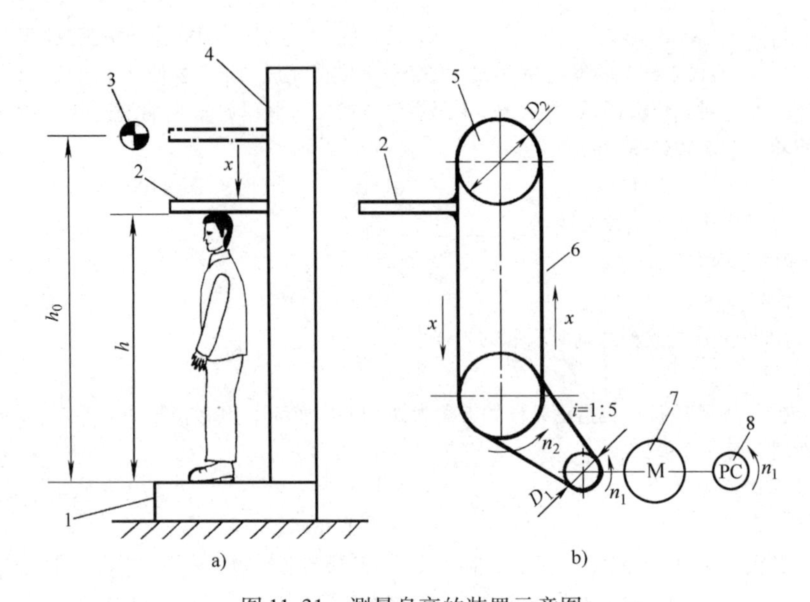

图 11-31 测量身高的装置示意图

a）测量装置外观 b）传动机构简图

1—底座 2—标杆 3—原点 4—立柱 5—带轮 6—传动带 7—电动机 8—光电编码器

________ m，则该人的身高 $h=$ ________ m；6）当标杆接触到头顶后，标杆不再动作，电动机停止运转，再过1s后，标杆自动回到原位。请设计一个方案，以控制这一动作；7）每次测量完毕，标杆回原位是为了________。

11-6 有一增量式光电编码器，其参数为1024p/r，采用4细分技术，编码器与丝杠同轴连接，丝杠螺距 $t=6\text{mm}$，光电编码器与丝杠的连接如图11-32所示。当丝杠从图中所示的基准位置开始旋转，在5s时间里，光电编码器后续的细分电路共产生了 $N=4\times51456$ 个脉冲。请列式计算：

1）丝杠共转过________圈，又________度；2）丝杠的平均转速 n 为________ r/min；3）螺母从图中所示的基准位置移动了________ mm；4）螺母移动的平均速度 v 为________ m/min；5）细分之前的螺母运动的理论分辨力为________ mm，细分之后的理论分辨力为________ mm；6）上网查阅丝杆和螺母的间隙回差资料，说明回差可能造成多大的传动误差？有哪些解决方法？

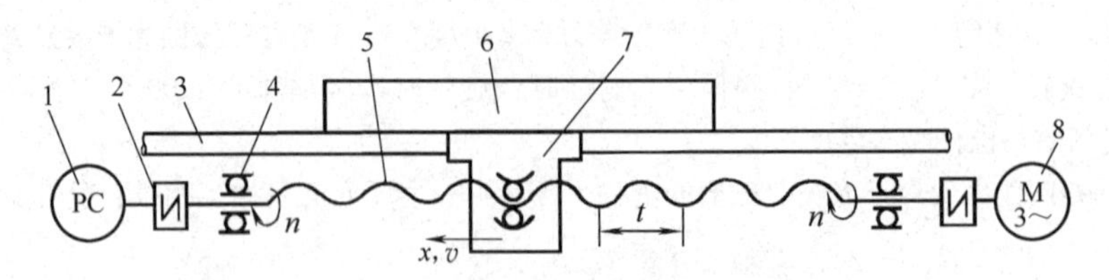

图 11-32 光电编码器与丝杠的连接

1—光电角编码器 2—联轴器 3—导轨 4—轴承 5—滚珠丝杠

6—工作台 7—螺母（和工作台连在一起） 8—电动机

11-7 在检修某机械设备时，发现某金属齿轮的两侧各有A、B检测元件，如图11-33a所示。请分析填空。

1）根据已学过的知识，可以确认A、B两个检测元件是________（行程开关/接近开关），其检测原理是属于________传感器；2）齿轮每转过一个齿，则A、B各输出________个脉冲。在设定的时间内，对脉冲进行计数，就可以测量齿轮的________；3）若齿轮的齿数 $z=36$，在2s内测得A（或B）输出的脉冲数

$N=1026$ 个，则说明齿轮转过了________圈，齿轮的转速约为________ r/min；4）若齿轮正转时 A、B 的输出脉冲如图 11-33b 所示，由 b 图可以看出，设置 A、B 两个检测元件是为了判别________；5）若齿轮反转，请以 A 的波形为基准，画出 B 的输出波形（应考虑相位差）；6）若发现 A 或 B 无信号输出，请列出产生故障的可能原因为________、________、________等；7）可用________（塑料/铁片）来判断 A 或 B 是否损坏。

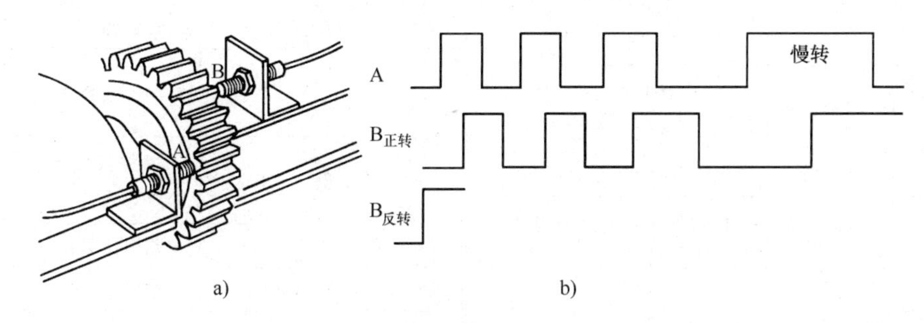

图 11-33　机械设备中的旋转参数测量原理分析

a）安装简图　b）输出波形

11-8　某设计所承接测绘一个 8m 高石质大佛的任务。请上网查阅有关资料，根据学过的三维扫描数字逆向制造技术，写出方案，包括所选用的测绘传感器，并画出测绘系统框图。

11-9　假设你应聘到某机械厂，现单位计划采用数显装置将一台普通车床改造为专门用于车削螺栓的简易数控车床。所车制的螺栓具体指标如下：①总长 1000mm；②直径 64mm；③螺距 6mm；④螺纹数目 120 圈。具体要求如下并填空：

a. 采用________传感器测量主轴的角位移，它的技术指标必须达到________ p/r（每转一圈，产生________个脉冲），角位移的分辨力才能达到 0.35°；b. 采用________传感器测量刀架的横向位移，分辨力达到 0.01mm；c. 主轴每旋转一圈，刀架必须向右前进________ mm；在加工到规定的螺纹圈数（120 圈）时，刀架共移动了________ mm，然后退刀；d. 在开始退刀时刻，主轴的角位移传感器共得到________个脉冲；e. 若横向走刀失控，当刀架运动到床身的左、右两端限位时，依靠________传感器使溜板能够立即停止下来，并依靠________器件发出“嘀”的报警响声 1s。

根据以上几个要点完成以下工作：

1）请你查阅有关资料，简述车床的主运动和进给运动，并画出表示车床传动机构的简图。

2）简述车床车制螺纹的过程，由此说明刀架的横向进给和主轴转速为什么要保持同步？

3）给主管部门写一份可行性报告。具体要求为：

a. 分别从量程、使用环境、安装和经济适用性、性能价格比等方面考虑，说明拟采用的位置传感器，并比较各自的特点；b. 论述实现上述方案的对策，包括主轴的旋转和溜板的直线位移控制、进退刀控制、横向走刀失控报警和保护等方法；c. 画出你所选用的传感器在主轴左侧的安装，画出刀架溜板水平直线位移传感器和数字显示器在机床上的安装位置；d. 报告必须符合应用文格式，题目翻译成英文。

拓展阅读参考资料列表

序号	作　　者	拓展阅读文章题目	序号	作　　者	拓展阅读文章题目
1	王昌纯，花海安，等	容栅线位移测量系统	3	北京莱格超精光电研究所	E1032-14 绝对式轴角编码器
2	百度百科	丝杆	4	百度百科	格雷码

（续）

序号	作　者	拓展阅读文章题目
5	ELTRA 公司	ELTRA 绝对值编码器
6	任志远，李佐宜	磁旋转编码器原理及应用
7	徐静	基于 TMS320F240 的 M/T 法测速的实现与应用
8	肖兵，薛琦，等	基于 DSP 的 M/T 测速法改进
9	百度百科	伺服电动机
10	汪新文	控制加工中心刀库随机选刀方式研究
11	百度百科	光栅
12	贵阳光电技术研究所	计量光栅，玻璃光栅盘技术要求
13	深圳市钧诚科技有限公司	雷尼绍光栅测量系统
14	机床频道	敞开式钢带光栅线位移传感器
15	百度百科	莫尔条纹
16	百度百科	位移传感器
17	汪涛，杜立剑，等	基于 NiosII 的光栅细分电路系统设计
18	电子发烧友	感应同步器的结构、特点、原理及应用
19	百度百科	磁栅式传感器
20	上海迈信诺自动化技术有限公司	长行程磁栅尺、数显表
21	百度百科	钕铁硼
22	雷尼绍有限公司	LM13 圆磁栅
23	张健庭，王廷恕	磁栅线位移传感器技术条件
24	百度百科	磁阻技术
25	百度百科	鞋楦
26	康保社	用靠模法加工叶片的误差分析及减小误差的措施
27	徐进军	三维激光扫描技术及其应用
28	石道渝，王希，等	数控刻楦机及鞋桓 CM 技术
29	百度百科	CAM
30	搜搜百科	数据密化插补
31	百度百科	逆向工程软件
32	张系强	常用工业设计软件
33	梁森，王侃夫	容栅传感器
34	北京东华原医疗设备有限责任公司	GL-150 身高体重测量仪

第12章

检测系统的抗干扰技术

作为工程技术人员，经常会遇到这样一些现象，传感器或测量仪表安装到设备上后，仪表数码管显示的数字有时会忽大忽小地乱跳；在实验室调试好的测控系统，安装到车间里，有时会发生动作失常或数据失真；带计算机的仪表偶尔发生“死机”现象，需要花费许多时间来寻找这些现象的原因。这一切可能源自于我们对车间或工作现场存在的各种干扰预计不足，没有预先采取有效的措施来克服这些干扰，所以有必要了解各种干扰的来源及防护方法，学习电磁兼容性的原理及控制方法，掌握检测系统的抗干扰技术。

12.1　噪声及防护

12.1　拓展阅读资料

在测量过程中，会发现总是有一些无用的背景信号与被测信号叠加在一起，称之为骚扰（Disturbance）或噪声（Noise）。如果骚扰引起设备或系统的性能下降时，称之为干扰（Interference）。

噪声对检测装置的影响必须与有用信号共同分析才有意义。衡量噪声对有用信号的影响常用信噪比（S/N）[1]来表示，它是指信号通道（Signal Channel）中，有用信号功率 P_S 与噪声功率 P_N 之比，或有用信号电压有效值 U_S 与噪声电压有效值 U_N 之比。信噪比常用对数形式来表示，信噪比单位为分贝（dB）[2]，即

$$S/N = 10\lg\frac{P_S}{P_N} = 20\lg\frac{U_S}{U_N} \tag{12-1}$$

在测量过程中应尽量提高信噪比，以减少噪声对测量结果的影响。

噪声信号来自于骚扰源或干扰源。工业现场经常是几个骚扰源或干扰源同时作用于检测装置，只有仔细地分析其形式及种类，才能提出有效的抗干扰措施。

12.1.1　机械骚扰

机械骚扰是指机械振动或冲击使电子检测装置中的元器件发生振动，改变了系统的电气参数，造成可逆或不可逆的影响。

例如，若将检测仪表直接固定在剧烈振动的机器上或安装于汽车上时，可能引起焊点脱焊、已调整好的电位器滑动臂位置改变、电感线圈电感量变化等；并可能使电缆接插件滑脱，开关、继电器、插头及各种紧固螺钉松动，可能造成接触不良或短路。严重时，印制电路板可能从插卡槽里滑出。

在振动环境中，当零件的固有频率与振动频率一致时，还会引起共振。共振时零件的振幅逐渐增大，其引脚在长期交变力作用下，会引起疲劳断裂。为此，许多仪表需要进行振动台测试。检验能否在额定的频率段里，以不同的加速度上下振动之后是否还能正常工作。例如，便携式仪表的包装箱需要从1m高度跌落到混凝土地面40次。

对于机械骚扰，可选用专用阻尼弹簧减振器[3]或橡胶垫脚或吸振海绵垫来降低系统的谐振频率，吸收振动的能量，从而减小系统的振幅，如图12-1所示。

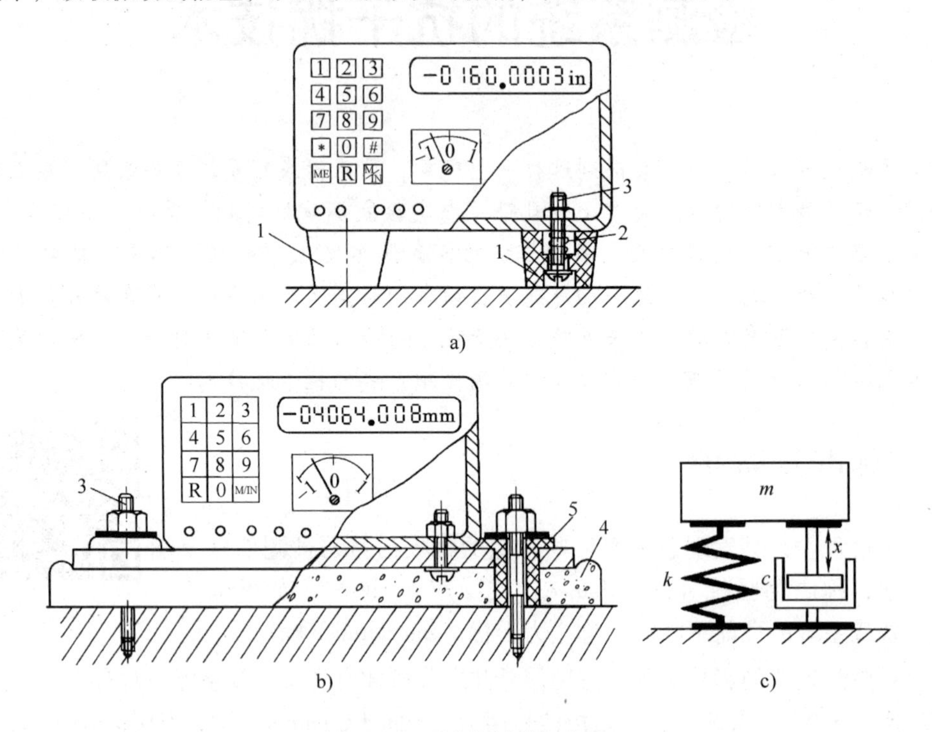

图12-1 两种机械减振方法

a）减振弹簧-橡胶垫脚（可移动方式）

b）用橡胶或海绵垫吸收振动能量（永久固定方式） c）减振等效模型

1—橡胶垫脚 2—减振弹簧 3—固定螺钉 4—吸振橡胶（海绵）垫 5—橡胶套管（起隔振作用）

m—质量块 k—弹簧 c—阻尼器[4]（Damper）

12.1.2 湿度及化学物质骚扰

当环境相对湿度大于65%时，物体表面就会附着一层厚度为0.01~0.1μm的水膜。当相对湿度进一步提高时，水膜的厚度将进一步增加，并渗入材料内部。不仅降低了绝缘强度，还会造成漏电、击穿和短路现象；潮湿还会加速金属材料的腐蚀，并产生原电池电化学干扰；在较高的温度下，潮湿还会促使霉菌的生长，并引起有机材料的霉烂。

某些化学物品如酸、碱、盐、各种腐蚀性气体以及沿海地区由海风带到岸上的盐雾也会造成与潮湿类似的漏电腐蚀现象。

在上述环境中工作的检测装置必须采取以下措施来加以保护：

1）将变压器等易漏电或击穿的元器件用绝缘漆或环氧树脂浸渍，将整个印制电路板用防水密封胶密封（如洗衣机中那样）。

2）对设备定期通电加热驱潮，或保持机箱内的微热状态。

3）将易受潮的电子线路安装在不透气的机箱中，箱盖用橡胶圈密封。

12.1.3 热骚扰

热量，特别是温度波动以及不均匀温度场对检测装置的干扰主要体现在以下三个方面：

1）各种电子元件均有一定的温度系数，温度升高，电路参数会随之改变，引起误差。

2）接触热电动势：由于电子元件多由不同金属构成，当它们相互连接组成电路时，如果各点温度不均匀就不可避免地产生热电动势，它叠加在有用信号上引起测量误差。

3）元器件长期在高温下工作时，将降低使用寿命、降低耐压等级，甚至烧毁。

克服热骚扰的防护措施有：

1）在设计检测电路时，尽量选用低温漂元器件。例如采用金属膜电阻、低温漂、高准确度运算放大器，对电容器容量稳定性要求高的电路，使用聚苯乙烯等温度系数小的电容器等。

2）在电路中考虑采取软、硬件温度补偿措施。

3）尽量采用低功耗、低发热元器件。例如尽量不用 LSTTL 器件，而改用 74HCTTL 或其他低电压（例如 3.3V 电源）、低功耗电路；电源变压器应采用高效率、低空载电流系列（例如 R 型、环型）等。稳压电源应采用低压差线性稳压 IC[5]或高效率的开关电源。

4）选用的元器件规格要有一定的余量。例如电阻的瓦数要比估算值大一倍以上，电容器的耐压、晶体管的额定电流、电压均要增加一倍以上。其成本并不与额定值成比例增加，但可靠性却大为提高。

5）仪器的前置级（通常指输入级）应尽量远离发热元器件（如电源变压器、稳压模块、功率放大器等）；如果仪器内部采用上下层结构，前置级应置于最下层；如果仪器本身有散热风扇，则前置级必须处于冷风进风口（必须加装过滤灰尘的毛毡），功率级置于出风口。

6）加强散热：①金属的导热效果比空气大几千倍，应给发热严重的元件安装金属散热片。应尽量将散热片的热量传导到金属机壳上，通过面积很大的机壳来散热。元器件与散热片之间还要涂导热硅脂或导热薄膜；②如果发热量较大，应考虑强迫对流，采用排风扇或半导体致冷（温差致冷）器件以及热管（内部充有低沸点液体，沸腾时将热量带到热管另一端的散热片去）来有效地降低功率器件的温度。

7）采用热屏蔽：所谓热屏蔽就是用导热性能良好的金属材料做成屏蔽罩，将敏感元件、前置级电路包围起来，使罩内的温度场趋于均匀，有效地防止热电动势的产生。对于高准确度的计量工作，还要将检测装置置于恒温室中，局部的标准量具，如频率基准等还需置于恒温油槽中。

总之，温度干扰引起的温漂比其他干扰更难克服，在设计、使用时必须予以充分注意。

12.1.4 固有噪声骚扰

在电路中，电子元件本身产生的、具有随机性、宽频带的噪声称为固有噪声。最重要的固有噪声源是电阻热噪声、半导体散粒噪声和接触噪声。例如，电视机未接收到信号时屏幕上表现出的雪花干扰就是由固有噪声[6]（Intrinsic Noise）引起的。

（1）电阻热噪声[7]　任何电阻即使不与电源相接，在它的两端也有一定的交流噪声电

压产生，这个噪声电压是由于电阻中的电子无规则的热运动引起的。电阻两端出现的热噪声电压的平均值为

$$\overline{U}_t = \sqrt{4kTR\Delta f} \tag{12-2}$$

式中 k——玻尔兹曼常数（1.38×10^{-23}J/K）

T——热力学温度；

R——电阻值；

Δf——噪声带宽。

例 12-1 某放大器的输入电阻为 1MΩ，带宽为 2MHz，放大器的放大倍数为 100，求：环境温度为 27℃（300K）时，在放大器的输出端可能得到宽带噪声电压平均值 $\overline{U}_t$。

解

$$\overline{U}_t = 100\sqrt{4kTR\Delta f}$$

$$= 100 \times \sqrt{4 \times 1.38 \times 10^{-23} \times 300 \times 1 \times 10^6 \times 2 \times 10^6}\,\text{V} = 18\text{mV}$$

若该放大器的输入信号为微伏级，则输出信号可能被噪声所淹没。

为了减小电阻热噪声，应根据实际需要来确定电路的带宽；不应片面强调很宽的高频响应和高输入电阻；电路中尽量不用高阻值的电阻，尽量降低前置级的温度。

（2）半导体噪声　在半导体中，载流子的随机扩散以及电子-空穴对的随机发生及复合形成的噪声称为半导体的散粒噪声[8]，在收音、录音技术中，体现为“流水声”。从整体看，散粒噪声使流过半导体的电流产生随机性的涨落，从而干扰测量结果。选用低噪声器件、减小半导体器件的工作电流以及电路的带宽，均能减小散粒噪声的影响。例如在收音机的前置放大级中，可采用超 β 晶体管或低功耗集成电路，在不减小放大倍数的情况下，它的工作电流可以减小到 0.1mA，以减小散粒噪声。

（3）接触噪声　接触噪声是由元器件之间的不完全接触，从而形成电导率的起伏而引起的。它发生在两个导体连接的地方，如开关、继电器触点、电位器触点、接线端子电阻、晶体管内部的不良接触等。接触噪声是低频电路中的主要噪声，减小流过触点的直流电流、采用镀金或镀铑触点、增加接触压力等均可减小接触噪声。

12.1.5　电、磁噪声骚扰

在交通、工业生产中有大量的用电设备产生火花放电，在放电过程中，会向周围辐射出从低频到甚高频大功率的电磁波。无线电台、雷电等也会发射出功率强大的电磁波。上述这些电磁波可以通过电网、甚至直接辐射的形式传播到离这些噪声源很远的检测装置中。在工频输电线附近也存在强大的交变电场和磁场，将对十分灵敏的检测装置造成骚扰或干扰。由于这些干扰源功率强大，要消除它们的影响较为困难，必须采取多种措施来防护。

12.2　检测技术中的电磁兼容原理

12.2　拓展阅读资料

12.2.1　电磁兼容概念

自从 1866 年世界上第一台发电机开始发电至今的一百多年里，人类在制造出越来越复杂的电气设备的同时，也制造出越来越严重的电磁“污染”。

如果不正视这种污染，研制出来的各种仪器设备在这种电磁污染严重的地方将无法正常工作。

1881 年英国科学家希维赛德发表了“论干扰”的文章，标志着研究抗干扰问题的开端。早在 20 世纪 40 年代，人们就提出了电磁兼容的概念。我国从 20 世纪 80 年代至今，已制定了上百个电磁兼容国家标准，强制要求所有的电气设备必须通过相关电磁兼容标准的性能测试[9]。

电磁兼容（Electro Magnetic Compatibility，EMC）的定义[10]在第 1 章中已简单介绍过，电磁兼容是指：电气及电子设备在共同的电磁环境中能执行各自功能的共存状态，即要求在同一电磁环境中的各种设备都能正常工作又互不干扰，达到“兼容”状态。

兼容性包括设备内电路模块之间的相容性、设备之间的相容性和系统之间的相容性。电磁兼容包括电磁干扰[11]（Electro Magnetic Interference，EMI）及电磁耐受性或电磁抗扰度[12]（Electro Magnetic Susceptibility，EMS）几部分。EMI 是指：电气设备本身在执行应有功能的过程中，所产生不利于其他系统的电磁噪声；而 EMS 是指：电气设备在执行应有功能的过程中，不会因周围电磁干扰而产生性能劣化的能力。

12.2.2 电磁干扰的来源

一般来说，电磁干扰源分为两大类：自然界干扰源和人为干扰源，后者是检测系统的主要干扰源。

（1）自然界干扰源 自然界干扰源包括地球外层空间的宇宙射电噪声、太阳耀斑辐射噪声以及大气层的天电噪声。后者的能量频谱主要集中在 30MHz 以下，对检测系统的影响较大。

（2）人为干扰源 人为干扰源又可分为有意发射干扰源和无意发射干扰源。前者如广播、电视、通信雷达和导航等无线设备，它们有专门的发射天线，所以空间电磁场能量很强，特别是离这些设备很近时，干扰能量很大。后者是各种工业、交通、医疗、家电、办公设备在完成自身任务的同时，附带产生的电磁能量的辐射。如工业设备中的电焊机、高频炉、大功率机床启停电火花、高压输电线路的电晕放电，交通工具中的汽车、摩托车点火装置、电力牵引机车的电火花，医疗设备中的高压 X 光机、高频治疗仪器，家电中的吸尘器、冲击电钻、变频空调、微波炉、电磁炉，办公设备中的复印机、计算机开关电源、USB 充电器、无线充电器等。它们有的产生电火花，有的造成电源畸变[13]，有的产生大功率的高次谐波。当它们距离检测系统较近时，均会干扰检测系统的工作。我们在日常生活中也经常能感受到它们的影响，例如这些设备一开动，附近的收音机里就会发出刺耳的噪声，所以有时也可以利用便携式收音机来寻找高次谐波落到广播频段的干扰噪声源。

12.2.3 电磁干扰的传播路径

1. 电磁干扰三要素

电磁干扰的形成必须同时具备三项因素，即干扰源、干扰途径以及对电磁干扰敏感性较高的接收电路。电磁干扰三要素之间的联系如图 12-2 所示。

消除或减弱电磁干扰的方法可针对这三项因素，采取三方面措施：

（1）消除或抑制干扰源 积极、主动的措施是消除干扰源，例如使产生干扰的电气设备远离检测装置；将整流子电动机改为无刷电动机；在继电器、接触器等设备上增加消弧措施等，但多数情况是无法做到的。

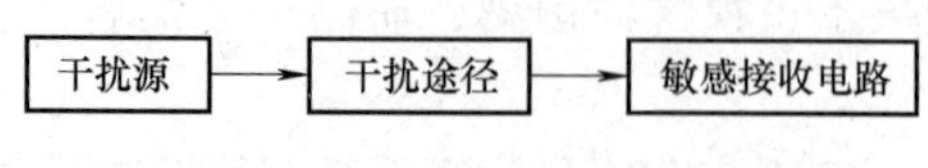

图 12-2 电磁干扰三要素之间的联系

（2）切断干扰途径 对于以“电路”的形式侵入的干扰，可采取诸如提高绝缘性能；采用隔离变压器、光耦合器等切断干扰途径；采用退耦、滤波等手段引导干扰信号的转移；改变接地形式切断干扰途径等。对于以“辐射”的形式侵入的干扰，一般采取各种屏蔽措施，如静电屏蔽、磁屏蔽、电磁屏蔽等。

（3）削弱接受回路对干扰的敏感性 高输入阻抗的电路比低输入阻抗的电路易受干扰；模拟电路比数字电路抗干扰能力差等。一个设计良好的检测装置应该具备对有用信号敏感、对干扰信号尽量不敏感的特性。手机、电吹风机或电动剃须刀等电器靠近电视机天线时，会产生雪花干扰，如图 12-3 所示。

在图 12-3 中，电吹风机是干扰源。电磁波干扰来源于电吹风机内的电火花，它产生高频干扰电磁波，以两种途径到达电视机：一是通过公用的电源插座，从电源线侵入电视机的开关电源，从而到达电视机的高频头；二是以电吹风机为中心，向空间辐射电磁波能量，以电磁场传输的方式到达电视机的天线。

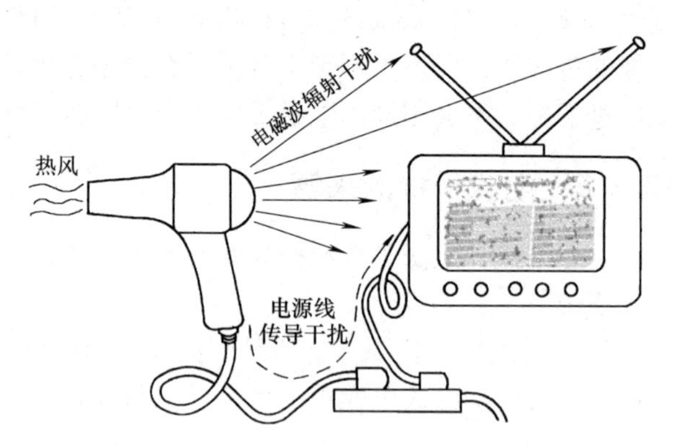

图 12-3 电吹风机对电视机的干扰途径

电磁干扰的传输路径有两种方式，即“路”的干扰和“场”的干扰。路的干扰又称传导干扰（Conducted Interference），场的干扰又称辐射干扰[14]（Radiated Interference）。

传导干扰必须在骚扰源与敏感设备之间存在有完整的电路连接，干扰沿着这一连接电路从干扰源传输至敏感设备。

场的干扰也称辐射干扰，不需要沿着电路传导，而是以电磁场辐射干扰发射（EMI）的方式进行。

2. 通过路的干扰

（1）由泄漏电阻引起的干扰 当仪器的信号输入端子与 220V 电源进线端子之间产生漏电、印制电路板上前置级输入端与整流电路存在漏电等情况下，噪声源（可以是高频干扰、也可以是 50Hz 干扰或直流电压干扰）得以通过这些漏电电阻作用于有关电路而造成干扰。被干扰点的等效阻抗越高，由泄漏电阻而产生的干扰影响越大。通过泄漏电阻引起的干扰如图 12-4 所示。图中的 U_{Ni} 为干扰源电压。R_{i} 为被干扰电路的输入电阻，R_{σ} 为漏电阻。作用于 R_{i} 上的干扰电压 U_{No} 为

$$U_{\mathrm{No}}=\frac{R_{\mathrm{i}}}{R_{\sigma}+R_{\mathrm{i}}}U_{\mathrm{Ni}} \tag{12-3}$$

设 U_{Ni} 为电路中的交流电源，其有效值为 15V，$R_{\mathrm{i}}=10^{6}\Omega$，$R_{\sigma}=10^{10}\Omega$，根据式（12-3）可计算得到作用于该电路输入端的 50Hz 干扰电压有效值为 1.5mV。

要减小印制电路板漏电引起的干扰，就要采用高质量的玻璃纤维环氧层压板[15]，并在

表面制作不吸潮的阻焊层和印刷层。也可以在高输入阻抗电路周围制作环形的双面接地印制铜箔，形成“接地保护环”[16]，使漏电流入公共参考端，而不致影响到高输入阻抗电路；要减小信号输入端子漏电阻引入的电源干扰，就应使它远离电源进线端子（例如 220V 或 V_{CC}），并在印制电路板上的信号输入端子和电源端子之间设置接地的“金属化过孔”；还可以选择多层板，它的两的外表面都是接地层，就进一步减少了漏电。

在图 12-4 中，如果在 PCB 上，用接地的宽铜箔线条将仪器的输入端子包围起来，大部分漏电流 I_σ 就流入地线，施加在 R_i 上的干扰电压 U_{No} 就将大大地减小。

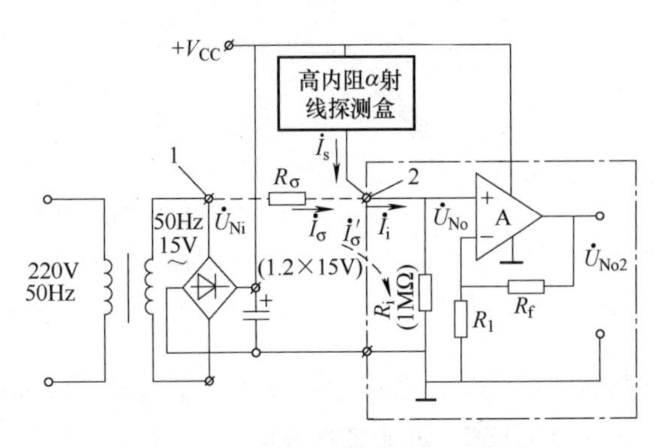

图 12-4　通过泄漏电阻引起的干扰

1—干扰源　2—仪器输入端子　R_σ—漏电阻　I_σ—漏电流　I_S—信号源输出电流　R_i—仪器的输入电阻

（2）差模干扰　传感器与其他设备或外围设备相互交换的传输线路至少需要两根导线。干扰电压和干扰电流在导线上的流动可分为两种：一种是两根导线分别作为干扰的往返线路传输；另一种是干扰信号在传感器的两根导线上的传输电流大小相等、相位相同，与地线形成回路。前者称为“差模干扰”，后者称为“共模干扰”。

图 12-4 中的干扰电压 U_{Ni} 是与有用信号 U_S 串联和叠加在一起，与输入电阻 R_i 构成回路，属于较难以滤除的差模（Differential Mode）干扰电压，又称串模干扰。图 12-4 所示的差模干扰等效电路[17]及波形如图 12-5 所示。要消除差模干扰，可在回路中插入“低通滤波器”（见第 12.3 节）。

（3）由共阻抗耦合引起的干扰　两个或两个以上的电路共同享有或使用一段公共的线路，而这段线路又具有一定的阻抗时，这个阻抗成为这两个电路的共阻抗。功率较大电路的电流流过这个共阻抗，产生的压降就成为前置电路的干扰电压。常见的例子是通过接地线阻抗引入的共阻抗耦合干扰。

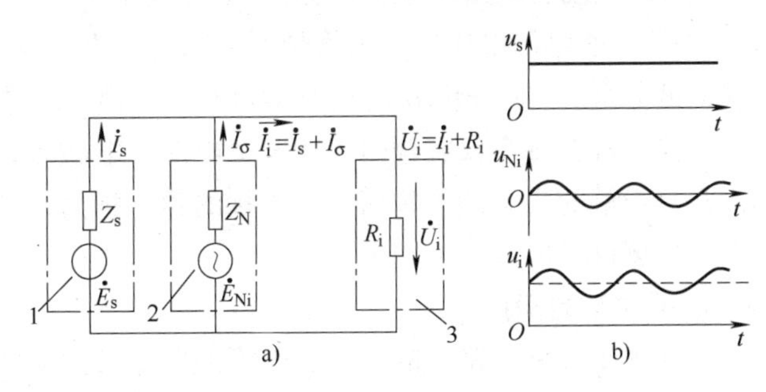

图 12-5　差模干扰的等效电路及波形

a）等效电路　b）输入端的电压波形

1—有用信号源　2—干扰源　3—测量装置

在图 12-6 中，一个功率放大器输入回路的地线与负载（例如为扬声器、继电器等）的地线共用一段印制电路板地线。理论上这段地线电阻为零，公共地之间为等电位。而实际上这段地线两端电阻为毫欧级。例如当这段地线长 100mm，宽 3mm，印制电路板的铜箔厚度为 0.03mm（30μm）时，它的直流电阻 r_3 约为 20mΩ（高频交流感抗会更大）。如果负载电流为 1A，则在 r_3 上的压降约为 20mV，相当于在图 12-6b 的放大器同相输入端加入一个正反馈信号，其结果有可能引起自激振荡，喇叭可能发出啸叫声。

在高频情况下，地线的共阻抗不但要考虑直流电阻，还要考虑集肤效应和感抗。如果在

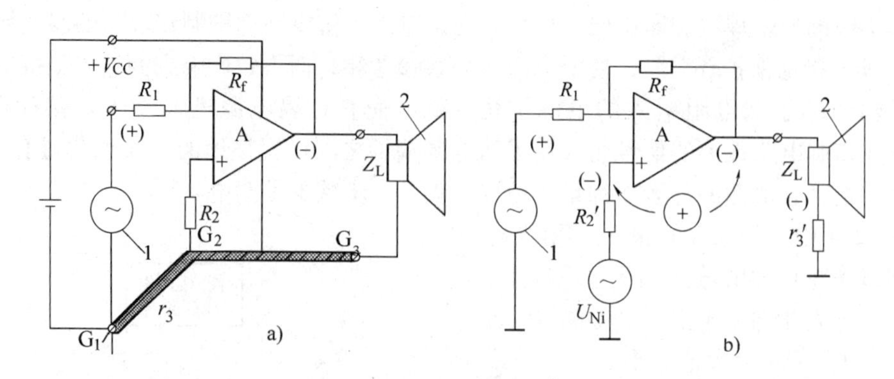

图 12-6 共阻抗耦合干扰

a）负载与输入回路共阻抗的情况 b）等效电路

1—有用信号源 2—负载 r_3—接地线共阻抗

电路板的地线中，错误地设计了一个直径20mm的半圆铜箔，在$f=1\text{MHz}$时，从G_1点到G_3点的交流阻抗Z_3可能高达几欧。

以上仅讨论本级电路的共阻抗。在多级电路中，共阻抗耦合干扰就更大，解决办法是地线分开设置，具体方法在第12.3节中介绍。另外，从图12-6b中还可以看出，共阻抗耦合干扰也属于差模干扰的型式，若设计线路时不予以注意，是很难消除的。

（4）由电源配电回路引入的干扰 交流供配电线路在工业现场的分布相当于一个吸收各种干扰的网络，而且十分方便地以电路传导的形式传遍各处，并经检测装置的电源线进入仪器内部造成干扰。最明显的是电压突跳和交流电源波形畸变使工频的高次谐波（从低频延伸至高频）经电源线进入仪器的前级电路。

例如，晶闸管电路在导通角较小时，电流平均值很小，而电流的有效值（Effective Value）却很大[18]，使电源电压在晶闸管导通期间有较大的跌落，50Hz电源波形不再为正弦波，其高次谐波分量[19]在100kHz时还有很可观的幅值，易造成辐射干扰。

又如，现在许多仪表普遍使用开关电源，电磁兼容性不好的开关电源会经电源线往外泄漏出几百千赫的尖脉冲干扰信号。干扰的频率越高，越容易通过空间辐射或检测仪表电源回路闯入检测仪表的放大电路中。

3. 通过场的干扰

工业现场各种线路上的电压、电流的变化必然反映在其对应的电场、磁场的变化上，而处在这些“场”内的导体将受到感应而产生感应电动势和感应电流。各种噪声源常常通过这种“场”的途径将噪声源的部分能量传递给检测电路，从而造成干扰。

（1）由电容性耦合引起的干扰 两平行导线通过寄生电容[20]产生耦合干扰的示意图如图12-7所示。

设导线1上的噪声电压为$\dot{U}_{\text{Ni}}$，导线1与导线2之间的寄生电容（又称分布电容）为C_{12}，导线1对地电容为C_1，导线2对地电容、电阻分别为C_2、R_2，在导线2上产生干扰电压$\dot{U}_{\text{No}}$。则在导线2上产生的干扰电压$\dot{U}_{\text{No}}$可用以下两式来计算。当R_2远大于C_2的容抗X_C时，有

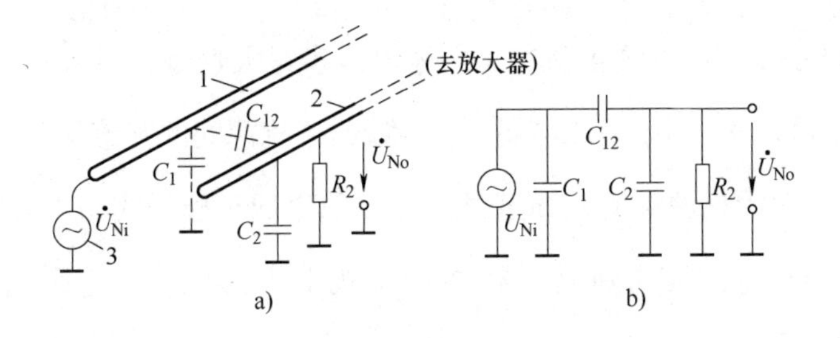

图 12-7　两平行导线通过寄生电容产生耦合干扰的示意图

a）示意图　b）等效电路

1—导线 1（干扰发射电路）　2—导线 2（干扰接收电路）　3—噪声源

$$\dot{U}_{No} \approx \dot{U}_{Ni} \frac{C_{12}}{C_{12} + C_2} \tag{12-4}$$

当 R_2 远小于 C_2 的容抗 X_C 时，可忽略 C_2 的影响，则 $\dot{U}_{No}$ 可用下式来计算

$$\dot{U}_{No} \approx j\omega R_2 C_{12} \dot{U}_{Ni} \tag{12-5}$$

从式（12-4）和式（12-5）可知，要减少寄生电容耦合干扰，就必须：①减小导线 1 对导线 2 的分布电容 C_{12}（尽量拉开两者在空间上的距离）；②减小导线 2 的对地电阻 R_2；③增大导线 2 与大地之间的电容 C_2（例如可并联一个对地电容），但该方法将使电路的响应速度变慢，只适用于低速测量。

寄生电容耦合干扰的一个例子（如热电偶传输线的干扰）如图 12-8 所示。

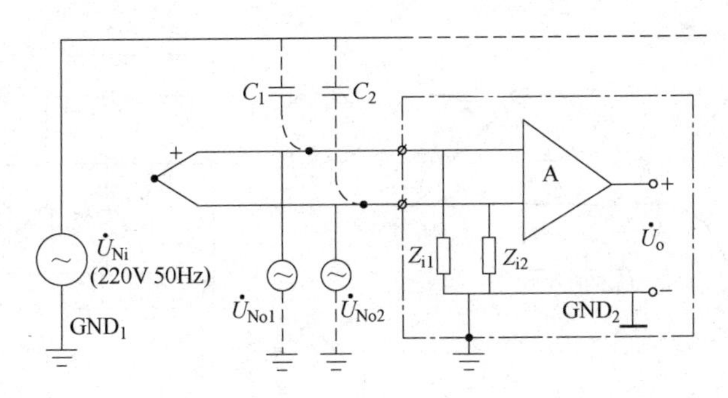

图 12-8　220V 电源线与热电偶引线引起的电场耦合干扰示意图

（2）共模干扰　如果 $C_1 = C_2$（输电线与传感器信号线距离相等），$Z_{i1} = Z_{i2}$（仪器输入阻抗对称），则 $\dot{U}_{Ni}$ 对两根信号传输线的干扰大小相等、相位相同，就属于共模（Common Mode）干扰。

由于仪用放大器的共模抑制比 *CMRR* 一般可达 100dB 以上，所以 U_{Ni} 对检测装置的影响不大。但当二次仪表的两个输入端出现很难避免的不平衡时，共模电压的一部分将转换为差模干扰，就较难消除了，因此必须尽量保持电路的对地平衡。例如在实际布线时，信号线多采用双绞扭导线（见图 12-10）。双绞扭导线能保证两根信号线与干扰源的平均距离保持一致，也就保证了 $C_1 = C_2$。克服电场干扰更好的办法是采用静电屏蔽技术，将在 12.3 节中予以介绍。

（3）由磁场耦合引起的干扰　磁场耦合干扰也称电感耦合干扰，实质是互感性耦合。图12-9是热电偶的引线与存在强电流的工频输电线靠得太近时，引入磁场耦合干扰的示意图。$\dot{I}_{Ni}$为干扰源电流，M_1、M_2为热电偶两根导线与干扰源间的互感量，检测电路引入的噪声电压与M_1、M_2以及干扰源电流$\dot{I}_{Ni}$成正比。由于热电偶正极导线与干扰源间的距离较近，所以$M_1 < M_2$，$\dot{U}_{Ni1} < \dot{U}_{Ni2}$。施加到放大器A的干扰电压为$\dot{U}_{Ni1} - \dot{U}_{Ni2}$，这种干扰属于差模干扰。

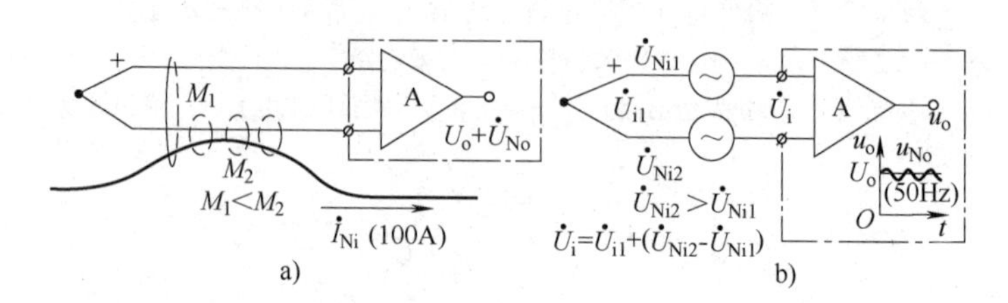

图12-9　磁场耦合干扰示意图

a）热电偶引线与工频强电流输电线路互感耦合　b）等效电路

防止磁场耦合干扰途径有：①使信号源引线远离强电流干扰源，从而减小互感量M；②采用低频磁屏蔽；③采用绞扭导线等。

采用绞扭导线可以使引入信号处理电路两端的干扰电压大小相等、相位相同，从而使图12-9所示的差模干扰减小，形成共模干扰。双绞扭导线将磁场耦合干扰转换成共模电压的示意图如图12-10所示。

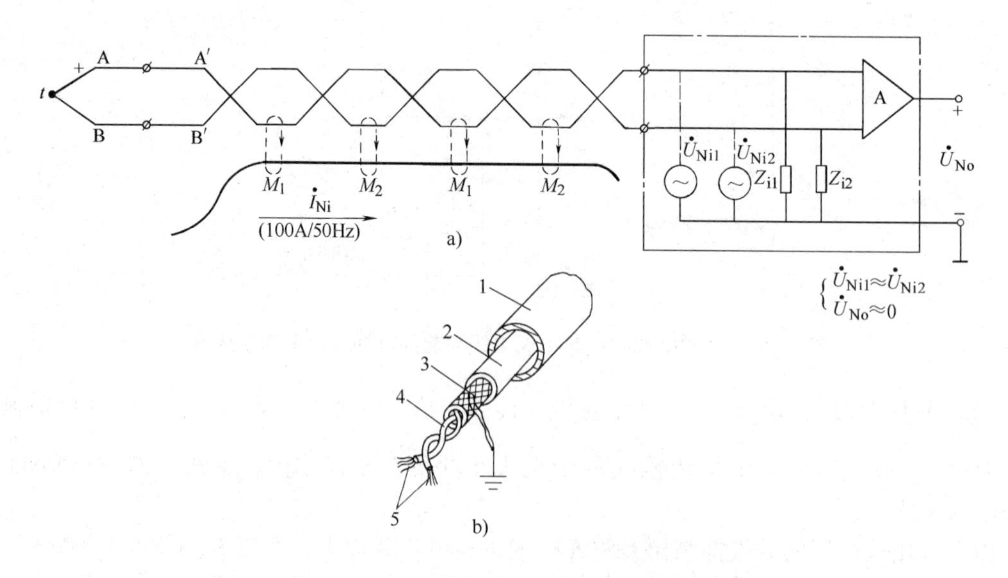

图12-10　双绞扭导线将磁场耦合干扰转换成共模电压的示意图

a）双绞扭导线抗干扰原理图　b）带低频磁屏蔽的双绞扭屏蔽线

1—低频磁屏蔽软铁管　2—PVC塑料保护外套　3—铜网编织屏蔽层（接地）

4—双绞扭电缆　5—多股铜心线

（4）由高频电磁场辐射引起的干扰　高频辐射耦合是以电磁场的形式，通过辐射途径，将电磁能量从干扰源，经辐射空间传输到检测设备[21]。通常存在几种主要辐射耦合途径：天线耦合、导线感应耦合、闭合回路耦合等。

1）天线与天线间的辐射耦合：干扰源和检测设备中，较长的输出信号线、控制线、输入信号线等，都可以看成一段发射天线或接收天线，均能发射和接收电磁波，它们之间形成天线辐射耦合干扰。

2）电磁场对导线的感应耦合：干扰源的每一根导线都由输入端阻抗、输出端阻抗和返回阻抗构成一个回路。干扰沿导线产生电磁辐射而进入检测设备，形成电磁辐射干扰。

3）电磁场对闭合回路的耦合：检测设备中的某些闭合回路的长度约等于电磁场波长的1/4时，干扰源的电磁场与闭合回路之间的电磁耦合加大，将在闭合回路中产生较大的干扰电流。

克服辐射性耦合干扰的方法有：①采用空间分离的方法：把相互容易干扰的设备和导线尽量安排得远一些，并调整电磁场矢量的方向，使接收设备耦合到的干扰电磁场最低；②采用频率分离的方法：使产生辐射的设备和易接收辐射的设备的工作频率不同；③采用屏蔽的措施（见第12.3节）：用屏蔽材料将被干扰的检测设备封闭起来，使其内部的高频电磁场强度低于允许值；④减小检测设备的输入信号线（相当于天线）的长度和高度；⑤减小检测设备内部印制电路板所包围的环线面积。

12.3 几种电磁兼容控制技术

12.3　拓展阅读资料

抗电磁干扰技术又称为电磁兼容控制技术或电磁兼容对策。针对图12-2中的“切断干扰途径”和“削弱检测电路对干扰的敏感性”两个目标，介绍几种常用的抗干扰措施，如屏蔽、接地、浮置、滤波、光电隔离等技术。

12.3.1 屏蔽技术

将手机或收音机放在用铜网或不锈钢网（网眼密度与纱窗相似）包围起来的空间中，并将金属网接大地时，可以发现，手机或收音机很难接收到外界信号。这是因为基站或广播电台发射的电磁波被接地的金属网屏蔽掉了，或者说无线电信号被吸收掉了。这种现象在山洞和矿山坑道里都会发生。现在，在地铁和电梯里面，大多设置了漏泄同轴电缆，以使这些场所保持手机信号通畅[22]。

利用金属材料制成容器，将需要防护的电路包围在其中，可以防止电场或磁场耦合干扰的方法称为屏蔽。屏蔽可分为静电屏蔽、低频磁屏蔽和高频磁屏蔽等几种。

1. 静电屏蔽

根据电磁学原理，在静电场中，密闭的空心导体内部无电力线，亦即内部各点等电位。静电屏蔽[23]（Electrostatic Shield）是用铜或铝等导电性良好的金属为材料制作成封闭的金属容器，把需要屏蔽的电路置于其中，使外部干扰电场的电力线不影响其内部的电路。反之，若将金属容器的外壳与地线连接，内部电路产生的电力线干扰也无法外逸而影响外电路，如图12-11所示。

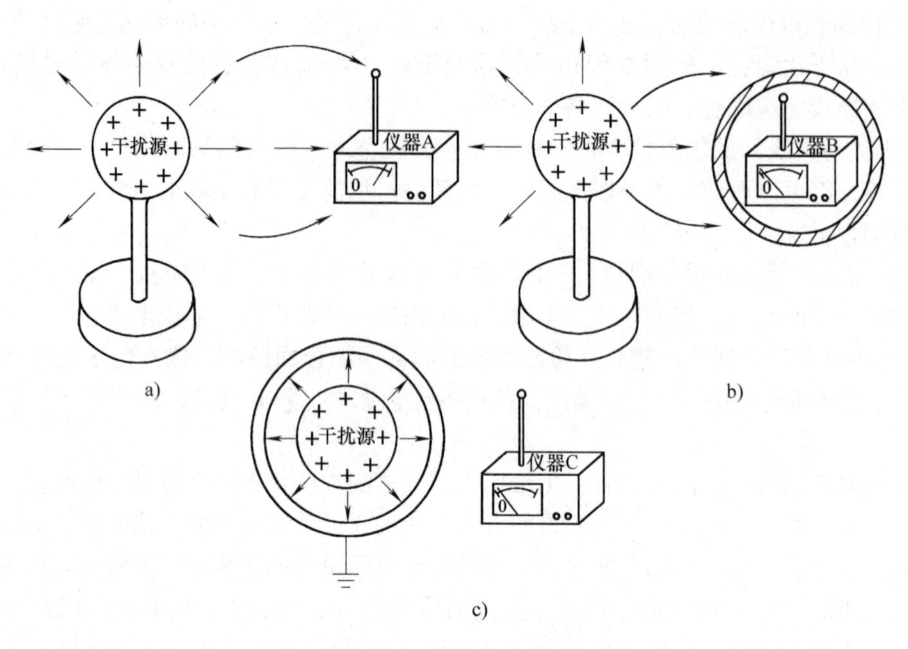

图12-11 静电屏蔽原理

a）带电体（干扰源）通过电场感应干扰仪器A b）仪器B放在静电屏蔽盒内，不受带电体的干扰
c）带电体放在接地的静电屏蔽盒内，而盒外无电力线

作为静电屏蔽的容器壁上允许有较小的孔洞（作为引线孔或调试孔），它对屏蔽的影响不大。在电源变压器的一次侧和二次侧之间插入一个留有缝隙的导体，并将它接地，也属于静电屏蔽，它可以防止两个绕组间的静电耦合干扰。

静电屏蔽不但能够防止静电干扰，也能防止交变电场的干扰，所以许多仪器的外壳用导电材料制作并且接地。现在虽然有越来越多的仪器用工程塑料（ABS）制作外壳，但当打开外壳后，仍然会看到在机壳的内壁粘贴有一层接地的金属薄膜，并与电路的地线柔性连接，起到与金属外壳一样的静电屏蔽作用。

2. 低频磁屏蔽

低频磁屏蔽[24]（Magnetic Shield）是用来隔离低频（主要指50Hz）磁场和固定磁场（也称静磁场，其幅度、方向不随时间变化，例如永久磁铁产生的磁场）耦合干扰的有效措施。任何通过电流的导线或线圈周围都存在磁场，它们可能对检测仪器的信号线或者仪器造成磁场耦合干扰。非导磁的静电屏蔽线或静电屏蔽盒对低频磁场不起隔离作用。这时必须采用高导磁材料作屏蔽层，以便让低频干扰磁力线从磁阻很小的磁屏蔽层上通过，形成磁力线分流和集中，使低频磁屏蔽层内部的电路免受低频磁场耦合干扰的影响。例如，仪器的铁皮外壳就起到低频磁屏蔽的作用。

若进一步将低频磁屏蔽接地，又同时起静电磁屏蔽作用。在干扰严重的地方常使用复合屏蔽电缆，其最外层是低磁导率、高饱和的铁磁材料，内层是高磁导率、低饱和铁磁材料，最里层是铜质电磁屏蔽层，以便一步步地消耗干扰磁场的能量。在工业中常用的办法是将屏蔽线穿在铁质蛇皮管或普通铁管内，达到双重屏蔽的目的。图12-12是低频磁屏蔽示意图。

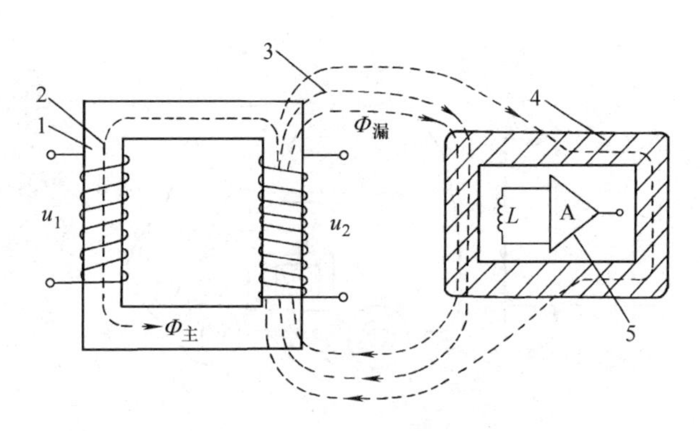

图12-12 低频磁屏蔽示意图

1—50Hz变压器铁心 2—主磁通 3—漏磁通 4—导磁材料屏蔽层 5—内部电路

3. 高频磁屏蔽

高频磁场的屏蔽层采用低电阻率的良导体材料，例如铜、铝、铁氧体[25]（Ferrite）等做成屏蔽罩、屏蔽盒、屏蔽管等不同的外形，将被保护的电路包围在其中。它屏蔽的干扰对象不是电场，而是高频（1MHz以上）磁场。干扰源产生的高频磁场遇到导电良好的高频磁屏蔽层时，就在其外表面感应出同频率的电涡流，从而消耗了高频干扰源磁场的能量。其次，电涡流也将产生一个新的磁场，根据楞次定律，其方向恰好与干扰磁场的方向相反，又抵消了一部分干扰磁场的能量，从而使高频磁屏蔽层内部的电路免受高频干扰磁场的影响。

如果将产生干扰的线圈置于高频磁屏蔽盒中，则线圈所产生的磁场将被限制在屏蔽盒内，从而达到对外界高频磁场屏蔽的目的。高频磁屏蔽层所需的厚度与干扰的频率有关。

1）当f在1MHz左右时，用0.5mm厚的金属或导电硅橡胶制成屏蔽体，能将场强减弱为原场强的1/100或更低。在选择材料与厚度时，主要考虑材料的机械强度、刚度、工艺性及防潮、防腐等因素。

2）当f在10MHz左右时，用0.1mm厚的铜皮或铁氧体层，制成屏蔽体，就能较大地减小干扰场强。

3）当f在100MHz左右时，可在塑料壳体上镀铜层、银层或制作超高频铁氧体层，制成屏蔽外壳。

若将高频屏蔽层接地，就同时具有静电屏蔽的功能，也常称为电磁屏蔽（Electromagnetic Screen），即指对电场和磁场同时加以屏蔽。高频磁屏蔽原理如图12-13所示。

12.3.2 接地技术

1. 地线的种类

接地（Grounding）起源于强电技术，它的本意是接大地，主要着眼于安全。这种地线也称为“保护地线”。保护接地的接地电阻值必须小于规定的数值[26]（例如4Ω以下）。对于仪器、通信、计算机来说，“地线”是指电信号的基准电位，也称为“公共参考端”，它除了作为各级电路的电流通道之外，还是保证电路工作稳定、抑制干扰的重要环节。它可以是接大地的，也可以是与大地隔绝的，例如飞机、便携式仪器的地线。通常将仪器设备中的公共参考端称为信号地线。

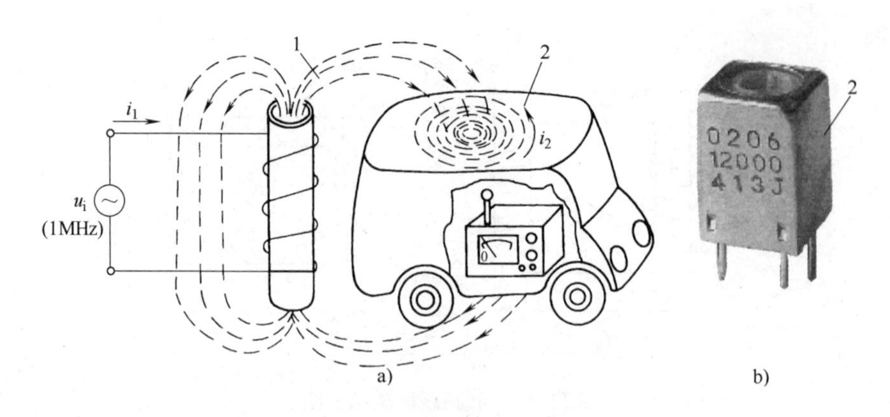

图 12-13 高频磁屏蔽原理

a）基本原理 b）高频变压器的屏蔽

1—交变磁场 2—电磁屏蔽层

信号地线又可分为以下几种：

（1）模拟信号地线（Grounded Wire of Analog Signal） 模拟信号地线是模拟信号的零信号电位公共线。因为模拟信号电压多数情况下均较弱，易受干扰，易形成级间不希望的反馈，所以模拟信号地线的横截面积应尽量大些。

（2）数字信号地线（Grounded Wire of Digital Signal） 数字信号地线是数字信号的零电平公共线。由于数字信号处于脉冲工作状态，动态脉冲电流在接地阻抗上产生的压降往往成为微弱模拟信号的干扰源，为了避免数字信号对模拟信号的干扰，两者的地线应分别走线，再合理地在一点汇集，接在一起。

数字电路对模拟电路的干扰如图 12-14 所示。图中的数字面板表为 $3\frac{1}{2}$位电压表，满度值为 1.999V，最低位为 1mV。该数字面板表内部包含了高分辨率的 A-D 转换器和 LED 数码管及驱动电路。前者为模拟电路，而后者为数字电路，且工作电流较大。

图 12-14a 为错误的接法。它将数字面板表的电源负极（有较大的数字脉冲电流）与被测电压（易受干扰的模拟信号）的负极在数字面板表的接插件上用一根地线连接到印制电路板（PCB）上。由于数码管的电流在这段共用地线上产生随显示数字跳变的电压降，使施加到数字面板表接插件上的输入电压受到这种“共阻抗干扰”。只要有几毫伏的压降，就会使数字面板表的最后一位数跳动不止。如果将数字电路的地线与模拟电路的地线分开设置，在 PCB 上再短接在一起，就能有效地消除共阻抗干扰，正确的接线方法如图 12-14b 所示。

（3）信号源地线（Grounded Wire of Signal Source） 传感器可看作测量装置的信号源，多数情况下信号较为微弱，通常传感器安装在生产设备现场，而测量装置设在离现场一定距离的控制室内。从测量装置的角度看，可以认为传感器的地线就是信号源地线，它必须与测量装置进行适当的连接才能提高整个检测系统的抗干扰能力。

（4）负载地线（Load Grounded Wire） 负载的电流一般都比前级信号电流大得多，负载地线上的电流有可能干扰前级微弱的信号，因此负载地线必须与其他信号地线分开。

例如，若误将扬声器的负极（接地线）与扩音机话筒的屏蔽线碰在一起，就相当于负载地线与信号源地线合并，可能引起啸叫。又如当负载是继电器时，继电器触点闭合和断开的瞬间经常产生电火花，容易反馈到前级，造成干扰。这时经常让信号通过光耦合器来传

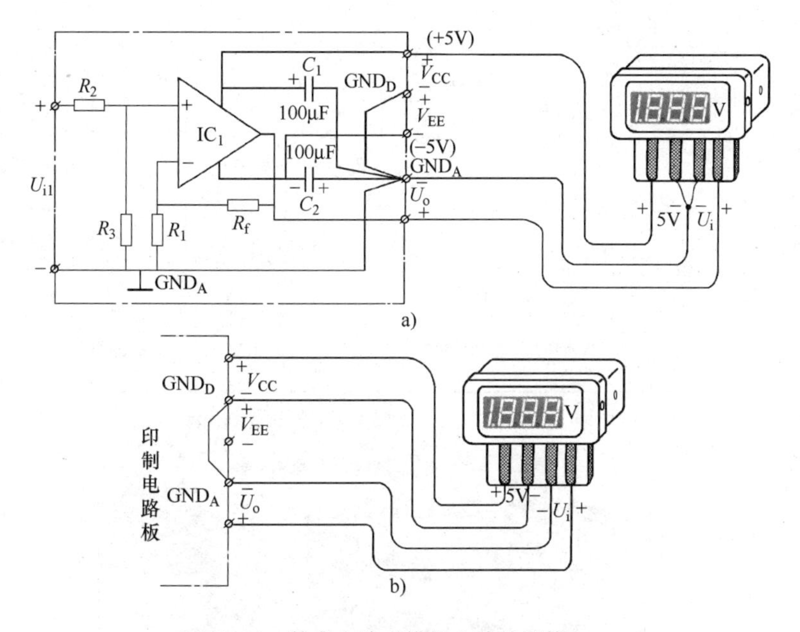

图 12-14　数字电路对模拟电路的干扰

a）错误接法　b）正确接法（模拟、数字地线分开设置）

输，使负载地线与信号源地线在电气上处于绝缘状态，彻底切断负载对前级的干扰。

2. 一点接地原则

对于上述 4 种地线一般应分别设置，在确需连通时，也必须仔细选择合适的点，在一个地方相连，才能消除各地线之间的干扰。

（1）单级电路的一点接地原则　现举单调谐选频放大器为例来说明单级电路的一点接地原则。单级电路的一点接地如图 12-15 所示，图中有 11 个元件的一端需要接地，如果不熟悉单级电路的一点接地原则，从原理图来看，这 11 个端点可接在接地母线上的任意点上，这几个点可能相距较远，不同点之间的电位差就有可能成为这级电路的干扰信号，因此应采取图 12-15b 所示的一点接地方式。考虑到加工工艺，在实际的印制电路板设计中，只能做到各接地点尽量靠近、并加大地线的宽度、减小地线长度（小于信号波长的 1/20），如图 12-15c所示。

（2）多级电路的一点接地原则　图 12-16a 所示的多级电路的地线逐级串联，形成公共地线。在这段地线上存在着 G_1、G_2、G_3 三点不同的对地电位差，虽然其数值很小，但仍有可能产生共阻抗干扰。只有在数字电路或放大倍数不大的模拟电路中，为布线简便起见，才采用上述电路。但也应注意以下两个原则：一是公用地线截面积应尽量大些，以减小地线的内阻；二是应把电平最低的电路的接地点接到电源的地线上。

图 12-16b 采取并联接地方式，这种接法不易产生共阻抗耦合干扰，但需要很多根地线，在低频时效果较好，通常在频率为 1MHz 以下时采用。

当频率较高（例如 10MHz 以上）时，应采取大面积的地线，这时允许“多点接地”，这是因为接地面积十分大，内阻很低，事实上相当于一点接地，不易产生级与级之间的共阻

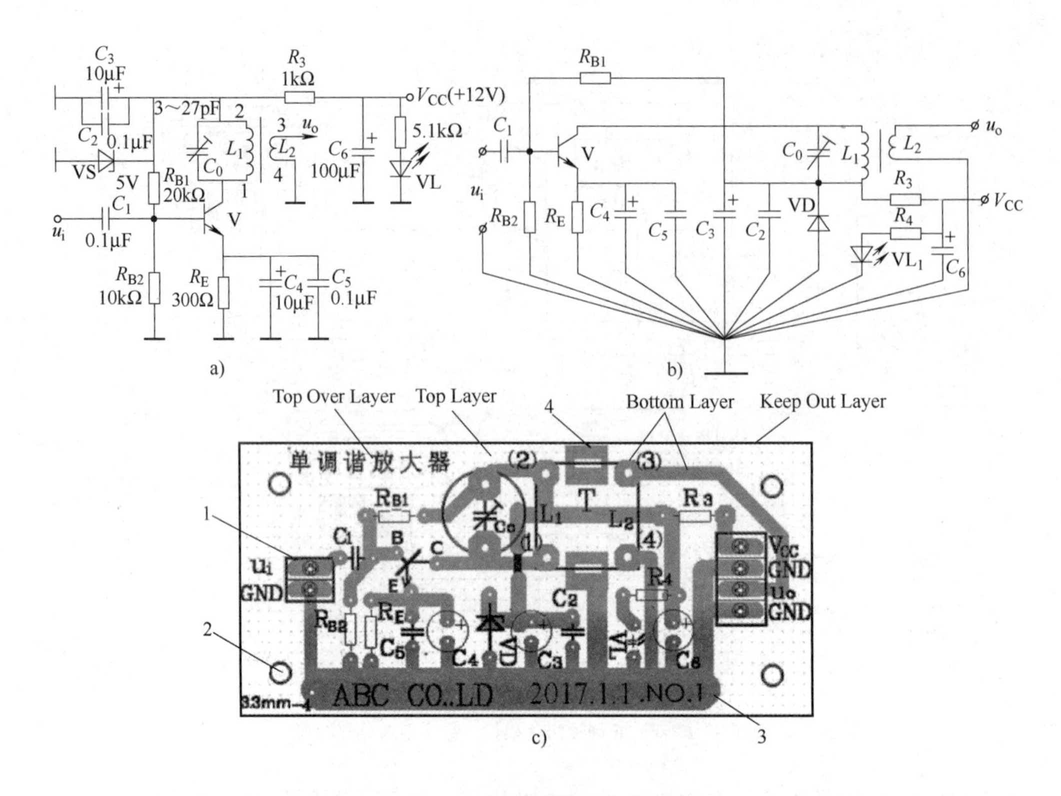

图 12-15 单级电路的一点接地

a）电原理图 b）一点接地电路图 c）印制电路板实际采用的一点接地方式

1—接线端子 2—印制电路板安装孔 3—接地母线

4—高频变压器金属屏蔽外壳接地点（上下各一个方孔）

Top Over Layer—文字层 Top Layer—顶层（单面印制电路板元件面）

Bottom Layer—底层（焊盘及走线层，阴影） Keep Out Layer—印制电路板的边框（禁止布线区）

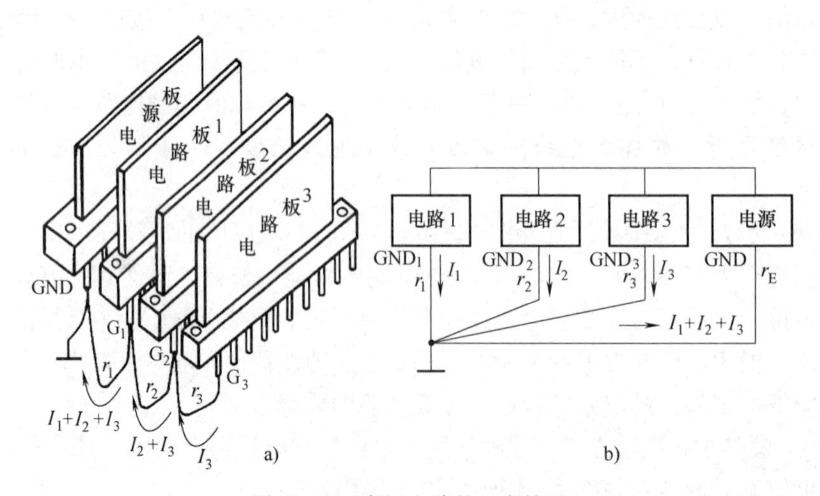

图 12-16 多级电路的一点接地

a）串联式（仅用于数字电路） b）并联式（中、低频电路时采用）

耦合[27]。图 12-17 是高频电路大面积接地的一个例子。

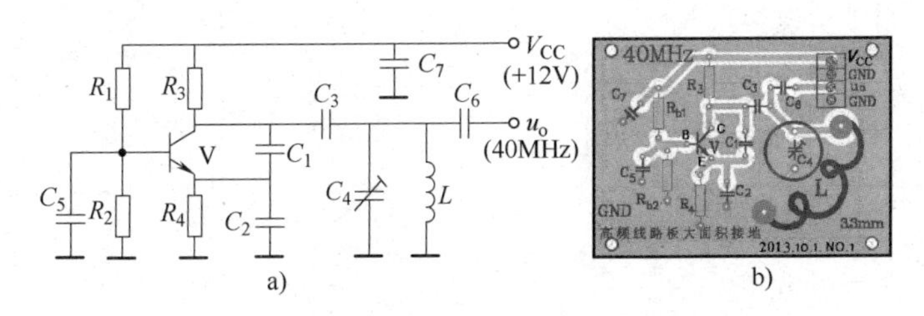

图 12-17　高频电路的大面积接地

a）高频 LC 振荡电路　b）对应的印制电路板

（3）检测系统的一点接地原则　检测系统通常由传感器（一次仪表）与二次仪表构成，两者之间相距可能很远。当在实验室用较短的信号线将它们连接起来时，系统能正常工作；但当将它们安装到工作现场并用很长的信号线连接起来时，可能发现测量数据跳动、误差变大。这就涉及大地电位差和检测系统的一点接地问题。

1）大地电位差：当在工业现场相距 10m 以上两部设备的接地螺栓之间跨接一只 LED 时，有时会发现 LED 发光。显然在两个接地螺栓之间存在电位差，此电位差随工业现场用电设备的漏电状态而波动。

从理论上说，大地是理想的零电位。无论向大地注入多大的电流或电荷，大地各点仍为等电位。可是事实上大地存在一定的电阻。如果某一电器设备对地有较大的漏电流，则以漏电点为圆心，在很大的一个范围内，电位沿半径方向向外逐渐降低，称为“大地电位差”$\dot{U}_G$。在工业现场，由于电气设备很多，大地电流十分复杂，所以大地电位差有时可能高达几伏，甚至几十伏。

2）检测系统两点接地产生的“大地环流”：若将传感器及二次仪表的零电位参考点在安装地点分别接各自的大地 G_1、G_2，则可能在二次仪表的输出端测到数值较为可观的 50Hz 干扰电压。究其原因，是因为由大地电位差 $\dot{U}_G$ 在双端接地的那一根传输线上产生较大数值的大地环流 $\dot{I}_G$，并在传输线的内阻 Z_{S2} 上产生压降 $\dot{U}_{Go}$，如图 12-18a 所示。这个压降对二次仪表而言，相当于差模干扰。

（4）检测系统一点接地方案

1）检测系统一点接地方案 1（传感器侧接地）：由于在过去的技术条件下，许多传感器生产商在制造传感器时常将传感器输出信号的零电位端与传感器外壳相连接；又由于传感器外壳一般均通过固定螺钉、支撑构架等与大地 G_1 连接，所以这类传感器的输出信号线中有一根必然接大地，这样就迫使二次仪表输入端中的任何一端均不能再接大地，否则就会引起大地环流。当采用图 12-18b 所示的检测系统一点接地方案 1 后，大地电位差只能从 G_1 通过信号线流经二次仪表输入端与外壳之间很小的分布电容 C_{i1}、C_{i2}（一般约为几百皮法）到达二次仪表的外壳的 G_2（二次仪表的外壳为安全起见必须接大地 G_2）。由于分布电容 C_{i1}、C_{i2} 容量很小，对 50Hz 的阻抗很大，所以大地环流 $\dot{I}_G'$ 比两点接地时小得多。

从图 12-18b 还可以看到，这很小的大地环流是同时流经两根信号线的，只要 $C_{i1}=C_{i2}$，

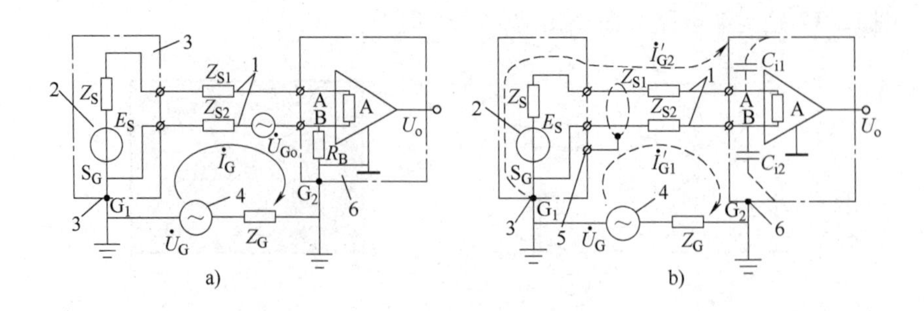

图 12-18　检测系统的接地分析

a）系统两点接地（错误接法）　b）系统一点接地方案1（传感器一侧接地）

1—信号传输线　2—传感器的信号源　3—传感器外壳接地点

4—大地电位差　5—屏蔽层接地点　6—二次仪表外壳

则两路环流基本相等（$\dot{I}'_{G1}=\dot{I}'_{G2}$），且在 Z_{S1}、Z_{S2} 上的压降也相等，最终施加在二次仪表 A、B 两端的只是很小的共模电压。由于仪用放大器的共模抑制比 *CMRR* 很大（大于 100dB），所以此共模干扰不会在放大器输出端反映出来。如果该信号线为屏蔽线（图中用虚线椭圆表示），则在本方案中，屏蔽线的屏蔽层应接传感器的地线，而不允许屏蔽层两端均接地，否则大地环流又会通过屏蔽层形成回路，并在屏蔽层的内阻上产生压降，对信号线产生干扰。

2）二次仪表电路的浮置：在图 12-18b 中，二次仪表电路在未接信号线之前，与大地之间没有任何导电性的直流电阻联系，这种类型的电路就称为浮置电路。采用干电池的数字表就是浮置的特例。浮置电路基本消除了大地电位差引起的大地环流，抗干扰能力较强。

3）检测系统一点接地方案 2（二次仪表侧接地）：有许多传感器采用两线制电流输出形式，它的两根信号线均不接大地。如果这时二次仪表也采用浮置电路，容易出现静电积累现象，易产生电场干扰。在这种情况下多采用二次仪表侧公共参考端接地的方案。此种情况下，检测系统仍然符合一点接地原则。二次仪表一点接地方案 2（二次仪表侧接地）如图 12-19所示。

在二次仪表与计算机相连接的情况下，由于计算机的公共参考端已被接金属机箱，并通过保护地线接大地，所以这时的二次仪表的零电位端（公共参考端）也就通过计算机接大地了。

从图 12-19 可以看到，在二次仪表侧接地方案中，大地电位差$\dot{U}_G$引起的干扰环流$\dot{I}'_G$从 A 点出发，经 C_{i3}及 C_{i4}（信号线对传感器金属外壳的分布电容）→Z_{S1}、Z_{S2}（信号线内阻）→Z_G、C_{i1}以及 Z_{i2}、C_{i2}（二次仪表对地阻抗）→A-D 转换板的公共参考端 GND_3→C 点和 B 点。由于 C_{i1}、C_{i2}、C_{i3}、C_{i4}的容量均很小，所以大地环流 $\dot{I}'_G$很小，方案 2 同样具有较高的抗干扰能力。

图 12-19 中，由于传感器的信号线未接地而传感器的外壳是接地的，如将屏蔽线的屏蔽层接到传感器的外壳上时，屏蔽层对信号线而言，存在较大的分布电容，会在两根信号线上感应出较大的共模干扰，所以应将屏蔽线的屏蔽层接到二次仪表的公共参考端（已接大地），效果较好。

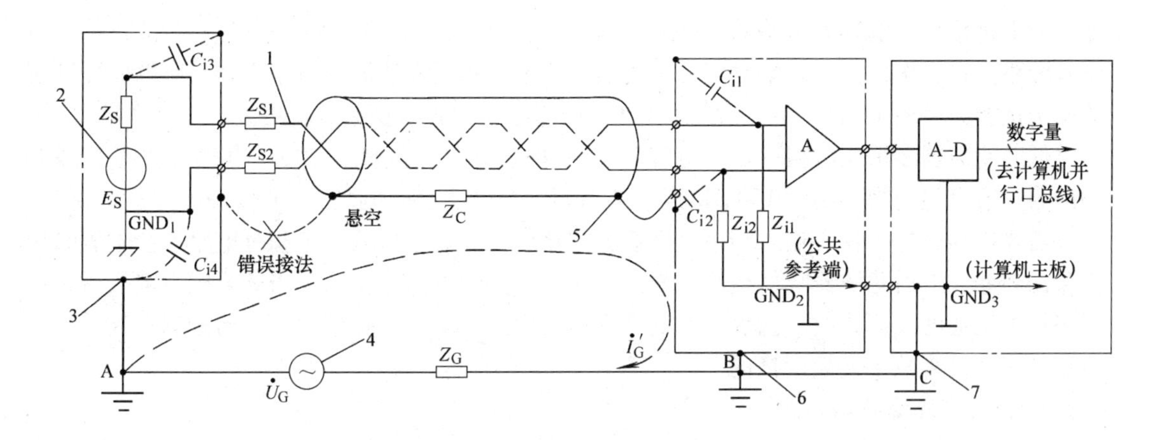

图 12-19　二次仪表一点接地方案 2（二次仪表侧接地）

1—信号传输线　2—传感器的信号源　3—传感器外壳接地点　4—大地电位差
5—屏蔽层接地点　6—二次仪表外壳接地点　7—计算机接地点

12.3.3　滤波技术

滤波器（Filter）是抑制交流差模干扰的有效手段之一。电磁干扰滤波器属于低通滤波器，包括电源线滤波器和信号线滤波器等，它们允许有用信号通过，阻止干扰信号通过，使传入（或传出）设备的骚扰值不超过给定的规范值，不致使设备的性能降低。

1. RC 信号线滤波器

当信号源为热电偶、应变片等信号变化缓慢的传感器时，串接小体积、低成本的无源 RC 低通滤波器将对工频差模干扰有较好的抑制效果。差模干扰 RC 低通滤波器如图 12-20 所示。

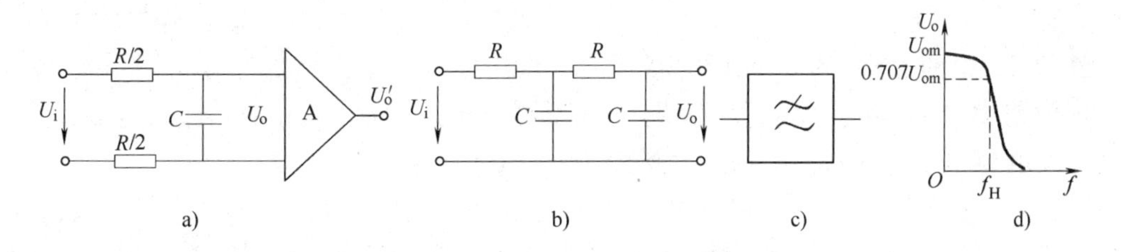

图 12-20　差模干扰 RC 低通滤波器

a）单节平衡式 RC 滤波器与放大器的连接　b）双节单端接地不平衡式 RC 滤波器
c）低通滤波器图形符号　d）幅频特性

低通滤波器[28]（Low-pass Filter）只允许直流信号或缓慢变化的极低频率的信号通过，而不让叠加在有用信号上的较高频率信号通过的电路。当输出信号降至滤波之前的 0.707 倍（$1/\sqrt{2}$）时的频率称为低通滤波器的截止频率 f_H。RC 低通滤波器的截止频率

$$f_H = \frac{1}{2\pi RC} \tag{12-6}$$

在诸如热电信号的慢速信号检测中，所提到的“较高频率信号”是相对于直流电压而

言的，指50Hz及以上的信号，它们多数不是有用信号，是大地环流、电源畸变、电火花等造成的干扰信号。电容C并联在二次仪表输入端，它对较高频率的干扰信号容抗较低，可将其旁路。在二次仪表输入端测到的干扰信号比不串联低通滤波器时小许多，所以能提高抗差模干扰能力。图12-20b中，采用两级RC低通滤波器对干扰衰减就更大。

低通滤波器多采用电阻串联、电容并联的方式，但也可以用100μH电感代替图12-20b中的第一节电阻网络，则对100kHz以上的高频干扰滤波效果更好。

需要指出的是，仪表输入端串接低通滤波器后，等效于接入一个积分电路，会阻碍有用信号的突变。低通滤波器降低检测系统的阶跃响应如图12-21所示。当被测压力突变时，由于串接了低通滤波器，故二次仪表的响应变慢。由此可见，串接低通滤波器是以牺牲系统响应速度为代价来减小差模干扰的。

2. 交流电源滤波器

电源网络吸收了各种高、低频噪声，电源线上的干扰（骚扰）可分为两类：共模干扰信号和差模干扰信号。相线（L）与地（PE）、中性线（N）与地之间存在的大小相同、相位相同的干扰信号属于共模干扰信号，相线（L）与中性线（N）之间存在的干扰信号属于差模干扰信号。

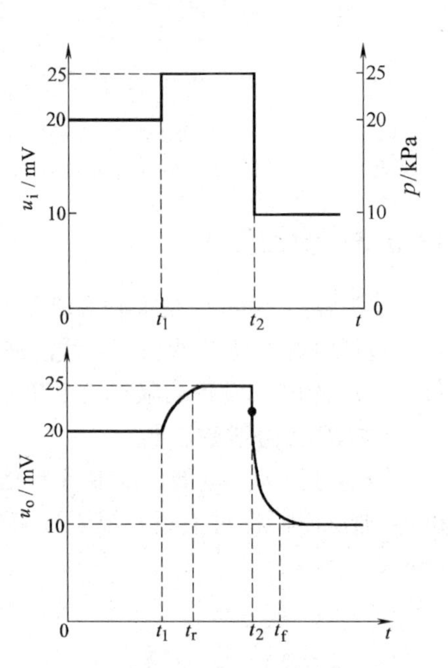

图12-21 增加了低通滤波器后，测量压力过程中的信号阶跃响应变慢

对此，常用LC交流电源滤波器[29]（又称为电源线EMI滤波器）来抑制混入电源的噪声，如图12-22所示。电源线EMI滤波器实际上是一种低通滤波器，它能无衰减地将50Hz低频电源功率传送到用电设备上，却能大大衰减经电源传入的骚扰信号，保护设备免受其害。电源线EMI滤波器也能大大抑制设备本身产生的骚扰信号进入电源，避免造成电磁环境污染，危害其他设备。

图12-22中的C_{x1}（约0.1μF/630V）、C_{x2}（几微法）称为差模电容，L_{x1}、L_{x2}、L_{x3}、L_{x4}（几百微亨）称为差模电感[30]，它们均用于滤除差模干扰。C_{y1}、C_{y2}、C_{y3}、C_{y4}（约0.1μF）称为共模电容，L_{y1}、L_{y2}（几毫亨）称为共模电感[31]，它们均用于滤除共模干扰。L_{y1}、L_{y2}是绕在同一个磁环上的两个独立线圈。它们的圈数相等，绕向相同，流过的电流方向相反。当把共模电感插入到电源入口和欲滤除干扰的设备（即负载）之间时，可以滤除相线-地线以及中性线-地线之间的频率较低的共模干扰。流经两个线圈的负载电流虽然较大，但完全相等，各自产生的磁场在磁环内相互抵消，对50Hz的负载电流阻抗很小，且不会使磁环饱和而致使电感量降低。

100μH电感、0.1μF电容组成高频滤波器，能吸收从电源线传导进来（或从负载流出）的中、短波段的高频噪声干扰；10μF电容和两个对称的5mH电感能吸收因电源波形畸变而产生的谐波干扰；图中的压敏电阻能吸收因雷击等引起的浪涌电压干扰。

在电源和负载之间插入交流源滤波器之后，可以将几千赫至几十兆赫范围内的电磁干扰衰减几十分贝以上，也可阻挡负载本身产生的中、高频干扰倒灌进入电源系统。

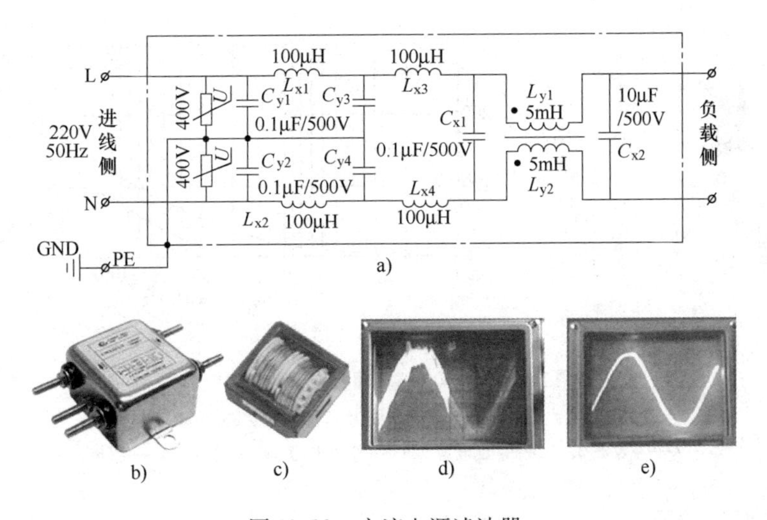

图12-22　交流电源滤波器

a）电路　b）外形　c）共模电感　d）滤波前受“污染”的工频波形

e）滤波后的工频波形（仍有失真）

在干扰环境中工作的各种计算机、传感器、二次仪表等电器设备的电源都要串接交流电源滤波器。其规格的选择主要考虑两点：一是滤波器的额定电流必须大于该电气设备的工作电流；二是在可预见的频率范围内，对干扰的衰减系数必须符合要求。用户可根据需要，选择内部包含一级LC或两级甚至三级LC的电源滤波器，使用时需要良好接大地。目前还可购到内部已串联有交流电源滤波器的拖线板，使用起来就更加方便。

购买开关电源、UPS、变频器或各种电子调压器时，也必须查询该电源设计时是否串接合格的LC滤波器，是否符合国家规定的电磁兼容标准。开关电源以及其他逆变器均是对其他电气设备威胁很大的干扰源，它本身产生的电磁干扰信号有很宽的频率范围，又有很大的幅度，会经过电源线向外传送电磁干扰信号。

3. 磁珠滤波技术

铁氧体磁珠[32]（Ferrite Bead）由磁滞损耗较大的铁氧体（铁镁或铁镍合金材料）烧结而成，力学性能与陶瓷相似，颜色为银灰色，中间有孔洞。

低频输入信号线或电源线穿过磁珠时，磁珠与导线共同构成一个L、R串联等效阻抗。电感L比较小，大约在几微亨到几十微亨之间。在中频段时，磁心的磁导率μ较高，等效串联损耗联电阻R_d不大，L较大，相当于一个高Q特性的电感性低通滤波器；随着频率的升高，磁珠的磁导率降低，L减小，R_d增加较快，导致总的阻抗增加，叠加在直流或低频信号上的高频（FR）和尖峰干扰信号转化为热能的形式而被耗散掉，起到高频衰减器和抑制电磁辐射干扰的目的。在数字电路中，磁珠还可以缩短“振铃”时间。铁氧体磁珠的结构和等效电路[33]如图12-23所示。

将电源的两根正、负导线同时穿过一个磁珠（经常在USB传输线的末端看到），在磁珠内部产生的磁通方向相反，就不会因单根导线电流过大，而致磁珠产生磁饱和，从而失去FR吸收效果。磁珠的体积很小，可粘贴在印制电路板上。当排线穿过图12-23a所示的扁形磁珠时，相当于在线路中接入一个共模抑制电感，对共模干扰信号有很强的抑制作用。

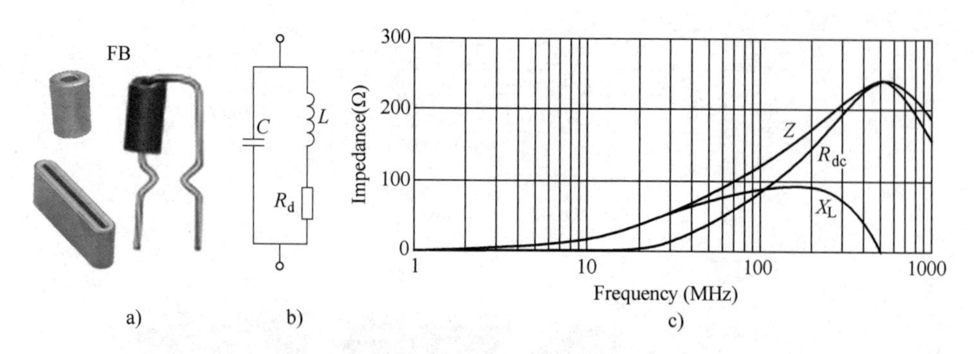

图 12-23 铁氧体磁珠的外形和等效电路

a）外形 b）等效电路 c）型号为 1206-250R 的磁珠频率特性

L—等效电感 C—等效电容 R_d—等效电阻 Z—阻抗 X_L—感抗

4. 直流电源滤波器

直流电源往往为几个电路所共用，为了避免通过电源内阻造成几个电路间互相干扰，应在每个电路的直流电源上加上 RC 或 LC 电源退耦滤波器[34]，如图 12-24 所示。图中的电解电容用来滤除低频噪声。由于电解电容采用卷制工艺而含有一定的电感，在高频时阻抗反而增大，所以需要在电解电容旁边并联一个电感很小的 1000pF ~ 0.01μF 的叠层磁介电容[35]（Monolithic Ceramic Capacitor，MLCC），用来滤除高频噪声。

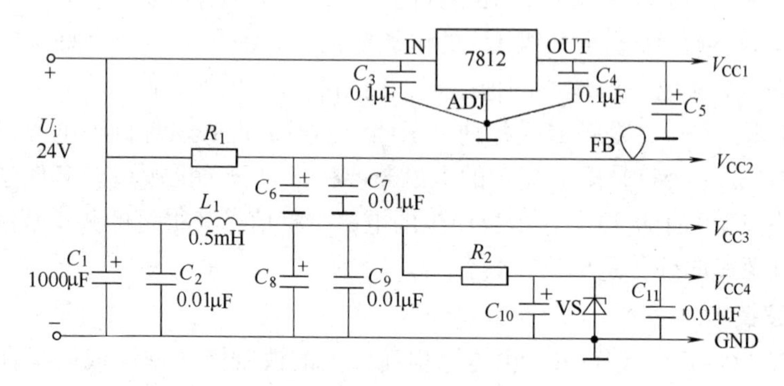

图 12-24 直流电源退耦滤波器电路

0.01μF—独石贴片电容 L_1—差模磁环滤波器 FB—磁珠 FR 滤波器

12.3.4 光耦合技术

检测系统越来越多地采用光耦合器（Photoelectric Coupler，工程中常称为光电耦合器，以下简称光耦[36]）来提高系统的抗共模干扰能力。

1. 光耦的工作原理

光耦是一种电→光→电的耦合器件，它的输入量是电流，输出量也是电流，但两者之间从电气上看却是绝缘的，光耦示意图如图 12-25 所示。发光二极管一般采用砷化镓红外发光二极管，而光敏元件可以是各种光敏二极管、光敏晶体管、光敏达林顿管，甚至可以是光敏双向晶闸管[37]、光敏集成电路等。发光二极管与光敏元件的轴线对准并保持一定的间隙。

当有电流流入光耦内部的发光二极管时，它即发射红外光，光敏元件受红外光照射后，产生相应的光电流，实现了在电气隔离的条件下，以光为媒介的电信号的传输。

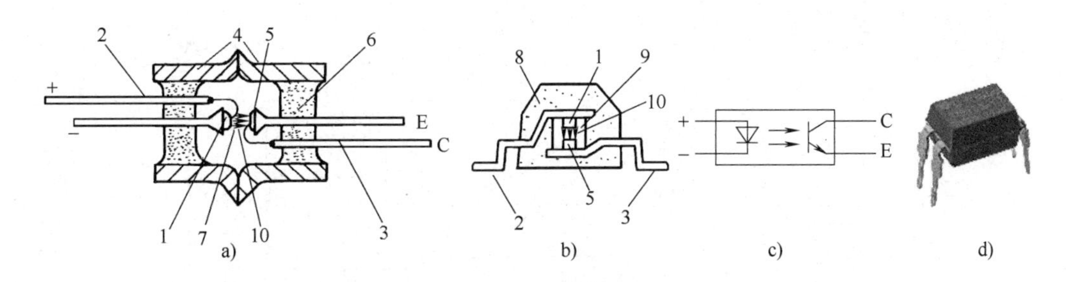

图12-25　光耦示意图

a）管形轴向封装剖面图　b）贴片封装剖面图　c）图形符号　d）双列直插封装外形

1—发光二极管　2—输入引脚　3—输出引脚　4—金属外壳　5—光敏元件

6—不透明玻璃绝缘材料　7—气隙　8—黑色不透光塑料外壳　9—透明树脂　10—红外线

2. 光耦的特点

1）输入、输出回路绝缘电阻高（大于$10^{10}\Omega$）、耐压超过1kV[38]。

2）因为光的传输是单向的，所以输出信号不会反馈和影响输入端。

3）输入、输出回路在电气上是完全隔离的，能很好地解决不同电位、不同逻辑电路之间隔离和传输的矛盾。

3. 光耦的应用实例1

（1）传输信号原理　图12-26是利用光耦传递信号并将输入回路与输出回路隔离的例子。光耦的红外发光二极管经两个限流电阻R_1、R_2跨接到三相电源的L_1、L_2（380V）上。当交流接触器KM未吸合时，流过光耦中的红外发光二极管VL_1的电流为零，所以光耦中的光敏晶体管V_1处于截止状态，U_E为低电平，反相器的输出U_o为高电平。

（2）各测试点的波形图　在图12-27中的t_1时刻，当交流接触器得电吸合后，在电源的正半周时，有电流流过VL_1。合理选择R_1、R_2、R_E的阻值，可以使光耦中的光敏晶体管在正半周的绝大多数时间里处于饱和状态，U_E为高电平。经具有施密特反相器IC_2反相、整形为边缘陡峭的方波，如图12-27中的u_o波形。微处理器检测到方波信号就可以判断出电源的过零时刻，从而根据既定的程序控制晶闸管的导通角，调节小功率电动机的转速。

（3）隔离强、弱电原理　在图12-26中，光耦的主要作用并不在于传输信号，因为直接将380V电压经电阻衰减后送到反相器也能得到方波信号。但这样做势必把有危险性的强电回路与计算机回路连接在一起，可能会使计算机主板带电，使操作者触电，甚至有烧毁计算机的可能。

采用图12-26的光耦电路之后，计算机既可得到方波信号，又与强电回路无电气联系，若用测电笔测量计算机的主板电路，就没有带电的现象。这就是光耦既可以传输有用信号，又将输入、输出回路隔离的道理。设计印制电路板时，光耦的左、右两边电路应严格绝缘，并保证有一定的间隔，以防击穿，请观察图12-26b所示印制电路板各元件排列的特点。

4. 光耦的应用实例2

（1）传输信号原理　利用光耦来隔离大地电位差干扰，并传送脉冲信号的示意图如图12-28所示。在距计算机控制中心很远的生产现场有一台非接触式转速表，产生与转速成

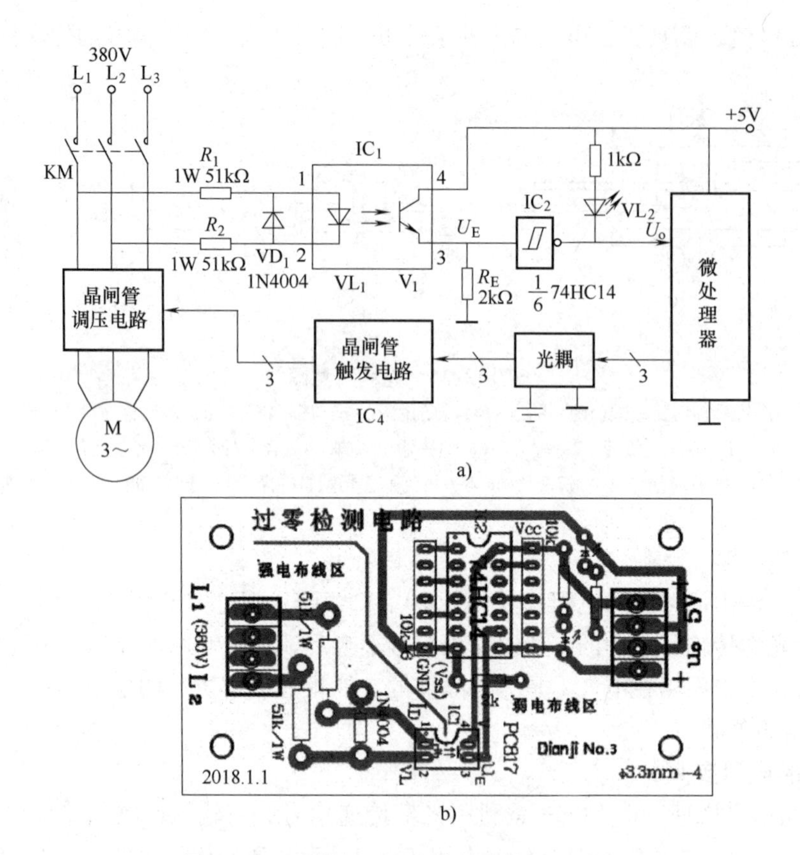

图 12-26　光耦用于强电信号的检测、隔离

a）电路　b）对应的印制电路板

正比的 TTL 电平信号，经很长的传输线传送给计算机。

（2）隔离干扰原理　假设该转速表的公共参考端在出厂时已与外壳连接，所以其中一根信号线接传感器的大地。如果直接将这两根信号线接到计算机中，势必在传感器地 GND_1 与计算机地 GND_2 之间构成大地环流回路，在干扰很大的情况下，计算机可能无法正确地接收转速信号。

在传感器与计算机之间插入一只光耦（IC_1），它在传送信号的同时又将两个不同电位的地 GND_1、GND_2 隔离开来，避免了共模干扰。图中的 u_{N1} 与 u_{N2} 是各种干扰在传输线上引起的对地干扰电压。若它们的大小相等，相

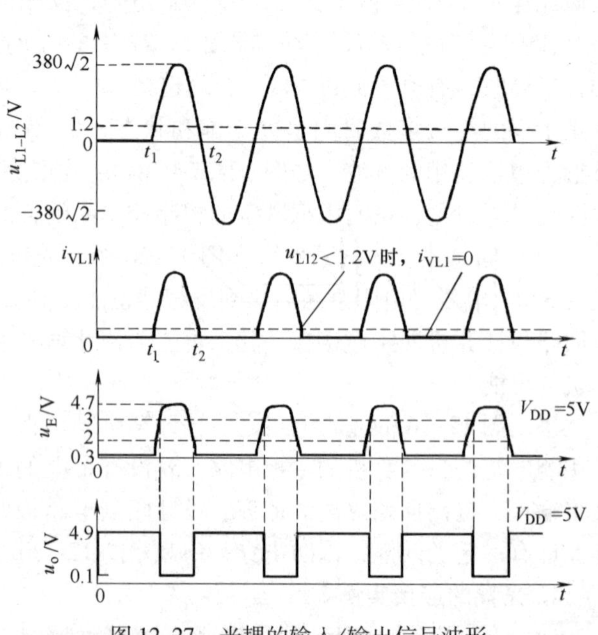

图 12-27　光耦的输入/输出信号波形

位相同，就不会在光耦中产生 I_{VL}，所以也就不会将干扰耦合到光耦回路之后去，这就是使用光耦能够排除共模干扰的原因。图 12-28中的 V_{CC}与 V_{DD}分属于不同的接地电路，所以它们之间不能有任何直流联系（例如不能使用分压比电路或集成稳压 IC 降压等），否则就失去了隔离的作用。

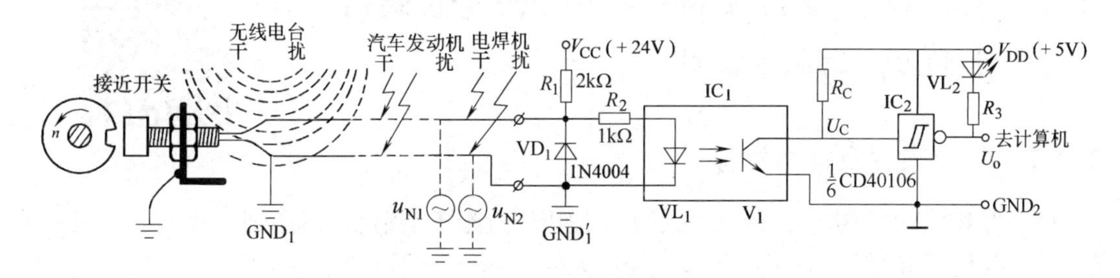

图 12-28　利用光耦来隔离大地电位差干扰的示意图

例 12-2　在工程应用中，传感器可能需要通过很长的传输线与主设备相连，传输线可能受到很大的电磁干扰，必须使用光耦来隔离干扰，使用整形电路来得到边沿较陡的方波信号。常用的 NPN 常开型接近开关见图 4-18a 所示，希望有金属物体靠近该接近开关时，与接近开关相连接的整形电路输出为高电平，指示灯（VL_2）亮。请在接近开关的右边画出有关的光耦合整形电路，设光耦中的红外发光二极管的管压降为 1.2V，计算流入光耦输入端的电流。

解　1）符合题意的接近开关与光耦的连接电路图如图 12-29 所示，工作过程分析如下：

当金属板靠近接近开关至额定动作距离时，接近开关的输出 OC 门跳变为低电平，V_{CC1}经 R_1、VL_1 至 OC 门回到 GND_1 构成回路。所以 VL_1发射红外光，使 V_1 饱和，U_C 为低电平，经 IC_1 反相，U_o 变为高电平。该高电平经 R_3、VL_2 到 GND_2 构成回路，所以 VL_2 亮，满足题意要求。

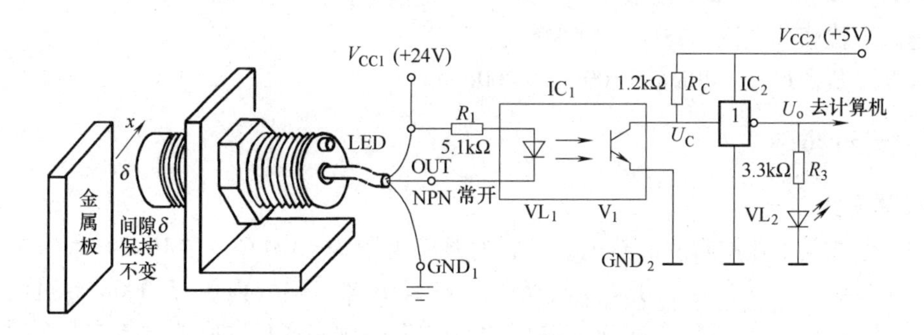

图 12-29　接近开关与光耦的连接电路

2）流入光耦输入端的电流

$$I_{VL1} = \frac{V_{CC1} - U_{VL1}}{R_1} = \frac{24V - 1.2V}{5.1k\Omega} \approx 4.5mA$$

在本例中，光耦不但隔离了传输线上的共模干扰，而且隔离了传感器的 +24V 和计算机的 5V 两个不同电平的回路，所以光耦在此又起到电平转换作用。

必须指出的是，GND_1 与 GND_2 不应接在一起，否则就失去了使用光耦的抗干扰作用，V_{CC2}也不能从 V_{CC1}分压而来。

以上讨论的都是光耦在数字电路中的应用。在线性电路中，如果使用线性光耦[39]，就能比较彻底地切断大地电位差形成的环路电流。近年来，半导体器件商努力提高线性光耦的性能，目前其误差已可以小于千分之一，详见第12.4节。

12.4 工程项目设计实例——K型热电偶抗干扰放大器的设计

12.4 拓展阅读资料

12.4.1 项目来源及技术指标

型号为RWQ的网带式不锈钢退火炉[40]适用于批量不锈钢制品经拉伸、锻打、压延后的光亮退火以及不锈钢零件的光亮淬火。经退火处理后，不锈钢产品表面光洁，硬度均匀，变形小。为更好地控制退火温度，提高不锈钢的退火质量，某公司打算在该退火炉的适当位置增加温度检测点，选用的测温传感器为装配式K型热电偶。

由于该退火炉的加热电流和功率较大（160kW），所在车间的电磁干扰十分严重，厂方决定委托某高校自动化公司设计一台抗干扰能力符合厂方要求的K型热电偶放大器，具体技术指标如下：

炉温测量范围：0~999℃；

测量准确度：0.2%；

温度分辨力：1℃；

差模放大倍数：121.1（微调范围：±10%）；

上升、下降时间：800ms；

共模抑制比：大于120dB；

999℃时，热电动势放大器输出端的50Hz干扰信噪比：大于40dB；

抗电磁干扰频率范围：25Hz~100MHz；

放大器屏蔽盒尺寸：40mm×100mm×200mm。

12.4.2 设计步骤

1. 总体方案

K型热电偶是工业中常用的热电偶，它的测温上限为1300℃，在1000℃时的热电动势为41.276V。与微处理器配合的A-D转换器为12位ADC，输入为0~5.000V时对应的输出为0000H~0FFFH。设5.000V对应的温度为1000℃，则每1℃对应的输入电压约为5mV，这就要求输送到ADC输入端的干扰电压必须小于该数值的一半，否则将产生±1℃的测量误差。基于以上考虑，必须采取多项抗干扰措施。

在该项目中，主要考虑两类干扰：共模干扰和差模干扰。高抗共模抑制比放大器有多种形式。图2-28c介绍过“差动减法放大器”，它的结构简单，只需一个运算放大器和4个电阻，但其输入电阻较低，抗共模干扰能力不强。

用两级运算放大器可组成共模抑制比较高的放大电路，但对电阻的配对要求较严格，放大倍数调节困难。目前较常用的抗共模放大电路由三级运算放大器组成，称为仪表放大器，理论上的共模抑制比可达120dB。当测温系统有多根热电偶时，由于不同地点的热电偶的对地电位相差较大，可能相互干扰，所以每一路放大器之后还需要“插入”线性光耦合隔离模块，允许的共模电压范围可达几百伏。线性光耦合隔离模块还要求使用高抗干扰的隔离型电源[41]，才能发挥隔离效果。为了滤除 50Hz 和其他频率的差模干扰，放大器输入端可串接多级 RC 和 LC 低通滤波器。RC 低通滤波器用于滤除 50Hz 工频干扰，LC 低通滤波器用于滤除高频干扰。

通过以上分析，可以确定高抗干扰 K 型热电偶放大器由低通滤波器、仪表放大器、线性光耦合隔离模块、隔离电源等组成。抗共模仪表放大器原理框图如图 12-30 所示。

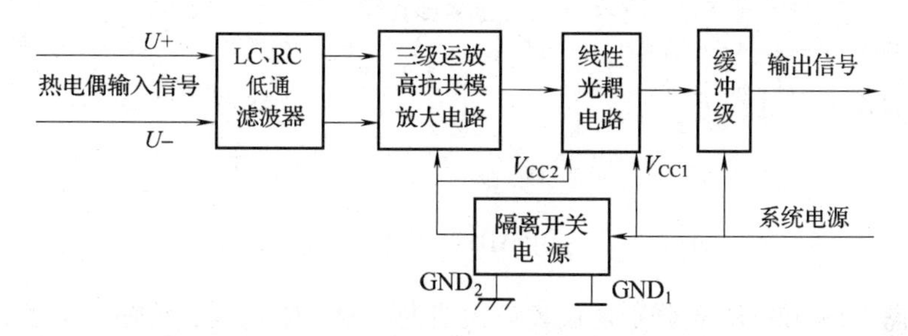

图 12-30　抗共模仪表放大器原理框图

2. 三运放高共模抑制比电压放大电路的设计

一个理想的仪表放大器的输出电压仅取决于其输入端的两个对地电压 U_1 和 U_2 之差，即

$$U_o = A(U_2 - U_1) \tag{12-7}$$

三运放高共模抑制比电压放大电路是一种高性能的差动“仪表放大器”[42]，它由闭环的运算放大器组成，如图 12-31 所示。该电路包含有 A_1、A_2 和 A_3 三个运算放大器，其中 A_1、A_2 为两个同相输入的放大器，它们提供$\left(1+2\dfrac{R_1}{R_G}\right)$的总差模增益 K_d 和单位共模增益（$K_c=1$）。输出放大器 A_3 为差动放大器，其增益为$\dfrac{U_o}{U_{o2}-U_{o1}}=\dfrac{R_3}{R_2}$，所以该放大器的总增益为

$$\frac{U_o}{U_{i+}-U_{i-}} = \frac{R_3}{R_2}\left(1+2\frac{R_1}{R_G}\right) \tag{12-8}$$

通常情况下，R_1、R_2 和 R_3 为固定值，所以改变可变电阻 R_G 就可以调节总的放大倍数。该放大器的输入阻抗约为 10 ~ 100MΩ，当电路完全对称时，共模抑制比 *CMRR* 约为 80 ~ 110dB，输入失调电压 U_{os} 约为 0.2mV，失调电压温漂 γ 约为 0.2 ~ 20μV/℃。

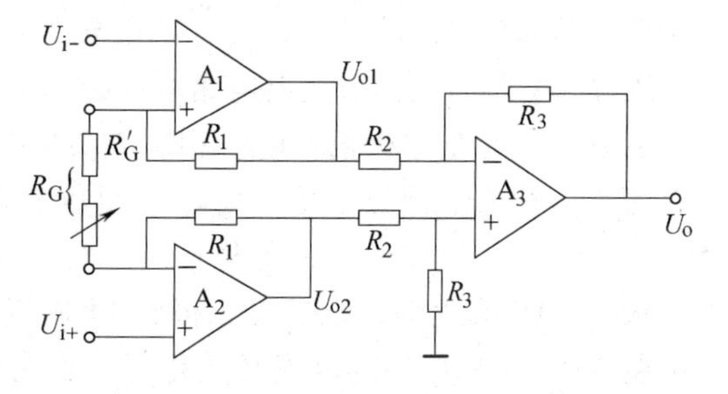

图 12-31　三运放高共模抑制比电压放大电路

在仪表放大器中，元件的匹配问题是影响放大器性能的主要因素。用普通运算放大器构成的放大电路难免有元件参数的差异，因而易造成共模抑制比的降低和增益的非线性。由于目前仪表放大器已成为标准电路，被广泛地用于各种测量系统，所以一些半导体厂商将此电路及其他辅助电路集成到一块芯片上，制成集成仪表放大器。集成仪表放大器以其性能优异、体积小、结构简单、成本低而被广泛

使用。

AD522 集成测量放大器[43]是 Analog Devices 公司的产品。利用 AD522 组装的仪用放大器如图 12-32 所示。

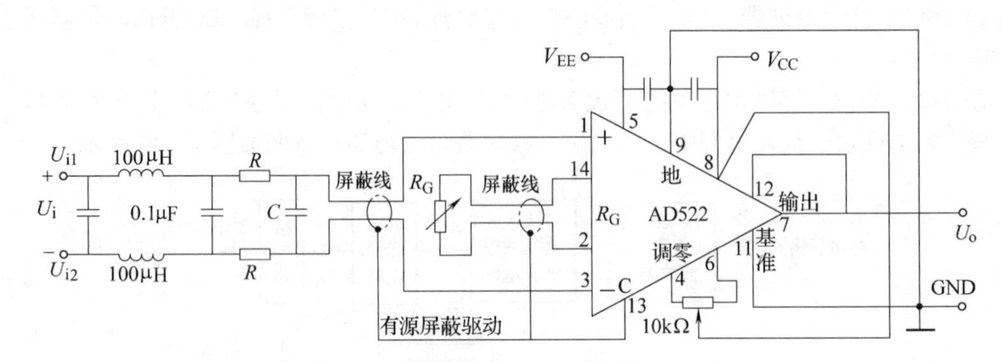

图 12-32 利用 AD522 组装的仪用放大器

AD522 的引脚 1 和引脚 3 分别是仪表放大器的高输入阻抗正、负输入端子；引脚 2 和引脚 14 用来连接可变电阻 R_G；引脚 4 和引脚 6 用于放大器调零；引脚 13（C）为输入屏蔽端，C 端接到输入传输屏蔽线的屏蔽层上，能够提高共模抑制比。这种方法称作“有源屏蔽驱动”，也称作“共模电压自举法”。

放大器的增益由外接电阻 R_G 来调节，输出电压 U_o 由下式给出：

$$U_o = K_d \Delta U_i = \left(1 + \frac{200\text{k}\Omega}{R_G}\right)(U_{i1} - U_{i2}) \tag{12-9}$$

式中的 U_{i1}、U_{i2}分别是正、负输入端的对地输入电压，施加在 AD522 输入端的差模电压$U_d = U_i = U_{i1} - U_{i2}$。当增益为 100 时，AD522 的非线性误差仅为 0.005%，共模抑制比大于 120dB。

3. 隔离放大器的原理分析

在强电磁干扰环境下，各个传感器信号通道的共模干扰电压相差很大。如果不进行有效隔离，几个通道之间将相互干扰，导致数据跳动，严重时将导致系统瘫痪。在工业项目设计中，多采用隔离放大器[44]来实现共模干扰的隔离。

隔离放大器由输入电路和输出电路两部分组成。输入电路和输出电路之间没有直接的电气联系，两部分之间的耦合方式有：光电耦合、变压器耦合等几种。BB 公司生产的 ISO100 集成线性光电耦合隔离放大器电路原理如图 12-33b 所示。

当输入信号是单极信号时，引脚 16 和引脚 17 相连，引脚 8 和引脚 9 相连。$I_i \geqslant 0$，参考电流 I_{RFF1} 和 I_{RFF2} 都可不接。由理想运放的基本原理可知，流过光敏二极管 VD_1 的电流就是 I_i。由于在制造时已保证发光二极管 LED 发出的红外光线能够等量地照射到两个光敏二极管 VD_1 和 VD_2，设发光二极管 LED 与 VD_1 和 VD_2 的电流传输比为 1∶1∶1，则光敏二极管 VD_2 与 VD_1 中的电流必然相等，也为 I_i，所以输出电压 $U_o = I_{VD2} R_F = I_i R_F$。在电路中设置 VD_1 作为反馈回路的另一目的是利用 VD_1 和 VD_2 的对称性，来改善光电耦合中的非线性。

当输入信号是双极信号时，由于发光二极管中的电流不可能反向流动，所以必须在输入、输出回路中分别加入参考电流 I_{RFF1} 和 I_{RFF2}，两个参考电流的大小必须严格相等。此时引脚 15 和引脚 16 相连，引脚 8 和引脚 7 相连。

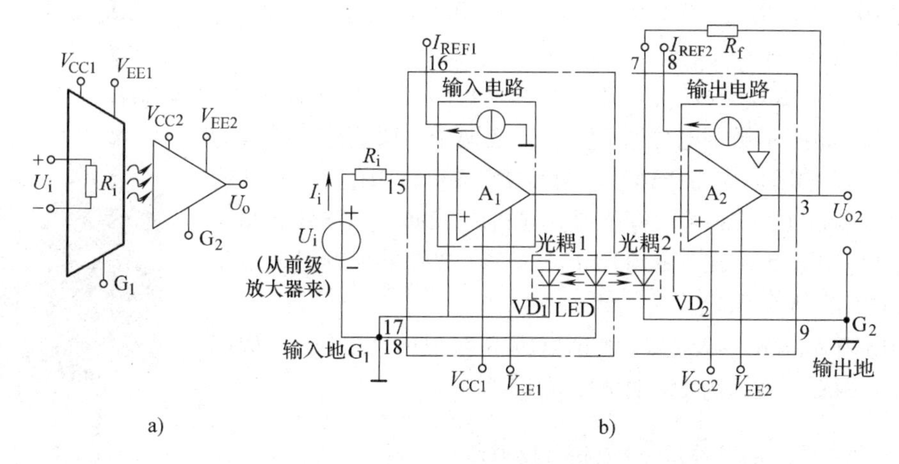

图 12-33　ISO100 集成线性光电耦合隔离放大器

a）光电耦合隔离放大器符号　b）电原理图

由于隔离输入模块和输出模块之间不能有电气的连接，所以隔离输入模块的电源不能直接与输出回路的系统电源连接。此时可采用 DC/AC/DC 隔离开关电源，将输出回路所使用的直流电源先逆变为交流电（数百千赫），再通过高频变压器和整流滤波电路把它转换成稳定的正、负直流电压 V_{CC1} 和 V_{EE1}，从而为输入隔离模块提供两路电源。隔离放大器的输入/输出回路之间没有共同的地线，隔离后的系统“参考地”（输出地）G_2 与外部设备及仪表放大器的“输入地” G_1 之间没有电气联系。

如果要处理的信号是 4～20mA 的二线制传感器输出电流信号（例如温度、压力、流量变送器等），可以选择“无源隔离器”。它可以省去隔离电源，使接线更简捷、功耗更低、体积更小。此类隔离器从另一个意义上讲是功率传送器，它利用输入信号的 4mA“本底电流”为隔离器提供工作电流，无源隔离器的外形如图 12-34 所示。

4. 放大倍数微调电阻的计算

为了较精确地微调放大倍数，图 12-32 中的可变电阻 R_G 由微调电位器 RP 和固定电阻 R'_G 两个元件串联而成。在本例中，调节 RP，可使热电偶在 1000℃时的输出电压恰好为 5.000V。单片机根据标定过的比例系数计算出热电偶测量得到的温度。R'_G 和 RP 的阻值计算方法见下例。

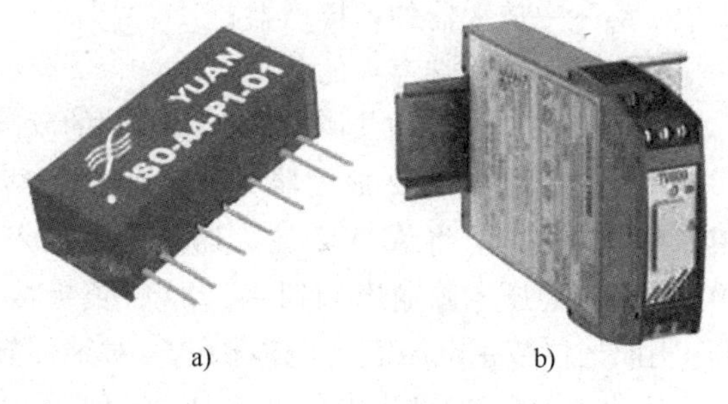

图 12-34　无源隔离器外形

a）模块式外形　b）导轨安装式

例 12-3　用 AD522 组成的放大器满度输入电压为 41.276mV，满度输出电压为 5.000V，输入放大倍数的微调范围为 ±10%，求微调电位器 RP 和固定电阻 R'_G 的阻值。

解　本项目的差模放大倍数 $K_d = \dfrac{5000.0\text{mV}}{41.276\text{mV}} \approx 121.1$，由式（12-8）可得，$R_G$ 应取 1.67kΩ。

按技术指标的要求，当放大倍数上调 10% 时，$R_{Gmax} = 1.1 \times 1.67\text{k}\Omega = 1.84\text{k}\Omega$；当放大

倍数下调10%时，$R_{Gmin}=0.9\times1.67\text{k}\Omega=1.50\text{k}\Omega$。在上述两种情况下，$\Delta R_G$ 的增减值均相等，其值为

$$\Delta R_G=(R_{Gmax}-R_{Gmin})/2=(1.84\text{k}\Omega-1.50\text{k}\Omega)/2=0.17\text{k}\Omega$$

将图12-35所示微调电位器RP的2、3两个引脚短路，就成为可变电阻。RP的阻值应为 $2\Delta R_G=0.34\text{k}\Omega$。取标称阻值为330Ω的精密玻璃釉多圈（约28圈）电位器。规格为3296型W331（$33\times10^1\Omega$），其电阻温度系数为 $\pm100\times10^{-6}/℃$。3296玻璃釉微调电位器外形如图12-35所示。

固定电阻 $R'_G=R_G-R_{RP}/2=1.67\text{k}\Omega-0.17\text{k}\Omega=1.50\text{k}\Omega$，取标称阻值为1.5kΩ、误差为1%的金属膜电阻。

图12-35 3296玻璃釉微调电位器外形

12.4.3 系统性能的调试和指标的测试

1. 差模增益的调试及线性度测试

将微调电位器RP调到中间位置（从0Ω开始，约14圈，共28圈），将高稳定直流稳压电源的输出调到41.28mV，并按正确的极性连接到放大器的两个输入端。用数字电压表监测放大器的输出端电压。缓慢调节RP，使输出电压等于5.000V，此时的差模增益 K_d 即为121.1。

将直流稳压电源的输出按K型热电偶的分度表逐步减小，将输入电压与数字电压表的读数记录在分度表侧面，为计算机线性化程序提供纠正系数。

2. 共模干扰的测试

共模抑制比（*CMRR*）是用来衡量共模信号被放大器抑制程度的一个综合指标，它由下式定义

$$CMRR=20\lg\frac{K_d U_{ic}}{U_{oc}} \tag{12-10}$$

式中 K_d——放大器的差模增益；

U_{ic}——输入端存在的共模电压；

U_{oc}——输入端的共模电压在输出端的反映。

测试时，将AD522放大器与ISO100集成线性光电耦合隔离放大器连接起来，AD522采用隔离电源供电。将AD522放大器的两个输入端 U_{i+}、U_{i-} 短路，增益设置为100，将0～50V的直流稳压电源输出调到41.28V，负极接AD522的“GND”，正极接到已短路的输入端。用3½位数字电压表（电池供电，对地浮置）的200.0mV档测量隔离放大器的输出端对“输出地”G_2 的输出电压 U_{o2}，应小于1mV。将直流稳压电源的正、负极对调，重复上述过程。

3. 高、低频差模传导干扰的测试

将包含3级RC低频滤波器和3级高频截止频率各不相同的LC低通滤波器网络（图12-34右端只画出一级RC和LC低频滤波器）串接到AD522放大器的输入端。将低频信号发生器（外壳不接地）的正弦输出频率调到50Hz，输出电压有效值调节到100mV，连接到低通网络的两个输入端，放大器的增益设置为100。用示波器和交流电压表测量隔离放大器的输出电压有效值，其数值不应高于100mV。

改用高频信号发生器作为信号源，输出电压有效值调节到 100mV，使输入信号的频率从 300kHz 增至 100MHz。用高频毫伏表（电池供电，对地浮置）测量隔离放大器的输出电压有效值，记录不同输入频率时，放大器对传导干扰的抑制效果。

4. 射频电磁场辐射抗扰度测试和电磁敏感度测试

射频电磁场辐射抗扰度（RS）和电磁敏感度（EMS）测试可以在吉赫兹横电波小室（Gigahertz Transverse Electromagnetic Cell，GTEM 小室）中进行[45]。GTEM 小室与电波暗室相比的优点是：占地小，成本低，能对外界的电磁场进行有效的隔离，不对外泄漏。GTEM 小室的上限频率较高，电场强度较均匀，比较适合小件产品 EMC 指标的测试。

GTEM 小室的外形为四棱锥状屏蔽箱，如图 12-36 所示。最左边为带 N 型插座的法兰盘同轴接头，射频信号从此馈入，之后渐变至非对称矩形传输线，以减少因结构突变引起的电波反射。背面有一扇小门，可放入或取出被测部件。屏蔽箱底面有电缆插座，可将被测部件的电磁信号引出，以便测量。屏蔽箱底面还有经过滤波的 220V 交流电源，以便给被测有源器件供电。

GTEM 小室是根据同轴及非对称矩形传输线原理设计的。其“芯板”和导电外壳可分别看作同轴线的内外导体。由于 GTEM 小室采用渐变结构，其上限工作频率可达 1GHz 以上。在同轴线的终端（见图 12-36 和图 12-37 的左侧面）是电阻式匹配网络和吸波材料共同组成复合负载，可以保证宽带匹配。输入高频信号后，在芯板周围激励出横电磁波，场强与芯板到地的距离有关。利用 GTEM 小室进行射频电磁场辐射抗扰度测试示意图如图 12-37 所示。RS 测试和 EMS 测试系统由信号源、功率放大器、场强计、功率计、专用软件及 GTEM 小室等组成。

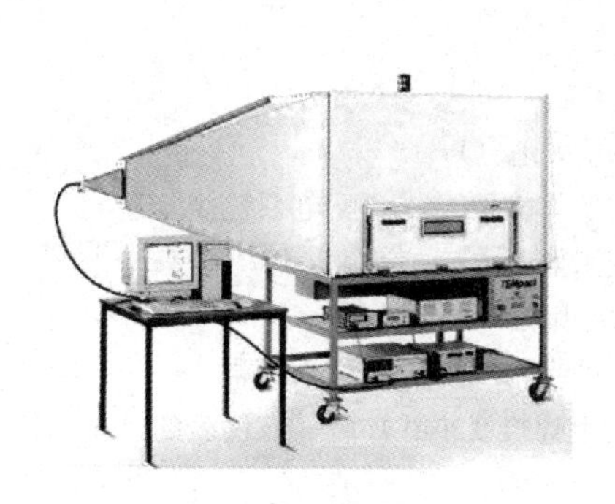

图 12-36　GTEM 小室的外形

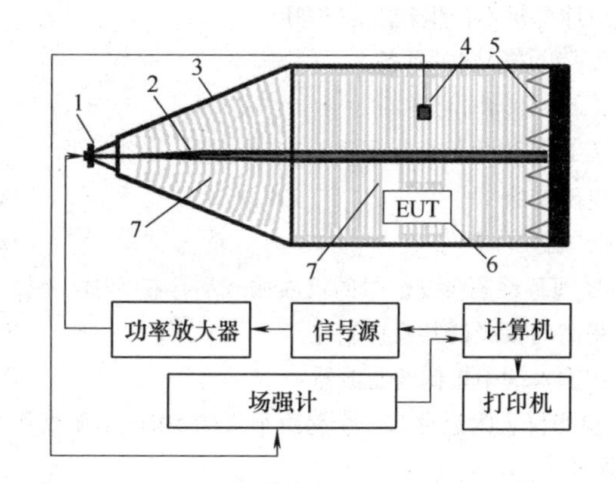

图 12-37　利用 GTEM 小室进行射频电磁场辐射抗扰度测试示意图
1—N 型同轴接头　2—芯板　3—导电外壳　4—电场探头
5—吸波材料　6—被测设备　7—横电磁波

射频电磁场辐射抗扰度测试和电磁敏感度测试的具体操作可按 IEC61000-4-3[46] 和 GB/T 17626.3[47] 进行。

思考题与习题

12-1　单项选择题

1）测得某检测仪表的输入信号中，有用信号为 20mV，干扰电压也为 20mV，则此时的信噪比为

________。欲提高仪表输出信号的信噪比，可采取________的方法。

A. 20dB　B. 1dB　C. 0dB　D. 40dB

E. 提高仪表的放大倍数　F. 减小仪表的放大倍数　G. 设法增大仪表的有用输入信号

2）附近建筑工地的打桩机一开动，数字仪表的显示值就乱跳，这种干扰属于________，应采取________措施。一进入类似我国南方的黄梅天气，仪表的数值就明显偏大，这属于________，应采取________措施。盛夏一到，某检测装置中的计算机就经常死机，这属于________，应采取________措施。车间里的一台电焊机一工作，计算机就可能死机，这属于________，在不影响电焊机工作的条件下，应采取________措施。

A. 电磁干扰　B. 固有噪声骚扰　C. 热骚扰　D. 湿度骚扰

E. 机械振动骚扰　F. 改用指针式仪表　G. 降温或移入空调房间　H. 重新启动计算机

I. 在仪表电源进线上串接电源滤波器　J. 立即切断仪器电源

K. 不让它在车间里电焊　L. 关上窗户

M. 将机箱密封或保持微热　N. 将机箱用橡胶-弹簧垫脚支撑

3）调频（FM）收音机、对讲机未收到电台时，扬声器会发出烦人的“流水”噪声，这是________造成的。

A. 附近存在电磁场干扰　B. 固有噪声骚扰　C. 机械振动骚扰　D. 空气中的水蒸气流动骚扰

4）减小放大器的输入电阻时，放大器受到的________。

A. 热骚扰减小，电磁骚扰也减小　B. 热骚扰减小，电磁骚扰增大

C. 热骚扰增大，电磁骚扰也增大　D. 热骚扰增大，电磁骚扰减小

5）考核计算机的电磁兼容是否达标是指________。

A. 计算机能在规定的电磁干扰环境中正常工作的能力

B. 该计算机不产生超出规定数值的电磁干扰

C. 该计算机不产生较大的EMI

D. A、B必须同时具备

E. B、C必须同时具备

6）发现某检测仪表金属机箱有麻电感，必须采取________措施。

A. 电磁屏蔽　B. 将机箱接大地（PE）

C. 低频磁屏蔽　D. 接到“工作接地”或“配电系统接地”

7）发现某检测缓变信号的仪表输入端存在50Hz差模干扰，应采取________措施。

A. 提高前置级的共模抑制比　B. 在输入端串接高通滤波器

C. 在输入端串接低通滤波器　D. 在电源进线侧串接电源线滤波器

8）检测仪表附近存在一个漏感很大的50Hz电源变压器（例如电焊机变压器）时，该仪表的机箱和信号线必须采用________。

A. 静电屏蔽　B. 低频磁屏蔽　C. 高频磁屏蔽　D. 机箱接大地

9）飞机上的仪表接地端必须________。

A. 接大地　B. 接飞机的金属构架及蒙皮

C. 接飞机的天线　D. 悬空

10）经常看到数字集成电路的V_{DD}端（或V_{CC}端）与地线之间并联一个0.01μF的独石电容器，这是为了________。

A. 滤除50Hz锯齿波

B. 滤除模拟电路对数字电路的干扰信号

C. 滤除印制电路板数字IC电源走线上的脉冲尖峰电流

D. 滤除50Hz的高次谐波干扰

11）光耦是将＿＿＊＿＿信号转换为＿＿＊＿＿信号再转换为＿＿＊＿＿信号的耦合器件。

A. 光→电压→光　　　　B. 电流→光→电流

C. 电压→光→电压　　　　D. 电流→电流→电流

12）在图12-26a中，流过R_1、R_2的电流较小，R_1、R_2的平均功耗小于0.5W，图中标示为1W。若将接在交流380V上的R_1、R_2换成0.5W，会出现＿＿＿＿问题；若VD_1开路，将使光耦中的VL_1在电源的负半周＿＿＿＿；图12-26b中，若IC_1的1、2引脚与3、4引脚走线靠得太近，会出现＿＿＿＿问题。

A. 烧毁　　B. 信号减小　　C. 击穿　　D. 信号不稳定

13）在图12-29中，当有金属物体靠近该接近开关到达很近的位置时，接近开关输出级的＿＿＿＿。

A. OC门跳变为低电平，VL_1发射红外光，VL_2亮

B. OC门跳变为低电平，VL_1发射红外光，VL_2暗

C. OC门跳变为高电平，VL_1不发光，VL_2暗

D. OC门的电平不变，VL_1发射红外光，VL_2亮

12-2　在一个热电偶放大器的输入端，测得热电动势为10mV，差模交流（50Hz）干扰信号电压有效值$U_{id}=1mV$，共模交流干扰电压有效值为5V。测得放大器输出端的直流电压为1000mV，50Hz电压有效值为110mV。求：

1）施加在放大器输入端的差模信号信噪比；2）要采取什么措施才能提高放大器输入端的信噪比？3）放大器的差模增益K_d。

12-3　在图12-29中，设光耦中的红外发光二极管的管压降为1.2V，可见光发光二极管的管压降为1.7V（即$U_{VL1}=1.2V$，$U_{VL2}=1.7V$），$R_1=5.1k\Omega$，$R_C=1.2k\Omega$，$R_3=3.3k\Omega$，74HCTTL门电路的输出高、低电平如图12-27的u_o曲线所示。设光耦的传输比（I_{V1}:I_{VL1}）足够高，求：当金属板靠近接近开关至额定动作距离时的I_{VL1}、U_C、I_{RC}、U_o及I_{VL2}。

12-4　某检测系统由热电偶、放大器和带A-D转换器的数显表组成，如图12-38所示。请指出图中与接地有关的错误并改正。

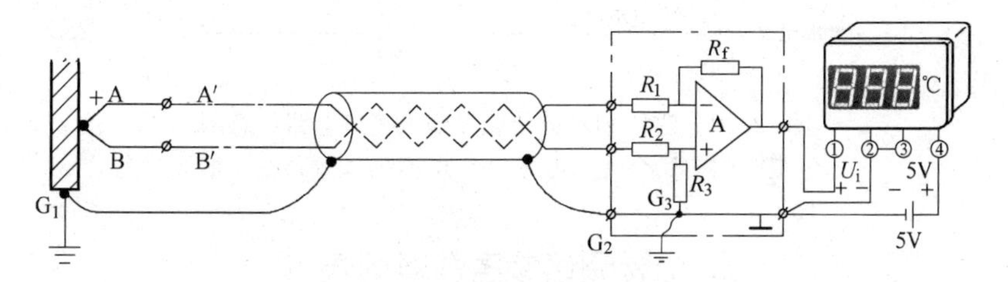

图12-38　热电偶测温电路接线图改错

12-5　图12-39a、b分别为三菱和西门子PLC的输入接口电路示意图，请回答以下问题：

1）分析电路的特点和各元件的作用；2）说明什么是无源输入电路和有源输入电路？什么是NPN常开和PNP常闭？3）分析开关S_0闭合后，两类PLC的电流途径，以及X0或I0.0信号灯与输入信号之间的关系；4）说明光耦在PLC的输入接口电路中使用的意义。

12-6　图12-32中，设电阻R的阻值为51kΩ，希望该RC低通滤波器对50Hz工频干扰的时间常数τ达到0.8s，请计算C的容量为多少微法，并请选取标称容量和标称耐压值。由于电解电容漏电较大，不适合在测量回路中应用，请上网查阅有关厂商资料，写出合适的电容器型号和技术指标。

12-7　请设计一个人体心电信号检测电路，画出电原理框图，并与个人计算机的USB接口进行通信。

1）请上网查阅人体心电信号的有关知识；2）查阅高抗共模干扰放大器、隔离放大器和仪表放大器的有关资料；3）查阅工频干扰陷波器、低通滤波器和隔离电源资料；4）写出该电路的主要技术指标和设计注意事项；5）画出该电路的原理框图。

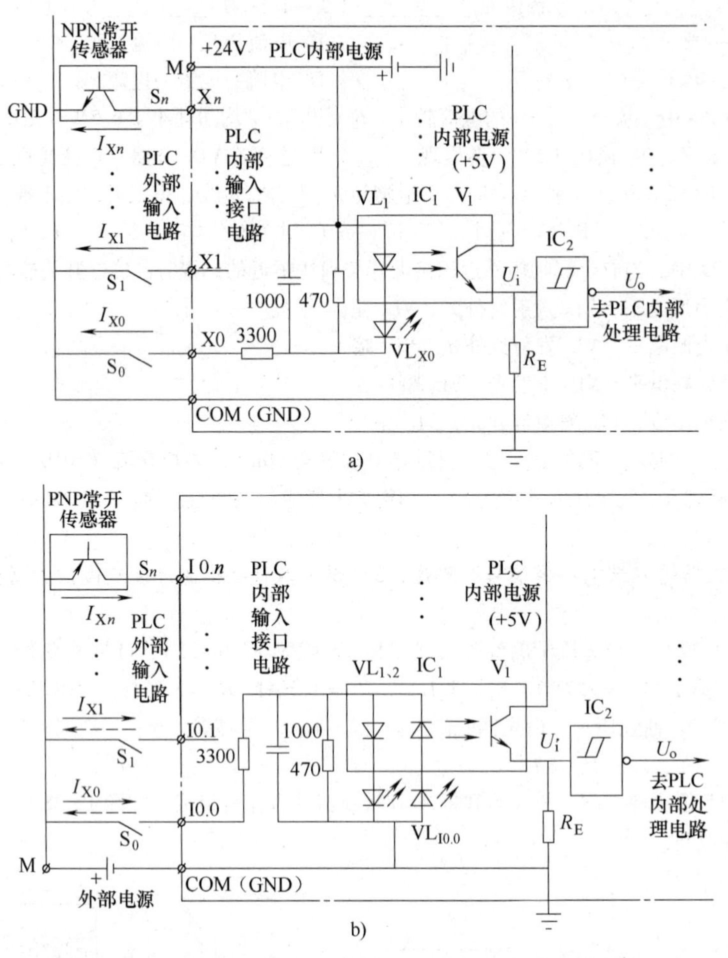

图 12-39 两种 PLC 的传感器输入接口电路示意图

a）低电平有效无源输入电路 b）高电平有效有源输入电路

拓展阅读参考资料列表

序号	作者	拓展阅读文章题目
1	百度百科	信噪比
2	百度百科	分贝
3	上海淀山湖减振工程设备有限公司	阻尼弹簧减振器
4	百度百科	阻尼器
5	上海贝岭股份有限公司	BL1117 1A 低压差线性稳压器
6	Arthur Kay	运算放大器电路中固有噪声的分析与测量
7	维库电子网	电阻热噪声
8	百度百科	晶体管噪声
9	百度百科	电磁兼容标准
10	百度百科	电磁兼容的定义
11	百度百科	电磁干扰
12	苏州泰思特电子科技有限公司	电磁兼容配置方案
13	张银海	AC-DC 开关电源谐波畸变的计算和测量
14	电子系统设计	传导干扰和辐射干扰

（续）

序号	作　　者	拓展阅读文章题目	序号	作　　者	拓展阅读文章题目
15	百度百科	环氧玻璃布层压板	35	百度百科	独石电容
16	21世纪电子网	实现高速PCB之布线问题探讨	36	百度百科	光电耦合器
17	赵金奎	EMC共模干扰和差模干扰及其抑制技术	37	IC·PDF资料网	下载MOC3083资料
18	百度百科	有效值	38	21IC中国电子网	来电探知器电路图
19	百度百科	高次谐波	39	21IC中国电子网	线性光耦原理与电路设计
20	百度百科	寄生电容	40	百度百科	退火炉
21	电子天下网	开关电源干扰的耦合途径	41	21IC中国电子网	超低电流隔离型开关电源设计
22	百度百科	漏泄同轴电缆	42	百度百科	仪表放大器
23	百度百科	静电屏蔽	43	李树楠	高精度数据采集放大器AD522及其应用
24	百度百科	磁屏蔽	44	杭州祺来电子有限公司	DC～120MHz宽带隔离放大器
25	百度百科	铁氧体	45	苏州泰思特电子科技有限公司	辐射敏感度（抗扰度）测试系统GTEM小室/IEC61000-4-3
26	百度百科	接地电阻	46	上海程熙仪测有限公司	IEC61000-4-3辐射耐受性测试系统
27	广州杰赛科技股份有限公司	印刷电路板设计中应注意的事项	47	刘京林，杨自佑，等	GB-T17626.3-1998电磁兼容·试验和测量技术·射频电磁场辐射抗扰度试验
28	百度百科	低通滤波器			
29	百度百科	电源滤波器			
30	北京德恩电子有限公司	差模电感器			
31	百度百科	共模电感			
32	百度百科	磁珠			
33	陶显芳	磁珠和电感在解决EMI和EMC问题上的区别与特点			
34	维库电子市场网	电源完整性设计之电容退耦			

第13章

传感器在现代检测系统中的综合应用

在第1~12章中，已经介绍了几十种传感器的结构和工作原理，但是在实际应用中，往往不是像各章节所举的例子那样，孤立地使用一种传感器来组成现场检测仪表。

例如，一个现代化火力发电厂就需要多台计算机来快速地测量锅炉、汽轮机上许多重要部位的温度、压力、流量、转速、振动、位移、应力、燃烧状况等热工、机械参数，还必须测量发电机的电压、电流、功率、功率因数以及各种辅机的运行状态，然后进行综合处理，将被监测的重要参数进行数字显示和记录，自动调整运行工况，对某些超限参数进行声光报警或采取紧急措施。在上述这个发电系统中，需要上千个不同的传感器将各种不同的机械量、热工量转换成电量，供计算机采样。

对于小一些的系统，例如一部轿车里，就配置了上百个传感器，用于测量行驶速度、距离、发动机、车轮转速、侧滑、燃料余量、润滑油温度、水温等。在电子控制汽油喷射式发动机中，还要对进气管的空气压力、流量进行测量，ECU再根据速度、加速度、气温、水温、爆震、尾气氧含量等众多参数决定喷射汽油量，以得到最佳空燃比；决定最佳的点火时刻，以得到最高的工作效率、最低的废气污染；决定刹车油的压力，以得到最安全的运行。

再环顾身边的家用电器，如空调、洗衣机、电冰箱，就会发现大多数的电气设备都配备了多个不同类型的传感器，并与微处理器、控制电路以及机械传动部件组成一个综合系统，来达到某种设定的目的。上述这些系统称为检测控制系统。本章介绍传感器在现代检测系统中的综合应用，以及如何组成测控系统，对虚拟仪器在检测系统中的应用也做了介绍。

13.1 现代检测系统的基本结构

13.1 拓展阅读资料

自1946年世界上第一台电子计算机问世至今，计算机的发展十分迅猛，伴随而来的大规模集成电路技术、信号分析与处理技术、软件及网络技术等为现代检测系统提供了强有力的技术支持。

13.1.1 现代检测系统的三种基本结构体系

现代检测系统可分为三种基本结构体系：智能仪器、个人仪器、自动测试系统。

1. 智能仪器

智能仪器[1]（Smart Instruments）是将微处理器、存储器、接口芯片与传感器融合在一起组成的小型检测系统。有专用的小键盘、开关、按键及显示器（如数码管或液晶屏）等。

多使用汇编语言，体积小，专用性强，拥有对数据的存储运算、逻辑判断及自动化操作等功能。图13-1是智能仪器的硬件结构图。

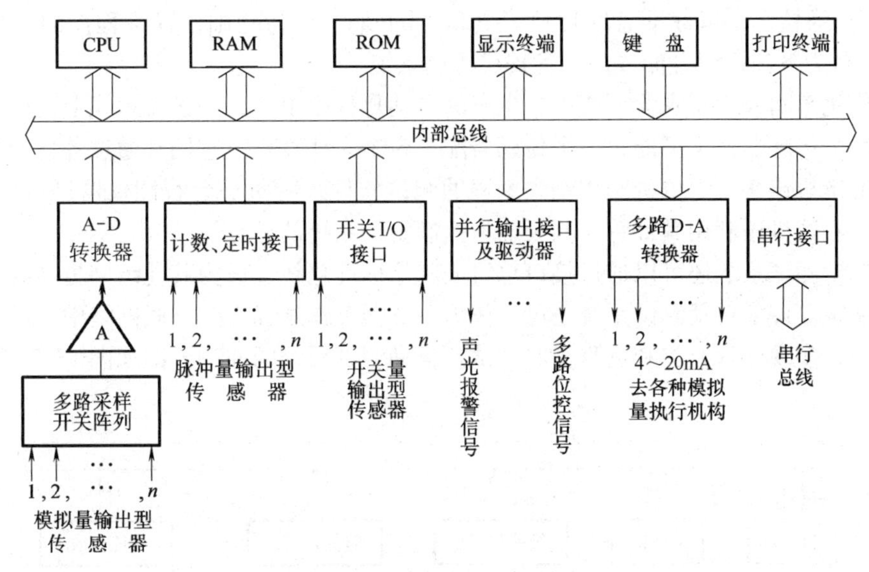

图13-1　智能仪器的硬件结构图

2. PC仪器

PC仪器[2]（Personal Computer-based Instrument）又称个人计算机仪器系统。它是以个人计算机（必须符合工控要求）配以适当的硬件电路与传感器组合而成的检测系统。

PC仪器与智能仪器不同之处在于：利用个人计算机本身所具有的完整配置来取代智能仪器中的微处理器、开关、按键、显示数码管、串行口、并行口等，充分利用了个人计算机的软硬件资源，并保留了个人计算机原有的许多功能。

组装PC仪器时，传感器信号送到相应的接口板上，再将接口板插到工控机总线扩展槽中或专用的接口箱中，配以相应的软件就可以完成自动检测功能。

设计者不必像研制智能仪器那样去研制计算机电路，而是将精力放在硬件接口模块和软件开发上。在硬件方面，目前已有许多厂商生产出可以与各种传感器配套的接口板；在软件方面，也有许多成熟的工控软件可供选择。编写程序时，可以调用其中有关的功能模块，而不是去编写底层软件，这样就可以大大加快研制进程和开发周期。PC仪器的硬件结构框图如图13-2所示。

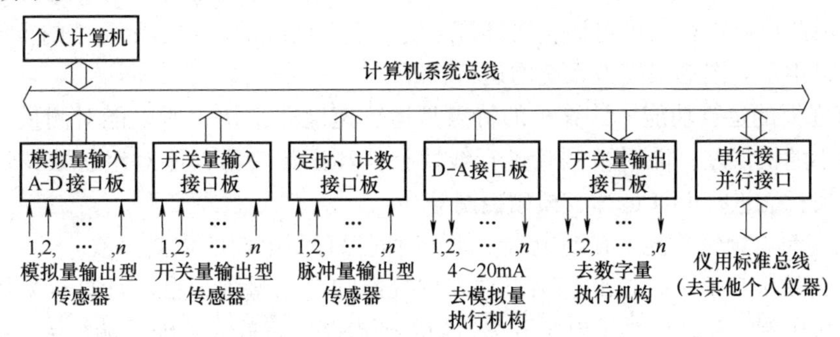

图13-2　PC仪器的硬件结构框图

3. 自动测试系统

自动测试系统（Automatic Testing System，ATS）是以工控机[3]（Industrial Personal Computer，IPC）为核心，以标准总线接口[4]（Bus Interface）为基础，以可程控的多台智能仪器或PC仪器为下位机组合而成的一种现代检测系统。

在现代化车间或生态农业系统中，生产的自动化程度很高，一条流水线上往往要安装几十乃至几百个传感器，不可能每一个传感器配一台个人计算机。它们都通过各自的通用接口总线，与上位机连接。上位机利用预先编程的测试软件，对每一台智能仪器进行参数设置、数据读写。上位机还利用其计算、判断能力控制整个系统的运行。

一个自动测试系统还可以通过接口总线或其他标准总线，成为其他级别更高的自动测试系统的子系统。许多自动测试系统还可以作为服务器工作站加入到互联网络中，成为网络化测试子系统，实现远程监控和远程实时调试。自动测试系统的原理框图如图13-3所示。

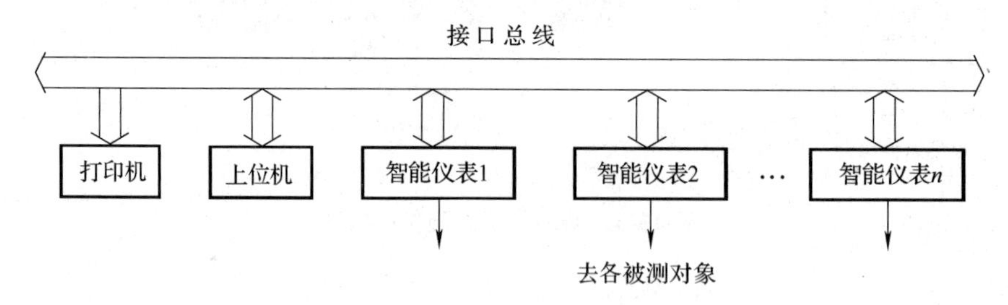

图13-3 自动测试系统的原理框图

在交通、火灾等监控系统中，目前还广泛使用“无线传感器网络系统”，具体介绍见绪论。

13.1.2 带计算机的检测系统的特点及功能

带计算机的检测系统与常规的不带计算机的检测系统比较，有如下特点及功能：

（1）性能价格比高 在采用单片机的系统中，由于采用软、硬件结合的办法，因此具有电路元件总数少，使产品具有可靠性高、造价低、体积小、质量轻、功耗低、易于携带和移动等特点。

（2）设计灵活性高 只需更改少数硬件接口，通过修改软件就可以显著改变功能，从而使产品按需要发展成不同的系列，降低研制费用，缩短研制周期。

（3）操作、使用方便 使用人员可通过键盘来控制系统的运行。系统通常还配有LCD屏幕显示，因此可以进行人机对话，在屏幕上用图表、曲线的形式显示系统的重要参数、报警信号，还可用彩色图形来模拟系统的运行状况。

（4）有强大的运算功能 计算机的特点是运算速度非常快，所以能对测量数据进行统计处理，减小随机误差；能对被测量进行线性补偿和函数转换；能对组合数据进行综合计算、量纲转换；能进行PID运算、模糊控制等。

（5）具有断电记忆功能 在断电时，能长时间保存断电前的重要参数。

（6）有自校准功能 自校准包括自动零位校准和自动量程校准。计算机采用程序控制的办法，在每次测试前，先利用电子开关，切断外电路，将放大器输入端短接，将零漂数值存入RAM，在正常测试时从测量值中扣除零位偏差；计算机还能判断被测量所属的量程，自动切换可编程放大器的放大倍数，从而完成量程的自动切换。为了消除由于环境变化引起的放大器增益漂移，计算机于测试之前在放大器输入端自动接入基准电压，测出放大器增益变化量，在正常测试时通过运算加以纠正。自校准功能大大减小了测量误差。

（7）能进行自动故障诊断 所谓自动故障诊断就是当系统出现故障无法正常工作时，只要计算机本身能继续运行，它就转而执行故障诊断程序，按预定的顺序搜索故障部位，并在屏幕上显示出来，从而大大缩短了检修周期。

13.1.3 带计算机的检测系统的工作流程

1. 巡回检测的基本概念

从图13-1可以看到，检测系统涉及的传感器和输入量众多，其工作流程如下：

采样是将现场连续不断变化的模拟量的某一瞬间值，作为“样本”采集下来，供计算机系统计算、分析和控制之用。计算机首先根据存储在ROM或硬盘中的程序，向多路采样开关阵列的选通地址译码器写入准备采样的传感器地址，由译码器接通该地址对应的采样开关，所要采样的信号被连接到低温漂放大器，经过几十毫秒（或更长的时间，与工频干扰的大小有关）稳定后，放大后的信号经A-D转换器转换成数字量，计算机通过数据总线读取该信号。为了随机误差统计处理的需要，每个采样点需要采样多遍。

一个采样点采样结束后，计算机转而发送第二个采样地址，经短暂稳定后，对第二个传感器采样，直至全部被测点均被采样完毕为止。如果被采集的信号不是模拟量而是状态量，计算机由I/O接口进行读操作；如果被采样信号是串行数据量，则通过串行接口接受该信号。

从上述分析可知，计算机不可能在同一时刻读取所有传感器送来的信号，而是分时、轮流读取所有被测量，这种采样方式称为“巡回检测”[5]（Data Scanning）。

采样结束后，所有的采样值还需要经过误差统计处理，剔除粗差，求取算术平均值，然后存储在RAM中。计算机根据预设程序，将有关的采样值做一系列的运算、比较判断，将运算的结果分别送显示终端和打印终端，并将某些数值送到输出接口，输出接口将各数字量分别送到位控信号电路和多路D-A转换电路，去控制各种执行机构。若某些信号超限，计算机立即起动声光报警电路进行报警。

2. 软件抗干扰技术

上述剔除粗大误差的方法中，除了可以按第1.2节论述的数据统计原理进行外，在工业中经常采用如下简易办法进行[6]：对存在干扰和随机误差的信号进行“等精度”的快速、多次采样，然后先舍去头几个采样值（例如1~2个不稳定值），再舍去若干个最大值和最小值，将余下的几个中间值（最好是奇数）做算术平均值运算，该算术平均值可以认为是排除了各种干扰后较正确的结果，这种方法有时也被称为简易数字滤波[7]。

13.1.4 检测系统中的几种重要硬件

1. 采样开关

常用的采样开关主要有两种，一种是干簧继电器，另一种是CMOS模拟开关。

（1）干簧继电器 干簧继电器[8]（Reed Relays）是干式舌簧继电器的简称，驱动线圈绕在干簧管外面，如图13-4所示。干簧管是一个充有惰性气体的小型玻璃管，在管内封装两支用导磁材料制成的弹簧片，其触点镀金，如图13-4c所示。电流通过驱动线圈时，线圈内的弹簧片被磁化。当所产生的磁性吸引力足以克服弹簧片的弹力时，两弹簧片互相吸引而吸合，使触点接通，当磁场减弱到一定程度时，触点跳开。

干簧继电器具有簧片质量小、动作（约10ms）比普通继电器快、触点不易氧化、接触电阻小、绝缘电阻高、耐压可达800V等特点。干簧继电器的主要缺点是：驱动功率约需几十毫瓦，耗电较大，速度比CMOS开关慢。

干簧继电器中的干簧管其实也是一种十分简单的传感器。它与一块磁铁就可以组成接近开关。它在水位控制、电梯“平层”控制（见图13-39）、防盗报警等方面得到应用，其优点是结构简单，体积小，触点可靠性较高，属于“无源”传感器。

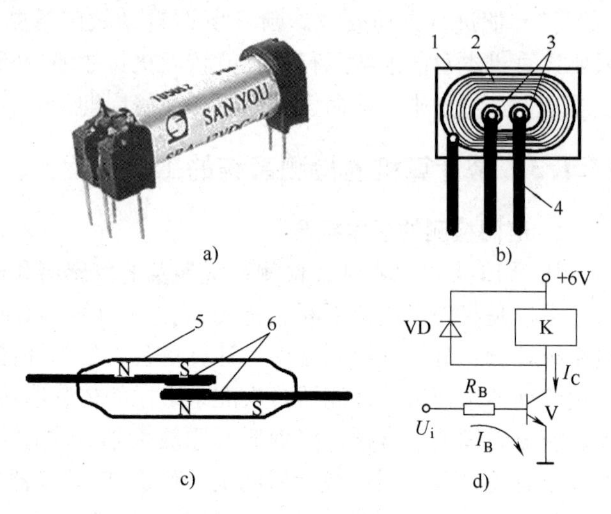

图13-4 干簧继电器

a）外形 b）侧视图 c）玻璃干簧管 d）驱动电路

1—外壳 2—驱动线圈 3—干簧管 4—引脚

5—玻壳 6—磁性簧片（镀金）

（2）CMOS模拟开关 CMOS模拟开关[9]如图13-5所示。它是一种传输模拟信号的可控半导体开关。它的核心是由P沟道MOS管和N沟道MOS管并联而成的CMOS传输门。当控制端（EN或INH）处于“有效”状态时（多数为低电平），P沟道MOS管或N沟道MOS管导通，模拟开关处于导通状态，导通电阻低的只有1mΩ，差的可达200Ω。当控制端处于“无效”状态时，两个MOS管均截止，截止电阻可高达10^8Ω。在自动检测系统中常采用多路CMOS模拟开关集成电路，如74HC4051[10]、CD4052、MAX系列等。4051是八选一开关，4052是双四选一开关，分别如图13-5a和b所示。CMOS模拟开关的优点是集成度高，动作快（小于1μs）、耗电量低等。缺点是导通电阻较大（约200Ω）、各通道间有微小的漏电、击穿电压低、易烧毁等。

采样开关在多通道数据切换中的应用如图13-6所示。该电路的优点是使用的元件少，缺点是所有传感器的零信号线均需并联起来。若各传感器的地电位不相同，这样的接法会引起较大的环流，是不适当的。较好的办法是采用“双n选一”开关来切换每个传感器的一对信号线。但是当各传感器对地电位相差较大时，会引起各通道间漏电甚至击穿，所以当共模电压较大时，可改用体积较大的干簧继电器。

2. 检测系统中的放大器

（1）检测系统对放大器的要求 从传感器来的信号有许多是毫伏级的弱信号，须经放大才能进行A-D转换。当检测系统选用标准输出的“变送器”时，可以减小放大器的放大倍数。

系统对放大器的主要要求是：准确度高、温度漂移小、共模抑制比高、频带宽的直流放大器。之所以有这些要求，是因为工业中的被测量有的变化十分缓慢，因此放大器的频率下

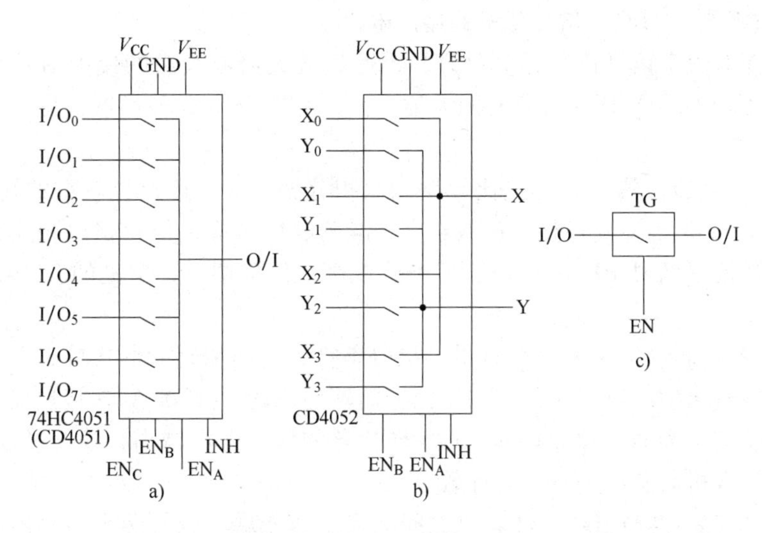

图 13-5　CMOS 模拟采样开关

a）八选一多路开关　b）双四选一开关　c）模拟开关的图形符号

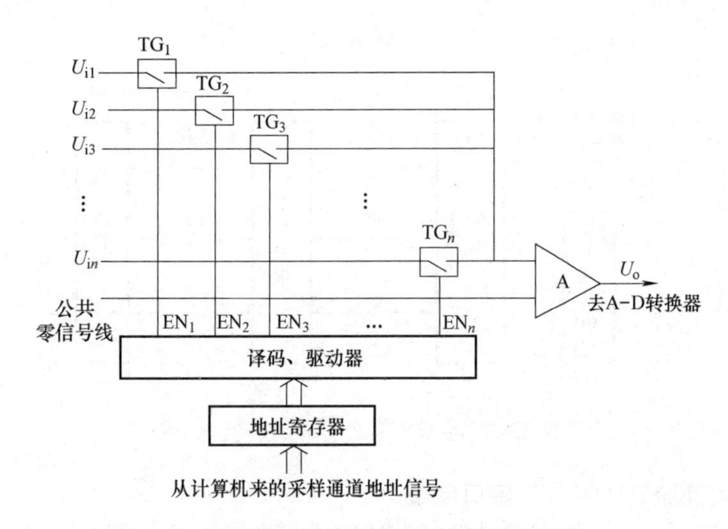

图 13-6　采样开关在多通道数据切换中的应用

限必须延伸到直流；由于多通道数据的切换速度可能很高，所以放大器要有很高的电压上升率；由于被测信号中调制了较高的共模干扰电压，所以放大器必须有很高的抗共模干扰的能力；又由于放大倍数一般较大，系统要求的准确度又较高，所以放大器的输入失调电压温漂系数一般要小于 1μV/℃。

（2）检测系统常用放大器　①高准确度、低漂移的双极型放大器：如 OP-07 等，对电路的电阻要求较高；②隔离放大器：带有光电隔离或变压器隔离，有很高的抗共模干扰能力，但价格较贵；③程控放大器[11]：有成品可供选择，抗共模抑制比高，噪声小，能放大微弱信号，放大倍数可由计算机程控（内含二进制反馈电阻网络），低失调电压和低失调电流，温漂小，并带有几十路模拟切换开关；④集成仪表放大器：将类似于图 12-31 放大电路集成到一块芯片中，放大器的稳定性好。

3. A-D转换器（ADC）与计算机的接口电路

计算机只能对数字信号进行运算处理，因此经放大器放大后的模拟信号必须进行A-D转换。目前采用较多的A-D转换器有两大类：一类是并行A-D转换器，另一类是串行A-D转换器[12]。

（1）并行A-D转换器　有逐位比较型和双积分型之分。逐位比较型的转换速度较快，有8位、10位、12位等不同规格。位数越高，准确度也越高，但价格也相应提高；双积分型的转换速度较慢（每秒10次左右），但准确度高，价格便宜，常见的有3½位、4½位等规格。

（2）串行A-D转换器　A-D转换的结果以串行二进制编码的形式输出，所以这类A-D转换器属于2线输出型。还有一种使用压控振荡器构成的V-F型A-D转换器，它能将输入模拟电压的变化转换为输出脉冲频率。V-F转换器的输入电压越高，输出脉冲频率也越高，因此可以利用计算机对脉冲进行定时计数。

如果在A-D转换器输出端与计算机之间插入高速光耦，以及两个高隔离度的电源，就能切断计算机数字地与放大器模拟地之间的联系，使放大器电路浮置，大大提高了系统的抗干扰能力。这样的光电隔离方式称为A-D转换后的隔离方式。后隔离方式的A-D转换电路框图如图13-7所示。

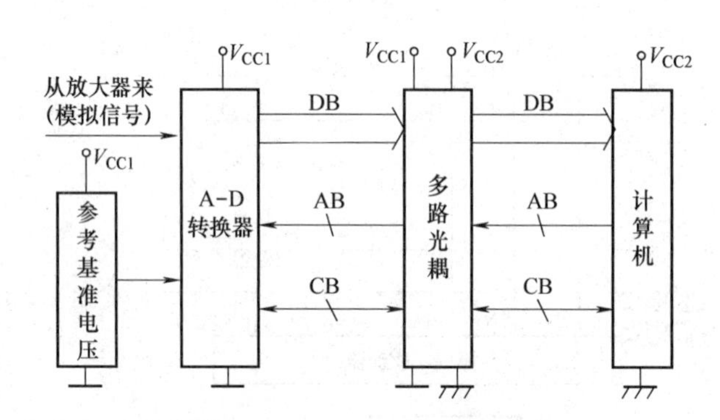

图13-7　后隔离方式的A-D转换电路框图

4. D-A转换器（DAC）与接口电路

计算机运算处理后的数字信号有时必须转换为模拟信号，才能用于工业生产的过程控制。D-A转换器的输入是计算机送来的数字量，它的输出是与数字量相对应的电压或电流[13]。如果在计算机与D-A转换电路之间插入多路光耦（需要两个相互隔离的电源）就能较好地防止工业控制设备干扰计算机的工作。如果使用多路采样保持器，只要使用一只D-A转换器即可进行多路D-A转换，隔离式多路D-A转换电路框图如图13-8所示。这种方法是以分时方式进行的，数据的刷新速度与所选择的DAC型号有关。

13.1.5　带计算机的自动检测系统实例

1. 陶瓷隧道窑温度、压力监测控制系统

陶瓷厂的瓷坯由窑车送入烧窑隧道中，经一定的烧制工艺变为成品。计算机检测燃烧室的温度及压力，从而控制每个煤气喷嘴及风道蝶形阀的开闭程度，整个燃烧过程符合给定的

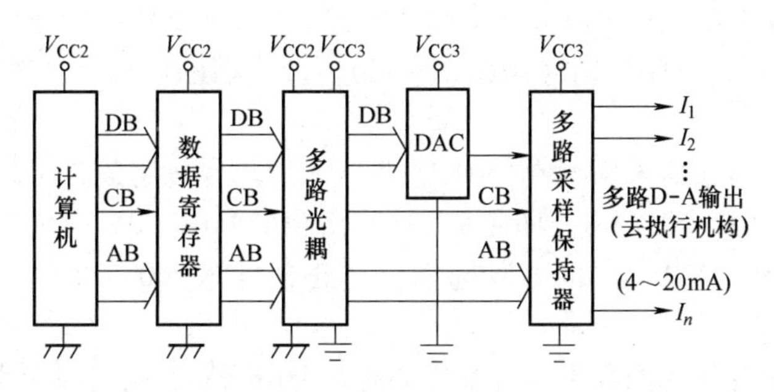

图13-8 隔离式多路D-A转换电路框图

“烧成曲线”[14]。

系统主机采用工控机，它带有硬盘、总线接口、液晶彩显和打印机等。本系统将巡回数据采集电路及控制电路装在一个独立的接口箱中，包含定时器、计数器、并行输入/输出接口等，接口箱与主机之间通过一块并行接口插卡，插入总线扩展槽（例如ISA槽、PCI槽等)，也可以通过USB接口进行通信。隧道窑计算机检测控制系统框图如图13-9所示。

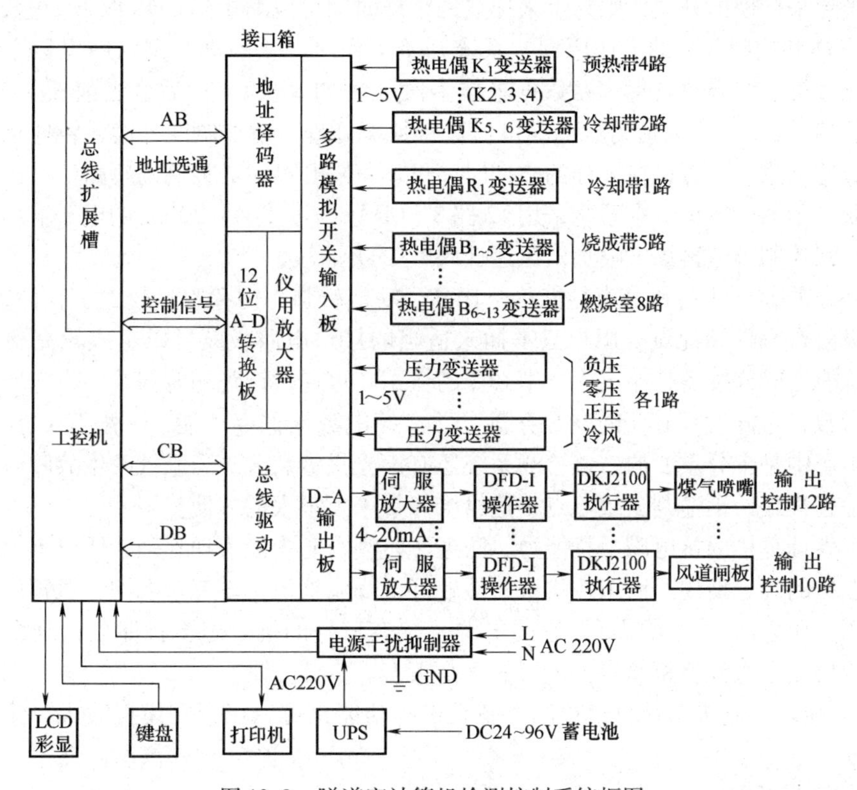

图13-9 隧道窑计算机检测控制系统框图

（1）检测部分的工作原理 系统的测温点共20点，采用K型（镍铬-镍硅）热电偶测量温度较低的预热带温度；用B型热电偶[15]（铂铑30-铂铑6）及R型热电偶（铂铑13-铂）分别测量温度较高的燃烧室（1320℃左右)、烧成带、冷却带的温度。

压力检测点共4点，采用YSH-1压力变送器。热电偶的输出信号经CMOS模拟开关切换后送到公用前置放大器。前置放大器采用低温漂、高准确度的“程控放大器”。它的增益（放大倍数）可由计算机程序控制（例如2^0 ~ 2^8）。放大后的模拟信号送到A-D转换器转换为数字量。

在本例中，A-D转换器采用12位ADC，当输入模拟量额定值为 -5 ~ +5V时，输出的16进制数字量为0000H ~ 0FFFH。即 -5V时输出为0000H，0V时输出为7FFH（2047），+5V时输出为0FFFH（4095）。也可以选择仅对正值输入（0 ~ +5V）进行A-D转换的器件。

A-D转换器结果存储在内存中。若系统共有n个传感器，则巡回检测一次，要刷新n个变量的内容。

必须指出的是，如果温度测量直接采用“热电偶放大器”来轮流放大多根热电偶的热电动势，则需要较长的时间来等待放大器的稳定。每一采样点的采样时间就需要稳定0.5s左右，才能进行A-D转换，不适合快速温度控制（例如小型的加热炉）。

热电偶温度变送器能预先将热电偶的热电动势转换为高内阻、不易受到电磁场干扰的4~20mA电流信号，再通过取样电阻，将变送器的电流信号转换为1~5V的电压信号，然后再轮流接到采样模拟开关，则每个采样点的采样时间可以缩短到0.1s以下。

（2）采样和控制部分的工作原理　系统开始工作时，从硬盘中调入用户程序及各有关参数，进行数据巡回采集。每一路数据采样多次（例如8次），然后舍去前面3个采样值，进行“中位值滤波”，再将所得到的测量值进行数据处理，诸如温度补偿、线性化等，以便得到较精确的结果。计算机在采样的空档时间里，每隔几秒对需控制的每路信号进行PID运算，并刷新显示器的数据。本系统采用12路8位DAC来获得4~20mA的电流输出，并经伺服放大器分别控制隧道窑煤气喷嘴及风道蝶阀[16]的开合度。

（3）系统特点　工控机具有性能价格比高、功能较强、内存容量较大、软件资源丰富、可采用高级语言编程等优点。用户只需插入适当的接口电路板就可以组成较完整的检测系统。本系统能定时或按需打印出生产中必要的数据，可通过键盘随时修改各设定值，可在线修改PID参数，可随时将必要的参数存盘，并有掉电数据保存功能，并配置UPS不间断电源，这在生产中是十分重要的。该检测系统还有声光报警装置。当系统发生故障时，可通过运行一些检查程序，迅速判断故障点，这给维修带来了很大的方便。

由于个人计算机的抗电磁干扰能力、防振、防潮、防尘能力均不强，所以不太适合在现场条件较恶劣的场合使用。而工控机密封性较好，降温抽风机设有过滤网，机箱内的压力略高于大气压，所以防尘效果较好。它的电源系统有较好的抗电磁干扰能力，避震效果也较好。虽然价格比个人计算机昂贵，但可靠性高很多。

图13-9所示的隧道窑计算机检测控制系统的功能也可以用带有模拟输入、输出模块的PLC来实现。

2. 智能流量积算仪

所谓智能流量积算仪[17]，就是利用计算机技术，将一次仪表送来的流量信号对时间积分，计算出“流量累积总量”的仪器。流量检测的原理在第5.4节中已做了较为详细的论述，本实例仅介绍怎样根据式（5-19）（$q_V = \alpha\varepsilon A\sqrt{2(p_1 - p_2)/\rho}$）的要求，将有关的传感器和接口电路、单片机及外围电路按图13-1所述原理进行组合设计。智能化流量积算仪计算机接口电路原理框图如图13-10所示。

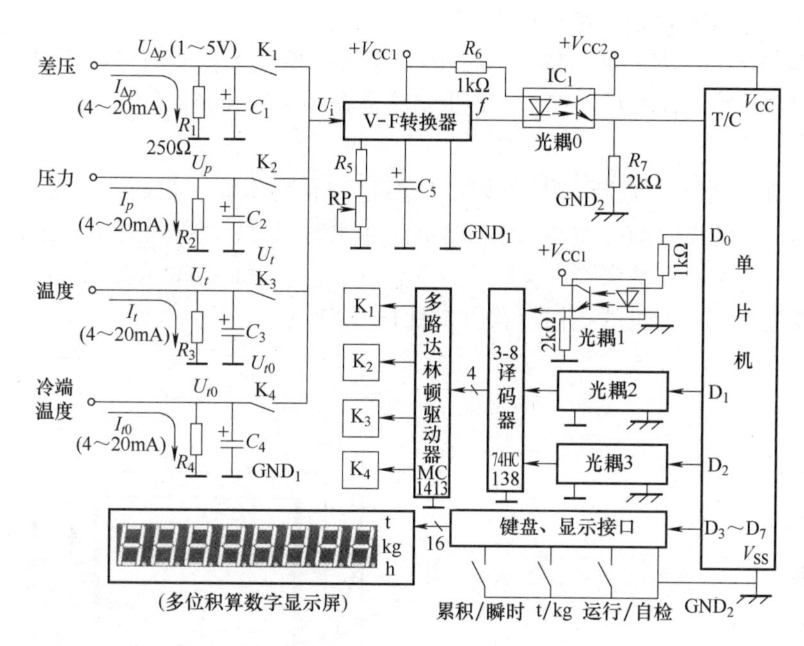

图 13-10 智能化流量积算仪计算机接口电路原理框图

智能化流量积算仪采用差压法测量瞬时流量，因此必须首先测出差压 Δp。由于温度和压力会引起流体的密度 ρ 的变化，有时还需要进行温度补偿和压力补偿，所以必须测出流体的温度 t 和压力 p。如果使用热电偶，还必须测量热电偶的冷端（室温）温度 t_0。

上述 4 种信号先由一次仪表转换为 4～20mA 的电流信号，经信号传输线传送到积算仪的输入端，再用取样电阻（250.0Ω）转换成 4 个低内阻的 1～5V 电压信号：$U_{\Delta p}$、U_p、U_t、U_{t0}。上述 4 个电压信号按顺序轮流通过采样继电器 K_1～K_4 传送至 V-F 型 A-D 转换器（或串行 A-D 转换器）的电压输入端。

采样继电器的选通是由单片机轮流给出不同的选通号（地址），通过“3-8 译码器”后，由驱动器接通采样继电器的驱动线圈而实现的。

V-F 的输出脉冲经光耦（IC_0）传送到单片机的“定时/计数”输入端，从而测出与 4 个输入信号成正比例的脉冲频率。对 4 个频率信号进行适当的运算，就可以得到瞬时流量值。

根据累积流量的定义，单片机必须将瞬时流量对时间作积分运算。由于本实例中采用了 V-F 转换器，所以事实上只需在标准的时间段（例如 1s）内，对 V-F 转换器输出的脉冲数进行累加计数，就可以达到近似于积分的目的。为了防止断电时累积流量数据的丢失，积算仪还必须设置一个断电数据保持电路。

为了显示累计结果，一般必须设置 8 位或更多的数码管。为了选择显示吨，或千克，或立方米等不同的单位，也为了选择显示瞬时流量还是累计流量，积算仪面板上还必须设置选择按键，由单片机读取不同的选择方式，并在数码管的右边显示出相应的单位。

图 13-10 中使用了多只光耦，能将左边的传感器回路及继电器与右边易受干扰的单片机回路隔离开来，使微处理器电路成为“浮置电路”（不接地的电路），使工频干扰成为“共模干扰”。光耦的地线 GND_1、GND_2 不可以接在一起，否则工频干扰就成为“差模干扰”。

3. 传感器在模糊控制洗衣机中的应用

（1）模糊控制　模糊控制（Fuzzy Control）系统是模拟人智能的一种控制系统。它将人的经验、知识和判断力作为控制规则，根据诸多复杂的因素和条件做出逻辑推理去影响控制对象。

模糊洗衣机[18]能自动判断衣物的数量（重量）、布料质地（粗糙、软硬）、肮脏程度来决定水位的高低、洗涤时间、搅拌与水流方式、脱水时间等，将洗涤控制在最佳状态。不但使洗衣机省电、省水、省洗涤剂，又能减少衣物的磨损。图13-11示出了模糊控制洗衣机的模糊推理，模糊控制洗衣机的结构示意图如图13-12所示。

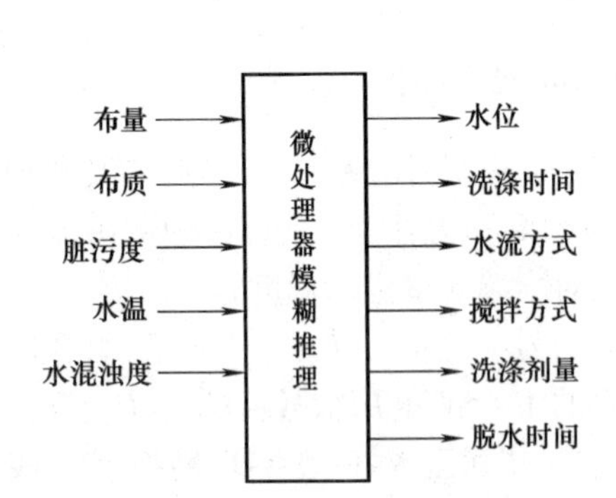

图13-11　模糊控制洗衣机的模糊推理

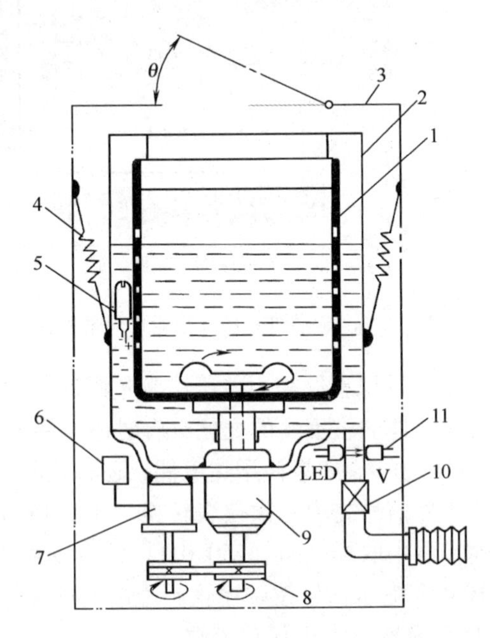

图13-12　模糊四个洗衣机的结构示意图

1—脱水缸（内缸）　2—外缸　3—外壳　4—悬吊弹簧（共4根）
5—水位传感器　6—布量传感器　7—变速电动机　8—带轮
9—减速、离合、刹车装置　10—排水阀　11—光电传感器

（2）模糊洗衣机中的传感器应用

1）布量和布质的判断：在洗涤之前，先控制电磁阀注入一定的水，然后起动电动机，使衣物与洗涤桶一起旋转。然后断电，让电动机依靠惯性继续运转直到停止。由于不同的布量和布质（硬/软）所产生的“布阻抗”大小、性质都不相同，所以导致电动机的起动和停转的过程、时间也不相同。微处理器根据预先输入的经验公式来判断出布量和布质，从而决定搅拌和洗涤方式。

2）水位的判断：不同的布量需要不同的水位高度。水位传感器采用压力原理，水位越高，对水位传感器中的膜盒压力就越大。微处理器根据水位传感器的输出，判断是否到达预设值水位。

3）水温的判断：洗衣过程中，如果提高水温可以提高洗涤效果，减少洗涤时间。微处理器根据不同的衣质决定水温的高低。水温可由半导体集成温度传感器来测定。

4）水的浑浊度的测定：浑浊度的检测采用红外光电“对管”来进行，它们安装在排水阀的上方。恒定的电流流过红外LED，它发出的红外光透过排水管中的水柱到达红外光敏晶体管，光强的大小反映了水的浑浊程度。

（3）模糊洗衣机洗涤过程：随着洗涤的开始，衣物中的污物溶解于水，使得透光度下降。洗涤剂加入后，透明度进一步下降。当透明度恒定时，则认为衣物的污物已基本溶解于水，洗涤程序可以结束，打开排水阀，脱水缸高速旋转。由于排水口在脱水时混杂着大量的紊流气泡，使光线散射。当光的透过率为恒值时，则认为脱水过程完毕，然后再加清水漂洗，直到水质变清、无泡沫、透明度达到设定值时，则认为衣物已漂洗干净，经脱水程序后整个洗涤过程完毕。

13.2　基于虚拟仪器的检测系统

13.2　拓展阅读资料

13.2.1　虚拟仪器简介

1. 虚拟仪器的基本概念

虚拟仪器[19]（Virtual Instruments，VI）开创了“软件就是仪器”[20]（The software is the instrument）的先河。所谓虚拟仪器是指：在以通用计算机为核心的硬件平台上，用途由用户自己定义的、测试功能由测试软件实现的、具有虚拟面板的一种计算机仪器系统。

虚拟仪器可以代替传统的测量仪器，如示波器、逻辑分析仪、信号发生器、频谱分析仪、数据巡回检测仪等，使测量人员从繁杂的仪器堆中解放出来；可集成为自动控制系统；可自由构建成专用仪器系统。

无论哪种虚拟仪器系统，都是将仪器硬件搭载到笔记本计算机、台式PC或工作站等各种计算机平台，再加上应用软件而构成整个系统。虚拟仪器通过软件将计算机硬件资源与仪器硬件有机地融合为一体，从而把计算机强大的计算处理能力和仪器硬件的测量、控制能力结合在一起，大大缩小了仪器硬件的成本和体积。

2. 虚拟仪器的特点

1）融合计算机强大的硬件资源，突破了传统仪器在数据处理、显示、存储等方面的限制，大大增强了传统仪器的功能。高性能处理器、高分辨率显示器、大容量硬盘等已成为虚拟仪器的标准配置。

2）利用了计算机丰富的软件资源，实现了仪器中的一部分硬件的软件化，节省了硬件资源，增加了系统的灵活性；通过软件技术和数值算法，实时、直接地对测试数据进行各种分析与处理；通过图形用户界面（GUI）技术，实现了界面友好、人机交互。

例如，传统仪器只有一块仪器面板，但是，虚拟仪器的“面板”可根据用户自己定义。仪器的操作是通过鼠标或触摸屏选中不同的按键和旋钮来完成的。声级仪的虚拟面板如图13-13所示。

3）基于计算机总线，虚拟仪器的硬件实现了模块化、系列化，大大缩小了系统尺寸。

4）基于计算机网络技术和接口技术，虚拟仪器具有方便、灵活的互联，广泛支持诸如CAN、FieldBus、PROFIBUS等各种工业总线标准。利用虚拟仪器技术可方便地构建自动测试系统（Automatic Test System，ATS），实现测量、控制过程的网络化。

5）虚拟仪器的所有通用模块都支持共同的硬件平台。当检测系统要增加一个新的检测

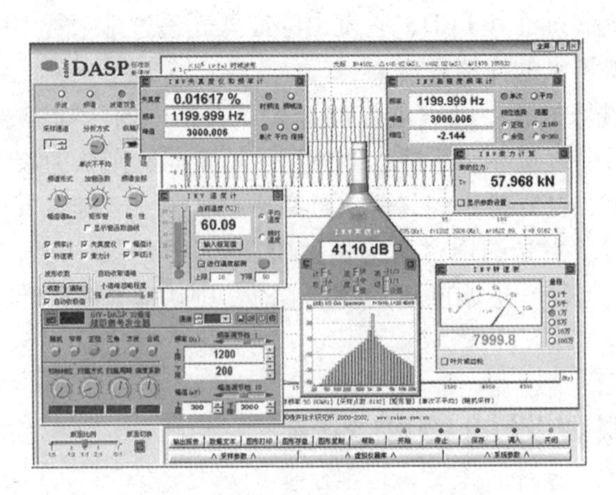

图 13-13　声级仪的虚拟面板

功能时，只需增加软件来执行新的功能或增加一个通用模块来扩展系统的检测范围，使仪器系统的开发更为灵活，系统组建时间更短。

6）可以方便地加入或更换一个通用模块，而不用购买一个完全新的系统，有利于检测系统的扩展，具有较大的价格优势。虚拟仪器与传统仪器的性能比较如表 13-1 所示。

表 13-1　虚拟仪器与传统仪器的性能比较

传统仪器	虚拟仪器
功能由仪器生产厂商定义	功能由用户定义
与其他设备连接受限	系统面向应用，可方便地连接到网络及其他外围设备
图形界面小，信息量小	全汉化图形界面，信息量大
信号电缆和开关多，操作复杂	信号电缆少，采用虚拟旋钮，故障率低，有操作保护
系统封闭，功能固定，扩张性低	系统开放、灵活，可构成多种仪器
测试系统开发时间长	测试系统开发时间短
数据无法编辑	数据可编辑、存储、打印
硬件是关键，必须由专业厂商升级	软件是关键，升级方便
仪器之间一般无法通用，所以整体价格相对昂贵	仪器间资源可重复利用率高，整体价格相对便宜
技术更新慢（周期为 5 ~ 10 年）	软件技术更新快（周期为 1 ~ 2 年）
开发和维护费用高	基于软件体系的开发和升级，费用较低

13.2.2　自动测试系统的虚拟仪器结构

传统仪器由信号采集、信号处理、结果表达以及仪器控制等 4 部分组成，大多是用电子线路来实现的。在虚拟仪器中，信号采集和 A-D、D-A 转换仍由硬件实现，而信号处理和结果表达用软件实现。

1. 自动测试系统的虚拟仪器功能块

虚拟仪器的三大功能块由模块化数据采集硬件、计算机硬件平台和用于数据分析、过程通信及图形用户界面的软件组成。

（1）信号采集调理模块　完成对被测信号的采集、调理、A-D转换、传送、D-A转换、控制等功能。信号采集调理模块主要有串口模块、VXI总线仪器模块、PXI仪器模块、GPIB仪器模块、插入式数据采集卡（Data Acquisition Board）等。信号调理（Signal Conditioning, SC）指的是将传感器检测到的信号进行放大、滤波、隔离、多路复用（电荷放大、电压放大、微积分、桥路平衡、激励电源和线性化）等预处理。

（2）虚拟仪器的主机　可以是各种类型的计算机，如普通台式计算机、便携式计算机、工作站、嵌入式计算机等。

2. 自动测试系统的虚拟仪器模块化结构

在组建自动测试系统时，软件和硬件必须采用开放式模块化结构。采用虚拟仪器软件（VISA）的结构技术，保证不同测试接口之间最大的兼容性及互换性；采用VPP规范软件的驱动程序结构，保证仪器驱动程序良好的兼容性及通用性；应用开放数据库ODBC互联技术及SQL数据库查询语言，保证软件通用性；应用模块化软件结构的设计方法，提高系统软件的灵活性、可移植性和可维护性，降低系统复杂性。

虚拟仪器结构框图如图13-14所示，两种典型的虚拟仪器外形如图13-15所示。

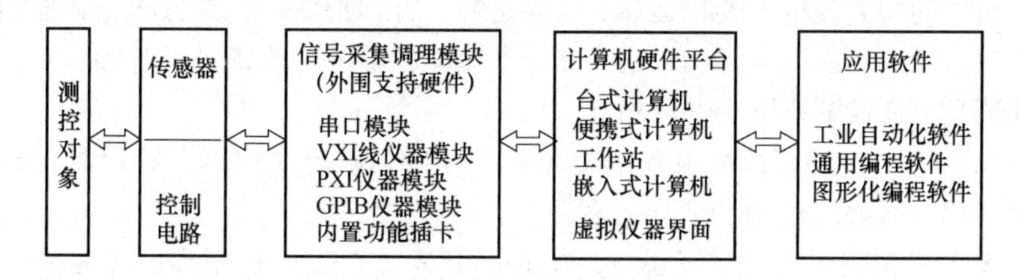

图13-14　虚拟仪器结构框图

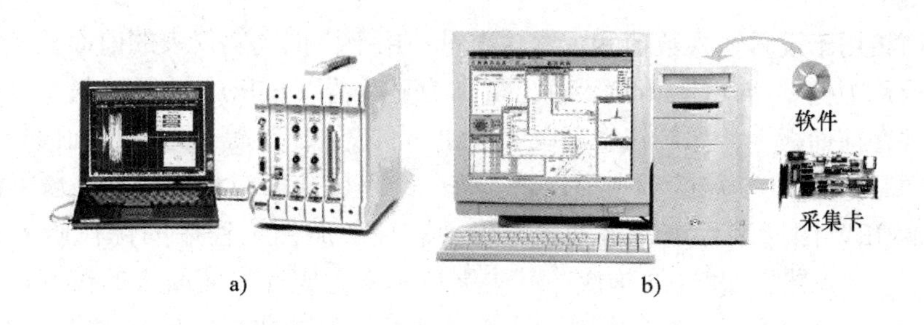

图13-15　两种典型的虚拟仪器外形
a）模块式接口　b）板卡式接口

13.2.3　虚拟仪器的软件开发平台

选定计算机和必需的仪器硬件后，构建和使用虚拟仪器的关键就是应用软件。

应用软件的几个重要目标是：①与仪器硬件的高级接口；②虚拟仪器的用户界面；③友好的开发环境；④仪器数据库。

1. 虚拟仪器的软件框架

虚拟仪器的软件框架从低层到顶层，包括三部分：虚拟仪器I/O函数库、仪器驱动程序和应用软件。

（1）虚拟仪器I/O函数库 它驻留于计算机系统之中，执行仪器总线的通信功能，是计算机与仪器之间的软件层连接，以实现对仪器的程控。它对于仪器驱动程序开发者来说是可调用的操作函数集。

（2）仪器驱动程序 它是完成对某一特定仪器控制与通信的软件程序集。每个仪器模块都有自己的仪器驱动程序，仪器厂商以源代码的形式提供给用户。

（3）应用软件 它建立在仪器驱动程序之上，直接面对操作用户。通过提供直观、友好的测控操作界面、丰富的数据分析与处理功能，来完成自动测试任务。

2. 虚拟仪器应用软件的编写简介[21]

（1）用通用编程软件进行编写 主要有Microsoft公司的虚拟仪器Visual Basic和虚拟仪器Visual C++、Borland公司的Delphi和Sybase公司的Power Builder等。

（2）用专业图形化编程软件进行开发 如HP公司的VEE、NI公司的LabVIEW和Lab windows/CVI等。

应用软件还包括通用数字处理软件。通用数字处理软件包括用于数字信号处理的各种功能函数，如频域分析中的功率谱估计、FFT、FHT、逆FFT、逆FHT和细化分析、小波分析等；时域分析中的相关分析、卷积运算、反卷运算、方均根估计、差分积分运算和排序，以及数字滤波等。这些功能函数为用户进一步扩展虚拟仪器的功能提供了基础。

3. LabVIEW在检测系统中的应用

LabVIEW[22]是一种图形化的编程语言和开发环境。使用这种语言编程时，基本上不需要编写程序代码，而是“绘制”程序流程图。

LabVIEW与虚拟仪器有着紧密联系，在LabVIEW中开发的程序都被称为VI，其扩展名为“.vi”。VI包括三个部分：前面板（Front Panel）、程序框图（Block Diagram）和图标/连接器（Icon and Connector Pane）。

程序前面板用于设置输入数值和观察输出量，用于模拟真实仪表的前面板。在程序前面板上，输入量称为控制器（Control），输出量称为显示器（Indicator）。控制和显示是以各种图标形式出现在前面板上，如旋钮、开关、按钮、图表、图形等，这使得前面板直观易懂。

程序框图是定义VI功能的程序源代码。每一个程序前面板都对应着一段框图程序。框图程序用LabVIEW图形编程语言编写，可以把它理解成传统程序的源代码。框图程序由“端口”“节点”“图框”和连线构成。其中端口用来完成程序前面板的控制以及显示、传递数据。节点用来实现函数和功能调用，图框用来实现结构化程序控制命令，而连线代表程序执行过程中的数据流，从而定义框图内的数据流动方向。某个频率测量仪的LabVIEW前面板和框图程序如图13-16所示。

13.2.4 虚拟仪器的数据采集系统组成

1. DAQ系统的基本概念

数据采集是指从传感器等设备收集和测量被测信号，并将它们送到计算机进行处理的过程。DAQ系统[23]是指基于PC标准总线的数据采集功能模块，也称为数据采集卡。利用数据采集卡可方便快速地组建虚拟仪器。有各种性能和功能的系列DAQ功能模块供用户选择使用。在PC上挂接DAQ功能模块，配合相应的软件，就可以构成一台虚拟仪器。

目前，市场上的数据采集卡都有专门配套的驱动程序，甚至有的驱动程序可以在不同的

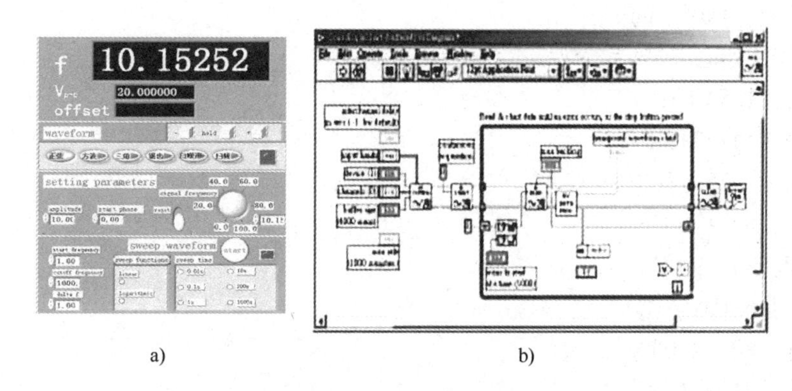

a)　　　　　　　　　　b)

图 13-16　频率测量仪的 LabVIEW 前面板和框图程序

a）前面板　b）框图程序

高级语言中被调用，可以实现数据采集卡的识别与数据传输，这就在使用上大大减少了使用的难度以及复杂性。而测量系统界面的开发可以使用 VB，VC，LabVIEW，C/C ++，Borland C ++ Builder，Java 等来编写数据控制处理软件。DAQ 系统的组成如图 13-17 所示。

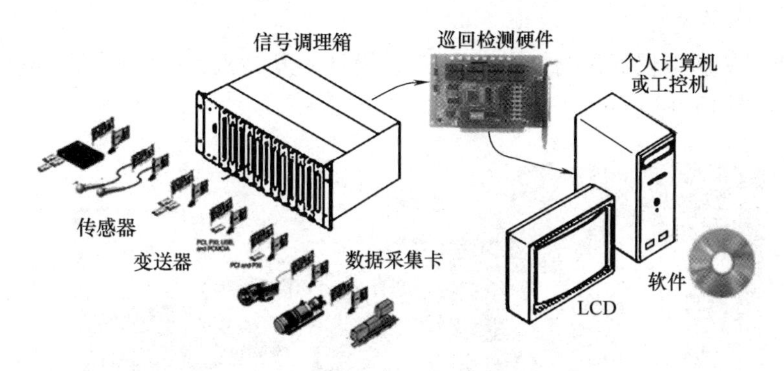

图 13-17　DAQ 系统的组成

2. 数据采集卡的功能和分类

（1）数据采集卡的主要功能　①将传感器、变送器等被测量，如光、温度、压力或振动等转变为可测量的电信号的装置；②信号调理：信号调理是指连接到 DAQ 系统的硬件，可控增益放大或衰减，信号经滤波、隔离、整形等，使其适合于处理。

（2）数据采集卡的品种　①按采集对象，可分为模拟量输入/输出、数字量输入/输出、定时/计数等几种；②按接入的总线，可分为 USB、PXI、PCI、PCI Express、PCMCIA、ISA、Compact Flash、485、232、以太网、各种无线网络等；③按隔离方式，可分为隔离和非隔离；④按采集速度，可分为高速和低速；⑤按分辨力，可分为 12 位、16 位、24 位等；⑥按通道数，可分为 8、16、32、64 通道等。

13.2.5　虚拟仪器技术的应用实例

东风 135 高速柴油机是工程机械的常用动力，在工业中得到广泛应用，目前已有约 300 余种。某被测东风 135 柴油机的额定参数如下：

发动机功率：280kW；

发动机转速：1500r/mim；
转矩：400N·m；
平均压力：1.5MPa；
最高燃烧压力：11MPa；
冷却水温度：75～80℃；
进气温度：50～70℃；
机油温度：85～90℃；
排气背压：6kPa；
排气温度：80～200℃；
燃油消耗：210g/(kW·h)；
机油消耗：1g/(kW·h)；
试验时间：30h。

为了测量与上述指标有关的参数，必须进行台架试验。传统的内燃机台架试验机功能简单，测试效率低，实验过程缺乏统一的数据处理。改造前的内燃机试验台采用多家厂商的测试仪器，有不同的数据记录格式，无论是软件还是硬件都很难兼容，设备升级能力及扩展性差，安装接线工作量大。

利用LabVIEW虚拟仪器作为开发平台[24]，设计了发动机台架实验的测试系统。柴油机台架试验装置如图13-18所示。

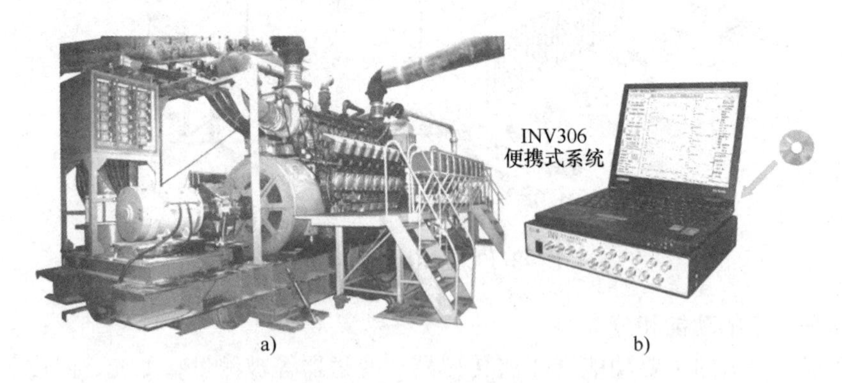

图13-18 柴油机台架试验装置
a）柴油机台架试验台 b）数据采集系统及虚拟仪器面板

1. 硬件系统的设计

柴油机台架试验软硬件结构框图如图13-19所示。整个检测系统大致由3个部分组成：第一部分为传感器和一次仪表，其功能是把发动机的性能参数通过传感器转化为相应的电信号；第二部分为信号调理模块和数据采集卡，其主要功能是对信号进行采样、放大、A-D转换，并把采集到的数据以一定的格式传送给上位计算机；第三部分为计算机处理系统，其功能是实现数据的处理、显示、存储以及图表打印等。

数据采集卡的准确度和速度将影响测试系统的整体性能。本系统采用NI公司生产的NI USB-6009型数据采集卡，它是一块基于14位USB总线的多功能采集卡，提高8通道的14位模拟输入、两个模拟输出、12根数字I/O线，以及一个32位定时器。模拟量输入范围是

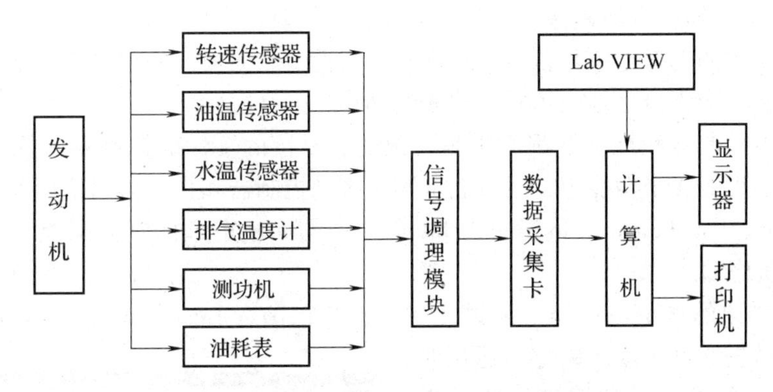

图13-19 柴油机台架试验软硬件结构框图

-10~10V，采样速率为48Kbit/s，支持USB2.0即插即用。数据采集卡的驱动分为内置式驱动和外置式驱动。本课题可以用LabVIEW内部的DAQ库直接对端口进行操作。可以从数据采集卡的安装目录中找到内置驱动文件，复制所需的接口，将其粘贴到系统开发环境中。

2. 软件系统的设计

软件系统主要包括参数设置、数据采集与存储、软件操作面板、实验结果显示与打印、实验过程演示等几大部分。

（1）参数设置部分 柴油机台架试验参数设置面板如图13-20所示。由于发动机台架实验一般要做负荷特性、速度特性等多种实验，在进入测试系统后，可以根据用户要求选择所要做的实验项目。为了保护实验设备和人员安全，还可以根据不同的发动机型号，设置转速、机油温度、冷却水温度以及排气温度的报警值。如果测得的实验数据超过了所设置的报警值，系统命令发动机停机。

（2）数据采集与存储 进入系统后，利用数据采集助手DAQ Assistant模块进行数据采集、任务分配，并通过对该采集卡参数的设置，确定各路信号所对应的“端口号”。在操作面板的Chart图上，实时地显示出采集到的各路数据，并用不同的颜色来加以区分，使实验人员很容易看出各个参数的变化情况。采集过程中，如果测得的某个数据超过了预先设置的报警值，系统立即进行声光报警。

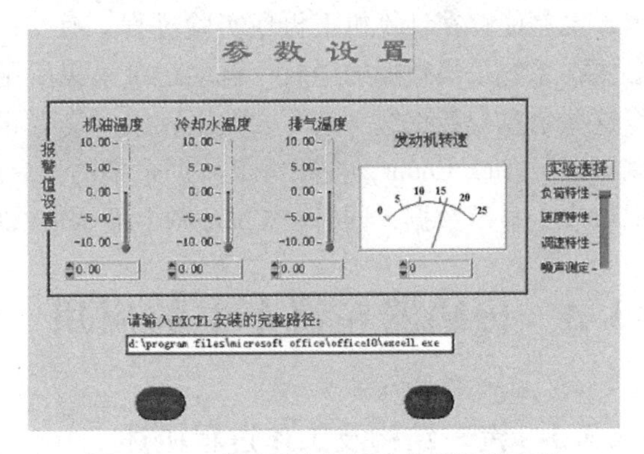

图13-20 柴油机台架试验参数设置面板

（3）软件操作面板的设计 VPP系统软面板由前面板和程序的面板组成。前面板为操作用户界面，在执行过程中始终处于打开状态，它可能处于非激活状态，但在操作应用过程中必须打开且是可见的。程序面板是前面板调用的面板。虽然前面板和程序面板应用特点和格式有所不同，但均应为操作用户提供退出或取消操作的方法和功能。

软面板设计方法如下：由于必须考虑在不同的平台和计算机显示器上执行完成各类操作，所以应保证软面板是可移植的。软面板在开发时应选择其分辨力不大于640×480个像素的标准 VGA 显示器，以便确保与高分辨力显示器相兼容。

中、英文字体的选择也应具备可移植性和易读性。软面板上的控制器和指示器都必须有标签，每个标签都应当恰当地表示它所代表的动作，意义明确。

不同功能的控制器和指示器都必须是一致的、易读的。标准控制器常规应有数字、逻辑、字符串与图形等4个功能组，通过装饰物来区别控制器和指示器属于哪种功能。装饰物包含 Raised Box、Flat Frame、Horizontal Button 等，前面板矩形标签应配置 Connect、Cancel 和 OK 等命令操作键。

（4）实验结果的显示与打印　测试完毕后，执行函数 Read LabVIEW Measurment File，将测试数据从数据文件中读入内存，运用曲线拟合的最小二乘法，对数据进行曲线拟合，并将运算的结果显示在操作面板的 Graph 图上。打印可以采用两种方式：如果只要打印发动机的特性曲线图，可以采用隐式调用 Excel 数据表的方法，打开与数据库的连接，然后打开 Print 打印操作面板上的 Graph 图；如果要做实验报表，既要出图又要出数据，可以采用显式调用 Excel 数据表的方法，在操作系统中直接激活数据文件。柴油机台架试验负荷特性实验操作面板如图 13-21所示。

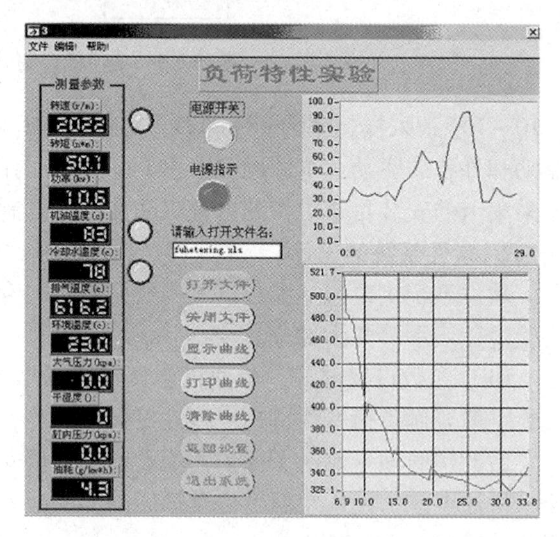

图 13-21　柴油机台架试验负荷特性实验操作面板

3. 实验过程再现演示

为了查找实验过程中出现异常现象的原因，希望能够在计算机上再现实验过程。有必要在系统采集数据的同时，自动记录采集所用的总时间以及每组数据所对应的采集时刻，将这些信息与数据组一起写入数据库中。需要再次观察测量试验过程时，可以调出数据组，调用函数 Tick Count，按照每组数据采集的先后顺序，以一定的间隔时间（例如 0.5s）在虚拟仪表上显示数据，同时在 Chart 图上显示曲线的变化。

13.3　传感器在汽车中的应用

13.3　拓展阅读资料

13.3.1　汽车结构及工作过程概述

1. 汽车的结构

汽车类型繁多，结构比较复杂，大体可分为发动机、底盘和电气设备三大部分，每一部分均安装有许多检测和控制用的传感器。汽车的组成框图与传感器分布如图 13-22 所示，大致可分成燃料系、点火系、传动系、轿厢系等几个系统。其他无关传感器与检测技术的功能块没有在图上画出。

发动机是汽车的动力装置，其作用是使吸入的燃料燃烧而产生动力，通过传动系统，使汽车行驶。汽油发动机主要由气缸、燃料系、点火系、启动系、冷却系及润滑系等组成。

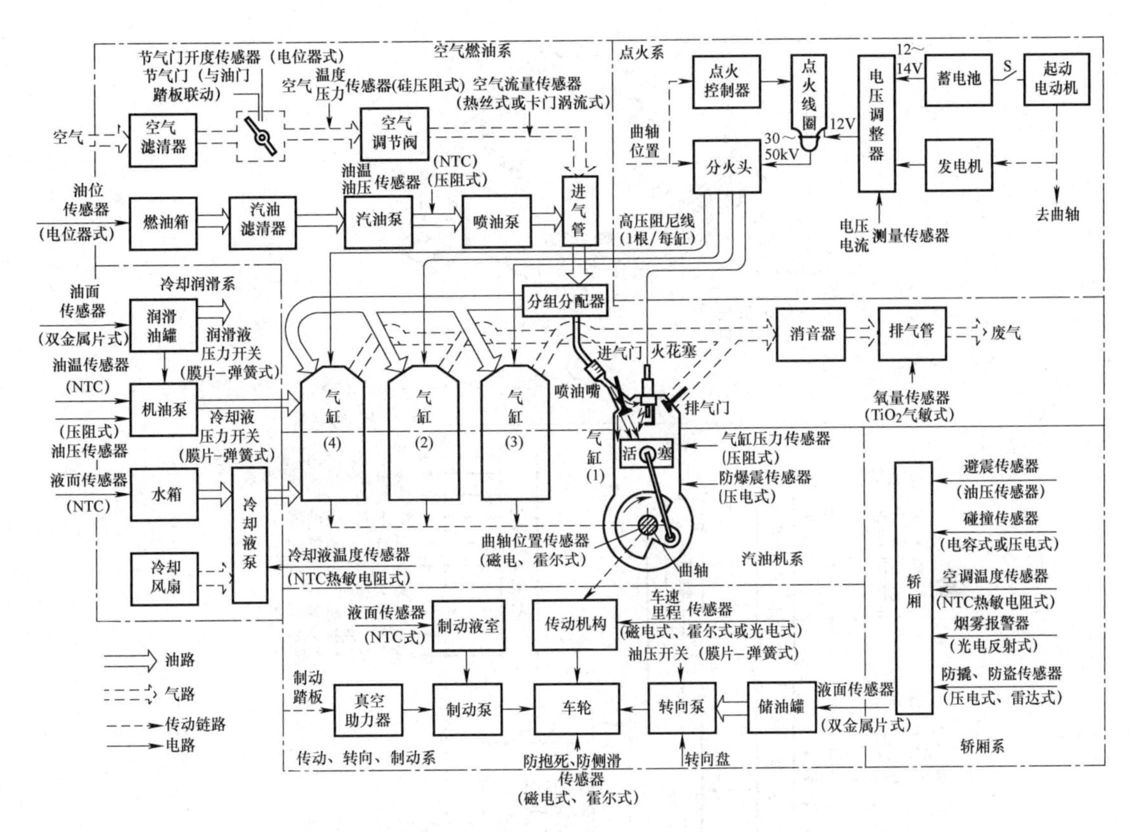

图 13-22　汽车的组成框图及传感器分布

2. 汽车 ECU

当汽车起动后，电动汽油泵将汽油从油箱内吸出，由滤清器滤出杂质后，经喷油器喷射到空气进气管中，与适当比例的空气均匀混合，再分配到各气缸中。混合气由火花塞点火而在气缸内迅速燃烧，推动活塞，带动连杆、曲轴做回转运动。曲轴运动通过齿轮机构驱动车轮使汽车行驶起来。以上工作过程均是在电子控制单元[25]（Electronic Control Unit，ECU）控制下进行的。ECU 由 CPU、存储器（ROM、、RAM）、输入/输出接口（I/O）、模-数转换器（ADC）、数-模转换器（DAC）以及整形、驱动等大规模集成电路组成，用于汽车的电气、机械控制。ECU 的外形及内部原理框图如图 13-23 所示。

13.3.2　传感器在汽车运行中的作用

1. 空气系统中的传感器

为了得到最佳的燃烧状态和最小的排气污染，必须对油气混合气中的空气-燃油比例（空燃比）进行精确的控制。空气系统中传感器的作用是计量和控制发动机燃烧所需要的空气量[26]。

（1）卡门涡街流量计结构及原理　经空气滤清器过滤的新鲜空气经空气流量传感器测量之后再进入进气管，与喷油器喷射的汽油混合后才进入气缸。ECU 根据车速、功率（载重量、爬坡等）等不同运行状况，控制电磁调节阀的开合程度来增加或减少空气流量。空气流量传感器有多种类型，使用较多的有卡门涡街流量计[27]（Karman Vortex Flowmeter）以

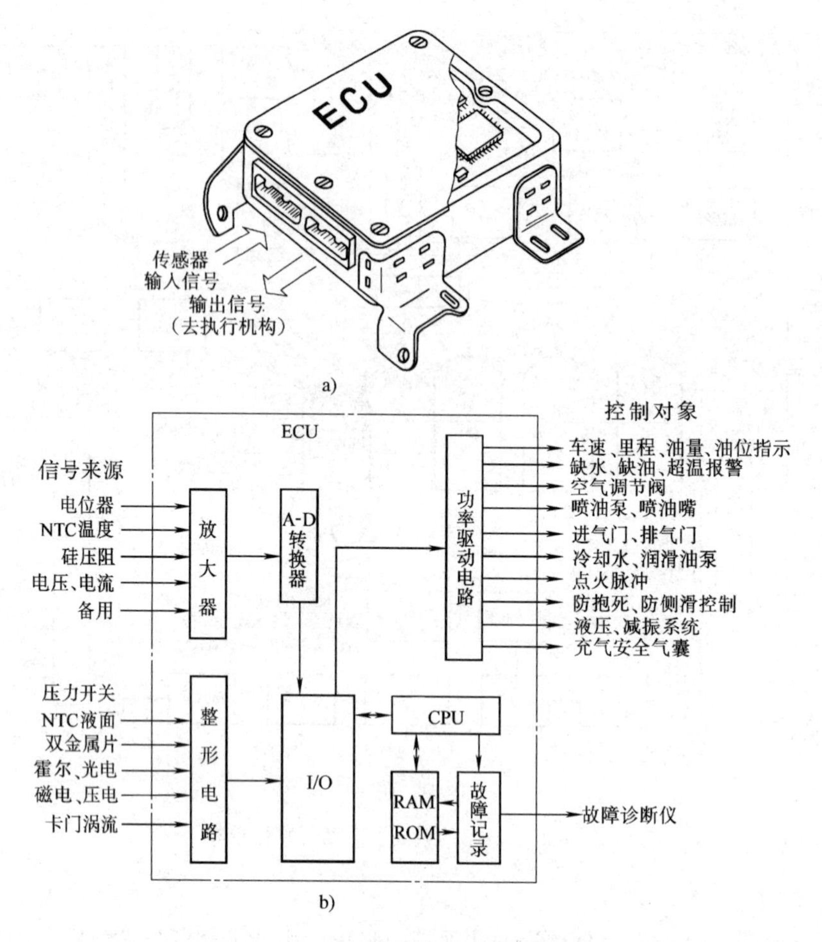

图 13-23 ECU 的外形及内部原理框图

a）外形 b）ECU 内部原理框图及输入/输出信号

及类似于图 2-37 介绍的热丝式气体测速仪。

在进气管中央设置一只直径为 d 的圆锥体（涡流发生器）。锥底面与空气流速方向垂直。当空气流过锥体时，由于空气和锥体之间的摩擦，在锥体的后部两侧交替地产生旋涡，并在锥体下游形成两列涡流，该涡流称为卡门涡流。由于两侧旋涡的旋转方向相反，所以使下游的空气产生振动，如图 13-24 所示。

测量出卡门涡流的频率，即可获得空气流速 v，并可以通过式 $q=Av$（A 为进气管横截面积）计算吸入发动机的空气体积量。测量涡流频率 f 的方法有光电式和超声波式，图 13-24示出的卡门空气流量计采用超声波频率测量方式。

超声波发射、接收器安装在卡门涡流发生器后部。卡门涡流引起空气流的密度变化（涡流中的空气密度高），超声波接收器接收到的超声波为卡门涡流调频过的疏密波，经过整形电路、检波器和低通滤波器就可以得到低频调制脉冲信号 f。进气量越多，则脉冲频率越高。

（2）NTC 热敏电阻式气温传感器 该传感器可以与压力传感器共用一个壳体，用于测量进气温度，以便修正因气温引起的空气密度变化。NTC 温度传感器及特性如图 13-25

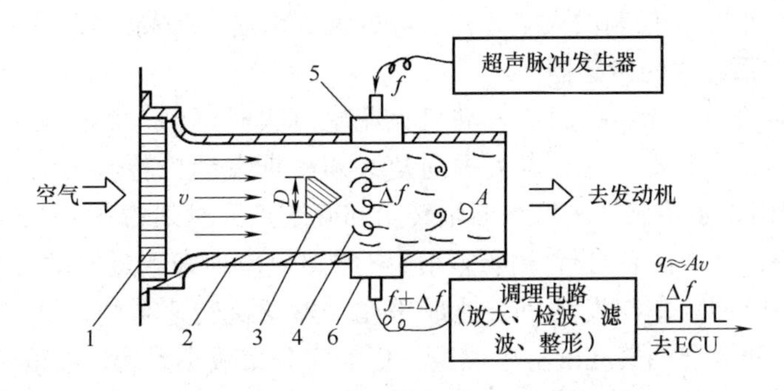

图 13-24 卡门涡街流量计结构及原理

1—气流整流栅 2—进气管 3—涡流发生锥体 4—卡门空气涡流

5—超声波发生器探头 6—超声波接收器探头

所示。

（3）大气压力传感器 当汽车从平原行驶到高原时，大气压力和含氧量发生变化，因此必须测量大气压力，以便增加进气量。大气压力测量使用图 2-9介绍的半导体压阻式固态传感器。由于放大电路与半导体应变电桥一起制作在一块厚膜电路内，所以体积和温漂都很小。

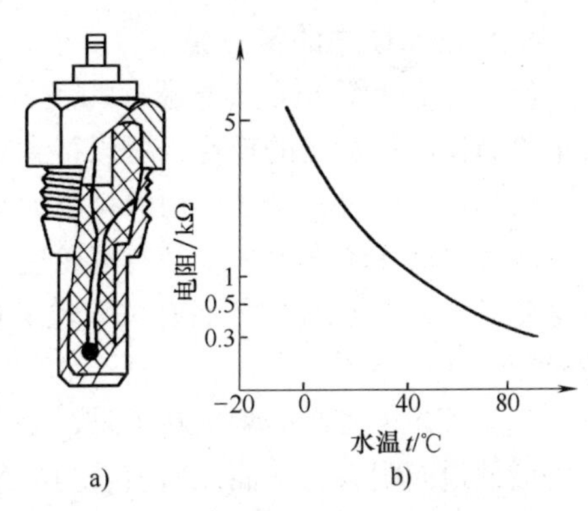

图 13-25 NTC 温度传感器及特性

a）外形 b）温度特性曲线

（4）进气道的节气门开度传感器 空气进气量还与油门踏板有关。驾驶员通过操作油门踏板控制进气道的节气门开度，以改变进气流通截面积，从而控制进气量，由此控制发动机的功率。ECU 必须检测节气门的开度，才能控制喷油器的喷油量。节气门的开度是利用图 2-35a 所示的圆盘式电位器来检测的，油门踏板踏下时，带动电位器转轴，输出 0 ~ 5V 的电压反馈给 ECU。还可以智能调节“可变气门正时”（VVT），从而增大功率，降低油耗。

2. 燃油系统中的传感器

（1）发动机油压传感器 燃油系统的作用是供给气缸内燃烧所需的汽油。在燃油泵的作用下，汽油从油箱吸出，再经调压器将燃油压力调整到比进气压力高 250 ~ 300kPa 左右，然后由分配管分配到各气缸对应的喷油器上。油压的测量也采用图 2-9 介绍的压阻式压力传感器或“膜片式油压报警器”。油压信号送到 ECU，ECU 根据货物载重量及爬波度、加速度、车速度等负载条件和运行参数，调整燃油泵及喷油器中的电磁线圈通电时间（占空比），以控制喷油量。

液压油（机油）的压力不足还涉及汽车的安全，例如转向、无级变速传导、离合器、制动、ABS、悬挂、自卸等效果变差。

（2）燃油温度传感器 燃油温度会影响燃油的黏稠度及喷射效果，通常采用 NTC 热敏电阻温度传感器来测量油温。

（3）氧含量传感器 在排气管后端安装一只如图 2-21 所示的氧含量传感器。当排气中的氧含量不足时，由ECU控制增大空燃比，改变油气浓度，提高燃烧效率，减少黑烟污染。

3. 发动机点火系统中的传感器

（1）点火提前角的检测和控制 发动机火花塞点火时刻的正确性关系到发动机输出功率、效率及排气污染等重要参数。点火提前角必须根据发动机转速来确定。可以利用在第8.3节已介绍过利用霍尔传感器来取得曲轴转角和确定点火时刻的方法。

在图3-26b中，已请读者自行分析过利用电磁感应原理来测量发动机曲轴角度的方法，电磁转速表的输出脉冲频率与发动机转速成正比。发动机转速越快，ECU输出的点火时刻就必须逐渐提前，使混合油气在气缸中燃烧得更加充分，减小黑烟，并得到最大转矩。但如果提前角太大，油气可能在发动机中产生爆震，俗称“敲缸”。次数多时，易损坏发动机。新型汽车的气缸壁上均安装有一只压电式爆震检测传感器（详见第6.3节）。如果发生爆震，立即减小提前角。

（2）缸压传感器 在发动机缸体中，还安装有一只缸压传感器，用于测量燃烧压力，以得到最佳燃烧效果。

4. 传动系统中的传感器

（1）车速和公里数传感器 为了检测汽车的行驶速度和里程数，ECU将曲轴转速信号与车轮周长进行适当的换算，可以得到车速和公里数。

汽车在行驶过程中还必须保持驱动车轮在冰雪等易滑路面上的稳定性并防止侧偏力的产生，故在前后4个车轮中安装有车轮速度传感器（类似于图3-26b所示的转速传感器）。当发生侧滑时，ECU分别控制有关车轮的制动控制装置及发动机功率，提高行驶的稳定性和转向操作性。

（2）ABS 当汽车紧急刹车时，使汽车减速的外力主要来自地面作用于车轮的摩擦力，即所谓的地面附着力。而地面附着力的最大值出现在车轮接近抱死而尚未抱死的状态。这就必须设置一个“防抱死制动系统”[28]（Anti-lock Brake System，ABS）。ABS由车轮速度（转速）传感器（例如霍尔接近开关）、ECU以及电-液控制阀等组成。ECU根据车轮速度传感器来的脉冲信号控制电液制动系统，使各车轮的制动力满足少量滑动但接近抱死的制动状态，以使车辆在紧急刹车时不致失去方向性和稳定性。

（3）独立悬挂系统的检测 为了减小汽车在崎岖的道路上的颠簸，提高舒适性，ECU还能根据4个车轮的独立悬挂系统的受力情况，控制油压系统，调节4个车轮的高度，跟踪地面的变化，保持轿厢的平稳。

5. 其他系统中的传感器

汽车中还设置了尾气氧含量传感器电位器式油箱油位传感器、热敏电阻式缺油报警传感器、双金属片式润滑机油温度报警传感器、机油油压传感器、冷却水水温传感器、车厢烟雾传感器、空调自起动温度传感器、车门未关紧报警传感器、保险带未系传感器、雨量传感器以及霍尔式直流大电流传感器等。汽车在维修时还需要另外一些传感器来测试汽车的各种特性，例如CO、氮氢化合物测试仪以及专用故障测试仪等。

6. 无人驾驶汽车中的传感器

无人驾驶汽车是一种智能汽车，用车载传感器来感知车辆前方及周围环境的道路、车辆位置及障碍物信息，控制车辆的转向和速度，从而使车辆能够安全、可靠地在道路上行驶，并控制车辆到达预定目标或泊车。集自动控制、体系结构、人工智能（AI）、视觉计算等众多技术于一体。所涉及的传感器有：探测道路边缘和车道标线、识别标志和红绿灯等的光学图像传感器；识别行人和移动物体的雷达、超声波传感器；陀螺仪、加速计与全球卫星定位系统提供精确的定位。

13.4　传感器在数控机床中的应用

13.4　拓展阅读资料

数控机床[29]（Numerical Control Machine Tools）是机电一体化的典型产品，是机、电、液、气和光等多学科的综合性组合，技术范围覆盖了机械制造、自动控制、伺服驱动、传感器及信息处理等领域。具有高准确度、高效率、高柔性的特点，以数控机床为核心的先进制造技术已成为世界各发达国家加速经济发展，提高综合国力和国家地位的重要途径。

传感器在数控机床中占据重要的地位，它监视和测量着数控机床的每一步工作过程，数控车床外形及结构如图13-26所示。

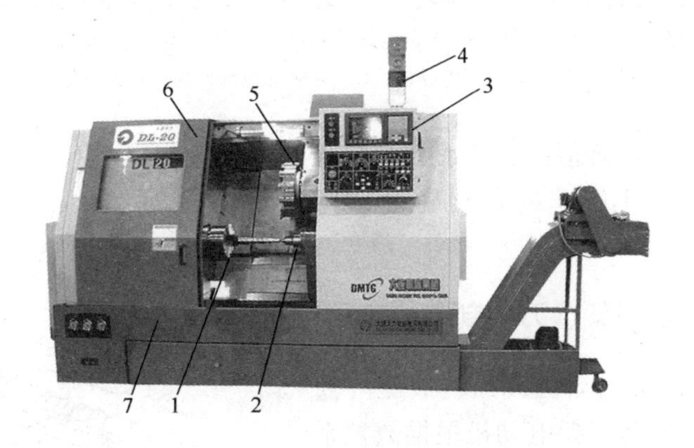

图13-26　数控车床外形及结构

1—主轴卡盘　2—尾架　3—数控系统操作面板及机床操作面板
4—警灯　5—回转式刀架　6—移动式防护门　7—床身

13.4.1　位置检测装置在进给控制中的应用

数控机床很重要的一个指标就是进给运动的位置准确度，要提高位置控制准确度就必须采用高精度的位置检测装置。数控车床内部结构如图13-27所示。

工作台安装在拖板上。当Z轴进给伺服电动机旋转时，经滚珠丝杠-螺母副传动带动拖板做左右直线运动。与伺服电动机联轴的光电编码器产生与直线位移成正比的脉冲信号，与数控系统运算获得的位置指令进行比较，再经信号调理和功率驱动，驱动伺服电动机的旋转角度，得到工作台精确的运动位置。

与伺服电动机同轴连接的光电编码器还可用于产生速度反馈信号，精确控制伺服电动机的转速和工作台的直线运动速度。

在高准确度数控机床中，位置检测装置多采用直线光栅，没有角度转换误差，分辨力优于光电编码器。Z轴上的光栅安装示意图如图13-28所示。

光栅尺固定在床身上，扫描头随拖板运动，产生与直线位移成正比的脉冲信号，该信号

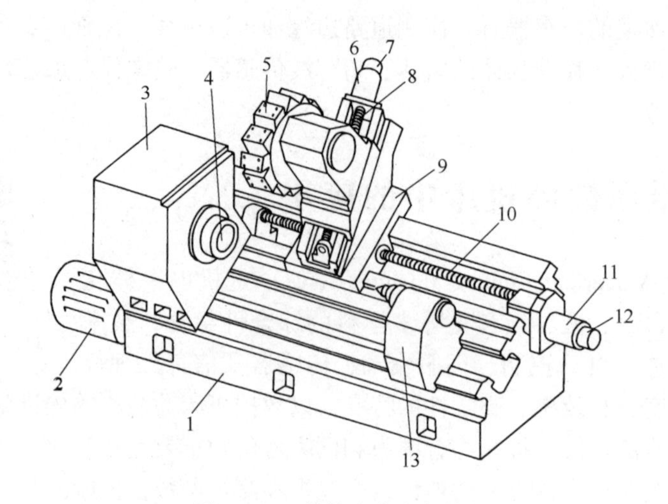

图 13-27 数控车床内部结构

1—床身 2—主轴电动机 3—主轴箱 4—主轴 5—回转刀架 6—X 轴进给伺服电动机 7—X 轴光电编码器 8—X 轴滚珠丝杠 9—拖板 10—Z 轴滚珠丝杠 11—Z 轴进给伺服电动机 12—Z 轴光电编码器 13—尾架

直接反映了拖板的实际位置值。目前，数控机床用的光栅分辨力可达 1μm，更高准确度的可达 0.1μm。

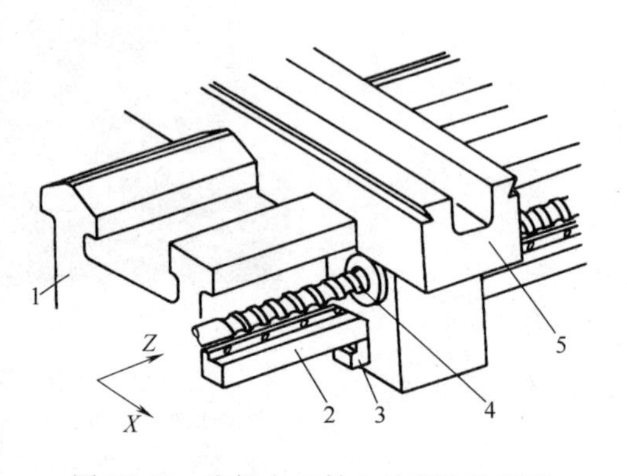

图 13-28 光栅在 Z 轴上的安装示意图

1—床身 2—光栅尺 3—扫描头 4—滚珠丝杠-螺母副 5—床鞍

13.4.2 接近开关在刀架选刀控制中的应用

刀架[30]回转由刀架电动机或回转液压缸通过传动机构来实现。回转刀架电动机根据数控系统发出的刀位指令，控制刀架回转，将选定的刀具定位在加工位置。每转过一个刀位，选刀传感器就发出一个信号，该信号与数控系统的刀位指令进行比较，当刀架的刀位信号与指令刀位信号相符时，表示选刀完成。某数控车床回转刀架的组成如图 13-29 所示。

刀架回转时，与刀架同轴的感应凸轮也随之旋转。在图 13-29c 中，从左边往右的 4 个凸轮组成 4 位二进制编码，共计 2^4，即 16 个刀位，每一个编码对应一个刀位。例如，0000 对应 0 号刀位，1111 对应 15 号刀位。与感应凸轮相对应的接近开关 SQ_4 ~ SQ_1 固定在刀座上，多选用第 4.5 节介绍的利用电涡流原理的电感式接近开关。

在回转刀架中，当感应凸轮的凸起与接近开关相对时，接近开关输出为“1”，反之为“0”，属于 PNP 型输出信号。从图 13-29c 可以看到，凸轮 4 ~ 1 与接近开关 SQ_4（最高位）~ SQ_1（最低位）的对应关系是 0101。由此可见，当前刀架所处的刀位是 5 号刀。最右边凸轮与接近开关 SQ5 用于奇偶校验，减少出错的可能。当编码是偶数时，SQ_5 置“0”；当编码是奇数时，SQ_5 置“1”。上述选刀过程也可采用 4 位绝对式角编码器来测控。

接近开关除了在刀架选刀控制外，在数控机床中还常用作工作台、液压缸及气缸活塞的

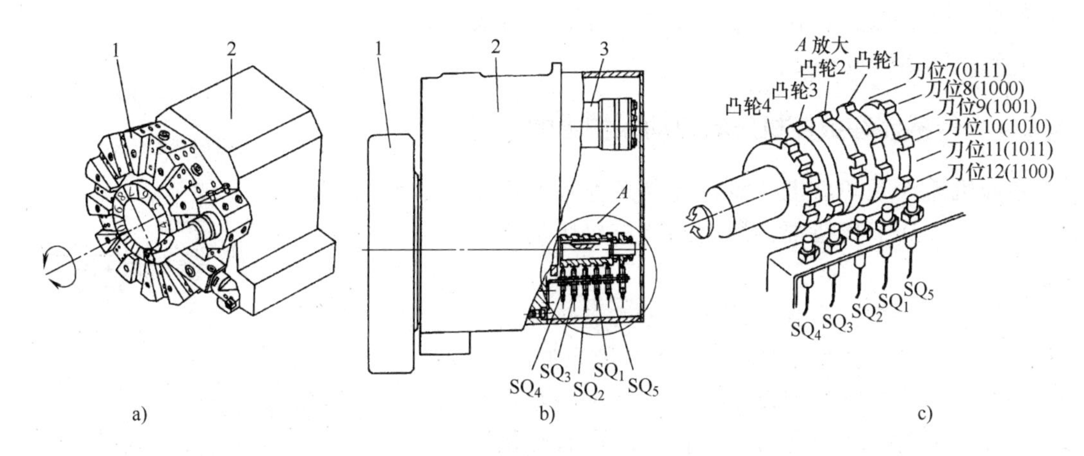

图13-29 某数控车床回转刀架的组成

a）回转刀架 b）接近开关在回转刀架中的配置 c）选刀用接近开关及感应凸轮

1—刀架 2—壳体 3—驱动电动机

行程控制。

13.4.3 传感器在机床自适应控制中的应用

数控机床的自适应控制[31]是指在切削过程中，数控系统根据切削环境的变化，适时进行补偿及监控调整切削参数，使切削处于最佳状态，以满足数控机床的高准确度和高效率的要求。

（1）温度补偿 在切削过程中，主轴电动机和进给电动机的旋转会产生热量；移动部件的移动会摩擦生热；刀具切削工件会产生切削热，凡此种种，这些热量在数控机床全身进行传导，从而造成温度分布不均匀，由于温差的存在，使数控机床产生了热变形，最终影响到零件加工准确度。为了补偿热变形，可在数控机床的关键部位埋置温度传感器，如铂热电阻等，数控系统接收到这些信息后，进行运算、判别，最终输出补偿控制信号。

（2）刀具磨损监控 由于摩擦和热效应等作用，刀具在切削工件的过程中会产生磨损。当刀具磨损达到一定程度时，将影响工件的尺寸准确度和表面粗糙度，因此实现刀具磨损的自动监控是数控机床自适应控制的重要组成部分。对刀具磨损的自动监控有多种方式，电流检测是其中之一。

随着刀具的磨损，机床主轴电动机的负荷增大，电动机的电流将变大，导致电动机的功率P变大，Y型接法电动机的功率$P=\sqrt{3}U_{线}I_{线}\cos\varphi/1000$（单位为kW），式中的$U_{线}$为线电压（三根相线中任意两根间的电压，本例中线电压等于380V），$I_{线}$为线电流（对于Y型接法的负载，线电流等于相电流）。

$\cos\varphi$为功率因数，φ为相电流与相电压（本例中相电压等于220V）的相位差。根据主轴电动机电流或功率的变化规律，可实现对刀具磨损的自动监控。当电流增大到一定数值时，数控系统发出报警信号，机床自动停止运转，操作者就能及时进行刀具调整或更换。

主轴电动机的电流、电压检测原理如图13-30所示。电流、电压的有效值可以由霍尔电流传感器和霍尔电压传感器来获得。电流、电压的相位差必须依靠霍尔电流传感器和霍尔电压传感器的“相位跟踪输出端”来综合测量，计算机据此算出功率因数 $\cos\varphi$。

13.4.4 传感器在数控机床的自动保护中的应用

数控机床涉及机、电、液、气和光等各方面技术，任何一个环节出错都会影响到数控机床的正常运行。

(1) 过热保护 数控机床中，需要过热保护的部位有几十处，主要是监测轴承温度、液压油温度、润滑油温度、冷却空气温度、各个电动机绕组温度等。例如，可在主轴和进给电动机中埋设有热敏电阻，当电动机过载、过热时，温度传感器就会发出信号，使数控系统产生过热报警信号。

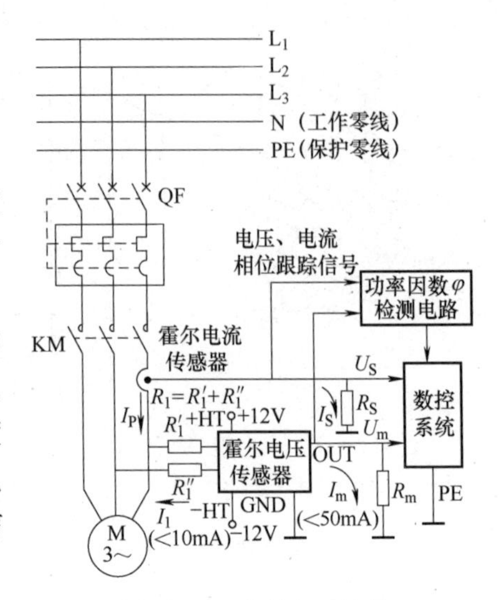

图13-30 主轴电动机的电流、电压检测原理图

(2) 工件夹紧力的检测 数控机床加工前，自动将毛坯送到主轴卡盘中并夹紧，夹紧力由压力传感器检测，当夹紧力小于设定值时，将导致工件松动，这时控制系统将发出报警信号，停止走刀。

(3) 辅助系统状态检测 在润滑、液压、气动等系统中，均安装有压力传感器、液位传感器、流量传感器，对这些辅助系统随时进行监控，保证数控机床的正常运行。

13.5 传感器在机器人中的应用

13.5 拓展阅读资料

机器人[32]（Robot）是由计算机控制的机器，它的动作机构具有类似人的肢体及感官的功能；动作程序灵活易变；可以不依赖人的操纵。机器人传感器在机器人的控制中起了非常重要的作用，正因为有了传感器，机器人才具备了类似人类的知觉功能。常见机器人的分类如表13-2所示。

表13-2 常见机器人的分类

产业类机器人	服务类机器人	军用类机器人
焊接机器人	残障辅助机器人	轮式机器人
喷涂机器人	清洁机器人	履带式机器人
搬运机器人	炒菜机器人	步行机器人
装配机器人	住宅监视机器人	侦察机器人
包装（拆卸）机器人	教育机器人	排弹机器人
分拣机器人	娱乐休闲机器人	飞行助手机器人
加工机器人	物流机器人	有缆水下机器人（ROV）
建筑机器人	营救机器人	无缆水下机器人（AUV）
农业机器人	医用机器人	空间机器人

13.5.1 机器人传感器的分类

机器人传感器的分类及应用如表 13-3 所示。从表 13-3 可以看出，机器人传感器与人类感觉有相似之处，因此可以认为机器人传感器是对人类感觉的模仿。需要说明的是，并不是表中所列的传感器都用在一个机器人身上，有的机器人只用到其中一种或几种，如有的机器人突出视觉，有的机器人突出触觉等。机器人传感器可分为内部参数检测传感器和外部参数检测传感器两大类。

表 13-3 机器人传感器的分类及应用

类　别	检测内容	应用目的	传感器件
明暗觉	是否有光，亮度多少	判断有无对象，并得到定量结果	光敏管、光电断续器
色觉	对象的色彩及浓度	利用颜色识别对象的场合	彩色摄影机、滤色器、彩色 CMOS
位置觉	物体的位置、角度、距离	物体空间位置，判断物体移动	光敏阵列、CCD（或 CMOS）等
形状觉	物体的外形	提取物体轮廓及固有特征，识别物体	光敏阵列、CCD（或 CMOS）等
接触觉	与对象是否接触，接触的位置	决定对象位置，识别对象形态，控制速度，安全保障，异常停止，寻径	光电传感器、微动开关、薄膜接点、压敏高分子材料
压觉	对物体的压力、握力、压力分布	控制握力，识别握持物，测量物体弹性	压电元件、导电橡胶、压敏高分子材料
力觉	机器人有关部件（如手指）所受外力及转矩	控制手腕移动，伺服控制，正确完成作业	应变片、导电橡胶
接近觉	与对象物是否接近，接近距离，对象面的倾斜	控制位置，寻径，安全保障，异常停止	光传感器、气压传感器、超声波传感器、电涡流传感器、霍尔传感器
滑觉	垂直于握持面方向物体的位移，旋转重力引起的变形	修正握力，防止打滑，判断物体重量及表面状态	球形接点式、光电式旋转传感器，角编码器，振动检测器

（1）内部参数检测传感器　内部参数检测传感器是以机器人本身的坐标来确定其位置。通过内部参数检测传感器，机器人可以了解自己工作状态，调整和控制自己按照一定的位置、速度、加速度和轨迹进行工作。一种球坐标工业机器人如图 13-31 所示。

在图 13-31 中，回转立柱对应于关节 1 的回转角度，摆动手臂对应关节 2 的俯仰角度，手腕对应关节 4 的上下摆动角度，手腕又对应关节 5 的横滚（回绕手爪中心旋转）角度，伸缩手臂对应关节 3 的伸缩长度等均由位置检测传感器检测出来，并反馈给计算机，计算机通过复杂的坐标计算，输出位置定位指令，经电气驱动或气液驱动，使机器人的末端执行器——手爪最终能正确地落在指令所规定的空间点上。例如手爪夹持的是焊枪，则机器人就成为焊接机器人，在汽车制造厂中，这种焊接机器人广泛用于车身框架的焊接；如手爪本身就是一个夹持器，则成为搬运机器人。机器人中常用的位置检测传感器角编码器等，见第

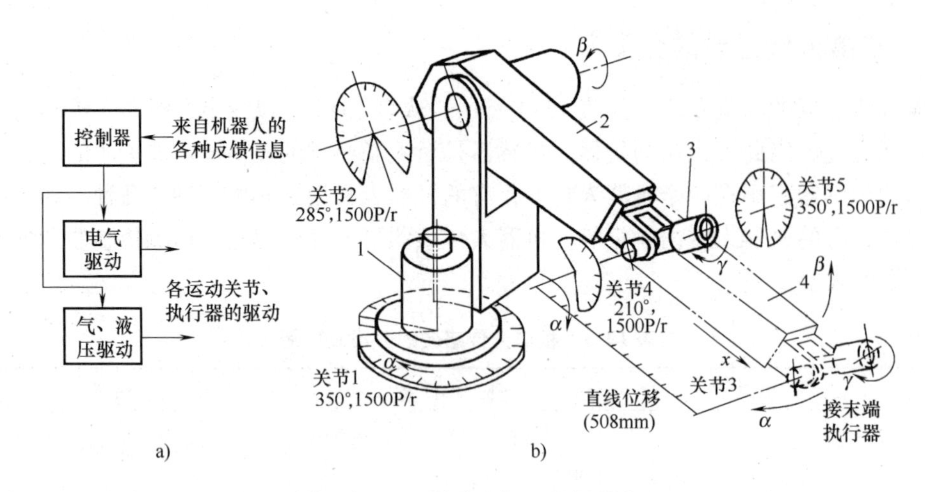

图 13-31 一种球坐标工业机器人

1—回转立柱 2—摆动手臂 3—手腕 4—伸缩手臂

11.2 节。

(2) 外部检测传感器 外部检测传感器的功能是让机器人能识别工作环境，很好地执行如取物、检查产品质量、控制操作动作等，使机器人对环境有自校正和适应能力。外部检测传感器通常包括触觉、接近觉、视觉、听觉（识别语音命令）、嗅觉和味觉等传感器。例如在图 13-31 中，在手爪中安装上触觉传感器后，手爪就能感知被抓物的重量，从而改变夹持力；在移动机器人中，通过接近传感器可以使机器人在移动时绕开障碍物等。

13.5.2 触觉传感器

机器人触觉可分为压觉、力觉、滑觉和接触觉等几种。

(1) 压觉传感器 压觉传感器位于手指握持面上，用来检测机器人手指握持面上承受的压力大小和分布。硅电容压觉传感器阵列剖面图如图 13-32 所示。

硅电容压觉传感器阵列由若干个电容器均匀地排列成一个简单的电容器阵列。

当手指握持物体时，外力作用于传感器，作用力通过表皮层和垫片层传到电容极板上，从而引起电容的变化，其变化量随作用力的大小而变，经转换电路，输出电压给计算机，经与标准值比较后输出指令给执行机构，使手指保持适当握紧力。

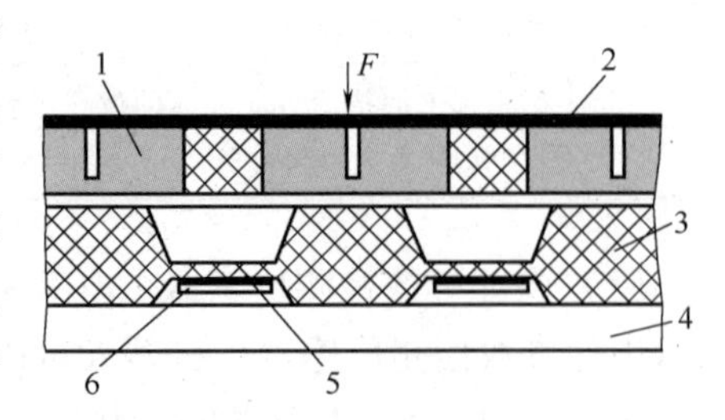

图 13-32 硅电容压觉传感器阵列剖面图

1—柔性垫片层 2—表皮层 3—硅片 4—衬底 5—SiO_2 6—电容极板

(2) 滑觉传感器[33] 机器人的手爪要抓住属性未知的物体，必须对物体作用最佳大小的握持力，以保证既能握住物体不产生滑动，而又不使被抓物滑落，还不至于因用力过大而使物体产生变形而损坏。在手爪间安装滑觉传感器就能检测出手爪与物体接触面之间相对运动（滑动）的大小和方向。常见的光电式滑觉传感器只能感知一个方向的滑觉（称一维滑觉），若要感知二维滑觉可采用球形滑觉传感器，如图 13-33 所示。

该传感器有一个可自由滚动的球，球的表面是用导体和绝缘体按一定规格布置的网格，在球表面安装有接触器。当球与被握持物体相接触时，如果物体滑动，将带动球随之滚动，接触器与球的导电区交替接触从而发出一系列的脉冲信号 U_f，脉冲信号的个数及频率与滑动的速度有关。球形滑觉传感器所测量的滑动不受滑动方向的限制，能检测全方位滑动。在这种滑觉传感器中，也可将两个接触器改用光电传感器代替，滚球表面制成反光和不反光的网格，可提高可靠性，减少磨损。

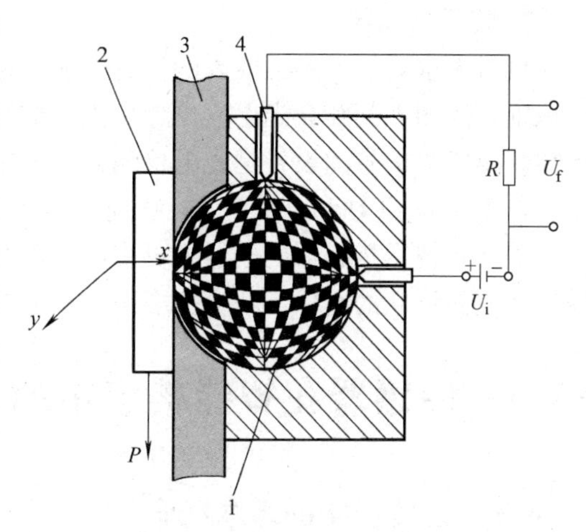

图 13-33　球形滑觉传感器

1—滑动球　2—被抓物　3—软衬　4—接触器

（3）PVDF 触觉传感器　有机高分子聚二氟乙烯（PVDF）是一种具有压电效应和热释电效应的敏感材料，利用第 6.1 节介绍过的 PVDF，可以制成触觉、滑觉、热觉的传感器[34]，是人们用来研制仿生皮肤的主要材料。PVDF 薄膜厚度只有几十微米，具有优良的柔性及压电特性。

当机器人的手爪表面开始接触物体时，接触时的瞬时压力使 PVDF 因压电效应产生电荷，经电荷放大器产生脉冲信号，该脉冲信号就是触觉信号。

当物体相对于手爪表面滑动时引起 PVDF 表层的颤动，导致 PVDF 产生交变信号，这个交变信号就是滑觉信号。

当手爪抓住物体时，由于物体与 PVDF 表层有温差存在，产生热能的传递，PVDF 的热释电效应使 PVDF 极化，而产生相应数量的电荷，从而有电压信号输出，这个信号就是热觉信号。

13.5.3　机器人的其他传感器

1. 接近觉传感器

接近觉传感器[35]用于感知一定距离内的场景状况，所感应的距离范围一般为几毫米至几十毫米，也有可达几米。接近觉为机器人的后续动作提供必要的信息，供机器人决定以怎样的速度逼近对象或避让该对象。常用的接近觉传感器有电磁式、光电式、电容式、超声波式、红外式、微波式等多种类型。

（1）光电式接近觉传感器　光电式接近觉传感器采用发射-反射式原理，在第 10.3 节有所介绍。光电传感器适于判断有无物体接近，而难于感知物体距离的数值。另一个不足之处是物体表面的反射率等因素对传感器的灵敏度有较大的影响。

（2）超声波接近觉传感器　超声波接近觉传感器既可以用一个超声波换能器兼作发射和接收器件；也可以用两只超声波换能器，一只作为发射器，另一只作为接收器。超声波接近觉传感器除了能感知物体有无外，还能感知物体的远近距离。超声波接近觉传感器最大的优点是不受环境因素（如背景光）的影响，也不受物体材料、表面特性等限制，因此适用范围较大。

2. 视觉传感器

机器人也需要具备类似人的视觉功能。带有视觉系统的机器人可以完成许多工作，如人脸识别、读图、判断亮光、火焰、识别机械零件、识别彩色信息、三维复杂图像处理等。将景物转换成电信号的设备是光电检测器，最常用的光电检测器是固态图像传感器。固态图像传感器主要有 CCD 和 CMOS，能够分辨彩色信息。

安装有视觉传感器的机器人可应用于汽车的喷漆系统中，能使末端执行器——喷漆枪跟随物体表面形状的起伏不断变换姿态，提高喷漆质量和效率。

13.6 传感器在智能楼宇中的应用

13.6.1 智能楼宇的基本概念

13.6 拓展阅读资料

自 1984 年美国建成第一座智能楼宇[36]以来，智能楼宇在世界各国建筑物中的比例越来越大。智能楼宇或智能建筑（Intelligent Building，IB）是计算机及传感器应用的重要方面。20 世纪 90 年代，人们利用系统集成方法，将计算机技术、通信技术、信息技术、传感器技术与建筑艺术有机结合起来，通过对楼宇中的各种设备进行自动监控，对信息资源的管理、对使用者的信息服务及建筑物三者进行优化组合，使智能楼宇具有安全、高效、舒适、便利、灵活的特点。智能楼宇包括几大主要特征[37]：楼宇自动化（BA）、防火自动化（FA）、通信自动化（CA）、办公自动化（OA）、信息管理自动化（MA）等。

上述 5A 特征通过布线综合化来实现。综合布线系统犹如智能楼宇内的一条高速公路，人们可以在土建阶段，将连接 5A 的线缆综合布线到建筑物内，然后可根据用户的需要及时代的发展，安装或增设其他系统。智能楼宇的管理、监控、通信系统如图 13-34 所示。

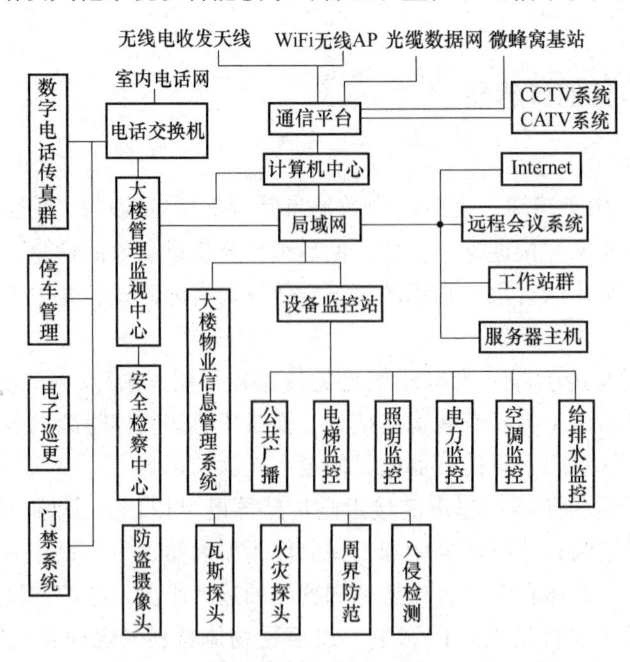

图 13-34 智能楼宇的管理、监控、通信系统

13.6.2　对智能化建筑的要求

1）高度安全性的要求，包括防火、防盗、防爆等。

2）舒适的物质环境与物理环境。

3）先进的通信设施与完备的信息处理终端设备。

4）电器与设备的自动化及智能化控制。

智能楼宇采用网络化技术，把通信、WiFi、消防、安防、门禁、能源、照明、空调、电梯等各个子系统统一到设备监控站（IP 网络平台）上。集成的楼宇管理系统能够使用网络化、智能化、多功能化或无线网络的传感器和执行器，传感器和执行器通过数据网和控制网联结起来，与通信系统一起形成整体的楼宇网络，并通过宽带光缆与外界沟通。

在上述智能楼宇的基础上，还可将智能的内涵扩大到周边的其他楼房，形成智能小区。智能小区通过对小区建筑群的4个基本要素（结构、系统、服务、管理）进行优化设计，提供一个投资合理，又拥有高效率、舒适、便利、安全的办公、居住环境。智能小区系统可具体分解成以下几个子系统：智能停车场、电子巡更、周边防范、抄表平台、煤气监视、智能门禁、楼宇可视对讲系统、公共广播等。

13.6.3　空调系统的监控

空调系统监控的目的是：既要提供温湿度适宜的环境，又要求节约能源。其监控范围为制冷机、热力站、空气处理设备（空气过滤、热湿交换）、送排风系统、变风量末端（送风口）等，其原理框图如图13-35所示。

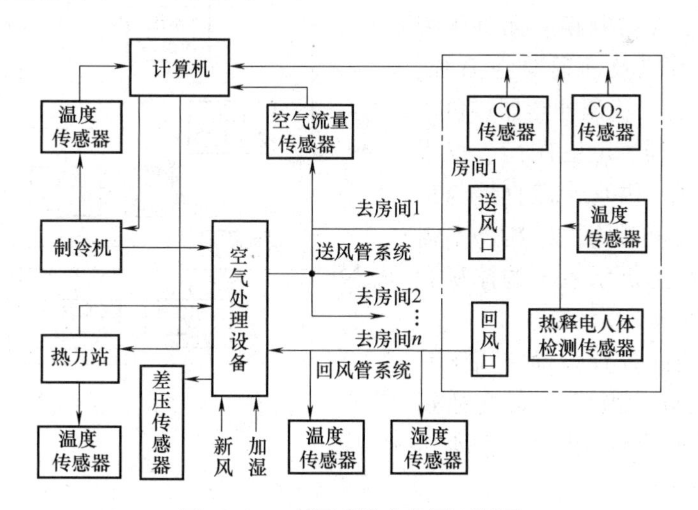

图13-35　空调系统监控原理框图

现代空调系统均具有完整的制冷、制热、通风（暖通）功能，它们都在传感器和计算机的监控下工作。

在制冷机和热力站的进出口管道上，均需设置温度、压力传感器，系统根据外界气温的变化，控制它们的工作；在新风口和回风口处，需安装差压传感器。当它们的过滤网堵塞时，差压开关动作，给系统发出报警信号；在送风管道上，需安装空气流量传感器，当风量探头在空气处理设备开动后仍未测得风量时，将给系统发出报警信号；在回风管上，需安装湿度传感器，当回风湿度低于设定值时，系统将开启加湿装置；在各个房间内需安装 CO_2 和 CO 传感器，当房间内的空气质量趋向恶劣时，将向智能楼宇的计算机中心发出报警信号，以防事故发生；在各个办公室内还可以安装热释电人体检测传感器，当该房间内长时间没有人的活动迹象时，自动关闭空调器。还可以通过手机 WiFi 遥控空调的工作。

13.6.4 给排水系统的监控

给排水系统的监控和管理也是由现场监控站和管理中心来实现的，其最终目的是实现管网的合理调度。也就是说，无论用户水量怎样变化，管网中各个水泵都能及时改变其运行方式，保持适当的水压，实现泵房的最佳运行；监控系统还随时监视大楼的排水系统，并自动排水；当系统出现异常情况或需要维护时，系统将产生报警信号，通知管理人员处理。

给排水系统的监控主要包括水泵的自动起停控制、水位、流量、压力的测量与调节，用水量和排水量的测量，污水处理设备运转的监视、控制、水质检测，节水程序控制，故障及异常状况的记录等。给排水系统监控的原理框图如图 13-36 所示。现场监控站内的控制器按预先编制的软件程序来满足自动控制的要求，即根据水箱和水池的高低水位信号来控制水泵的起停及进水控制阀的开关，并且进行溢水和停水的预警等。当水泵出现故障时，备用水泵则自动投入工作，同时发出报警信号。

目前多数楼宇已改为变频控制供水。变频供水系统由变频控制柜、无负压装置、自动化控制系统及远程监控系统、水泵机组（轴流泵）、稳压补偿器、负压消除器、压力传感器、电磁阀门、仪表和管路系统等组成。供水管道直接与市政管网相连，形成全封闭式结构，不需要建造水池，减小了供水系统的体积和造价，又避免了供水二次污染。

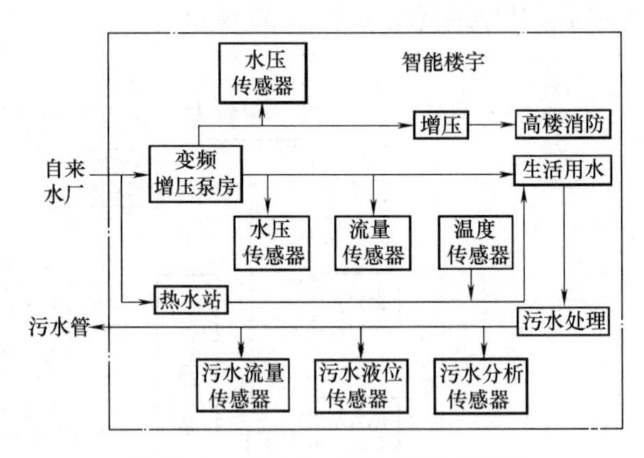

图 13-36 给排水系统监控原理框图

高位消防水箱的设置位置应高于其所服务的灭火设施。当建筑高度超过 100m 时，灭火设施最不利点处的静水压力不应低于 0.15MPa。

13.6.5 火灾的监控

火情、火灾报警传感器主要有感烟传感器、感温传感器以及紫外线火焰传感器。从物理作用上区分，可分为离子型、光电型等[38]；从信号方式区分，可分为开关型、模拟型及智能型等。在重点区域必须设置多种传感器，同时对现场的火情加以监测，以防误报警，还应及时将现场数据经控制网络向控制系统汇总。获得火情后，系统就会采取必要的措施，经通信网络向有关职能部门报告火情，并对楼宇内的防火卷帘门、电梯、灭火器、喷水头、消防水泵、电动门等联动设备下达起动或关闭的命令，以使火灾得到及时控制，还应起动公共广播系统，引导人员疏散。

一些贵重物品房间或精密仪器、电气设备室，都配备有气体灭火系统，发生火灾时，必须预先发出火灾报警信号，确认人员撤退后，再释放额定压力的二氧化碳等气体进行灭火。

13.6.6　门禁、防盗系统

1. 门禁、防盗管理系统的基本概念

出入口控制系统（Access Control System）又称为门禁管理系统[39]，是对楼宇内外的出入通道进行智能管理的系统。门禁系统属公共安全管理系统范畴。在楼宇内的主要管理区、出入口、电梯厅、主要设备控制中心机房、贵重物品的库房等重要部位的通道口，安装门禁控制装置，由中心控制室监控。

2. 门禁系统的实现

各门禁控制单元一般由门禁读卡模块、智能卡读卡器、指纹识别器（需要预存，今后可能还有视网膜识别器）、电控锁、电动闸门、开门按钮等系统部件组成。人员通过受控制的门或通道时，必须在门禁读卡器前出示代表其合法身份的授权卡、密码后才能通行。

楼宇中应设置紧急按钮或脚动开关等报警装置。当出现紧急情况，如当发生强行开门（称为入侵报警）、非善意闯入、突发急病、遭遇持械匪徒威胁时，可实现紧急报警。当发生火警时，系统自动取消全部的门禁控制，并打开紧急疏散通道门。

3. 防盗监控系统

智能楼宇通常在重要通道上方安装电视监控系统。电视监控系统也属公共安全管理系统范畴，在人们无法或不宜直接观察的场合，实时、形象和真实地反映被监视的可疑对象画面。一台监视器可分割成十几个区域，以供工作人员观察十几个CCD（或CMOS）摄像头的信号，并自动将画面存储于计算机的硬盘内。当画面静止不变时，所占用的字节数极少，可存储几个月的画面；当画面发生变化时，可给工作人员发出报警、提示信号。使用计算机还便于调阅在此期间任何时段的画面，还可放大、增亮、锐化有关的细节。

在一些无人值守的部位，根据重要程度和风险等级要求，例如金融、贵重物品库房、重要设备机房、主要出入口通道等进行周界或定方位保护。周界和定方位保护可同时使用压电、红外、微波、激光、振动、玻璃破碎等传感器。高灵敏度的探测器获得侵入物的信号，以有线或无线的方式传送到中心控制值班室，在建筑模拟图形屏上显示出报警位置，使值班人员能及时、形象地获得发生事故的信息。

13.6.7　电梯的监控

电梯是智能楼宇的重要设备。电梯的使用对象是人，因此必须确保万无一失。在电梯运行管理中，传感器起到十分重要的作用，下面简要介绍传感器在电梯中的应用。

电梯是机械、电气紧密结合的产品，有垂直升降式和自动扶梯两大类。

轿厢是乘人、运货的设备，平常所说的乘电梯，就是进入轿厢，并随其上下而到达所要求的楼层。轿厢的上下运动是由电动机、曳引机、曳引轮和配重等装置配合完成的。电动机带动曳引机运转拖动轿厢和配重做相对运动，并保持平衡。轿厢上升，配重下降；轿厢下降，则配重上升，于是，轿厢就沿着导轨在井道中上下运行。

在电梯中，有很多检测装置用于电梯控制，如电梯的选层控制、平层控制、门系统控制等。下面就传感器在电梯门入口处的安全保护和选层控制做简单介绍。

1. 入口安全保护

电梯门的外层有层门，内层有轿厢门。层门设在每层的入口处，在层门旁有指示往上、往下的按钮；轿厢门设在轿厢靠近层门的一侧，供乘客或货物进出。开门电动机通过同步带驱动左右两扇轿厢门，完成开门行程。当电梯在预定的楼层平层停靠时，轿厢门通过连锁装置带动层门被动运动，从而实现轿厢门和层门的同步开和关。为保证乘客或货物的安全，在电梯门的入口处都带有多种安全保护装置（与的关系）。

（1）防夹条　当物体或乘客的手或脚未及时完全进入轿厢时，手或脚就有被轿厢门夹住的危险，这时必须立即重新打开轿厢门。老式电梯在两扇轿厢门的边沿，各安装了一根防夹条。防夹条内部有两根距离很近的金属条，其长度与轿厢门相等，外面用柔软的橡胶包裹。当乘客被夹时，两根金属条发生短路，向电梯的控制系统发出报警信号，轿厢门和层门立即微开一段距离，待报警消除后再重新关闭。

（2）光电式保护装置　光电式保护装置[40]是在轿厢门边上安装多道水平光电装置，称为光幕式对射式红外光电开关，如图13-37所示。

图13-37　电梯光幕保护示意图

1—红外发射二极管阵列　2—多路红外线　3—红外接收光敏晶体管阵列　4—轿厢门　5—轿厢　6—门侧防夹条（不与多路红外线检测同时具备）

光幕式轿厢门的左边等间距安装有多个红外发射管，右边同一条直线上的相应位置安装相同数量的红外接收光敏晶体管。当同一条直线上的红外发射管、红外接收管之间没有障碍物时，红外发射管发出的40kHz调制光信号能够顺利到达红外接收管。红外接收管接收到调制光信号后，经选频放大器，输出低电平。在有障碍物的情况下，红外发射管发出的光信号被遮挡，红外接收管输出高电平。在轿厢门关闭的过程中，PLC巡回检测所有的红外接收管的状态，只要有一路红外接收管输出高电平，电梯的轿厢门都会重新开启，待乘客进入或离开轿厢后才继续完成关闭动作。用40kHz电流来调制发光二极管的输出光，是为了防止阳光、荧光灯的干扰，也能减小发光二极管的功耗，延长使用寿命。

在极端情况下，例如各种保护传感器全部失效，可能将人体夹住。变频驱动电路可检测轿厢门电动机的电流，当判断电流严重超值时，使电动机反转，重新打开轿厢门。

2. 选层控制

乘客进入轿厢后，就要在控制面板上键入所要到达楼层的数字，控制电梯的PLC必须知道电梯所处的位置才能正确指层，选择减速点，并正确平层[41]（Elevator Leveling）。目前多采用光电式角编码器来实现测距，安装在曳引电动机上的角编码器如图13-38所示。

曳引电动机[42]旋转后，角编码器即输出脉冲，脉冲数正比于电梯运行的距离。例如，电梯上行到3楼，设3楼距地面对应9000个脉冲，减速点设定在7000个脉冲，当电梯从地面（设为零点）往上运行时，PLC即开始计数。当计数到7000个脉冲时，发出减速指令，于是电梯慢速爬行，当计数到9000个脉冲时，发出停止指令，电梯便停在3楼层面。

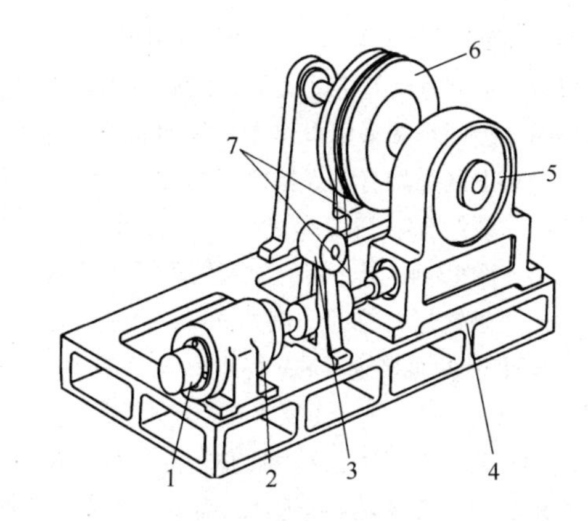

图13-38　安装在曳引电动机上的角编码器
1—角编码器　2—曳引电动机　3—电磁制动器　4—底座　5—蜗轮-蜗杆减速箱　6—曳引轮　7—钢丝（多根）

在电梯运行过程中，因钢丝绳打滑等原因会引起计数误差，即电梯实际运行的距离与对应的计数脉冲不符。如上例中，理论上3楼距地面的距离对应为9000个脉冲，由于打滑，在到达3楼时多计了100个脉冲，实际输出9100个脉冲。因此，必须在井道中设置校正装置，以免多层运行时产生误差累积。校正传感器通常可采用电感接近开关、干簧管或其他开关元件。如上例中，当电梯到达3楼时，必须将PLC中的计数器强行置为代表该层的9000脉冲，这样就避免了误差累积。

电梯轿厢进入上述平层减速运行状态后，安装在轿厢外侧面的“平层感应器”开始进入“隔磁板”的区域。感应器可采用光电式或类似于图13-39所示的干簧管和磁钢构成。隔磁板的典型长度为250mm。安装时，取中点距离为125mm，称为“125mm爬行”。设电梯下行，PLC将所预设的125mm距离对应的角编码器脉冲数值与爬行开始的初始值进行比较，待两数值等同时，爬行停止，PLC根据传感器发出的平层信号，命令刹车装置动作，使轿厢准确地停止，执行开门程序。

思考题与习题

13-1　单项选择题

1）图13-9所示的结构方式属于________；而图13-10所示的结构方式属于________；现代化电厂的检测、控制系统应该采用________。

A. PC仪器（个人仪器）　B. 智能仪器　C. 自动检测系统　D. 虚拟仪器

2）在计算机的检测系统中，对多个传感器送来的信号分时、快速轮流读取采样方式称为________。

A. 抽样检测　B. 快速检测　C. 数字滤波　D. 巡回检测

3）CMOS模拟开关的缺点是________。

A. 速度慢　B. 耗电大　C. 集成度低　D. 易击穿

4）欲测量动态应力，应选用________A-D转换器。

A. 逐位比较型　B. 双积分型　C. 串行　D. V-F型

5）某带计算机的检测系统对32路模拟信号进行巡回检测，共需________根地址选通线。

A. 32　B. 3　C. 8　D. 5

6）DAQ系统适合于________。

A. 智能仪表　B. 标准变送器　C. 单片机测试　D. 虚拟仪器

7）单纯测量电网电压使用________较为合适；测量管道压力使用________较为合适；测量自动排灌站的水泵流量、扬程及工作电流等参数，欲减小硬件成本和研发周期，使用________较为合适。

A. 智能变送器　　　B. 万用表　　　C. 自动化测控系统　　　D. 虚拟仪器

13-2 上网查阅智能变送器，然后写出其中两种智能变送器的用途和技术指标。

13-3 上网查阅采用USB总线标准的数据采集卡，并写出其中一种DAQ卡的技术参数。

13-4 上网查阅有关虚拟仪器的资料，写出一种利用虚拟仪器进行工业检测的方案。

13-5 请结合第13.2节的内容，说明为什么“软件就是仪表”，并提出对虚拟仪器的展望。

13-6 图13-4c所介绍的干簧管可用于位置检测，干簧管用于电梯平层示意图如图13-39所示。当干簧管与永久磁铁靠得较近（例如3mm左右）时，干簧管中的两根簧片被磁化，镀金触点位置的极性恰好相反，异性相吸而接通，KA得电。当软铁片向下运动，到达干簧管与永久磁铁之间时，KA失电。请说明：

1）KA失电的原因；2）如将该装置用于电梯平层，请画出软铁与电梯厢的安装关系；3）为了使电梯能平稳地平层（无突然刹车感），需要多少对干簧管与永久磁铁？各对分别起何作用？4）除了电梯平层外，请举两个例子说明干簧管还能在哪些场合起位置检测作用；5）将干簧管用于保险箱门的防盗报警，从继电器电路考虑，照抄图13-39有何缺点？从省电角度出发，请改变图13-39中的软铁片位置，画出保险箱门的防盗报警装置的示意图，并用压电蜂鸣器代替继电器。

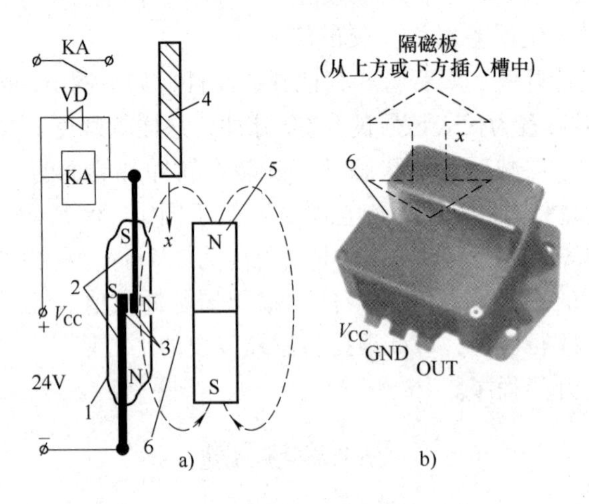

图13-39 干簧管用于电梯平层示意图

a）原理图 b）外形

1—干簧管玻壳 2—铁磁性簧片 3—镀金触点 4—安装在轿厢外壁的软铁片（隔磁板）

5—永久磁铁 6—隔磁板插槽

13-7 请参考图13-22，回答以下问题：

1）总结现代汽车中的传感器可分成哪几种类型？2）请观察各种类型的汽车，例如小轿车、大客车、大卡车、工程车甚至拖拉机之后，你觉得除了本书介绍的传感器之外，还可以在这些车辆的哪些部位、安装哪些传感器，从而可以进一步提高车辆的舒适性和诸如效率、环保、安全性能等？3）除了汽车之外，飞机、火车等交通工具中都安装有众多各种类型的传感器。请你举例说明传感器可靠性和寿命在这些综合应用系统中的重要性。

13-8 请观察空调的运行过程，说明你对“模糊空调”的初步想法，必须包含哪些传感器才能实现这个构思？

13-9 有一驾驶员希望实现以下设想：下雨时，能自动开启汽车挡风玻璃下方的雨刷。雨越大，雨刷来回摆得越快。请谈谈你的构思，并画出你的方案。

13-10 请按以下要求构思一个宾馆智能保安系统，系统包括：

1）客房火灾报警系统（火焰、温度、烟雾监测等），并说明如何防止误报警；2）宾馆大堂玻璃门来客自动开门、关门以及防夹系统；3）财务室防盗系统。

请写出总体构思，画图说明以上三个子系统与计算机之间的联系。

13-11　用带计算机的压力表对储气罐中的气体压力（有少许波动和电磁干扰）进行15次快速、等准确度的采样测量，得到如下15个测量值（单位为MPa）：1.02，1.08，1.15，1.51，1.21，1.17，1.09，1.01，0.97，0.89，0.58，0.85，0.93，1.10，1.02，求：

1）该系列测量值有何规律？请画出统计直方图（可参考图1-5）；2）请按“简易数字滤波技术”（参考第13.1节）求出储气罐中的气体压力的最可信值p；

13-12　市售的玩具“机器狗”实际上是一台简单机器人。当你喊它名字的时候，它会发出叫声；当你对它击掌时，它会向你跑来；当你抚摸它的头时，它会翘起尾巴；当你在它的前面一定距离放一个球时，它会爬过去并抱住球。

1）要实现上述这些功能，需要用到哪些传感器？这些传感器分别安置在机器狗的什么部位？2）在机器狗上还可以开发哪些娱乐功能？相应的传感器还有哪些？

13-13　下面一段文字是有关“防暴机器人”的描述：

“……可以用履带在平整的道路上以较高的速度行驶，其可伸缩手臂的活动半径为4m，最大仰角45°，肘能弯曲90°，腕部活动范围160°，手爪可旋转360°，手爪抓握力可达500N；另外，手臂上装有一支半自动催泪弹枪，可与激光瞄准器配合使用，能在45m远处发射，使催泪弹命中直径为250mm的目标。”根据上述描述，请完成：

1）按照以上论述，并参考图13-31，画出该排爆机器人的结构示意图（主要表现出各关节的活动状态和范围）；2）机器人的臂、肘、腕及手爪的角度由什么样的传感器测量出来？3）手爪抓握物体时要考虑哪些问题？通过这些传感器能获得哪些信息？4）描述激光瞄准器在该机器人上所起的作用。

13-14　请根据学过的知识，画出智能小区的围墙防盗系统的平面布置图以及检测原理框图。

13-15　假设你应聘到某农业高科技生态园区，现园区打算建造一座无害化蔬菜生产大棚，具体要求如下：

1）当土壤含水量低于设定值时，自动增大营养液管道阀门的开度，向土壤增加滴水量；2）当大棚中的相对湿度低于60%时，自动喷雾，以增加湿度；当大棚中的相对湿度高于85%时，自动打开通风口，以降低湿度；3）当大棚中的CO_2浓度低于设定值，自动排放CO_2，以增加产量；4）当棚内气温超过32℃以上时，打开通风口，棚内气温降到28℃以下时，关闭通风口。当棚内气温超过38℃且阳光强烈时，将塑料大棚顶部的遮阳网自动打开。请你根据以上要求，上网查阅有关资料后，给园区领导写一份项目开发报告，要求画出蔬菜大棚立体简图（包括传感器的安装位置）和系统原理框图，并论述你的具体测、控方案。

13-16　在智能楼宇内，多配置有地下车库。车库综合管理系统监控车辆的进入，指示停车位置，禁止无关人员闯入使用感应读卡器时，可以在1m的距离外读出进出车辆的信息。当车辆驶近入口时，地感线圈感应到车辆的速度、长度，并启动CCD（或CMOS）摄像机，将车牌影像摄入，并送到车牌图像识别器，形成进入车辆的车牌数据。车牌数据与停车凭证数据（凭证类型、编号、进库日期、时间）一起存入管理系统的计算机内，并分配停车泊位，同时在管理系统的显示器上即时显示该车位被占用的信息。当管理系统允许该车辆进入后，电动车闸栏杆自动开启。进库的车辆在停车引导灯的指挥下，停到规定的位置。若车库停车满额，库满灯亮，拒绝车辆入库。当传感器检测到某停车区域无人时，自动关闭该区域的部分灯光照明。

请你根据以上论述，画出车库综合管理系统的原理框图，简述系统的工作原理。

13-17　请根据学过的知识，参考附录A的有关内容，在表13-4上画出连接线，将左边的传感器与右边的具体应用连接起来（多项选择）。

表 13-4 传感器的应用连线

传感器名称	应 用 连 线	应用场合与领域
铂热电阻		-50～150℃测温
NTC 热敏电阻		-200～960℃测温
PTC 热敏电阻		-200～1800℃测温
热电偶		某温度阈值点的测量
PN 结测温集成电路		
PIN 光敏二极管		人体红外线识别
光敏晶体管		图像识别
光电池		光导纤维通信信号读取
热释电传感器		莫尔条纹光信号的读取
CCD 或 CMOS		太阳照度测量
干簧管接近开关		7m 距离白色物体的感知
电涡流接近开关		带有磁性的材料的感知
电容接近开关		铝合金材料的感知
霍尔接近开关		人手的感知以及粮食物位的测量
光电开关		导磁（铁磁）材料的感知
应变片		地球磁场强度的测量
气敏电阻		磁场方向和大小的测量
湿敏电阻		振动和动态力的测量
磁敏电阻		可燃性气体的测量
压电传感器		相对湿度的测量
霍尔传感器		压力的测量
半导体压阻传感器		重力、力、应力、应变、扭矩的测量
电涡流探伤		钢油管内部探伤
超声波探伤		钢油管外表面探伤
紫外线探伤		储油罐外表面探伤
霍尔探伤		钢结构内部结构摄影
CT 扫描		风力发电机的玻璃纤维和碳纤维复合型叶片探伤
磁电式转速传感器		反光的、带有缺口的旋转体转速测量
电涡流转速传感器		导电的、带有缺口的旋转体转速测量
光电式转速传感器		带有磁性的、有缺口的旋转体转速测量
		带有磁性的、有齿状体的旋转体转速测量
霍尔式转速传感器		表面带有黑白相间条纹的旋转体转速测量
圆盘式电位器		无刷电动机的转子角度的测量
角编码器		360°以上角位移的测量
霍尔传感器		300°角位移的测量
电涡流位移传感器		1mm 以下、分辨力达到 0.5μm 的位移测量
电感测微仪		10mm 以下、分辨力达到 20μm 的位移测量
直线光栅传感器		1m 以下、分辨力达到 10μm 的位移测量
直线磁栅传感器		10m 以下、分辨力达到 0.5μm 的位移测量
容栅百分尺		50m 以上、分辨力达到 10μm 的位移测量

拓展阅读参考资料列表

序号	作　者	拓展阅读文章题目
1	百度百科	智能仪器
2	百度文库	个人仪器及系统
3	北京创想联合科技有限公司	工控机基本教程
4	百度百科	总线接口
5	21IC 电子网	十路温度巡回检测电路
6	黄鑫，宋洋	软件抗干扰技术及其在单片机上的应用
7	郑涛，石秀华，等	数字滤波新方法尝试与验证
8	上海盟格电子有限公司	干簧继电器
9	Maxim 公司 魏智	CMOS 模拟开关的选择与典型应用
10	PHILIPS 公司	74HC4051
11	百度百科	仪表放大器
12	百度百科	模/数转换器
13	百度百科	数/模转换器
14	徐胜昔	从卫生陶瓷烧成用新型隧道窑的技术开发看窑炉发展趋势
15	张泽林，邹金宝，等	GB-T 2902-1998 铂铑 30-铂铑 6 热电偶丝标准
16	百度百科	DKJ 执行器
17	百度百科	智能流量积算仪
18	百度文库	智能型全自动洗衣机控制系统
19	百度百科	虚拟仪器
20	王建林，刘静宜	虚拟集成测试与虚拟仪器技术
21	贾永，祝明	基于虚拟仪器的浮动主轴在线振动监测
22	张桐，陈国顺，等	精通 LabVIEW 程序设计
23	百度百科	数据采集卡
24	胡丹峰	虚拟仪器技术在柴油机故障诊断系统中的应用
25	佛山市菱电变频实业有限公司	汽车发动机电子控制单元
26	百度百科	汽车传感器
27	百度百科	卡门涡街
28	电子元件技术网	汽车 ABS 解决方案
29	百度百科	数控机床
30	百度百科	数控刀架
31	逄启寿，肖顺根，等	数控机床切削加工过程的模型参考自适应控制研究
32	百度百科	机器人
33	罗志增，张启忠，等	压阻阵列触滑觉复合传感器
34	卢朝洪，梅涛，等	一种用于机器人手爪的 PVDF 接触力传感器设计
35	安阳市阳光科教能源有限公司	机器人用传感器功能分类
36	深圳洛泰克实业有限公司	智能楼宇设计方案
37	山西飞宇科技有限公司	楼宇智能化控制系统
38	张敏，宋国辉	烟雾检测的火灾自动探测报警系统设计
39	百度百科	门禁管理系统
40	英国门科公司	红外光幕电梯门保护系统主要优点
41	苏州默纳克控制技术有限公司	NICE3000 电梯一体化控制器用户手册
42	杨国生	电梯曳引驱动系统的现状及发展前景

附 录

附录 拓展阅读资料

附录 A 常用传感器的性能与应用领域

传感器类型	典型示值范围	特点及对环境的要求	应用场合与领域
金属热电阻	-200 ~ 960℃	不需要冷端温度补偿；对测量桥路及电源稳定性要求较高	960℃以下的温度测量
热敏电阻	-50 ~ 150℃	灵敏度高，体积小，价廉；线性差，一致性差，测温范围较小	测温、温度控制及与温度有关的非电量测量
热电偶	-200 ~ 1800℃	属于自发电型传感器，准确度高，测量电路简单；需要冷端温度补偿	1800℃以下的温度测量
PN 结集成温度传感器	-50 ~ 150℃	体积小，集成度高，准确度高，线性好，输出信号大，测量电路简单；测温范围较小	150℃以下的温度测量
热成像	波长 3 ~ 16μm 的红外辐射	可在常温下检测目标自身发射的红外辐射，能得到目标的彩色热像；分辨力较差	探测发热体，依靠彩色图像，分析热像上的各点温度及报警
电位器	500mm 以下或 350°以下	结构简单，输出信号大，测量电路简单；易磨损，摩擦力大，需要较大的驱动力或力矩，动态响应差，应置于无腐蚀性气体的环境中	直线和角位移及与位移有关的张力等非电量测量
应变片	2000μm/m 以下	体积小，价廉，准确度高，频率特性较好；输出信号小，测量电路复杂，易损坏，需定时校验	力、应力、应变、扭矩及压力的测量
自感、互感	100mm 以下	分辨力高；体积大，动态响应差，需要较大的激励功率，分辨力与线性区有关，易受环境振动影响，需考虑温度补偿	小位移及工件尺寸的测量
电涡流	50mm 以下	非接触式测量，体积小，安装使用方便，频响好，应用领域宽广；测量结果标定复杂，分辨力与线性区有关；需远离不属被测物的金属物，需考虑温度补偿	小位移、转速、振幅、表面温度、表面状态的测量，无损探伤、接近开关

（续）

传感器类型	典型示值范围	特点及对环境的要求	应用场合与领域
电容	30mm 以下，350°以下	需要的激励电源功率小，体积小，动态响应好，能在恶劣条件下工作；对湿度影响较敏感，需要良好屏蔽	小位移、压力、流量、厚度、含水量、湿度、液位的测量，接近开关
压电	10^{6}N 以下	属于自发电型传感器，体积小，高频响应好，测量电路简单；不能用于静态测量，受潮后易产生漏电	动态力、振动、加速度的测量
磁致伸缩	10m 以下	可在恶劣环境测量；需要活动磁环	声呐、液位、位移的测量
光敏电阻	$1\sim1^{4}$lx	非接触式测量，价廉；响应较慢，温漂大，线性差	测光、光控
光敏晶体管	$1\sim1^{5}$lx	非接触式测量，动态响应好，应用范围广；易受外界杂散光干扰，需要防光罩	照度、转速、位移、振动、透明度、颜色测量、接近开关、光幕，或其他领域的应用
光电池	$1\sim1^{5}$lx	属于自发电型传感器，能将入射光能量转换成电压和电流，稳定性好，短路电流线性好；结电容较大，频率响应差	照度，以及能引起光照度变化的其他非电量；太阳能利用等
光纤	视应用情况而定	非接触、可远距离传输，应用范围广，可测量微小变化，绝缘性好，耐高压；需要光干涉技术，光路复杂，易受外界干扰，测量结果标定困难	磁场、位移、振动、力、应力、长度、液位、温度、超高电压、大电流的测量
CCD 图像	波长 0.4 ~ 1μm 的光辐射	非接触，高分辨率，集成度高；耗电较大，价格比 CMOS 高，需防尘、防震	长度、面积、形状测量、彩色图形及文字识别
CMOS 图像	波长 0.4 ~ 1μm 的光辐射	价廉，集成度更高，耗电量不到 CCD 的 1/10，发热小，响应速度快，感光面积大；灵敏度略低于 CCD	工件形状、尺寸测量及文字、彩色图像识别
霍尔	0.001 ~ 0.2T	非接触，体积小，线性好，动态响应好，测量电路简单；易受外界磁场影响、温漂较大	磁感应强度、角度、位移、振动、转速、隔离式电流、电压测量，电子罗盘，无刷电动机控制
巨磁电阻（GMR）	0.1 ~ 200Gs	非接触，体积小，灵敏度高；不能分辨磁场方向，线性较差，温漂大，需要偏磁及差分补偿	高斯计、磁力探矿、漏磁探测、伪币检测、转速测量
超声波	小于 30m	动态响应好；测量电路复杂，定向性差，测量结果标定困难	无损探伤、厚度、距离、速度、流速、流量、液位、物位测量
角编码器	10000r/min 以下，角位移无上限	准确度与码道数有关，转速高，价廉；需要一定的转矩	角位移、转速测量，经直线-旋转变换装置，可测量 50m 以上的直线位移

（续）

传感器类型	典型示值范围	特点及对环境的要求	应用场合与领域
光栅	10m 以下	准确度高；价格高，不耐冲击，易受油污及灰尘影响，需用遮光、防尘罩防护	中等位移、动态测量，多用于自动化机床
磁栅	80m 以下	磁录方便，价格比光栅低；准确度比光栅低，易受外界磁场影响，需要磁屏蔽，有摩擦力，应防止磁头磨损	大位移、动态测量，多用于自动化机床
容栅	1m 以下	价廉，体积小，耗电小，可用电池供电；准确度比磁栅差，易受外界电场影响，需要静电屏蔽	静态测量，多用于数显量具

附录 B　压力单位转换对照表

单　位	帕/Pa	巴/bar	毫巴/mbar	毫米水柱/mmH_2O	标准大气压/atm	工程大气压/at	毫米汞柱/mmHg	磅力/英寸/lbf/m^2
帕/Pa	1	1×10^{-5}	1×10^{-2}	1.019716×10^{-1}	0.9869236×10^{-5}	1.019716×10^{-5}	0.75006×10^{-2}	1.450442×10^{-4}
巴/bar	1×10^{5}	1	1×10^{3}	1.019716×10^{4}	0.9869236	1.019716	0.75006×10^{3}	1.450442×10
毫巴/mbar	1×10^{2}	1×10^{-3}	1	1.019716×10	0.9869236×10^{-3}	1.019716×10^{-3}	0.75006	1.450442×10^{-2}
毫米水柱/mmH_2O	0.980665×10	0.980665×10^{-4}	0.980665×10^{-1}	1	0.9678×10^{-4}	1×10^{-4}	0.73556×10^{-1}	1.422×10^{-3}
标准大气压/atm	1.01325×10^{5}	1.01325	1.01325×10^{3}	1.033227×10^{4}	1	1.0332	0.76×10^{3}	1.4696×10
工程大气压/at	0.980665×10^{5}	0.980665	0.980665×10^{3}	1×10^{4}	0.9678	1	0.73557×10^{3}	1.422398×10
毫米汞柱/mmHg	1.333224×10^{2}	1.333224×10^{-3}	1.333224	1.35951×10	1.316×10^{-3}	1.35951×10^{-3}	1	1.934×10^{-2}
磅力/英寸/lbf/m^2	0.68949×10^{4}	0.68949×10^{-1}	0.68949×10^{2}	0.70307×10^{3}	0.6805×10^{-1}	0.707×10^{-1}	0.51715×10^{2}	1

附录 C　工业热电阻分度表

工作端温度/℃	电阻值/Ω		工作端温度/℃	电阻值/Ω	
	Cu50	Pt100		Cu50	Pt100
-200		18.52	130	77.83	149.83
-190		22.83	140	79.98	153.58
-180		27.10	150	82.13	157.33
-170		31.34	160		161.05
-160		35.54	170		164.77
-150		39.72	180		168.48
-140		43.88	190		172.17
-130		48.00	200		175.86
-120		52.11	210		179.53
-110		56.19	220		183.19
-100		60.26	230		186.84
-90		64.30	240		190.47
-80		68.33	250		194.10
-70		72.33	260		197.71
-60		76.33	270		201.31
-50	39.24	80.31	280		204.90
-40	41.40	84.27	290		208.48
-30	43.56	88.22	300		212.05
-20	45.71	92.16	310		215.61
-10	47.85	96.09	320		219.15
0	50.00	100.00	330		222.68
10	52.14	103.90	340		226.21
20	54.29	107.79	350		229.72
30	56.43	111.67	360		233.21
40	58.57	115.54	370		236.70
50	60.70	119.40	380		240.18
60	62.84	123.24	390		243.64
70	64.98	127.08	400		247.09
80	67.12	130.90	410		250.53
90	69.26	134.71	420		253.96
100	71.40	138.51	430		257.38
110	73.54	142.29	440		260.78
120	75.69	146.07	450		264.18

（续）

工作端温度/℃	电阻值/Ω		工作端温度/℃	电阻值/Ω	
	Cu50	Pt100		Cu50	Pt100
460		267.56	660		332.79
470		270.93	670		335.93
480		274.29	680		339.06
490		277.64	690		342.18
500		280.98	700		345.28
510		284.30	710		348.38
520		287.62	720		351.46
530		290.92	730		354.53
540		294.21	740		357.59
550		297.49	750		360.64
560		300.75	760		363.67
570		304.01	770		366.70
580		307.25	780		369.71
590		310.49	790		372.71
600		313.71	800		375.70
610		316.92	810		378.68
620		320.12	820		381.65
630		323.30	830		384.60
640		326.48	840		387.55
650		329.64	850		390.84

注：ITS-1990国际温标所颁布的分度表的温度间隔是1℃，本书为节省篇幅，将间隔扩大到10℃，仅供读者练习查表用，附录D也如此。若读者欲获知每1℃的对应阻值或毫伏数，可查阅有关ITS-1990国际温标手册。

附录D　镍铬-镍硅（镍铝）K型热电偶分度表（自由端温度为0℃）

工作端温度/℃	热电动势/mV	工作端温度/℃	热电动势/mV
-270	-6.458	-190	-5.730
-260	-6.441	-180	-5.550
-250	-6.404	-170	-5.354
-240	-6.344	-160	-5.141
-230	-6.262	-150	-4.913
-220	-6.158	-140	-4.669
-210	-6.035	-130	-4.411
-200	-5.891	-120	-4.138

（续）

工作端温度/℃	热电动势/mV	工作端温度/℃	热电动势/mV
-110	-3.852	250	10.153
-100	-3.554	260	10.561
-90	-3.243	270	10.971
-80	-2.920	280	11.382
-70	-2.587	290	11.795
-60	-2.243	300	12.209
-50	-1.889	310	12.624
-40	-1.527	320	13.040
-30	-1.156	330	13.457
-20	-0.778	340	13.874
-10	-0.392	350	14.293
0	0.000	360	14.713
10	0.397	370	15.133
20	0.798	380	15.554
30	1.203	390	15.975
40	1.612	400	16.397
50	2.023	410	16.820
60	2.436	420	17.243
70	2.851	430	17.667
80	3.267	440	18.091
90	3.682	450	18.516
100	4.096	460	18.941
110	4.509	470	19.366
120	4.920	480	19.792
130	5.328	490	20.218
140	5.735	500	20.644
150	6.138	510	21.071
160	6.540	520	21.497
170	6.941	530	21.924
180	7.340	540	22.350
190	7.739	550	22.776
200	8.138	560	23.203
210	8.539	570	23.629
220	8.940	580	24.055
230	9.343	590	24.480
240	9.747	600	24.905

（续）

工作端温度/℃	热电动势/mV	工作端温度/℃	热电动势/mV
610	25.330	970	40.101
620	25.755	980	40.494
630	26.179	990	40.885
640	26.602	1000	41.276
650	27.025	1010	41.665
660	27.447	1020	42.053
670	27.869	1030	42.440
680	28.289	1040	42.826
690	28.710	1050	43.211
700	29.129	1060	43.595
710	29.548	1070	43.978
720	29.965	1080	44.359
730	30.382	1090	44.740
740	30.798	1100	45.119
750	31.213	1110	45.497
760	31.628	1120	45.873
770	32.041	1130	46.249
780	32.453	1140	46.623
790	32.865	1150	46.995
800	33.275	1160	47.367
810	33.685	1170	47.737
820	34.093	1180	48.105
830	34.501	1190	48.473
840	34.908	1200	48.838
850	35.313	1210	49.202
860	35.718	1220	49.565
870	36.121	1230	49.926
880	36.524	1240	50.286
890	36.925	1250	50.644
900	37.326	1260	51.000
910	37.725	1270	51.355
920	38.124	1280	51.708
930	38.522	1290	52.060
940	38.918	1300	52.410
950	39.314	1310	53.759
960	39.708	1320	53.106

（续）

工作端温度/℃	热电动势/mV	工作端温度/℃	热电动势/mV
1330	53.451	1360	54.479
1340	53.795	1370	54.819
1350	54.138		

部分习题参考答案

第 1 章

1-3　2）$\gamma_{x20}=5\%$，$\gamma_{x100}=1\%$

1-4　分别取 0.5 级，0.2 级，0.2 级

1-5　$\gamma_{x2}=1.43\%$

1-6　4）$\gamma_x=0.55\%$

　　5）$t=179.6\sim181.6℃$

第 2 章

2-3　3）$K=208.3$

2-4　2）$R'_{50}=119.25\Omega$

2-5　5）$U_o=0.168V$（用分压比定律）

　　或 0.19V（用单臂电桥公式）

2-12　$R_{100}=67k\Omega$

第 3 章

3-3　$p=50kPa$

3-4　7）$p=62.5kPa$

第 4 章

4-4　1）$A=1.6mm$；4）$l=2.5mm$

4-6　2）$x_{pp}=10mm$；

　　7）$x=5\sin[1047(rad/s)t]$（mm）

4-8　4）$v=(7.5/t_1)$ m/s

第 5 章

5-2　4）26 线

5-5　1）$R_{Lmax}=500\Omega$

第 6 章

6-2　3）$C_f=100pF$

6-3　3）$F=40\sin[62.8(rad/s)t](N)$

6-5　3）$d=3.5m$

第 7 章

7-2　5）$q_{总}\approx2543t$

7-3　$\delta=3.54m$

第 8 章

8-3　3）$\Delta_B=70Gs$

8-5　8）$U_i=7.5\sim12.5V$；

　　9）$U_{imin}=125V$

第 9 章

9-4　2）$t_x=950℃$

第 10 章

10-3　2）V_{CC}取 12V

10-4　2）$I_\Phi=0.4\mu A$

10-6　1）$I_{VL}=7.5mA$；3）$n\approx5$ 圈/s；

　　5）50 圈又 6°

第 11 章

11-2　4）$L=0.32mm$

11-3　4）$\alpha=25°$

11-5　5）$x=0.5m$

11-6　4）$v=3.618m/min$

第 12 章

12-2　3）$K_d=100$

12-3　$I_{VL2}=0.97mA$

参考文献

[1] 施文康，余晓芬．检测技术［M］．北京：机械工业出版社，2015.

[2] 严钟豪，谭祖根．非电量电测技术［M］．北京：机械工业出版社，2006.

[3] 常建生，石要武，等．检测与转换技术［M］．北京：机械工业出版社，2015.

[4] 王元庆．新型传感器原理及应用［M］．北京：机械工业出版社，2011.

[5] 张福学．传感器应用及其电路精选［M］．北京：电子工业出版社，2011.

[6] 曲波．工业常用传感器选型指南［M］．北京：清华大学出版社，2002.

[7] 费业泰．误差理论与数据处理［M］．北京：机械工业出版社，2015.

[8] 张国雄，李醒飞．测控电路［M］．北京：机械工业出版社，2016.

[9] 王健石，朱炳林．热电偶与热电阻技术手册［M］．北京：中国标准出版社，2012.

[10] 任吉林，林俊明，等．涡流检测［M］．北京：机械工业出版社，2013.

[11] 周艳萍．电子侦控技术［M］．上海：上海科学技术文献出版社，1998.

[12] 蔡武昌，孙淮清，等．流量测量方法和仪表的选用［M］．北京：化学工业出版社，2001.

[13] 丁康，李巍华，等．齿轮及齿轮箱故障诊断实用技术［M］．北京：机械工业出版社，2005.

[14] 刘贵民，马丽丽．无损检测技术［M］．北京：国防工业出版社，2009

[15] 王仲生．无损检测诊断现场实用技术［M］．北京：机械工业出版社，2003.

[16] 王晓雯，蒋文，等．JB/T7490-2007 霍尔电流传感器［M］．北京：机械工业出版社，2007.

[17] 国家技术监督局计量司．90 国际温标通用热电偶分度表手册［M］．北京：中国计量出版社，1994.

[18] 沙占友．智能化集成温度传感器原理与应用［M］．北京：机械工业出版社，2002.

[19] 胡涛，赵勇，等．光电检测技术［M］．北京：机械工业出版社，2014.

[20] 王侃夫．机床数控技术基础［M］．北京：机械工业出版社，2005.

[21] 李谋．位置检测与数显技术［M］．北京：机械工业出版社，1993.

[22] 路宏敏，余志勇，等．工程电磁兼容［M］．西安：西安电子科技大学出版社，2003.

[23] 贺桂芳．汽车与工程机械用传感器［M］．北京：人民交通出版社，2003.

[24] 张福学．机器人技术及其应用［M］．北京：电子工业出版社，2000.

[25] 景博，张劼，等．智能网络传感器与无线传感器网络［M］．北京：国防工业出版社，2011.

[26] 牟斌，陈军德，李刚．高速钢轨探伤车中走行小车的设计及试验［J］．铁道机车车辆，2001（4）：1-5.

[27] O Gassmann，H Meixner．智能建筑传感器［M］．陈祥光，等译．北京：化学工业出版社，2005.

[28] Horst Ahiers．多传感器技术［M］．王磊，等译．北京：国防工业出版社，2001.